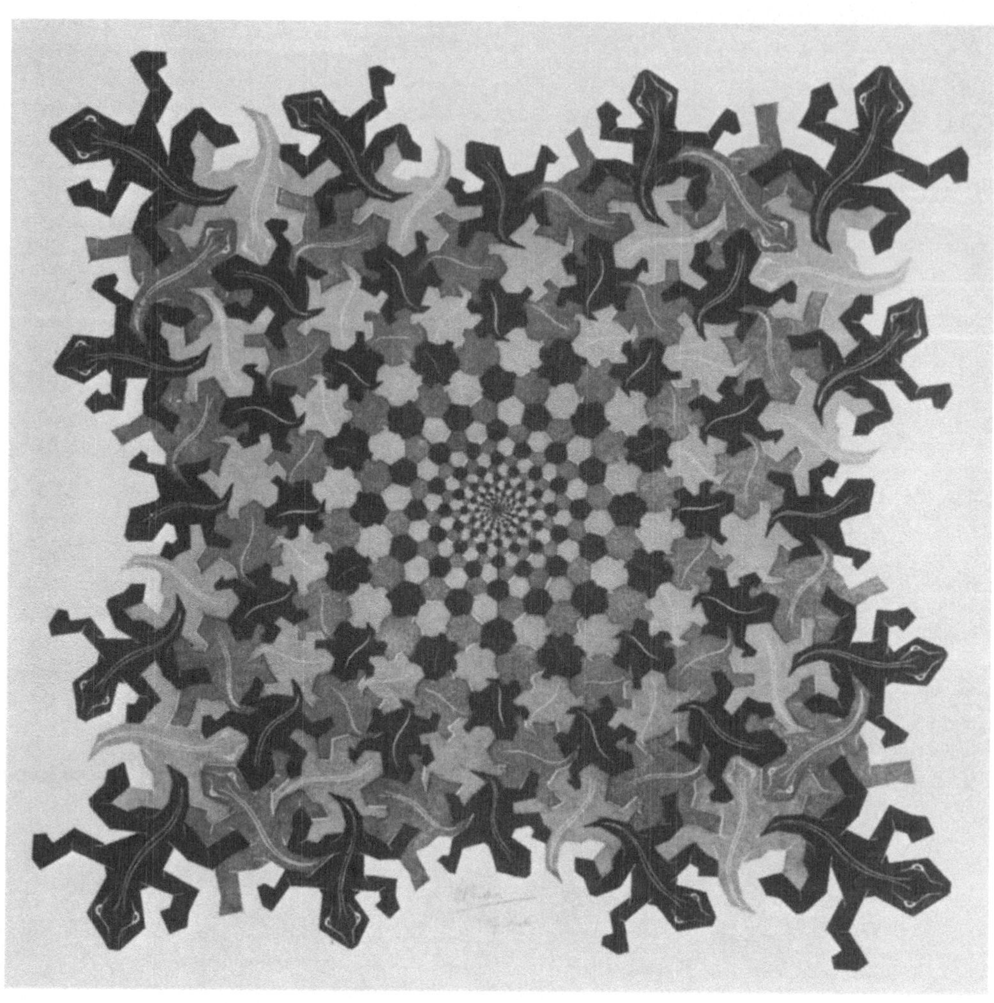

„Entwicklung“ aus „Die Welten des M. C. Escher“,
erschienen bei Heinz Moos, München, 1971.
Veröffentlicht mit freundlicher Genehmigung der
Escher Stiftung, Haags Gemeentemuseum, Den Haag

Helmut W. Sauer

Entwicklungs-biologie

Ansätze zu einer Synthese

Mit einem Geleitwort von
Friedrich Seidel

Mit 228 Illustrationen

Springer-Verlag
Berlin Heidelberg New York 1980

Professor Dr. Helmut W. Sauer
Zoologisches Institut der Universität
Lehrstuhl für Zoologie I
Röntgenring 10, 8700 Würzburg

ISBN-13: 978-3-540-10057-7 e-ISBN-13: 978-3-642-67634-5
DOI: 10.1007/978-3-642-67634-5

CIP-Kurztitelaufnahme der Deutschen Bibliothek
Sauer, Helmut W.:
Entwicklungsbiologie: Ansätze zu e. Synthese / Helmut W. Sauer
Berlin, Heidelberg, New York: Springer, 1980
(Hochschultext)

Druck und Bindearbeiten: Beltz Offsetdruck, Hemsbach/Bergstr.
2131/3130-543210

Geleitwort

Blättert man etwas in diesem Buch und gerät dabei an das Kapitel: "Neuere Entwicklungen in der Entwicklungsbiologie", so ist man sogleich überwältigt von der Fülle der Gesichtspunkte, die die explosive Neuorientierung unserer Wissenschaft heute kennzeichnet.

Noch in den dreißiger Jahren dieses Jahrhunderts ließen Bücher der Entwicklungsphysiologie eine gewisse Einschlägigkeit in der Problemstellung erkennen. Auch die unterschiedlichen Tiergruppen, die zu den entwicklungsphysiologischen Experimenten herangezogen werden konnten, brachten nur eine begrenzte Vielfalt. Die wenn auch vielfach bewundernswerten methodischen Erfolge waren eingeengt durch die Möglichkeiten, die unmittelbare Beobachtung und mikrochirurgisches Experimentieren zuließen.

Dieser klassische Rahmen brach innerhalb der letzten 50 Jahre, und zunehmend heftig in den letzten Jahrzehnten, auf: Die Biologie allgemein geriet in eine entscheidende Wandlung, welche den Entwicklungsphysiologen nicht unberührt lassen konnte. Sehr unterschiedliche biologische Disziplinen traten als eigene Forschungszentren hervor und breiteten sich weit aus, wie die Genetik, die Biochemie, die Zytologie mit molekularer Kern- und Protoplasmaforschung. Der Entwicklungsphysiologe, seiner Bestimmung nach gehalten, zur Aufklärung von Vorgängen der organismischen Entwicklung nicht nur die ihm gerade faßbare Ebene des Keimgeschehens, sondern gleichzeitig dessen Vergangenheit und Zukunft mit in den Blick zu nehmen, ergriff begierig die vielen Möglichkeiten, die diese aufblühenden Wissenschaftszweige boten, um real ins Submikroskopische und Molekulare vorzudringen. Prinzipiell gesehen: Der Entwicklungsphysiologe konnte nunmehr die System- und Kausalforschung am werdenden Organismus bei der Genexpression jeder Zelle beginnen lassen. – So wuchs unversehens die Anzahl vielseitiger Einzeluntersuchungen mit oft sehr komplizierter Methodik ins Uferlose.

Bei dieser Lage muß eine Standortsbestimmung unserer Wissenschaft ein Wagnis sein. Helmut W. SAUER versucht sie mit dem mutigen Untertitel: "Ansätze zu einer Synthese".

Nur unter bestimmten Voraussetzungen kann er diesen Weg erfolgreich beschreiten und zugleich den Umfang des Buches beschränkt halten. Er bemüht sich um eine unkomplizierte und allein das Wesentliche ansteuernde Sprache. Man meint beim Lesen, man nähme im Laboratorium an dem Gespräch mit Dozenten und Studenten teil und verfolge dazu die Handzeichnungen auf der Tafel. In oft handfester Ausdrucksweise werden dabei selbst verwickelte Tatbestände und Funktionen dem Verständnis nahegebracht, wobei gelegentlich auch einmal phantasievolle Deutungen anklingen. Und eben, weil der Autor eine ungeheure, durch lange praktische Erfahrung gewonnene Sachkenntnis hat, vermag er dem Leser das Gefühl zu vermitteln, er könne die so anschaulich in den Experimenten vorgeführten Zellelemente in die Hand nehmen und mit ihnen spielerisch manipulieren. Bei der Beschreibung der Experimente wird nichts verschwiegen. Der Leser soll nicht übertölpelt werden. Er wird durch das verwickelte Getriebe des Laboratoriums offenen Auges hindurchgeführt. Alles Für und Wider, alle Schwierigkeiten und die Wege zu deren Umgehung werden dargestellt, immer mit der offen bleibenden Frage, ob so ein Weg wirklich zum Ziel führt. Gerade das, was uns heute unverstanden ist, wird herausgehoben und wird zum Angelpunkt für experimentelle Planungen, deren Ergebnis man prüfen kann. Der Verfasser will nie etwas nach vorgefaßter Meinung beweisen. Lediglich auf Grund von "Beobachtung und Experiment" werden dem Leser Alternativen eröffnet.

Natürlich muß eine solche gegenwartsnahe Darstellung zu einer Umgruppierung bisheriger Glanzstücke der Entwicklungsphysiologie führen. Im Zusammenhang damit hat offenbar der Autor davon abgesehen, im laufenden Text wissenschaftliche Ergebnisse mit Namen einzelner Forscher besonders herauszuheben. Für die Erörterungen sind die gestellten Probleme der entscheidende Leitfaden. So wird viel historischer Ballast abgeworfen. Und naturgemäß gewinnen diejenigen Experimente erhöhte Bedeutung für die Darstellung, bei denen man am ehesten den Faden zur Genexpression und analytischen Protoplasmaforschung knüpfen kann. Von hier aus vermag dann der Verfasser, alte Fragestellungen mit aufnehmend, seine "Ansätze zu einer Synthese" zu skizzieren, über deren Alternativen zukünftige Forschung entscheiden soll.

Wir dürfen dem Buch wünschen, daß es, so wie es aus der unmittelbaren Forschungsarbeit heraus und im Umgang mit Studenten geschrieben ist, alten und jungen Forschern neue Anregungen bringt und weithin auch im allgemeinen Sinne zur Wertschätzung der entwicklungsbiologischen Wissenschaft beiträgt. Handelt es sich doch um eine Wissenschaft, die schon in ihrer Frühzeit die geistige Welt mit grundlegenden philosophischen Fragestellungen in Atem hielt und seitdem immer wieder medizinische, aber auch unser eigenes tägliches Leben aufs höchste bewegende Befunde erbracht hat und heute trägt.

Friedrich Seidel

Vorwort

Die mannigfachen Formen und Funktionsweisen lebender Organismen haben schon immer die Neugier der Menschen erregt. Die Biologen unter ihnen versuchen, ihre Neugier durch Beobachtungen und Experimente zu befriedigen und dabei zu einem Verständnis der Phänomene des Lebendigen zu kommen. Es gibt zwei Sorten von Biologen: Die einen interessieren sich mehr für die Vielfalt der Organismen und die anderen mehr für die allgemeinen Prinzipien der biologischen Organisation. Bei der zunehmenden Spezialisierung der beiden Richtungen kommt es nicht selten zu Verständnisschwierigkeiten unter den Spezialisten.

Die Biologiestudenten stehen vor der schwierigen Aufgabe, eine explosionsartig zunehmende Masse an wesentlichen und neuen Ergebnissen in einer immer kürzer angesetzten Studiendauer zu verarbeiten. Dabei ist die anschwellende Flut von manchmal ganz ausgezeichneten Lehrbüchern nur bedingt eine Studierhilfe; in den dicken Büchern über Entwicklung fehlen heute bereits grundlegende neue Ergebnisse, und die dünnen Bücher sind oft ausgezeichnete Essays über einzelne Gebiete der Biologie, vorausgesetzt man beherrscht sie bereits.

Weshalb also noch ein Buch über Entwicklungsbiologie schreiben?

Weil die Prozesse, die nur aus einer winzigen Eizelle, scheinbar entgegen den alltäglichen Naturgesetzen, einen denkenden Menschen entstehen lassen, nichts an ihrer Faszination eingebüßt haben, aber heute hier und da ein wenig einsichtig geworden, ja vielleicht einer umfassenden Synthese zugängig geworden sind. Das erste Drittel unseres Jahrhunderts ist die große Zeit der experimentellen Embryologen gewesen. Sie vermochten aus einer Eizelle zwei Embryonen und aus zwei Eizellen einen einzigen Embryo entstehen zu lassen und uns gleichsam das Hexen-Einmaleins zu lehren. Allerdings sind die wesentlichen Fragen zum kausalen Verständnis der Entwicklungsvorgänge unbeantwortet geblieben.

Die Genetik hat seit der Mitte unseres Jahrhunderts eine enorme Ausweitung zu einer neuen allgemeinen Biologie erfahren (oft aufgrund eingebrachter Konzepte von Nichtbiologen), und die großartigen Ergebnisse der molekularen Biologie sind jedermann bekannt geworden. Wenn auch nicht sämtliche Erkenntnisse, die an dem Bakterium *Escherichia coli* gewonnen wurden, unmittelbar zum Verständnis der biologischen Organisation eines Elefanten geführt haben, so hat man doch seit dieser Zeit der Bearbeitung von geeigneten einfachen Organismen, sogenannten Modellsystemen, große Aufmerksamkeit beigemessen. Schließlich erhielt die Zellbiologie einen zentralen Platz in der Biologie, an dem das Wachstum und die Differenzierung von Einzellern neben spezialisierten Zelltypen, wie den roten Blutkörperchen oder den Zellen des Immunsystems, analysiert werden. In letzter Zeit werden Versuche unternommen, die Prinzipien der Evolution „Zufall und Notwendigkeit" auf allen Ebenen biologischer Organisation - vom eigennützigen DNA-Molekül über neuronale Verschaltungen bis hin zur Soziobiologie - aufzuweisen. Ich hatte das Vergnügen, zu einer Zeit zu studieren, als diese verschiedenen Disziplinen in der Biologie neue Erkenntnisse zu den alten Fragen der Entwicklungsbiologie vermuten ließen. Seitdem habe ich ein wenig an einem klassischen Objekt, dem Heimchen, und an einem Modellsystem, dem Schleimpilz *Physarum*, gearbeitet und als Lehrer an den Universitäten Marburg, Heidelberg, Konstanz und Würzburg zusammen mit Studenten über aktuelle Fragen der Entwicklungsbiologie nachgedacht. Vielleicht bietet sich gerade heute noch die Möglichkeit, das Gemeinsame zu erkennen, das die verschiedenen Gebiete der Biologie zum Verständnis von Entwicklungsphänomenen beitragen, ehe sie sich verselbständigen.

In den letzten Jahren ist die Entwicklungsbiologie in ein neues Stadium getreten. Begriffe wie „in-vitro-Genkombination" und „Embryoengineering" kann man oft in der Tagespresse lesen, und zum Klonieren eines Menschen scheint es manchem nur ein kleiner Schritt zu sein. Damit rückt der Entwicklungsbiologe in das öffentliche Interesse, und er wird seine wissenschaftlichen Ergebnisse samt Konsequenzen nicht nur seinen Fachkollegen, sondern auch unserer Gesellschaft gegenüber verantworten müssen. Große Aufgaben stehen für die Entwicklungsbiologen an; qualifizierte Forschungsarbeit, insbesondere Grundlagenforschung, wird von ihnen erwartet.

Hierzu einige Anregungen zu geben sind der Anlaß gewesen, meine Aufzeichnungen zu vielerlei Lehrveranstaltungen zu Papier zu bringen. Diese sind das Ergebnis eines noch unvollendeten Studiums der Entwicklungsbiologie, das 1956 bei Friedrich Seidel in Marburg begonnen wurde und seitdem durch die Teilnahme an Fachkongressen und das Lesen einschlägiger Fachliteratur fortgesetzt wird. (Einige sind unter „allgemeine Literaturhinweise" aufgeführt).

In Teil I werden in 5 Kapiteln die wesentlichen Tatsachen über die biologische Entwicklung an den verschiedensten Organismen, wo immer möglich, unmittelbar von ausgewählten Experimentalergebnissen hergeleitet. Wir werden versuchen, aus diesen Fakten einsichtige Schlüsse zu ziehen, die - gelegentlich - bestehende Hypothesen stützen oder - häufiger - als noch wenig fundiert erscheinen lassen, da sie in mehrfacher Hinsicht interpretiert werden können. Wo dies angezeigt ist, werden auch einmal unorthodoxe oder bewußt spekulative, wohl auch naive, alternative Deutungsmöglichkeiten angeboten. In den Kapiteln 6 und 7 wird versucht, aus Entwicklungsstörungen und aus der "Anti-Entwicklung" (der Alterung) allgemeine Entwicklungsprinzipien der Normogenese zu verdeutlichen und zu ergänzen.

In Teil II werden einige Forscherpersönlichkeiten genannt und die biologischen Strömungen - ganz gewiß unvollständig und ein wenig subjektiv - nachgezeichnet, die seit etwa der Mitte unseres Jahrhunderts aus der klassischen Entwicklungsforschung heraus zu einer neuen „allgemeinen Entwicklungsbiologie" führen werden, deren großartige Faszination heute nur durch unser fast völliges Nichtbegreifen übertroffen wird.

In Teil III werden einige Thesen, eigentlich Antithesen, zur Entwicklungsbiologie formuliert und mögliche neue Ansätze gezeigt, die an geeignet erscheinenden Systemen überprüft werden können.

Die Fehler, die Sie in diesem Buch finden, sind von mir, und ich bin dankbar, wenn ich darauf aufmerksam gemacht werde; denn, wie die Entwicklung der Organismen, ist der Entwicklungsbiologe auf Wechselwirkungen angewiesen.

Schon aus diesem Grund empfehle ich meinen Kollegen und den Studenten der Biologie im weitesten Sinne meine Entwicklungsbiologie nicht zur „leichten Lektüre vor dem zu Bett gehen", sondern zur kritischen Durchsicht.

Den Anstoß für die vorliegende Entwicklungsbiologie gab Hubert Markl von der Universität Konstanz im Sommer 1978. Ich habe zwei Würzburger Mitarbeitern zu danken, Rainer Wolf für seine unschätzbare Hilfe bei der Abfassung des Manuskripts, und Roland Wick für seine sorgfältigen Korrekturarbeiten und die Durchsicht des Textes. Herrn Konrad Springer vom Springer-Verlag danke ich für sein Interesse an diesem Buch.

Die in den Text eingestreuten schlichten Skizzen sind in vielen Vorlesungen entstanden, ihre Funktion ist eine doppelte: Einmal sollen sie dazu dienen, den beschreibenden Text zu veranschaulichen, zum anderen sind sie vielleicht eine geeignete Kontrolle, ob das, was gelesen, auch begriffen wurde.

Würzburg, Frühjahr 1980 Helmut W. Sauer

Inhaltsverzeichnis

Abkürzungsverzeichnis

AER	apikale ektodermale Rippe
ANZ	anterior nekrotische Zone
BP	Basenpaare
BUDR	5'-Bromdesoxiuridin
BZ	Bildungszentrum
CAF	Zellaggregationsfaktor
cAMP	cyklisches Adenosin-monophosphat
cDNA	copy DNA
Con A	Concanavalin A
COT	Produkt der Konzentration an DNA zu Beginn der Reaktion mit der Zeit
DMSO	Dimethylsulfoxid
dsDNA	Doppelstrang-DNA
DZ	Differenzierungszentrum
EDTA	Aethylendiamintetraessigsäure
EGF	epidermal growth factor
EM	Elektronenmikroskop
ER	endoplasmatisches Retikulum
FSH	follikelstimulierendes Hormon
FSHRF	FSH-releasing factor
FUDR	Fluorodesoxiuridin
FZ	Furchungszentrum
GAG	Glukose-amino-glykane
hnRNA	heterogene Kern-RNA
^{3}H Tdr	tritiiertes (radioaktives) Thymidin
ICM	innere Zellmasse
JH	Juvenilhormon
LH	luteinisierendes Hormon
MDH	Malatdehydrogenase
MF	Mikrofilamente
mRNA	messenger RNA
MT	Mikrotubuli
MTOC	Mikrotubuli organisierendes Zentrum
N	Nucleotide
NGF	nerve growth factor
NO	Nukleolus-Organisator
O-DNA	null-DNA
PCC	premature chromatin condensation
PNZ	posterior nekrotische Zone
rDNA	ribosomale DNA
R/M-Phänomen	Restriktions-Modifikations-Phänomen
RNP	Ribonukleoprotein
ROT	Produkt der Konzentration an RNA zu Beginn der Reaktion mit der Zeit

rRNA	ribosomale RNA
RSV	Rous Sarcoma Virus
snRNA	small nuclear RNA
ssDNA	Einzelstrang-DNA
$TRF_{a)}$	Thyroxin-releasing-factor
$TRF_{b)}$	T-cell replacing factor
tRNA	transfer RNA
ts	temperatursensitiv
TSH	thyroxinstimulierendes Hormon
ZPA	Zone polarisierender Aktivität

Biologische Entwicklung

1 Die Komplexität biologischer Systeme. Zellevolution

Wenn Sie einmal einen Frosch anschauen, so können Sie das unter ganz verschiedenen Blickwinkeln tun. Wir wollen vier herausgreifen. Sie können einmal seine äußere Gestalt beschreiben; dabei lernen Sie morphologische Merkmale kennen. Sie können diese mit denen anderer Frösche vergleichen und die Beobachtungen auch auf andere Amphibien, z.B. einen Salamander, vielleicht auf einen jugendlichen Frosch und eine Kaulquappe, ausdehnen. Bei dieser vergleichenden Morphologie können Sie neugierig werden und die Formänderungen während der embryonalen Entwicklung des Frosches studieren wollen, dann treiben Sie Entwicklungsgeschichte.

Zum anderen können Sie die innere Gestalt, die Anatomie, eines Frosches studieren, die verschiedenen Organe benennen und mit denen anderer Tiere vergleichen. Dabei lassen sich ganz verschiedene Tiere in relativ wenige Gruppen einteilen, z.B. in solche, die eine Wirbelsäule haben, die Vertebraten, zu denen der Frosch gehört, und in solche, die keine haben. Die vergleichende Anatomie läßt sich auch auf junge Entwicklungsstadien ausdehnen, wobei Sie noch allgemeine Kennzeichen erkennen können, wie die der Deuterostomier, bei denen der Urmund zum After wird, und die Protostomier. Sie wissen sicher, zu welcher Gruppe der Frosch gehört.

Schließlich können Sie beim Frosch und seinen Organen, sowie bei sämtlichen Tieren und Pflanzen ein gemeinsames Organisationsprinzip erkennen: sie sind aus vielen ähnlichen Bausteinen zusammengesetzt, den Zellen. Bei geduldiger Betrachtung von Entwicklungsprozessen werden Sie erkennen, daß diese sich auf zwei Eigenschaften der Zellen zurückführen lassen: auf die Zellvermehrung durch Zellteilung und auf das Verschiedenwerden von Zellen, d.h. die Differenzierung. Sie werden auch erkennen, daß Zellteilungen und Differenzierungen nicht in einem wirren Durcheinander ablaufen, sondern streng geordnet sind. Bei den vergleichenden Zellstudien wird man beobachten, daß Zellen als Einzeller selbständige Organismen sein können, wodurch sich der Frosch als Vielzeller von den Einzellern unterscheiden läßt. Man wird aber auch beobachten, daß der Frosch seine Embryonalentwicklung als eine Einzelzelle, nämlich als Eizelle beginnt.

Zellen können bezüglich ihrer äußeren Form wie auch ihrer inneren Anatomie analysiert werden. Sie enthalten das Cytoplasma und einen Zellkern. Aber Zellen lassen sich nicht in lebensfähige Teile zerlegen. Biochemische Analysen haben klargemacht, daß Zellen hinsichtlich ihrer molekularen Zusammensetzung und der Reaktionen zwischen den Molekülen eine enorme Komplexität aufweisen. Besondere Aufmerksamkeit wurde in den letzten Jahrzehnten dem Zellkern gewidmet. Er enthält das genetische Material, und über ihn wird die identische Reduplikation und die Aufrechterhaltung der komplexen Organisation einer Zelle gesteuert. Diese Steuerung läuft, nach allem was wir bisher wissen, bei sämtlichen Organismen nach den gleichen Regeln ab.

Diese Betrachtung sollte die hierarchische Ordnung der Organismen auf vier verschiedenen Ebenen verdeutlichen: die der Morphologie, der Anatomie, der Cytologie und der molekularen Biologie. Eine Beschreibung der Entwicklung eines Organismus kann man auf jeder Ebene, beinahe unabhängig von den anderen, vornehmen.

Wir wollen uns im folgenden zunächst überlegen, welche Entwicklungsprozesse auf der untersten Ebene der Biomoleküle ablaufen.

Die beiden wesentlichen Eigenschaften, die alle Organismen besitzen, sind ihre Fähigkeit zur Vermehrung und zur Veränderung. Dies sind zwei gegensätzliche Eigenschaften, und ein noch so einfacher Organismus kann nur überleben, wenn es ihm gelingt, exakte Kopien von sich selbst herzustellen, ehe er ein anderer wird, sonst stirbt er aus.

Alle Organismen enthalten Nucleinsäuren, die sich unter geeigneten Bedingungen vermehren können. Wenn die Häufigkeit der Replikation die Ausfälle durch Fehler, d.h. Mutationen, übertrifft, vermag ein Organismus durch seine Nachkommen in exponentieller Rate an Zahl zuzunehmen, solange die benötigten Bausteine ausreichen und solange andere Organismen, die sich auch exponentiell vermehren, die Konkurrenz dulden. Die geeigneten Bedingungen sind heute dadurch gegeben, daß die reaktionsfähigen Bausteine, die Nucleosidtriphosphate, bereitgestellt werden, und diese an der bereits als Matrize vorhandenen Nucleinsäure mittels eines Katalysators, d.h. eines Enzyms, zusammengekettet werden. Die Reihenfolge der Nucleotidbausteine in der neuen Kette ist durch die Reihenfolge in der alten Kette festgelegt, weil die vier Bausteine A, T, G, C (Adenosin, Thymidin, Guanosin und Cytidin) bestimmte Affinitäten zueinander haben und sich paarweise verbinden können. Die beiden Polynucleotidketten werden durch Wasserstoffbrücken zusammengehalten.

Die Enzyme, wie alle Proteine, werden unter Anleitung der Nucleinsäuren hergestellt. Bei den Proteinen ist die Anordung der Bausteine (20 verschiedene Aminosäuren) wichtig, denn sie bestimmt, in welcher Weise sich die Aminosäurekette faltet und dadurch zum Beispiel ihre katalytische Funktion ausüben kann. Manche Proteine, nämlich die mit einer essentiellen Funktion, z. B. das Cytochrom C, welches bei der biologischen Energiegewinnung gebraucht wird, haben bei allen Organismen eine recht ähnliche Anordung in ihren ca. 100 Bausteinen. Eine solche Aminosäuresequenz kann nur in einem von 20^{100} Fällen durch Zufall entstanden und "eingefroren" worden sein. Diese Zahl ist hyperastronomisch, denn das Weltall ist nur 10^{17} s alt. Diese Konstellation ist deshalb möglich geworden, weil vor langer Zeit eine chemische Sprache entstanden ist, der genetische Code. In dieser Sprache bedeutet die Aufeinanderfolge von drei Nucleotiden (als Codon) in der Sequenz der Nucleinsäure eine der 20 Aminosäuren. Die Proteinbiosynthese geschieht als eine Übersetzung von Anweisungen von der einen in eine andere Sprache (Translation). Die in der Nucleinsäure enthaltenen Anweisungen werden von sämtlichen Organismen verstanden, der Code ist universell.

Die Frage nach der Entstehung einer vermehrungsfähigen Struktur, eines Replikators, ist mit der Entstehung dieser chemischen Sprache gekoppelt, die nur Lebewesen verstehen können. Dieses großartige Ereignis geschah auf unserer Erde einmal mit Erfolg vor ca. 4 Milliarden Jahren, als in der Ursuppe geeignete Bedingungen vorgelegen haben, eine kurze Nucleotidsequenz zu einem "Urgen" zu verknüpfen. Dieses diente wohl zugleich als Matrize für die eigene Vermehrung (Template), als Messenger (m)-RNA (Negativkopie des Urgens) für ein Protein und als Transfer (t)-RNA (Positivkopie) für die Herstellung dieses Proteins. Ein wichtiges Postulat ist zusätzlich, daß die Funktion dieses Proteins darin bestand, den autokatalytischen Vermehrungsprozeß zu ermöglichen, d.h. als ein Enzym zu wirken. Hierbei mußte eine solche Vermehrungsrate erzielt werden, daß die Zerfallsrate dieses labilen Systems übertroffen wurde. Hierzu reichen selbst exponentielle Wachstumsraten nicht aus. Die wesentliche Hypothese zur Stabilisierung eines solchen Replikatorsystems ist die Annahme einer cyclischen Verknüpfung der Reaktionsabläufe miteinander zu einem "Hypercyclus", der wenigstens für kurze Zeit superschnelles Wachstum ermöglicht hat.

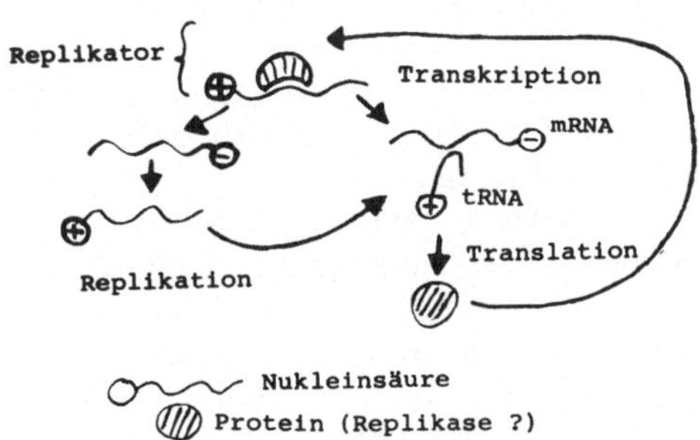

Wie sah das Urgen aus? Um eine Aminosäurekette so falten zu können, daß ein aktives Zentrum mit katalytischen Eigenschaften entsteht, sollte sie mindestens 25 Glieder, bestehend aus den einfachsten Aminosäuren, besitzen. Eine entsprechende Anzahl von Codonen erfordert ein Polynucleotid aus 75 Bausteinen. Es sollte möglichst viele Nucleotide enthalten, die stabile Basenpaarungen miteinander eingehen können, einmal um durch Faltungen eine beständige Struktur zu erreichen, zum anderen um langlebige Codonbindungen zwischen diesen Polynucleotiden zu ermöglichen. Dies wird durch eine symmetrische Anordnung der einzelnen Bausteine erleichtert. Es ist eine ermutigende Korrelation, daß die häufigsten Aminosäuren auf der Erde, Glycin und Alanin, die auch in einer simulierten Ursuppe in höchster Konzentration entstehen, durch die äußerst stabilen Tripletts GGC und GCG codiert worden sind.

Man kann nun nach einem lebenden Fossil des Urgens suchen, etwa der tRNA für Glycin und Alanin. Aufgrund der Basenzusammensetzung, die bei den Bakterien außerordentlich ähnlich ist, läßt sich eine Aminosäuresequenz ableiten, und diese Aminosäuren kann man im Reagenzglas zu einem Polypeptid aneinanderketten. Es wird heute mit Spannung erwartet, ob diese definierten Polypeptide Replikaseeigenschaften besitzen.

Der erste wesentliche Punkt bei der Diskussion der Entstehung eines Replikators ist die Tatsache, daß von Anfang an ein enorm kompliziertes chemisches System erfunden werden mußte. Der zweite wichtige Punkt ist, daß dieses System ständig in Gefahr ist, durch Fehler bei seiner Vermehrung wieder zu zerfallen. Auch hier hat man gute Korrelationen errechnet: Bei optimaler Fehlerrate darf ein einsträngiges, selbst replizierendes RNA-Molekül maximal ca 1000 Nucleotide lang sein; dies entspricht der Größe der RNA-Bakteriophagen. Doppelsträngige DNA-Moleküle dürfen aufgrund ihrer verbesserten Replikationsmechanismen bis ca. 10^7 Nucleotidpaare (NP) lang sein - dies paßt recht gut zu der Zahl von Nucleotiden bei dem Bakterium *E.coli* (4 x 10^6 NP) und bei den Blaualgen (10^7 NP). Unverstanden ist noch, wie die höheren Organismen (die Eukaryonten) es sich leisten können, noch längere Ketten aus ca. 10^9 NP zu besitzen und dennoch ohne irreversible Schäden replizieren, d.h. überleben können.

Ein dritter wichtiger Punkt ist, daß von Anfang an ein Regulationsmechanismus bestanden haben muß, durch den entschieden wird, ob negative oder positive Kopien des Nucleinsäuretemplates hergestellt werden. Bei den DNA-haltigen Organismen wird dies durch Enzyme gesteuert, die spezifisch entweder DNA replizieren oder RNA transkribieren. Wie auch immer, es muß zu spezifischen Wechselwirkungen zwischen Proteinen und bestimmten Stellen auf dem Nucleinsäuremolekül kommen (dem "Origin" bei der Replikation, dem "Promotor" bei der Transkription), damit Organismen sich vermehren und entwickeln können. Nun stellt man sich vor, daß sich die ersten Replikatoren eine Zeitlang konkurrenzlos vermehrt haben, bis Änderungen in ihrer Umwelt, z.B. durch Austrocknen der Ursuppe, eine Verdünnung der notwendigen organischen Moleküle in einem Urmeer, oder Änderungen der Temperatur, andere Bedingungen geschaffen haben. Um zu überleben, muß das Replikatorsystem an die neuen Verhältnisse angepaßt sein. Dies kann auf Dauer nur geschehen, indem sich seine genetische Information verändert. Hieran zeigt sich die Notwendigkeit der fehlerhaften Replikation: ein Organismus kann so aufgrund seiner Variabilität bereits an unvorhergesehene Umweltänderungen angepaßt sein, ja er muß bereits angepaßt sein, da das genetische Material die Umwelt selbst nicht erkennen kann und eine gerichtete Änderung des Genoms in der Natur nie beobachtet wurde. Daraus resultiert das Prinzip der Evolution: Organismen zeigen aufgrund ungerichteter Mutationen im weitesten Sinne eine Variabilität, an der die Selektion durch die Umwelt einsetzen kann. In der Tat sind in natürlichen Populationen selbst der einfachsten Organismen nie zwei völlig identische Individuen zu finden. Diese Evolutionstheorie ist sicherlich die bedeutsamste allgemeine Theorie in der biologischen Entwicklung.

Zu den notwendigen Anpassungen der aus Nucleinsäure und Protein bestehenden, hypothetischen Replikatoren gehörte es, die übrigen organischen Moleküle der abiotischen Umgebung, die Lipide und Kohlenhydrate, zu nutzen. Hierfür waren zwei Erfindungen nötig: einmal die Biomembran, ein Komplex aus Proteinen und Lipiden. Sie ist eine Barriere und zugleich ein Vermittler zwischen Replikator und Umwelt. Die zweite Erfindung ist der Energiestoffwechsel, in dessen Reaktionscyclen chemische Energie für Biosynthesen verfügbar wurde. Zusätzlich entstanden Pigmente, die die Lichtenergie für die Assimilation anorganischer Moleküle zu energiereicheren organischen Stoffen verfügbar machten. Die bei diesen Erfindungen gemachte Erfahrung wurde konserviert, indem das Genom um die Gene bereichert wurde, die notwendig sind, um Enzyme für die jeweiligen Schritte dieser Reaktionscyclen bereit zu stellen, denn die Natur speichert nur, was sie auch vervielfältigen kann.

Organismen mit den bisher aufgeführten Kennzeichen sind einfache Zellen, die Prokaryonten. Zu ihnen gehören die Bakterien, die sich seit Milliarden von Jahren erhalten haben. Diese Organisationsform ist sehr erfolgreich, denn es gibt kein Biotop, in dem nicht Bakterien vorhanden wären, sei es eine brennende Kohlenhalde oder ein kochender Geisir. Zur Steuerung der biologischen Prozesse in Bakterien sind ca. 5000 Gene nötig, von denen etwa die Hälfte bekannt ist. Sie sind hintereinander angeordnet und bilden ein ringförmiges DNA-Molekül von ca. 1 mm Länge.

An den Bakterien sind wichtige Erkenntnisse der molekularen Biologie gewonnen worden, da sie ein relativ kleines Genom besitzen und eine kurze Generationszeit haben. Das Operonkonzept am Beispiel der Enzyminduktion und die Erkenntnis der Regulation der Genaktivität durch selektive RNA-Synthesen (Transkriptionskontrolle) sind richtungsweisend gewesen für die Deutung der Entwicklungsphänomene auch der höheren Organismen. Wir werden uns später fragen, ob embryonale Induktionen und Regulationen diesem Phänomen wirklich vergleichbar sind.

Bakterien besitzen gelegentlich neben ihrem Genom kleine zusätzliche genetische Systeme, manchmal als genetisches "Kleingeld" bezeichnet, die ihnen besondere Eigenschaften verleihen können. Diese Systeme (Plasmide und Bakteriophagen) haben ganz neue Möglichkeiten erschlossen, fremde DNA-Abschnitte in das Genom hinein- und hinauszubringen, bzw. einfach innerhalb eines Genoms hin- und herzutransportieren. Hierbei können in kürzester Zeit, innerhalb von Minuten, Gene zusammengesetzt werden, wobei die DNA selbst als ein Mutagen wirken kann. Der Informationsspeicher, die DNA, erweist sich als unerwartet dynamisch. Diese natürlichen Prozesse biotechnisch geschickt auszunutzen, ist das aufregende Gebiet des "genetic engineering".

Bei aller Bewunderung für die spezifischen Leistungen der Prokaryonten muß man feststellen, daß sie sehr kleine Organismen sind, und daß das Entwicklungsrepertoire einer einzelnen Bakterienzelle sich gegenüber den höheren Lebewesen als recht bescheiden darstellt. Ihr Lebenszweck besteht darin, sich zweizuteilen oder, wie man auch gesagt hat: sie träumen von der Zellteilung und von sonst nichts.

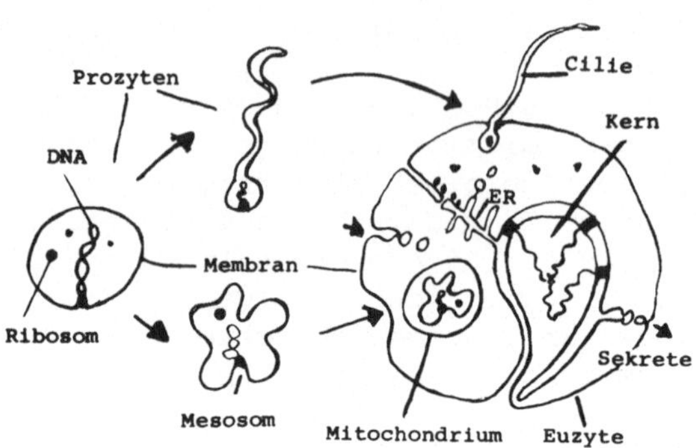

Große und komplexere Organismen, die Eukaryonten, zu denen die Menschen, aber auch die Amöben gehören, sind erst durch die Entwicklung eines anderen Zelltyps möglich gewesen.

Eine typische Eukaryontenzelle hat ein Volumen von ca. 1000 μm^3 und ein Gewicht von 10^{-9} g. Sie ist damit ca. 1000 mal größer und schwerer als ein Bakterium und enthält als wesentlichstes Merkmal einen Zellkern. Der Entwicklungsschritt von den Pro- zu den Eukaryonten hat lange gedauert, etwas über eine halbe Milliarde Jahre. Man kann sich vorstellen, daß mehrere Spezialisten unter den Prokaryonten sich zusammengetan haben und eine Symbiose eingegangen sind, in der sich die speziellen Eigenschaften zum Wohle aller erhalten haben, die Voraussetzungen für eine eigenständige Existenz aber vernachlässigt wurden, so daß diese Symbionten bald nicht mehr außerhalb der Zelle überleben konnten. Vermutlich gehen Zellorganellen, wie die Mitochondrien, die sämtliche Zellen besitzen, und die Chloroplasten der Pflanzen auf derartige Symbiosen zurück. Diese Organellen besitzen zwei verschiedene Membranen; ihr Proteinsyntheseapparat und ihr Genom ähnelt dem der Prokaryonten; sie können sich autonom in der Zelle replizieren. Auch die Bewegungsorganellen der Eukaryonten, die Cilien und Flagellen, könnten aus einer Symbiose mit gewissen Mikroorganismen, den Spirochaeten hervorgegangen sein. Mit ihren Basalkörpern wären ebenfalls autonom vermehrungsfähige Strukturen frei in das Cytoplasma gelangt, wo sie den Auf- und Abbau des cytoplasmatischen Gerüsts aus Mikrotubuli und später des mitotischen Apparates organisieren.

Der Zellkern schließlich könnte als eine Weiterentwicklung der Mesosomen von Bakterien als eine Membraneinschnürung verstanden werden, an der das Genom angeheftet ist. Hierdurch wären vielleicht viele, vielleicht gleichartige Genome von der Außenwelt und vom Cytoplasma räumlich getrennt worden. In solchen multiplen Genomen können sich

Mutationen über lange Zeit erhalten, zumal der Selektionsdruck der Umwelt vom Cytoplasma abgepuffert wird. Gleichzeitig und gleichsam nebenbei wäre mit der Bildung der Kernhülle das endoplasmatische Retikulum als ein Kommunikationssystem zwischen dem Genom und der Umwelt entstanden, wobei der Golgi-Apparat die Verbindung zu cytoplasmatischen Räumen gewährleistet.

Zusätzlich haben sich im Cytoplasma Vesikel ausgebildet, Lysosomen, in denen solche abbauenden Enzyme gespeichert werden, die in freier Form die Zellen zerstören würden. Diese Enzyme sind aber notwendig, um die Nahrung aufzuschließen, die von außen in flüssiger oder fester Form aufgenommen und durch Einfaltung der Zellmembran ebenfalls in Vakuolen eingeschlossen wird. Somit besitzt die Eukaryontenzelle aufgrund ihrer Kompartimentierung ganz verschiedene Reaktionsräume in unmittelbarer Nachbarschaft nebeneinander.

Die Nahrungsvakuolen und die Biosynthese von energiereichen Vorratsstoffen, z.B. Glykogen, machen die Eukaryonten von ihrer Umgebung weitgehend unabhängig. Ihr Genom braucht nicht unmittelbar auf Umwelteinflüsse zu reagieren, es muß nicht ständig DNA repliziert werden, und die Gene müssen auch nicht immer durch An- und Abschalten der RNA-Transkription reguliert werden. Kurz gesagt, die Eukaryontenzellen haben Zeit, von etwas anderem zu träumen als von der Teilung in zwei gleichartige Zellen. Neben der Optimierung der biochemischen Reaktionen durch "Verbesserung" der DNA-Moleküle und der Enzymproteine hat sich unter den Einzellern eine enorme Gestaltenvielfalt entwickeln können.

Zusätzlich besitzen sie einen Mechanismus, alle ihre Gene in einen gemeinsamen Genpool einzubringen und sie miteinander auszutauschen. Dies wurde möglich durch die Erfindung der Sexualität und damit der generativen Vermehrung. Dieser Mechanismus führt zunächst zur Verminderung der Zahl der Organismen, weil je zwei miteinander verschmelzen. Es verschmelzen nicht nur die Zellen, sondern auch die Zellkerne, und so entsteht die Zygote. Dieser Prozeß würde mit jedem Mal das Genom verdoppeln, hätte sich nicht gleichzeitig ein Mechanismus entwickelt, der dafür sorgt, daß, ehe es zu einer Verschmelzung kommt, das Genom genau halbiert wird. Dies wiederum wird durch die Meiose erreicht: Es folgen zwei Teilungen kurz aufeinander, ohne daß - wie es bei der vegetativen Zellteilung, der Mitose, üblich ist - das Genom, d.h. die DNA, vorher verdoppelt wurde. Wenn alles gut geht, dann entstehen durch die Meiose aus zwei sexuell verschiedenen Individuen mit doppelten Chromosomensätzen (2x4) Individuen, sog. Gameten, mit je einem haploiden Chromosomensatz. Wenn sie paarweise, je ein Männchen und ein Weibchen, miteinander verschmelzen, können vier Zygoten entstehen. Über den Umweg der Verschmelzung kommt es also doch zu einer Vermehrung.

Während die Prokaryonten in der Regel nur ein Genom pro Zelle besitzen, finden sich bei den Eukaryonten sowohl Vertreter der Haplonten als auch der Diplonten und solche, bei denen es zu einem mehr oder weniger regelmäßigen Wechsel beider Formen kommt. Einen diploiden Organismus kann man sich auf zwei Weisen entstanden denken: einmal, indem die DNA-Verdoppelung von der Zellteilung abgekoppelt und dieser Zustand dann "eingefroren" wurde. Das wäre eine endogene Diploidisierung, vergleichbar mit der Endomitose; oder, indem zwei haploide Organismen miteinander fusioniert haben, ohne die Meiose kennenzulernen.

Ein wichtiges Prinzip der biologischen Entwicklung ist, daß es nicht ohne weiteres zur Fusion von verschiedenen Organismen kommen kann. Pro- und Eukaryonten verfügen über Mechanismen, das eigene Genom von einem fremden zu unterscheiden. Bakterien markieren ihre DNA. Sie können ein eingedrungenes fremdes DNA-Molekül erkennen und zerschneiden. Eukaryontenzellen markieren ihre Zelloberflächen so, daß nur die sehr ähnlichen Keimzellen eng verwandter Arten miteinander fusionieren können. Zwingt man im Experiment Eukaryontenzellen zur Fusion, so beobachtet man, daß die verschiedenen Genome recht gut miteinander auskommen können. Jedoch hat man bisher noch nie festgestellt, daß sich das Genom der Mitochondrien mit dem des Zellkern vermischt hätte.

Auch die Eukaryontenzelle ist in ihrer Größe und Komplexität begrenzt. Sie kann maximal einige Millimeter groß werden. Einige erfolgreiche Versuche extremer Zellvergrößerung haben sich bis heute erhalten können. So haben manche einzelligen Grünalgen einen besonders großen Kern entwickelt. *Acetabularia* z.B. kann mehrere Zentimeter groß werden; sie bildet ein Rhizoid, einen Stiel und einen hutförmigen Fruchtkörper. Bei den Schleimpilzen, jenen altertümlichen, weitverbreiteten Landbewohnern, kann man einen Übergang vom Einzeller zum Vielzeller recht gut kennenlernen. Bei der einen Gruppe von Schleimpilzen, z.B. bei *Physarum*, ist die Mitose derart abgewandelt, daß die Kernteilung von der Zellteilung entkoppelt ist. So entstehen riesige Zellen, sogenannte Plasmodien, die viele Milliarden von Zellkernen enthalten können. Dieser Organismus kann unter geeigneten Lebensbedingungen Fruchtkörper bilden und dann erst die Zellgrenzen einziehen, so daß viele einzellige Sporen entstehen, aus denen Amöben schlüpfen.

Bei der anderen Gruppe von Schleimpilzen, z.B. bei *Dictyostelium*, kommt es unter bestimmten Bedingungen zu einem sozialen Verhalten der einzelligen Amöben, welches durch chemische Kommunikationsstoffe ausgelöst wird. Dann aggregieren die einzelnen Amöben zu einem übergeordneten System, einem Organismus, der schon wie ein Vielzeller aussieht. Auch hier bildet sich ein Fruchtkörper. Die einzelnen Amöben, die aus den Sporen schlüpfen, können einen neuen Lebenscyclus beginnen.

Diese Schleimpilze zeigen bereits ein wesentliches Prinzip aller Vielzeller, das der Arbeitsteilung, in drastischer Weise: bei der Entstehung der Amöben für die nächste Generation sterben bei *Physarum* viele Zellkerne ab, ebenso wie bei *Dictyostelium* viele Amöben absterben. Da die Natur nur das konserviert, was sie auch replizieren kann, muß man annehmen, daß die Organisationsweise der Vielzeller das Absterben mancher, ja der meisten ihrer Zellen, erfordert. Diese Zellen verfügen über noch mehr Zeit als die einzelligen Eukaryonten, die sie nicht auf ihre Replikation verwenden müssen. Sie nutzen die Zeit, indem sie etwas ganz Neues tun: sie differenzieren sich. Differenzierungsprozesse, die einem Vielzeller spezielle Eigenschaften verleihen, dauern lange und sind in der Regel irreversibel. Dieses Prinzip biologischer Entwicklung war äußerst erfolgreich. Es hat nicht nur sehr große Lebewesen hervorgebracht, sondern auch vorzüglich angepaßte, verschieden geformte Organismen geschaffen, die in drei große Kategorien eingeordnet werden können: die Pilze, welche die längste Zeit ihres Entwicklungscyclus als haploide Organismen leben und selbst nach der Zellverschmelzung die Zellkerne nicht gleich zu Zygoten vereinigen (Pilze sind Dikaryonten).

Die zweite Kategorie bilden die Pflanzen, die sich primär in die Wurzel und den Sproß differenzieren und ständig wachsen können. Ihre typische Gestalt wird durch die Orientierung des mitotischen Apparates festgelegt, da die Pflanzenzellen wegen ihrer starren Zellulosewand praktisch unbeweglich sind. Pflanzen sind Haplodiplonten, und in ihrem Lebenscyclus wechseln haploide und diploide Abschnitte miteinander ab. Je höher die Pflanzen sich entwickelt haben, desto kürzer ist die haploide Phase, d.h. desto später kommt es zur Meiose. Als letzte sind die Angiospermen entstanden, die Blütenpflanzen.

Bei den Tieren, der dritten Kategorie, ist der haploide Lebensabschnitt meist auf die Keimzellen beschränkt. In einer ganz frühen Phase der Embryonalentwicklung wird bereits festgelegt, welche Zellen zu Keimzellen und welche zu Körperzellen werden (Keimbahnsonderung). Bei der Gestaltbildung der Tiere spielen Zellbewegungen eine wesentliche Rolle. Im Gegensatz zu den Pflanzen zeigen die Tiere ein begrenztes Wachstum, sie altern. In der Tierwelt sind enorm vielfältige Lebewesen entstanden. Wir werden uns mit den einfachen Tieren beschäftigen, den Schwämmen und den Hohltieren, aber auch mit den Würmern, den Arthropoden, den Gastropoden, den Echinodermen, schließlich aber auch mit den Wirbeltieren. Mit diser Tierklasse sind wir wieder bei dem Frosch angelangt, mit dem wir dieses erste Kapitel der *Entwicklungsbiologie* begonnen haben.

Alle biologischen Entwicklungsprozesse, die wir bisher erwähnt haben, sind ein Abriß der Evolution. Ein wesentliches Merkmal der Evolution ist die Zunahme der Genomgröße mit der Organisationshöhe. Der Besitz dieser Information in Form eines Entwicklungsprogrammes unterscheidet biologische Entwicklungsprozesse von denen der unbelebten Materie. Wie das Entwicklungsprogramm abgerufen wird, ist im Prinzip verstanden: Nach dem Dogma der molekularen Biologie wird die Information von einer Nucleinsäure auf eine zweite Nucleinsäure überschrieben, im Normalfall von DNA auf RNA (Transkription), und dann in der Synthese spezifischer Proteine (Translation) realisiert.

Wie diese einzelnen Programmschritte gezielt abgerufen werden, ist ein Kernproblem des anderen Aspekts der Entwicklungsbiologie: der Ontogenese; denn bei offenbar unverändertem Genom entsteht ein Vielzeller, wie der Frosch, aus einer Eizelle. Im Vordergrund unserer Betrachtungen wird diese Individualentwicklung stehen. Sie durchläuft beim Frosch, um bei einem klassischen Beispiel der Entwicklungsforschung zu bleiben, verschiedene, gut charakterisierte Abschnitte: die Befruchtung, die Embryonalentwicklung (mit den Teilprozessen der Furchung, des Schichtenbaues und der Entstehung der Gestalt, der Organentwicklung und der Gewebedifferenzierung), die Jugendentwicklung (Larvenstadium und Metamorphose der Kaulquappe zum Frosch), die Reifezeit, in der die Fortpflanzung erfolgt, die Alterung und endet schließlich mit dem Tod.

Ganz offensichtlich werden während der Embryonalentwicklung die sichtbaren Strukturen zunehmend komplexer, und das bei dem gleichen genetischen Programm aller Zellen des Frosches. Diese paradoxe Situation, daß die Zellen trotz unverändertem Genom verschieden werden, hat in der Vergangenheit zu einer Polarisierung der Meinungen der Entwicklungsbiologen geführt: Die einen glaubten den ganzen Organismus verkleinert im Ei wiederzufinden (die Präformisten), die anderen postulierten die Entstehung des Embryos aus der undifferenzierten Eizelle (die Epigenetiker).

Die Erkenntnis, daß biologische Systeme über ein Entwicklungsprogramm verfügen, also nicht über einen fest gefügten Bauplan, etwa einen Anlagenplan, löst den alten Gegensatz auf: In dem Programm, das in der DNA gespeichert ist, sind die Anweisungen enthalten, d.h. präformiert, zur rechten Zeit während der Entwicklung bestimmte Proteine entstehen zu lassen. Die neu gebildeten Strukturen wiederum treten in epigenetische Wechselwirkungen miteinander. Daraufhin können neue Programmabschnitte vom Genom abgerufen werden, usw. Damit ist der Blick freigegeben auf die eigentliche Frage, wie wohl das Entwicklungsprogramm im einzelnen abgespielt wird.

Wir wollen zum Abschluß die gemeinsamen Phänomene der Entwicklung biologischer Systeme noch einmal aufzählen: Lebewesen besitzen einen Programmspeicher und einen universellen Informationsverarbeitungsmechanismus. Sie lassen sich weiter kennzeichnen durch Wachstum, Vermehrung, Gestaltbildung und Differenzierung sowie durch eine hierarchische Ordnung ihrer Teile.

2 Die Organisation der Entwicklungsinformation

Wachstum, Morphogenese und Differenzierung sind typische Entwicklungsmerkmale, und die folgenden Beispiele sollen verdeutlichen, daß Gene für diese Merkmale verantwortlich sind. Genwirkungen erkennt man daran, daß durch Mutationen bestimmte Funktionen verändert werden oder ganz ausfallen.

Gestörtes Zellwachstum: Bakterien wachsen recht gut in einer Lösung aus Salzen und Zucker. Manche Individuen in einer großen Population können jedoch nicht wachsen, weil sie einen notwendigen Stoff, z.B. die Aminosäure Tryptophan, aufgrund einer Mutation im Syntheseweg dieser Substanz nicht mehr synthetisieren können. Eine solche Mangelmutante läßt sich recht einfach isolieren, indem man die vielen gesunden, d.h. die wachsenden Bakterien, durch Penicillin abtötet. Setzt man nun die fragliche Aminosäure zu, so wachsen die Mangelmutanten hoch. So kann man bei den haploiden Bakterien unmittelbar Tausende von verschiedenen mutierten Individuen isolieren und zugleich eine Menge über Enzymsynthesen und Reaktionswege des Intermediärstoffwechsels lernen. Man merkt dabei, daß die Proliferation der Bakterien an sehr vielen verschiedenen, hierarchisch geordneten Stellen des Zellstoffwechsels blockiert sein kann.

Gestörte Zellvermehrung: Bei der Maus führt die Mutation dwf (dwarf) im homozygoten Zustand zum Zwergwuchs. Man hat gefunden, daß dieser Effekt durch Implantation der Hypophyse einer gesunden Maus behoben werden kann. Der Defekt ist also an einer übergeordneten Stelle lokalisiert: es wird in der Hypophyse nicht genug Wachstumhormon gebildet. Hier zeigt sich, daß ein Gen die Vermehrungsrate der Zellen und damit das Wachstum der Maus reguliert.

Gestörte Zellgestalt: Die Sichelzellanämie beim Menschen ist eine Erbkrankheit, bei der homozygote Träger eine Verformung der roten Blutkörperchen zeigen. Diese läßt sich auf einen Defekt im roten Blutfarbstoff zurückführen, der seinerseits auf die Substitution einer einzigen Aminosäure in der Polypeptidkette des Beta-Globins zurückgeht. Hiermit kann eine defekte Zellgestalt auf eine Punktmutation, den Austausch einer einzigen Base auf der DNA, zurückgeführt werden.

Viele Entwicklungsmutanten kennt man bei der Taufliege *Drosophila*. Mehrere Mutationen wirken sich auf die Differenzierung einer ganz einfachen Struktur aus, nämlich einer Borste. Sie besteht aus Cuticulasubstanz, die von einzelnen Zellen der Körperoberfläche, der Epidermis, ausgeschieden wird. Nicht jede Epidermiszelle bildet eine Borste. Die Borstenbildungszellen entstehen durch eine spezielle, differentielle Zellteilung, aus der eine kleine und eine große Tochterzelle hervorgehen, die schräg übereinanderliegen. Aus der großen Zelle entsteht die Borste. Wenn die differentielle Zellteilung ausbleibt, fehlt an der entsprechenden Zelle eine Borste, und das Borstenmuster, ein Merkmal zur Artbestimmung dieser Insekten, ist gestört. Wenn durch die Mitose zwei gleichgroße Tochterzellen entstehen, bilden sich ebenfalls keine Borsten. Wenn statt einer zwei differentielle Mitosen ablaufen, entstehen statt einer Borste zwei Borsten. Schließlich gibt es verkümmerte Borsten: hier sind die Zellteilungen normal abgelaufen, aber es wird nicht genügend Borstensubstanz produziert. Diese wenigen Beispiele sollen genügen, um zu zeigen, daß Gene Entwicklungsprozesse steuern, sei es über die Herstellung bestimmter Produkte, sei es durch die Anzahl und die Orientierung bestimmter Zellteilungen. Deshalb wollen wir das genetische Material etwas näher betrachten.

2.1 DNA und Chromatin: Strukturen

Ehe man die Funktion des genetischen Materials versteht, ist es notwendig, etwas über seine Struktur zu erfahren. Die DNA ist ein Kettenmolekül, in dem zwei Polynucleotidstränge zu der berühmten Doppelspirale umeinander gewunden sind. Vier verschiedene Nucleotide, die aus je drei Teilen bestehen, nämlich einem Molekül Zucker (Desoxyribose), einem Phosphatrest und einer organischen Base (davon zwei Purine und zwei Pyrimidine), sind durch Esterbindungen zwischen dem Zucker und dem Phosphatrest kovalent verknüpft. Diese Verknüpfung geschieht immer zwischen dem dritten Kohlenstoffatom des Zuckers (C3') des einen Nucleotids und dem fünften Kohlenstoffatom des Zuckers im nächsten Nucleotid (C5'). Dadurch erhält die Kette ihre Polarität. Weil die Basen eine spezifische Affinität zueinander haben, wobei A mit T und G mit C jeweils im DNA-Doppelstrang gepaart sind, legt die Nucleotidsequenz des einen Stranges diejenige des anderen Stranges eindeutig fest, und die Polarität der beiden Stränge ist einander entgegengesetzt.

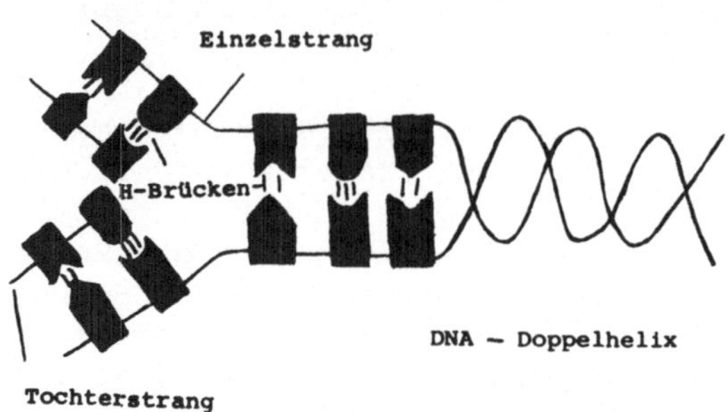

Der relative Anteil der vier verschiedenen Nucleotide beeinflußt das Gewicht der DNA. Dies kann man nutzen, um DNA von leichteren Molekülen (z.B. Proteinen) und schwereren Molekülen (z.B. RNA) abzutrennen, aber auch um den Gehalt an Nucleotiden in einer unbekannten DNA zu ermitteln; denn ein hoher Anteil von G+C macht das Molekül schwerer. Mittels Dichtegradientenzentrifugation lassen sich DNA-Moleküle sowohl charakterisieren als auch von anderen Substanzen abtrennen und reinigen.

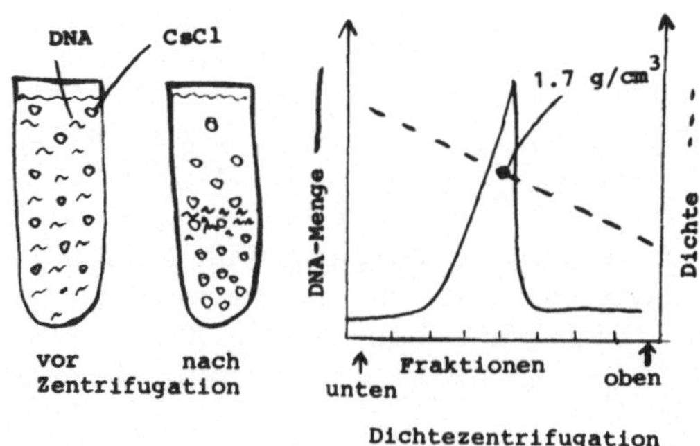

Die Basenpaarung der beiden Nucleotidketten der Doppelhelix erfolgt über Wasserstoffbrücken. Durch Erhitzen läßt sich diese native DNA durch eine Art Schmelzvorgang zu DNA-Einzelsträngen denaturieren. Die Schmelztemperatur ist abhängig von der Basenzusammensetzung, da das stabile G-C-Paar mit seinen drei Wasserstoffbrücken mehr Energie zur

Trennung benötigt, als das A-T-Paar mit nur zwei solchen Brücken. Somit ist neben dem spezifischen Gewicht auch der Schmelzpunkt ein Charakteristikum einer DNA.

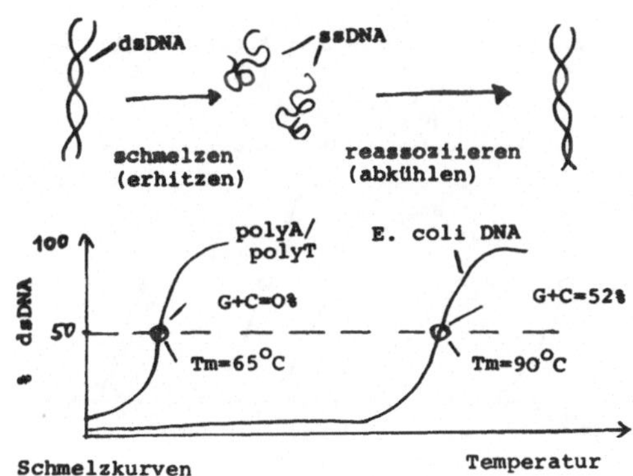

Bei geeigneten Bedingungen können denaturierte, also einzelsträngige DNA-Moleküle aufgrund der Basenpaarung wieder zusammenfinden, d.h. renaturieren. Der Grad dieser Reassoziation ist nicht nur abhängig von der Konzentration der DNA, der Temperatur und der Zeit: Die Reassoziationskinetik ergibt eine wichtige Aussage über die Komplexität der Basensequenz innerhalb der DNA und damit über die Menge an Information, die sie enthalten kann. Das einfachste DNA-Molekül enthält nur eine einzige Nucleotidart, sagen wir A. Dann besteht der entsprechende Doppelstrang aus polyA-polyT, oder nach der Denaturierung aus polyA und polyT. Bei der Renaturierung finden sich A und T wieder zusammen. Diese Nucleinsäure kann nur ein einziges Basenpaar ausbilden. Sie hat die Komplexität von 1. Ein alternierendes Kettenmolekül polyAT (ATATA...) hat die Komplexität von zwei, weil es zwei Basenpaare (AT und TA) bilden kann. Je länger eine Sequenz von verschiedenen Nucleotiden wird, desto länger dauert es, bis sich eine komplementäre Sequenz findet, die mit ihr zu einem Doppelstrang renaturieren kann, und desto größer ist ihre Komplexität. Die Komplexität einer unbekannten DNA läßt sich unmittelbar aus der Reassoziationskurve ablesen, bei der der renaturierte Anteil gegen den COT-Wert, das Produkt aus DNA-Konzentration und Zeit, graphisch aufgetragen ist. Der Quotient des COT-Wertes, bei dem 50% von polyA-polyT (Komplexität = 1) bzw. der unbekannten DNA gepaart sind, gibt ihre Komplexität in Nucleotidpaaren an. Für ein Bakterium, z.B. *E.coli*, erhält man den Wert von 5×10^6 Basenpaare (= Nucleotidpaare NP).

Wenn die genetische Information in der Anordung der Nucleotide verschlüsselt ist und jedes Gen, d.h. jede Nucleotidsequenz, in einem haploiden Genom von *E.coli* nur einmal vorkommt, dann muß die Komplexität (die Summe der Nucleotide im Genom, die in einer bestimmten Reihenfolge nur einmal vorkommen) zugleich ein Maß für die Länge des Genoms sein. Die Länge einer DNA läßt sich durch das Molekulargewicht, durch das Sedimentationsverhalten in der Ultrazentrifuge oder direkt im Elektronenmikroskop (EM) ermitteln. Sie stimmt bei den Bakterien gut mit dem Komplexitätsgrad überein. Dies wiederum heißt, daß bei einem Prokaryontengenom jeder Abschnitt der Nucleinsäure, d.h. jedes Gen, nur einmal vorkommt. Seine Basensequenzen sind singulär.

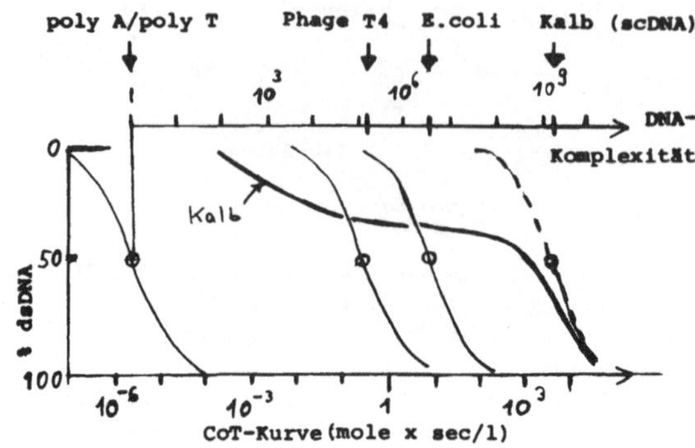

Diese Diskussion der DNA-Komplexität wäre eigentlich bedeutungslos, wenn es nicht eine Überraschung gäbe bei der Analyse typischer Eukaryontengenome. Beim Kalb z.B. ist das Genom ca. 1000 mal größer als bei den Bakterien, d.h. die DNA, ca. 1 m lang, wiegt 10 pg und enthält ca. 5 x 10^9 BP (Basenpaare). Dementsprechend müßte die Reassoziationskurve dieser DNA um drei Dekaden nach rechts verschoben sein; das findet man aber nicht. Dafür beobachtet man bei der Eukaryonten-DNA, daß nur ein Teil, etwa die Hälfte, mit der erwarteten Kinetik renaturiert: dies sind die singulären DNA-Sequenzen. Ein beträchtlicher Anteil jedoch renaturiert schneller als erwartet. Diese DNA besteht aus Sequenzen, die mehr als einmal im Genom vorhanden sind. Es handelt sich um hochredundante DNA, die sehr häufig, bis zu 10^6 x pro Genom, vorkommt und unmittelbar tandemartig hintereinander geschaltet ist, sowie um solche, die sich in zahlreiche (ca. 10^4) Familien mit jeweils etwa ebenso viel Familienmitgliedern einordnen lassen. Diese letztere DNA wird mittelrepetitiv genannt, und ihre Sequenzen wechseln sich mit den singulären im Genom ab. Die Bedeutung der repetitiven Sequenzen ist noch nicht bekannt. Es ist jedoch sicher, daß der Anteil dieser Sequenzen nicht unmittelbar mit der Organisationshöhe eines Lebewesens korreliert: bei manchen nahe verwandten Froscharten liegen beispielsweise 10-90% der gesamten DNA als repetitive Sequenzen vor, und dazwischen finden sich alle Übergänge. Dieser Befund erklärt zugleich die bislang paradoxe Situation, wonach die Genomgröße bei diesen Amphibien um ein Vielfaches variiert: die Schwankungen der DNA-Menge beruhen auf den repetitiven DNA-Abschnitten, während die Menge der singulären DNA-Sequenzen und damit auch ihre Sequenzkomplexität, d.h. die Zahl der Gene (?) recht ähnliche Werte ergibt. Dieser Befund und die Tatsache, daß nach der klassischen Genetik in einem haploiden Genom ein Gen nur einmal vorhanden ist, lassen uns vermuten, daß die genetische Information in den singulären DNA-Sequenzen verschlüsselt ist. In der Tat läßt sich eine gute Korrelation zwischen der Organisationshöhe von verschiedenen Lebewesen und der Komplexität der singulären DNA-Sequenzen aufstellen.

Schließlich findet man, daß ein kleiner Teil der DNA -einige Prozent, und das ist immerhin genug, um potentiell einige Tausend verschiedene Proteine zu codieren - bereits renaturiert ist, ehe man überhaupt mit der Messung der DNA-Reassoziation begonnen hat. Hier handelt es sich um intramolekulare Reassoziation von benachbarten Basensequenzen ein und desselben Einzelstranges, sog. Palindrome oder invertierte Sequenzen. Im Elektronenmikroskop erkennt man "Haarnadeln" oder, wenn eine andere DNA-Sequenz dazwischen geschaltet ist, tennisschlägerähnliche Gebilde.

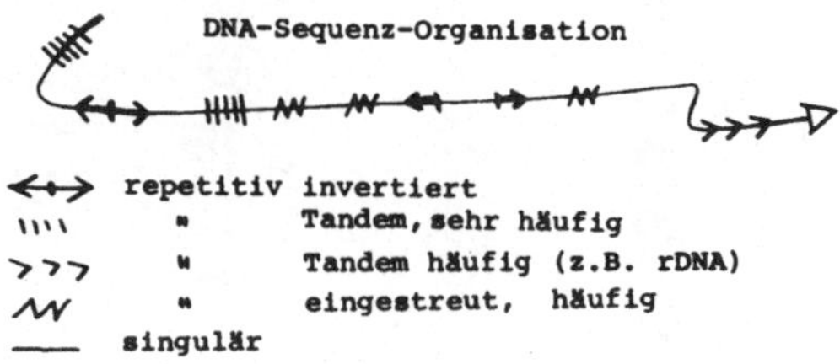

Diese kurze Diskussion der Sequenzorganisation der Eukaryonten-DNA sollte verdeutlichen, daß mit höherer Organisation die Komplexität der singulären DNA-Abschnitte zunimmt, und daß ein beträchtlicher Teil der DNA den verschieden häufig repetitiven Abschnitten im Genom zugeordnet ist. Das Eukaryontengenom ist zusätzlich dadurch ausgezeichnet, daß die DNA permanent als Chromatin vorliegt, d.h. eine komplexe Bindung mit Proteinen eingeht. Man unterscheidet zwei Klassen von Chromatinproteinen: die Histone und die Nichthistone. In einem Zellkern finden sich stets gleiche Mengen von Histonen und DNA. Die Histone sind eine Gruppe von fünf kleinen Proteinen (H1, H2A, H2B, H3 und H4) mit einem

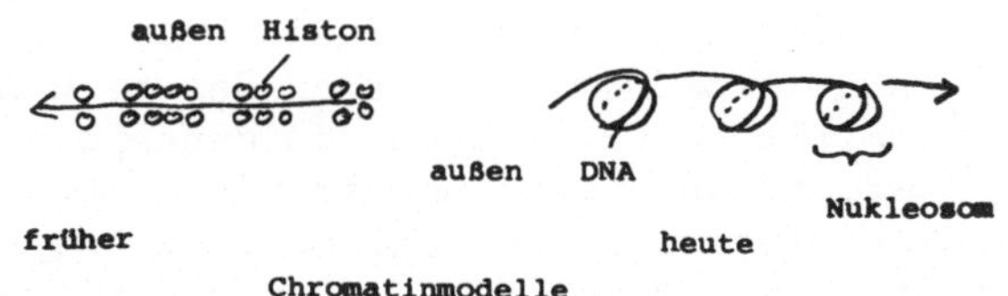

hohen Anteil an basischen Aminosäuren. Diese erlauben eine Bindung an die sauren Gruppen der DNA. Jeweils vier der Histone (ausgenommen ist H1) bilden einzelne Komplexe, in denen jedes Molekül zweimal vorhanden ist, also ein Oktamer. Dieses Gebilde, das Nucleosom, wird von dem DNA-Faden umschlungen, so daß die Grundstruktur des Chromatins einer Perlenkette gleicht, wobei jede Perle einem Nucleosom mit ca. 70 nm herumgewickelter DNA (ca. 200 Basenpaare lang) entspricht. Da ein Nucleosom ca. 10 nm dick ist, wird das DNA-Molekül gegenüber dem gestreckten Zustand um den Faktor 7 verkürzt. Alle Eukaryontengenome sind in solchen Nucleosomen organisiert, und im Kern dieser Kügelchen sind die beiden Histone H3 und H4 in der Evolution derart streng konserviert worden, daß ihre Aminosäuresequenz bei der Erbse und beim Kalb fast identisch ist.

Die Perlenkette ihrerseits nimmt eine übergeordnete Form an, bei der wahrscheinlich das Histon H1 beteiligt ist, welches zwischen den einzelnen Nucleosomen an die DNA bindet. Das Resultat ist eine weitere Verkürzung des DNA-Fadens zu einer Chromatinfibrille von 20 nm Durchmesser. Diese wiederum ist nochmals aufgefaltet und wird durch einige Strukturporteine in verschieden großen Schleifen, sog. Domänen, zusammengehalten.

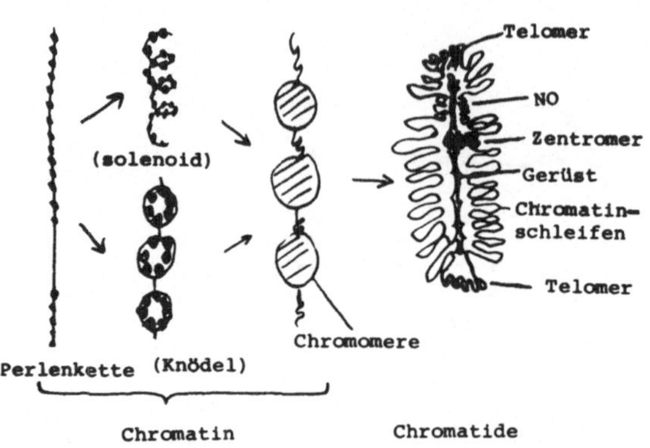

Eine weitere Auffaltung führt zu den bereits im Lichtmikroskop sichtbaren Chromomeren. Im Zellkern liegt das Chromatin nicht einheitlich vor. Man kann aufgelockerte und kompaktere Bereiche unterscheiden, die man als Eu- und Heterochromatin bezeichnet. Den äußersten Grad der Faltung, bei dem das Genom 10.000fach verkürzt wird, realisieren die Chromosomen als Transportform des genetischen Materials. Nur in Spermakernen wird eine noch dichtere, quasikristalline Packung erreicht. Chromosomen sind individuelle Gebilde; sie haben, je nach der Länge des in ihnen enthaltenen DNA-Fadens und der Verteilung der verschiedenen DNA-Sequenzen, eine ganz unterschiedliche, charakteristische Gestalt. Ein typisches Chromosom besitzt an den beiden Enden Telomeren und am Zentromer spezifische Strukturen, an denen die Spindelfasern des mitotischen Apparates ansetzen, um die Verteilung der Tochterchromosomen zu gewährleisten. Manche Chromosomen besitzen einen Nucleolusorganisator (NO), einen Bereich, von dem aus während der Entspiralisierung des Chromatins nach einer Mitose die nucleolären ribosomalen Gene ausgespult werden, an denen sich der Nucleolus entwickelt. An dieser charakteristischen Struktur, die praktisch jeder Zellkern besitzt, wird ribosomale RNA produziert.

2.2 DNA und Chromatin: Funktionen

Damit haben wir zum ersten Mal einen funktionellen Aspekt des genetischen Materials erwähnt: die Synthese von RNA. Es empfiehlt sich zunächst, funktionelle Analysen entweder an ganz einfachen oder an ganz speziellen Systemen durchzuführen. Wir wollen dies anhand der

RNA-Synthese, der Transkription, an einem Riesenchromosomen und an einem Bakteriophagen einmal versuchen.

Die Besonderheit der Riesenchromosomen, die in manchen Geweben bei vielen Dipteren, z.B. bei *Drosophila* vorkommen, liegt darin, daß das Chromatin nicht so stark kondensiert ist wie bei mitotischen Chromosomen; sie sind also sehr lang. Außerdem haben sich die Chromatinfäden vielfach vermehrt, sind aber beisammengeblieben, d.h. Riesenchromosomen sind dick. Da die zahlreichen Chromatinfäden exakt nebeneinander liegen, erscheint anstelle jedes Chromomers eines einzelnen Chromatinfadens eine Bande oder Querscheibe und anstelle jedes Interchromomers eine Interbande. Folglich hat jedes Chromosom ein typisches Bandenmuster, und jede der ca. 5000 Banden hat einen bestimmten Namen erhalten, weil sie wichtig sind, sowohl für die Biologen als auch für die Fliege. Fehlt eine Bande, so kann das tiefgreifende Folgen für die Fliege haben, und die Genetiker können dann einem Gen eine Position im Genom zuordnen. Dies nennt man Deletionskartierung, und daraus ist eine Faustregel entstanden: eine Bande - ein Gen.

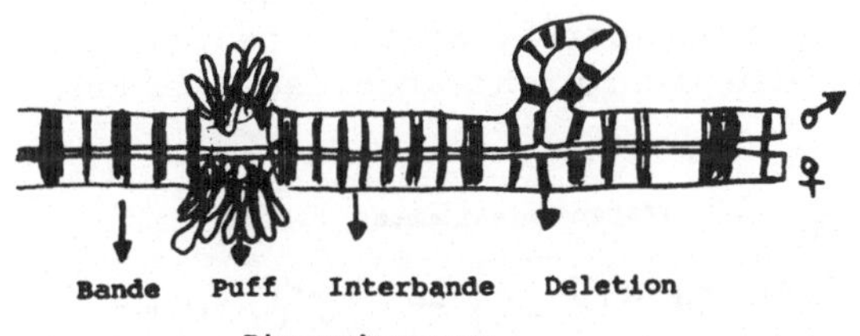

Riesenchromosom

Uns interessiert die Tatsache, daß einzelne Banden einmal kompakt als Bande, ein andermal aber stark aufgelockert als "Puff" vorkommen können. Das Muster des Puffs unterscheidet sich in verschiedenen Geweben und Entwicklungsstadien auf charakteristische Weise voneinander. Aus diesen morphologischen Beobachtungen hat man die Hypothese hergeleitet: ein Puff - ein aktives Gen. In der Tat ist diese Struktur ein vorzügliches Beispiel für eine "Funktionsstruktur", denn durch den Einbau von radioaktiv markiertem Uridin, ein spezifisches Tracer-Molekül für RNA-Synthese, kann eine intensive Markierung des Puffs autoradiographisch nachgewiesen werden. Mit biochemischen Methoden hat man inzwischen klargelegt, daß an den Puffs RNA hergestellt wird, die im Cytoplasma als messenger RNA (mRNA) die Synthese spezifischer Proteine an den Polysomen steuert.

Mit dieser Beobachtung an den Puffs läßt sich eine ganz zentrale Hypothese der Entwicklungsbiologie aufstellen: die These der differentiellen Genaktivität. Sie besagt, daß in verschiedenen Geweben verschiedene Gene aktiv sind, und daß während der Entwicklung durch den Differenzierungsprozeß festgelegt wird, welche Gene in einem bestimmten Gewebe ein- oder ausgeschaltet sind. Damit reduziert sich das Differenzierungsproblem auf eine Entschlüsselung des Programms, welches das zeitliche Muster der aktiven bzw. inaktiven Gene festlegt. Dies ist eine einfache Frage, aber eine einfache Antwort darauf kann bis heute niemand geben.

Betrachten wir jetzt einen Bakteriophagen: Er besitzt ein viel kleineres Stück DNA, d.h. er hat ein viel einfacheres genetisches Programm, und ein paar Proteine, mit denen die DNA eingehüllt wird. Für die meisten Syntheseprozesse benutzt er zwar die Stoffwechselmaschinerie seines Wirts, aber er besitzt auch das zu seiner eigenen Vermehrung notwendige Programm, durch das er seinen Wirt völlig umprogrammieren kann. Es ist auf das Wesentliche beschränkt, und seine Analyse könnte uns Einblick in ein einfaches Entwicklungsprogramm gewähren. Dieses Programm erlaubt dem Phagen, sich zum einen als blinder Passagier, zum anderen als lebensgefährlicher Parasit in seinem Wirt aufzuhalten. Im ersten Fall wird seine DNA in das Bakteriengenom eingebaut, und damit übernimmt der Wirt sogar die kontrollierte Vermehrung des Phagen. In diesem Zustand ist nur ein einziges Phagengen aktiv, und zwar ein Regulatorgen. Es verhindert, daß die übrigen Gene des Phagen abgelesen werden können. Das Ablesen dieser Gene, d.h. ihre Transkription in mRNA, besorgt ein Enzym, die RNA-Polymerase des Wirts. Diese erkennt, d.h. bindet an eine bestimmte Stelle im Phagengenom, den Promotor, und möchte anfangen, RNA zu synthetisieren. Dies aber verhindert das Produkt des Regulatorgens, das Repressorprotein, das in der Nähe des Promotors an einem anderen DNA-Stückchen, dem Operator, bindet und der RNA-Polymerase den Weg versperrt. Solange genug Repressormoleküle vorhanden sind, können die Gene nicht abgelesen werden.

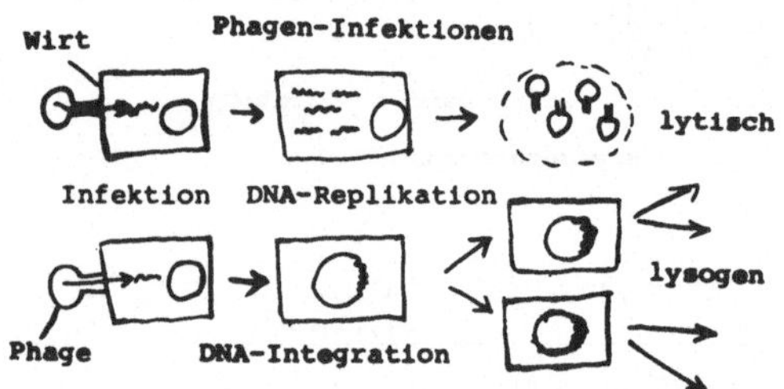

Nimmt die Konzentration des Repressormoleküls ab, oder wird es durch die Bindung anderer Moleküle so deformiert, daß es nicht mehr fest an der DNA bindet, so kann die RNA-Polymerase loslegen und wenigstens ein kleines Stück RNA synthetisieren. Häufig aber kommt es zum Abbruch der RNA-Kette, ohne daß ein mRNA-Molekül entstanden ist. Diese vorzeitige Termination kann dadurch vermieden werden, daß ein Hilfsmolekül an der RNA-Polymerase bindet und ihr über die schwierigen Stellen hinweghilft. Nun kann langkettige mRNA synthetisiert werden. Ihre Menge kann jetzt sogar noch erhöht werden, wenn ein weiteres Regulationsmolekül der RNA-Polymerase hilft, möglichst schnell wieder den Promotor zu finden und eine neue Transkriptionsrunde zu beginnen. Die hergestellte mRNA kann sehr lang sein und die genetische Information für mehrere Proteine, darunter für Regulationsproteine wie auch Strukturproteine, enthalten. Bereits während der mRNA-Synthese binden die Ribosomen des Wirts an sie, und innerhalb von Minuten erscheinen in der Reihenfolge der vorangegangenen Transkription die Proteine, die vom Phagengenom codiert sind und jetzt für seine schnelle Vermehrung sorgen.

So entstehen einige Hundert Nachkommen, ehe die Wirtszelle abstirbt. Man muß ergänzen, daß dieses Entwicklungsprogramm keineswegs so einfach ist, wie diese vereinfachende Darstellung vermuten läßt. Wir möchten einige Punkte festhalten:

1. Es gibt neben den Strukturgenen, die jeweils für große Mengen an Protein codieren, Regulatorgene, und außerdem DNA-Abschnitte, an denen Regulationsproteine spezifisch binden können.
2. Die Regulation der Genaktivität geschieht durch zwei antagonistische Kontrollmechanismen, einen inhibierenden und einen stimulierenden. Beide beruhen auf kurzfristigen Wechselwirkungen von Proteinen mit bestimmten DNA-Abschnitten und bewirken positive oder negative Kontrolle der RNA-Synthese.
3. Manche Gene sind im Genom so zusammengestellt, daß sie als ein gemeinsames mRNA-Molekül abgelesen werden. Diese RNA ist das unmittelbare Produkt der Genexpression,und sie wird sofort in Proteine übersetzt. Mit der Synthese der mRNA ist also weitgehend die Expression des entsprechenden Gens bestimmt (Transkriptionskontrolle).
4. Weitgehend unverstanden bleibt jedoch trotz detaillierter Kenntnis dieser Regulationsprozesse, wie die wesentliche Entscheidung getroffen wird, die ein Bakteriophage zu fällen hat, vielleicht vergleichbar der Aufgabe, denen echte Zellen bei einer Differenzierungsleistung gegenüberstehen: soll er sich als blinder Passagier oder als Parasit benehmen?

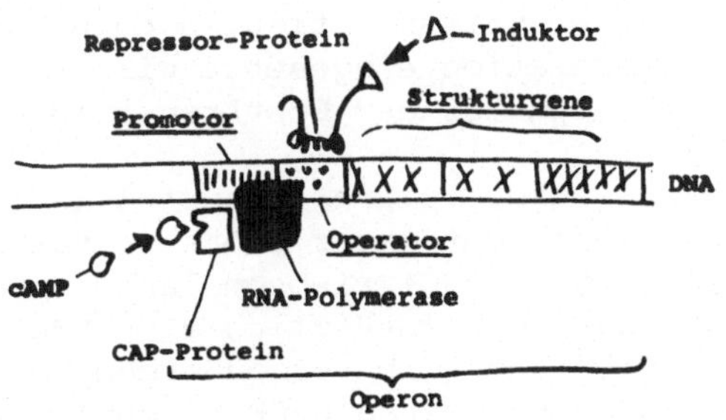

Die Fortschritte im Verständnis des genetischen Programms der Prokaryonten sind ein glänzendes Beispiel der Kooperation zweier biologischer Disziplinen: der Genetik und der Biochemie, d.h. der Molekulargenetik. Die unmittelbare Koppelung des Ablesens der Gene mit der Proteinbiosynthese bei den haploiden Mikroorganismen erlaubt, die Auswirkung einer Mutation direkt zu beobachten. Das relativ kleine Genom, eine enorme Vermehrungsrate und spezifische Selektionstechniken ermöglichen es, zu jeder genetischen Funktion eine Mangelmutante zu isolieren. Solange man eine Zellfunktion nicht über eine Mutation auf ihr Gen zurückführen kann, bleibt die biologische Analyse auf die Beschreibungen von Korrelationen beschränkt.

Vor dieser Problematik steht auch der Entwicklungsbiologe. Das genetische Programm seiner Objekte ist viel größer und damit die Wahrscheinlichkeit entsprechend gering, eine Mutation in ein entscheidendes Entwicklungsgen einzuführen. Anstelle gerichteter Selektionsverfahren ist man auf Zufallstreffer angewiesen, von denen es aber zum Glück einige gegeben hat. Bisher haben die Entwicklungsbiologen vorwiegend durch Experimente an Organismen, Embryonen oder Zellen die Steuerung der Entwicklung analysiert, sozusagen weit weg vom Genom. Sie beginnen jetzt erst auf der molekularen Ebene Funktionszusammenhänge zwischen dem genetischen Programm des Eukaryontengenoms und definierten Entwicklungsprozessen zu erkennen. Dabei hat man einige Überraschungen erlebt, weil man sich zunächst an den Verhältnissen in Prokaryonten orientiert hat. Über die Beobachtungen an Riesenchromosomen hinaus ist ein etwas tieferer Einblick in die Funktionsstruktur des Eukaryontengenoms möglich geworden.

Die Frage ist also, wie geschieht die RNS-Synthese am Chromatin von Eukaryonten? Als wesentlicher Unterschied zu den Mikroorganismen steht fest, daß nach der Übertragung der genetischen Information vom Genom auf die RNA diese nicht unmittelbar zur Proteinbiosynthese verwendet wird, sondern erst nach ihrem Transport in das Cytoplasma. Das Hauptproblem ist daher, den Nachweis zu führen, von welchem DNA-Abschnitt im Zellkern die RNA-Moleküle des Cytoplasmas abstammen. Experimente mit spezifischen Inhibitoren der RNA-Synthese haben gezeigt, daß die behandelten Zellen oder der Organismus nicht sofort absterben, sondern eine Weile ohne mRNA-Synthese auskommen können. In der Tat ist die mRNA höherer Zellen mit einer Lebenszeit von ca. 24 h bis zu einigen Jahren weit stabiler als die mRNA von Mikroorganismen, die nur wenige Minuten existiert. Daher kann man bereits postulieren, daß mit der Herstellung der RNA, mit der Transkription, noch nicht festliegt, ob und wann sie auch zur Translation eingesetzt wird. Es bieten sich also Regulationsmöglichkeiten auf der Posttranskriptionsebene an.

Wenn man RNA-Moleküle aus subcellulärem Material isoliert, findet man zwei ribosomale RNA-Moleküle bestimmter Größe, eines in der kleinen (18S) und eines in der großen (28S) ribosomalen Untereinheit. Geht man von Polysomen aus, so findet man zusätzlich eine RNA heterogener Größe; dies ist die mRNA. Im Cytoplasma gibt es außerdem noch die Transfer (t)-RNA. Im Zellkern selbst herrschen unübersichtliche Verhältnisse, denn die drei verschiedenen RNA-Sorten werden am Chromatin in Form von Vorläufermolekülen (precursors) synthetisiert, die auf dem Weg ins Cytoplasma noch "zugeschneidert" werden (processing).

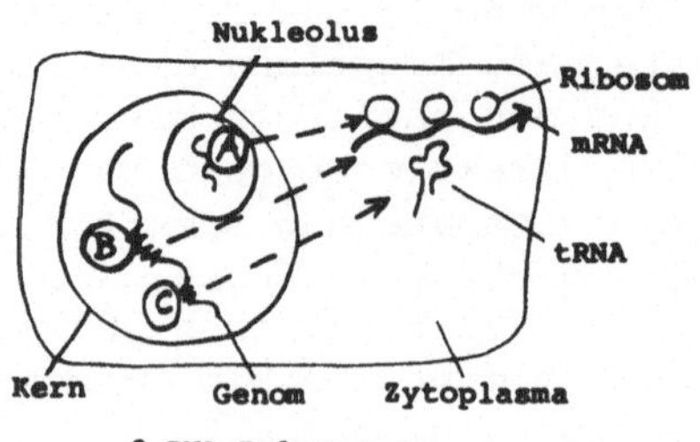

3 RNA-Polymerasen

Ein wichtiges Ergebnis ist, daß im Gegensatz zu den Bakterien für jede RNA-Klasse eine eigene Polymerase existiert, daß also die Synthese jeder RNA-Sorte unabhängig von der anderen reguliert sein könnte. Das Enzym RNA-Polymerase A synthetisiert rRNA, das Enzym B vermutlich mRNA und das Enzym C die tRNA. Seit einiger Zeit hat man bemerkt, daß das Gift des Knollenblätterpilzes, α-Amanitin, ein selektiver Hemmstoff für die RNA-Polymerase B ist. Damit kann man dieses Enzym experimentell sehr leicht von den beiden anderen unterscheiden.

Da die ribosomale RNA mit über 90% den Hauptteil der gesamten RNA ausmacht, die ribosomalen Gene vervielfältigt im Genom vorliegen und bei günstigen Objekten die G+C-reiche rDNA im Dichtegradienten von der übrigen DNA abgetrennt werden kann, hat man viele Untersuchungen an der rRNA und rDNA durchgeführt. Es zeigte sich, daß die Gene im Tandem hintereinander angeordnet sind und daß jedes aus einem Abschnitt DNA besteht, der in RNA transkribiert wird und einem, der nicht abgelesen wird, dem sog. Spacer. In günstigen Fällen ließen sich diese Gene während der Transkription im Elektronenmikroskop darstellen. Jeder rDNA-Transkriptionskomplex sieht aus wie ein Weihnachtsbaum, da viele wachsende RNA-Ketten an einem Gen hängen. Dies bedeutet, daß viele RNA-Polymerase-A-Moleküle nacheinander an der gleichen Stelle der DNA mit der Transkription beginnen (Initiation), und zwar an der Spitze des Weihnachtsbaumes. Die wachsenden RNA-Moleküle wandern am Stamm herunter und werden schließlich freigesetzt (Termination). Diese primäre RNA ist länger als die rRNA der Ribosomen, und sie bildet bereits während ihrer Herstellung einen Komplex mit zahlreichen Proteinen. Diese Vorläufermoleküle werden auf dem Weg im Cytoplasma zugeschnitten, wobei u.a. ein bestimmtes Stück RNA, nämlich der transkribierte Spacer, herausgeschnitten wird.

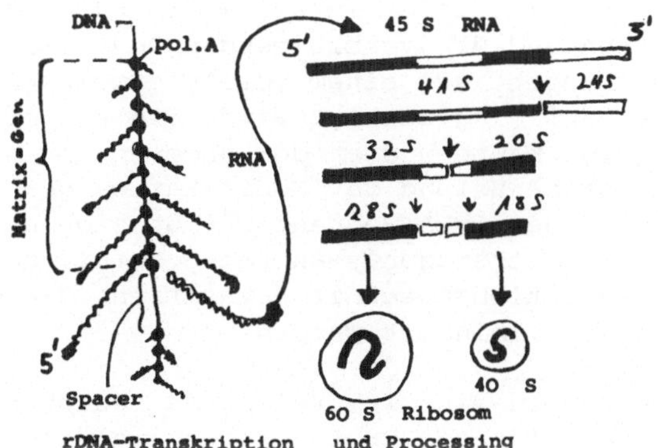

rDNA-Transkription

Als Resultat entstehen durch dieses "processing" je ein Molekül 18S und 28S rRNA. An diesem einfachen Beispiel erkennt man bereits, daß nur ein Teil der rDNA abgelesen wird, und daß das Primärprodukt durch einen Reifungsprozeß erheblich verändert wird.

Von besonderem Interesse sind die Produkte der RNA-Polymerase B, denn unter ihnen müssen sich die für einen Organismus und für einen Zelltyp charakteristischen mRNA-Sequenzen befinden.

Im Zellkern findet man ein sehr heterogenes Gemisch der verschiedensten RNA-Moleküle, das den vielsagenden Namen "heterogene Kern-RNA" (hnRNA) erhalten hat. Es enthält auch kleine Moleküle, small nuclear RNA (sn-RNA), die recht stabil sind und den Kern über lange Zeiträume nicht verlassen.

Der größte Teil der hnRNA-Moleküle ist sehr labil,und nur einem Bruchteil davon gelingt es, das Cytoplasma zu erreichen. Auch hier ist es durch Rückgreifen auf ein möglichst einfaches System gelungen, etwas Klarheit zu gewinnen. Ähnlich wie die Bakteriophagen als Modell für die Genexpression der Bakterien, kann man Viren als Modelle der Chromatinexpression bei höheren Zellen heranziehen. In der Tat liegt das Genom mancher Viren, z.B. des Virus SV40, im Zellkern in Nucleosomenform vor und sieht aus wie ein kleines Chromosom; daher hat es die Bezeichnung Minichromosom erhalten. Man kennt bei diesem Virus die Gene und die Proteine, die sie codieren, recht genau. Daher kann man die Herstellung und den Reifungsprozeß ihrer messenger-RNA genau studieren. Die Ergebnisse sind ungeheuer verblüffend, denn mit der geglückten Initiation und der Transkription eines Gens durch die RNA-Polymerase B ist noch keineswegs sichergestellt, daß das dem Gen entsprechende mRNA-Molekül auch wirklich entsteht. Zunächst findet man, daß am Anfang des RNA-Moleküls (am 5'-Ende) sofort eine Modifikation erfolgt, indem eine "Kappe" aufgesetzt wird (capping). Kurz darauf kommt es häufig zum Abbruch der Synthese.

Haben jedoch die Moleküle diese Hürde genommen, so werden sie an einer im Genom vorgesehenen Terminationsstelle freigesetzt und sofort an ihrem Ende (dem 3'-Ende) modifiziert, indem enzymatisch eine Kette aus Adenylsäureresten (ein polyA-Schwanz) angeheftet wird. Dieses RNA-Produkt wird danach verkürzt, indem in der Mitte ein oder mehrere Stücke RNA herausgeschnitten und die verbleibenden Reste wieder aneinander gefügt werden. So entsteht aus einem Vorläufermolekül durch einen Reifungsprozeß, der Splicing genannt wird, ein echtes mRNA-Molekül, das an einem Ende eine Kappe und an dem anderen einen Schwanz besitzt. Dieser an Viren erhobene Befund der Modifikation der Molekülenden und des Zusammenstückelns der mRNA-Sequenzen läßt sich auf die Verhältnisse des Eukaryontengenoms übertragen. Man hat gezeigt, daß manche Gene bis zu sieben solcher Insertionsabschnitte besitzen, die dann im Reifungsprozeß durch Splicing eliminiert werden.

Diese Beobachtungen haben eine weitreichende Bedeutung. Die Information zur Biosynthese einer einzigen Proteinkette liegt auf dem Genom nicht kontinuierlich nebeneinander, sondern wird erst nach der Transkription durch Splicing aus mehreren Stücken neu kombiniert. Sie entsteht, extrem ausgedrückt, erst nach der RNA-Synthese,und die Expression der genetischen Information der Eukaryonten ist im Gegensatz zu den Prokaryonten nicht colinear.

Diese Verhältnisse sind sicher für das Verständnis der molekularen Biologie höherer Zellen und der Evolution der Gene von großer Bedeutung. Aber die Entwicklungsbiologen interessiert nicht so sehr, wie das Genom abgelesen wird, sondern vielmehr, welche Gene selektiv in einem Gewebe exprimiert und in einem anderen reprimiert werden, entsprechend der oben erwähnten Hypothese der selektiven Genaktivität.

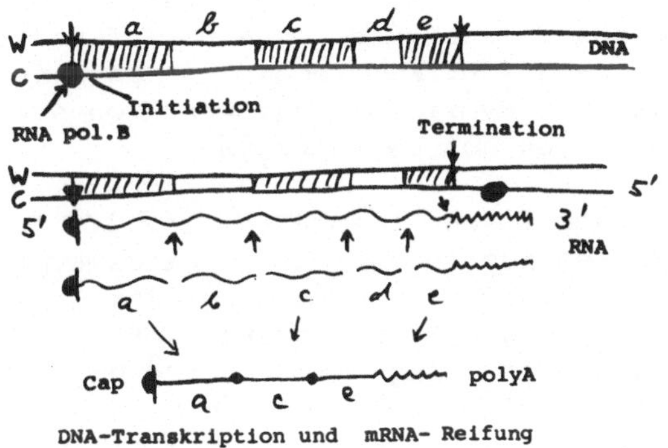

DNA-Transkription und mRNA- Reifung

Die entscheidende Methode zur Aufklärung der Zusammenhänge bei dem Informationsfluß von der DNA über mRNA zum Protein ist eine Abwandlung der Reassoziationsmethode, mit der wir eingangs die DNA, ihre Sequenzorganisation und ihre Komplexität charakterisiert haben. Nun wird ja die RNA bei der Transkription am DNA-Strang kopiert, und genau wie komplementäre DNA-Sequenzen nach ihrer Denaturierung zu Einzelsträngen sich wieder finden und durch den Mechanismus der Basenpaarung reassoziieren, können RNA-Moleküle mit komplementären DNA-Molekülen, den gleichen, von denen sie vermutlich kopiert wurden, hybridisieren.

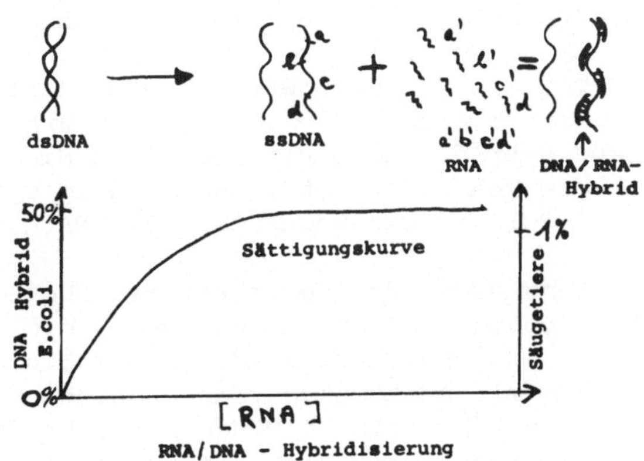

RNA/DNA - Hybridisierung

Diesen Prozeß nennt man DNA/RNA-Hybridisierung. Wenn man RNA-Moleküle in genügend hoher Konzentration mit DNA hybridisieren läßt, dann überwiegt die DNA/RNA-Hybridisierung gegenüber der DNA/DNA-Reassoziierung, und man kann herausfinden, welche DNA-Sequenzen überhaupt transkribiert worden sind. Je größer der Anteil der DNA ist, der mit RNA hybridisiert und daher abgesättigt wird, desto mehr Gene sind in der Zelle exprimiert worden.

Wenn man solche Experimente mit RNA aus Bakterien durchführt, kann fast die Hälfte der DNA im Hybridisierungsansatz mit RNA abgesättigt werden. Das findet man besonders dann, wenn die Bakterien unter Streßbedingungen gehalten werden, unter denen sie möglichst alle zelleigenen Substanzen selbst produzieren müssen (sog. step-down-Bedingungen). Da nur ein Strang der DNA die echte genetische Information enthält, nämlich der codogene Strang (der komplementäre non-sense-Strang wird nicht abgelesen), bedeutet ein Hybridisierungswert von 48%, daß fast das ganze Genom der Bakterien aus Genen besteht.

Ein Bakteriengenom enthält ca. 1 mm DNA (= 5 x 10^6 Nucleotidpaare), und wenn man ca. 10^3 Nucleotide für die Länge eines typischen Genes einsetzt, kommt man auf ca. 5000 Gene in einem Bakterium. Bei typischen Eukaryontengenomen sehen die Hybridisierungsergebnisse anders aus. Bei einem Genom von ca. 1 m Länge mit 5 x 10^9 Nucleotidpaaren, entsprechend einer Komplexität der singulären DNA-Sequenzen von 2,5 x 10^9, wäre genügend Informationsmaterial für 2,5 x 10^6 Gene vorhanden. Die DNA/RNA-Hybridisierungsergebnisse zeigen, daß von der gesamten DNA, die potentiell Millionen verschiedener Gene codieren könnte, nur ca. 1% als mRNA-Kopie im Cytoplasma der verschiedensten Zelltypen vorkommt. Es werden also nach den Ergebnissen dieser Saturations-Hybridisierungsexperimente nur ca. 25.000 Gene exprimiert.

Vergleicht man die Hybridisierungswerte mit denen von RNA aus Zellkernen, so findet man höhere Werte (mit bis zu 40%). Das ist auch zu erwarten, nachdem wir oben gelernt haben, daß die Vorläufermoleküle im Zellkern im allgemeinen größer sind als die "reifen" m-RNA-Moleküle. Allerdings sind sie im Mittel nur um den Faktor 5 länger und entsprechen damit nur 5% der DNA. Demnach werden ca. 7/8 der transkribierten RNA-Sequenzen im Zellkern zurückgehalten und erscheinen nie als mRNA im Cytoplasma.

Wenn man testet, welche der verschiedenen Sequenzklassen der DNA transkribiert werden, so zeigt sich, daß die Kern-RNA mit isolierter, hochrepetitiver DNA nicht hybridisiert. Hingegen sind die übrigen Sequenzklassen in der Zellkern-RNA nachweisbar, während im Cytoplasma vorwiegend nur Kopien singulärer DNA-Sequenzen als RNA nachweisbar sind.

Für unsere Fragestellung nach der Spezifität der RNA-Synthese ist eine modifizierte DNA/RNA-Hybridisierung entscheidend, die in Form sog. Kompetitionsexperimente durchgeführt wird. In parallelen Ansätzen wird radioaktive (heiße) RNA mit zunehmenden Mengen nicht markierter (kalter) RNA gemischt und mit einer konstanten Menge DNA hybridisiert. Während der Hybridisierungsreaktion treten die kalten Moleküle in Konkurrenz mit den heißen: Sie kompetieren um den gleichen Platz auf der DNA, der nur einmal abgesättigt werden kann. Da nur der radioaktive Anteil der hybridisierten RNA gemessen wird, sinkt dieser Wert mit zunehmender Konzentration von kalter RNA ab. Dies gilt aber nur, wenn die heiße und die kalte RNA die gleichen Sequenzen enthalten, d.h. in der homologen Reaktion. Im heterologen Ansatz mischt man eine unmarkierte RNA unbekannter Zusammensetzung mit der heißen, bekannten RNA. Je verschiedener die RNA-Sequenzen in der unbekannten Probe sind, desto geringer ist ihre Kompetition mit der radioaktiven RNA, und um so flacher verläuft die Kompetitionskurve.

Solche Experimente haben zwei wichtige allgemeine Erkenntnisse gebracht: Nimmt man singuläre DNA-Sequenzen für den Ansatz, dann beobachtet man, daß in den RNA-Extrakten aus verschiedenen Geweben ein Teil der Sequenzen überall vorkommt, ein anderer Teil aber gewebsspezifisch repräsentiert ist. Man kann diesen Befund deuten, indem man annimmt, daß der gemeinsame Teil auf RNA-Sequenzen beruht, die jede Zelle zum Leben braucht, und der auf die sog. Haushaltsgene zurückgeht. Der nicht gemeinsame Anteil läßt sich auf die gewebsspezifischen Moleküle, die sog. Luxusmoleküle, zurückführen. Dieses Ergebnis ist mit der mehrfach erwähnten Hypothese der selektiven Genexpression vereinbar. Ein anderes Ergebnis hat die Hybridisierung der gleichen RNA-Proben mit mittelrepetitiver DNA. Hier zeigen die Kompetitionskurven eine weit geringere Überlappung und viel deutlichere Unterschiede zwischen den Geweben. Aber diese von mittelrepetitiver DNA kopierten RNA-Sequenzen erscheinen nicht im Cytoplasma. Sie können also keine Information für die Synthese von Proteinen besitzen, aber - in ähnlicher Weise, wie wir das bei den Mikroorganismen diskutiert haben - ein Hinweis auf Regulationsgene sein und noch unverstandene Mechanismen der Regulation der Chromatinexpression andeuten. Um diese Frage zu klären, gilt es, geeignete Systeme zu studieren.

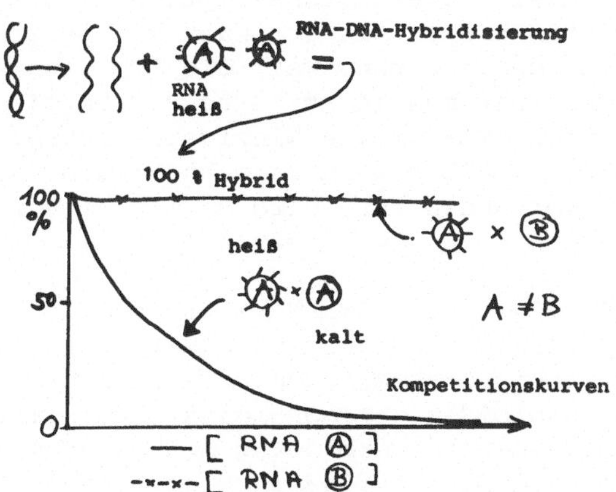

Es gibt nun eine weitere Abwandlung der DNA/RNA-Hybridisierungstechnik, die es erlaubt, diejenige DNA des komplizierten Eukaryontengenoms, die gar nicht abgelesen wird, außer acht zu lassen und nur mit den DNA-Sequenzen zu arbeiten, die auch in der RNA vorkommen. Hierzu stellt man sich aus extrahierter mRNA eine DNA-Kopie her, kehrt also im Reagenzglas den normalen Informationsfluß in der Zelle um. Auch in der Natur gibt es manche Viren, die ihre genetische Information in RNA, also nicht DNA, speichern und ein Enzym besitzen, um ihre Information in das DNA-Genom des Wirts einzubringen. Dieses Enzym, die Reversetranskriptase, vermag RNA in DNA umzukopieren, und mit einigen zusätzlichen Kniffen läßt sich von jeglicher RNA im Laboratorium eine DNA-Kopie, die sog. cDNA, herstellen.

Diese cDNA kann nun mit der RNA hybridisiert werden, von der sie kopiert wurde, aber auch mit RNA-Extrakten aus anderen Geweben des gleichen Organismus. Hierbei erhält man nicht nur genauere Angaben über die Sequenzkomplexität des RNA-Gemisches, sondern man kann zusätzlich zeigen, daß manche RNA-Moleküle sehr selten (nur einmal oder noch seltener), andere häufig (ca. 100 mal), und einige sehr häufig (10^5 mal) pro Zelle vorkommen. Sie vermuten richtig, daß die Zellen, die eine große Menge eines bestimmten Proteins produzieren, die entsprechende mRNA ebenfalls in hoher Konzentration besitzen.

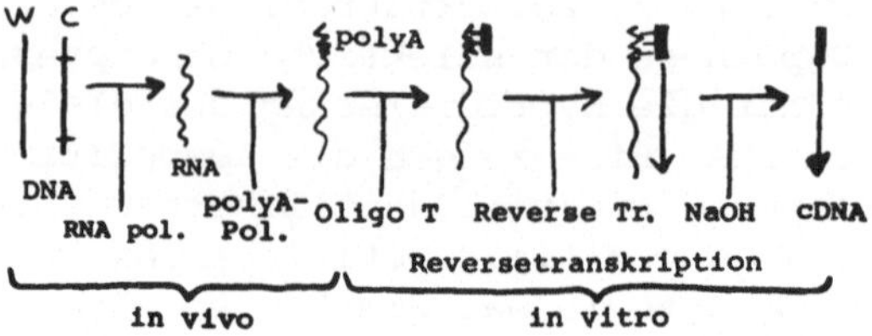

W C
polyA
DNA
RNA
RNA pol.
polyA-Pol.
Oligo T
Reverse Tr.
NaOH
cDNA
Reversetranskription
in vivo
in vitro

In Fällen, in denen das Endprodukt einer Geneinheit bekannt ist, z.B. beim Hämoglobin der roten Blutkörperchen, läßt sich die DNA/RNA-Strategie einen weiteren Schritt verfolgen. Hierzu wird zunächst die entsprechende Globin-mRNA, die in hoher Konzentration im Cytoplasma vorkommt, gereinigt. Mittels Reversetranskription wird eine cDNA-Kopie hergestellt (die Globin-cDNA); mit ihr kann man jetzt cDNA-RNA-Hybridisierungsexperimente durchführen. Weil die cDNA stark radioaktiv markiert werden kann, besitzt man in ihr eine hochempfindliche Sonde, um in einem unbekannten RNA-Gemisch winzigste Mengen der Globin-mRNA-Sequenzen nachzuweisen. Selbst wenn in zehn Zellen nur ein einziges Globin-mRNA-Molekül vorhanden ist, wird es mit dieser Methode noch ausfindig gemacht.

Man kann die gleiche cDNA auch für DNA-Reassoziationsstudien verwenden. Damit läßt sich zunächst bestätigen, daß die Globin-Sequenzen mit den singulären DNA-Sequenzen reassoziieren, d.h. daß das entsprechende Gen nur einmal in einem haploiden Chromosomensatz vorkommt. Das ist nicht weiter verwunderlich, aber in Verbindung mit einer weiteren Methode erlaubt das den nächsten Schritt, nämlich aus vielen DNA-Sequenzen die Globinsequenz, d.h. *ein* spezifisches Gen, herauszufischen, das nur einen millionsten Teil des Genoms ausmacht. Hierbei nützt man einen Mechanismus aus, mit dem sich Bakterien gegen in sie eingedrungene fremde DNA verteidigen: sie wird zerstört. Das geschieht durch spezielle Enzyme, sog. Restriktionsnucleasen, die bestimmte Abschnitte auf der DNA erkennen und sie an dieser Stelle zerschneiden. Die Bakterien besitzen andere spezifische Enzyme, mit denen sie ihre eigene DNA an den Stellen, an denen die Restriktionsenzyme schneiden würden, so modifizieren, daß die Enzyme unwirksam sind. Dieses Restriktions-Modifikations (RM)-Phänomen bot die Möglichkeit, mit Hilfe isolierter Restriktionsenzyme im Reagenzglas eine DNA aus Eukaryonten, die das R- und M-Phänomen nicht kennen, an genau definierten Sequenzstücken zu zerschneiden. Durch die spezifische Hybridisierung mit der Globin-cDNA kann man nun z.B. das Globingen herausfischen, also buchstäblich eine Nadel im Heuhaufen finden.

Jetzt hat man zwar ein Gen isoliert, aber wie kann man erfahren, wie es funktioniert? In Gedanken möchte man jetzt dieses Gen mit Histonen und Nichthistonproteinen versehen und mit RNA-Bausteinen und mit RNA-Polymerase zusammen inkubieren in der Erwartung, daß Globin-mRNA entsteht. Aber das isolierte Gen ist viel zu klein, es wiegt nur ca. 10^{-18} g. Für die Durchführung dieses wichtigen Experiments braucht man eine Menge von diesem Gen, ca. 1 µg. Ganz ähnlich ist die Situation in der Bakteriengenetik gewesen. Hier war es leicht, durch Mutagenese und Selektionstechniken ein einziges mutiertes Bakterium aus vielen anderen herauszufischen. (Die biochemische Analyse dieses Bakteriums wurde dann an seinen Nachkommen vorgenommen, die ja alle von ihm abstammen und einen Klon bilden, der durch vegetative Vermehrung mit identischer Replikation des mutierten Genoms entstanden ist.) Ein einzelnes Gen, z.B. ein Hämoglobin, kann sich aber nicht vegetativ vermehren. Wenn es nun gelänge, gleichsam unbemerkt dieses Gen in ein replikationsfähiges Genom einzubringen, so würde dieses Stückchen DNA zusammen mit der übrigen DNA vermehrt, d.h. kloniert. Wir haben schon erwähnt, daß manche Bakteriophagen sich gleichsam als blinde Passagiere vom Wirtsgenom mit replizieren lassen. Solche implantierten Genome können, wie wir gesehen haben, sich auch autonom neben dem bakteriellen Genom vermehren. Die Strategie des blinden Passagiers hat man nun auf kleine Genome übertragen (Plasmide oder Phagen) und sie als Vehikel für die zu vermehrenden DNA-Abschnitte verwendet. Hierzu isoliert man zunächst ihre DNA und schneidet sie mit einem Restriktionsenzym. Sodann entfernt man die für ihre Vermehrung entbehrlichen Abschnitte, setzt statt dessen artfremde DNA ein. Zur Verknüpfung der verschiedenen DNA-Abschnitte dient ein weiteres bakterielles Enzym, die Ligase.

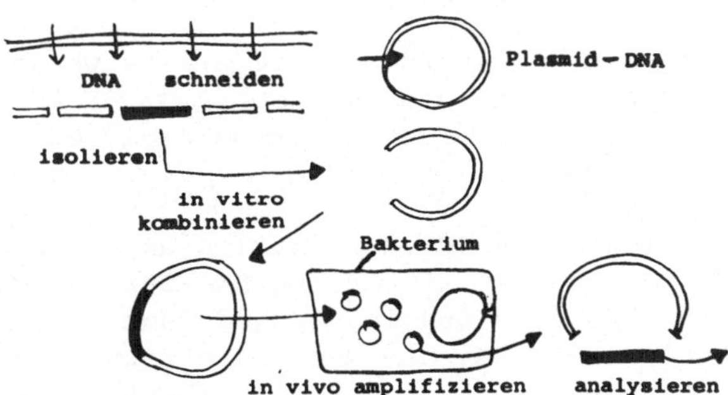

Diese zusammengeflickten Vektoren werden in Bakterien gebracht, wo sie sich beträchtlich vermehren. So erhält man in kurzer Zeit eine riesige Menge von Plasmid-DNA, aus der die nun klonierte DNA-Sequenz, z.B. das Globingen durch die gleichen Restriktionsenzyme, die seine Isolierung erlaubt haben, wieder herausgeschnitten wird.

Jetzt kann man nachschauen, ob dieses Gen so strukturiert ist, wie es nach unserer Diskussion der mRNA-Synthese zu fordern wäre. Wenn also wirklich bestimmte Abschnitte der mRNA durch Splicing zusammengefügt worden sind, dann muß ein Hybridmolekül, das aus "reifer" mRNA und klonierter DNA besteht, an manchen Stellen ungepaart bleiben. Die DNA findet dort keinen Partner, wo die entsprechende RNA herausgeschnitten wurde; sie müßte dort als ungepaarte Schleife heraushängen. Genau das zeigt das elektronenmikroskopische Spreitungspräparat (R-loop Technik).

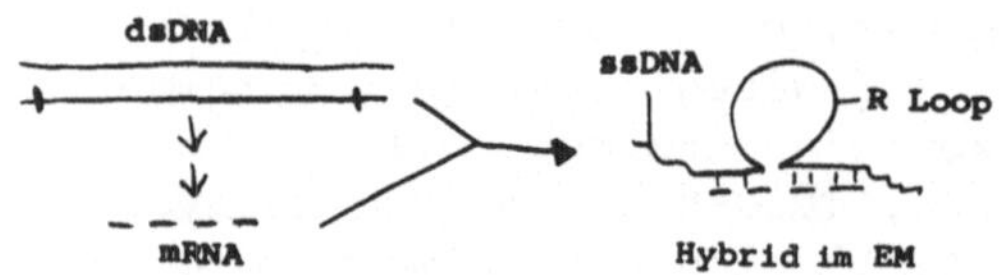

Mit den funktionellen Aspekten der Genexpression hapert es jedoch noch immer, denn wenn man versucht, in vitro Globin-mRNA herzustellen, so funktioniert das noch nicht: Die RNA-Polymerase vermag nicht, den richtigen (sense) Strang herauszufinden, und auch nicht an der richtigen Stelle mit der Synthese der RNA anzufangen oder aufzuhören. Das darf uns nicht enttäuschen: Aus der Diskussion der Genregulation der Mikroorganismen wissen wir bereits, daß Regulationsgene und Regulationsproteine nötig sind, um die Expression eines Strukturgenes zu steuern.

Aber ehe man erfährt, wie eine bestimmte RNA-Sequenz in einer Zelle hergestellt wird, aber nicht in einer anderen, wird man vielleicht lernen müssen, die richtigen Fragen zu stellen. Diese, so hoffe ich, werden sich aus den folgenden Diskussionen ergeben. Denn selbst wenn wir die selektive Expression eines Strukturgens völlig verstehen, entspricht das von den oben erwähnten *Drosophila*-Borsten-Mutanten derjenigen, die am wenigsten Aufschluß über die *Borsten-Entwicklung* gibt.

Bevor wir dazu übergehen, muß kurz auf die zweite wesentliche Funktion des Genoms eingegangen werden: die *DNA-Replikation*. Betrachten wir wieder die Verhältnisse bei einfachen Mikroorganismen und bei Riesenchromosomen.

Bei Mikroorganismen setzt die DNA-Replikation an einer bestimmten Stelle ein, dem Origin, an dem die beiden DNA-Stränge durch das Binden einiger spezifischer Proteine auseinandergedrängt werden. Dadurch erhalten die Bausteine der DNA, die Nucleosidtriphosphate, Gelegenheit, durch Basenpaarung an den geöffneten DNA-Abschnitt zu binden und mit den Nachbarbausteinen durch das Enzym DNA-Polymerase verknüpft zu werden. Die Replikation geht nach beiden Richtungen voran, und es entstehen typische Replikationsaugen, die man im Elektronenmikroskop sehen kann. Wenn die zur Replikation notwendigen Proteine vorhanden sind, wird dauernd DNA repliziert, d.h. am Origin kann eine neue Replikationsrunde beginnen, ehe die vorherige abgeschlossen ist.

Manche kleine, ringförmige Genome einiger Bakteriophagen beginnen die Replikation mit der Zerschneidung eines DNA-Stranges an einer bestimmten Stelle. Dann wird sowohl an dem freigesetzten DNA-Schwanz als auch an dem verbleibenden Ringmolekül neue DNA polymerisiert, so daß der Replikationskomplex wie ein rollender Ring (rolling circle) aussieht.

In beiden Fällen enthält die Tochter-DNA einen alten und einen neuen Strang: die DNA-Replikation ist semikonservativ. Wenn keine Störungen auftreten, ist die genetische Information in den Tochtermolekülen identisch geblieben.

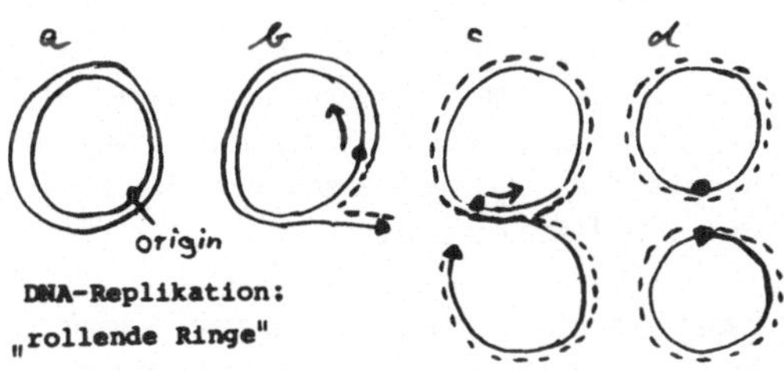

Das gleiche gilt für das Chromatin der höheren Zellen. Allerdings beobachtet man anhand des Einbaues von radioaktiv markiertem Thymidin, dem spezifischen Tracer für DNA-Synthese, im Autoradiogramm von Riesenchromosomen, daß nicht nur an einer Stelle DNA synthetisiert wird, sondern an vielen Orten zur gleichen Zeit. Außerdem ist dafür gesorgt, daß normalerweise jedes DNA-Molekül im Chromatin nur einmal vermehrt wird. Wir werden später feststellen, daß, im Gegensatz zu den Mikroorganismen, das Chromatin der höheren Zellen nicht fortwährend repliziert wird.

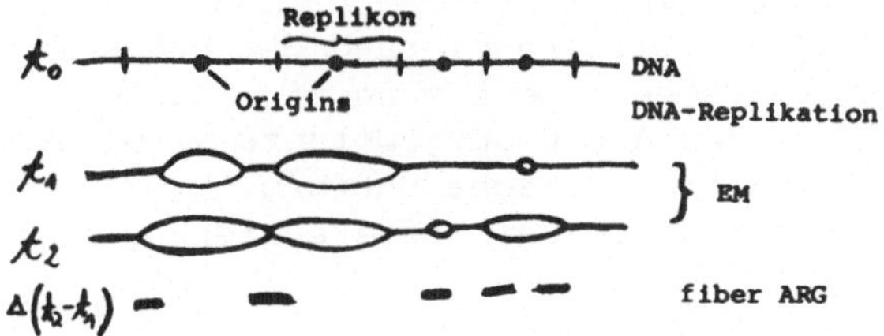

2.3 Cytoplasma - Kern - Wechselwirkungen

Die bereits erwähnte Grünalge *Acetabularia* ist ein geeignetes Objekt, weil sich an ihr ganz gezielte chirurgische Experimente anstellen lassen. Im vegetativen Entwicklungsstadium sieht sie aus wie ein aufgespannter Regenschirm, besitzt einen artspezifischen Hut, einen Stiel und ein Rhizoid, in dem sich der einzige Zellkern dieser großen Zelle befindet. Die gesamte polare Struktur entsteht aus einer Zygote. Der Hut erfüllt wichtige Aufgaben bei der sexuellen Vermehrung: in ihm entstehen Cysten, und in diesen unter Einschaltung einer Meiose die Geschlechtszellen, ca. 10^8 Stück mit je einem Zellkern. Sie werden freigesetzt und können wieder zu Zygoten verschmelzen.

Eine wichtige Voraussetzung, den Entwicklungskreislauf vollziehen zu können, ist die Bildung des Hutes, also ein Differenzierungsprozeß, an dem sich der Zellkern nicht direkt beteiligt. Die zweite wesentliche Voraussetzung ist die Cystenbildung, d.h. die Vermehrung des Zellkerns und damit auch die Replikation der DNA; denn obwohl der Primärkern im Rhizoid enorm anwächst (um den Faktor 10^6) ist die DNA seiner Chromosomen nicht vermehrt worden. Hier liegt also ein Entwicklungsmerkmal vor, das den Kern betrifft.

Eine entscheidende Frage ist nun: Ist die Vermehrung des Primärkerns ein autonomes Ereignis, das im Entwicklungsprogramm des Zellkerns festgelegt ist und gleichsam nach einem inneren Uhrwerk abläuft, oder aber erhält der Zellkern aus dem Cytoplasma der Zelle ein Signal sich zu vermehren und den Hut zu besiedeln?

Amputations- und Transplantationsexperimente geben hier eine klare Antwort. Wenn man den Hut einer Pflanze abtrennt, so unterbleibt die Kernvermehrung. Pflanzt man aber einem jungen Exemplar einen fremden Hut auf, ehe es selbst einen ausbildet, dann wird die Kernvermehrung vorzeitig ausgelöst. Hierdurch ist eine cytoplasmatische Wirkung auf den Zellkern erwiesen.

Umgekehrt vermag ein kernloses Teilstück von *Acetabularia*, z.B. ein Stiel, Monate zu überleben, zu wachsen und sogar einen Hut zu regenerieren. Offensichtlich besitzt der Stiel morphogenetische Substanzen, und zwar besonders viel am apikalen Pol, wie weitere Fragmentierungsexperimente zeigen. Diese Stücke regenerieren nämlich am besten.

Rekombinationsversuche zweier *Acetabularia*-Arten - nennen wir sie A und B - zeigen, daß die Differenzierung des Hutes dennoch unter dem Einfluß des Zellkerns steht: Denn wenn ein Stiel der Art A auf ein kernhaltiges Rhizoid der Art B aufgepflanzt wird, dann regeneriert später eine für die Art B typische Hutform. Hierdurch ist die Bedeutung des Zellkerns für diese Zelldifferenzierung erwiesen.

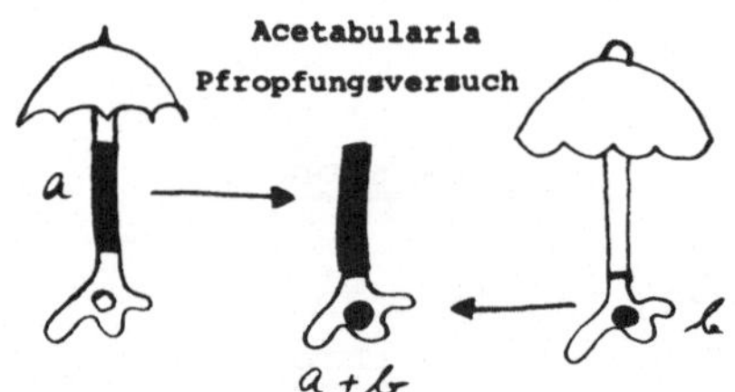

Weitere Experimente machen deutlich, daß diese Entwicklungsleistung sowie die morphogenetische Substanz von einem typischen Kernprodukt abhängt, nämlich von RNA: Wenn man einen isolierten Stiel und ein isoliertes Rhizoid mit dem Enzym RNase behandelt und damit die RNA zerstört, bleibt nur im kernlosen Stiel die Regeneration des Hutes aus, während im Rhizoid offensichtlich durch Neusynthese von RNA im Zellkern eine Regeneration des Hutes möglich wird.

Genau umgekehrt ist das Ergebnis, wenn man einen spezifischen Hemmstoff der RNA-Synthese anwendet, z.B. Actinomycin D: Dann vermag nur der isolierte Stiel zu regenerieren, denn offenbar enthält er bereits die entsprechenden RNA-Fraktionen, die die Hutbildung auslösen können. Daß diese RNA vermutlich nur eine Vermittlerrolle bei der Steuerung der Hutdifferenzierung spielt, lassen Experimente mit einem spezifischen Hemmstoff der Proteinbiosynthese, z.B. Cycloheximid, vermuten, bei denen keinerlei Differenzierung beobachtet wird.

Solche Experimente mit negativem Resultat sind nie überzeugend, denn der Eingriff kann die Entwicklung auch unspezifisch beeinflußt haben, so z.B. durch die Blockade der Synthese von ribosomaler RNA oder von allgemeinen Stoffwechselenzymen. Daher wird intensiv daran gearbeitet, aus einer Art A bestimmte mRNA-Moleküle (oder auch Proteine) zu isolieren, um durch deren Injektion in einen isolierten Stiel einer anderen Art eine spezifische Hutbildung zu induzieren.

Obwohl hier noch keine eindeutigen Ergebnisse vorliegen, erlaubt die Beobachtung, daß in einem kernlosen Hutregenerat bestimmte Enzyme synthetisiert werden, die im Stiel nicht vorkommen (z.B. Enzyme zur Synthese Rhamnose-haltiger Polysaccharide der Hutzellwandsubstanzen), einen weiteren wichtigen Schluß: Offenbar ist mit der Synthese von RNA im Kern (der Transkription) noch nicht entschieden, ob und wann diese RNA zur Synthese spezifischer Proteine (Translation) verwendet wird; es gibt also Kontrollmechanismen, die auf der Translationsebene einsetzen.

Acetabularia besitzt, wie die Hutregeneration ausweist, ungemein langlebige RNA-Fraktionen. Deren Nachweis (sie ist Produkt eines einzelnen Zellkerns mit 10^{-13} g DNA) wird erschwert durch eine enorme RNA-Synthese in den Chloroplasten und Mitochondrien dieser Riesenzelle. Daher ist es erforderlich, Kernplasmawechselwirkungen auch an normalen Zellen mit normalen Kernen aufzuzeigen. Ein gutes Beispiel liefern die Amöben. Diese relativ großen (ca. 1 mm) Einzeller lassen sich einfach kultivieren; ihre Biomoleküle kann man durch den Einbau radioaktiver Substanzen selektiv markieren und im Autoradiogramm lokalisieren, und mit feinen Pipetten kann ihr Zellkern entfernt oder in ein anderes Individuum transplantiert werden.

Wenn man eine Amöbe für eine Weile mit radioaktiv markierten Aminosäuren inkubiert und dann in frisches, unmarkiertes Medium überführt, beobachtet man zunächst in der gesamten Amöbe radioaktive Proteine. Mit der Zeit nimmt die Stärke der Markierung ab. Einmal, weil durch die Synthese unmarkierter Proteine während des Zellwachstums eine Verdünnung eintritt, zum anderen, weil Proteine nach einiger Zeit abgebaut und durch entsprechende neue Moleküle ersetzt werden, d.h. einem turnover unterliegen.

Es ist auffällig, daß gerade in Zellkernen die allgemeine Abnahme der markierten Proteine nicht so deutlich ist. Offenbar enthält der Kern stabile Proteine, darunter sicherlich die Histone. Diese Proteine zeigen jedoch ein sehr dynamisches Verhalten, wenn der Zellkern sich teilt. Die meisten von ihnen verlassen das Chromatin, wenn es sich zu Chromosomen kondensiert, und verteilen sich im Cytoplasma; aber nach der Mitose sammeln sie sich wieder in den Tochterkernen an.

Wenn man einen Kern mit radioaktiv markierten Proteinen in eine unmarkierte Amöbe mit "kaltem" Kern transplantiert, so zeigt sich, daß der Austausch von Proteinen zwischen Kern und Cytoplasma nicht auf die Mitose beschränkt ist, denn nach einigen Stunden findet man ca. 1/3 der markierten Proteine in dem zuvor unmarkierten Zellkern wieder. Schließlich kann man eine Amöbe entkernen und durch den Einbau markierter Aminosäuren zeigen, daß die Proteinsynthese auch ohne Kern weiterläuft. Wenn man danach einen Kern einpflanzt, nimmt dieser schnell markierte Proteine aus dem Cytoplasma auf. Verpflanzt man diesen markierten Kern weiter, so gelangen seine Proteine wieder partiell in den Kern der Wirtszelle.

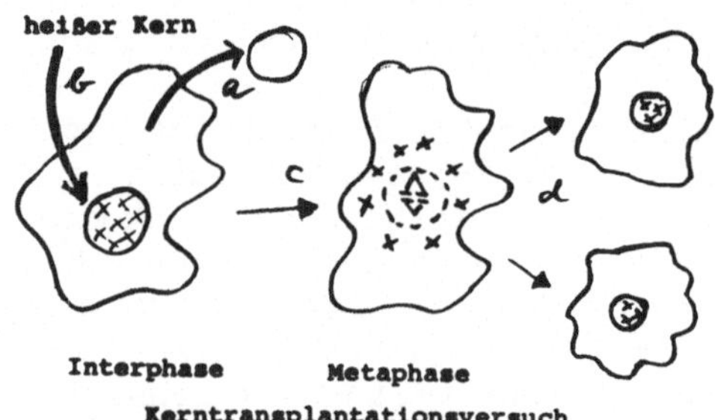

Kerntransplantationsversuch

Diese Experimente, die man auch mit markierten RNA-Vorstufen durchführen kann, zeigen ganz klar, daß langlebige Proteine und RNA, nach biochemischer Analyse Nichthistonproteine und snRNA, zwischen Kern und Cytoplasma hin- und herpendeln können (Shuttle-Proteine). Wieweit diesem Geschehen eine steuernde Funktion bei den Biosynthesen zukommt, läßt sich aus diesen Experimenten nicht schließen. Um diese Frage zu beantworten muß man Cytoplasma und Zellkerne unterschiedlicher und wohldefinierter Funktionszustände miteinander kombinieren.

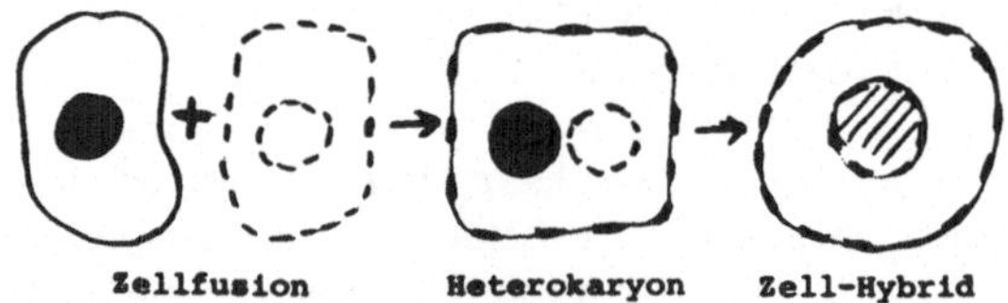

Dies gelingt durch Fusionsexperimente, bei denen verschiedene Zellen miteinander vereinigt werden, so daß zwei unterschiedliche Zellkerne in einem gemeinsamen Cytoplasma liegen. Die Fusion der Zellmembran wird etwa durch die Behandlung mit inaktiviertem Sendai-Virus erzwungen und das Resultat ist ein Heterokaryon. Wenn ein syntheseinaktiver Kern in aktives Cytoplasma gelangt, läßt sich in günstigen Fällen eine Reaktivierung dieses Zellkerns beobachten. Vogelerythrocyten sind inaktive Zellen, sie produzieren weder DNA, RNA noch Protein, besitzen einen kompakten Kern und sehr wenig Cytoplasma. Nach Fusion mit einer teilungsaktiven Zelle, z.B. einer Helazelle, einer menschlichen Krebszelle, schwillt zunächst der inaktive Kern durch die Aufnahme von Proteinen an. Danach wird RNA synthetisiert, später DNA, und es bildet sich ein Nucleolus. Mit immunologischen Methoden konnte gezeigt werden, daß manche der aufgenommenen Proteine aus dem Kern der menschlichen Zelle stammen. Außerdem ließ sich nachweisen, daß der inaktive Kern während seiner Reaktivierung ein bestimmtes Protein, das Histon H5, verliert, und manche Vogel-spezifische Proteine in der Membran des Heterokaryons erscheinen. Allerdings findet man nicht das typische Protein, das Hämoglobin, das die Erythrocyten vor ihrer Inaktivierung in großen Mengen herstellen.

Eine ganz ähnliche Reaktionsfolge erkennt man bei einer natürlichen Zellfusion, der Befruchtung. Dabei wird das in der Spermatogenese völlig inaktivierte Genom durch Aufnahme von Proteinen aus der Eizelle aktiviert. Hierzu gehört das Austauschen der Protamine, die dem Spermiengenom zu einer kompakten, fast kristallinen Kondensation verholfen haben, gegen einen Satz der üblichen Histonproteine.

Eine wichtige Erkenntnis aus Zellfusionsexperimenten ist die Tatsache, daß eine aktive Zelle eine inaktive stimuliert, und daß diese keinen Inhibitor enthält, der einen aktiven Zellkern zu reprimieren vermag. Im Gegensatz zum Operonmodell der Genaktivitätsregulation bei Mikroorganismen, scheint die Genexpression des Chromatins in Eukaryonten einer positiven Kontrolle zu unterliegen.

Die Analyse von Heterokaryen ist auf einzelne Zellen und damit auf histochemische Methoden beschränkt. Die geringen Materialmengen erlauben nicht die Anwendung biochemischer Methoden und damit auch keine Identifizierung von postulierten Stimulationsfaktoren.

Gelegentlich, in einem von tausend Fällen, vereinigen sich die Genome der beiden Kerne eines Heterokaryons, und es kann ein echter Zellhybride entstehen, der sich in günstigen Fällen vermehrt und einen Klon bildet. Wenn es sich bei den Elternzellen um verschiedene Mangelmutanten handelt, dann werden in Zellhybriden die beiden Genome diese Mängel gegenseitig kompensieren. So lassen sich Zellhybride selektionieren und in solchen Mengen züchten, daß biochemische Analysen möglich werden. In unserem Zusammenhang ist wichtig, daß mit der Zeit von den beiden zunächst kompletten Genomen immer mehr Chromosomen des einen Genoms eliminiert werden, im Maus-Mensch-Hybrid z.B. die menschlichen Chromosomen. Offensichtlich kann in einem Cytoplasma nur ein einheitliches Genom auf die Dauer repliziert werden.

Dieses Phänomen der Inkompatibilität beobachtet man auch nach der Befruchtung von Eizellen mit artfremden Spermien. Im Labor kann durch künstliche Befruchtung ein väterliches Genom in ein fremdes Eicytoplasma gebracht werden. Besonders gut gelingen solche Experimente an verschiedenen Seeigel- und Amphibienarten. In den meisten Fällen führt dies aber zu großen Komplikationen: Die väterlichen Chromosomen werden in vielen Fällen erst gar nicht repliziert, sie zerbrechen, oder erhalten keinen Kontakt zur Mitosespindel. Wenn trotzdem ein normaler

Embryo entsteht, so enthält er nur das mütterliche Genom. Diese im Prinzip parthenogenetische Entwicklung ergibt also bestenfalls ein Pseudohybrid.

Echte Hybriden bleiben oft in frühen Entwicklungsstadien stecken (sog. letale Hybriden), und nur in manchen Fällen sind sie lebensfähig. Manchmal ist das Resultat ganz unterschiedlich, je nachdem, ob man Eier oder Spermien der verschiedenen Arten nimmt, d.h. reziproke Kombinationen ausführt: die Kombination des Eicytoplasmas der einen Art mit dem Genom der anderen Art ist dann in unterschiedlichem Grade kompatibel.

Bei den letalen Hybriden tritt eine Blockade der Entwicklung oft auf dem Blastulastadium ein, selbst wenn keinerlei Defekte an den väterlichen Chromosomen zu erkennen sind. In diesen Fällen kann man immunologisch zeigen, daß väterliche Proteine synthetisiert werden. In den Kernen wird sowohl DNA als auch RNA synthetisiert. In manchen Fällen beobachtet man in den Zellkernen der letalen Hybriden eine intensivere Uridinmarkierung als in den Kontrollen. Dies spricht entweder für eine erhöhte RNA-Synthese oder für ein gestörtes RNA-processing. Man kann weiter fragen, ob die durch das artfremde Genom entstandenen Störungen irreversibel sind oder nicht. Die Antwort hierzu ist zwei verschiedenen Ergebnissen zu entnehmen: Wenn man ein Stück aus einem letalen Hybridembryo in einen normalen Keim einpflanzt, so kann dieser Teil gesunden und an der normalen Entwicklung des Wirts teilnehmen. Offensichtlich hat der Normalembryo einen "revitalisierenden" Effekt ausgeübt. In einem anderen Experiment wurde ein letaler Hybrid hergestellt, indem man einen diploiden Kern der einen Froschart in die zuvor entkernte Eizelle einer anderen Art transplantierte, so daß es sich hier eigentlich um einen Pseudohybrid handelt. Die Entwicklung war jedoch auch hier wie bei echten Hybriden, d.h. nach Besamung der Eizelle mit einem artfremden Spermium, auf dem Blastulastadium blockiert. Das entscheidende an diesem Versuch ist, daß die Entwicklungspotenz dieses diploiden Kernes nach einem Aufenthalt im artfremden Cytoplasma irreversibel eingeschränkt worden ist, so daß er nach Rücktransplantation auch in eine arteigene Eizelle sich nicht mehr normal weiterentwickeln kann. Solche Kerntransplantationen an den großen Amphibieneiern eröffnen ganz neue Möglichkeiten, eine selektive Beeinflussung des Zellkerns durch das Cytoplasma auch mit biochemischen Methoden zu analysieren. Zu diesem Zweck hat man Ei-Cytoplasma und Zellkerne aus Embryonen von verschiedenen Entwicklungsstadien der gleichen Art kombiniert.
In der Eizelle eines Frosches, z.B. von *Xenopus*, gibt es Perioden intensiver RNA-Synthese während der Oogenese, intensive DNA-Synthese während der Furchung, vorwiegend mRNA-Synthese im Blastulastadium und rRNA-Synthese im Anschluß an die Gastrulation. Die Syntheseleistungen der Zellkerne könnten entweder von einem autonomen, endogenen Programm gesteuert werden, oder aber vom umgebenden Cytoplasma. Kerntransplantationen haben in allen Fällen gezeigt, daß die Kernaktivitäten vom Entwicklungszustand des Empfängerplasmas abhängen. Zellkerne, die in einer Donorzelle gerade rRNA synthetisieren, stellen nach Injektion in eine reife Eizelle die rRNA-Synthese ein und beginnen stattdessen mit der DNA-Replikation.

Von den vielfältigen Rekombinationsexperimenten mit Amphibienoocyten ist in unserem Zusammenhang ein Typ von großer Bedeutung. In den Oocyten befindet sich, ganz ähnlich wie der Primärkern bei *Acetabularia*, ein großer Zellkern, das sogenannte Keimbläschen. Es läßt sich manuell isolieren, und sein Inhalt ist unmittelbar einer biochemischen Analyse zugängig. Damit wird die Oocyte zu einem Testsystem für die Moleküle, die zwischen Cytoplasma und Zellkern ausgetauscht werden. Im Experiment werden isolierte, radioaktiv markierte Proteine oder Nucleinsäuren in die Oocyten injiziert und deren Aufnahme in das Keimbläschen untersucht. Dabei haben sich drei Typen von Stoffen nachweisen lassen: solche, die nicht in den Kern aufgenommen werden, wie z.B. Tubulin, solche die sich regelmäßig im Cytoplasma und im Zellkern verteilen, wie z.B. das Actin, und schließlich solche, die selektiv im Zellkern angereichert werden, wie z.B. die Histone.

Angesichts der zuletzt genannten Experimente muß man sich fragen, wozu die ausführlich diskutierten zellbiologischen Untersuchungen nötig sind, wenn doch theoretisch ein ganz einfaches Experiment eine klare Antwort geben könnte: Man isoliere Kerne in einem Reagenzglas, versetze sie mit cytoplasmatischen Extrakten und analysiere, welche Stoffe sie aufnehmen und welche Syntheseleistungen - einschließlich Kernteilungen - sie dort durchführen. Solche In-vitro-Versuche gelingen in der Praxis noch nicht, denn im Gegensatz zu einem direkt transplantierten Kern ist ein mit biochemischen Methoden, d.h. mittels Zellhomogenisierung und Suspension in wäßrigen Puffern isolierter Kern recht inaktiv. Daher sind wir bei einer Analyse der Kerncytoplasmawechselwirkungen darauf angewiesen, beide Komponenten, das Cytoplasma und den Zellkern, im nativen Zustand zu untersuchen.

Dennoch hat sich hier in den letzten Jahren ein biochemischer Ansatz ergeben: Man reduzierte die beiden komplexen Komponenten auf je eine wesentliche Molekülklasse und studierte Protein-DNA-Wechselwirkungen. Man hat die Affinität von bestimmten Proteinen des Zellkerns, darunter von vielen Nichthistonproteinen, zur DNA ausgenutzt und sie an sog. DNA-Säulen chromatographisch isoliert. So hat man nicht nur eine Klasse DNA-bindender Proteine beschreiben können und bereits gewebespezifisch Unterschiede in ihrer Zusammensetzung beobachtet, sondern auch sehr elegante Reinigungsverfahren für manche Enzyme, z.B. die RNA-Polymerase, entwickelt. Die exakte Analyse von Struktur und Funktion des Prokaryontengenoms ist durch die spezifische Bindung bestimmter Proteine an definierten DNA-Sequenzen, z.B. Bindung eines Repressorproteins an seine Operatorsequenz, ermöglicht worden. Nachdem man jetzt in der Lage ist, die komplexen Genome der Eukaryonten durch Restriktionsenzyme zu fraktionieren und einzelne Fragmente zu vermehren (in Bakterien zu klonieren), ist es eine wichtige Aufgabe, die entwicklungsbiologisch relevanten Proteine und DNA-Sequenzen aufzuspüren. Hierzu bieten einige klassiche Experimente möglicherweise einen Ansatzpunkt, der später diskutiert werden soll.

3 Wachstum

3.1 Zellproliferation

Es ist offensichtlich, daß ein Organismus, z.B. ein Mensch, im Laufe seines Lebens wächst und dabei irreversibel an Masse zunimmt. Eine wesentliche Komponente des Wachstums ist die zahlenmäßige Zunahme der Zellen, die den Organismus aufbauen. Die Vermehrungsrate von Zellen kann ganz verschieden sein: manche teilen sich gar nicht, manche sehr häufig. Daher ist es nützlich, zunächst homogene Populationen ganz einfacher Zellen zu analysieren, die nur wachsen und sich vermehren, etwa eine Bakterienkultur. Wenn man ein Bakterium in 1 l Nährlösung gibt, werden daraus nach ca. 10 h bis zu 10^9 Bakterien, die zusammen ca. 1 g wiegen, eine Masse, mit der man gezielte Analysen durchführen kann. Wenn man nun die Anzahl der Bakterien in Abhängigkeit von der Zeit aufträgt, erhält man eine typische Wachstumskurve. Sie beginnt mit einer Anlaufphase, in der sich die Zelle adaptiert (die lag-Phase). Dann folgt eine exponentielle Wachstumsphase, in der sich die Zellen in gleichen Intervallen, im Optimum alle 20 min, teilen. Schließlich tritt die Kultur in die stationäre Wachstumsphase ein, in der die Zahl der Zellen nicht mehr vermehrt wird, weil ein notwendiger Parameter, z.B. die Kohlenstoffquelle oder das Volumen des Kulturgefäßes, limitierend geworden ist. Bakterien sind sehr flexibel und passen sich schnell an ungünstige Umweltbedingungen an. Sie wachsen in einer Zuckerlösung langsamer als in einer fetten Boullion. Sogar die chemische Zusammensetzung der Bakterienzellen ändert sich mit der Teilungsgeschwindigkeit. Sie ist komplexer in einfachen Kulturmedien, weil die Bakterien dort viele zusätzliche Enzyme benötigen, die sie durch eine Aktivierung ihrer Gene selbst herstellen müssen (Enzyminduktion durch Substrate).

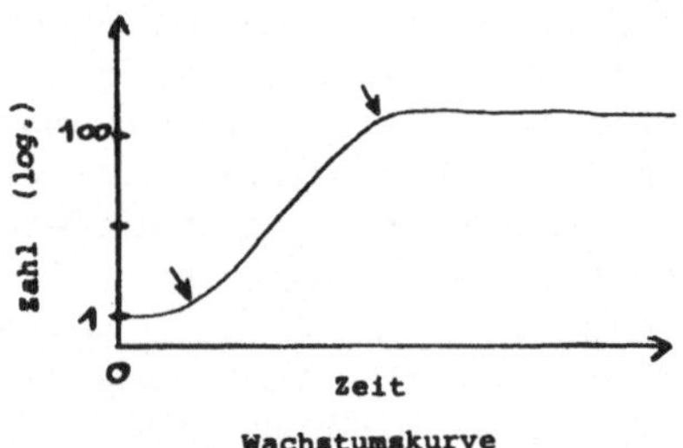

Wachstumskurve

Ganz ähnlich sieht die Wachstumskurve tierischer Zellen in Gewebekultur aus. Jedoch benötigen Säugetierzellen z.B. ein sehr komplexes Kulturmedium, sie sind wenig flexibel, und ihre chemische Zusammensetzung ändert sich kaum. Auch hält sich die Vermehrungsrate für jeden Zelltyp in engen Grenzen, und bei ungünstigen Bedingungen wird die Vermehrung eingestellt. Bei genauer Analyse der Zellkerne hat man festgestellt, daß in etablierten Zellinien, die sich beliebig lange kultivieren lassen, gestörte Chromosomenverhältnisse vorliegen, und daß häufig ganze Chromosomen fehlen. Offensichtlich hat unter den explantierten Zellen der Primärkultur eine Selektion zugunsten teilungsaktiver Zellen stattgefunden, die im Organsimus nicht überleben könnten. Dennoch sind Zellkulturen wichtige Modelle zum Studium der Ereignisse, die zwischen zwei aufeinanderfolgenden Zellteilungen, d.h. während der Generationszeit, ablaufen. Sie tragen zum Verständnis der Proliferationskontrolle im vielzelligen Organismus bei.

Das Wachstum selbständiger Einzeller läßt sich leichter analysieren, denn sie benötigen nur ein relativ einfaches Medium und sie lassen sich experimentell manipulieren. Auch an ihnen kann man typische Wachstumskurven ermitteln. Manche Einzeller reagieren auf ungünstige Umweltbedingungen, indem sie in eine Ruhepause eintreten und zugleich einen morphologisch sichtbaren Differenzierungsprozeß durchmachen: Sie bilden Cysten. Aus dem Übergang von der exponentiellen in die stationäre Wachstumsphase kann man Regulationsmechanismen ableiten, die weitere Zellteilungen verhindern. Andererseits bleiben die Zellen in der stationären Wachstumsphase potentiell teilungsfähig und vermehren sich bei geeigneten Bedingungen wieder, etwa durch die Verdünnung der Zahl pro Volumen oder durch Zusatz von frischem Medium.

Wenn man eine Population von Amöben im Mikroskop beobachtet, stellt man fest, daß die großen Exemplare sich eher teilen als die kleinen. Wird mit empfindlichen Methoden die Masse einzelner Amöben bestimmt, so zeigt sich, daß die Teilung dann eintritt, wenn eine Masse von 20 ng erreicht ist. Verfolgt man die Gewichtszunahme zweier Amöben, die sich gerade geteilt haben, aber unterschiedlich groß sind, so ergibt sich, daß die größere langsamer wächst als die kleine. Beide erreichen die kritische Masse nach ca. 24 h und teilen sich wieder.

Betrachten wir nun den Zellkern: In frisch geteilten Tochterzellen wächst er durch Dekondensieren der Chromosomen sehr schnell an. Während ca. 20 h bleibt seine Größe unverändert und nimmt vor der Teilung durch Aufnahme cytoplasmatischer Proteine noch einmal zu. Aus der Korrelation zwischen dem Zellvolumen und dem weitgehend konstanten Kernvolumen hat man geschlossen, daß die Zellteilung beim Erreichen einer kritischen Zellmasse ausgelöst wird, wenn also eine spezifische Kernplasmarelation vorliegt.

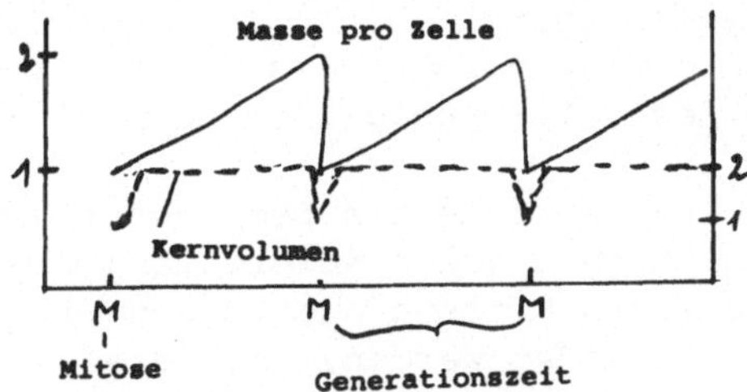

Verhindert man experimentell, daß die kritische Masse erreicht wird, indem man z.B. immer wieder ein Stück von der Amöbe abschneidet, so kommt es nicht zur Zellteilung, während sich unbehandelte Amöben im gleichen Zeitintervall über 50 x geteilt haben.

Umgekehrt müßte sich eine Zelle mit einem kleinen Zellkern schon beim Erreichen einer geringeren Zellmasse teilen. Diese Frage kann man durch elegante Experimente an Seeigelembryonen bejahen: Unbefruchtete Eier lassen sich durch Zentrifugation in eine schwere und eine leichte Hälfte teilen, und es gelingt, beide Hälften durch künstliche Besamung zur Entwicklung zu bringen. Larven, die aus den leichten Hälften stammen, in der sich der Eikern befand, sind größer, und ihre diploiden Zellen sind doppelt so groß wie die haploiden Zellen der Embryonen aus den schweren Eihälften, die nur das väterliche Genom besitzen, sich also parthenogenetisch entwickelt haben.

Noch deutlicher zeigt sich der Zusammenhang zwischen Kerngröße, (genauer der DNA-Menge) und Zellgröße bei der Jugendentwicklung mancher Insekten. Die Larve der Schmeißliege *Calliphora* wächst über mehrere Häutungscyclen heran, und ihr Wachstum erklärt sich nicht nur durch Zellvermehrung, sondern auch durch Zellvergrößerung. Diese ist korreliert mit einer Vermehrung des DNA-Gehaltes in den Zellkernen. In den Epidermiszellen z.B. erhöht er sich durch regelmäßige Verdoppelungsschritte endomitotisch bis zur 1024fachen Genommenge. Hier wird offensichtlich - in Umkehrung der Verhältnisse bei den Amputationsexperimenten an Amöben - die Zellteilung durch einen hohen DNA-Gehalt unterbunden. Obwohl es zahlreiche Beispiele für einen Zusammenhang zwischen kritischer Zellmasse und Zellteilung gibt, ist letztere damit nicht zwangsläufig festgelegt. Das erkennt man aus der Wachstumskurve einer einzelnen Amöbe, die schon einige Stunden vor der Teilung die kritische Größe erreicht. Ein weiteres Experiment, ebenfalls an Amöben, legt ganz klar, daß ihr Zellkern nicht durch eine kritische Plasmamasse allein zur Teilung stimuliert wird. Man kann die Teilung der Amöbe, die ja wie jede normale Mitose aus einer Kern- und Zellteilung besteht, durch Eintauchen in eine Albuminlösung verhindern, auch wenn sich der Kern bereits geteilt hat. Nach Entfernen des einen Tochterkerns liegt ein Kern der typischen Größe in einer Zelle mit überkritischer Masse. Dennoch teilt er sich nicht sofort, sondern erst nach 16 h, ohne daß die Amöbe in der Zwischenzeit weiter wächst. Offensichtlich muß ein Zellkern auf seine Teilung vorbereitet sein. Eine notwendige Voraussetzung ist die Verdoppelung seiner DNA. Es könnte sogar sein, daß der Kern selbst der Schrittmacher der Mitose ist. In der frühen Entwicklung vieler Embryonen, in der Furchung, teilen sich die Zellen regelmäßig und oft synchron. Diese Teilungsrhythmen könnten im Entwicklungsprogramm des Zellkerns gespeichert sein.

Während der Furchung in Insekteneiern beobachtet man synchrone Kernteilungen, ohne daß sich nach jeder Kernteilung die Eizelle teilt. Hier könnten die synchronen Mitosen auch durch ein einheitliches cytoplasmatisches Signal ausgelöst werden. Der bereits erwähnte Schleimpilz *Physarum* besitzt als Plasmodium viele Zellkerne in einem gemeinsamen Cytoplasma, und alle teilen sich genau synchron, d.h. innerhalb von 5 min. Die Kernteilungen in zwei verschiedenen Plasmodien geschehen aber zu ganz verschiedenen Zeiten. Da man diese Plasmodien beliebig zerschneiden und miteinander verschmelzen lassen kann, läßt sich ein entscheidendes Fusionsexperiment anstellen: Man halbiert zwei Plasmodien A und B und verwendet je eine Hälfte als Kontrolle, um den Mitosezeitpunkt zu ermitteln; er sei z.B. 12.oo Uhr in A und 16.oo in B. Die beiden anderen Hälften läßt man miteinander verschmelzen. Besitzen die Kerne eine innere Uhr, so werden sich im Fusionsplasmodium die Kerne aus A um 12.oo Uhr, die aus B um 16.oo Uhr teilen. Wird ihre Teilung aber durch ein cytoplasmatisches Signal ausgelöst, dann sollten sie sich synchron um 14.oo Uhr teilen: und genau das tun sie. In einem gemeinsamen Cytoplasma teilen sich also die Kerne aus B früher und die aus A später als in den Kontrollen, und je größer der Massenanteil A am Fusionsplasmodium ist, um so mehr werden die Kerne aus B in ihrer Entwicklung beschleunigt. Dieses Ergebnis zeigt deutlich, daß cytoplasmatische Substanzen die Kernteilung auslösen können. Bisher ist es jedoch noch in keinem Fall gelungen, eine bestimmte Substanz zu isolieren und durch ihre Applikation eine vorzeitige Kern- und Zellteilung auszulösen.

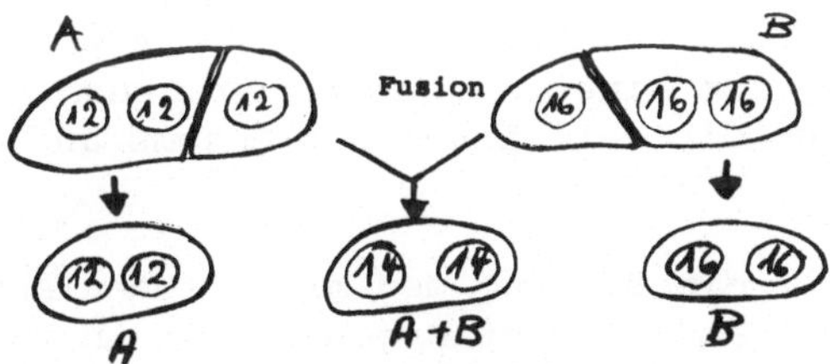

Fusionsversuche mit Plasmodien

Daher muß man eine alternative Deutung erwähnen: Anstatt der Akkumulation eines Teilungsstimulators könnte auch die Entfernung oder Verdünnung eines Teilungsinhibitors während des Zellwachstums die Zellteilung auslösen. Weitere Zellfusionsexperimente erlauben hier einen Einblick. Im Gegensatz zu den früher erwähnten Verschmelzungen von Zellen aus verschiedenen Tierarten werden hier Zellen des gleichen Organismus miteinander fusioniert, deren Zellkerne in verschiedenen Stadien des Zellcyclus sind. Es entstehen Homokaryonen. Zunächst beobachtet man wie bei *Physarum* oder wie im Insektenei, daß im gemeinsamen Cytoplasma beide Kerne sich synchron teilen. Nun könnte es immer noch sein, wir haben bereits von den hochbeweglichen Kernproteinen berichtet, daß Proteine, die zwischen den Kernen ausgetauscht werden, Signale für die Teilung setzen könnten. Dies läßt sich durch eine elegante Modifikation dieser Experimente ausschließen. Die Zellen, die kurz vor der Teilung stehen (Zelle A) behandelt man mit der Droge Cytochalasin B, wonach sich ihre Oberfläche so kontrahiert, daß der Zellkern aus dem Zellkörper herausgepreßt wird. Durch leichtes Zentrifugieren kann man ihn völlig entfernen. Somit hat man eine Zelle zerlegt in einen Kern mit etwas umgebenden Plasma (eine Minizelle) und sein Cytoplasma (den Cytoplasten). Fusioniert man nun den Cytoplasten der Zelle A mit einer intakten Zelle B, so läuft die Teilung früher ab als in einer unbehandelten Kontrollzelle B. Dieses Resultat deutet auf cytoplasmatische Faktoren bei der Teilungskontrolle hin. Im entscheidenden Experiment fusioniert man eine Zelle, die mitten in der Metaphase steckt und deren Chromosomen stark kondensiert sind, mit einer Zelle, die sich entweder noch nicht, oder gerade eben geteilt hat. Dann beobachtet man, daß im Interphasekern das Chromatin vorzeitig kondensiert und nicht etwa, daß die Chromosomen der Metaphaseplatte dekondensieren. Offensichtlich enthalten mitotische Zellen eine Substanz, die die Kondensation der Chromosomen auslöst und im Experiment zugefügtes Chromatin im gleichen Sinn beeinflussen kann. Vielleicht haben wir mit dieser Zellsubstanz, die bei den spiralisierten Chromosomen ein typisches Kennzeichen der mitotischen Prophase induziert, einen Kandidaten zur Regulation der Zellteilung kennengelernt. Nach einer Hypothese könnte es sich um ein Enzym handeln, welches spezifisch das Histon H1 phosphoryliert.

Eine weitere Voraussetzung ist für die exakte Verteilung der Tochterchromosomen unentbehrlich: die Teilungsspindel, oder der mitotische Apparat. Er besteht aus zwei Polen, den Cytozentren, in denen sich bei den Tieren je ein Centriol befindet, und Spindelfasern, die aus Bündeln von Mikrotubuli bestehen. Das Auseinanderweichen der Spindelpole sowie die Verkürzung der Spindelfasern, die an einer bestimmten Stelle des Chromosoms, am Kinetochor ansitzen, besorgen während der Anaphase und Telophase die Verteilung des Genoms auf die beiden Tochterkerne.

Wenn man experimentell die Bildung des mitotischen Apparates verhindert, bleibt auch die Mitose aus. Dieses Ergebnis ist in zweierlei Hinsicht von Bedeutung. Einmal könnte der Aufbau dieser Struktur eine steuernde Rolle bei der Zellteilung spielen, zum anderen lassen sich alle Zellen einer Population, wenn sie in regelmäßigen Abständen beim Aufbau ihres mitotischen Apparates gestört werden, etwa durch einen Hitzeschock, in einer bestimmten Entwicklungsphase anreichern - nämlich unmittelbar vor der Teilung - und damit künstlich synchronisieren. Durch solche Induktionssynchronie wird für biochemische Experimente genügend homogenes Material verfügbar.

Aus den geschilderten Experimenten und der Tatsache, daß man mit spezifischen Inhibitoren der Proteinbiosynthese die Mitose bis kurz vor dem Erreichen der Prophase unterbinden kann, kann man schließen, daß eine Zellteilung dann ausgelöst wird, wenn ein cytoplasmatischer Stimulator (ein Protein?) vorhanden ist. Damit ist aber nicht gesagt, daß hiermit das entscheidende Signal für die nächste Zellgeneration gesetzt wird, denn vorher muß sich erst die DNA vollständig verdoppelt haben.

Im einfachsten Fall könnte eine Zellgeneration gerade so lang sein wie es dauert, die DNA des Zellkerns zu verdoppeln. Dies beobachtet man nur in ganz frühen Furchungsteilungen, in Embryonen, bei denen paradoxerweise der Zellcyclus kürzer ist, als die Replikationsphase der DNA in einer adulten Zelle es gleichen Organismus.

In einer normalen mitotischen Zelle wird die DNA nur während eines bestimmten Abschnittes des Zellcyclus synthetisiert, der S-Phase. Man hat sie entdeckt, indem man unter dem Mikroskop einzelne Zellen zu unterschiedlichen Zeiten nach ihrer Teilung ausgelesen und für kurze Zeit in radioaktivem Thymidin inkubiert hat. In Autoradiogrammen zeigte sich dann, daß nach der Teilung zunächst keine DNA im Zellkern synthetisiert wird, und daß nach einer Periode der DNA-Synthese wieder ein Abschnitt folgt, in dem keine DNA mehr synthetisiert wird; anschließend folgt wieder eine Mitose. Damit können wir vier Phasen eines typischen Zellcyclus benennen: Die Mitose (M), die Präsynthese (G1-Phase), die Synthese (S-Phase) und die Postsynthese (G2-Phase). G-Phase steht für "gap", d.h. zeitliche Lücke, in der keine DNA synthetisiert wird, ausgenommen sind DNA-Moleküle von Zellorganellen; sie symbolisieren aber auch eine Lücke unseres Verständnisses.

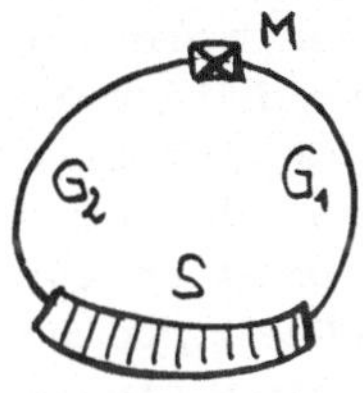

Der Zellzyklus

Wenn man von synchronen Zellpopulationen ausgeht, kann man die Dauer der Zellcyclusphasen und den Mechanismus der DNA-Replikation auch mit biochemischen Methoden analysieren. Bei der künstlichen Synchronisation von Kulturen, z.B. durch Hitzeschock, greift man aber zwangsläufig in den Zellstoffwechsel ein und erzeugt oft gestörtes (unbalanciertes) Wachstum. Daher bevorzugen viele Untersucher Selektionsmethoden, in denen die Zellen bestimmter Entwicklungsphasen isoliert werden. So kann man frisch geteilte tierische Zellen oder Bakterien ganz einfach von den übrigen Zellen abtrennen, indem man sie abschüttelt, weil sie weniger fest an der Wand von Kulturgefäßen anhaften, und junge Hefezellen lassen sich durch Zentrifugation von den alten abtrennen. Allerdings scheinen auch diese Methoden erheblichen Einfluß auf das Benehmen der Zellen zu haben.

Besonders günstig sind Systeme mit natürlicher Teilungssynchronie, wie der schon mehrach erwähnte *Physarum* und junge Embryonalstadien, z.B. des Seeigels.

Regelmäßig ablaufende Zellcyclen können sehr unterschiedlich lang sein und maximal ca. 100 h dauern. Den schnellsten Zellcyclus von 8 min mißt man während der Furchung im Ei der Taufliege *Drosophila*. Ein typischer Cyclus, z.B. einer Säugerzelle in Gewebekultur, dauert ca. 16 h (5 h G1, 7 h S, 3 h G2 und 1 h M). Die Abschnitte S, G2 und M sind bei einem bestimmten Zelltyp recht wenig variabel, während die G1-Phase großen Schwankungen unterliegen kann.

Inzwischen lassen sich Zellcyclusphasen auch an nicht synchronen Zellen bestimmen: man ermittelt die relative Anzahl der Zellen, die ihre DNA noch nicht repliziert haben, also einen 2C-Gehalt an DNA besitzen, oder die bereits repliziert haben (DNA-Gehalt 4C), sowie die Zahl der Mitosen (Mitoseindex) und der im Autoradiogramm markierten Zellkerne. Solche Untersuchungen ermöglichen wichtige Aussagen über die Zellvermehrung in Geweben (Zellkinetik). Ein hoher Anteil von markierten und von 4C-Kernen ist typisch für ein Gewebe mit hoher Proliferationsrate.

Betrachten wir jetzt, nachdem wir wissen, wann die DNA synthetisiert wird, wie sie repliziert. Dies geschieht in drei Schritten: dem Übergang von der G1- zur S-Phase, d.h. Beginn der Replikation (Master-Initiation), der Elongation, d.h. die Synthese von Polynucleotidketten, und schließlich der Termination, d.h. der Übergang von der S- zur G2-Phase. Wie bei den Mikroorganismen ist die DNA-Replikation der Eukaryonten semikonservativ. Dies läßt sich unmittelbar an der selektiven Markierung der Tochterchromosomen ablesen, wenn man eine Zelle während der S-Phase mit radioaktivem Thymidin markiert und sie dann während der nächstfolgenden S-Phase in unmarkiertes Medium bringt. Im folgenden Metaphasestadium erkennt man, daß nur jeweils eines von zwei Tochterchromosomen radioaktiv ist. Dies erklärt sich daraus, daß bei der ersten S-Phase ein Strang der DNA-Doppelhelix markiert wurde, so daß nun beide Tochterchromosomen radioaktiv sind. In der zweiten S-Phase gelangt die Markierung auf nur eine der beiden Tochterchromatiden, und das zeigt sich im Autoradiogramm des Metaphasestadiums. Wenn man radioaktives Thymidin in der S-Phase nur für kurze Zeit anbietet, so erkennt man im Autoradiogramm des Metaphasestadiums, daß an mehreren Stellen eines Chromosoms zur gleichen Zeit DNA synthetisiert worden ist: Die DNA-Synthese geschieht diskontinuierlich. Das sieht man noch deutlicher, wenn S-Phase-Chromatin unmittelbar nach der Markierung lysiert und vorsichtig gespreitet wird. Das Autoradiogramm zeigt, daß an zahlreichen Orten DNA markiert wurde, und im EM läßt sich ein replizierendes DNA-Molekül anhand der Replikationsaugen identifizieren. Diese replizierenden DNA-Abschnitte - die Replikons - sind zwischen 5 und 250 µm lang, im Mittel 50 µm. Die DNA repliziert mit einer Geschwindigkeit von etwa 1 µm/min. Auch neu synthetisierte DNA liegt in der typischen Chromatingrundstruktur vor, nämlich als Nucleosomenkette. Es müssen also sehr schnell neue Nucleosomen gebildet werden, und das bedeutet: Gleichzeitig mit der Replikation der DNA verdoppelt sich im Zellkern auch der Histongehalt. Eine verfeinerte autoradiographische Analyse hat erwiesen, daß die DNA eines Replikons an beiden Schenkeln der Winkel eines Replikationsauges, also bidirektional repliziert wird. Somit kann man für jedes Replikon wiederum die drei DNA-Syntheseschritte der Initiation, Elongation und Termination unterscheiden.

Auf der molekularen Ebene der Replikation liegen bei den Eukaryonten ähnliche Verhältnisse wie bei den Bakterien vor. Zunächst muß an der Initiationsstelle der DNA-Doppelstrang geöffnet werden. An dieser Stelle wird ein kleines Stück RNA transkribiert, und an diesem wiederum ein kurzer DNA-Strang synthetisiert, der 150-250 Nucleotide lang ist, also etwa so lang wie die DNA eines Nucleosoms. Die Replikation erfolgt also auch am DNA-Einzelstrang diskontinuierlich. Sie vollzieht sich an beiden Replikationsgabeln des Replikons, und zwar an den beiden DNA-Strängen mit gegenläufiger Polarität in entgegengesetzten Richtungen. Schließlich wird die zwischen den kurzen DNA-Ketten eingebaute RNA enzymatisch entfernt. Ein Reparaturenzym füllt die Lücken mit DNA aus, und schließlich entsteht das lange Kettenmolekül eines Tochterstranges durch das Verknüpfen der kurzen DNA-Stücke mit Hilfe des Enzyms Ligase.

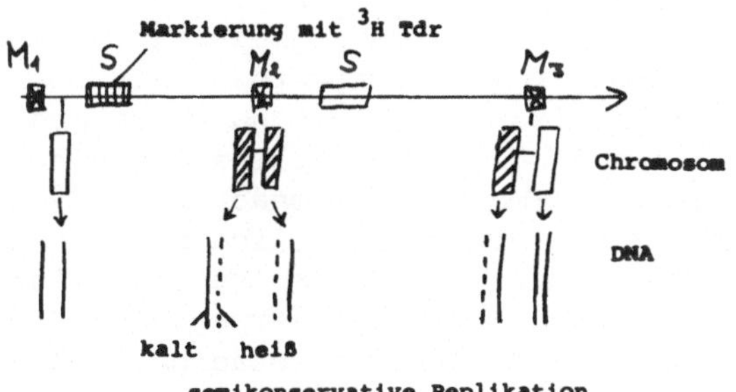

Dieser molekulare Grundmechanismus ist im Wesentlichen nicht regulierbar. Für uns ist die Frage wichtig, ob die DNA-Menge, die DNA-Basenzusammensetzung, der Zustand des Chromatins oder der Entwicklungsstand der Zelle einen Einfluß auf die DNA-Replikation haben, oder umgekehrt: Welche Parameter werden durch die Replikation beeinflußt? Die Dauer der S-Phase hängt nicht von der DNA-Menge ab. Vergleicht man verschiedene Organsimen, so können Zellen mit großem Genomen in kürzerer Zeit ihre DNA replizieren, und die S-Phasen haploider, diploider und tetraploider Zellen des gleichen Organismus sind gleich lang. Offensichtlich werden nicht alle Replikons zur gleichen Zeit repliziert, denn bei einer mittleren Länge von 50 µm und bidirektioneller Syntheserate von 1 µm pro min würde die S-Phase ca. 25 min dauern: Statt dessen braucht sie aber 7 h.

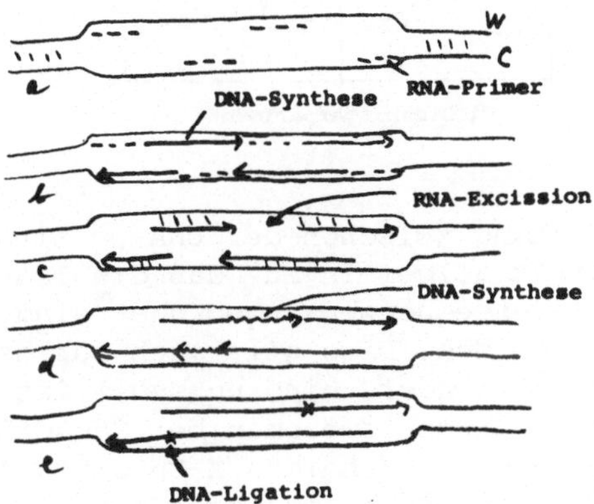

Durch geschickte Doppelmarkierung konnte man nachweisen, daß die einzelnen DNA-Abschnitte in einer zeitlich festgelegten Reihenfolge repliziert werden. Hierzu ließ man während einer S-Phase für kurze Zeit radioaktives Thymidin (^{3}H Tdr) einbauen, so daß die in dieser kurzen Periode synthetisierte DNA durch Tritium markiert wurde. Vor der nächsten Mitose hat man den Zellen einen schweren DNA-Baustein (Bromdesoxyuridin, BUDR) angeboten, der durch ^{14}C ebenfalls radioaktiv markiert war. Hat man danach die DNA vor dem Zeitpunkt der S-Phase isoliert, in dem bereits ^{3}H Tdr eingebaut war, zeigte sich nach Auftrennung der schweren und leichten Moleküle im Dichtegradienten, daß die beiden Isotope nicht in den selben DNA-Molekülen enthalten sind. Wird dagegen die DNA zu dem gleichen Zeitpunkt isoliert, in dem sie zuvor durch ^{3}H Tdr markiert war, dann befinden sich beide Isotope in den schweren DNA-Molekülen. Diese müßten also in zwei aufeinanderfolgenden S-Phasen zur gleichen Zeit repliziert worden sein. Da aber die vielen Replikons eines DNA-Moleküls nicht eines nach dem anderen replizieren, entspricht die zeitliche Sequenz der Replikation nicht automatisch der räumlichen Anordnung im DNA-Molekül. Demnach werden also in einer S-Phase mehrere Gruppen von Replikons zeitlich nacheinander repliziert. Durch Synchronisierung dieser Gruppen könnte eine minimale S-Phase-Dauer erzielt werden. Aber selbst dies vermag noch nicht die enorme Replikationsgeschwindigkeit im Furchungsstadium, z.B. von *Drosophila* zu erklären. Hier hat man zeigen können, daß die Replikons während der Furchung viel kleiner sind als in ausgereiften Zellen. Wahrscheinlich enthalten die Eizellen bestimmte Initiationsfaktoren, die die DNA-Replikation an zusätzlichen "Origins" einleiten können, will man nicht annehmen, daß die DNA junger Embryonen eine andere Zusammensetzung hat als die ausdifferenzierter Gewebe.

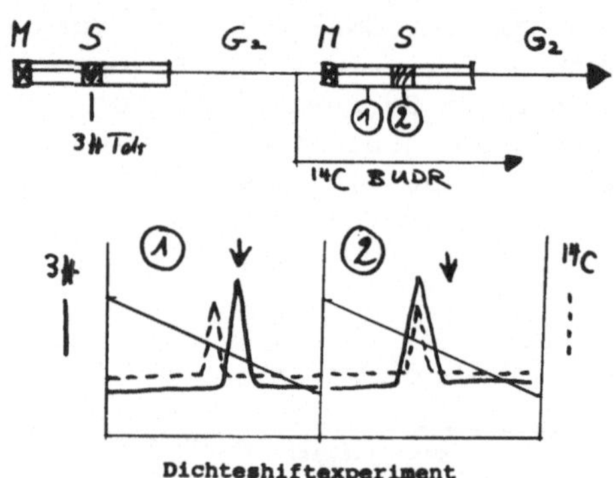

Dichteshiftexperiment

Es besteht ein Zusammenhang zwischen der DNA-Qualität und ihrer Replikationssequenz. Es trifft allgemein zu, daß die DNA-Abschnitte, in denen hochrepetitive Basensequenzen angeordnet sind, erst gegen Ende der S-Phase repliziert werden. Dies gilt auch für heterochromatische Bereiche des Zellkerns. Besonders eindrucksvoll ist in dieser Hinsicht das Verhalten der Geschlechtschromosomen bei Säugetieren. Im weiblichen Geschlecht wird eines der beiden X-Chromosomen im Anschluß an frühe Furchungsteilungen heterochromatisch, d.h. inaktiviert. Erst bei der Bildung der Geschlechtszellen wird dieses Chromosom wieder euchromatisch. Entsprechend den wechselnden Funktionszuständen wird die DNA der X-Chromosomen nur dann spät repliziert, wenn sie im heterochromatischen Zustand ist. Es könnte allgmein zutreffen, daß jedes Chromosom im Laufe der Ontogenese des Organismus seine typische Replikationssequenz entwickelt und auch selbständig kontrolliert. Hierfür sprechen

Experimente an Zellhybriden zwischen Mäuse- und Hamsterzellen. Obwohl viele der Hamsterchromosomen eliminiert wurden, zeigen einige der verbliebenen Chromosomen im Autoradiogramm ihr typisches Replikationsmuster unverändert an.

Nachdem wir über das "wann" und "wie" der DNA-Replikation gesprochen haben, müssen wir die entscheidende Frage nach dem auslösenden "warum" stellen. Bei manchen Organismen, wie bei den Amöben, bei *Physarum* und bei den Furchungsstadien der Embryonalentwicklung, scheinen sämtliche Voraussetzungen für die DNA-Synthese unter günstigen Kulturbedingungen, bzw. durch den Eidottervorrat, optimal zu sein. In diesen Fällen ist die Master-Initiation der DNA-Replikation unmittelbar an den Mitoseablauf gekoppelt: Sie kann bereits in der Telophase beginnen, und die G1-Phase entfällt somit völlig. Ein gesonderter Regulationsmechanismus für den Eintritt in die S-Phase ist hier nicht erkenntlich.

Bei den gleichen Organismen kann man erkennen, besonders gut in der Embryonalentwicklung, daß nach einiger Zeit der Zellcyclus verlängert wird, indem erstmals eine G1-Phase auftritt. Zur Zeit dieses Überganges hat man, z.B. bei *Drosophila*, beobachtet, daß viel RNA synthetisiert wird, und daß die Embryonalzellen erste Differenzierungsprozesse durchlaufen. Ganz allgemein gilt, daß differenzierte Zellen die meiste Zeit in der G1-Phase verbringen. Alle terminal differenzierten diploiden Zellen, die sich nicht mehr teilen, etwa Nervenzellen und rote Blutkörperchen, besitzen nur den 2C-Gehalt an DNA. Sie sind postmitotisch, d.h. gleichsam in der G1-Phase steckengeblieben. Auch wenn Zellen einer Gewebekultur, aus welchen Gründen auch immer, ihr Wachstum einstellen, verharren sie stets in der G1-Phase. Ganz offensichtlich müssen sich Zellen, die soeben einen kompletten Zellcyclus durchlaufen haben, bereits in der G1-Phase entscheiden, ob sie sich weiter teilen sollen, oder nicht. Diese entscheidende Kontrolle der Auslösung der Zellteilung wird also nicht etwa durch die Zellmasse getroffen, sondern während einer Zeit, in der die Zelle kaum herangewachsen ist und auch noch nicht "wissen" kann, welchen Wachstumsbedingungen sie bis zu ihrer Teilung ausgesetzt sein wird. Damit wird das "warum" der DNA-Synthese zur Grundsatzentscheidung im Leben einer Zelle, die im Extremfall festlegt, ob sie sich weiter vermehrt, also proliferiert, oder ob sie sich verändert, also differenziert. Welche Faktoren hierbei die entscheidende Rolle spielen, ist unbekannt. Allerdings ließ sich mittels Zellfusionsexperimenten zeigen, daß bei dem Übergang von der G1- in die S-Phase eine positive Kontrolle vorliegt, also wiederum keinerlei Inhibitoren entfernt werden müssen: Homokaryonen, die durch Fusion von G1- mit S-Phasezellen hergestellt wurden, synthetisieren in beiden Kernen DNA, während in der Kombination von G2- mit S-Phasezellen die DNA-Synthese nur im S-Phasekern weiterläuft. Hieraus schließt man, daß weder in der G1-, noch in der G2-Phase ein Inhibitor der DNA-Replikation vorliegt, während in der S-Phase ein diffusibler Stimulator der DNA-Synthese existiert.

Eine exakte Analyse dieser Beziehungen könnte durch Zellcyclusmutanten möglich werden. Aber solche Mutanten sind nicht nur letal, sondern auch phänotypisch nicht erkennbar, da man keine Merkmale hat, nach denen man suchen könnte. Eine Strategie war die Suche nach temperaturempfindlichen Mutanten, d.h. Zellen, die sich nur bei permissiver, nicht aber bei restriktiver Temperatur vermehren können. So hat man zwar eine große Zahl von Mangelmutanten erhalten, die einen gestörten Zellstoffwechsel besitzen, aber noch keine aufschlußreichen Zellcyclusmutanten. Die relativ einfache Suche nach Mutanten der DNA-Synthese, d.h. nach Zellen, die sich nicht mit radioaktivem Thymidin markieren lassen, führte zur Isolierung von Mangelmutanten mit fehlender Thymidinkinase, ein für die DNA-Synthese zwar nicht essentielles, gleichwohl aber für die Zellbiologen sehr interessantes Enzym.

Einen Ausweg bietet die Analyse der Hefe *Saccharomyces*, die sich durch Knospen vermehrt, aber dennoch einen typischen Zellcyclus besitzt. Damit lassen sich Zellen mit temperatursensitiven Mutationen (ts) anhand morphologischer Merkmale als Zellcyclusmutanten erkennen, isolieren und in der permissiven Temperatur kultivieren. In der restriktiven Temperatur entwickeln sich alle Zellen bis zu einem bestimmten Punkt des Zellcyclus. Die Kultur wird so synchronisiert und läßt erkennen, in welchem Augenblick ein bestimmtes Genprodukt notwendig ist. So hat man mehrere Gene für die Initiation der DNA-Synthese festgestellt, auch solche für die Elongation der DNA und schließlich wieder andere, die in der G1-Phase exprimiert werden müssen. Diese Gene sind erstmals genaue Markierungspunkte für einen Zellcyclus, obwohl die einzelnen Genprodukte selbst noch nicht identifiziert sind. Da die Temperaturempfindlichkeit dieser Mutanten anzeigt, daß die betreffenden Genprodukte (Proteine) für einen bestimmten Entwicklungsschritt des Zellcyclus notwendig sind, erhalten wir einen zusätzlichen Hinweis auf die Existenz positiver Kontrollmechanismen, denn es ist noch keine ts-Mutante gefunden worden, die einen Zellcyclus verkürzt, etwa weil ein Inhibitor zerstört worden wäre.

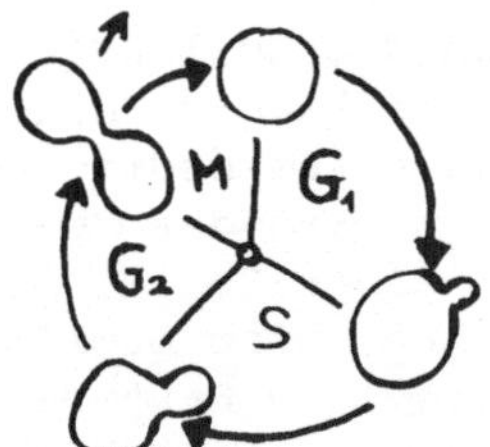

Zellzyklus der Knospenhefe

Man kann bei diesen Hefemutanten noch einen Schritt weitergehen und zeigen, daß in der S-Phase mehrere Genprodukte Schritt für Schritt nacheinander wirken müssen, um eine geordnete Verdoppelung der DNA zu gewährleisten. Dieser Schluß wurde möglich durch in vitro Versuche mit Zellextrakten. Gehen wir von drei Mutanten - A, B und C - aus, deren essentielle Genprodukte im Zellcyclus fahrplanmäßig hintereinander benötigt werden. Jeder Extrakt aus diesen Hefestämmen für sich allein ist nicht fähig, in vitro DNA zu synthetisieren, aber ein Gemisch der Extrakte aus allen drei Mutanten kann es. Offensichtlich enthält der zugesetzte Extrakt aus der einen Mutante Substanzen, die der anderen fehlen. Diesen Versuchsansatz nennt man "In-vitro-Komplementation". Entscheidend ist nun, daß Extrakte aus A mit B komplementieren und ebenfalls B mit C, aber nicht A mit C. Daraus kann man ersehen, daß diese Gene nicht nur in einer zeitlichen Reihenfolge exprimiert werden, sondern auch in dieser Sequenz funktionieren müssen.

Die entscheidende Frage ist nun, wie diese Gene reguliert werden, denn die Temperaturempfindlichkeit zeigt an, wann und in welcher Reihenfolge die Genprodukte notwendig sind, aber nicht, wann die entsprechenden Gene transkribiert wurden. Nach der mehrfach erwähnten These der selektiven Genaktivität könnten zu bestimmten Abschnitten des Zellcyclus bestimmte Gene ab- oder angeschaltet werden. Damit wäre die zentrale Hypothese der Zelldifferenzierung auch auf die geordnete Zellvermehrung anzuwenden. Es gibt drei unterschiedliche Hypothesen, um die Genexpression im Zellcyclus zu deuten: die der oszillatorischen Repression, die der linearen Transkription und die der voneinander abhängigen Reaktionsketten.

Bei der ersten Hypothese geht man davon aus, daß ein Gen so lange aktiv ist, bis genügend von seinem Produkt produziert worden ist, um eine Funktion zu erfüllen, z.B. um als Enzym ein Substrat umzusetzen. Es kommt dann über negative Rückkoppelung zum Abschalten dieses Gens, d.h. zur Repression, bis wieder erneut Enzym benötigt wird, sei es wegen seines "turnovers" oder aufgrund eines erhöhten Substratangebotes. So ließen sich Oszillationen von Enzymaktivitäten deuten, und die für das Zellwachstum notwendigen Genaktivitäten könnten auf diese Weise das Oszillieren des Zellcyclus erklären.

Nach der zweiten Hypothese sollen die für den Zellcyclus wesentlichen Gene nacheinander transkribiert werden. Da diese bei Eukaryonten nicht zu Operons zusammengefaßt sind, sondern über das Genom verstreut liegen, muß man ein Transkriptionsprogramm postulieren, das eine zeitliche Sequenz der Genexpression des Chromatins festlegt. Wie wir oben gesehen haben, ist die Sequenz der DNA-Replikation in der S-Phase, vielleicht sogar für jeden Zelltyp, festgelegt. Eine Koppelung der Transkription mit der Replikation könnte dann eine Programmierung der Genexpression im Zellcyclus ermöglichen.

Nach der dritten Hypothese ist das Produkt des einen Gens notwendig, um das nächste Gen einzuschalten, usw. ...

Der Unterschied zwischen den verschiedenen Vorstellungen liegt darin, daß einmal eine Kontrolle auf der Ebene des Chromatins, zum anderen aufgrund von Wechselwirkungen zwischen Kern und Cytoplasma angenommen wird.

Alle drei Hypothesen gehen davon aus, daß es innerhalb des Zellcyclus eine selektive Genexpression gibt. Dafür sprechen die Syntheseraten vieler Enzyme, deren Verlauf während des Zellcyclus analysiert wurde. Neben Enzymen, die kontinuierlich produziert werden, gibt es viele, die an einem bestimmten Punkt des Zellcyclus plötzlich vermehrt werden (step-Enzyme) und solche, die etwa als Folge eines mRNA-Pulses nur für kurze Zeit auftreten (peak-Enzyme) und danach wieder abgebaut werden. Solche Messungen wurden an künstlich synchronisierten Zellpopulationen durchgeführt, und es hat sich inzwischen gezeigt, daß die meisten Schwankungen von Enzymaktivitäten sich auf die Behandlung der Zellen zurückführen lassen, die zur Synchronisierung nötig ist. Je schonender diese Behandlung ist, desto mehr der bisher analysierten Enzyme nehmen einen kontinuierlichen Syntheseverlauf an.

Experimente mit Inhibitoren der RNA-Synthese dagegen zeigen ganz klar, daß die Transkription des Genoms nötig ist, um den Zellcyclus aufrechtzuerhalten. Qualitative Unterschiede in der Zusammensetzung der RNA innerhalb des Zellcyclus hat man jedoch noch nicht nachweisen können. Dabei sind die modernen Nucleinsäuremethoden geeignet, ein einziges mRNA-Molekül eines spezifischen Genes in der Zelle nachzuweisen. Allerdings ist es noch nicht gelungen, ein für die Zellvermehrung notwendiges Genprodukt zu identifizieren. Damit muß die wichtige Frage nach der Bedeutung einer differentiellen Genexpression für den Zellcyclus zunächst offenbleiben.

Ein konkreter Hinweis für die Existenz eines Regulationsgens für Zellproliferation kommt aus einigen interessanten Kreuzungsexperimenten mit tropischen Fischen, den Zahnkarpfen. Die Art A besitzt farbige Pigmentzellen in den Rückenflossen, die Art B nicht. Die Nachkommen aus der Kreuzung A x B haben etwas mehr Pigmentzellen als A und sind ganz gesund. Wenn man diese Hybriden jedoch mit der Art B rückkreuzt, dann beobachtet man, daß die Pigmentzellen in vielen der Nachkommen sich enorm vermehren und regelmäßig zu einer Krebsgeschwulst, einem Melanom, heranwachsen. Die Deutung dieser Befunde geht davon aus, daß die Art A zwei bestimmte Gene besitzt: auf dem X-Chromosom eines für die Ausdifferenzierung der Pigmentzellen, und auf einem Autosom ein anderes für die Regulation der Teilungshäufigkeit dieser Zelle. In den A x B-Hybriden werden diese Gene mit dem Genom der Art B zusammengebracht, das über keines der beiden Gene verfügt, und auch die entsprechenden Pigmentzellen nicht hervorbringt. Nach der Rückkreuzung enthalten 50% der Nachkommen ein X-Chromosom mit dem Pigmentzellgen. Die Hälfte davon hat das Regulationsgen für die Zellteilung mit den Autosomen der Art A erhalten, die andere Hälfte besitzt kein Regulationsgen. Daher proliferieren bei 25% der Nachkommen aus der Rückkreuzung die Pigmentzellen unkontrolliert, sie benehmen sich wie typische Tumorzellen.

Zahlreiche Kreuzungsversuche mit diesen Fischen haben gezeigt, daß es für jedes Gewebe einen Satz von Kontrollgenen gibt, der die Proliferation der entsprechenden Gewebe kontrolliert. Diese Experimente geben einen ersten deutlichen Hinweis auf eine genetische Kontrolle der Zellteilung und lassen einen Zusammenhang vermuten zwischen der Aktivität von Proliferationsgenen und Differenzierung in die verschiedenen Zelltypen. Nach dieser Vorstellung haben diese Gene eine negative Kontrollfunktion: sie halten einen speziellen Zelltyp in der G1-Phase seines Teilungscyclus an. Hier ergibt sich auch ein Einblick in eine endogene, genetische Kontrolle der Krebsentstehung (s. S. 49).

Alles, was wir bisher über die Vermehrung einzelner Zellen gesagt haben, geht von der Annahme aus, die bereits der Begriff Zellcyclus beinhaltet: Daß hier ein cyclisches Geschehen vorliegt. Dies aber heißt, daß eine Zelle, wenn sie sich einmal geteilt hat, sich zwangsläufig nach dem Durchlaufen der G1-, S- und G2-Phase wieder teilen wird, es sei denn, sie verläßt den Zellcyclus und teilt sich gar nicht mehr. Folglich müßten sich in einer homogenen asynchronen Population die Zellen, die sich vor langer Zeit geteilt haben, eher teilen, als diejenigen, die erst vor kurzer Zeit eine Teilung durchlaufen haben.

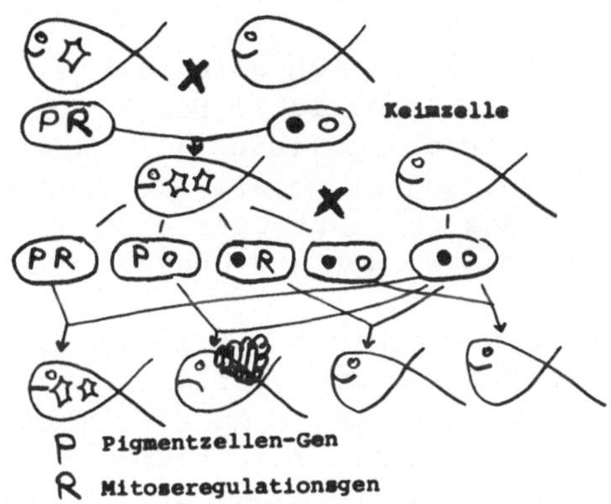

In einer ganz anderen Hypothese wird diese Grundvorstellung in Frage gestellt. Sie sagt aus, daß die Zellen einer Population keinen Cyclus von nacheinander programmierten Stadien durchlaufen, sondern nur zwei Entwicklungsphasen A und B kennen. Die eine Phase ist wenig variabel, sie hat deterministischen Charakter und entspricht den Cyclusphasen S, G2, M und einem Teil von G1. Die andere Phase ist sehr variabel. Sie entspricht dem größten Teil der G1-Phase und hat probabilistischen Charakter. So wie man beim Zerfall eines radioaktiven Isotops nicht vorhersagen kann, in welcher Reihenfolge seine Moleküle zerfallen, so soll in einer Zellpopulation nicht vorhersagbar sein, welche Zelle sich als nächste teilt. Dies sei nicht von dem programmierten Übergang von der G1- in die S-Phase abhängig, sondern von einem zufälligen Ereignis, das nur mit einer gewissen Wahrscheinlichkeit eintritt, der Übergangswahrscheinlichkeit zwischen den Phasen A und B. Ist diese sehr hoch, dann sind die Vorhersagen aus beiden Hypothesen gleich, ist sie gering, kann man aus den Meßwerten einer Zellpopulation nicht das Verhalten der Einzelzelle extrapolieren.

Dies verdeutlicht die Interpretation des Thymidineinbaues in Abhängigkeit von der Zeit in die DNA einer Zellpopulation, die, etwa durch eine Droge, zur Zellvermehrung stimuliert wurde. Über einen Zeitraum von 24 h steigt der Einbau von Thymidin bis auf das 20fache des Ausgangswertes an. Zu diesem Zeitpunkt beobachtet man auch eine 20fach höhere Aktivität eines Enzyms, z.B. der DNA-Polymerase. Man kann das so deuten, daß in jeder Zelle die DNA-Synthese zunimmt, was mit der Polymeraseaktivität sehr gut korreliert ist. Es kann auch bedeuten, daß jede Zelle für sich mit gleicher Intensität DNA synthetisiert, und daß nur die Wahrscheinlichkeit erhöht worden ist, daß dies geschieht.

Bei einer 7stündigen S-Phase haben die meisten Zellen 24 h nach der Behandlung ihre DNA-Replikation hinter sich, und die hohe DNA-Polymeraseaktivität korreliert nun eher mit der G2- und der G1-Phase als mit der S-Phase.

Eigentlich betonen die beiden Hypothesen nur zwei verschiedene Aspekte der Zellvermehrung, die wegen der unterschiedlichen Untersuchungsobjekte zunächst zufällig im Vordergrund standen. Die Zellcyclusforscher studierten Einzeller, die eine relativ konstante Generationszeit besitzen und bei denen die endogenen Kontrollmechanismen im Mittelpunkt des Interesses stehen. Darüber haben wir bisher gesprochen.

Zellproliferationsforscher studieren gern tierische Zellen in Gewebekultur. Diese zeigen eine sehr variable Generationszeit, die durch Kulturbedingungen leicht zu manipulieren ist, was auf exogene Kontrollmechanismen der Zellvermehrung hinweist. Hierüber wird jetzt zu sprechen sein. Wie kommt es aufgrund exogener oder endogener Faktoren zu einer Verlängerung der G1-Phase bzw. der A-B-Übergangswahrscheinlichkeit?

Man kann einen allgemeinen von einem spezifischen Mechanismus unterscheiden, durch den das Zellwachstum verlangsamt und blockiert wird. Zellen stellen ihre Vermehrung ein, wenn sie in ihrer Wachstumskurve am Übergang von der exponentiellen zur stationären Phase angelangt sind. Nach ihrer letzten Teilung bleiben sie solange in der G1-Phase, wie ungünstige Wachstumsbedingungen vorliegen.

Dies gilt auch für die Hefe, für die es, wie wir gesehen haben, genetische Landmarken für die G1-Phase gibt. Deshalb kann man hier die Frage entscheiden, ob die Blockierung des Zellwachstums nicht irgendwann innerhalb der G1-Phase eintritt, sondern an einem ganz bestimmten Zeitpunkt, die durch Gene bestimmt sind, die den bezeichnenden Namen "Start" erhalten haben. Bei der Hefe kennt man auch eine spezifische Blockierung des Zellwachstums, selbst bei günstigsten Wachstumsbedingungen, nämlich bevor "Männchen" und "Weibchen" miteinander verschmelzen, und damit die generative Entwicklungsphase beginnt. Ehe Zellen unterschiedlichen Paarungstyps verschmelzen, sorgen von ihnen in die Umgebung abgegebene Substanzen (z.B. der Alpha-Faktor, ein kleines Peptid) dafür, daß auch die Vermehrung der Nachbarn eingestellt wird. Dies geschieht immer an derselben Startposition des Zellcyclusprogrammes wie bei der allgemeinen Wachstumsblockierung durch Hunger.

Wir erinnern uns an die Deutung, daß während der G1-Phase ein bestimmter Zeitpunkt existiert, an dem sich entscheidet, ob sich eine Zelle teilen wird oder nicht. Ist dieser "Checkpoint" einmal überschritten, so ist die Zellteilung programmiert, d.h. determiniert, und je größer die Wahrscheinlichkeit dieses Überganges ist, desto mehr Tochterzellen werden mit der Zeit gebildet. Man wartet heute gespannt auf die genaue Analyse der Funktion der Startgene. Man hat bereits Hinweise, daß keine diffusiblen Stoffe, sondern strukturelle Komponenten des mitotischen Apparates dabei eine Rolle spielen.

Zellen in Gewebekultur, z.B. Fibroblasten, werden durch verschiedenste Bedingungen, z.B. allseitigen Kontakt mit Nachbarzellen, am Wachstum gehindert, und auch hier gibt es Hinweise auf einen Checkpoint innerhalb der G1-Phase, der ca. 4 h vor der S-Phase liegt.

Wichtig für das Verständnis der Zellproliferation ist nun, zu wissen wie die Entscheidung über die Zellvermehrung getroffen wird, und welche Stoffe von außen auf die Zelle einwirken müssen.

Wir wissen schon, daß ganz verschiedene Behandlungen ruhende Zellen in Gewebekultur wieder zur Proliferation stimulieren können: frisches Medium und bestimmte Faktoren aus dem Serum, welches in Kulturmedien enthalten ist; aber auch das Entfernen einzelner Zellen aus dem einschichtigen Verband, dem Monolayer, wirkt teilungsauslösend. Selbst eine Behandlung mit Enzymen, die an der Zelloberfläche gebundene Proteine ablösen, führt zu einer Zellvermehrung. Es können sich aber auch die Anforderungen verändern, die isolierte Zellen nach einer langen Kulturperiode an die Wachstumsbedingungen stellen.

Krebszellen können oft in einfacheren Medien wachsen. Sie besitzen wahrscheinlich ein empfindlicheres System, um mitogene Signale zu verwerten. Schließlich kann man normale und virustransformierte Zellen vergleichend analysieren und damit vielleicht ein geeignetes Zellmodell erhalten, um einmal die folgenschwere Vermehrung von Krebszellen verstehen und verhindern zu können.

Da so viele, z.T. unspezifische Auslöser für die Teilung existieren, die Zelle aber ganz monoton mit dem Übergang von der G1- in die S-Phase reagiert, kann man annehmen, daß vielleicht in allen Zellen ein universeller Mechanismus zur Proliferationskontrolle existiert. Viele der mitogenen Substanzen wirken an der Zelloberfläche. Somit kann man annehmen, daß der Zellmembran eine spezifische Rolle bei der Signalübertragung zukommt. Dies möchten wir an einem gut untersuchten Modellsystem, den Lymphocyten, diskutieren.

Die Lymphocyten gehören zum Immunsystem der Wirbeltiere, durch das körperfremde Stoffe eliminiert werden. Bevor es zu einer effektiven Abwehr der eingedrungenen Antigene kommen kann, müssen sich diese Zellen, die die spezifischen Antikörper produzieren, vermehren. Eine Schlüsselreaktion zur Immunabwehr ist der mitogene Reiz, den ein Antigen auf "seinen" Lymphocyten ausübt. Solange diese Zellen nicht stimuliert werden, sind sie in Teilungsruhe; sie können aber auch in vitro künstlich gereizt werden und treten dann nach ca. 20 h in die S-Phase ein. Da es eine lange Zeit dauert bis die DNA-Synthese beginnt, und zuvor noch vielerlei andere Syntheseprozesse ablaufen müssen, nennt man diese Teilungsruhe auch G_0-Phase, in der nur eine sehr kleine G1-S-Phase-Übergangswahrscheinlichkeit besteht. Wichtig sind die Beobachtungen an der Zelloberfläche der Lymphocyten. Wie in allen Zellmembranen, befinden sich dort bewegliche Proteinmoleküle. Man kann sie erkennen, wenn man fluoreszierende Antikörper gegen solche Membranproteine an die Zelle heranbringt. Die fluoreszierenden Komplexe konzentrieren sich an bestimmten Bereichen der Zelloberfläche.

Die Zelle sieht dann aus, als trage sie eine Kappe (capping-Phänomen). Zu den Oberflächenproteinen gehören auch Antikörpermoleküle, deren spezifische Reaktion mit den entsprechenden Antigenen den eigentlichen Proliferationsreiz darstellen. Dafür sprechen Beobachtungen mit der Droge Con A (Concanavalin A, ein Pflanzenlecithin), für die sich an der Zelloberfläche ebenfalls Rezeptoren (Glykoproteine) befinden. Mit einer bestimmten Con A-Konzentration lassen sich nämlich Lymphocyten künstlich zur Mitose stimulieren. Bei einer höheren Konzentration kommt es zu einer Versteifung der Zellmembran und zur Festlegung der übrigen Membranproteine, so daß der Proliferationsreiz unwirksam ist. Offensichtlich ist ein bestimmter Zustand der Zelloberfläche für die Auslösung der Mitose verantwortlich. In vivo wird er durch die Antigen-Antikörperreaktion erreicht und in vitro durch die Con A-Rezeptorreaktion. Diese Signalwirkung könnte sich in der Zelle ähnlich ausbreiten wie die Wirkung vieler Hormone, z.B. der Peptidhormone, die ebenfalls an spezifischen Rezeptoren der Zelloberfläche wirken und eine Konzentrationszunahme kleiner Regulationsmoleküle des Zellstoffwechsels hervorrufen, der cyclischen Nucleotide. Diese könnten wiederum die Durchlässigkeit der Membran für bestimmte Ionen, z.B. für Calcium, beeinflussen. Solche Signalmoleküle würden durch Diffusion schließlich den Zellkern erreichen und dort die DNA-Synthese anschalten.

Es gibt hierfür jedoch noch eine andere Deutung. Die Droge Colchicin, das Gift der Herbstzeitlose, kann die durch Con A ausgelöste Membranverfestigung wieder aufheben. Dann wird die Zelloberfläche so stark verflüssigt, daß eine Proliferation ebenfalls ausbleibt. Das Colchicin hat auf die Membran keinen direkten Einfluß, sondern bewirkt spezifisch den Zerfall cytoplasmatischer Strukturen, der Mikrotubuli, von denen ganze Bündel direkt unter der Zellmembran im EM zu sehen sind. Daraus ergibt sich eine alternative Deutung: die "Membransignalisierung"; im Gegensatz zu dem Modell der freigesetzten oder neu synthetisierten diffusiblen Substanzen wäre eine spezifische Änderung der Verankerung zwischen den Membranrezeptoren und dem cytoplasmatischen Gerüst, also ein strukturelles Prinzip der Proliferationskontrolle denkbar.

Der Unterschied zwischen diesen beiden Alternativen, der Regulation durch diffusible Stoffe oder durch strukturelle Prinzipien, klingt unerheblich, ist aber von enormer praktischer Bedeutung, denn bei der zweiten Alternative, die auch bei der Startmutante der Hefe vorzuliegen scheint, ist eine biochemische Analyse mit herkömmlichen Methoden nicht möglich.

Obwohl an diesem Bild noch vieles unklar ist, ist vielleicht deutlich geworden, daß der Zellmembran bei der Auslösung der S-Phase eine wichtige Rolle zukommt. Die Regulation des Membranzustandes kann nun von außen, etwa durch unspezifische oder spezifische Faktoren erfolgen, wie durch das pflanzliche Con A oder körpereigene Hormone, oder aber auch von innen. So beobachtet man, daß tumorspezifische Antigene (das Genprodukt, das von einem Teil des in den Zellkern integrierten Virusgenoms codiert wird) sich ausgerechnet in Membranen anhäufen.

Obwohl unser Wissen über die Proliferationskontrolle z.Zt. sehr unübersichtlich ist, gibt ein zellbiologisches Experiment den Hinweis, daß mitogene Stimulierungen nach einem einheitlichen Prinzip ablaufen könnten, denn es ist gelungen, Extrakte aus der oben erwähnten Hefemutante, die keine DNA herstellen kann, mit Extrakten aus stimulierten (aber nicht aus ruhenden) Lymphocyten zu komplementieren.

3.2 Organismisches Wachstum

Wie wir bereits wissen, haben einzelne Zellen als funktionelle Einheiten ein recht kompliziertes Innenleben, aber für vielzellige Organismen sind sie außerdem Bausteine, die vielerlei hierarchisch geordneten Kontrollen unterliegen. Dies gilt auch für ihre Vermehrung. Eine übergeordnete Rolle bei jungen Säugetieren spielt dabei das Wachstumshormon. Es ist artspezifisch, wird in der Hypophyse gebildet und hat einen Einfluß auf die Vermehrung sehr vieler Zelltypen.

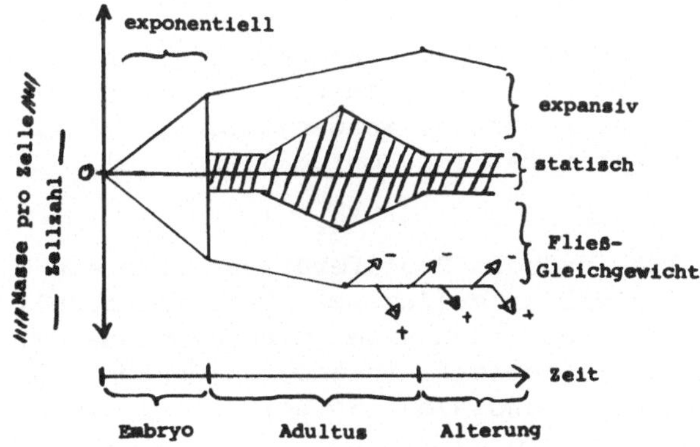

Im Embryo vermehren sich fast alle Zellen. Man kann auch hier die typische sigmoide Wachstumskurve mit einer exponentiellen und einer stationären Phase erkennen. Die Furchungsteilungen führen zu einer exponentiellen Zellvermehrung, ohne daß dabei die Biomasse des Embryo zunimmt. Danach wird durch die "Erfindung" und Verlängerung der G1-Phase der Zellcyclus der einzelnen Zellen recht unterschiedlich verlängert und - gekoppelt mit Differenzierungsvorgängen - verlassen manche Zellen den Zellcyclus, während andere absterben. Wieder andere bleiben für lange Zeit, manche für das ganze Leben im Zellcyclus; und von denen, die zunächst den Zellcyclus verlassen haben, können manche aus der G_0-Phase zurückgeholt werden. Im wachsenden Organismus spielt sich ein Gleichgewicht ein, indem etwa so viele Zellen nachgeliefert werden, wie absterben. Beim Menschen beträgt der turnover ca. 20 Millionen Zellen pro Sekunde. Zu den Zellen, die sich nicht mehr teilen, gehören z.B. die quergestreiften Muskelzellen und die Nervenzellen. Hier kann man weder Mitosen beobachten noch den Einbau von radioaktivem Thymidin in die DNA. Solche Zellen können sich bei Bedarf jedoch noch vergrößern; eifrige Sportler besitzen hypertrophierte Muskeln und ein "Sportlerherz". Auch hat man einen spezifischen Faktor isoliert, der das Wachstum der Nervenzellen beeinflußt, den NGF (nerve growth factor).

In anderen Geweben gibt es Zellpopulationen, die sich laufend vermehren, wenn auch recht langsam. Dies erkennt man an einem geringen Mitoseindex (unter 1%) und an der Tatsache, daß sich nach einer Kurzzeitmarkierung mit Thymidin noch wochenlang markierte Zellkerne beobachten lassen. Dies gilt z.B. für die Leber, vielleicht um die Drüsenzellen zu ersetzen, die bei ihrer intensiven Proteinsynthese und Sekretion verbraucht wurden. Hier kann zusätzlich eine intensive Zellproliferation durch Verletzung ausgelöst werden. Entfernt man 2/3 der Leber einer Maus, so regeneriert der Rest innerhalb einer Woche zur normalen Größe. Wie kommt es dazu? Auch hier gibt es wieder zwei Möglichkeiten der Proliferationssteuerung. Entweder durch einen Mitoseinhibitor, der entfernt wird, oder einen freigesetzten Stimulator. Im Experiment kann man nachweisen, daß die Proliferation der Leberzellen durch einen Teilungsinhibitor kontrolliert wird, der im Blut des Lebergewebes verteilt ist. Die Leberregeneration wird durch eine Verdünnung dieses Faktors ausgelöst, sie kann experimentell durch Serum aus einer unbehandelten Leber wieder blockiert werden. Dieser Faktor ist gewebespezifisch,und es scheint für vielerlei Gewebe, z.B. auch für die Haut, solche Teilungshemmstoffe, sog. Chalone, zu geben. Im Gegensatz zu den Hormonen, die an einem Ort in Drüsenzellen synthetisiert werden, aber an einer anderen Stelle wirken, werden diese Regulationsstoffe von den Zellen, deren Aktivität sie kontrollieren (also in Zielzellen), produziert.

Es ist auch möglich, daß die Proliferation durch ein Wechselspiel zwischen inhibierenden und stimulierenden Faktoren reguliert wird; denn z.B. hat man für die Haut auch einen mitoseauslösenden epidermalen Wachstumsfaktor (EGF) isoliert. In anderen Geweben können Hormone gezielt Zellproliferation auslösen. So stimuliert die cyclische Ausschüttung von Östrogen die cyclischen Wachstumsperioden der Uterusschleimhaut bei Säugetieren. Hier hat man zeigen können, daß diese Zellen sich vor ihrer Stimulierung - genau wie in Gewebekultur - in der G1-Phase befinden: Injiziert man nämlich eine Droge (FUDR), so wird die DNA-Synthese in diesen Zellen blockiert, und die Hormonwirkung bleibt aus. Dies Resultat wäre nicht zu erwarten, wenn die Zelle nach der Hormonstimulierung nur von der G2-Phase direkt in die Mitose eintreten müßte.

Schließlich gibt es Gewebe, deren Zellen stark abgenutzt werden und daher dauernd erneuert werden müssen. Hierzu gehören die Haut, das Epithel des Dünndarmes (in dem ein sehr kurzer Zellcyclus von nur 8 h gemessen wird) und die roten Blutkörperchen. Solche Gewebe zeichnen sich durch eine erhebliche Proliferationsrate, einen hohen Mitoseindex von 1-10% aus, und nach einer Pulsmarkierung findet man schon nach kurzer Zeit keine markierten Kerne mehr. In diesen Fällen geht die Zellvermehrung von bestimmten Zellen aus, den Stammzellen, die während der Embryonalentwicklung bereitgestellt wurden und in der G_0-Phase in Warteposition verharrren. Ihre Teilung unterscheidet sich von der proliferativen Mitose, indem nur eine der entstehenden Tochterzellen die gleichen Eigenschaften wie die Stammzellen beibehält, die andere Tochterzelle dagegen spezifische Aufgaben als Hautzelle oder als rotes Blutkörperchen übernimmt und bald danach abstirbt.

Die Vorläuferzellen für das Blut befinden sich im Knochenmark. Bei Blutverlust oder wenn man sich in großer Höhe aufhält oder stark raucht, wird der Bedarf an Sauerstoff nicht mehr gedeckt. Dann wird in den Nieren ein Hormon vermehrt ausgeschüttet, das Erythropoeitin (ein Glykoprotein). Die Zielzellen für dieses Hormon sind die Stammzellen für die Erythrocyten, die sich nun vermehren. Wenn genügend frische Erythrocyten gebildet worden sind, sinkt der Hormonspiegel wieder ab, und die Proliferationsrate der Stammzellen geht zurück. Aber auch eine konstante Zahl an roten Blutkörperchen zu erhalten, erfordert eine hohe Teilungsrate der Stammzellpopulation. In unserem Blut befinden sich in einem mm^3 ca. 5×10^6 Erythrocyten, in 5 l sind es $2{,}5 \times 10^{13}$. Da ein Erythrocyt nur ca. 4 Monate lebt, müssen diese Zellen in dieser Zeit von 10^7 s nachgeliefert werden, was einer Mitoserate von $2{,}5 \times 10^6$ Teilungen pro Sekunde entspricht.

4 Die Entstehung biologischer Formen: Morphogenese

Wir haben bereits erkannt, daß höhere Organismen aus Zellen aufgebaut sind, die als individuelle Bausteine eingesetzt werden. Diese werden vermehrt oder ersetzt und können vielerlei Gestalt und Funktion annehmen. Zellen können zu größeren Funktionseinheiten zusammengefügt werden, zu Geweben und Organen. Die Zellen selbst bestehen aus komplizierten Untereinheiten, den Zellorganen oder Organellen, diese wiederum aus Komplexen von gleichen oder verschiedenen Biomolekülen. Solche Makromoleküle, z.B. Proteine, entstehen durch eine feste Verkettung ihrer Bausteine, der Aminosäuren, wodurch sie eine definierte räumliche Struktur erhalten. Obwohl die Primärstruktur, die Aminosäuresequenz, durch genetische Information festgelegt ist, können die Komplexe dieser Moleküle auf jeder höheren Organisationsstufe Eigenschaften und Gestalten annehmen, die von der nächst unteren aus nicht ohne weiteres vorhersagbar sind. Daher kann man auch jede Stufe biologischer Organisation für sich erfolgreich analysieren. Wenn man jedoch die Entwicklung biologischer Formen verstehen möchte, muß man gerade die Wechselwirkung zwischen den verschiedenen Bausteinen kennen. Wir haben dies bereits betont bei der Diskussion der Organisation des Chromatins und anhand der Kontrollmechanismen der Zellvermehrung. Jetzt werden wir uns der Entstehung biologischer Gestalt zuwenden.

4.1 Subcelluläre Morphogenese

Ein wichtiges Prinzip molekularer Gestaltbildung ist die Selbstorganisation zu funktionellen Strukturen. Viele Proteine liegen als globuläre Gebilde vor, weil die Kette der Aminosäuren unter Ausbildung schwacher Bindungen untereinander, z.B. durch Wasserstoffbrücken, gefaltet wird. Diese Bindungen können experimentell, z.B. in einer Harnstofflösung, gelöst werden. Ein Enzym, etwa die Ribonuclease, verliert dabei seine Aktivität. Wichtig ist nun, daß nach Entfernung des Harnstoffs die langgestreckte Aminosäurekette dieses Enzyms die globuläre Gestalt von selbst wieder erhält, und auch reaktiviert wird. Diese Renaturierung geschieht ohne Zufuhr von Energie und Information. Daß die Information in der Aminosäuresequenz bereits enthalten ist, haben wir anhand der Mutation "Sichelzellenanämie" kennengelernt. Hier ist nur eine einzige Aminosäure im Globin verändert, worauf das Hämoglobin in der Zelle auskristallisiert, und der Erythrocyt kollabiert. Nicht immer führt eine Mutation zu einem so drastischen Resultat, aber Enzyme mit gestörter Aminosäuresequenz sind oft empfindlicher gegen erhöhte Temperaturen. Daraus ersehen wir einmal, daß die Außenbedingungen einen entscheidenden Einfluß auf die Konfiguration von Proteinmolekülen haben, zum anderen erhalten wir eine Deutung für die bereits oft erwähnten temperatursensitiven Mutanten.

Sämtliche Zellen besitzen das Actin als ein anderes Strukturprotein. Es kommt in zwei Zustandsformen vor: als individuelles globuläres Actinmolekül (G-Actin) und in Gestalt langgestreckter Filamente (F-Actin). Bei hoher Ionenstärke liegt F-Actin vor. Die genaue Analyse zeigt, daß ein Filament aus zwei Actinketten besteht, die umeinander gewunden sind. Die Umwandlung von G- in F-Actin ist reversibel, und man kann sie im Reagenzglas durchführen. Sie hängt von der Salzkonzentration ab und geht in zwei Schritten vor sich. In einer langsamen Reaktion werden zunächst oligomere Komplexe aus je vier G-Actinmolekülen gebildet, die dann sehr viel schneller zu dem eigentlichen fädigen F-Actin polymerisieren. Auch in der Zelle polymerisiert G-Actin zu den im EM sichtbaren Mikrofilamenten (MF), die eine notwendige Funktion für Zellbewegungen und für die Aufrechterhaltung der Zellgestalt haben. Dies läßt sich anhand der Wirkung des bereits erwähnten Cytochalasin B zeigen, in dessen Anwesenheit keine Mikrofilamente mehr gebildet werden.

Ein weiteres Protein, welches in fast allen Geweben vorkommt, ist das Kollagen, eine extracelluläre Substanz. Sie wird von Fibroblasten in großen Mengen im Bindegewebe produziert, kommt aber auch in der Basalmembran vieler Epithelien vor. Bei der Knochenbildung wird die Knochensubstanz in ein Netzwerk aus Kollagen eingelagert. Im EM lassen sich an diesen Fibrillen charakteristische Querstreifungen erkennen. Kollagen kann man leicht isolieren, und nach einer Behandlung mit verdünnter Säure zerfällt es in kleine einheitliche Bestandteile, in sog. Tropokollagen. Wenn diese monomere Lösung neutralisiert wird, lagern sich die Bausteine wieder zu Fibrillen mit der gleichen Ultrastruktur wie zuvor zusammen. Experimentell läßt sich zeigen, daß an künstlich reaggregiertes Kollagen nur dann Knochensubstanz eingelagert wird, wenn die Reassoziation genau den nativen Zustand widerspiegelt. Damit könnte diesem Proteinaggregat eine Art Matrizenfunktion für die Entstehung einer übergeordneten Struktur, etwa bei der Knochensynthese, zukommen. Genauere Analysen des Tropokollagens, das von den Zellen ausgeschieden wird, haben gezeigt, daß es aus drei gestreckten Polypeptidketten von je 1000 Aminosäuren besteht, die zu einer Tripelhelix umeinander gewunden sind. Es wurden mehrere Gene für diese Proteinketten identifiziert, so daß Kollagenfibrillen infolge unterschiedlicher Genexpression eine sehr unterschiedliche Feinstruktur erhalten können. Dies könnte die Wechselwirkung zwischen verschiedenen Zellen des Organismus beeinflussen. Nach einer Hypothese soll das Netzwerk der Kollagenfibrillen die Wanderbewegung einzelner Zellen und auch Zellfortsätze vorgeben, so wie die Schienen einen Zug lenken.

Alle Zellen benötigen Ribosomen, da an ihnen die Proteinbiosynthese abläuft. Sie erfolgt entweder frei im Cytoplasma an Polysomen oder im Kontakt mit Membranen des endoplasmatischen Reticulums. Die Ribosomen bestehen aus einer kleinen und einer großen Untereinheit, die man in vitro durch Verminderung oder Erhöhung der Konzentration an Magnesiumionen reversibel voneinander trennen und wieder zusammensetzen kann. Jede Untereinheit läßt sich durch Behandlung mit Harnstoff bei hoher Ionenstärke in ein RNA-Molekül und in viele verschiedenartige Proteine zerlegen, von denen jedes Molekül im Ribosom nur einmal vertreten ist. Unter geeigneten Bedingungen reassoziieren diese Proteine mit der rRNA spontan zu einem Aggregat. Da dieses in vitro Proteinbiosynthese ausführen kann, ist hiermit die Reassoziation zu einer nativen Ribosomenuntereinheit gelungen. Nachdem man die einzelnen Proteine isoliert hatte, ließ sich durch vielseitige Rekonstitutionsexperimente feststellen, in welcher Reihenfolge die verschiedenen Proteine mit der rRNA in den Komplex eintreten. Durch chemische Modifikation einzelner Proteine, sowie durch den Austausch spezifischer Proteinspezies gegen solche aus mutierten Zellen, ließ sich die Anordnung und die Funktion der einzelnen Komponenten des Proteinbiosyntheseapparates ganz genau analysieren. Dieses Beispiel zeigt, wie recht komplizierte Organellen aus ihren einzelnen Komponenten durch spontane Selbstaggregation entstehen können. Allerdings spiegeln die in vitro Versuche nicht genau die Biosynthese der Ribosomen wider, da die ribosomale RNA aus einem Vorläufermolekül, das mit anderen Proteinen komplexiert ist, "processiert" wird. Außerdem sind an der Koppelung der beiden ribosomalen Untereinheiten die mRNA sowie Initiationsfaktoren der Translation maßgeblich beteiligt.

Die primäre Information für die bisher behandelten dreidimensionalen subcellulären Strukturen befindet sich in der linearen Anordung der Basensequenz des Genoms jeder einzelnen Zelle. Den Zusammenhang zwischen den Genen und der Morphogenese kann man bei manchen Bakteriophagen analysieren, z.B. beim Phagen T4, der eine komplexe Gestalt hat. Dieser Phage besteht aus drei Komponenten, die sich im EM genau erkennen lassen, dem Kopf, dem Hals und den Schwanzfasern.

Mit den Schwanzfasern heftet er sich an einem Bakterium fest, der Hals funktioniert wie eine Injektionsspritze, mit der die im Kopf aufgeknäuelte DNA in das Bakterium injiziert wird. Das eingeschleuste Genom wird in der Wirtszelle abgelesen und vermehrt. Aus den Phagenproteinen und den neu synthetisierten Phagengenomen bilden sich 15-25 min nach Infektion neue Phagen. Die entscheidende Frage ist, ob die Morphogenese dieser komplizierten Gebilde als autonome Selbstaggregation ihrer Bausteine zu verstehen ist, oder ob noch andere gestaltbildende Prinzipien mitwirken.

Die biochemische Analyse zeigt, daß die Phagenproteine alle etwa zur gleichen Zeit synthetisiert werden, und im EM erkennt man in der Wirtszelle die verschiedensten Stadien der Morphogenese nebeneinander. Die Entwicklung von ca. 200 Phagen pro Wirtszelle läßt sich in einer großen Bakterienpopulation synchronisieren, weil man die Phagengene bei Mutanten nach Belieben an- und ausschalten kann. Da bei den haploiden Phagen jede essentielle Mutation letal ist, muß man, wie wir das früher bei den ts-Mutanten bereits diskutiert haben, Bedingungen erkennen, unter denen eine Mutante überleben kann (permissive Bedingungen) und andere, unter denen die Entwicklung blockiert wird (restriktive Bedingungen).

Dies gelingt mit sog. nonsense-Mutanten. Bei diesen ist in einem Gen - innerhalb eines Codons für eine Aminosäure - eine Base ausgetauscht worden, wodurch die Information für diese Aminosäure verloren gegangen ist, daher nonsense-Mutante. An diesem Codon bricht während der Proteinsynthese die Polypeptidkette ab, und es entsteht ein defektes Genprodukt. Die permissiven Bedingungen werden dadurch geschaffen, daß manche Bakterienstämme besondere tRNA-Moleküle besitzen, die immer dann einspringen, wenn ein sinnloses Codon auf der mRNA auftaucht; daher kann die Proteinsynthese weiterlaufen (solche Suppressor-tRNA-haltige Bakterien unterdrücken also die Expression der nonsense-Mutanten). In normalen Wirtsbakterien jedoch, d.h. unter restriktiven Bedingungen, bleibt die Phagenentwicklung an einem bestimmten Punkt stehen. Im EM werden die Konsequenzen sichtbar: bei einer Mutante (A) werden nur Köpfe, bei einer anderen (B) nur Hälse und bei einer dritten (C) nur Schwanzfasern hergestellt. Mutanten, die einen kompletten Phagen mit unförmigem Kopf oder verkürztem Hals oder falscher Schwanzfaserzahl entstehen lassen, findet man dagegen nicht. Daraus kann man schließen, daß jedes Teil für sich zunächst fertiggestellt und danach zusammengesetzt wird (Baukastenprinzip).

Bei einer anderen Mutante, die keinen Phagenkopf bilden kann, hat die biochemische Analyse gezeigt, daß das Protein, das den Kopf wieder aufbaut und ca. 80% des Phagengewichts ausmacht, nicht synthetisiert wird. Diese Mutation betrifft also ein typisches Strukturgen. Dagegen gibt es eine Vielzahl anderer Mutanten der Phagenbildung, die man nicht so einfach verstehen kann. Das Verständnis der Phagenmorphogenese wird - in ähnlicher Weise wie wir das bei Hefemutanten bereits diskutiert haben - durch Mischung von Zellextrakten aus verschiedenen Mutanten möglich, d.h. durch in vitro Komplementation. Wenn man nämlich Extrakte der Mutanten A, B und C mischt, dann entstehen komplette Phagenpartikel, wie das EM zeigt. Diese sind funktionsfähig, d.h. sie können Bakterien infizieren.

Mischt man nun die Extrakte von A mit B, dann entstehen unvollständige Phagenpartikel, die nur aus Kopf und Hals bestehen. In den Kombinationen B und C oder A und C dagegen beobachtet man keine Komplementation. Wenn man aber die Extrakte A und B mischt und erst danach einen Extrakt aus C zusetzt, dann entstehen infektionsfähige Phagen. Diese Ergebnisse bestätigen das Baukastenprinzip der Phagenentwicklung und zeigen an, daß die Teile nur in einer bestimmten Reihenfolge zusammengesetzt werden können. Auch die drei Einzelkomponenten des Phagen werden sequentiell geordnet hergestellt, wie zahlreiche Komplementationsexperimente nachgewiesen haben. Dabei sind ca. 50 Morphogenesegene definiert worden. Kopf, Hals und Schwanzfasern werden gleichsam auf drei weitgehend voneinander unabhängigen Fließbändern produziert. An dem Fertigungsprozeß sind weitaus mehr Gene beteiligt, als Proteine im fertiggestellten Phagenpartikel zu finden sind.

Da aber diese Ergebnisse mit Nonsense-Mutanten durchgeführt werden, weiß man, daß diese Gene auch für Proteine codieren müssen. Wenn diese Helferproteine nicht im Endprodukt der Morphogenese enthalten sind, gleichwohl aber für die Morphogenese unersetzlich sind, sollte man durch sie wichtige Informationen zur Morphogenese erhalten können.

Der Zusammenbau der vorgefertigten Köpfe mit den Hälsen ist ein autonomer Selbstaggregationsprozeß. Er wird durch keinerlei Mutanten gestört, weil er offensichtlich keine Hilfproteine benötigt. Dagegen ist die Anheftung intakter Schwanzfasern an das Kopf-Schwanz-Aggregat nur dann möglich, wenn ein bestimmtes Gen (Gen 63) funktioniert, das einen "labilen Faktor" liefert, vielleicht einen Klebestoff. Andererseits wird selbst der Schwanz, wenn alle Bausteine nacheinander zusammengesetzt worden sind, erst dann fertig, wenn ein zusätzliches Gen exprimiert worden ist, und das Genprodukt die bereits komplette Struktur so verfestigt, daß sie nicht mehr auseinanderfallen kann. Der Kopf erhält seine typische Gestalt, indem die Proteine, die ihn aufbauen, durch eine Protease zugeschnitten werden. Auch die exakte Verpackung der richtigen DNA-Menge in den Kopf erfordert proteolytische Modifikationen, die durch eine vom Phagen codierte Proteinase durchgeführt werden. Ein wichtiges Ergebnis, das der Bildung des Phagenkopfes vorausgeht, ist eine Komplexbildung der Phagen-DNA mit einem Protein in der Bakterienmembran. Bei der Phagenmorphogenese spielen also auch bakterielle Genprodukte eine entscheidende Rolle.

Damit erweist sich die Morphogenese des Bakteriophagen T4 als eine komplizierte Reaktionsfolge. Manche Schritte geschehen durch Selbstorganisation, bei vielen Schritten sind jedoch Helferproteine notwendig, die selbst nicht in meßbarer Menge im reifen Phagen vorkommen. Welche Information diese Proteine für die Morphogenese beisteuern ist noch nicht im einzelnen bekannt. Es ist aber sicher, daß die durch sie ausgeübte Regulation der Morphogenese nicht in die Transkription der Phagengene eingreift, sondern danach erfolgt. Diese posttranskriptionelle Kontrolle erstreckt sich im Falle der Proteinasewirkung sogar auf Proteinmodifikationen, d.h. auf die Posttranslationsebene.

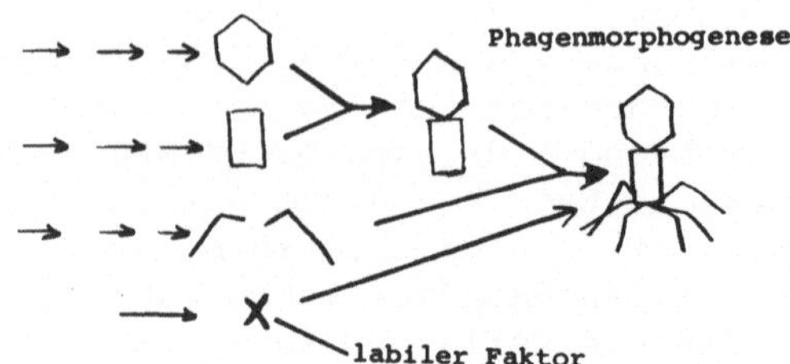

Alle diese Untersuchungen dienen neben dem Verständnis der Phagenmorphogenese auch als Modell für die Ausgestaltung von anderen Zellorganellen: einmal könnte ein Mechanismus, ähnlich dem, der zur Verpakkung von 65 µm Phagen-DNA in einen Hohlraum von ca. 0.1 µm Durchmesser führt, bei der Kondensation der DNA im Chromatin des Zellkerns mitwirken; zum anderen entstehen nach der Belichtung von im Dunklen aufgezogenen Pflanzenzellen aus einfach organisierten, sog. Prolamellarkörpern, die Chloroplasten, und zwar ebenfalls nach einem Baukastenprinzip.

Ob die Phagenmorphogenese darüberhinaus auch ein geeignetes Modell für die Morphogenese vielzelliger Strukturen ist, wird sich erst zeigen, wenn die Funktion der Helferporteine besser aufgeklärt ist.

Auf den ersten Blick scheinen gewisse Ähnlichkeiten in Funktion und Gestalt zwischen Bakteriophagen und männlichen Keimzellen zu bestehen, da typische Spermien ebenfalls durch Kopf, Hals- und Schwanzstrukturen gekennzeichnet sind. Mit den Prozessen, die Zellen bestimmte Gestalt verleihen, werden wir uns nun beschäftigen.

4.2 Celluläre Morphogenese

4.2.1 Bakteriensporulation

Manche Bakterien, z.B. die Gattung *Bacillus*, zeigen einen einfachen Differenzierungsprozeß, bei dem in einer Zelle eine Endospore entsteht. Dieser Prozeß wird ausgelöst, wenn die Nährstoffe in der Umgebung verbraucht sind, und die Population von der exponentiellen in die stationäre Wachstumsphase übergeht. Innerhalb von 8 h lassen sich mit dem EM nacheinander charakteristische morphologische Merkmale feststellen und viele biochemische Merkmale, z.B. bestimmte Enzyme und Wandsubstanzen, beschreiben, die den Sporen eine große physiologische Resistenz gegen Austrocknung und Erhitzung verleihen und sie solange in einen Dauerschlaf versetzen, bis wieder günstige Wachstumsbedingungen vorliegen. Dieses Entwicklungsprogramm ist in Anwesenheit von Glucose reprimiert, und man vermutet das Signal zur Aktivierung des Sporulationsprogrammes in einem hochphosphorylierten Nucleotid, dem Adenosinpentaphosphat, das sich im Inneren der Zelle an den Ribosomen anreichert, sobald die Nährstoffe verbraucht sind.

Allein die Tatsache, daß ca. 200 Gene auf 50 Loci an dieser Entwicklung beteiligt sind, zeigt schon an, daß es sich hier nicht um einen einfachen Prozeß handelt. Allerdings sind viele Gene zwar Merkmale für spezifische, sequentielle Ereignisse während der Differenzierungsphase, aber in vielen Fällen läuft die Sporulation auch dann ab, wenn die entsprechenden Genprodukte durch Mutation ausgefallen sind. Dabei sind nicht etwa nur Sporulationsgene angeschaltet und die vegetativen abgeschaltet: Vielmehr sind noch bis ca. 80% der vegetativen Gene aktiv, was eine Isolierung spezifischer Sporulations-mRNA bisher unmöglich gemacht hat. Dennoch kennt man einige notwendige Gene, die exprimiert sein müssen und einige Proteine, die nur während der Sporulation auftreten und die essentiell sind, z.B. die Proteine der Sporenhülle als phänotypisches Charakteristikum dieses Differenzierungsprozesses. Wie die Regulation dieser Gene geschieht, ist nicht völlig klar. Nach einer Vorstellung sollen spezifische Proteinfaktoren das Enzym RNA-Polymerase so modifizieren, daß eine zur Initiation der RNA-Synthese notwendige Untereinheit, der sog. Sigmafaktor, nicht mehr voll aktiv ist. Nach einer anderen Vorstellung sollen Nucleasen einen rascheren Abbau mancher RNA-Populationen bewirken, während für die Sporulation spezifische RNA-Moleküle stabilisiert werden sollen. Schließlich wird die Möglichkeit diskutiert, daß die Ribosomen während der Sporulation die vegetativen mRNA-Populationen nicht mehr gut translatieren können.

Eine extracelluläre Protease, die ganz zu Beginn der Hungerperiode neu synthetisiert wird, dient zwar als Marker für den Zeitpunkt Null auf der Zeitachse der Sporulation, ist aber kein essentielles Merkmal. Dagegen ist eine ebenfalls neu synthetisierte intracelluläre Protease essentiell für die Differenzierung. Bei einer Mutation im Strukturgen dieser Protease bleibt die Sporulation aus. Dieses Enzym bewirkt einen allgemeinen Abbau vegetativer Proteine, wodurch Aminosäuren für den Aufbau sporulationsspezifischer Proteine, hier für Strukturproteine der Sporenwand, bereitgestellt werden. Zum anderen hat dieses Enzym eine spezifische Funktion, indem es die Wandproteine, die als Vorläufer (Proteinogene) hergestellt werden, zuschneidet. Erst danach kann sich die komplexe Wandstruktur ausbilden. Damit ist die Organisation der Sporenhülle, ähnlich wie die Morphogenese des bereits diskutierten Phagenkopfes, nicht das Resultat reiner Selbstaggregation, sondern geschieht unter enzymatischer Kontrolle auf der Posttranslationsebene, d.h. epigenetisch.

Eine wichtige Entscheidung in diesem Differenzierungsprozeß ist die Durchschnürung der Mutterzelle, d.h. die Bildung des Septums. Bei der vegetativen Teilung eines stabförmigen Bakteriums wird das Septum genau in der Mitte der Zelle quer eingezogen, indem die Zellmembran ringförmig einwächst. Bei der Sporulation bildet sich das Septum in der Nähe eines Zellpols und unterteilt die Zelle in eine große und eine kleine Tochterzelle. Beide bleiben aber von der gemeinsamen Bakterienwand umhüllt. Dann wächst die Zellmembran der großen Zelle weiter, ohne daß das Septum mitwächst. Dadurch wird die kleine Zelle als Präspore von der Mutterzelle eingehüllt, es entsteht eine Endospore. Es scheint, daß einige der spezifischen Sporulationsproteine in der Mutterzelle vorkommen, andere nur in der Präspore.

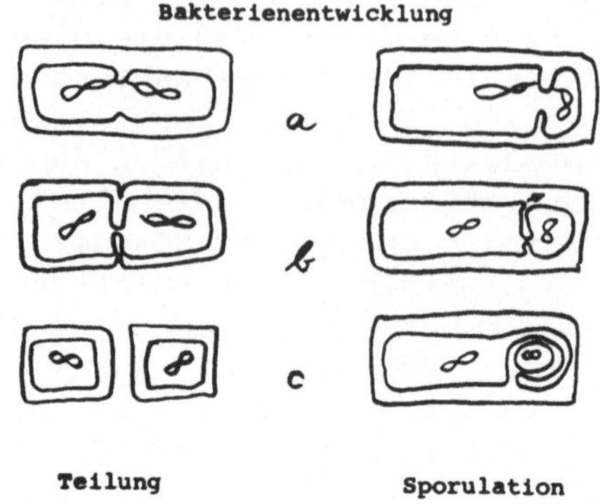

Noch ehe es zu den morphologischen und biochemischen Merkmalen der Sporulation kommt, muß eine Entscheidung auf der Ebene der DNA getroffen werden, denn es muß sichergestellt sein, daß in der Präspore ein komplettes Genom enthalten ist. Die Sporulation kann nur ausgelöst werden, wenn die DNA in einem bestimmten Zustand vorliegt, der genau 15 min nach Replikationsbeginn eintritt. In Analogie zu den bereits diskutierten Zellcyclusfragen könnte man postulieren, daß die spezifische Zellteilung, die zur Sporulation führt, nur an einem bestimmten Punkt des Zellcyclus ausgelöst werden kann. Ebenfalls im Hinblick auf mögliche Kontrollmechanismen für die Auslösung der Sporulation als spezifische Zellteilung ist folgende Beobachtung zu werten: Auch in exponentiell wachsenden Bakterienkulturen findet man immer einige Individuen, die sporulieren. Formal könnte man auch hier mit einer Übergangswahrscheinlichkeit zwischen Vegetativ- und Sporulationsprogramm operieren, welche in Anwesenheit von Glucose gering und nach der Produktion intracellulären Adenosinpentaphosphats stark erhöht ist.

Die kurze Diskussion dieses oft als einfaches Modell beschriebenen Differenzierungsprozesses zeigt, daß während der Entstehung einer kleinen, stoffwechselinaktiven Endospore recht komplizierte Verhältnisse vorliegen. Viele der noch offenen Fragen hofft man in Kürze beantworten zu können, nachdem die Klonierung von DNA-Fragmenten mit Sporulationsgenen und der DNA-Kopie eines stabilen RNA-Moleküls gelungen ist, das nur während der Sporulation auftritt. Damit könnte es möglich werden, das Sporulationsprogramm Schritt für Schritt aufzuklären.

4.2.2 Zellmembranen

Bei der Architektur der höheren Zellen spielen Membranen eine weitaus größere Rolle als bei Mikroorganismen, denen intracelluläre Kompartimente fehlen. Dennoch stellt die Biomembran mit 5-10 nm Dicke bei allen Organismen den schmalen Grenzbereich zwischen der hochorganisierten lebenden und der weniger komplexen toten Materie dar. Membranen haben in vielerlei Hinsicht gegensätzliche Aufgaben: Sie trennen und verbinden zwei verschiedene Räume, sie sind stabil und zugleich labil, selbst ihre spezifischen Bausteine (wie Lipoide und Proteine) sind Zwittermoleküle, die das Wasser zugleich "mögen und hassen": Die Lipoidkomponenten sind bipolare Moleküle. So besitzen die Phospholipide einen hydrophilen Kopf und zwei hydrophobe Schwänze aus Fettsäure. Sie können durch Selbstaggregation zwei monomolekulare Schichten ausbilden. Diese sind weitgehend undurchlässig, und im Organismus findet man solche Membranen als Isolierhüllen um Nervenfortsätze. Aber selbst diese Membranen der Schwann'schen Zellen entstehen nicht durch Selbstaggregation, sondern wie alle Biomembranen durch Wachstum. Das andere Extrem sind die Membranen in dem lichtempfindlichen Bereich der Retinazelle im Wirbeltierauge, die fast ausschließlich aus einem Protein bestehen, dem Rhodopsin.

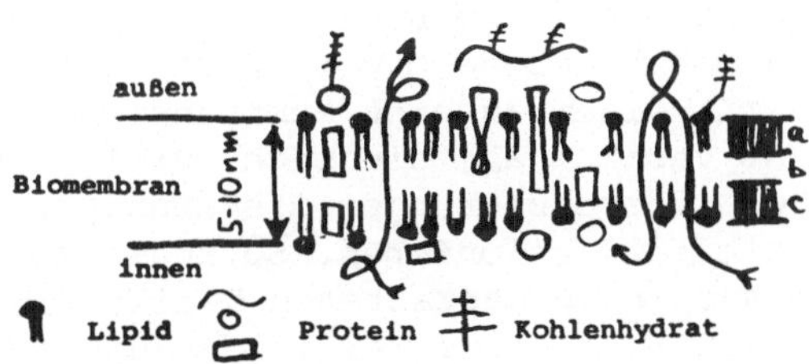

Zwei biologische Beobachtungen zeigen, daß die Membranproteine der Zelloberfläche sehr spezifisch gebaut und sehr beweglich sind. Wie wir bei der Diskussion der Mitosestimulierung von Zellen gelernt haben, läßt sich die Zelloberfläche durch fluoreszierende Antikörper gegen bestimmte Membranproteine selektiv markieren. Nimmt man verschiedene Fluoreszenzfarbstoffe, so leuchtet eine Mauszelle im Mikroskop rot auf und eine Menschenzelle grün. Nach virusinduzierter Fusion der beiden Zellen dauert es nur 45 min, bis die Farben, d.h. die Membranproteine, sich vollständig vermischt haben.

Verpflanzungen von Geweben lassen sich leicht innerhalb eines Menschen vornehmen. Wenn man aber ein Stück Haut von einem Individuum auf ein anderes verpflanzt, wird das Transplantat abgestoßen. Für dieses Phänomen sind die Histokompatibilitätsgene verantwortlich, deren Genprodukte, also Proteine, die Membranspezifität bestimmen.

Biochemische, physikalische und ultrastrukturelle Methoden haben gezeigt, daß die Membranproteine sich in der Membran nur in einer Richtung - hin und her, aber nicht senkrecht dazu - bewegen lassen. Daraus erklärt sich die asymmetrische Zusammensetzung der Membran, die innen andere Proteine aufweist als außen. Die Lipide können sich mit 1 μm/min noch schneller hin und her bewegen als die Proteine. Ein Grund dafür mag in der Tatsache liegen, daß Membranproteine an cytoplasmatischen Strukturen, den Mikrotubuli (MT), verankert sind. Da manche dieser

Proteine gleichzeitig Rezeptoren für Stoffe sind, die von außen an die Zelle gelangen, müssen sie die ganze Membran durchdringen und an beiden Seiten herausschauen. Solche Proteine sind selbst polar strukturiert. Sie werden unmittelbar während ihrer Biosynthese in die Membran eingebaut, indem ein Ribosom mit dem mRNA-Molekül für dieses Protein sich innerhalb der Zelle an eine bereits vorhandene Membran anheftet. Die Proteinkette wächst durch die Membran hindurch, so daß ihr Anfang, das Aminoende, in das Lumen des ER hineinragt. Die Synthese geht solange, bis eine bestimmte Folge von hydrophoben Aminosäuren eingebaut wird. Diese bewirken, daß das Protein in der Membran steckenbleibt, und das Ribosom abgedrängt wird. Damit ragt der Rest dieses Proteins, das Carboxylende, frei in das Cytoplasma.

Die Synthese von Membranproteinen läuft ebenfalls innerhalb der Zelle an Membranen ab. Eine Membran bildet sich immer aus vorhandenen Membranen. Selbst die Kernmembran, die sich bei der Mitose "auflöst", wird in kleine Vesikel zerlegt, die nach der Verteilung der Chromosomen wieder zur Kernhülle fusionieren. Die Membranen des ER stammen ebenfalls von der Kernmembran ab. Vom ER werden Membranvesikel abgeschnürt, in die z.B. das eben beschriebene Membranprotein eingebaut ist. Diese Vesikel fusionieren mit einem anderen Membransystem, dem Golgi-Apparat. Dieser schnürt erneut Vesikel ab, die sich, vielleicht geschoben oder gezogen durch fädige Differenzierungen des Grundplasmas, zur Zellmembran verlagern und mit ihr fusionieren. So fügen sich die mit ihrem spezifischen Proteinmuster ausgestatteten Vesikel in die Membran ein, um als flüssiges Mosaik Zellen und Zellinnenräume zu begrenzen.

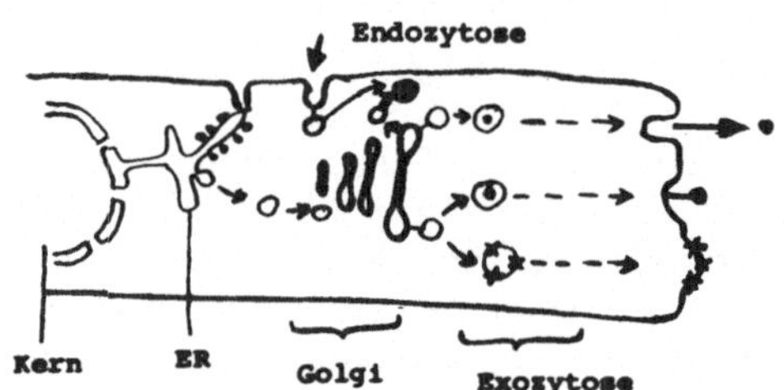

Dieses ist ein kurzer Abriß des "Membranflusses", der auch in entgegengesetzter Richtung, von der äußeren Zellmembran in das Zellinnere hinein, stattfindet. Dies erkennt man ebenfalls nach einer experimentellen Zellfusion, denn nach einigen Stunden sind die fluoreszierenden Antikörper von der Zelloberfläche verschwunden und finden sich in Vesikeln des Cytoplasmas wieder. Dieser Membranfluß steuert in Form von Endo- und Exocytose den Transport vieler Stoffe aus der Zelle heraus und in sie hinein. Die Synthese eines Sekretproteins soll nochmals die komplizierten Wechselwirkungen zwichen den Makromolekülen innerhalb der Zelle verdeutlichen, die weit weg von den Mechanismen der Genregulation, d.h. der RNA-Synthese, ablaufen und in spezifischen Zellstrukturen resultieren können. Die Membranflußmechanismen erlauben eine gezielte Verteilung von Substanzen, ähnlich wie die Post Pakete versendet. Den Weg, den ein Paket nehmen kann, haben wir eben kennengelernt. Wie steht es mit der Adresse? Diese ist in der Basensequenz der entsprechenden mRNA verschlüsselt und wird zu Beginn der Translation unmittelbar an der Membran des rauhen ER entziffert. Nach der Signalhypothese bewirken die ersten 20-50 Aminosäuren eines Sekretproteins, daß sich, ausgelöst durch den Kontakt dieser Aminosäurekette mit einem Rezeptorprotein, in der Membran des ER eine Pore öffnet, durch die das Protein während seiner Synthese nach innen hineinwächst. Am Ende der Proteinsynthese wird durch ein Ribosomenprotein diese Pore wieder verschlossen. Entscheidend ist nun, daß eine spezifische Protease, die den Mikroorganismen ebenso fehlt wie das zusätzliche Ribosomenprotein, genau diejenige Aminosäuresequenz abschneidet, die das Eintreten dieses Proteinmoleküls in den Hohlraum des ER ermöglichte. Damit ist das Sekretprotein solange gefangen, bis der Membranvesikel an der Zelloberfläche fusioniert und damit seinen Inhalt nach außen entläßt.

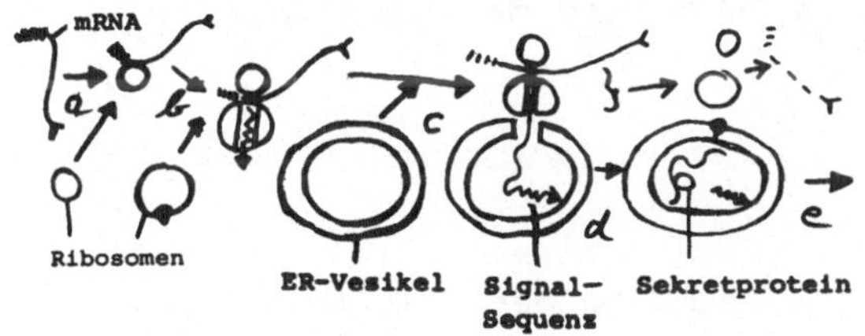

Zu den vielen Stoffen, die auf diesem Wege die Zelle verlassen, gehören auch solche, die sich unmittelbar der Zelloberfläche auflegen und damit zu einer allgemeinen Verdickung dieser Membran führen, die manchmal im EM wie ein zottiger Mantel (fuzzy coat) aussieht. Zu diesen Substanzen gehören kovalent gebundene Ketten von Proteinen und Polysacchariden (Glykoproteine und Mucopolysaccharide), sehr heterogene Substanzen, die wahrscheinlich bei den Wechselwirkungen von tierischen Zellen während ihrer Entwicklung und bei ihrem Zusammenhalt in den Geweben von großer Bedeutung sind.

Die Zellmembranen offenbaren einen sehr komplexen Grad der Organisation, deren Analyse durch die Dynamik des Membranflusses sehr erschwert wird. Gewiß spielen autonome Selbstaggregationsprozesse nur eine untergeordnete Rolle. Da Membranen nur aus Membranen entstehen, könnten sie eine Matrizenfunktion ausüben und damit die in ihrem Organisationsgefüge enthaltene Information auf die neue Membran übertragen, d.h. "vererben".

4.2.3 Der Zellcortex der Ciliaten

Manche Organismen, wie die Ciliaten, besitzen eine relativ starre Oberfläche mit einer charakteristischen Strukturierung, die in der Anordnung der Cilien zum Ausdruck kommt. Dies zeigt sich auch in den trivialen Namen wie "Pantoffel-" und "Trompetentierchen" für die gut untersuchten Gattungen *Paramecium* und *Stentor*.

Die Cilien sind in Reihen angeordnet, und jede einzelne ist in der bis zur 20 nm dicken Zellmembran, dem Cortex, an einen Basalkörper verankert. Koordinierter Cilienschlag bewegt die Zelle oder strudelt dem Zellmund Nahrungspartikel zu. Die einzelnen Cilien sind selbst bipolar orientiert, sie schlagen von vorn nach hinten oder umgekehrt.

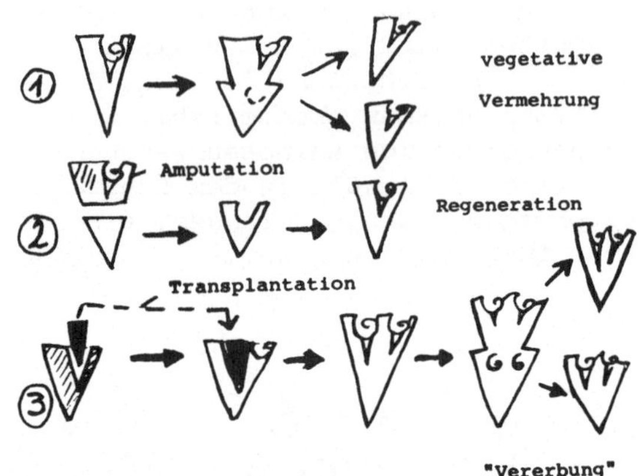

Stentor hat seinen Zellmund an der Trichteröffnung, wo bei der Trompete die Töne herauskommen. Da er sich bei seiner vegetativen Vermehrung quer in der Zellmitte durchschnürt, würde stets der untere der beiden Nachkommen keinen Mund haben. Bei genauem Hinsehen erkennt man jedoch, daß sich etwa in der Mitte des Tierchens vor der Zellteilung ein neuer Mund ausbildet, und zwar immer an der gleichen Stelle. Dies geschieht gekoppelt mit einer geordneten Vermehrung der Cilienreihen in der neuen Mundregion. Über die Steuerung dieser lokalen Differenzierung geben Amputationsexperimente Auskunft. Wenn man von einem Individuum das Vorderende mit dem Zellmund abtrennt, dann regeneriert der hintere Teil einen Mund an der Stelle, wo dieser bei der Zellteilung entstehen würde. Wenn man nun das Material an dieser Stelle herausnimmt und in ein normales Tier einpflanzt, passiert nichts. Wenn man aber das gleiche Material in ein Tier einpflanzt, dem das Vorderende samt Mund abgetrennt wurde, dann regeneriert ein Trompetentierchen mit zwei Mündern. Offensichtlich geht von der normalen Mundregion ein Signal aus, das die Regeneration weiterer Munddifferenzierungen verhindert, genau so, wie nach dem Prinzip der "apicalen Inhibition" ein Baumwipfel das Auswachsen seiner Seitenknospen unterdrückt (s. unten). Ohne diesen postulierten Inhibitor kann bei *Stentor* das Implantat die Ausbildung eines zweiten Mundes auslösen. An diesen Regenerationsprozessen sind Zellkernfunktionen und RNA-Synthese beteiligt, wie nach der Entnahme des Zellkerns oder durch "chemische Entkernung" mittels Actinomycin D ersichtlich wird.

Die wesentliche Beobachtung ist aber, daß ein Individuum mit zwei Mündern dieses Merkmal auf seine Nachkommen überträgt. Dies kann bedeuten, daß, ähnlich wie bei der großen Zelle *Acetabularia*, eine langlebige RNA für die Organisation des Mundbereichs im Trompetentierchen verantwortlich ist, oder daß die Information für diese Zellstruktur nicht vom Genom des Zellkerns allein codiert wird.

Ähnliche Resultate ergeben Versuche mit dem Pantoffeltierchen, wenn man ein Stück der Pellicula herausnimmt und umgekehrt wieder hineinsetzt, so daß die Cilien des Implantats in die umgekehrte Richtung weisen. Dieses morphologische Merkmal wird über weit mehr als 100 Zellgenerationen beibehalten - vererbt?

Der Vermehrung der Ciliaten geht eine allgemeine Volumenvergrößerung voraus, wie wir das im Zusammenhang mit dem Zellwachstum diskutiert haben. Da die Cilien als Membrankomponenten eine spezifische Anordnung aufweisen, kann man an diesem Modell des Membranwachstums genau beobachten, wie dies geschieht. Man erkennt, daß eine Cilienreihe als Matrize wirkt und die Entwicklung einer neuen Reihe von Cilien programmiert. Der entscheidende Prozeß ist die Verdoppelung der Basalkörper, der Kinetosomen. Diese Gebilde enthalten ebenso wie die Cilien Mikrotubuli (MT). Auf einem Cilienquerschnitt erkennt man im EM die typische 9 + 2 Anordnung von zwei zentralen MT und einem Kreis von 18 MT, von denen je zwei gepaart vorliegen.

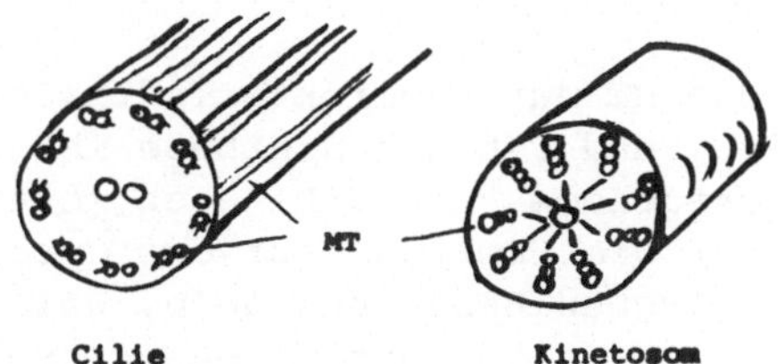

Das Kinetosom zeigt im Querschnitt einen zentralen MT und einen Kreis aus neun Dreiergruppen von MT, die mit der zentralen Struktur wie die Speichen eines Rades durch feine Fasern verbunden sind. Hierin gleicht ein Kinetosom dem Centriol einer typischen Zelle. Wahrscheinlich ist es mit dieser charakteristischen Struktur im Cytoplasma vieler Zellen (dem Cytozentrum) identisch.

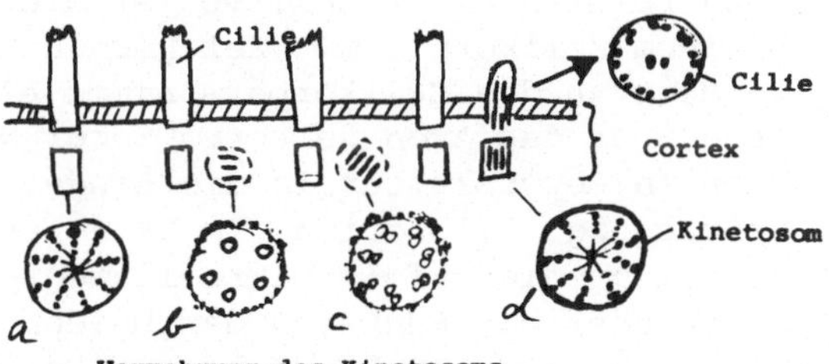

Vermehrung des Kinetosoms

Die MT sind das geeignete Merkmal, um die Verdoppelung eines Kinetosoms genau zu verfolgen. Das Tochterkinetosom entsteht nicht durch Teilung der Mutterstruktur, sondern es wird genau daneben an einer definierten

Stelle neu gebildet. So erkennt man zunächst im rechten Winkel zu dem alten Kinetosom einige neue MT, die sich allmählich im Kreis anordnen. Dieser Komplex dreht sich, bis er parallel zum alten Kinetosom liegt. Das ganze Geschehen ist etwa der Vermehrung eines Bakteriophagen in einer Bakterienzelle vergleichbar. Wenn die Zahl von 9 x 3 + 1 MT erreicht ist, kommt es zu einem polaren Auswachsen der Tochtercilien, indem ihre MT nach außen (nie nach innen) gerichtet aufgebaut werden. Durch die Gunst des Objekts läßt sich bei den Ciliaten eine Komponente, das Wachstum des Cortex, auf den Duplikationsmechanismus der Basalkörper zurückführen, an dem eine Matrize (ein template) beteiligt ist. Nach einer anfangs erwähnten Hypothese wären die Geißeln und Cilien, die Bewegungsorganellen der Eukaryonten, auf deren Symbiose mit Prokaryonten (nämlich Spirochäten), zurückzuführen, und daher wäre die Existenz von selbstreplizierendem Material im Zellcortex nicht unerwartet. Allerdings haben sich Hinweise auf das Vorhandensein von DNA in Basalkörpern und Centriolen nicht bestätigen lassen. Dennoch bleibt festzuhalten, daß bei speziellen Protozoenzellen autoreplizierende corticale Strukturen vorkommen, durch welche die Basalkörper im Normalfall polarisiert sind und linear angeordnet werden, und daß diese Anordnung durch bestimmte Signale des Mundfeldes während des Zellcyclus regelmäßig abgeändert oder im Experiment dauerhaft über viele Zellgenerationen umorientiert werden kann.

Es muß betont werden, daß die MT nur indirekte Indikatoren der autoreplizierenden Struktur sind, und daß die Synthese ihrer Bestandteile voll unter Kontrolle des Kerngenoms steht. Dennoch könnte dieses Prinzip bei sämtlichen Zellen für die Membran, für das Cytoplasma und für den Zellkern von morphogenetischer Bedeutung sein, weil Mikrotubuli in allen Zellen vorkommen, wie wir weiter unten sehen werden.

4.2.4 Cytoplasmatische Strukturelemente

Die Ciliaten besitzen, hauptsächlich wegen ihrer komplexen Zellwand, eine starre Gestalt. Die Amöbe ist als Wechseltierchen das andere Extrem, sie verändert ständig ihre Form. Dazwischen gibt es Zellen mit charakteristischer Form, z.B. beim Platten- oder Palisaden-Epithel. Die Zellform kann im Laufe von Entwicklungsprozessen allmählich abgeändert werden. Ein streng polarisierter Zelltyp ist die Nervenzelle. Ein Neuron besteht aus einem Zellkörper mit Zellkern und einem langen Fortsatz, dem Axon. Die Membran des Zellkörpers nimmt elektrische Erregung auf und leitet sie über das Axon weiter. Dieser Nervenfortsatz wächst in situ, aber auch in Gewebekultur in die Länge. Dabei beobachtet man an seiner Spitze sog. Filopodien. Im EM erkennt man im Axon viele MT und in den Filopodien viele Mikrofilamente (MF). Inhibitorexperimente informieren über die Funktion der beiden cytoplasmatischen Strukturelemente: Nach einer Behandlung mit Colchicin kollabiert das Axon; aber die Filopodien bleiben intakt. Dagegen bleibt nach einer Behandlung mit Cytochalasin B das Axon intakt, und die Filopodien kollabieren. Im EM erkennt man nach dem ersten Experiment, daß die MT, und nach dem zweiten, daß die MF fehlen. Aus diesen Ergebnissen kann man schließen, daß die MT als Zellskelett fungieren, und die MF etwas mit der Bewegung von Zellen zu tun haben.

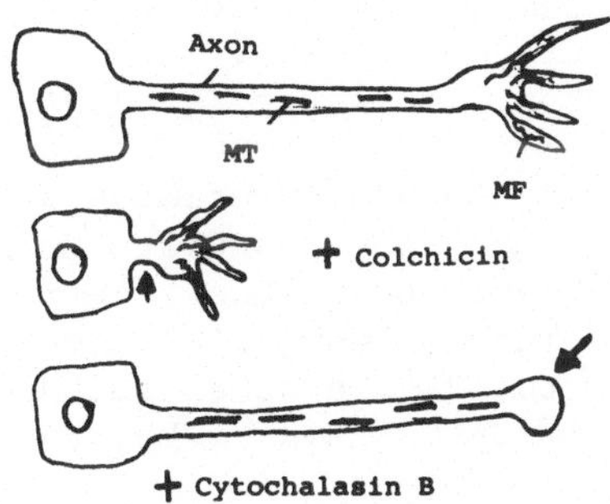

Eine flach ausgebreitete Zelle, z.B. ein Fibroblast in Gewebekultur, rundet sich in Anwesenheit von Colchicin ab, weil das Zellgerüst zerfällt. In einer Population von unbehandelten Fibroblasten sieht man immer einige, die ebenfalls abgerundet sind. Genaue Betrachtung dieser Individuen zeigt, daß sie sich gerade in Teilung befinden. Daraus läßt sich schließen, daß das Zellgerüst auch ohne experimentelle Behandlung manchmal abgebaut und an anderer Stelle - hier als mitotischer Apparat - wieder aufgebaut wird. Nach der Zellteilung nehmen die Tochterzellen wieder ihre typische Gestalt an; die Zelle "erinnert" sich demnach an ihre Form, weil die aus dem Spindelmaterial neu gebildeten MT von den gleichen Orten im Cytoplasma aus organisiert werden wie vor der Teilung.

Mikrotubuli sind starre Röhrchen unterschiedlicher Länge und von 25 nm Durchmesser. Sie bestehen aus dem Protein Tubulin, genauer aus einem Dimer von je einem Alpha- und einem Beta-Tubulinmolekül. Aus diesem Grundbaustein bilden sich auch im Reagenzglas Mikrotubuli. Dies geschieht in zwei Schritten: Im ersten wird eine Scheibe aus mehreren Tubulindimeren gebildet; dieser Schritt dauert lange und ist eine autonome Selbstaggregation. Im zweiten Schritt, der schneller abläuft, werden viele Scheiben aufeinandergesetzt. Diese Reaktion ist keine Selbstaggregation, denn sie benötigt Energie, die nicht durch den allgemeinen Energielieferanten ATP, sondern durch GTP geliefert wird und läuft unterhalb von 4^0C nicht ab. Da in vielen gereinigten Tubulinpräparaten in geringen Mengen hochmolekulare Proteine enthalten sind, ist es möglich, daß diese auch zur Polymerisierung der MT notwendig sind. Eine wichtige Rolle bei der Verlängerung der MT wie auch bei ihrem Zerfall in Tubulinbausteine, spielt das ionale Milieu, insbesondere der Gehalt an zweiwertigen Ionen wie Calcium.

In der Zelle können die MT nur dann als Skelett funktionieren, wenn sie an bestimmten Stellen angeheftet sind und auch miteinander in Kontakt treten: Kommen sie gebündelt vor, wie z.B. in der Mitosespindel, so sind sie miteinander durch feine Fasern wie Sprossen einer Leiter verknüpft. Während der Cilienverdoppelung findet man im EM keinen direkten Kontakt ihrer MT mit dem Basalkörper. Auch beim Spindelpol (dem Cytozentrum), von dem aus die MT strahlenförmig nach allen Richtungen ins Cytoplasma abgeben, ergibt sich keine Beziehung zur Orientierung des Centriols. Im statischen Bild läßt sich daher nicht entscheiden, wie diese Strahlen (die MT) gebildet werden, d.h. ob sie zum Zentrum hinwachsen oder von ihm weg. Hier hat ein Rekonstitutionsexperiment Aufschluß gegeben. Isolierte Cytozentren können die Polymerisation von MT aus Tubulin, das aus Schweinegehirn isoliert wurde, initiieren. In einem weitergehenden Experiment wurde das Cytozentrum in Centriolen und das sie umgebende granuläre Material (nach dem zottigen Aussehen im EM als "fuzz" bezeichnet) getrennt. Nur an letzterem konnten MT entstehen, und ihre Bildung ließ sich durch eine RNase-Behandlung aufheben. Diese "fuzz", die außer bei den Cytozentren (mit Centriol) in großer Zahl im Cytoplasma vorkommen, nennt man "Mikrotubuli Organizing Centers" (MTOC).

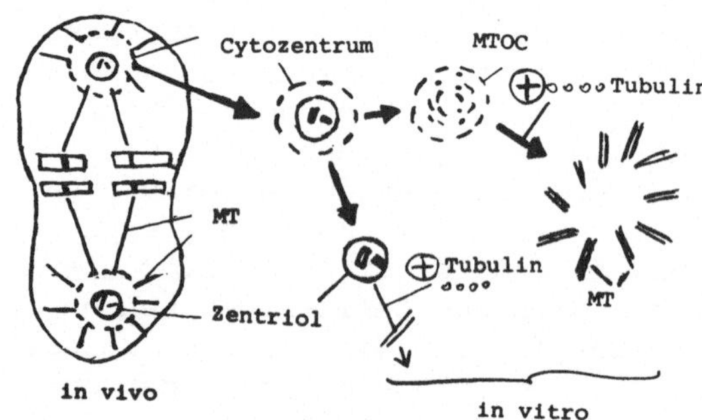

Das Mikrotubuli organisierende Zentrum (MTOC)

Neben ihrer Rolle als Zellskelett könnten die MT aber auch eine dynamische Funktion bei der Bewegung der Chromosomen im mitotischen Apparat haben. Es ist allgemein zu beobachten, daß sich die Spindelfasern während Ana- und Telophase verkürzen. Dies könnte einmal dadurch zu erklären sein, daß die MT wie Schienen aneinander vorbeigleiten, ohne selbst die Triebkraft für diese Bewegung zu sein (sliding Konzept). Da aber in einigen Fällen gezeigt wurde, daß es genügt, wenn in der Anaphase ein einziger MT ein Chromosom mit dem Spindelpol verbindet, könnte die Chromosomenbewegung auch direkt durch eine geregelte Degradation des Tubulins, etwa am Spindelpol, verursacht durch Calciumionen, zu erklären sein (Assembly-Hypothese). Wie kompliziert die Organisation der Chromosomenbewegung ist, zeigt eine weitergehende Hypothese, nach der die geordnete Degradation der MT nur einen Bremsmechanismus darstellt, damit der eigentliche Bewegungsapparat, evtl. das Actin oder das Dynein (das kontraktile Protein in den Geißeln), die Chromosomen nicht zu heftig auseinanderreißt.

Eine andere Beobachtung soll verdeutlichen, daß die MTOC eine wesentliche Rolle im Leben einer Zelle spielen: Zerlegt man sie in eine Minizelle mit Kern und einen Cytoplasten ohne Kern, so überlebt nur der MTOC-haltige Cytoplast und behält die für die Zelle typische Gestalt tagelang bei. Die Minizelle dagegen, die außer dem MTOC sämtliche Zellkomponenten besitzt, stirbt ab.

Am Beispiel der Nervenzelle wurde auch auf die Bedeutung der MF für die Zellbewegung hingewiesen, und wir haben bereits gelernt, daß diese Filamente in vitro durch Selbstaggregation aus G-Actin polymerisieren können. Daß diese Filamente mit der Dynamik der Bewegung zu tun haben, und wie ihr Aufbau von G- zu F-Actin und ihr Zerfall in G-Actin in kürzester Zeit in vivo vonstatten gehen, zeigen erneut Beobachtungen am Plasmodium von *Physarum*, das eine vehemente Cytoplasmaströmung aufweist. Diese Pendelströmung wechselt alle 30 s ihre Richtung. Betrachtet man ein geeignetes, z.B. hantelförmiges Plasmodium, dann sieht man durch Kontraktion der linken Hälfte das Plasma nach rechts fließen; 30 s später strömt es durch Kontraktion der rechten Hälfte wieder zurück. Wenn man im Augenblick der Kontraktion ein Plasmodium fixiert und im EM betrachtet, dann findet man erwartungsgemäß viel F-Actin. Nach 30 s sind die Filamente verschwunden, und man findet sie in der anderen Hälfte. Dieses Resultat ist umgekehrt auch ein guter Hinweis darauf, daß die Protoplasmaströmung bei *Physarum*-Plasmodien, ebenso wie bei den Amöben, durch einen Druckflußmechanismus verursacht wird.

Ein anderes Beispiel für kurzlebige F-Actinfilamente ist die Zelldurchschnürung, die Cytokinese, die mit jeder normalen Zellteilung gekoppelt ist. An der Stelle, wo die Durchschnürung der Zelle einsetzt, beobachtet man ringförmig angeordnete Mikrofilamente, und eine Kontraktion dieses Ringes zieht die Zellmembran zusammen. Diese Beobachtung deutet an, daß, im Gegensatz zu der amöboiden Bewegung, auch Zugkräften bei der Zellverformung eine Bedeutung zukommt.

Nun könnte ein Ring von Actinfilamenten die Zelle nicht durchschnüren, wenn er nicht mit der Zellmembran verankert wäre. In günstigen Fällen kann man diese Kontaktstellen direkt beobachten, nämlich dort, wo metabolisch aktive Zellen spezifisch labile Membrandifferenzierungen aufweisen, die Mikrovilli. Da die Mikrofilamente mit 5-10 nm Durchmesser nicht nur sehr dünn sind, sondern in der Zelle meist auch nicht ausgestreckt vorliegen, lassen sie sich im EM nicht über weite Strecken verfolgen. Hier hilft die schon mehrfach erwähnte indirekte Immunofluoreszenzmethode, im Lichtmikroskop ein übersichtliches Bild zu erhalten. Hierzu injiziert man Actin, z.B. in ein Kaninchen, und isoliert aus dem Kaninchenserum den Antikörper. Dieser bindet spezifisch an das Antigen, d.h. an die Actinfilamente der Zelle, nachdem man durch schonende Fixierung ihre Membran für das Antikörperprotein durchlässig gemacht hat. Schließlich markiert man den Antikörper in der Zelle, indem man sie mit einem zweiten Antikörper behandelt, der gegen das Kaninchenprotein, d.h. das Antiactin, gerichtet und an den Fluoreszenzfarbstoff gekoppelt ist. Mit diesem hochempfindlichen Verfahren wird im Fluoreszenzmikroskop in der Zelle ein komplexes Netzwerk aus Actinfilamenten sichtbar, darunter auch derjenigen, die in den Mikrovilli liegen. Mit der gleichen Methode läßt sich ein weiteres Protein lokalisieren, das im EM nicht zu sehen ist, das Alpha-Actinin. Dieses Protein befindet sich besonders an den distalen Enden der Mikrovilli, und an ihm sind die Actinfilamente verankert. Diese Beobachtungen erweisen die MF als Komponenten des Bewegungsapparates aller Zellen. Aber die meisten Actinfilamente in einem Fibroblasten sind viel großräumiger angeordnet als die in den Mikrovilli. Sie durchziehen den ganzen Zellkörper und sind an der Zellmembran an dicken Kontaktstrukturen, den Desmosomen angeheftet, die man im EM erkennen kann. Sie fungieren als Stützelemente (stress fibers) und sorgen dafür, daß die Zelle nicht kollabiert.

Damit haben wir von zwei typischen Zellstrukturen, den MT und den MF gelernt, daß sie sowohl stützende als auch dynamische Funktionen in der Zelle haben. Auch das Actingerüst ist nicht unveränderlich. Es wird stark aufgelockert, wenn die Zelle sich teilt. Bei manchen Krebszellen ist dieses Gerüst während des ganzen Zellcyclus desorientiert. Es könnte also sein, daß ein starres, intracelluläres Gerüst aus MF der Zellteilung im Wege steht.

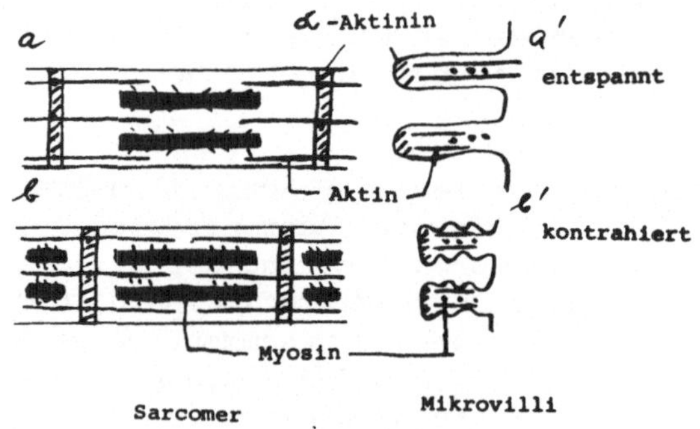

Dies trifft für einen spezifischen Zelltyp zu, der sich nicht mehr zu teilen vermag und dessen außerordentlich hochgeordnete Struktur ähnliche Bauprinzipien aufweisen könnte, wie wir sie bei der Morphogenese des Bakteriophagen T4 kennengelernt haben: die "quergestreifte" Muskelzelle. In ihr sind die drei Komponenten F-Actin, Alpha-Actinin und Myosin zu Einheiten integriert, den Sarkomeren. Muskelzellen enthalten überraschenderweise nicht wesentlich mehr Actin als andere Zellen (vielleicht wird das Muskelactin auch von anderen Genen codiert als das ubiquitäre Actin), aber es ist in hohem Maße zu ca. 1 µm langen, stabilen Filamenten polymerisiert. Die Stabilität kommt durch Komplexbildung mit einem weiteren Protein, dem Tropomyosin, zustande, das auch in anderen Zellen vorkommt. Die Actinfilamente sind an einer Wand des Sarkomers, an der Z-Scheibe, angeheftet. Diese wiederum besteht aus Alpha-Actinin, den Ankermolekülen, die in anderen Zellen an den Spitzen der Mikrovilli vorkommen. Die dritte Komponente, das Myosin, besteht aus dicken Fibrillen, die zwischen den Actinfilamenten so regelmäßig hexagonal angeordnet sind, daß je sechs Actinfilamente um eine Myosinfibrille zu liegen kommen. Die Myosinkomponente entsteht ebenfalls aus einem Aggregat vieler gleichartiger Moleküle. Die Myosinmoleküle sind selbst polar orientiert und bestehen aus zwei Teilen, einem langgestreckten Abschnitt, dem Schwanz, und einem kompakten Kopf. Innerhalb der parakristallinen Anordnung der drei Komponenten des Sarkomers kommt es zur Muskelbewegung, indem die dicken und dünnen Filamente aktiv gegeneinander verschoben werden, sozusagen durch ATP verbrauchendes Nicken mit den Myosinköpfen. Dadurch wird das Sarkomer verkürzt, ohne daß sich die einzelnen Komponenten dabei verformen. Die starren Bauelemente des Muskels sind ein ca. 100fach effektiverer Bewegungsapparat als der, den die gleichen Komponenten bei geringerer Organisation für Plasmaströmung und amöboide Bewegung zuwege bringen.

4.2.5 Die Rolle des Grundcytoplasmas

Bei der Beschreibung der verschiedenen cytoplasmatischen Komponenten, die einer Zelle ihre charakteristische Gestalt geben, war vom Cytoplasma selbst noch nicht die Rede. Im EM, besonders im Hochspannungs-Transmissionsmikroskop, das dicke Objekte durchstrahlt und einer Beobachtung zugängig macht, kann man (in fixierten Zellen) ein kompliziertes Netzwerk aus 3-6 nm dicken Fasern erkennen, das mit sämtlichen bisher betrachteten Strukturen, mit Ausnahme der Mitochondrien, in direktem Kontakt ist. Stellt man den Vergleich an, daß Filamente aus Actin und die Röhrchen aus Tubulin den Muskeln und Sehnen einer Zelle entsprechen, dann ist dieses Grundgerüst (die Matrix) etwa als Knorpel einer Zelle anzusehen, der sich deutlich vom Cytosol unterscheidet.

Ein biologisches Beispiel soll die Funktion der Matrix bei einem intracellulären Gestaltungsprozeß verdeutlichen. Die Pigmentzellen gewisser Fische enthalten Pigmentkörnchen, die diffus verteilt oder auf engem Raum konzentriert liegen und dadurch die Hautfärbung an die Umgebung anpassen können, ohne daß sich die bizarre Gestalt der Zelle ändert. Bei günstigen Objekten kann man diese Pigmentzellen zusammen mit den Fischschuppen, auf denen sie als Komponente der Epidermis aufsitzen, herausnehmen. Sie werden während der Kontraktions- oder Expansionsphase der Pigmentkörnchen, die im Fisch über Nerven und ein Hormon reguliert werden, fixiert und können dann in definierten Bewegunszuständen betrachtet werden. Während der 3 s anhaltenden Kontraktionsphase werden aus den Zellfortsätzen sämtliche von der Matrix eingehüllten Komponenten zur Zellmitte, dem Ort des Cytozentrums hin verlagert, mit Ausnahme der Mikrotubuli und der Mitochondrien. Während der Expansion dehnt sich innerhalb von 10 s die Matrix wieder aus. Dieser Prozeß benötigt ATP, aber es sind keinerlei Actinfilamente daran beteiligt. Vielmehr scheint die Ausbreitung der Pigmentgranula durch das Anknüpfen von Matrixfasern an die Mikrotubuli möglich zu werden. Hierin liegt ein Hinweis, daß die chemische Komponente der Zellmatrix mit den hochmolekularen Proteinen identisch sein könnte, die bei der Präparation der Tubulinproteine als "Verunreinigung" mit isoliert werden. Obwohl die Feinstruktur der Zellmatrix noch nicht geklärt ist, scheint sie als dritte Komponente neben den Actinen und Tubulinen an der intracellulären Morphogenese beteiligt zu sein.

Die Verlagerung von Pigment innerhalb einer Zelle ist sicher ein spezieller Fall, aber die Pigmentkörnchen dienen in diesem Beispiel nur als leicht erkennbare Marker für polarisierte intracelluläre Bewegungsprozesse. Ähnliche Ereignisse spielen sich während der Frühentwicklung an bestimmten Regionen von Eizellen ab und werden dann als spezifisches Merkmal für die Polarität dieser Zellen gewertet. Die meisten Zellen, seien es Einzeller oder Bauelemente von Geweben in Vielzellern, haben eine bestimmte Form, die durch die polare Anordnung der Zellskelettelemente aufrecht erhalten wird. Eine wichtige Frage ist, wie solche Zellpolarität entstehen kann.

4.2.6 Zellpolarität

Ein günstiges Objekt, an dem die Entstehung der Polarität einer Zelle beobachtet und experimentell beeinflußt werden kann, sind die weiblichen Fortpflanzungszellen einer gewissen Braunalge, die Eizellen von *Fucus*. Die kugelförmigen *Fucus*eier werden ins Meerwasser abgegeben. Es dauert ca. einen Tag bis sich die befruchtete Eizelle zum ersten Mal teilt. Diese Mitose entscheidet über die weitere Entwicklung der beiden Tochterzellen; die eine wird zur Thalluszelle und bildet den Sproß, die andere wird zur Rhizoidzelle, aus der sich ein Haftorgan bildet, mit dem sich die Alge an Steinen in der Küstenzone festsetzt. Vor der ersten Zellteilung wächst im künftigen Rhizoidbereich die Zellmembran in die Länge, so daß bereits 15 h nach der Befruchtung die Eizelle eine deutlich polare Gestalt hat. Damit ist bereits die erste Zellteilung asymmetrisch: Die eine Zelle ist rundlich und teilt sich sofort in einer geordneten Folge von Mitosen, die andere Zelle ist langgestreckt und zeigt ein intensives Streckungswachstum der Zellwand. Der Ort, an dem das Rhizoid auswächst, ist in der befruchteten Eizelle noch nicht festgelegt. Viele ganz unterschiedliche äußere Einflüsse können das Auswachsen der Zellmembran zum Rhizoid veranlassen. Hier einige Beispiele: So entsteht nach Belichtung das Rhizoid an der dem Licht abgewandten Seite, in einem elektrischen Feld wächst es in Richtung auf den positiven Pol zu, in einer dichten Population von Eizellen richten sich ihre Rhizoide zur Mitte hin aus, als würden sie von einem Stoff angelockt, den Eizellen selbst ausscheiden. Verlagert man Eiinhaltsstoffe durch Zentrifugation, so wächst das Rhizoid am zentrifugalen Pol aus, wenn das umgebende Seewasser den pH-Wert 6 hat, bei pH 8 dagegen am zentripetalen Pol. Schließlich kann der Ort, an dem das Rhizoid entsteht, auch durch die Stelle festgelegt werden, an der ein Spermium eingedrungen ist.

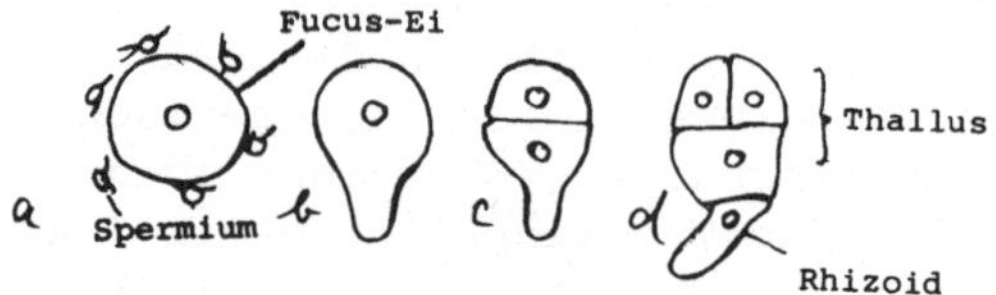

Die *Fucus*eizelle beantwortet also verschiedene Reize monoton innerhalb von 15 h mit dem polaren Auswachsen in ihrer Membran. Im Zeitraum von 10 h kann diese Wachstumsreaktion durch einen weiteren Reiz umgestimmt werden, danach liegt die Polarität der Zelle fest.

Dieser Prozeß geht mit Permeabilitätsänderungen der Zellmembran einher. Wie in allen Zellen besteht auch bei *Fucus*eiern eine ungleiche

Ionenverteilung zwischen innen und außen. Eine Kaliumpumpe in der Zellmembran hält eine hohe Konzentration von Kaliumionen im Cytoplasma aufrecht. Damit trägt die Zellmembran außen weniger positive Ladungen als innen, das Ruhepotential ist negativ. Während der Phase, in der die Polarität entsteht, baut sich um eine Eizelle ein elektrisches Feld auf, das durch den Einstrom positiver Ionen an der Stelle des zukünftigen Rhizoids und Ausschleusen dieser Ionen am entgegengesetzten Pol zustande kommt.

Durch ein elegantes Experiment ist klargestellt, daß am Rhizoid bevorzugte Calciumionen aufgenommen werden. Hierzu wurde ein Gefäß durch eine horizontale, mit Löchern versehene Platte in zwei Hälften geteilt und auf jedes Loch ein *Fucus*ei gelegt. Dann wurde entweder im unteren oder im oberen Teil des Gefäßes radioaktives Calcium zugesetzt und die Polarisierung der Eier durch einseitige Belichtung von unten (oder von oben) ausgelöst. Es zeigte sich, daß zunächst am dunklen Pol vermehrt Calcium aufgenommen und später am entgegengesetzten Pol wieder hinausgepumpt wurde. Wahrscheinlich erklärt sich dieses Phänomen durch eine Umverteilung von Calciumkanälen und -pumpen, die Bestandteile der Membranproteine sind und über deren Beweglichkeit wir uns bereits informiert hatten.

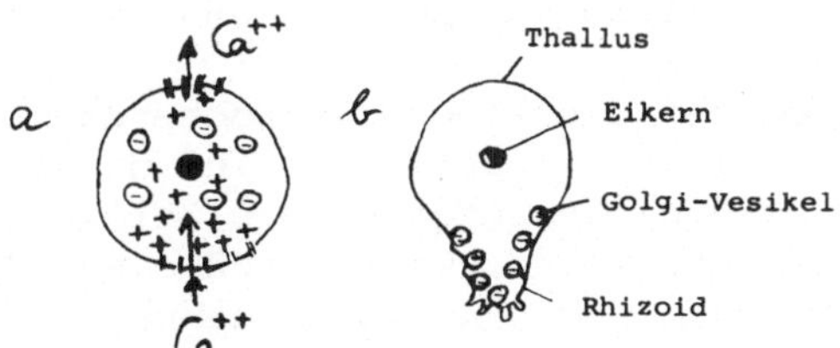

Polarisierung bei Fucus

Die ungleiche Verteilung von Calciumionen im Zellinneren könnte das Membranwachstum in der Weise beeinflussen, daß negativ geladene Partikel im Cytoplasma durch eine Art intracellulärer Elektrophorese zu der Stelle hoher Calciumkonzentration bewegt werden. Hieran könnten die Golgi-Vesikel beteiligt sein, die Zellwandsubstanzen mit vielen Sulfatgruppen enthalten und damit negativ geladen sind. Im EM erkennt man solche Vesikel im Bereich, wo sich ein Rhizoid anlegt. Allerdings könnte das Calcium auch auf die Polymerisation der Mikrotubuli einen Einfluß haben, die ebenfalls bei der Ablagerung der pflanzlichen Wandsubstanzen auf der Zellmembran beteiligt sind. Neben diesen Prozessen, die für Wachstum und Synthese der Membran einer pflanzlichen Zelle notwendig sind, könnte die ungleiche Verteilung des Calciums im Inneren der Zelle eine unipolare Verlagerung anderer cytoplasmatischer Elemente zur Folge haben, wodurch die beiden Tocherzellen nach der ersten Teilung qualitativ unterschiedlich zusammengesetzt wären. Dies könnte ein unterschiedliches Entwicklungspotential bedingen, etwa Thallus oder Rhizoid zu werden.

Obwohl an diesen Vorstellungen noch vieles hypothetisch ist, zeigt sich doch, daß die Eizelle der Braunalge *Fucus* ein geeignetes Modellsystem zum Verständnis der Zellpolarisierung ist. Weitere Experimente müssen entscheiden, wieweit die lokale Calciumaufnahme Ursache oder Wirkung des Polarisierungsprozesses ist.

4.3 Vom Einzeller zum Vielzeller

4.3.1 Kerndualismus

Wir haben bei der Beschreibung des Zellwachstums die These von der Kernplasmarelation kennengelernt. Wenn auch daraus nicht mehr eine zentrale Regulation der Zellproliferation hergeleitet werden kann, so ist doch offensichtlich, daß die Cytoplasmamasse, die einen Zellkern umgibt, begrenzt ist. Vielleicht werden sonst die Diffusionswege zwischen den Zellkompartimenten zu groß, vielleicht ist aber auch die Leistungsfähigkeit der Gene begrenzt. Dafür sprechen die Beobachtungen, daß eine Vermehrung der Gene in spezialisierten Zellen (etwa durch Polyploidie wie bei den Riesenchromosomen in den Speicheldrüsen und in den Epidermiszellen von *Calliphora*) immer mit einer Zellvergrößerung einhergeht. Dieses Prinzip geht meistens auf Kosten der Zellvermehrung, insbesondere der Meiose, und kann daher nur bei sich vegetativ vermehrenden Vielzellern durchgehend angewendet werden.

Unter den Einzellern bieten die schon besprochenen Ciliaten ein Beispiel dafür, wie innerhalb einer Zelle die für das Wachstum und die sexuelle Vermehrung notwendigen Aufgaben des Zellkerns aufgeteilt werden können. Die Ciliaten besitzen zwei verschiedene Kerne, einen Makronucleus für die vegetativen und einen oder mehrere Mikronuclei für die generativen Funktionen. Ohne einen Mikronucleus können Ciliaten sich jahrelang vermehren, allerdings nur vegetativ. Während jeder Teilung wird der Makronucleus direkt durchgeschnürt. Meiose und Rekombination haploider Genome durch Zygotenbildung (Konjugation) kommen aber nur in Anwesenheit des Mikronucleus vor. In diesem Fall zerfällt der Makronucleus, um in der folgenden Generation neu aufgebaut zu werden. Er entwickelt sich aus einem der Kerne, die bei der Meiose des Mikronucleus entstehen und der infolge der Konjugation mit dem entsprechenden Kern eines Paarungspartners verschmolzen ist.

Die entscheidende Erkenntnis ist, daß während der Entwicklung dieses Riesenkerns mit sehr viel DNA paradoxerweise eine enorme Verminderung der genetischen Information auf unter 1% der Information des Mikronucleus eintreten kann. Bei *Stylonychia* reicht offensichtlich ein Bruchteil der potentiellen genetischen Information für seine vegetativen Entwicklungsleistungen aus. Die Entwicklung eines Makronucleus kann man in vier Schritte einteilen: Zuerst kommt es zu einem partiellen Zerfall der Chromosomen. Dann bilden sich unter Vermehrung des verbliebenen Genoms Riesenchromosomen. Diese werden in kleine Stücke zerschnitten, in denen insgesamt 10^4 verschiedene DNA-Moleküle enthalten sind. Im letzten Schritt wird jedes DNA-Molekül 10^4fach vermehrt. Damit liegen die einzelnen Gene im Makronucleus vervielfältigt vor, man spricht von Genamplifikation. Daher verwundert es nicht, daß bei der vegetativen Vermehrung der Ciliaten trotz des fehlenden Mitoseapparates die Tochterzellen über Generationen hinweg ihre notwendigen Gene erhalten.

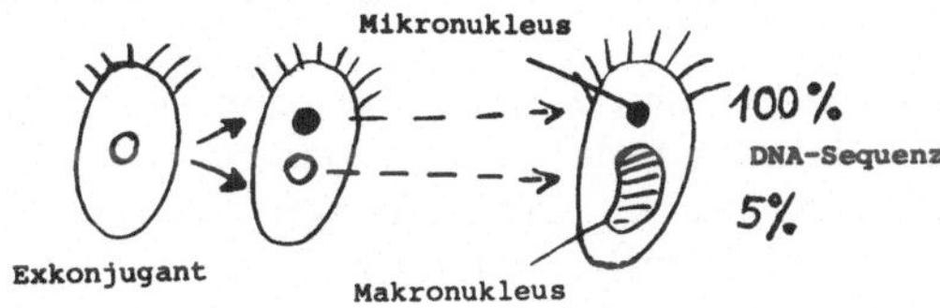

Drei spezielle Beobachtungen sollen noch angeführt werden: die DNA-Moleküle im Makronucleus sind alle etwa gleich groß, ca. 1,5 µm lang und haben an den Enden eine kurze identische Basensequenz. Hierin könnte ein erster Hinweis auf das Vorhandensein eines Restriktionsenzyms bei einer Eukaryontenzelle gegeben sein.

Die Sequenzkomplexität und damit der potentielle genetische Informationsgehalt der DNA ist im Makronucleus viel geringer als im Mikronucleus. Hier wird man mit großem Interesse verfolgen, ob bei der Entwicklung des Makronucleus immer die gleichen Gene amplifiziert werden, was man durch Klonieren der bereits in vivo zugeschnittenen DNA-Moleküle feststellen wird, oder ob in den Individuen einer Population ganz verschiedene Gene im Makronucleus vorliegen.

Bei einem anderen Ciliaten (*Tetrahymena*) wurde bereits klar gezeigt, daß ein bestimmtes Gen, nämlich das für die rDNA, in zwei ganz verschiedenen Formen vorkommt. Im Genom des Mikronucleus gibt es nur ein rDNA-Gen, unter den DNA-Molekülen im Makronucleus dagegen erwartungsgemäß sehr viele; aber hier liegen immer zwei dieser Gene in einer Einheit vor, beide sind Kopf an Kopf aneinander gekoppelt, d.h. ihre DNA ist ein großes komplettes Palindrom. Hier wird man sich fragen, ob dieses Gen sich schon in der Evolution in diese beiden verschiedenen Formen aufgespalten hat, oder ob in der Individualentwicklung die eine aus der anderen Form entsteht.

Aus diesen Untersuchungen folgt, daß während der Entwicklung der Ciliaten qualitative und quantitative Unterschiede in der DNA-Zusammensetzung vorkommen können, und daß spezialisierte Leistungen, wie der Zellstoffwechsel und die vegetative Vermehrung, weit weniger Gene bedürfen, als offensichtlich vorhanden sind.

4.3.2 Viele Kerne in einer Zelle

Einen andersartigen Kerndualismus haben wir bereits bei *Acetabularia* kennengelernt. Hier befindet sich ein großer Kern (der Primärkern) in einer großen Zelle, ohne daß sein Genom vermehrt worden ist. Eine Ausnahme bilden auch hier die ribosomalen Gene, von denen Hunderte Kopf an Schwanz (also im Tandem) in den Nucleolen dieses Kernes vorkommen.

Die generative Entwicklungsphase wird durch Kernteilungen eingeleitet, an deren Beginn wahrscheinlich eine Meiose des vegetativen Primärkerns steht. Ausgehend von einer einzigen Zelle entstehen über ein Vielkernstadium zunächst Cysten mit vielen sekundären Kernen und schließlich einkernige Geschlechtszellen. Diese Kernvermehrung führt zur Untergliederung einer Zelle in viele Zellen, ohne daß es dabei zum Wachstum kommt.

Ein solcher Proliferationsmodus entspricht dem frühesten embryonalen Entwicklungsprozeß bei den meisten Organismen, nämlich der Furchung. Besondere Ähnlichkeit hat er mit der sog. superfiziellen Furchung in Insekteneiern, bei denen zunächst auch die Teilung der Eizelle ausbleibt. Im Unterschied zur Furchung in der Embryogenese dient die Kernvermehrung bei *Acetabularia* zur Herstellung vieler Geschlechtszellen; dafür wird die Phase der Furchung nach der Zygotenbildung ausgespart, und es entsteht die für die Entwicklungsbiologen so günstige große, einkernige Schirmalge.

Am vegetativen Plasmodium von *Physarum* erkennen wir den gelungenen Versuch einer Zellvergrößerung durch Entkoppelung der Kernteilung von der Zellteilung. Diese Riesenzellen vermögen nicht nur miteinander zu verschmelzen, sondern sich auch zu zerteilen und sich damit vegetativ zu vermehren. Außerdem können die Plasmodien zwei verschiedene Wege der Zelldifferenzierung einschlagen. Beide werden durch verschiedene, ungünstige Bedingungen ausgelöst. In einem Fall entstehen widerstandsfähige Cysten mit einer derben Membran, die bei günstigen Außenbedingungen wieder auskeimen. Dieser Entwicklungsprozeß kennzeichnet, ähnlich wie die Sporulation der Bakterien, einen reversiblen Differenzierungsvorgang. Auffälligerweise enthalten die Kerne in Cysten nur halb soviel DNA wie die Zellkerne eines wachsenden Plasmodiums. Daher ist es möglich, daß der Zellcyclus bei *Physarum* bei diesem Entwicklungsprozeß umprogrammiert wird, indem eine G1-Phase eingeschaltet wird, die weder im wachsenden Plasmodium, noch in der Furchungsperiode der Embryonalentwicklung existiert.

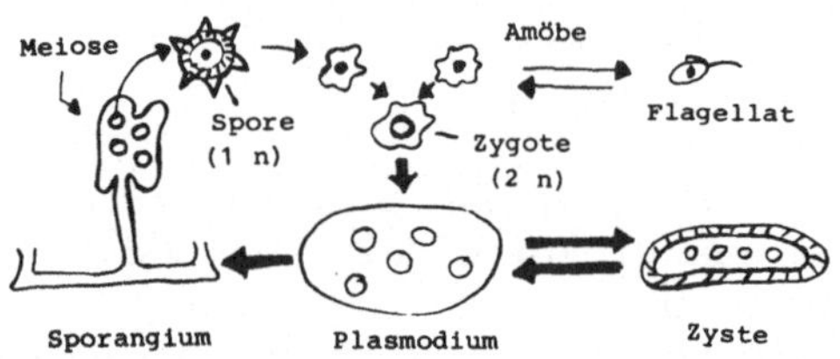

Der Lebenskreislauf von Physarum

Im zweiten Fall wird ein irreversibler Differenzierungsprozeß ausgelöst: ein hungerndes Plasmodium wandelt sich in viele charakteristisch geformte Fruchtkörper um. Jeder besitzt einen Kopf und einen Stiel. Im Kopf entstehen viele Zellen, und es werden jetzt gleichsam die Zellteilungen nachgeholt, die bei den vorangegangenen Kernteilungen unterblieben waren. In den Sporenköpfchen entwickelt sich nach einer Meiose aus jeder Zelle eine echte Spore mit einem haploiden Zellkern; fällt die Meiose aus, so entstehen "unechte Sporen". An diesem Differenzierungsprozeß verdienen einige Beobachtungen der Erwähnung: Auslöser für die Sporulation ist die Belichtung. Das einmal initiierte

Sporulationsprogramm ist dann nicht mehr rückgängig zu machen, d.h. die Zelle ist damit determiniert worden. Bis zum Zeitpunkt der Determination ist RNA-Synthese notwendig, während Proteinsynthese in der gesamten Sporulationsphase erforderlich ist. Etwa die Hälfte der Zellkerne wird nach der Belichtung eliminiert, d.h. sie zerfallen und werden im Cytoplasma resorbiert. Ehe sich das Sporangium ausbildet, muß trotz der Blockierung des Wachstums eine Mitose ablaufen. Ein wesentlicher Vorteil bei der biochemischen Analyse dieses Differenzierungsprozesses von *Physarum* liegt in der Tatsache, daß er im Laboratorium unter kontrollierten Bedingungen ausgelöst und eindeutig von der Wachstumsphase zu unterscheiden ist.

Die Entwicklung der Plasmodien geht von den Sporen aus. Diese können unter geeigneten Außenbedingungen auskeimen und sich als zwei unterschiedliche, haploide Einzeller - kriechende Amöben oder begeißelte Flagellaten - unbegrenzt vermehren. Schließlich können zwei Individuen miteinander verschmelzen und eine Zygote bilden. Diese diploide Zelle entwickelt sich nun durch synchrone Kernteilungen - bei entkoppelter Zellteilung - zu einem riesigen Plasmodium mit 10^8 und mehr Zellkernen, das dabei viele spezifische Eigenschaften annimmt. So vermag es zwar mit seinesgleichen zu verschmelzen, betrachtet aber die Amöben, aus denen es hervorgegangen ist, nur als willkommene Futterquelle.

Kürzlich ist ein Stamm von *Physarum* bekannt geworden, der seinen ganzen Lebenscyclus, sowohl die einkernigen als auch die vielkernigen Stadien, im haploiden Zustand durchläuft und der damit einer unmittelbaren genetischen Analyse zugängig wird. Daher ist es nicht verwunderlich, daß dieser Organismus immer mehr nicht nur als ein Modellsystem für den Zellcyclus, sondern auch für Zelldifferenzierung herangezogen wird.

4.3.3 Zellaggregation durch Chemotaxis

Obwohl wir schon angedeutet haben, daß Zellen in einer Population durch Signale aus der Umgebung oder durch direkten Kontakt miteinander ihr Verhalten ändern, z.B. die stationäre Wachstumsphase beginnen und sich differenzieren, werden solche Wechselwirkungen dann besonders deutlich, wenn individuelle Zellen ein kollektives Verhalten zeigen, d.h. aggregieren und einen Zellverband bilden. Ein Beispiel hierfür sind die Myxobakterien, die unter ungünstigen Lebensbedingungen "Fruchtkörper" bilden. Diese entstehen, indem bei einer bestimmten Zelldichte (10^9/ml) eine Schleimsubstanz ausgeschieden wird, die nicht nur die Zellen zusammenhält, sondern dem Fruchtkörper eine artspezifische Gestalt gibt. Das Signal zur Aggregation ist eine Erhöhung der Phosphatkonzentration in der Umgebung. So kann auch in einer Kultur mit einer geringen Zelldichte durch Zusatz von Phosphat die Fruchtkörperbildung induziert werden. Im Fruchtkörper werden die vegetativen Bakterien über eine Zwischenform, das Schwärmerstadium, zu Sporen. Während dieses Prozesses gehen 80% der Individuen durch Lyse zugrunde. Das Entwicklungsprogramm von der vegetativen Zelle zur Spore ist aber nicht starr festgelegt, es muß nicht immer über die Bildung eines Zellaggregats im Fruchtkörper verlaufen: Inzwischen hat man nämlich beobachtet, daß eine Population dieser Bakterien unter bestimmten Bedingungen, z.B. bei Kultivierung in Glycerin anstatt in Glucosemedien, auch ohne die Ausbildung von Schwärmern und ohne die Aggregationsphase direkt zu Sporen werden kann.

Dieses Ergebnis macht deutlich, daß eine zeitliche Folge von Entwicklungsschritten und selbst die Ausbildung eines kompliziert gebauten Fruchtkörpers nicht zwingend die Differenzierung der Myxobakterien in Sporen beschreibt.

Ein gut untersuchtes Beispiel notwendiger Zellaggregation bietet der Schleimpilz *Dictyostelium*. Er gehört - im Gegensatz zum "acellulären" *Physarum* - zu den cellulären Schleimpilzen, die phylogenetisch nicht mit den Myxomyceten verwandt sind. *Dictyostelium* lebt unter günstigen Bedingungen als eine Population individueller Amöben. Diese werden chemotaktisch von Futterbakterien angelockt. Sind alle Bakterien aufgefressen, so sammeln sich ca. 10^5 Amöben und vereinigen sich zu einem einheitlichen Pseudogewebe, das wie eine kleine Nacktschnecke aussieht. Es wandert mit einer Geschwindigkeit von 2 mm/h über das Substrat und differenziert sich schließlich in einen Fruchtkörper. Dieser besteht aus einem Stiel und einem Kopf. Die Amöben, die es schaffen, in den Kopf zu kriechen, werden zu dauerhaften Sporen, die übrigen gehen zugrunde. Aus jeder Spore kann wieder eine Amöbe auskeimen, sich vegetativ vermehren und einen neuen Entwicklungskreislauf eingehen. Da alle Entwicklungsstadien haploid sind, ist es relativ einfach, Entwicklungsmutanten zu erzeugen. Im Zellkern befinden sich sieben Chromosomen mit einem relativ kleinen Genom von 5×10^7 Nucleotidpaaren, das ca. 10 mal so groß ist wie das des Bakteriums *E.coli*. Die drei Zelltypen des Entwicklungscyclus sind klar voneinander zu unterscheiden: die vegetative Zelle während der logarithmischen Wachstumsphase sowie Sporen- und Stielzellen nach der Differenzierung. An diesem Entwicklungsprozeß sind Mitosen nicht beteiligt.

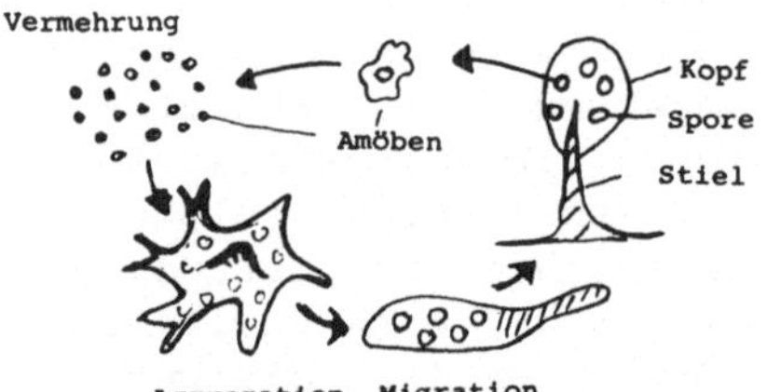

Hier interessieren uns zunächst die Mechanismen, durch die einzelne Amöben einen Zellverband bilden können. Im Zeitrafferfilm beobachtet man während der Aggregationsphase, daß in einer großen Population sich mehrere großflächige Aggregate von ca. 10^5 Amöben aufbauen. Jedes Aggregat läßt in regelmäßigen Abständen von ca. 200 µm dunkle und helle Zonen erkennen, die entweder konzentrisch oder als eine Spirale um ihr Zentrum angeordnet sind und im Abstand von 5 min "pulsieren". Die genaue Analyse zeigt, daß im Zentrum eine Amöbe als die Gründerzelle liegt, auf die sich die Amöben in der Umgebung radial zubewegen. Diese Zellwanderung erfolgt abwechselnd in zwei Schritten, dem Ausstrecken von Pseudopodien, gefolgt von der Kontraktion der Amöbe. So erklärt sich das Auftreten der hellen und dunklen Ringe im Aggregationsfeld der Amöbenpopulation. Die Amöben, die weiter vom Zentrum entfernt sind, schließen sich den näher gelegenen an, indem sie sich gezielt an das Hinterende des Vordermannes anheften. In zweierlei Hinsicht werden also die einzelnen Amöben polarisiert: Sie bewegen sich orientiert und knüpfen spezifische Kontakte untereinander an. Das Signal zur Aggregation wird von der zentralen Amöbe gegeben. Sie scheidet eine diffusible Substanz aus, die von einem untergelegten Agarstückchen aufgenommen werden kann und dann hungrige Amöben - nicht aber wachsende Amöben - chemotaktisch anlockt. Dieser Stoff ist das cyclische Adenosinmonophosphat (cAMP). In wachsenden Amöben häuft sich das cAMP nicht an, weil es laufend von einem Enzym an der Zelloberfläche, einer spezifischen Phosphodiesterase, abgebaut wird. Aber am Ende der Wachstumsphase wird ein spezifischer Hemmstoff dieses Enzyms freigesetzt, wodurch in der Umgebung einiger Zellen, den potentiellen Gründerzellen, eine hohe cAMP-Konzentration entsteht. Wenn man cAMP aus einer feinen Kapillare einer hungrigen Amöbe lokal anbietet, streckt sie innerhalb von Sekunden Pseudopodien aus und folgt der Kapillare wie der Hund einer Wurst. Eine wachsende Amöbe besitzt nur wenige Rezeptoren für cAMP an ihrer Oberfläche, sie ist daher ziemlich unempfindlich. In einer homogenen Lösung mit hoher Konzentration von cAMP reagiert eine hungrige Amöbe trotz ihrer 10^6 Rezeptormoleküle pro Zelle ebenfalls nicht. Es hat sich gezeigt, daß die Konzentration von cAMP regelmäßig zu- und wieder abnimmt, indem die Amöbe im Zentrum eines Aggregationsfeldes in regelmäßigem Abstand cAMP sezerniert. Da eine Mutante mit permanenter, nicht oszillierender cAMP-Produktion nicht aggregieren kann, ist erwiesen, daß diese diskontinuierliche Freisetzung von cAMP für den Entwicklungsprozeß entscheidend ist. Der unmittelbare Anziehungsbereich für cAMP der Gründerzelle erstreckt sich über einige µm, aber die geordnete Aggregation läuft in einem Bereich von vielen Millimetern ab. Es muß also vom Zentrum der Aggregation aus eine Erregungsleitung nach außen erfolgen. Dies besorgen die umliegenden Amöben, indem sie ihrerseits eine Portion des gleichen Stoffes produzieren, durch den sie selbst gereizt worden sind: Sie schütten 100 mal mehr cAMP aus, als zu ihrer Erregung geführt hat. Dies ist ein gutes Beispiel für Signalverstärkung. Da die Amöben während dieser Reaktion unempfindlich gegen das cAMP in ihrer Umgebung sind, breitet sich die Erregung als eine Welle vom Zentrum zur Peripherie der Amöbenpopulation, also gerichtet, aus.

Viele Reaktionen laufen als Folge der Bindung des cAMP an den Membranrezeptor und seines unmittelbaren Abbaues durch Diesterase ab. Zuerst strömen Calciumionen vermehrt in die Zelle ein und bereits 5 s nach Applikation von cAMP steigt innerhalb der Zelle die Konzentration eines anderen cyclischen Nucleotids, des cyclischen Guanosinmonophosphats (cGMP) für ca. 2 min stark an. Danach wird durch Stimulierung des Enzyms Adenylatcyclase aus intracellulärem ATP das cAMP gebildet und - möglicherweise in Vesikeln, wie die Neurotransmitter in Nervenzellen - schnell nach außen abgegeben. In diesem Zeitraum werden Wasserstoffionen durch die Membran nach außen gepumpt, wodurch die Umgebung für kurze Zeit angesäuert wird. Diese Reaktionsfolge besorgt die intercelluläre Erregungsleitung.

Im Zellinneren lassen sich außerdem noch eine schnelle (innerhalb von Minuten) und eine langsame (innerhalb von Stunden) ablaufende Reaktion auf das endogene cAMP unterscheiden. Im ersten Fall wird eine Komponente des Zellbewegunsapparates, die wir bereits kennengelernt haben, aktiviert, und zwar durch die Phosphorylierung der leichten Myosinketten. Diese kovalente Proteinmodifikation wird durch ein Enzym besorgt, eine Proteinkinase, die durch cAMP aus einer inaktiven Form in die aktive überführt wird. Diese Reaktionsfolge ist sehr ähnlich derjenigen, die durch andere Signale an der Zelloberfläche ausgelöst wird. So wirken viele Hormone, z.B. die Peptidhormone, als primäre Boten durch Bindung an spezifische Membranrezeptoren. Dieses bewirkt eine monotone Erhöhung der Konzentration des sekundären Botenstoffes, eben des cAMP, die je nach dem Differenzierungszustand der Zelle - trotz der Unspezifität des sekundären Signals - eine ganz spezifische Reaktion in der Zelle auslöst.

Bei *Dictyostelium* dient das cAMP zugleich als primärer und als sekundärer Botenstoff. Diese Situation ist auch bei den cellulären Schleimpilzen eine Ausnahme, und die nahe verwandte Gattung *Polysphondylium* reagiert überhaupt nicht auf cAMP, sondern auf eine kleines Oligopeptid, das von den kompetenten Zellen ausgeschieden wird und das seinerseits wiederum nicht chemotaktisch auf *Dictyostelium* wirkt.

Die langsame Reaktion bei *Dictyostelium* besteht sowohl aus der Vermehrung der Rezeptoren für cAMP in der Membran, als auch einer Zunahme der Adenylcyclase und Phosphodiesterase. Das Resultat ist eine erhöhte Kompetenz der Amöben zur Aggregation. Die Analyse entsprechender Mutanten hat gezeigt, daß die Synthese dieser drei spezifischen Proteine notwendig ist. Außerdem wird ein spezifisches Membranprotein (ein Glykoproteid) synthetisiert, das den Amöben fehlt. Es wird, wie die Immunfluoreszenz zeigt, polar, d.h. am physiologischen Vorder- und Hinterende in die Amöbenmembran eingebaut. Diese Proteine bewirken die spezifischen Kontakte der Amöben untereinander, ohne die eine geordnete Bewegung zum Aggregationszentrum ebensowenig gewährleistet ist wie der Zusammenhalt der Amöben im Zellverband. Diese Proteinsynthese ist die entscheidende Voraussetzung für eine dauerhafte Zellaggregation. Wenn man diese Membrankomponenten durch spezifische Antikörper blockiert, dann kommt es trotz normaler chemotaktischer Reaktion und normaler Beweglichkeit der Zellen nicht zur Aggregation.

Die Aggregation dauert ca. 10 h und ist nur ein Schritt in der Entwicklung von *Dictyostelium*. In weiteren 20 h kommt es zur Ausdifferenzierung des Fruchtkörpers. Während dieser Zeit wird der Kohlenhydratstoffwechsel umgesteuert, so daß anstelle der Reservesubstanz Glykogen bei den wachsenden Amöben nun eine Cellulosehülle und viel Mucopolysaccharid synthetisiert werden. Zwei Hypothesen vermögen diese Umsteuerung zu deuten: Nach der einen werden die Enzymaktivitäten durch unterschiedliche Substratkonzentrationen gesteuert, nach der anderen kommt es zu einer programmierten Expression der Gene, die für die Schlüsselenzyme des Kohlenhydratstoffwechsels verantwortlich sind.

Bezüglich der allgemeinen Genexpression soll nur ein Befund genannt werden: Durch cDNA-DNA-Hybridisierungsexperimente mit mRNA-Populationen (sie besitzen im Gegensatz zu anderen Organismen eine kurze

PolyA-Kette, die im Genom durch Oligo-T-Sequenzen vorprogrammiert ist) von wachsenden oder differenzierenden Amöben (oder solchen Mutanten, die sich nicht differenzieren können) - kann abgeschätzt werden, daß während der Differenzierung nur ca. 5% der im Wachstum transkribierten Gene aktiv sind. Dieser Befund unterscheidet sich sehr von Beobachtungen an Prokaryonten, nach denen bei der Bakteriensporulation ca. 3/4 der vegetativen Gene aktiv bleiben.

Schließlich soll noch kurz auf den Begriff "Pseudogewebe" eingegangen werden, der für das Amöbenaggregat verwendet wird. Er besagt, daß die Amöben keine stabile Verknüpfung erfahren, weil sie auch während der Wanderphase des Zellaggregats durch Zugabe von Futter (etwa Bakterien oder Glucose) ihre Kontakte untereinander aufgeben und wie früher einzeln hinter den Bakterien herkriechen, um sie zu fressen.

Von einem Punkt der Entwicklung an, wenn das Amöbenaggregat wie ein mexikanischer Sombrero aussieht, scheint die Differenzierung festgelegt zu sein und kann auch durch zugesetztes Futter nicht mehr rückgängig gemacht werden. Allerdings fällt dieser Zeitpunkt mit dem Bau einer dicken Cellulosehülle zusammen, so daß mit diesem Experiment vielleicht nicht ein irreversibler Differenzierungsprozeß, sondern eine Diffusionsbarriere für Glucose festgestellt worden ist. Vielleicht könnten einzelne Amöben, aus ihrer Cellulosehülle künstlich befreit, wieder auswachsen, ohne sich vorher in Sporen- oder Stielzellen differenziert zu haben.

Diese Situation mag ein Hinweis dafür sein, daß hier kein irreversibler Differenzierungsprozeß vorliegt, obwohl große Unterschiede in der Genexpression zwischen den beiden Entwicklungsphasen bestehen. Diese Möglichkeit ähnelt den Verhältnissen bei den höheren Pflanzen, deren isolierte Einzelzellen sich wieder zu einer ganzen Pflanze entwickeln können.

4.3.4 Zellaggregation durch Zellteilung

Bei den cellulären Schleimpilzen war die Chemotaxis, also geordnete Zellbewegung, eine Voraussetzung für die Zellaggregation. Bei vielen anderen Systemen trennen sich die Tochterzellen nach der Mitose gar nicht voneinander, sondern werden durch extracelluläre Substanzen, meist Glykoproteide, zusammengehalten. Unterschiedliche Gestalten der Zellaggregate werden hier nicht durch Zellbewegung sondern durch Orientierung der Mitosespindel bestimmt.

Ein anschauliches Beispiel bietet die Blaualge *Anabaena*. Hier liegen viele Zellen hintereinander in einem Schlauch aus extracellulärem Material. In regelmäßigen Abständen finden sich kleine, dickere Zellen (Cysten), aus denen sich ein neuer Faden bilden kann. Diese Cysten teilen sich asymmetrisch: aus einer Zelle entstehen eine kleine und eine große Tochterzelle, wobei innerhalb eines Schlauches die kleine Zelle immer auf der gleichen Seite liegt. Jede dieser Zellen besitzt also eine Polarität. Die kleine Zelle hat zwei Entwicklungsmöglichkeiten:

entweder sie wächst heran und teilt sich wieder asymmetrisch, oder aber sie wird zu einer Cyste. Diese kann sich aber nur dann bilden, wenn ein bestimmter Abstand zur nächsten Cyste gegeben ist, d.h. es müssen über ein lineares Zellaggregat hinweg Entfernungen gemessen werden können. Dieses geschieht wahrscheinlich durch die Messung der Konzentration einer von der Cyste abgegebenen diffusiblen Substanz.

Während bei diesem einfachen Fall die Mitosen stets in der gleichen Orientierung ablaufen, so daß ein Filament gebildet wird, können auf die gleiche Weise durch Änderung der Teilungsebene blattähnliche Gebilde entstehen, aber auch zweischichtige Blätter, zylinder- oder kugelförmige Zellaggregate, wie bei den Blau- und Grünalgen in vielfältiger Form demonstriert ist.

Unterschiedliche Zellteilungsfolgen spielen, wie wir bereits bei der Cyste der Blaualge erfahren haben, bei den verschiedenen Vermehrungsmechanismen eine wichtige Rolle. Zellverbände ermöglichen eine Zellspezialisierung, und ein wichtiger Schritt in dieser Richtung ist die Arbeitsteilung in Aufgaben des Wachstums und der Vermehrung.

Manche Grünalgen, z.B. *Volvox*, entwickeln eine kugelförmige Kolonie aus ca. 20.000 fast gleichartigen Zellen. Sie liegen in einer gemeinsamen Gallerte, sind aber untereinander durch ein dünnes cytoplasmatisches Netzwerk verbunden. Alle Zellen sind polar angeordnet, so daß ihre Geißeln aus der Hohlkugel herausragen und sie in spiralige Bewegung versetzen. In einer ausgewachsenen Kolonie kann sich die Mehrzahl dieser Zellen, auch nach Isolierung in Einzelzellen, nicht mehr vermehren. Diese Aufgaben übernehmen einige große Zellen, maximal 16, die einzeln über eine Hälfte der Kolonie verstreut liegen. Aus jeder dieser Zellen, den Gonidien, die wie alle übrigen haploid sind, kann sich eine Tochterkolonie bilden, die zunächst im Inneren der Elternkolonie heranwächst.

Hierzu teilt sich eine solche Zelle synchron, bis ein Ball aus 32 Zellen entstanden ist, wobei die Tochterzellen immer kleiner werden. Danach teilt sich die eine Hälfte des Zellhaufens in 16 große und 16 kleine Zellen. Erstere teilen sich nicht mehr: sie werden zu den 16 Gonidien der Tochterkolonie. Alle übrigen Zellen teilen sich weiter, wodurch eine Hohlkugel entsteht, die noch der Mutterkolonie innen ansitzt. Bei ihrer Ablösung stülpt sich die Tochterkugel vollkommen um, wodurch der Pol einer jeden Zelle, der zunächst nach innen gerichtet war, nun nach außen zeigt und Geißeln entwickelt.

Obwohl bei *Volvox* der Vermehrungsprozeß vegetativ, also ohne Bildung von Geschlechtszellen und ohne Befruchtung abläuft, ähnelt er stark drei Phasen in der Entwicklung tierischer Eier: der Furchung, der Bildung der Blastula und der Gastrulation, die hier aber nicht zur Zweischichtigkeit, sondern zur Extroversion führt.

Bei *Volvox* gibt es weibliche und männliche Kolonien, die sich vegetativ vermehren, wie wir soeben beschrieben haben. Reife männliche Zellen können nun eine Substanz ausscheiden, die eine sexuelle Differenzierung der Gonidien in weiblichen Kolonien zu Eizellen, in männlichen Kolonien zu Spermien auslöst. In das Differenzierungsprogramm der Gonidien sind, ebenso wie bei der vegetativen Vermehrung, differentielle Zellteilungen eingeschaltet. Bis zum 32-Zellstadium gleicht die sexuelle Entwicklung der vegetativen, danach bleibt bei den Männchen die differentielle Mitose aus und geschieht erst, nachdem 256 gleichartige Zellen entstanden sind. Dann werden 50% der 512 Tochterzellen vegetativ und umhüllen die übrigen 256 Zellen, von denen jede durch mehrere Mitosen ein Paket mit maximal 128 Spermien ausdifferenziert.

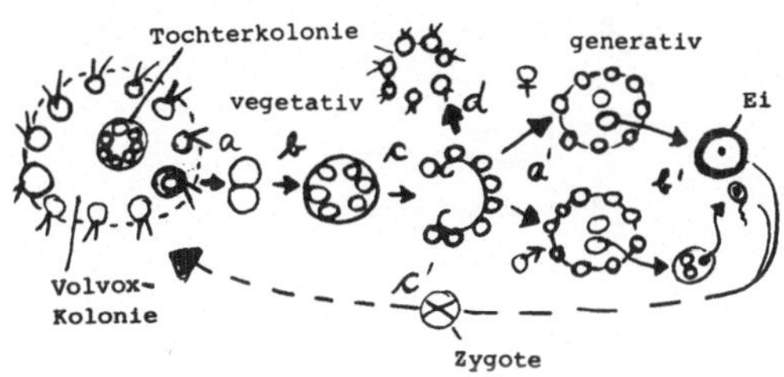

Lebenskreislauf von Volvox

Beim Weibchen wird die asymmetrische Teilung gegenüber der vegetativen Vermehrung nur um einen Schritt verzögert. Danach stellen ca. 40 der 64 Tochterzellen die Teilung ein und differenzieren sich zu Eizellen, die von den übrigen vegetativen Zellen umhüllt werden.

Zur Befruchtung kommt es, indem ganze Spermienpakete in Kolonien mit Eizellen eindringen und je ein Spermium mit einer Eizelle verschmilzt. In den Zygoten läuft anschließend eine Meiose ab, bei der in diesem Fall nur eine Zelle überlebt, als bewegliche Zoospore auskeimt und wieder eine haploide Kolonie von *Volvox* entstehen läßt. Während bei der Betrachtung der vegetativen Vermehrung Ähnlichkeiten zur tierischen Embryonalentwicklung auffallen, erkennen wir, daß die Bildung der Eier und Spermien, anders als bei den Tieren, auch ohne vorgeschaltete Meiose geschehen kann.

Ob sich Eier und Spermien bilden, oder ob eine vegetative Vermehrung abläuft, hängt lediglich von der Anzahl der Mitosen ab, die ein Gonidium durchführt.

Diese Beispiele haben gezeigt, auf welche Weise Zellteilungen bei der Gestaltung und bei der Differenzierung vielzelliger Aggregate beteiligt sind.

4.3.5 Zellaggregation ohne Zellteilung

Eine Aggregation von Zellen läßt sich unter kontrollierten Bedingungen analysieren, indem man einen bestehenden Zellverband zuerst auflöst und beobachtet, ob und wie die einzelnen Zellen wieder reaggregieren. Versuche dieser Art lassen sich z.B. an Schwämmen durchführen.

Schwämme sind einfache, festsitzende Tiere, die aus wenigen polar angeordneten Zelltypen bestehen. Außen sitzen die Hüllzellen und innen die begeißelten Zellen zur Nahrungsaufnahme und Verdauung. Wenn man einen Schwamm der Gattung *Microciona* mechanisch degradiert, etwa durch ein Sieb preßt, dann finden sich die Bruchstücke wieder zusammen und reaggregieren zu einem lebensfähigen Schwamm.

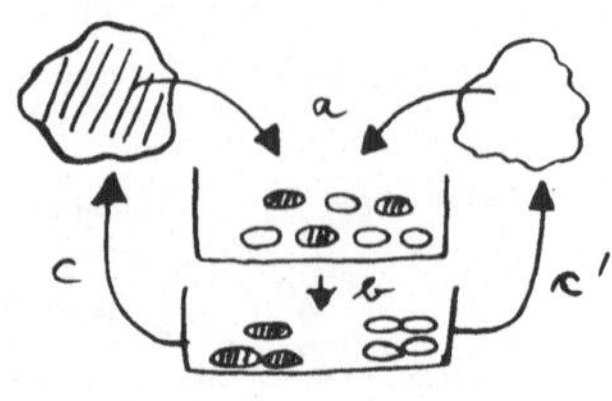

Schwamm-Rekonstitution

Mischt man isolierte Zellen von zwei verschiedenen Arten, die rote bzw. gelbe Pigmentgranula besitzen, dann lagern sich die verschieden gefärbten Zellen anfangs zu einem gemeinsamen Aggregat zusammen, aber danach erfolgt unter aktiver Zellbewegung eine Aussortierung, so daß am Ende wieder ein roter und ein gelber Schwamm rekonstituiert werden. Offensichtlich besitzen die isolierten Zellen artspezifische Erkennungsmerkmale.

Bei dieser spezifischen Zellaggregation sind zwei Komponenten an der Zelloberfläche beteiligt und bestimmte Ionen, z.B. das Calcium. Dies hat man nachgewiesen, indem man einen Schwamm "chemisch" durch Einlegen in künstliches Ca^{++}-freies Seewasser in einzelne Zellen zerlegt hat. Sobald Calcium zugegeben wird, reaggregieren die einzelnen Zellen wieder. Nach mechanischer Zellisolierung in normalem Seewasser reaggregieren die Zellen bei $5^{\circ}C$ ebenso gut wie bei $20^{\circ}C$. Nach "chemischer" Isolierung reaggregieren sie bei $5^{\circ}C$ nicht; es hat sich gezeigt, daß in diesem Fall ein Reaggregationsfaktor von der Zelloberfläche abgeschwemmt worden ist. Wenn man diesen aus dem Seewasser isoliert und wieder zusetzt, dann reaggregieren die Schwammzellen auch bei $5^{\circ}C$.

Schließlich ließ sich außerdem von der Zellmembran ein Protein isolieren, das ebenfalls zur Aggregation der Schwammzellen benötigt wird, denn Zellen ohne dieses Protein können trotz Aggregationsfaktor und Calcium nicht mehr aggregieren.

Folgendes Rekonstitutionsexperiment zeigt, daß die beiden Komponenten Aggregationsfaktor und Membranfaktor ausreichen, um die artspezifische Zusammenlagerung von roten und gelben Schwammzellen zu erklären. Verwendet man anstelle der Zellen kleine Plastikkugeln, an deren Oberfläche das Membranprotein gebunden ist, so aggregieren diese, sobald der Aggregationsfaktor und Calcium zugesetzt werden. Dieser Versuch gelingt aber nur, wenn beide Fraktionen von derselben Schwammart stammen.

Der Aggregationsfaktor ist ein Glykoprotein, d.h. er enthält Polysaccharid, das an eine Proteinkette gebunden ist. Die Wechselwirkung zwischen den Zellen könnte in zwei Schritten zu erklären sein, einem spezifischen und einem unspezifischen. Während der spezifischen Reaktion bindet das Membranprotein mit dem Aggregationsfaktor, während die Calciumionen in unspezifischer Weise die Aggregationsfaktoren untereinander verkleben. Die entscheidende Frage ist, ob die Spezifität der Bindung über die Kohlenhydrat- oder die Proteinkomponente des Aggregationsfaktors erfolgt. Es hat sich gezeigt, daß die Spezifität durch die Kohlenhydratkette bedingt ist. Wenn man nämlich eine hohe Konzentration des Zuckers anbietet, der am Ende dieser Kette liegt (etwa Mannose), kann es nicht mehr zur Aggregation der Schwammzellen oder der Plastikkugeln kommen, weil nun der Zucker die Bindungsstellen blockiert.

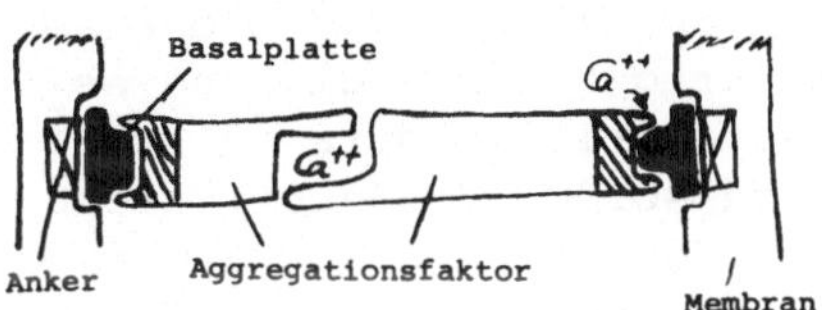

Diese Beobachtung begründet eine weitreichende Hypothese, die erklärt, wieso innerhalb eines komplexen Organismus, der aus verschiedenen Geweben besteht, die Zellen gleichen Gewebes eine hohe Affinität zueinander haben. Die Hypothese macht auch verständlich, wie es im Laufe der Embryonalentwicklung, in der die verschiedenen Gewebe entstehen, zu einem Wechsel von positiver zu negativer Affinität zwischen den Zellen kommt.

Die Spezifität der Bindung beruht hiernach auf einem Enzymsubstratkomplex, wobei das Kohlenhydrat als Substrat an das Membranprotein als ein Enzym gebunden ist. Entsprechende, für die einzelnen Zucker spezifische Enzyme sind die Glykosyltransferasen, die auch an Zelloberflächen nachgewiesen wurden. Positive Affinität zwischen Zellen erklärt sich dann als stabiler Enzymsubstratkomplex und negative Affinität als eine Änderung der Zuckerkette, z.B. indem enzymatisch ein anderes Zuckermolekül angeknüpft wird, wodurch der Enzymsubstratkomplex zerfällt.

Wie steht es nun mit der Aggregation von Zellen aus verschiedenen Geweben eines höheren Organismus? Wie bei den Schwämmen zeigt sich ganz deutlich, daß die verschiedenen Zellen sich gegenseitig erkennen und mit gleichartigen zusammentun. Im Gegensatz zu den Schwämmen ist diese Erkennung nicht artspezifisch, sondern gewebespezifisch, d.h. Zellen des gleichen Gewebes, z.B. vom Hühnchen, von der Maus und vom Wal, bilden ein gemeinsames Aggregat.

Hier lassen sich bei der Rekonstitution von Geweben drei verschiedene Prozesse unterscheiden: das Zusammenfinden der Zellen durch zufälligen Kontakt und unspezifisches Verkleben mittels Calciumionen, das Aussortieren der gleichartigen Zellen und schließlich das spezifische Aneinanderheften der Zellen des gleichen Gewebes. Dabei ist ihre Kohäsion untereinander größer als die zu den Zellen benachbarter Gewebe und auch größer als die Adhäsion zu anderen Strukturen, z.B. zur Oberfläche des Kulturgefäßes oder zum Netzwerk von Kollagenfasern zwischen den Zellschichten innerhalb eines Organismus.

Um die Rolle der einzelnen, an der Rekonstitution beteiligten Faktoren zu verstehen, wäre es günstig, an bestimmten Geweben diese Teilprozesse möglichst unabhängig voneinander zu analysieren. Ein gutes Beispiel hierfür bietet das embryonale Gewebe der Sehzellen, der Retina des Hühnchens. Diese lassen sich ebenfalls durch Entzug von Calcium in Einzelzellen zerlegen, und sie finden wieder zusammen - selbst wenn das Kulturgefäß ständig rotiert, wodurch Adhäsion als auch Zellbewegung ausgeschaltet werden, und nur die Kohäsion zwischen den Zellen deren Aggregation bewirken kann. Damit ist die Größe des entstehenden kugeligen Aggregats ein Maß für die Kohäsion, und es läßt sich daran ein Biotest für isolierte Aggregationsstoffe aufstellen. Mit diesem Test wurde ein Glykoprotein von 40.000 d identifiziert und präparativ bis zur Homogenität gereinigt, das nur in der Membran von Retinazellen vorkommt und ein Beispiel für einen gewebespezifischen Liganden ist. Eine Hypothese besagt, daß jedes Gewebe im Laufe der Embryonalentwicklung durch solche spezifischen Oberflächenproteine, die Cognine, zusammengehalten wird. Folgerichtig wird die Aggregation von isolierten Retinazellen blockiert, wenn diese vorher mit einem Antikörper gegen das Retinacognin behandelt wurden. Die Spezifität der Kohäsion ist offensichtlich nicht an den Zuckeranteil der Cognine gebunden, denn anders als bei den Schwämmen kann die Zugabe entsprechender Zucker die Aggregation der Zelle nicht verhindern, und wenn der Zuckeranteil enzymatisch abgespalten wird, bleibt die spezifische Aggregation intakt. Durch die Markierung der Antikörper gegen Cognin mit kleinen Kügelchen kann man die Verteilung dieser Membranproteine an den Zellen im EM direkt beobachten. Es läßt sich eine Korrelation zwischen der Cogninmenge und der Größe der durch Rotation isolierter Zellen gebildeten Aggregate aufstellen.

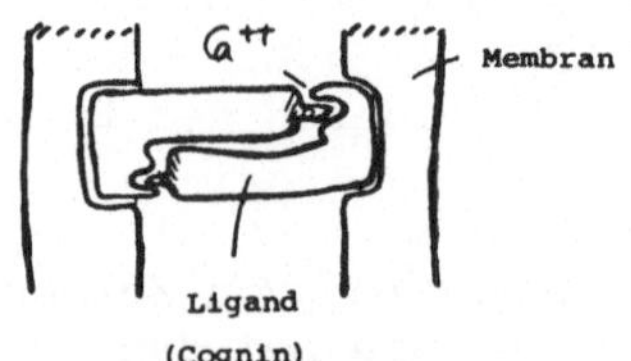

Allerdings kommt noch ein weiterer Parameter hinzu, der über die Stärke der Zelladhäsion entscheidet und nicht mit der Menge der Cogninmoleküle, sondern mit deren Anordnung in bestimmten Mustern auf der Membran zusammenhängt. Dies ist wichtig, wenn Zellaggregate und Gewebe eine bestimmte Gestalt verleihen sollen, wie es im Organismus der Fall ist. Bei der Aggregation der Schleimpilzamöben haben wir den polaren Einbau von Membranproteinen kennengelernt. Auch in diesem Fall handelt es sich um Liganden, ohne die der Entwicklungsprozeß zum Aggregationsplasmodium nicht geordnet ablaufen kann.

Damit könnten durch die Orientierung identischer Membranproteine auf der Zellmembran spezifisch unterschiedliche Wechselwirkungen zwischen gleichen und verschiedenen Zelltypen bewirkt werden. Dafür bietet das gleiche Gewebe, die Hühnchenretina, unter Anwendung eines anderen Biotests einen klaren Hinweis.

Von der Hühnchenretina wurde noch eine andere, vom Cognin verschiedene Substanz isoliert, die ebenfalls Zellaggregation bewirkt. Dieser Zellaggregationsfaktor (CAF) kommt auch an anderen embryonalen Zelltypen vor, z.B. an Gehirn- und Leberzellen, tritt aber offensichtlich in größerer Menge an Retinazellen auf, wie sich durch die Bindung eines fluoreszierenden Antikörpers gegen CAF zeigen ließ.

In weiteren Experimenten wurde ein Nylonfaden mit diesem Antikörper getränkt, und es gelang damit, isolierte Zellen herauszufischen. Die Ausbeute war um so größer, je fester die Zellen aufgrund ihres CAF gebunden wurden. Dabei zeigte sich, daß die gleichen Retinazellen auch im Laufe der Embryonalentwicklung unterschiedlich stark reagieren, am 10. Tag ca. 5x stärker als am 4. Tag oder am 12. Tag. Umgekehrt zeigten die Hirnzellen am 4. Tag eine hohe Affinität zu den CAF aus Retinazellen, die fast so groß war wie die der Retinazellen am 10. Tag. Hirnzellen vom 10. Tag dagegen aggregieren kaum noch.

Erweitert wurde dieses Ergebnis durch Kompetitionsexperimente, indem man zuerst Retinazellen vom 10. Tag an den Nylonfaden binden ließ und dann junge Retinazellen und junge Hirnzellen (beide vom 4. Tag) zugab. In der Tat assoziierten mehr Hirnzellen als Retinazellen mit den älteren Retinazellen des 10. Tages.

Man sollte erwarten, daß die Retinazellen am 10. Tag mehr CAF besitzen als zuvor oder später. Aber die Menge an CAF ist jedesmal gleich groß. Der CAF, ein Glykoprotein mit hohem Molekulargewicht (250.000 d), hat sich als ein Vorläufermolekül erwiesen. Der eigentliche Aggregationsfaktor entsteht erst durch partielle Proteolyse, er ist ein kleineres Proteid (150.000 d).

Die Zellaggregation durch CAF bewirkt also nur eine relative Spezifität, die nicht durch die Konzentration des Faktors, sondern durch die im Verlauf der Entwicklung unterschiedliche Aktivität einer Protease an der Zelloberfläche reguliert wird. Diese Modulation durch eine Protease ist ein weiterer epigenetischer Regulationsprozeß, der weit entfernt von der Ebene der Genaktivität abläuft und den wir bereits bei intracellulären und intercellulären Morphogeneseprozessen (bei dem Phagen T4 und der Bakteriensporulation) kennengelernt haben.

Somit gibt es bei einem Gewebe Hinweise sowohl auf gewebespezifische Cognine, als auch auf Aggregationsfaktoren von begrenzter Spezifität, denen während der Embryogenese, bei der es fortwährend zu Umlagerungen der embryonalen Gewebe kommt, Bedeutung beigemessen werden darf.

Man kann folgendes Modell der Aggregation gleichartiger Zellen, etwa bei der Retina, aufstellen: Die hochbewegliche Zellmembran stülpt Mikrovilli aus, die im Raster-EM sichtbar sind. An deren Spitzen könnten sich Cognine anhäufen und lokalen Kontakt zu den Nachbarzellen herstellen. Finden sich dort die gleichen Cognine, ziehen sich die Mikrovilli dank ihrer Kontraktionsfähigkeit, die wir kennengelernt haben, zurück, und es kommt zu einer breitflächigen Annäherung der Zellen bis auf ca. 20 nm. In diesen Bereichen, den sog. Domänen, sorgen extracelluläre Substanzen, etwa CAF, für eine Verknüpfung im Zwischenraum. Schließlich werden diese Mucopolysaccharide zu einer Matrix verdichtet, die zu einer gewissen Erstarrung der beweglichen Zellmembran führt. Danach kann es zu drei verschiedenen Typen von Zellkontakten kommen, die bei einfacheren Systemen, wie bei den Schwämmen, noch nicht existieren und die sich im EM unterscheiden lassen: zu unmittelbarem Membrankontakt (tight-junctions), zur direkten Verbindung der cytoplasmatischen Räume benachbarter Zellen durch ein feines Kanalsystem, das Moleküle bis 1000 d passieren läßt (gap-junctions), oder schließlich zur Bildung von Desmosomen, von denen aus dicke Actinfilamente (stress-fibers) das Zellinnere durchziehen.

Wir haben schon bei der intracellulären Organisation den Vergleich mit der Paketbeförderung gezogen und können auch nun im Hinblick auf die extracellulären Verhältnisse postulieren, daß die Zellen wie Pakete über die Schienen der extracellulären Matrix geleitet und durch Synthese und Verteilung spezifischer Oberflächencognine und CAF-Faktoren adressiert und so einander zugeordnet werden.

4.3.6 Das Aussortieren verschiedener Zelltypen

Der Biotest für eine selektive Zellaggregation setzt die freie Beweglichkeit verschiedener Zelltypen in einem gemeinsamen Aggregat voraus. Hierbei beobachtet man, daß sich Zellen, entsprechend ihrer Herkunft, autonom zu verschiedenen Geweben aussortieren können, wie wir schon am Beispiel der roten und gelben Schwammzellen gehört haben.

Bereits die drei ursprünglichen embryonalen Blasteme - Ektoderm, Entoderm und Mesoderm - zeigen dieses Verhalten: In einem Gemisch aus Ektoderm und Entoderm-Material trennen sich die beiden Zelltypen und bilden zwei selbständige Zellhaufen. Dies ähnelt der Entmischung einer Emulsion aus Öl und Wasser. Die Kohäsion zwischen den gleichen Zelltypen ist stark, die zwischen verschiedenen Zelltypen ist sehr gering.

Mischt man Ektoderm und Mesoderm, dann sortieren sich ebenfalls die einzelnen Zellen aus, aber hierbei umhüllt das Ektoderm das Mesoderm. In diesem Fall ist die Kohäsion der Mesodermzellen am stärksten, die der Ektodermzellen gering,und zwischen beiden Zelltypen ist sie gleichmäßig: so schachteln sich die beiden Aggregate ineinander.

In einem Zellgemisch aus allen drei Keimblättern sammeln sich die Entodermzellen in der Mitte, um sie herum lagern sich die Mesodermzellen, und um diese die Ektodermzellen an. Diese Anordnung entspricht der Situation im lebenden Organismus, und sie deutet auf eine Hierarchie der Kohäsion zwischen den verschiedenen Zelltypen hin.

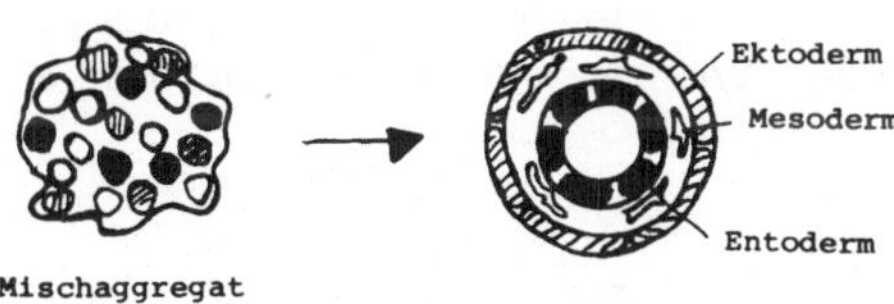

Diese Beobachtungen haben wir durch unterschiedlich starke Kohäsion der Zellen zueinander gedeutet, ganz gleich, ob diese qualitativ, durch spezifische Zelliganden, oder quantitativ durch die Anzahl identischer Aggregationsfaktoren zustande kommt.

Dennoch könnte es sich bei diesem Aussortieren um ein Artefakt handeln, das durch die in vitro Bedingungen hervorgerufen wird, denn die Gewebe mußten ja zuvor in einzelne Zellen zerlegt werden, wobei vielleicht deren Oberflächen verletzt worden sind.

Es könnte sein, daß solche Zellen, die ihre Defekte schnell reparieren, zuerst aggregieren und so in die Mitte des Aggregats zu liegen kommen. In der Tat kann man beobachten, daß Entodermzellen, denen man einige Stunden Zeit ließ, ihre Oberflächen auszuheilen, sich - entgegengesetzt der oben geschilderten Weise - so aussortieren, daß sie nun ihrerseits die frisch isolierten Ektodermzellen umhüllen. Damit wird deutlich, daß die Aussortierung auch nach einem Innen-außen-Konzept erfolgen könnte, indem intakte Zellen innerhalb eines Aggregates nach außen wandern, wo sie eine bessere Versorgung mit Nährstoffen und Sauerstoff erhalten. In diesem Modell spielen spezifische Kohäsionskräfte eine untergeordnete Rolle.

Eine letzte Frage in diesem Zusammenhang richtet sich darauf, ob auch in noch früheren Stadien der Entwicklung, in denen noch kein Schichtenbau erfolgt ist, Aussortierungsprozesse stattfinden, die etwa die Entstehung der Keimblätter selbst bewirken.

Dieses Problem läßt sich in einem Rückblick auf die Entwicklung von *Dictyostelium* gut darstellen: Im Aggregat aus Amöben, das gezielt über das Substrat wandert, bilden sich zwei Zelltypen aus. Der eine, die Stielzelle, wird absterben; der andere, die Sporenzelle, wird überleben. Durch Anfärbung hat man gezeigt, daß das vordere Drittel des Aggregats zu Stielzellen wird. Wie geschieht das? Es gibt zwei Möglichkeiten: Entweder werden die noch gleichartigen Amöben durch einen über das ganze Aggregat verteilten diffusiblen Stoff, durch ein Morphogen (evtl. einen Gradienten von cAMP) mit hoher Konzentration an der Spitze des Aggregats zu Stielzellen determiniert, oder es ist bereits auf einem frühen Aggregationsstadium ein Gemisch aus prospektiven Sporen- und Stielzellen vorhanden, die sich später aussortieren und dabei vorne bzw. hinten im Aggregat sich ansammeln. Welche dieser Alternativen zutrifft, ist experimentell noch nicht geklärt. Wir werden auf dieses Beispiel noch bei der Morphogenese von Geweben und Organen in der tierischen Entwicklung zu sprechen kommen, denn tierische Zellen sind sehr beweglich, und eine einzelne, teilungsfähige Zelle kann nach ihrer Wanderung zu einem bestimmten Ort im Organismus das Entstehen von Geweben mitverursachen. Besonders deutlich wird dies bei gestörtem Zellverhalten, etwa bei der Verbreitung von Krebszellen (Metastasen).

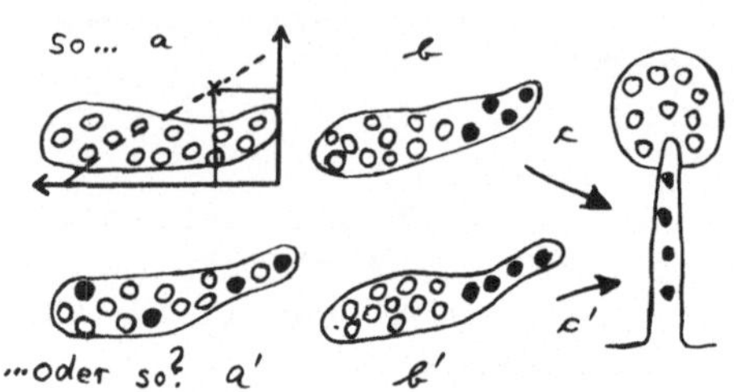

Musterbildung bei Dictyostelium

4.3.7 Zellbewegungen

Bisher haben wir den Eigenbewegungen der Zelle wenig Aufmerksamkeit geschenkt. Wir haben sie durch Rotation der Zellsuspension blockiert oder auf Wanderungen über andere Zellen hinweg beschränkt. Bewegen sich Zellen über ein Substrat, so flachen sie sich stark ab und zeigen damit eine intensive Adhäsion an. Die Richtung der Bewegung läßt sich steuern durch die Strukturierung des Substrates; so folgt ein Fibroblast der Orientierung von Kollagenfibrillen, die man auf dem Boden des Kulturgefäßes angebracht hat. Dabei werden in der Bewegungsrichtung entweder dünne Filopodien oder eine breite Frontlamelle ausgestreckt und wieder eingezogen, oder aber am Boden angeheftet. Dabei zeigen sich von oben gesehen undulierende Bewegungen der Frontlamelle (ruffle-membrane): die Zelle "schnüffelt". Wenn die Spitze des Filopodiums an das Substrat anstößt, kommt es über eine Konzentrierung und Vernetzung von Membranrezeptoren in der hochflüssigen Membran zu einer Anheftung. Danach kontrahieren sich die Filopodien und die Zelle wird ein Stück vorwärtsgezogen. Anders als beim Druckflußmechanismus der Amöben und von *Physarum* erklärt sich die Motilität der meisten Gewebezellen durch einen Zugmechanismus, wobei sich die Zelle zuvor, wie ein Regenwurm mit seinen Borsten, mit dem Vorderende festhält. Entsprechend beobachtet man in dieser Phase Actinfilamente in den Filopodien. Am Zellhinterende kommt es trotz der hohen Adhäsion zur lokalen Ablösung der Zelle, indem im Zuge eines gesteuerten Membranflusses die Oberflächenbereiche, deren Membranrezeptoren zuvor vernetzt waren, in das Zellinnere aufgenommen werden.

Wenn eine Zelle mit ihren Filopodien eine andere berührt, hört sie auf zu "schnüffeln" und streckt kurze Zeit danach an der entgegengesetzten Seite neue Filamente aus. Liegen die Zellen so dicht aneinander, daß sie sich ständig berühren, hören sie mit ihrer Bewegung auf; sie sind kontakt-inhibiert. Diese Beobachtung, zunächst auf in vitro Kulturen beschränkt, hat sich an einem günstigen Objekt auch in vivo bestätigen lassen. Viele Gewebe des Auges sind durchsichtig, und zwischen der Linse und dem Epithel der Cornea gibt es ein lockeres Mesenchymgewebe, in dem einzelne Fibroblasten herumkriechen. Obwohl sie nicht so stark abgeflacht sind wie die Fibroblasten in vitro, zeigen sie die gleichen Bewegungsphänomene und auch Kontaktinhibition. Dieses Verhalten läßt sich auf zwei Weisen deuten. Zum einen könnte die Adhäsion an der Unterlage stärker sein als die Kohäsion zwischen den gleichartigen Zellen, deshalb kriechen die Zellen nicht übereinander und häufen sich nicht an. Zum anderen könnte durch den Kontakt der Filopodien mit einer Zelloberfläche der Bewegungsmotor selbst abgestellt werden. Eine recht sinnvolle Konsequenz wäre, daß Zellen in einem Verband aufgrund ihrer gegenseitigen Kontaktinhibition ihre Position beibehalten müssen. Auch hierin zeigen manche Krebszellen ein abartiges Verhalten. Während gesunde Zellen sich nur zu einer einzigen Zellschicht, einem "monolayer", ausbreiten, können Krebszellen sich übereinandertürmen. Das könnte zu der Vermutung führen, daß Krebszellen, weil sie beweglicher sind, im Organismus zwischen andere Zellen einwandern und sich so im Körper ausbreiten. Es hat sich aber gezeigt, daß dieses Auftürmen nicht auf die Zellmobilität zurückgeführt werden muß, denn diese Zellen kriechen nicht übereinander, sondern sie verlieren den Kontakt zu ihrem Substrat, während Nachbarzellen sie unterwandern. Damit wäre ihre Kohäsion höher als ihre Adhäsion zum Substrat, was eine Deutung der Ausbreitung der Krebszellen im Organismus eher erschwert.

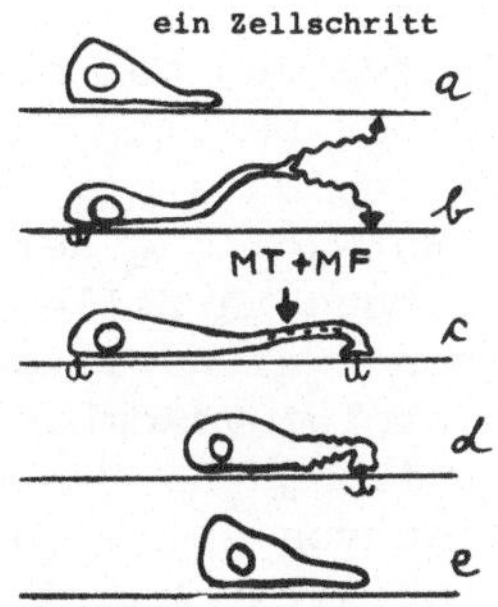

Wie wir schon bei der Selbstaggregation von Molekülen, etwa bei der Bildung der Mikrotubuli aus Tubulin, erkannt haben, ist auch das Zusammenfügen der einzelnen Zellen als Bausteine zu einem Aggregat recht einsichtig. Weniger verstanden ist heute die Orientierung der Zellindividuen, wobei die Motilität, spezifische Liganden, aber auch quantitativ unterschiedliche Kohäsionskräfte, sowie Anordnung dieser Membrankomponenten in einzelnen Domänen zusammenspielen müssen. Wir haben anhand der Membransignalisierungshypothese beobachtet, wie intracelluläre Reaktionen, z.B. Proteinsynthesen oder DNA-Synthese, durch lokale Membrankontakte ausgelöst werden können.

Diese Betrachtung der Entstehung vielzelliger Strukturen ging von dem sozialen Verhalten der hungrigen Amöben von *Dictyostelium* aus, und die meisten der Erkenntnisse wurden an künstlich isolierten Gewebszellen gewonnen.

In wenigstens einem Fall sind Dispersion und Reaggregation einzelner Zellen ein notwendiger Bestandteil bei der normalen Entwicklung eines Wirbeltieres, hier eines Fisches namens *Astrofundulus*. Diese Tiere leben in Wasserlöchern, die oft austrocknen. Ihre Eier entwickeln sich wie sämtliche Embryonen durch Furchungsteilungen, die Furchungszellen bilden einen Hohlraum und liegen über dem Eidotter. Im Inneren liegen ein paar kleine Zellen, aus denen der Embryo entsteht. Diese Zellen vermehren sich zu einem Zellhaufen, der wieder in einzelne Amöben zerfällt, die ausschärmen, um nach einigen Tagen wieder zu reaggregieren. Aus diesem neuen Aggregat bildet sich unmittelbar ein zweischichtiges Gastrulastadium, ganz ähnlich wie beim Schleimpilz der Fruchtkörper. Diese Dispersions- und Reaggregationsbewegungen ersetzen den Gastrulationsprozeß (vermutlich als Anpassung an die ungünstigen Umweltbedingungen), während dem normalerweise die Organisation des Wirbeltierembryos erfolgt. Doch davon später mehr.

Damit ist die Brücke zu einem zentralen Thema aller Entwicklungsbiologen, der Embryogenese, geschlagen.

4.4 Von der Eizelle zur Blastula

Bei der Entwicklung eines Tieres aus der befruchteten Eizelle wirken zwei Tendenzen zusammen, die wir bereits einzeln kennengelernt haben: So die Spezialisierung in Zellen, die nur der Vermehrung oder nur der Ernährung dienen - etwa die Entwicklung der Gonidien in einer *Volvox*-kolonie - und die Spezialisierung in Zellen, in denen es durch eine Zellfusion zur Vereinigung von zwei haploiden Genomen kommt, die bei der darauffolgenden Meiose infolge Rekombination der DNA durch crossing-over eine weitgehende Umverteilung und Neukombination aller Gene erlaubt, die in einer Population von Individuen einer Art vorkommen. Dies ermöglicht eine größere Variabilität und damit eine bessere Adaptation an Umweltbedingungen, d.h. eine höhere Evolutionsgeschwindigkeit.

4.4.1 Herkunft der Eizelle

Die Keimbahntheorie besagt, daß bereits in der Eizelle Bedingungen vorliegen, die schon ganz früh in der Embryonalentwicklung eine Arbeitsteilung ermöglichen: Die Keimzellen für die nächste Generation trennen sich von den Körperzellen, es folgt eine Differenzierung in Keimbahn und Soma. In diesem Fall ist die Eizelle eine "Stammzelle", und ihre Teilung während der Furchung ist asymmetrisch. Eine Tochterzelle produziert Körperzellen, die andere bleibt Stammzelle und teilt sich oft erst dann wieder, wenn im ausdifferenzierten Körper eines Tieres wieder Keimzellen hergestellt werden sollen.

Bei günstigen Objekten ist bereits die erste Teilung der Eier asymmetrisch, und die beiden Tochterzellen unterscheiden sich sehr deutlich voneinander. Dies beobachtet man bei *Ascaris*, dem Pferdespulwurm. Hier kommt noch ein cytogenetischer Effekt hinzu: Die Kerne der somatischen Zellen verlieren eine große Menge an Chromatin (Chromatin-Diminution). Diese cytologische Beobachtung läßt sich auch durch die Analyse der DNA bestätigen. Die Körperzellen enthalten nur ca. 20% der DNA-Menge von Keimzellen. Die verlorenen 80% der DNA sind ausschließlich hochrepetetive Abschnitte, während der Anteil der singulären DNA-Sequenzen, und damit wahrscheinlich der echten Gene, in beiden Zelltypen gleichbleibt.

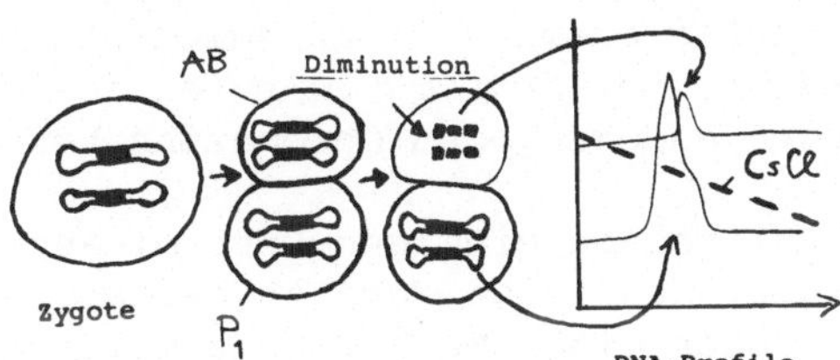

Chromatin -Diminution bei Ascaris

Bei manchen Insekten, z.B. *Wachtliella*, einer Gallmücke, kommt es nach einigen normalen Teilungen der Kerne während der frühen Furchung zum Verlust von 3/4 aller Chromosomen (Chromosomenelimination). Nur in einer Zelle, der Polzelle, die am Eihinterpol entsteht, bleiben alle Chromosomen erhalten. Aus Polzellen entstehen im Insektenembryo die Keimzellen. Am Eihinterende liegen cytoplasmatische Körperchen, die Polgranula, und wenn man sie durch Abschnüren des Eipols entfernt, dann werden auch in den Polzellen die Chromosomen eliminiert. Auch solche Polzellen gelangen während der Entwicklung in die Keimdrüsen (die Gonaden) und es können daraus noch Spermien werden, nicht aber Eizellen. Es besteht also ein Zusammenhang zwischen spezifischen cytoplasmatischen Partikeln und der Entstehung von Eizellen. In diesen beiden Beispielen enthalten nur solche Zellen, aus denen Eizellen entstehen, ein komplettes Genom.

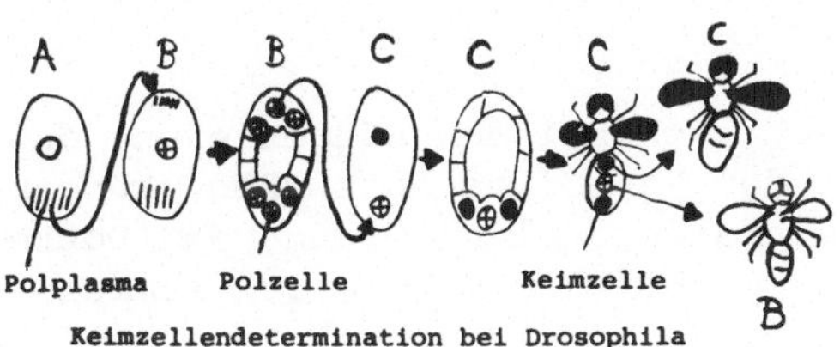

Keimzellendetermination bei Drosophila

In einer Serie von Transplantationsexperimenten an der Taufliege *Drosophila* läßt sich durch Verwendung von drei genetisch markierten Stämmen A, B und C nachweisen, daß ein Zellkern, der in das Polplasma gelangt, damit zur künftigen Eizelle wird. Hierzu hat man das Polplasma vom Hinterpol eines Eies der Fliege vom Stamm A in den Vorderpol eines Eies der Fliege B injiziert. Während der Furchung des Eies B bilden sich nun Polzellen an beiden Eipolen aus. Da aus den Zellen am Vorderpol nicht der Embryo entsteht, sondern nur eine kurzlebige extraembryonale Hülle, würde sie normalerweise zugrunde gehen. Deshalb werden die Polzellen vom Vorderpol des Eies B an den Hinterpol des Eies C transplantiert. Dort befinden sich nun Polzellen mit dem Genom C neben solchen mit dem Genom B, letztere mit den Polgranula der Eizelle vom Stamm A. Unter den Nachkommen dieser Fliege, die aus der Eizelle C entsteht, fanden sich eindeutig Fliegen mit dem Genom B. Damit ist erwiesen, daß Keimzellen durch cytoplasmatische Faktoren determiniert werden, und wir können feststellen, daß Eizellen an bestimmten Stellen cytoplasmatische Strukturen enthalten, die als Determinanten der künftigen Eizellen fungieren. Die Polgranula enthalten Nucleinsäuren in noch ungeklärter chemischer Zusammensetzung, und ihre Wirkungsweise ist unbekannt; bei *Drosophila* rufen sie jedenfalls keine morphologisch sichtbare Änderung des Chromatins hervor.

Ob die Polgranula wirklich die einzigen Determinanten einer Eizelle sind, ist nicht geklärt, denn eine Mutante bei *Drosophila*, bei der die Nachkommen der Töchter eines Weibchens steril sind, also keine Enkel entstehen (grandchildless), besitzt in den Eizellen dennoch Polgranula, wenn auch etwas weniger als der Wildtyp.

Es könnte sein, daß am Eihinterpol zu bestimmter Zeit der Frühentwicklung autonom eine Reaktion abläuft, die einen Furchungskern so determiniert, daß eine Polzelle später zur Eizelle wird. Wenn er zu spät kommt, entsteht immer noch eine Polzelle, aber nicht mehr eine Eizelle. In diesem Fall würde Determination eine "zufällige" Begegnung zwischen Kern und Polplasma bedeuten.

Polgranula finden sich auch bei den Wirbeltieren, z.B. in Froscheiern, und die Keimzellen werden auch hier nicht an der Stelle gebildet, wo die Gonaden sich ausdifferenzieren. Daher ist es möglich, die Keimzellen aus einem Froschembryo herauszunehmen und durch die einer verwandten Art zu ersetzen. Da alle Nachkommen dieses Embryos der Art der implantierten Keimzellen angehören, beweisen die Versuche, daß die Gonaden, z.B. während der Oogenese, keinerlei genetische Information zur Entwicklung der Eizellen beisteuern. Außerdem können keine Eizellen gleichsam ersatzweise aus anderen embryonalen Geweben entstehen, jedenfalls bei Wirbeltieren.

Schließlich zeigt sich auch bei den Säugetieren, daß die Keimzellen nicht unmittelbar in der Keimdrüse entstehen, sondern über weite Strecken aus einem extraembyonalen Organ, dem Dottersack, in die Gonaden einwandern. Die weiblichen Keimzellen sammeln sich an der Peripherie der Gonade an, und dann entwickelt sich ein Ovar.

Die männlichen Keimzellen besitzen ein Protein auf ihrer Membran, das von einem Gen des Y-Chromosoms codiert wird und das die Differenzierung der Gonaden zu Hoden steuert und damit den Embryo als männlich determiniert, das HY-Protein.

Während sämtliche tierische Beispiele in Übereinstimmung mit der Keimbahntheorie die frühe Spezialisierung der Keimbahn verdeutlichen, bleibt zu erwähnen, daß höhere Pflanzen eine andere Strategie verfolgt haben: Sie nehmen zuerst eine Differenzierung in Wurzel und Sproß vor, während die Entwicklung der Blüten mit männlichen und weiblichen Keimzellen erst viel später und mehrfach nacheinander eingeleitet werden kann.

4.4.2 Oogenese

Bereits im Embryo proliferieren die weiblichen Keimzellen in den Ovarien. So vermehren sich beim Menschen die Tausend aus dem Dottersack eingewanderten Oogonien bis zur Geburt auf 7 Millionen. Dann nimmt ihre Zahl bis zur Pubertät auf ca. 1/2 Million ab. Von diesen reifen monatlich 10-50 Eizellen heran, maximal ca. 500 Stück im Leben einer Frau, aber nur eine wird jeweils reif und springt aus ihrem Follikel. Wie beim Menschen ist auch bei Vögeln die Zahl der Oogonien mit der Geburt festgelegt, während die Oogonien, z.B. bei Fischen und Amphibien, auch im ausgewachsenen Tier teilungsfähig bleiben.

Während der Oogenese geschieht das Wachstum und die Differenzierung der Eizellen, noch ehe die Reifungsteilungen vollständig ablaufen. Im Gegensatz dazu läuft bei der Spermatogenese zuerst die Meiose ab, dann differenzieren sich die jeweils vier Tochterzellen zu Spermien.

Die Oogonien verharren über lange Zeit - beim Menschen bis zu 50 Jahre - in einer Phase des Zellcyclus, die bei einem normalen proliferativen Zellcyclus sehr kurz ist: in der Prophase.

Zu dieser Zeit ist die DNA bereits verdoppelt (DNA-Gehalt 4C), und das Chromatin beginnt sich zu den Chromosomen zu kondensieren. Die meiotische Prophase läßt sich in drei Abschnitte einteilen: Im ersten lagern sich die homologen Chromosomen paarweise zusammen (Zygotän) und es entstehen, da jedes Chromosom 4 mal vorhanden ist, sog. Tetraden. Außerdem beobachtet man den kompakten DNA-Körper, von dem weiter unten noch die Rede sein wird.

In der nächsten Phase (Pachytän) geschieht das crossing-over, d.h. die DNA-Rekombination innerhalb der homologen Chromosomen. In der dritten Phase (Diplotän) lassen sich die Lampenbürstenchromosomen erkennen und die Chiasmata, das cytologische Merkmal der Orte von crossing-over, sowie multiple Nucleolen. In dieser Phase ist der Eikern zum Keimbläschen angeschwollen, und die Eizelle vergößert sich durch Synthese von Cytoplasma und die Einlagerung von Dottersubstanzen bis auf das 10^6fache ihres Volumens.

Wenn das Wachstum abgeschlossen ist, wird die Eireifung eingeleitet, indem das Keimbläschen aufplatzt, und die Chromosomentetraden sich verkürzen und in der Metaphaseplatte anordnen. Jetzt kann ein Ruhestadium eintreten (bei vielen Wirbellosen) oder die erste Reifeteilung ablaufen (bei vielen Wirbeltieren), auf die sofort die zweite Metaphase folgt; es fallen also die G_1- und die S-Phase völlig aus. Bei manchen Eiern läuft auch die zweite Reifungsteilung vollständig ab, ehe die Eizelle zur Besamung bereit ist. Im weiblichen Geschlecht sind die meiotischen Teilungen extrem asymmetrisch, so daß eine große reife Eizelle und meist drei Polkörperchen entstehen. Jedes der vier Teilungsprodukte enthält ein haploides Genom von unterschiedlicher Genzusammensetzung, in dem väterliche und mütterliche Gene durch crossing-over und den zufälligen Verteilungsmechanismus der Chromosomen, d.h. auf zweifache Weise, rekombiniert worden sind.

Die Vermehrung des Cytoplasmas der Eizelle geschieht in den meisten Fällen durch intensive Synthese der Eizelle selbst, manchmal auch durch Nährzellen.

Im ersten Fall lassen sich im großen Keimbläschen viele Nucleolen beobachten, beim Frosch *Xenopus* bis zu 1500 Stück. In den Körperzellen des gleichen Tieres kommen nur ein oder zwei Nucleolen vor, an denen die ribosomalen Gene (ca. 500 pro haploides Genom) ribosomale RNA synthetisieren. Die zusätzlichen Nucleolen produzieren ebenfalls intensiv rRNA, wie aus EM-Spreitungsbildern unmittelbar zu erkennen ist. Außerdem zeigt sich, daß die ribosomalen Gene in Form von DNA-Ringen angeordnet sind, die meist tandemartig 1, 2, 3, 4...n mal ribosomale Gene enthalten. Daraus ersieht man, daß hier die selektive Vermehrung eines Gens stattgefunden haben muß, eine Genamplifikation. Diese Gene liegen außerhalb der Chromosomen im Keimbläschen. Sie entstammen dem DNA-Körper aus einem früheren Stadium der meiotischen Prophase (s. oben).

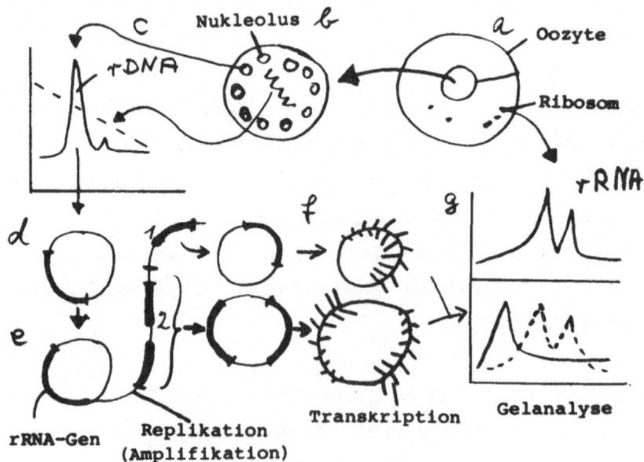

Die Replikation der rDNA folgt dem Prinzip der "rollenden Ringe" und damit einem anderen Replikationsverfahren als die chromosomale DNA. Da die chromosomalen rDNA-Gene unterschiedlich große Lücken (Spacer) zwischen zwei aufeinanderfolgenden DNA-Abschnitten besitzen, die nicht in rRNA übersetzt werden, die amplifizierten Gene aber Spacer einheitlicher Länge aufweisen, resultieren letztere vermutlich aus der Vermehrung eines einzigen rDNA-Gens während der Oogenese. Die entscheidende Frage, ob dieses eine Gen der großen Zahl der chromosomalen rDNA-Gene angehört oder ob rDNA-Ringe als Episomen von einer Eizelle auf die Eizellen der nächsten Generation, d.h. innerhalb der Keimbahn, übertragen werden, ist noch ungeklärt.

Für die Oogenese des Frosches und vieler anderer Tiere ist diese Genamplifikation wesentlich, da sonst die chromosomalen Gene (ca. 2000, da im Lampenbürstenstadium 4C-Gehalt an DNA vorliegt) ca. 250 Jahre benötigen würden, um die rRNA für die 10^{12} Ribosomen zu produzieren, die in einer reifen Eizelle des Frosches enthalten sind. Aufgrund der amplifizierten ribosomalen Gene gelingt dies in ca. einem halben Jahr.

Allerdings enthält jedes Ribosom noch ein weiteres RNA-Molekül, die 5S-RNA. Ihre Genmatrizen werden nicht amplifiziert, aber von ihnen gibt es sehr viele. Im haploiden Genom von *Xenopus* sind es ca. 25.000, und sie fangen einige Wochen früher als die Nucleolen mit der RNA-Synthese an. Außerdem enthalten die Ribosomen viele Proteine. Auch sie scheinen ohne eine Amplifikation ihrer Strukturgene in ausreichender Menge während der Oogenese produziert zu werden.

Bei *Xenopus* hat die Analyse einer Mutante, die selbst keine Nucleolen besitzt und keine rRNA synthetisieren kann, gezeigt, daß die vom mütterlichen Genom bereitgestellten Ribosomen der Eizelle ausreichen, um die Embryonalentwicklung für 4 Tage aufrechtzuerhalten, so daß am Ende eine Kaulquappe vorliegt, die aus etwa 5×10^5 Zellen besteht. Da die Meiose erst nach der Eireifung abläuft, hat eine reife Eizelle ohne Nucleolen, d.h. ohne rDNA (Konstitution -), die durch ein Spermium von der gleichen Mangelmutante besamt wird und damit homozygot geworden ist (Konstitution -/-), während der Oogenese genügend Ribosomen erhalten, wenn sie in einem Weibchen von der Konstitution (+/-) entstanden ist. Dieser Vorrat ist sogar größer als nötig, denn bereits ab 8 h nach der Befruchtung, während der Gastrulation, produzieren die Embryonen selbst Ribosomen; aber davon "weiß" die Eizelle sozusagen noch nichts.

4.4.2.1 Lampenbürstenchromosomen

Lampenbürstenchromosomen sind ein charakteristisches Merkmal der Keimzellen. Sie kommen bei fast allen Tieren vor und auch im Primärkern der schon oft erwähnten Alge *Acetabularia*. Sie sind, wenn man sie streckt, bis zu 1 mm lang, und da sich das Chromatin während der prämeiotischen S-Phase bereits verdoppelt hat, ist jedes Lampenbürstenchromosom bereits ein Bivalent aus zwei dicht nebeneinanderliegenden Tochterchromatiden, die ihrerseits mit den homologen Tochterchromatiden zu einer Tetrade gepaart sind. Jede univalente Chromatide besteht aus einem langen Chromatinfaden, d.h. einem einzigen DNA-Molekül, das unterschiedlich stark aufgeknäult ist. So entstehen globuläre Abschnitte, die Chromomeren, die untereinander verbunden den Achsenfaden bilden, etwa den Perlen auf einer Kette vergleichbar. Aus einzelnen Chromomeren hängt seitlich eine Chromatinschleife heraus, die diesen Chromosomen das Aussehen einer Lampenbürste geben, wie man sie früher zum Reinigen von Petroleumlampen benutzt hat. Besonders große

Schleifen (im Mittel 50 µm lang) besitzt der Molch *Triturus*, bei dem man 10.000 Schleifen pro haploidem Genom gezählt hat. Da die Chromatiden nebeneinander liegen, findet man exakt gleich viele Schleifen einander gegenüber. Gelegentlich treten Weibchen auf, bei denen an einer Schleife eine der sonst paarweise gegenüberliegenden Schleifen fehlt. Dies findet man dann in sämtlichen Eizellen des Individuums und auch bei 25% seiner Nachkommen, was der Verteilung eines Mendelfaktors, d.h. eines Gens, entsprechen würde. Aus diesen Beobachtungen kann man drei wichtige Schlüsse ziehen: Schleifen entsprechen offenbar Genorten, Eizellen stammen von einer Keimzelle ab, und ob eine bestimmte Schleife ausgespult wird oder nicht, hängt nicht von Faktoren im Ei oder im Karyoplasma ab, sondern direkt von der DNA-Zusammensetzung.

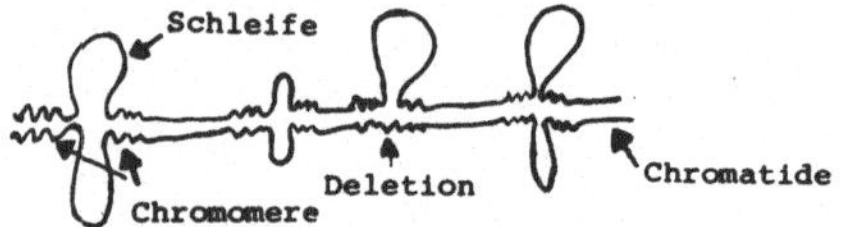

Lampenbürstenchromosom

Anhand der verschiedenen Schleifenformen und Anordnungen lassen sich wie bei den Riesenchromosomen "Genkarten" für jedes Chromosom aufstellen. Aber allein die Größe der Schleife verdeutlicht, daß ihre DNA für ein einziges Gen viel zu lang ist. Außerdem besteht ein Zusammenhang zwischen der Zahl der Chromosomen, bzw. der Größe der Schleifen, und dem Gehalt an repetitiven DNA-Sequenzen. So hat *Triturus* mit 90% repetitiver DNA mehr Chromomeren und größere Schleifen als *Xenopus*, der nur 50% repetitive DNA besitzt. Auch der Anteil der DNA, der in den Schleifen ausgespult ist, variiert bei verschiedenen Organismen zwischen 5% und 95%. Diese deutlichen artspezifischen Besonderheiten lassen z.Zt. eine umfassende Erklärung der Chromatinstruktur von Lampenbürstenchromosomen nicht zu, sie sind aber vorzügliche Ansatzpunkte, um unter Anwendung der modernen DNA-Technologien den Aufbau und das Funktionieren eines Gens in Eukaryontenzellen verstehen zu lernen.

Die chemische Zusammensetzung der Lampenbürstenchromosomen ist ganz anders als die des Chromatins von Körperzellen. Bezogen auf die DNA-Menge enthalten sie 500 mal mehr Protein und 100 mal mehr RNA als das typische Chromatin. Dieser Befund, zusammen mit dem enormen Wachstum der Eizelle, legt nahe, daß Lampenbürstenchromosomen sehr aktiv sind. Ihre Aktivität zeigt sich im Autoradiogramm und in EM-Spreitungen an den Schleifen: Hier wird RNA synthetisiert, indem ein Molekül RNA-Polymerase nahe dem Chromomer ansetzt, um die ganze Schleife herumwandert und die gesamte DNA in RNA überschreibt. Da viele RNA-Polymerasemoleküle in Abständen von jeweils 100 Nucleotidpaaren dicht aufeinanderfolgen, entsteht die charakteristische Weihnachtsbaumstruktur, die von den ribosomalen Genen her bekannt ist. Letztere produzieren intensiv rRNA, weil die RNA-Polymerase A mit großer Häufigkeit am Anfang des rDNA-Gens initiiert und entsprechend oft ein fertiges Prä-rRNA-Molekül an der Terminationsstelle freisetzt. Wenn man diese Befunde auf die

Lampenbürstenschleifen überträgt, kann man auch hier auf eine hohe Syntheserate schließen.

Es ist jedoch nicht sicher, ob die RNA sofort nach ihrer Synthese von den Schleifen abfällt, oder ob sie dort gespeichert wird, etwa wie die Autos auf der Autobahn an sonnigen Wochenenden dicht hintereinander in einem Stau "parken". Dafür spricht, daß die Akkumulation der RNA im Cytoplasma viel geringer ist, als es die dichte Packung der Polymerasemoleküle vermuten läßt. Allerdings ist es wahrscheinlicher, daß auch die Lampenbürstenschleifen intensiv RNA synthetisieren, die dann im Zellkern, wie allgemein die hnRNA, zum größten Teil wieder abgebaut wird.

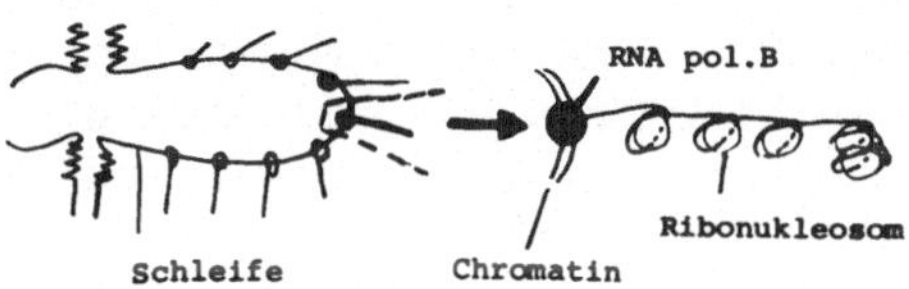

Im Hochspannungs-EM sieht man, daß die RNA an den Lampenbürstenschleifen nicht wie ein Faden heraushängt, sondern die Form einer Perlenkette hat, die an ihren freien Enden verdickt ist. Aggregate dieser Perlen (von 30 nm Durchmesser) sind auch frei im Kern zu finden, also abgelöst vom Syntheseort. Da diese Perlenketten ebenso gut mit DNA hybridisieren, wie die aus ihnen isolierte RNA, kann man annehmen, daß die RNA, wie die DNA in den Nukleosomen des Chromatins, um Proteinkügelchen gewunden ist. Entsprechend wurde hierfür die Bezeichnung "Ribonucleosom" vorgeschlagen. Diese Perlen haben eine ungewöhnliche Zusammensetzung. Sie bestehen zu 97% aus Protein und zu 3% aus RNA. Es sind also Ribonucleoproteinpartikel (RNP), die sich aufgrund ihrer spezifischen Dichte sauber isolieren lassen. Die in ihnen enthaltenen Proteine sind ein heterogenes Gemisch, und Antikörper reagieren gegen sie mit den meisten Schleifen unspezifisch.

Eine interessante Ausnahme bildet ein spezifisches RNA-Molekül, die 5S-RNA, von der wir schon wissen, daß für sie sehr viele Gene existieren. Es wird in RNP-Partikeln von 42S gespeichert, bis an den amplifizierten rDNA-Ringen genug rRNA produziert wird, um die Ribosomen der Eizelle aufzubauen. Diese Partikel enthalten nur ein einziges Protein, dessen fluoreszierender Antikörper nur je eine Schleife an den Chromosomen eins und elf spezifisch aufleuchten läßt und dadurch den Ort der 5S-rRNA-Synthese anzeigt.

Es gibt erst ein einziges Beispiel dafür, daß innerhalb einer Schleife ein Gen enthalten ist, und das zugleich eine gelungene Anwendung der Gentechnologie zeigt. Durch Restriktionsenzyme wurde ein Stück DNA von 6000 Basenpaaren Länge aus dem Genom des Seeigels herausgeschnitten, als ein kompletter Satz der fünf Histongene identifiziert und in Plasmiden kloniert, d.h. in großer Menge innerhalb von Bakterien vermehrt. Ein Präparat dieses Genklons wurde in vitro hoch radioaktiv markiert und dann in seine Einzelstränge denaturiert. Histongene sind konservativ, und ihre Ähnlichkeit, z.B. zwischen Seeigel und Frosch, erlaubt eine weitgehende DNA-DNA-Reassoziierung der Histon-DNA der beiden Arten. In dem entscheidenden in situ DNA-RNA-Hybridisierungsexperiment wird die denaturierte Histon-DNA vom Seeigel mit den Lampenbürstenchromosomen des Frosches inkubiert, und sie bindet an den Ort, an dem gerade mRNA für Histon synthetisiert wird. Als Ergebnis wird im Autoradiogramm spezifische Hybridisierung an einer Schleife des Chromosoms 1 beobachtet. Die Feinanalyse zeigt, daß im Gegensatz zu der Bindung von Proteinantikörpern der RNP-Ketten, die Histon-mRNA nur mit einem Teil dieser Schleife hybridisiert, in diesem Fall weder mit dem Anfang noch mit dem Ende. Eine einleuchtende Hypothese besagt, daß die Histon-mRNA-Sequenz bereits aus dem RNA-Molekül herausgeschnitten wird, ehe die RNA-Polymerase die Terminationsstelle der Transkription erreicht hat, d.h. das processing dieser mRNA geschieht bereits während der RNA-Transkription. An diesem einen spezifischen Gen hat man beim Frosch vier weitere wichtige Beobachtungen gemacht. Histon-mRNA enthält, im Gegensatz zur RNA aus somatischen Zellen, eine PolyA-Kette. Sie ist in reifen Eizellen in hoher Konzentration enthalten und wird in der frühen Entwicklung in Histonprotein übersetzt, d.h. sie ist ein eindeutiges Beispiel für mütterliche, stabile mRNA innerhalb eines cytoplasmatischen RNP-Partikels, eines Informosoms. Sie wird auch in der Oogenese selbst zu Histonprotein übersetzt und stellt einen mütterlichen Histonvorrat für die DNA dar, die sich in der frühen Entwicklung sehr intensiv vermehrt. Schließlich wird Histon-mRNA auch während der Furchung intensiv synthetisiert.

Die Eizelle geht also im Hinblick auf Histone in dreifacher Weise auf Nummer Sicher: Sie speichert Histonprotein, Histon-mRNA und sorgt für die Transkription der Histongene während der Furchung.

Was für diesen Spezialfall gezeigt wurde, ist als allgemeine These der "Vorprogrammierung der Embryogenese in der Oogenese" längst bekannt. Aber worin besteht die Programmierung? Nach der Hypothese der selektiven Regulation der Genaktivität in der selektiven Transkription von Genen; aber nach den Beobachtungen an Histonen ist die Transkription der Histongene offenbar nicht reguliert - oder doch?

Inzwischen hat die Feinanalyse beim Seeigel gezeigt, daß nicht alle Histongene gleich sind, und daß innerhalb der Embryonalentwicklung nacheinander verschiedene Histonproteine auftauchen. Dies deutet auf Genregulation hin. Um die Regulation der Histongene beim Frosch verstehen zu können, müssen wir abwarten, wie ein kloniertes Froschhistongen mit den Schleifen der Lampenbürstenchromosomen reagieren wird.

4.4.2.2 Heterogene Kern-RNA

Ungleich komplizierter liegen die Dinge für die heterogene Kern-RNA (hnRNA), in der man noch weit wichtigere Informationen für den Embryo vermutet.

Die RNA, die an Lampenbürstenchromosomen hergestellt wird, kann so lang sein wie eine ganze Schleife und damit 10^5 Nucleotide besitzen. Dies wäre lang genug, um für 100 verschiedene Proteine zu codieren, falls die DNA in den Schleifen nur singuläre DNA-Sequenzen enthielte. Aber sie weist viele repetitive Sequenzen auf, die in RNA transkribiert und in der Eizelle akkumuliert werden, so daß 50 mal mehr RNA von repetitiven als von singulären DNA-Abschnitten stammt.

Dennoch sind bis zu 10% der transkribierten DNA singuläre Sequenzen. Damit besitzt die entstandene RNA eine enorme Vielfalt, denn 10% der single copy-DNA - ganz gleich, ob an den langen Schleifen von *Triturus* oder an den kurzen von *Xenopus* transkribiert - bedeuten eine Sequenzkomplexität von 10^9 Nucleotiden. Das sind mehr als in spezialisierten Gewebszellen (vielleicht mit Ausnahme der Gehirnzellen) je in einem Zellkern vorkommen. Von dieser RNA gelangt aber nur ein Bruchteil in das Cytoplasma, sowohl bezüglich der Menge als auch der qualitativen Zusammensetzung. Nur 5×10^7 Nucleotide findet man als PolyA-RNA wieder, und auch unter den RNA-Fraktionen ohne PolyA-Schwanz gibt es keine zusätzlichen Sequenzen. Die meiste RNA der Lampenbürstenchromosomen erscheint also nicht im Oocytenplasma, sie ist nicht stabil.

Mit ihrer mittleren Länge von 2000 Nucleotiden, die der Größe einer typischen mRNA entspricht, hat die PolyA-RNA des Cytoplasmas im Ei mit 5×10^7 Nucleotiden etwa die gleiche Komplexität wie in einer differenzierten Gewebezelle. Sie könnte 50.000 Gene codieren. Im Unterschied zu Körperzellen, in denen die PolyA-RNA in drei Klassen auftritt, je nachdem ob eine bestimmte mRNA selten, häufig oder sehr häufig vorkommt (in ca. 5, 500 oder 5000 Kopien), sind alle PolyA-Sequenzen, obwohl sie in der Froschoocyte nur 1 Promille des RNA-Gehalts ausmachen, viel häufiger vorhanden, nämlich 5×10^5 bis 20×10^6 mal.

Diese PolyA-RNA im Cytoplasma wird auch nach der Lampenbürstenphase noch intensiv synthetisiert, wodurch sie diejenige ersetzt, die an den Lampenbürstenchromosomen hergestellt wurde, ins Cytoplasma gelangte und danach verarbeitet oder abgebaut wurde. Noch wichtiger scheint, daß die gleichen RNA-Sequenzen schon vor dem Lampenbürstenstadium in den Oocyten vorkommen. Diese werden dann von der Lampenbürsten-RNA ersetzt. Damit bestehen zwischen den mRNA-Populationen im Eiplasma und in den aktiven Lampenbürstenchromosomen keine deutlichen Beziehungen.

Zum gleichen Ergebnis führen die Analysen der PolyA-RNA-Zusammensetzung, wenn man ihre Fähigkeit zur Synthese von spezifischen Proteinen in vitro testet. Hier ist die Syntheseaktivität von ca. 400 Proteinen vor, während und nach dem Lampenbürstenstadium völlig gleich. Dagegen zeigt sich, daß in der Eizelle eine Auswahl unter den mRNA-Molekülen getroffen wird; denn in vivo synthetisierte Proteine zeigen in den drei Stadien der Oogenese ganz verschiedene Muster. Hieraus erkennt man, daß der Translationskontrolle eine große Bedeutung bei der Expression der Gene in der Oogenese zukommt, eine größere als die der Transkriptionskontrolle, d.h. die Programmierung der Eizelle vollzieht sich "epigenetisch". Die meisten der Oocytenproteine kommen auch in ganz anderen Geweben vor, es sind wahrscheinlich Haushaltsproteine. Aber vier dieser Proteine, ca. 1%, findet man nur in den Keimzellen. Die heutigen Methoden der DNA-RNA-Hybridisierung sind auch nach der Einführung der cDNA-Technik nicht empfindlich genug, um die Transkriptionsaktivität einiger 100 Gene unter den 50.000 verschiedenen zu erkennen. Daher ist es wichtig, umgekehrt anhand eines bestimmten einzelnen Gens zu fragen, ob es überhaupt Sequenzen gibt, die während der Oogenese nicht transkribiert werden. Dies ist möglich geworden durch die Identifizierung der mRNA für Hämoglobin, das zugleich ein spezifisches Merkmal für eine hochspezialisierte Zelle ist, nämlich für den Erythrocyten. Mittels Reversetranskriptase läßt sich eine hochmarkierte DNA-Kopie dieser mRNA-Sequenz herstellen. Die Reassoziationskinetik dieser cDNA mit der DNA aus Keimzellen und mit DNA aus Erythrocyten läßt erkennen, daß das Globingen in beiden Zelltypen zur singulären DNA gehört, also im spezialisierten Gewebe nicht erheblich amplifiziert wird. In unserem Zusammenhang ist wichtig, daß die cDNA auch vollständig mit der PolyA-RNA aus der Eizelle des Frosches hybridisiert. Es finden sich 2 x 10^5 Globinsequenzen in der Eizelle. Dies wäre ein weiteres Indiz für unregulierte Transkription in der Oogenese.

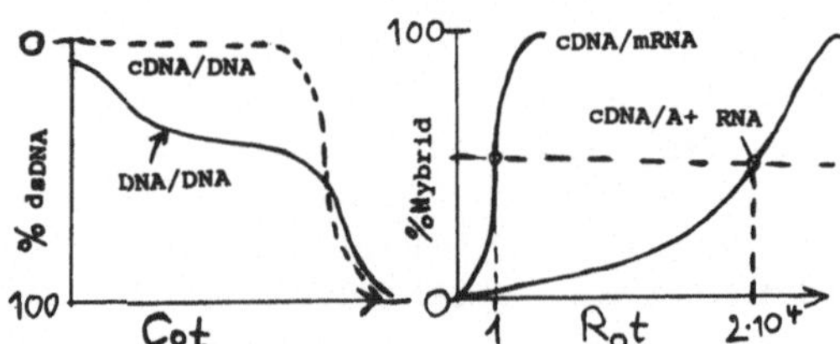

Aber als endgültiger Beweis kann dieser Befund aus zwei Gründen nicht gelten: Zum einen würde eine Verunreinigung der Präparation der Eizellen mit nur fünf Erythrocyten pro Eizelle das gleiche Ergebnis vortäuschen. Aber selbst wenn keine Verunreinigung vorliegt, zeigt die Hybridisierung der Globin-mRNA-Sequenzen, die durch Splicing aus verschiedenen Bereichen eines Vorläufermoleküls entstanden sind, daß ihre Sequenzen in der Ei-RNA zwar enthalten sind, aber nicht zur gleichen Gesamtsequenz wie Globin zusammengespleißt sein müßten. Über Kreuz hybridisierende Abschnitte könnten wahllos über die gesamte DNA verteilt sein und in der Oogenese transkribiert werden.

4.4.2.3 Repetitive RNA

Wenn auch die Frage nach der Transkriptionsregulation in der Oogenese völlig offen ist, so zeigt die repetitive RNA eine deutliche Korrelation zum Entwicklungsstadium der Lampenbürstenchromosomen. Diese synthetisieren eine große Menge von repetitiven RNA-Sequenzen, und selbst wenn man keine besondere Stabilisierung gegenüber der übrigen RNA annimmt, muß es zu einer Akkumulation in der reifen Eizelle kommen. Dort machen sie ca. 2% der Gesamt-RNA aus. Im Kern liegen diese repetitiven Abschnitte, die im Mittel 300 Nucleotide lang sind, in langen RNA-Molekülen eingestreut vor. Im Cytoplasma dagegen kommen sie als eigenständige kurze Moleküle vor, und zwar, ebenso wie die Histon-mRNA, in der Fraktion der Informosomen.

Die Hybridisierung dieser RNA mit repetitiver DNA erreicht mit 10% einen sehr hohen Wert. Allerdings sind die Familien der repetitiven Sequenzen einander so ähnlich, daß die RNA-Sequenzen, die in vivo transkribiert wurden, bei der Hybridisierung in vitro mit 100 verschiedenen Familienmitgliedern der repetitiven DNA-Abschnitte reagieren können. Genetische Komplexitätsbestimmungen ergeben einen viel geringeren Wert von nur 10^4 Nucleotiden für diese repetitive DNA, wobei 1/3 dieser Komplexität auf Kosten der Histongene geht, die ja repetitiv sind. Da die RNA-Abschnitte im Mittel 300 Nucleotide lang sind, verbleiben noch 20 verschiedene Sorten von hochrepetitiver RNA. Sie ist also recht einfach zusammengesetzt.

Zwei Beobachtungen unterstützen diese Annahme: Zum einen verursachen diese restlichen RNA-Sorten die intensive RNA-DNA-Hybridisierungsreaktion bei Anwendung der klassischen Filtertechnik, bei der singuläre DNA-Sequenzen gar nicht reagieren können; zum anderen wurde in einem in situ Hybridisierungsexperiment gezeigt, daß eine Subfraktion repetitiver DNA nur mit der RNA einer einzigen Schleife des Lampenbürstenchromosoms Nr. 1 hybridisiert. Insgesamt gilt, daß diese RNA, ebenso wie die Histon-mRNA, stabil ist und mengenmäßig den größten Teil der mütterlichen mRNA ausmacht, die der Embryo erhält.

Diese repetitive RNA wird aber vermutlich nie in Protein übersetzt, und neue Ergebnisse am Seeigel mit einer klonierten repetitiven DNA-Sequenz haben gezeigt, daß diese RNA von beiden DNA-Strängen, sowohl dem codogenen als auch dem nonsense-Strang, transkribiert sein könnte. Welche Bedeutung hat diese RNA?

Nach einer weitreichenden Hypothese sollen diese RNA-Moleküle als Regulatorsubstanzen bestimmte DNA-Sequenzen erkennen, die jeweils einer großen Zahl von Strukturgenen vorgeschaltet sind und damit die koordinierte Inaktivierung oder Aktivierung einer ganzen Batterie von Genen durch Bindung an die Akzeptorsequenz der DNA zu steuern vermögen. Ihre hohe Konzentration in Eizellen, verursacht durch die intensive Synthese auf dem Lampenbürstenstadium, könnte während der Frühentwicklung in den großen Blastomeren notwendig sein, damit genügend Moleküle vorhanden sind, um die Akzeptorsequenzen im Chromatin abzusättigen.

Obwohl die Beobachtungen an dieser einfach organisierten cytoplasmatischen RNA sich zu einer einleuchtenden Hypothese zusammenfügen, muß klar gesagt werden, daß die Bedeutung der Lampenbürstenchromosomen noch weitgehend unverstanden ist. Als extreme Antithese kann man postulieren, daß die Lampenbürstenschleifen durch die RNA-Fibrillen, in denen ein Vorrat von Nucleotiden - etwa wie Dotter - gespeichert ist, auseinandergehalten werden, um an den Chromomeren für die Meiose wichtige Prozesse, etwa Chromosomenpaarung und DNA-Rekombination, zu ermöglichen. Jedenfalls sind die Lampenbürstenchromosomen wie die Riesenchromosomen spezifische cytologische Strukturen, und aufgrund der Schleifen wie auch der Puffs wurden schon seit langem funktionelle Zusammenhänge erschlossen und in weitreichenden Hypothesen verarbeitet. Jetzt werden auch neue Methoden verfügbar, die es erlauben, diese Hypothesen zu verifizieren oder zu verwerfen.

Bei der molekularbiologischen Diskussion haben wir die DNA in den Lampenbürstenchromosomen selbst nicht oft einbezogen, denn in Froscheiern gibt es von ihr, verglichen mit der übrigen DNA, zu wenig. Allein die amplifizierte rDNA, obwohl sie nur einen Gentyp enthält, ist mit 30 pg fast 3 mal so schwer wie die 12 pg der DNA des Keimbläschens (bei 4C-Gehalt des Genoms). Dazu kommt noch das 100fache an mitochondrialer DNA, was ca. 10^8 Mitochondriengenomen entspricht. Damit erklärt sich zwanglos der hohe DNA-Gehalt der Eizellen, ohne daß man spezifische DNA-Sorten postulieren muß, denn rDNA-Amplifikation und Vermehrung der Mitochondrien im Zuge des Eizellenwachstums erklären diese Situation hinreichend.

Weitere Strukturen werden in der Eizelle während des Eiwachstums hergestellt. Dazu gehören Membranen des endoplasmatischen Reticulums, die von der Kernmembran abgegeben und als Membrandepot in Lamellenstapeln gespeichert werden sowie dem Aufbau der Kernmembranen während der Furchung dienen sollen.

Auch der Golgi-Apparat ist aktiv und schnürt Vesikel ab, die sich zentrifugal zur Eioberfläche hin bewegen. Zu ihnen gehören Corticalgranula von komplizierter Struktur und chemischer Zusammensetzung, die dicht unter der Eimembran verharren, ohne jedoch mit ihr zu verschmelzen.

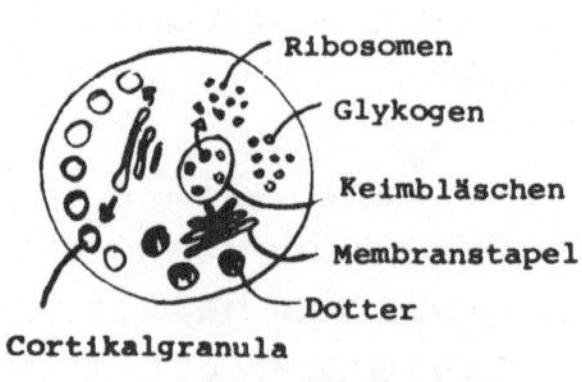

Inhalt einer reifen Oocyte

Schließlich findet sich eine große Menge an Glykogen im Cytoplasma, in Granula von der Größe der Ribosomen gespeichert, wobei deren Zahl noch übertroffen wird.

An spezifischen Enzymen wird während der Oogenese ein Vorrat an DNA- und RNA-Polymerasen angelegt, der, ebenso wie die Histone, für die rasch aufeinanderfolgenden Furchungsteilungen benötigt wird.

4.4.2.4 Nährzellen

Alle bisher geschilderten Dinge geschehen in der Eizelle selbst und unterliegen wahrscheinlich nur der Leitung des Zellkerns. Bei manchen Insekten werden diese Leistungen von Nährzellen (Geschwisterzellen der Oocyte) übernommen, während der Eikern in der Eizelle weitgehend inaktiv bleibt. In diesen Fällen gibt es keine Lampenbürstenchromosomen, obwohl in den Eizellen die Meiose abläuft, und es wird auch keine rDNA-Amplifikation beobachtet. Die Nährzellen entstehen durch wiederholte mitotische Teilung einer weiblichen Keimzelle, der Oogonie. Die Tochterzellen werden dabei nicht völlig durchgeschnürt und stehen daher noch über Kanäle in unmittelbarer Verbindung miteinander. Durch diese Plasmabrücken fließt das Cytoplasma der Nährzellen in die Eizelle ein, wie durch Pulsmarkierungen von Protein und RNA autoradiographisch nachgewiesen wurde. Im Gegensatz zu den übrigen Hüllzellen, den Follikelzellen, gehören die Nährzellen also der Keimbahn an. Intensive Proteinsynthese wird in den Nährzellen durch eine generelle Vermehrung des Genoms infolge von Polyploidie ermöglicht. So enthalten die Nährzellen bei *Drosophila* ca. 1000 x mehr DNA als der Eikern, und die Oogenese dauert hier nur 8 Tage. Bei der Grille, die keine Nährzellen besitzt, dafür aber Lampenbürstenchromosomen und amplifizierte Nucleolen, dauert der entsprechende Prozeß 100 Tage. Es ist möglich, daß die Eizellen über den Zustrom von Cytoplasma aus den Nährzellen nicht nur ernährt werden, sondern daß sie spezifische cytoplasmatische Substanzen erhalten, die an verschiedenen Orten im Ei abgelagert werden und eine steuernde Rolle in der Embryogenese spielen, wie etwa die Polgranula am Hinterende der Eier von *Drosophila*, die wir weiter oben kennengelernt haben.

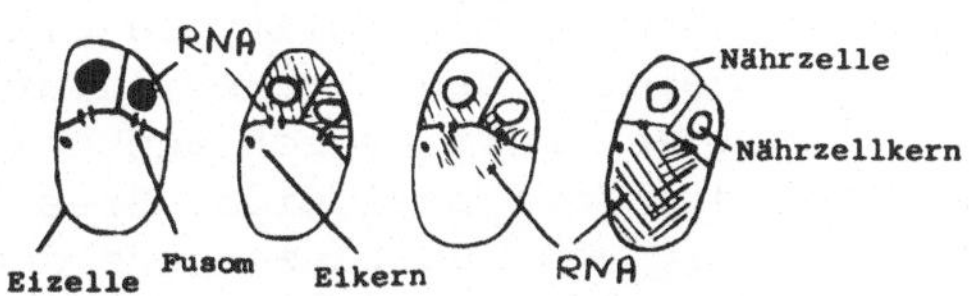

Oogenese im meroistischen Ovar

Trotz der intensiven RNA-Synthese außerhalb der Eizelle von *Drosophila* findet im Eikern, kurz vor der Eiablage, kurzfristig eine RNA-Synthese statt. Es gibt erste Hinweise dafür, daß diese RNA unmittelbar in Protein übersetzt wird, daß das Protein im abgelegten Ei an RNP-Partikeln der Informosomenfraktion wiederzufinden ist, und daß diese Partikel im Ei nicht zufallsmäßig verteilt sind. Wenn sich herausstellen sollte, daß diese Proteine sich von den RNP-Partikeln der Nährzellen unterscheiden, wären solche Eizellen das geeignete Untersuchungsobjekt zur Identifizierung entwicklungsspezifischer Proteine, die Grundlage für eine mosaikartige Entwicklung sein könnten. Zusätzlich wird man sich fragen, ob die Information dieser Informosomen in den Proteinen enthalten ist, oder ob die RNA dieser Partikelfraktion vielleicht nur strukturelle Aufgaben hat, etwa als Matrize für die Anordnung der Proteine dient.

Als ein Sonderfall zeigen die Nährzellkerne bei einem Inzuchtstamm der Fliege *Calliphora* typische Riesenchromosomen. Diese sind sonst nur in hochspezialisierten Gewebezellen zu finden, z.B. in der Speicheldrüse und in Epidermiszellen, aus denen sich Borsten bilden. Diese Riesenchromosomen haben ein spezifisches Muster von feulgenpositiven Querscheiben, und viele Hinweise sprechen dafür, daß in jeder Querscheibe ein spezifischer DNA-Bereich, ein Gen, enthalten ist. Bei *Calliphora* ergibt sich daher die einmalige Gelegenheit, durch einen Vergleich der Riesenchromosomen von Nährzellen und spezialisierten Somazellen direkt die Organisation von Keim- und Körperzellengenom zu vergleichen. Das Muster der Querscheiben in den entsprechenden Chromosomen ist bei beiden Zelltypen völlig verschieden. Entsprechend zeigen erste Analysen der DNA-Sequenzzusammensetzung der embryonalen und somatischen DNA dieser Fliegen deutliche Unterschiede. Inwieweit diese auf den Mechanismus der Polyploidisierung, bei dem z.B. Unterreplikation bestimmter DNA-Sequenzen bekannt ist, zurückzuführen sind, konnte noch nicht entschieden werden. Dennoch deuten diese Befunde an, daß die weiter oben erwähnte Chromatin- und Chromosomenelimination vielleicht keine Ausnahmeerscheinung ist. Erste Ergebnisse am Seeigel lassen während der Furchung eine Veränderung der Zahl und der Position repetitiver DNA-Abschnitte im Genom vermuten.

Hier liegt ein weiterer Anwendungsbereich für klonierte DNA-Sequenzen, um eindeutig festzustellen, ob das Genom in Keimbahn und Soma in der Embryonalentwicklung qualitativ verändert wird oder nicht.

4.4.2.5 Hüllzellen und Dotter

Alle Eizellen sind während der Oogenese von spezifischen Körperzellen, dem Follikelephithel, umgeben. Beide Zelltypen sind über Mikrovilli intensiv in Kontakt, und beide geben extracelluläre Substanzen ab, aus denen sich Eimembranen bilden: beim Frosch und beim Seeigel die Dottermembran, bei Säugetieren die Zona pellucida. Dies ist auch die Zone, wo ein gerichteter Transport von Substanzen aus den Follikelzellen in die Eizellen hinein erfolgt, der die Dotterbildung ermöglicht. Bei manchen Organismen ist dieser Prozeß wenig ausgeprägt, z.B. bei den Säugetieren, bei denen kein großer Vorrat an Nährstoffen angelegt wird, und die Eier recht klein bleiben (beim Menschen 0,1 mm). Bei den Eizellen, die sich außerhalb des mütterlichen Organismus entwickeln, trägt der Dotter den größten Anteil zum Wachstum des Embryos bei. Besonders große Eier bilden solche Tiere, deren Embryonen sich im Ei weit entwickeln, etwa Vögel und Fische. Entsprechend weniger Dotter besitzen Eier, aus denen einfache Larven hervorgehen, die sich selbständig ernähren können, z.B. beim Seeigel.

Die unterschiedliche Menge an Dotter hat tiefgreifende Einflüsse auf die embryonalen Entwicklungsprozesse. So kann es vorkommen, daß die Eizelle aufgrund ihres hohen Dottergehaltes, z.B. beim Vogel oder bei Insekten, während der Frühentwicklung zwar Kernteilungen, aber nicht die zugehörigen Zellteilungen durchführen kann. Auch sind die Dotterstrukturen lokal oft unterschiedlich groß, so daß sie in den Blastomeren ungleich verteilt werden. Es ist nicht einfach auszuschließen, daß die Verteilung von Dottersubstanzen vielleicht eine spezifische Rolle bei der Organisation eines Embryos spielt.

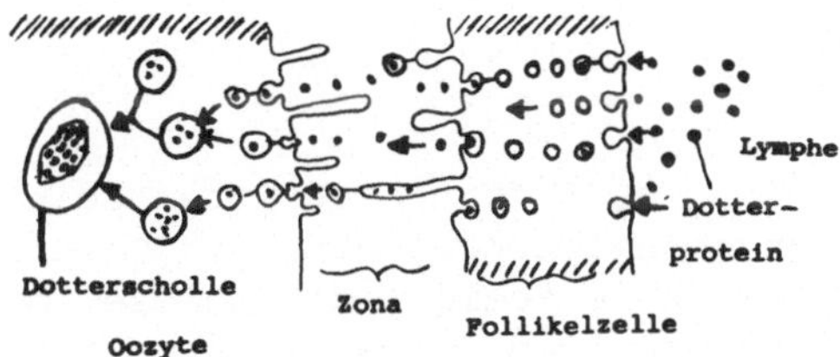

Vitellogenese

Den vielfältigen Dottersubstanzen ist eines gemeinsam: sie werden in Körperzellen, aber nicht in den Follikelzellen hergestellt. Dotterproteine findet man in der Zeit des Eiwachstums im Blut, z.B. in weiblichen Fröschen. Durch weibliche Hormone können auch männliche Tiere in der Leber Phosvitin und Lipovitellin, die beiden typischen Dotterproteine, herstellen. Follikelzellen nehmen diese gelösten Stoffe durch Pinocytose auf und geben sie in den Spaltraum zur Eizelle ab, wo sie - durch Hormone gesteuert - selektiv wiederum durch Pinocytose in die Eizelle aufgenommen werden. Dort verschmelzen die kleinen Vesikel miteinander, und die Dottersubstanzen werden enzymatisch gespalten, wodurch unlösliche, z.T. parakristalline Partikel entstehen, die von einer Membran umgeben sind. Solche Dotterkugeln haben eine viel geringere Membranoberfläche als die Summe der winzigen Pinocytosevesikeln, so daß in dieser Phase eine enorme Membranproduktion von der Eizelle geleistet wird und schließlich im Cytoplasma ein Überschuß an Membrankomponenten vorliegt. Hierbei könnte es zu einer Verteilung spezifischer Membranproteine innerhalb des Eies kommen. Dieser komplizierten Anordnung des Nährmaterials im Inneren der Eizelle trägt der Begriff "Dotterentoplasmasystem" Rechnung. Unmittelbar unter der Eimembran beobachtet man eine besondere Plasmazone, in der sich zusätzlich tubuläre und fibrilläre Strukturen befinden. Diese corticale Zone hat oft, verglichen mit dem übrigen Eiinhalt, eine festere Konsistenz, die einen Einfluß auf die Entwicklung haben könnte: Es wäre denkbar, daß die Follikelzellen zwar keine Dottersubstanz, aber doch ein Muster ihrer Membranproteine an die Oberfläche herantragen. Sie könnten so etwa als Template die Organisation der Eirinde mitbestimmen, so daß die reife Eizelle schließlich doch als ein Komplex aus Keim und Soma hervorginge. Das hieße, daß die Keimzellen, ganz abgesehen von den zugeführten Nährstoffen, nicht voll autonom sind. Hier wird sich zeigen, wieweit Zellkulturen von Eizellen diese Vorstellungen widerlegen werden.

Als eine Konsequenz des Eiwachstums erkennt man von Anfang an eine Untergliederung der Nährstoffe im Eiinneren und unter der Eioberfläche. Aber bei den vielfältigen Unterschieden der Eiarchitektur innerhalb der Organismen weiß man nicht recht, wo die Eientwicklung aufhört und die Embryogenese anfängt. Deshalb ist es nicht verwunderlich, daß es nach der Fortentwicklung des Eies, die durch die Besamung eingeleitet wird, solche Embryonen gibt, die sich wie ein Mosaik entwickeln und andere, bei denen die Entwicklungsschritte noch nicht determiniert sind.

4.4.2.6 Eireifung

Wieweit die Eientwicklung auch fortgeschritten sein mag, sie ist ohne die meiotischen Teilungen nicht komplett. Die Eireifung wird hormonell gesteuert. So läuft etwa beim Seeigel die Meiose vollkommen zu Ende, und die Eier werden unverzüglich ins Meerwasser abgegeben. Dort verharren sie in einer Ruhephase, in der keinerlei Syntheseprozesse ablaufen, so daß Energieverbrauch und Atmung minimal sind. Nachdem das große Keimbläschen aufgeplatzt ist und sich daraus der weibliche Vorkern gebildet hat, kann die Eizelle befruchtet werden. Damit kommt es schlagartig zu einer Reaktivierung des Stoffwechsels und zu intensiver Proteinsynthese. Dies geschieht auch ohne Zellkern, d.h. mit Hilfe von mütterlicher mRNA.

Anders ist es beim Frosch. Hier nehmen weder Proteinsynthese noch Atmung im Moment der Besamung zu. Vielmehr tritt die Eizelle noch im mütterlichen Organismus in eine lange Ruheperiode ein, die durch das von den Follikelzellen produzierte gonadotrope Hormon beendet wird. Dieses stimuliert zugleich eine intensive Proteinsynthese und den Ablauf der meiotischen Teilungen bis zur Metaphase II. In diesem Zustand wird das Ei abgelegt und kann unverzüglich besamt werden. Die Proteinsynthese während der Reifung geschieht ebenfalls an mütterlicher mRNA, d.h. auch in Anwesenheit von Actinomycin D oder bei fehlendem Eikern. Im Cytoplasma bildet sich zu dieser Zeit ein Reifungsfaktor: denn, wenn man solches Cytoplasma in unreife Oocyten injiziert, werden diese zur Reifung stimuliert. Dagegen vermag das Geschlechtshormon, im Experiment nimmt man Progesteron, nach Injektion in das Eiinnere die Eireifung nicht auszulösen. Offensichtlich wirkt dieses Steroidhormon nur von außen über die Membran. Dies ist eine wichtige Beobachtung, denn gerade von Steroidhormonen kennt man sonst einen detaillierten Reaktionsmechanismus, der erst im Innern der Zelle durch cytoplasmatische Rezeptoren in Gang gesetzt wird und der auf den Zellkern gerichtet ist.

Die meisten Eizellen, die sich außerhalb des mütterlichen Organismus entwickeln, besitzen außer der Eimembran und der Dottermembran noch weitere Hüllen, wie z.B. die Gallerthülle beim Seeigel und Frosch und die großen Massen des Eiklars und die Kalkschale beim Hühnchen. Diese werden von einem Drüsenepithel, das nach dem Follikelepithel aktiv wird, gebildet.

Im Hühnerei geschieht dies im Eileiter durch intensive Synthese einiger weniger spezifischer Proteine in spezialisierten Zellen. Sicher gibt es wichtigere Prozesse in der Oogenese, aber die Analyse der Genaktivität im Hühncheneileiter, die durch Injektion von Östradiol ausgelöst werden kann, ist eines der bestbekannten Modelle der Regulation selektiver Genexpression durch ein Steroidhormon und hat zur Isolierung der mRNA geführt, sowie zur Erklärung ihrer Synthese und zur Isolierung der entsprechenden Gene unter Anwendung von DNA-Klonierungsmethoden (s. unten).

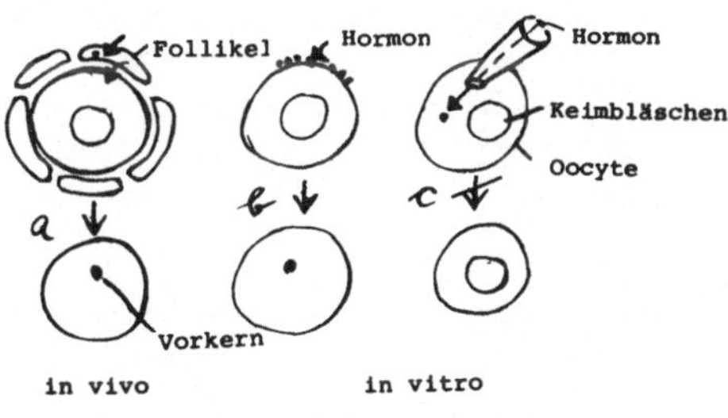

Eireifung

Das Entwicklungsstadium der Froscheier, in das sie vor der Reifung eintreten (eine Ruheperiode), hat die Entwicklung eines bedeutsamen Testsystems erlaubt, bei dem die reifen Oocyten gleichsam als Reagenzglas benutzt werden. Wenn man unbekannte RNA-Fraktionen injiziert, kann man den mRNA-Anteil identifizieren. Da die eigene mRNA in den Informosomen verpackt ist, wird fremde mRNA bevorzugt translatiert, z.B. Globin-mRNA aus Erythrocyten, aber auch RNA von Viren und Pflanzen. Auch die Transkription von fremden Genen, z.B. von rDNA-Ringen, die in das Keimbläschen injiziert werden, konnte durch EM-Spreitungen gezeigt werden. Schließlich gelingt es, klonierte DNA-Abschnitte, z.B. die Seeigelhistongene, in das Keimbläschen zu injizieren, wo sie transkribiert werden, und nach der Translation findet man Seeigelhistone im Cytoplasma des Froscheies. Durch gezielte Veränderung dieser Histon-DNA, d.h. durch in vitro Mutation, möchte man die Funktionen einzelner DNA-Sequenzen vor und hinter dem eigentlichen Strukturgen ermitteln; dies führt zu dem Gebiet der sog. Surrogat-Entwicklungsbiologie.

Die Reifung der Säugereier erfordert eine Koordinierung der Eientwicklung und der Vorbereitung der Uterusschleimhaut, in die sich der junge Embryo einpflanzen muß.

Dies geschieht über ein System von Hormonen, die durch Rückkoppelung cyclisch produziert werden. Von der Hypophyse gelangt das follikelstimulierende Hormon (FSH) ins Blut, das im Ovar zur Vermehrung der Follikelzellen führt, die jeweils eine Oocyte umgeben. Daraufhin wachsen einige Eizellen in ihren Follikeln heran und durchlaufen ein Lampenbürstenstadium sowie die erste Reifungsteilung. Die Follikelzellen produzieren das Hormon Östrogen, welches die Proliferation der Uterusschleimhaut in Gang bringt. Bei der Frau fällt etwa in der Mitte des 28-Tage-Cyclus die Ausschüttung des luteinisierenden Hormons (LH) aus der Hypophyse, was das Aufplatzen eines Follikels bewirkt. Hierdurch wird eine reife Eizelle freigesetzt (Eisprung) und gelangt über die Tube in den Eileiter. Die zurückgelassenen Zellen des Follikels bilden sich zum Gelbkörper um und produzieren nun ein anderes Steroidhormon, das Progesteron. Dieses hält die Uteruswand zur Einpflanzung des Embryos bereit.

Tritt eine Implantation ein, so sorgt ein weiteres Hormon, das von der Hülle des Embryos, dem Chorion, produziert wird, für das weitere Anwachsen des Uterusgewebes und die Placentabildung. Wird die Eizelle nicht eingepflanzt, sinkt mit der Auflösung des Gelbkörpers die Konzentration von Östrogen und Progesteron ab, und die Uterusschleimhaut wird während der Menstruationsperiode abgestoßen. Der niedrige Hormonspiegel stimuliert im Hypothalamus die Freisetzung des Faktors FSHRF (FSH-releasing-Faktor), der seinerseits wieder die Ausschüttung von FSH aus der Hypophyse stimuliert: der nächste Cyclus beginnt.

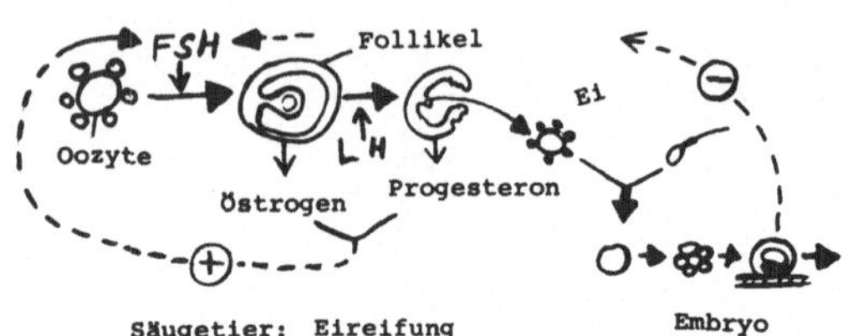

Säugetier: Eireifung

Diese automatischen Reifecyclen werden nur durch die Schwangerschaft, d.h. durch das vom Embryo produzierte Hormon, unterbrochen. Man kann die Eireifung künstlich blockieren, indem man das Absinken der Hormonspiegel verhindert. Hierzu wird mit der "Pille" ein Gemisch aus den beiden Hormonen Progesteron und Östrogen o.ä. synthetischen Produkten zugeführt. Damit läßt sich eine effektvolle Kontrolle der Fortpflanzungsbiologie ausüben. Bei der Anwendung der Pille, die ein praktisches Resultat der Hormongrundlagenforschung ist, hat man festgestellt, daß auch die Gabe ganz geringer Hormondosen, die den Eisprung nicht verhindern, keine Schwangerschaft zuläßt. Diese Hormone müssen bei der Eireifung und der Frühentwicklung eine noch unbekannte andere Rolle spielen, die es nun aufzuklären gilt.

4.4.3 Spermatogenese

Ähnlich wie die Nährzellen durch Mitosen einer weiblichen Keimzelle vor der Eibildung, so entstehen auch die Spermien in Gruppen, indem sich die Vorläuferzellen (Spermatogonien) mehrfach nacheinander teilen. Man kann dabei drei Typen von Zellteilungen unterscheiden. Zunächst teilt sich eine Spermatogonie asymmetrisch, d.h. eine Tochterzelle bleibt Stammzelle. Die andere teilt sich danach symmetrisch und bildet durch proliferative Zellcyclen einen Klon von Zellen, z.B. 128 Stück, von denen jede zügig zwei meiotische Teilungen durchführt. Danach differenziert sich jede der haploiden Zellen in einen Spermakopf, Mittelstück und Schwanz. Im Kopf sitzt der Zellkern und ganz an der Spitze das Acrosom, das aus Golgivesikeln entsteht und viele lytische Enzyme enthält. Im Mittelstück finden sich die Mitochondrien, die vorher als kompakte Strukturen, sog. Nebenkerne, in der Zelle zu erkennen waren, und zwei Centriolen. Von einem der beiden werden die Mikrotubuli des Spermienschwanzes mit ihrer typischen 9 + 2 Anordnung organisiert. Wie die Eizellen unter Mitwirkung von Follikelzellen entstehen, so sind zwei Zelltypen an der Säugerspermatogenese beteiligt:

die durch LH stimulierten Leydig'schen Zwischen- und die durch FH stimulierten Sertoli-Zellen; erstere produzieren Testosteron, letztere ein spezifisches Protein, mit dem dieses Hormon sich zu einer Speicherform verbindet.

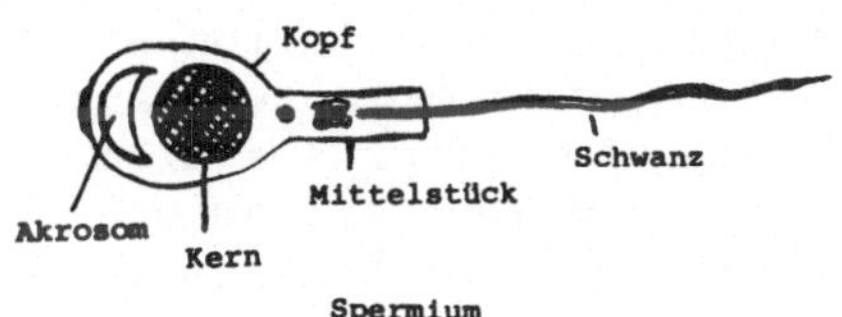

Spermium

Eine wichtige Beobachtung richtet sich auf die Zusammensetzung des Spermienchromatins. Hier liegt ein extrem inaktiviertes Genom vor, in dem keinerlei RNA-Synthese geschieht. Die DNA wird auf engstem Raum wie in einem Kristall verpackt. Bei vielen Tieren, z.B. bei Fischen, geschieht dies, indem die fünf Histonproteine durch ein einziges basisches Protein mit sehr hohem Argininingehalt ersetzt werden, durch Protamin. Beim Austausch der mit der DNA assoziierten Proteine spielen Proteinmodifikationen eine regulatorische Rolle. So werden die Histone der Nucleosomen durch Acetylierung aufgelockert und danach durch das Protamin, das zunächst phosphoryliert ist, ersetzt. Zu der dichtesten Verpackung der DNA kommt es erst, nachdem die Phosphatgruppen vom Protamin wieder abgespalten worden sind. In diesem Beispiel werden die Histone völlig entfernt. Beim Seeigel dagegen finden sich sämtliche Histone auch im Spermium. Allerdings haben wir bereits gelernt, daß es verschiedene Histongene gibt, die in verschiedenen Entwicklungsstadien des Seeigels exprimiert werden, eines davon offensichtlich während der Spermatogenese.

Schließlich verzichten die Krebse während der Spermatogenese völlig auf die Histone: das Chromatin besitzt in dieser Tierklasse nur einige Nichthistonproteine.

Wenn auch die meiotische Prophase in der Spermatogenese nicht so lange dauert wie bei der Eientwicklung, so hat man an einem günstigen Objekt - bei *Drosophila hydei* - ein Lampenbürstenchromosom beobachtet und daran spezifische Genfunktionen während der Spermatogenese ableiten können. Bei diesen Fliegen besitzen die Männchen ein X- und ein Y-Chromosom. Das Y-Chromosom enthält 15% der DNA, scheint aber genetisch "leer" zu sein. Denn ohne dieses Chromosom beim sog. X/O-Typ, entsteht ein gesundes Fliegenmännchen. Dessen Spermien sind jedoch nicht befruchtungsfähig. Das Y-Chromosom besitzt einige Gene, die nur während eines kurzen Zeitraums aktiv sind, nämlich in der meiotischen Prophase der Spermatocyten. In dieser Periode füllt das Y-Chromosom den Zellkern mit Schleifen an. Da nur wenige Schleifen zu beobachten sind, kann man sie relativ leicht bestimmten Fertilitätsmutationen zuordnen. Auch läßt sich in dieser Entwicklungsphase durch DNA/RNA-Hybridisierung eine spezifische RNA-Synthese nachweisen. Da es bei *Drosophila* für die Fertilitätsfaktoren auch ts-Mutanten gibt, müssen spezifische Proteine synthetisiert werden. Wozu diese Proteine benötigt werden, ist nicht klar, und die Situation ähnelt der Morphogenese des Bakteriophagen T4, bei dem wir Mutationen kennengelernt haben, die sich nicht auf die sichtbaren Strukturen, sondern auf den morphogenetischen Bauprozeß auswirken.

Eine wichtige Erkenntnis ist, daß nicht alle diese Genprodukte, (d.h. die mRNA, die an den Lampenbürstenschleifen entsteht) vor der Meiose in Protein übersetzt werden, denn Mutanten des Y-Chromosoms verursachen die Unfruchtbarkeit sämtlicher Spermien. Zwar besitzen 50% von ihnen nach der Meiose gar kein Y-Chromosom mehr, wohl aber das defekte Genprodukt und können daher die vom Y-Chromosom dirigierten Proteine nicht mehr herstellen. Hier haben wir den klaren Fall einer stabilen väterlichen mRNA.

4.4.4 Befruchtung

Bei unserer Diskussion über die Entwicklung von Keimzellen fielen zwei Zelltypen auf: Eier und Spermien. Sie sind hochspezialisierte Zellen, und von beiden gibt es sehr viele. Dies könnte einmal bedeuten, daß durch eine allgemeine Überproduktion gleichartiger Zellen die Befruchtung bei zumindest einigen von ihnen sichergestellt wird. Es wäre aber auch denkbar, daß in den Populationen von Eiern und Spermien nicht alle intakt sind, und daß vor der Befruchtung ein Selektionsprozeß unter den lebensfähigen Keimzellen erfolgt, der sich auch in der Frühentwicklung noch fortsetzt. So reifen beim Menschen nur einige Hundert von einigen Millionen Eizellen heran; viele Millionen Spermien stehen zur Verfügung, um eine Eizelle zu besamen, und nach der Befruchtung sterben noch etwa 25% der Embryonen ab.

Reife Eizellen sind kurzlebig. Eier, die von der Mutter abgelegt werden, wie beim Seeigel und beim Frosch, müssen innerhalb einer Stunde besamt worden sein. Aber auch die im Körper der Mutter verbleibenden reifen Eizellen haben nur eine beschränkte Lebensdauer, beim Menschen ca. 24 h. Die Besamung ist also nötig, um die Eizellen überleben zu lassen.

Spermien sind im allgemeinen auch kurzlebig, aber auch hier gibt es viele Ausnahmen. So vermag die Bienenkönigin während ihres ganzen Lebens die auf ihrem Hochzeitsflug erhaltenen Spermien aufzubewahren und auch noch zu entscheiden, ob einige ihrer Eizellen besamt werden oder nicht. Aus den unbesamten Eiern entstehen männliche Bienen, die Drohnen. Daraus lernen wir, daß Entwicklung auch ohne Befruchtung ausgelöst werden kann (Parthenogenese). Spermien lassen sich künstlich konservieren, etwa durch Einfrieren. Dies hat, in Verbindung mit der künstlichen Besamung, eine erhebliche Bedeutung in der Tierzucht erlangt.

Bei einzelligen Organismen können die Individuen entscheiden, ob sie sich vegetativ oder sexuell vermehren wollen, d.h. zunächst miteinander verschmelzen. Obwohl man hier männliche und weibliche Zellen morphologisch oft nicht unterscheiden kann, bestimmt ein Gen den jeweiligen Paarungstyp, wodurch verhindert wird, daß zwei Zellen desselben Paarungstyps (etwa zwei "männliche") miteinander verschmelzen. Dieses Gen kann entweder in vielen Allelen vorliegen, so daß viele verschiedene Paarungsbildungen ermöglicht werden, oder es tritt nur in zwei Formen auf,

+ oder -, bzw. männlich oder weiblich. Dann ist nur eine einzige Paarbildung möglich. Im einfachsten Fall ist nur bei einem Geschlecht das Gen vorhanden, während es im anderen fehlt, z.B. der F-Faktor bei den Bakterien und das HY-Gen beim Menschen. Solche Gene codieren für spezifische Proteine der Zellmembran oder der Matrix. Diese bestimmen wiederum, ob es zum Kontakt und der Fusion der beiden Zelltypen kommt, wobei die Funktion der Proteine auf ein kleines Areal und auch nur auf kurze Zeit beschränkt sein kann. Auf dieser Grundlage bildet sich vom Pilus des "Männchen" eine Plasmabrücke zwischen zwei Bakterien aus, durch die der Transport des F-Faktors erfolgt; oder es werden Zellkerne ausgetauscht, ehe die beiden Partner sich wieder trennen, wie bei der Konjugation der Ciliaten; oder es verschmelzen zwei Zellen zur Zygote.

Ehe die Geschlechtszellen Kontakt miteinander aufnehmen, müssen - besonders bei festsitzenden Eizellen - mancherlei Mechanismen ablaufen, um männliche Zellen anzulocken. Dies geschieht durch Chemotaxis über ein Konzentrationsgefälle von Rohrzucker - oder Äpfelsäure (bei Moosen, Farnen) oder von hochspezifischen Stoffen wie dem Sirenin, das noch bei einer Konzentration von 10^{-10} M die Spermien des Wasserpilzes *Allomyces* anlockt. Schließlich können bei Pilzen und höheren Pflanzen die männlichen Zellen veranlaßt werden, Schläuche auswachsen zu lassen. In einem Fall, beim Wasserpilz *Achlya* ist gezeigt worden, daß es sich hier um chemotrope Wachstumsreaktionen handelt, die von einem Steroid gesteuert werden. Steroide, die sonst nur als Hormone, d.h. im Inneren der Organismen wirken, übernehmen hier nach ihrer Freisetzung an der Zellmembran des männlichen Organismus offenbar die Rolle eines Pheromons.

Filmaufnahmen lassen erkennen, daß bei Tieren die Spermien in vielen Fällen, z.B. auch beim Seeigel, nicht stetig gerichtet auf die Eizellen zuwandern, sondern eher zufällig an der Eioberfläche anstoßen. Die Spermien werden also nicht chemotaktisch angelockt, bei Kontakt aber von bestimmten Stoffen an der Eioberfläche festgehalten. Einen solchen Stoff, das Fertilisin, hat man aus der Gallerte und der Eimembran der Seeigeleier isolieren können. Es ist ein Glykoprotein, d.h. ein typischer Bestandteil der extracellulären Matrix. Fertilisin vermag Spermien, die einmal Fertilisin gebunden haben, können nicht mehr miteintet, daß sich am Spermium ein Antifertilisin befindet, das mit dem Fertilisin, ähnlich einer Antigen-Antikörper-Reaktion, reagiert. Spermien die einmal Fertilisin gebunden haben, können nicht mehr miteinander agglutinieren. Dies kann man so deuten, daß sie mit Antifertilisin abgesättigt und daher für weiteres Fertilisin nicht mehr empfänglich sind. So ist es völlig unklar, was das Fertilisin, wie sein Name vermuten läßt, mit dem Besamungsprozeß zu tun hat; denn durch die Agglutination von Spermien wird die Befruchtung eher verhindert.

Wahrscheinlich wirken diese Matrixstoffe auch bei der Zellerkennung mit, wie wir bereits diskutiert haben. So könnte sichergestellt werden, daß artfremde Spermien nicht zur Befruchtung kommen. Damit übernimmt das Fertilisin eine ähnliche Kontrollfunktion, wie sie bei Paarungstypen aufgrund spezifischer Oberflächenstrukturen vorliegt.

Außerdem werden von Eisubstanzen zwei weitere Reaktionen der Spermien ausgelöst. Einmal wird ihre Motilität gesteigert, und zum anderen werden sie aktiviert; letzteres zeigt sich an der Acrosomreaktion. Diese besteht im Aufplatzen des Acrosomvesikels und der Fusion seiner Membran mit der äußeren Zellmembran des Spermiums. Damit werden die lytischen Enzyme freigesetzt, die im Acrosom gespeichert waren. Danach wächst die innere Membran des Acrosoms zu einem faden- oder fingerförmigen Mikrovillus aus. Das derart aktivierte Spermium durchdringt die Eihüllen, beim Seeigel etwa die Gallerte und die Dottermembran, und nimmt über den Acrosomenfaden Kontakt mit der Eimembran auf. Damit setzen eine ganze Reihe von Reaktionen ein, die das Ei aktivieren. Zunächst fusioniert die Eimembran mit dem Acrosomenfaden, wodurch das Cytoplasma der beiden Zellen verbunden wird. An der Kontaktstelle entsteht der Befruchtungshügel. Hier wandert der männliche Kern, gefolgt von einem Centriol, in das Eicytoplasma ein, und die Membran des Spermiums, ohne Mittelstück und Schwanz, wird zu einem Bestandteil der Eioberfläche. Im Cytoplasma rotiert der Spermakern um 180° und wandert nun mit dem Centriol voran, das einen Asterapparat als Migrationsorganell ausbilden kann, weiter ins Eiinnere hinein.

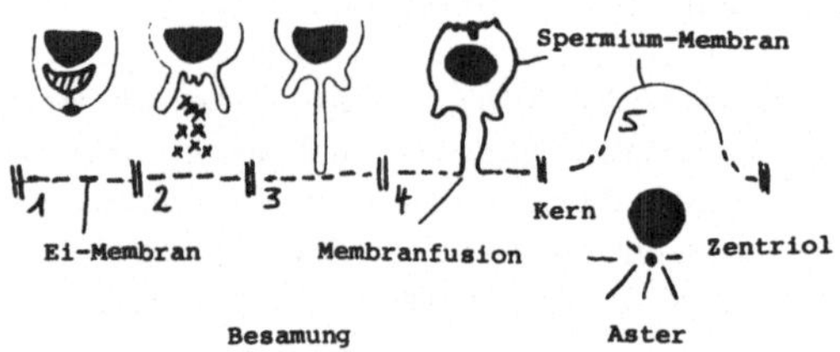

An der Kontakstelle der Eimembran mit dem Spermium kommt es zum Einströmen von Natriumionen in das Ei. Dies führt zu einer Depolarisationswelle, die sich innerhalb von Sekunden über die ganze Eiperipherie ausbreitet und dabei das Ruhepotential um ca. 5 mV verringert. Hierdurch werden im Inneren der Eiperipherie gebundene Calciumionen freigesetzt, die ihrerseits Enzyme aktivieren, darunter eine Calcium-abhängige ATPase. Die wichtige Rolle des Calciums ergibt sich aus der Tatsache, daß man durch Injektion eines Calciumionophors die Eiaktivierung auch ohne Spermium in Gang setzen kann. Mit der Befruchtung ändert sich auch die Eimembran. Sie zieht ihre am Befruchtungshügel gebildeten Mikrovilli zurück. Ebenfalls an der Stelle des ersten Spermiumkontakts beginnen die Corticalgranula mit der Eimembran zu verschmelzen. Damit wird die Eioberfläche zu einem Mosaik, das aus den zahlreichen Membrankomponenten der corticalen Granula besteht. Der Inhalt dieser Granula wird zwischen Ei- und Dottermembran ausgeschüttet. Es handelt sich vorwiegend um Mucopolysaccharide, die stark aufquellen und damit die Dottermembran mechanisch von der Eimembran abheben. So entsteht die Befruchtungsmembran, die eine mechanische Barriere gegen das Eindringen weiterer Spermien bildet. Zusätzlich wird aus den Corticalgranula als chemische Barriere eine Protease freigesetzt, die, vermutlich durch den Abbau von Rezeptoren (etwa des Fertilisins in der Dottermembran) bereits das Anheften weiterer Spermien verhindert.

Diese Reaktion an der Eioberfläche ist nicht nur wichtig, um überzählige Spermien fernzuhalten, sondern sie ist auch die Grundlage für die Aktivierung des weiteren Entwicklungsprogramms: Umgeht man die Prozesse der Membranfusion und injiziert ein Spermium in eine reife Eizelle, so kommt es nicht zur corticalen Reaktion; das Spermium schlängelt sich in der Eizelle herum, ohne diese zu befruchten.

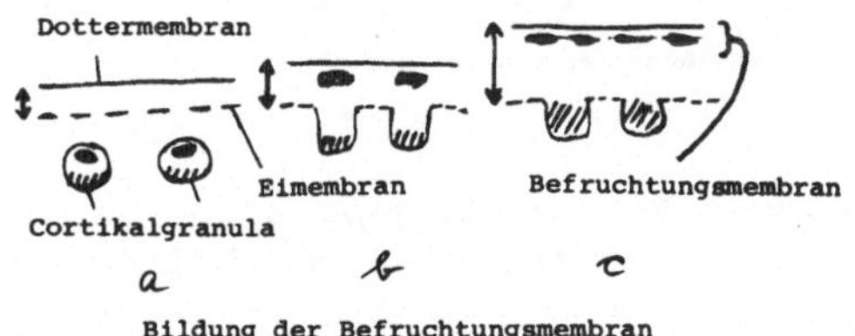

Bildung der Befruchtungsmembran

Mit der Aktivierung des Eies kommt es in vielen Fällen, so beim Seeigel, zur Stimulierung der Proteinbiosynthese. Während der Oogenese sind beträchtliche Mengen an mRNA im Cytoplasma in Form der Informosomen gespeichert, d.h. inaktiviert worden. Nach einer Hypothese bewirkt die Aktivierung von cytoplasmatischen Proteasen, daß die schützenden Hüllproteine von den Informosomen wie auch von den Ribosomen abgelöst werden. Damit können diese beiden essentiellen Komponenten des Proteinbiosyntheseapparates zusammenkommen. Dementsprechend beobachtet man zu Entwicklungsbeginn eine Umlagerung der Ribosomen: Anstelle der Monosomen findet man Polysomen, und das auch, wenn der Eikern zuvor entfernt worden ist.

Wieweit die bisher diskutierten Reaktionen des Eies eine spezifische Rolle für die Bildung des künftigen Embryos haben, wissen wir nicht. Als spezifische Veränderungen beobachtet man in günstigen Fällen nach der Besamung Entmischungserscheinungen, durch die das Eicytoplasma in charakteristischer Weise umgelagert wird. Es handelt sich um Bewegungen der Eirinde, die dann sichtbar werden, wenn unterschiedlich gefärbte Dotterschichten mitgerissen werden. So bildet sich, ausgelöst durch die Besamung, innerhalb von 2 h der sog. "Graue Halbmond" aus. Der corticale Eiinhalt wird über den animalen Pol der Eizelle hinweg auf das Spermium hin bewegt. Wie diese Verlagerung zustande kommt, ist bisher unverstanden. Es könnte sich um eine Elektrophorese handeln wie bei *Fucus* vermutet wurde, oder um die aktive Kontraktion der corticalen Plasmabereiche unter Beteiligung der Mikrofilamente, oder - in Analogie zum capping-Phänomen der Lymphocyten - um eine gerichtete Aggregation von Membranrezeptoren. In jedem Fall werden Eibestandteile ungleich verteilt, und das Ei erhält dabei eine neue Achsenorientierung.

Eine Vielzahl Experimente zeigt, daß der Bereich des Grauen Halbmonds in einem Amphibienei für die Organisation der Achsen im entstehenden Embryo essentiell ist. Nach Schnürungsversuchen entwickelt sich nur die Eihälfte mit dem Halbmond über das Gastrulastadium hinaus, und wenn dieser Bereich selbst durch die Schnur zweigeteilt wird, so entstehen Zwillinge. Schließlich kann sich ein Ei nach Explantation dieses Bereiches zwar noch furchen, aber nicht mehr gastrulieren. Nach

Implantation eines zusätzlichen Grauen Halbmondes in ein intaktes Ei kann es ebenfalls zu Zwillingsbildungen kommen.

Bildung des Grauen Halbmonds

Während der verschiedenen Aktivierungsprozesse im Ei entwickelt sich der Eikern - direkt oder nach Abschluß der Reifungsteilung, je nachdem in welchem Stadium die Besamung erfolgte - zum weiblichen Vorkern. Das Chromatin des männlichen Kerns wird unter Aufnahme von Proteinen aus dem Eicytoplasma aufgelockert; dabei erhält er ein Sortiment der für die Eizelle typischen Histone. Danach läuft im weiblichen wie im männlichen Vorkern eine S-Phase ab, denn beide befinden sich nach der Meiose zunächst in der G1-Phase. Schließlich kommt es zur Vereinigung der beiden Genome, indem sich die beiden haploiden Chromosomensätze (mit je 2C DNA-Gehalt) in eine gemeinsame Metaphaseplatte einordnen. Damit beginnt die Furchung.

Vergleicht man den Befruchtungsablauf bei verschiedenen Organismen, so erkennt man große Unterschiede. Der Gesamtprozeß wird etwas übersichtlicher, wenn man ihn in fünf Teilprozesse unterteilt: in Eireifung, meiotische Teilungen, Besamung, corticale Reaktionen sowie die gegenseitige Annäherung und Verschmelzung der Vorkerne. Diese Prozesse können in unterschiedlichen Phasen miteinander gekoppelt sein. So kann es im Extremfall beim Pferdespulwurm *Ascaris* dazu kommen, daß die Eizelle lange Zeit vor der Meiose besamt wird, und der männliche Kern in der Oocyte intensiv RNA zu synthetisieren beginnt, wodurch ihr väterliche Instruktionen mit auf den Weg gegeben werden.

Eine partielle Entkoppelung der Teilprozesse beobachtet man bei künstlicher Parthenogenese. So kann man durch Anstechen eines Froscheies mit einer feinen Nadel zwar die Aktivierung, nicht aber die Furchung auslösen. Taucht man die Nadel vorher in Froschblut ein, so zeigen bis zu 5% der Fälle parthenogenetische Entwicklung zu haploiden Fröschen, vermutlich dann, wenn zusammen mit den Blutzellen ein Centriol in das Froschei eingebracht wurde. Damit läßt sich die Aktivierung in mindestens zwei Schritte unterteilen. Aber es ist noch eine weitere Voraussetzung notwendig: Nur eine reife Eizelle, bei der das Keimbläschen seinen Inhalt bereits an das Cytoplasma abgegeben hat, kann künstlich zur Entwicklung angeregt werden.

Obwohl in manchen Fällen, wie hier beim Frosch, haploide Organismen entstehen können, beobachtet man bei den meisten natürlichen Parthenogenesen eine Aufregulation zum diploiden Zustand: entweder dadurch, daß eine meiotische Teilung ausbleibt, daß der Kern eines Polkörperchens mit dem haploiden Eikern fusioniert, oder daß zwei Furchungskerne miteinander verschmelzen.

Schließlich kann man prüfen, ob der Kern eines Spermiums überhaupt einen vollen Satz an Genen besitzt. Hierzu hat man eine reife Eizelle, deren Kern zuvor entfernt wurde, mit einem Spermium besamt. Da es zur normalen Entwicklung eines haploiden Organismus kommen kann, reichen die väterlichen Gene für das Entwicklungsprogramm aus. Wieweit eine einzelne Spermienzelle in der Lage ist, sich selbständig wie eine Eizelle zu entwickeln, kann man an den kurzlebigen reifen Spermien nicht entscheiden. Aber ein Naturexperiment gibt Auskunft, daß eine männliche Keimzelle sich praktisch in sämtliche Zelltypen differenzieren kann, die ein ausgewachsenes Tier, z.B. eine Maus, besitzt. Das beobachtet man, wenn eine männliche Keimzelle außerhalb des Hodenkanals gerät. Drinnen hätte sie sich zu normalen Spermien differenziert; aber außerhalb kann sie mit Zellteilungen beginnen und hochspezialisierte Zellen und Gewebe, etwa Zähne und Haare bilden: es entsteht ein Teratom. In gleicher Weise bilden Eizellen, wenn man sie in Hoden transplantiert, solche Strukturen aus. Da sterile Tiere keine solche Teratome ausbilden, ist erwiesen, daß sie nur aus Keimzellen entstehen können. Die Möglichkeit dieser Fehlbildung zeigt, daß die Weiterentwicklung einer befruchteten Eizelle ebenfalls aus integrierten Teilprozessen besteht, wobei die Differenzierung von Furchungszellen, ebenso wie bei Teratomgewebe, mit einer übergeordneten Organisation durch "embryonale Muster" oder "Anlagen" gekoppelt ist.

Obwohl in der Evolution die Parthenogenese gegenüber der sexuellen Vermehrung wegen der fehlenden Neukombination zwischen väterlichen und mütterlichen Genen im Nachteil ist, gibt es praktische Anwendungsbereiche, in denen Nachkommen mit identischem Genom willkommen wären. Für die Tierzüchtung wäre es ein Fortschritt, hochwertige Milchkühe zu "klonieren", und bei allen vergleichenden Untersuchungen ist es wichtig, von homogenem Material auszugehen, wenn möglich von Mehrlingen. Bei einfachen Organismen, z.B. bei Bakterien und anderen Lebewesen, die sich vegetativ vermehren, ist es recht einfach, einen Klon genetisch identischer Nachkommen zu züchten. Bei Säugetieren geht das nicht - oder doch? Experimente mit Säugereiern sind schwierig, weil oft die Eizellen sehr klein sind und ihre Entwicklung nur im Uterus vollständig ablaufen kann. Es gelingt jedoch - wie kürzlich auch beim Menschen erfolgreich durchgeführt - explantierte Eier in vitro zu befruchten, frühe Entwicklungsstadien in einem Nährmedium ablaufen zu lassen und dann den Embryo in eine Ammenmutter zu implantieren, wo er ausgetragen wird. Damit wird es möglich, an Säugerembryonen zu experimentieren. Zwar bleibt die parthenogenetische Entwicklung haploider Eier unvollständig, wenn man aber nach der Befruchtung eines Mäuseeies einen der beiden Vorkerne mit einer Pipette absaugt und durch Cytochalasin B die Cytokinese der ersten Furchungsteilung unterdrückt, so teilt sich der verbliebene Vorkern, und seine Tochterkerne verschmelzen wieder zu einem diploiden Kern. Nun kann aus diesem Embryo eine rein homozygote adulte Maus entstehen. Aber es werden immer weibliche Tiere sein, weil bei der künstlichen Diploidisierung auch das Geschlechtschromosom verdoppelt wird, so daß stets eine XX-Konfiguration entsteht (oder YY, ein solcher Embryo stirbt jedoch ab, weil mindestens ein X-Chromosom zur Entwicklung notwendig ist); eine XY-Konstellation wie bei einem normalen Männchen ist so nicht möglich. Die Eizellen, die von solchen Weibchen produziert werden, sind genetisch identisch, und wenn man ihnen nochmals nach Besamung den väterlichen Vorkern entfernt, so entstehen Mäuseweibchen mit identischem Genom, also Klone.

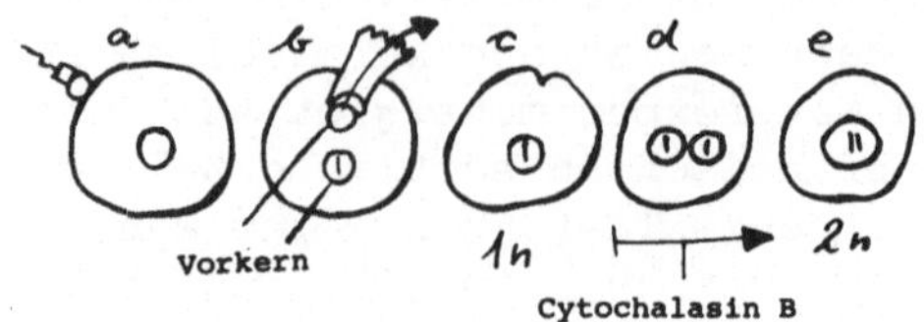

engineering: isogenetische Weibchen

Bei Säugetieren ist es noch nicht gelungen, die Entwicklung zu aktivieren und zugleich den weiblichen Vorkern zu entfernen, um anschließend einen diploiden somatischen Kern einzubringen; wo das gelingt, wie z.B. bei *Xenopus*, lassen sich Klone herstellen, die je nach der Konstitution des Spenderkerns (XX oder XY) zu weiblichen oder männlichen Fröschen werden.

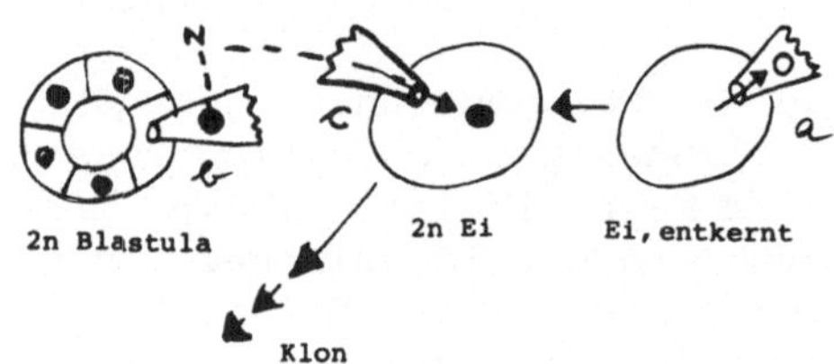

Einige Besonderheiten zeigt die geschlechtliche Vermehrung bei den Blütenpflanzen. Hier gibt es keine Keimbahn, weil die Keimzellen erst am Ende des Entwicklungscyclus entstehen, und somatische Zellen fähig sind, ganze Pflanzen zu regenerieren. Die männlichen Keimzellen, die Pollenkörner, entstehen aus der Pollenmutterzelle in den Staubgefäßen, die Eizelle aus der Embryosackmutterzelle im Fruchtknoten. In beiden Zellen laufen zwei meiotische Teilungen ab.

Es entstehen je vier haploide Pollenzellen. Jedes Pollenkorn macht dann eine inäquale Teilung durch, wobei eine generative Zelle entsteht, die von der vegetativen Zelle umhüllt wird. Aus letzterer entsteht später der Pollenschlauch. In der generativen Zelle kommt es noch einmal zu einer Kernteilung, so daß sie zwei männliche Kerne enthält.

Aus der weiblichen Zelle werden vier haploide Zellen, von denen drei degenerieren. Es verbleibt eine Zelle mit dem primären Embryosackkern. Diese Zelle teilt sich 3 mal hintereinander und bildet sich in den Embryosack um. An einem Pol enthält er drei Zellen, die Antipoden. Am anderen Pol liegen zwei Zellen, die Synergiden, und dazwischen liegt die Eizelle. In der Mitte des Embryosackes verschmelzen zwei Kerne zum sekundären Embryosackkern, dieser ist also diploid.

Die Befruchtung besteht aus mehreren Schritten: Zunächst gelangt der Pollen auf die Narbe, dann wächst der Pollenschlauch bis zum Embryosack aus, und die beiden männlichen Kerne wandern durch den Schlauch in den Embryosack ein. Der eine verschmilzt mit dem haploiden Eikern, der andere mit dem diploiden sekundären Embryosackkern. Als Resultat dieser doppelten Befruchtung entstehen im Embryosack ein diploider Embryo und das triploide Endosperm des Nährgewebes. Dieses kann als eine Art von Dotter betrachtet werden. Ein Hinweis dafür ist, daß die Regeneration einzelner somatischer Pflanzenzellen besonders gut in Kokosmilch abläuft, was ein flüssiges Endospermgewebe darstellt.

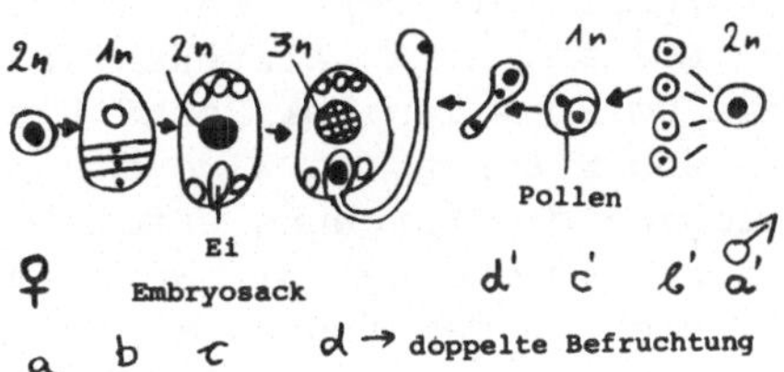

4.4.5 Furchung

Durch mitotische Teilungen wird nun die Eizelle zum Vielzeller. Meist handelt es sich um eine Serie von synchronen Zellteilungen, bei denen die Eizelle in die Blastomeren aufgeteilt wird. Diese Zellcyclen sind durch drei Merkmale charkterisiert: das Fehlen der G_1-Phase, eine extrem kurze S-Phase und das Fehlen von Zellwachstum. Formal gesehen ist die Furchung beendet, wenn die Blastomeren eine typische Kernplasmarelation erreicht haben. Entsprechend teilen sich durch haploide Parthenogenese entstandene Embryonen während der Furchung einmal mehr, als ihre diploiden Schwestern. Die Furchung selbst stellt eine Metamorphose dar, in der die Eizelle in einen Zellverband umgewandelt wird. In vielen Fällen entsteht zunächst eine Hohlkugel, die Blastula, deren einzige Zellschicht einen Hohlraum, das Blastocoel, umschließt. Blastulazellen halten daher Kontakt zu drei verschiedenen Umgebungen: zu den Nachbarzellen, zur Flüssigkeit des Blastocoels und - über die Befruchtungsmembran - zur Außenwelt.

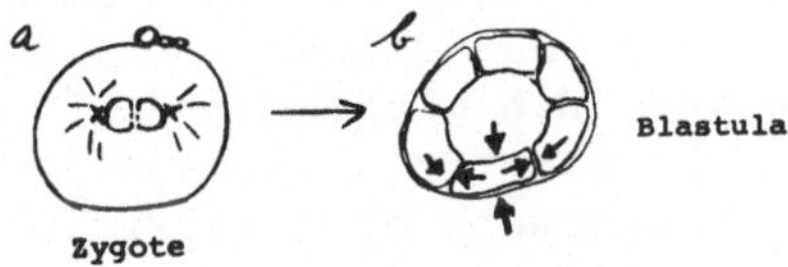

Wie wir aus den Entmischungsprozessen des Eiinhaltes als Folge der Besamung schließen können, ist der Eiinhalt oft nicht homogen verteilt. Damit kann der Orientierung der ersten Furchungsspindel - und damit dem Furchungsmuster - eine entscheidende Rolle zufallen, indem vorgefertigte, spezifische Eistrukturen, räumlich geordnet, in verschiedene Blastomeren gelangen. Bei totaler Furchung beobachtet man in der Regel zu Beginn der Embryonalentwicklung zwei Furchungsteilungen, bei denen die Eizelle vom animalen zum vegetativen Pol durchtrennt wird, wobei vier gleichgroße Blastomeren entstehen. Der dritte Teilungsschritt durchschnürt jede Blastomere in horizontaler Richtung. Hierbei kann die Spindel asymmetrisch liegen, so daß die Tochterzellen ungleich groß werden. Steht die Spindelachse zusätzlich noch schräg, so liegen die kleinen Tochterzellen "auf Lücke" über den größeren: diesen Typ nennt man Spiralfurchung. Bei den Schnecken läßt sich der Drehsinn des Schneckenhauses mit der Richtung der nach rechts oder links geneigten dritten Furchungsspindel korrelieren und, da entsprechende Mutanten bekannt sind, auf einen mütterlichen vektoriellen Faktor zurückführen. Schließlich wirken sich Art und Menge des Dotters auf die Furchung aus. Sind viele schwere Dotterpartikel vorhanden, wie beim Frosch, sammeln sie sich am vegetativen Pol an. Dort entstehen große Zellen, die sich langsamer teilen als die am animalen Pol.Enthält das Ei sehr viel Dotter, wie bei den Vögeln und Fischen, so wird dieser gar nicht mehr in die Furchung mit einbezogen; die Furchung erfolgt discoidal, d.h. der Embryo entsteht aus einer Keimscheibe, die auf dem Dotter schwimmt. Bei den Insekten teilen sich in der frühen Furchungsphase nur die Kerne im Inneren des Dotters, und die Eizelle bleibt zunächst ungeteilt (Ooplasmodium). Danach wandern die Kerne an die Eioberfläche, wo sie, zusammen mit einer Portion Cytoplasma, durch Einfaltungen der Eimembran voneinander abgetrennt werden. So entsteht eine Zellschicht, die den Dotter umhüllt: die Periblastula.

Für viele spätere Entwicklungsprozesse werden bereits in der Furchungsperiode die Weichen gestellt. Da es keine "typische Furchung" gibt, und selbst bei verwandten Tierformen ganz unterschiedliche Furchungen vorkommen, werden im folgenden einige Beispiele herausgegriffen, an denen man einen Einblick in die Entwicklungssteuerung gewonnen hat.

4.4.5.1 Determinative Furchung (Würmer, Schnecken, Manteltiere, Tintenfische)

Ein Beispiel für die frühzeitige Festlegung der embryonalen Organisation ist der Meereswurm *Nereis*. Seine Eier zeigen die Spiralfurchung, bei der sich die Teilungsfolge jeder einzelnen Blastomere wie in einem Stammbaum genau verfolgen läßt. Wenn eine Blastomere abgetötet wird, entwickeln sich die anderen weiter, als wäre nichts geschehen, und wenn eine Blastomere isoliert aufgezogen wird, teilt sie sich im gleichen Rhythmus und produziert die gleichen Zelltypen wie im Embryo. Eine solche Eizelle gleicht einem Mosaik. Aus jeder Blastomere entsteht wie nach einem Mitoseuhrwerk eine Zellinie, die typische Organe der Larve *Trochophora* ausbildet.

Bei dem Manteltier *Styela* läßt sich das Entwicklungsmosaik besonders gut auf bestimmte Bereiche im Ei zurückführen. Die Eizelle besitzt verschieden gefärbte Dotterkomponenten. Ihre Entwicklung erfolgt so schnell, daß die verschiedenen Pigmente in der Larve noch zu erkennen sind. Die Larve besteht aus Geweben der drei Keimblätter (Ektoderm, Mesoderm und Entoderm) und besitzt die Chorda, ein typisches Chordatenkennzeichen. Hier läßt sich die Organisation der Larve als Mosaik ihrer Organanlagen in die Eizelle zurückprojizieren, also ein genauer Anlagenplan aufstellen.

Chemische Analysen haben gezeigt, daß bereits vor der ersten Furchungsteilung im Eicytoplasma spezifische Proteine synthetisiert werden. Wenn man einer reifen Eizelle von *Styela* den Eikern entnimmt und sie dann mit einem artfremden Spermium besamt, kann sich eine normale Larve ausbilden, in der keinerlei Genprodukte des väterlichen Genoms nachweisbar sind: Die Entwicklung ist bis ins einzelne durch das mütterliche Genom während der Oogenese vorprogrammiert worden; Mutter hat einen langen Arm!

Das wesentliche Ereignis bei der Aufstellung dieses Programms ist jedoch nicht die Herstellung von Genprodukten, sondern deren räumliche Anordnung. Diese kommt ebenfalls durch eine Entmischung des Cytoplasmas zustande, durch die erst die verschieden gefärbten Dotterbereiche entstehen. Dieser "epigenetische" Prozeß wird durch die Besamung ausgelöst und läuft innerhalb von 5 min ab. Daß er etwas mit der Organisation des Embryos zu tun hat, zeigen Zentrifugationsversuche: Wird das Cytoplasma vor der ersten Furchung verlagert, so resultiert ein defekter Embryo.

Wenn man vor der Besamung Eier der Manteltiere halbiert, entwickeln sich nach der Besamung beide Hälften zu intakten Larven. Das spricht für epigenetische Programmierung dieser Entwicklung, d.h. sie ist nicht unmittelbar durch Genaktivität festgelegt. Am Anfang der Spiralfurchung der Schnecke *Ilyanassa* tritt ein Pollappen auf. Dieses Gebilde wird nach der ersten Teilung von einer der beiden Blastomeren ausgestülpt, und es entsteht ein Kleeblattstadium. Der Lappen wird nach jeder Teilung auf eine Zelle "vererbt", die größer ist als die übrigen; ihre Nachkommen haben einen eigenen Furchungsrhythmus, und aus ihnen entstehen wichtige Organe der Larve (*Veliger*-Larve). Wenn man den Pollappen abschneidet, so stülpt sich dieses kernlose Fragment wie im Embryo vor und zurück, gleichsam nach einem inneren Uhrwerk. Mittels Gelelektrophorese wurde gezeigt, daß die beiden ersten Blastomeren unterschiedliche Proteine synthetisieren, und zwar auch nach chemischer Entkernung durch Actinomycin D, d.h. vermutlich an mütterlicher mRNA.

Wird der Pollappen abgetrennt, verliert die entsprechende Zellinie ihren typischen Furchungsrhythmus, und der Schneckenlarve fehlen ganze Organe wie Schale, Fuß oder Augen. Wird diese Operation sehr früh durchgeführt, so fehlen sämtliche dieser Organe und mit jedem Teilungsschritt, der vor dem Eingriff erfolgt, verringert sich die Zahl der ausgefallenen Organe. Gegen Ende der Furchung bleibt die Entfernung des Pollappens schließlich ganz ohne Wirkung. Man könnte daraus schließen, daß aus dem Pollappen cytoplasmatische Stoffe an die Tochterzellen abgegeben werden, daß also eine sukzessive Segregation von cytoplasmatischen Faktoren stattfindet. Aber die Dinge liegen komplizierter. Wird durch Zentrifugation der Eiinhalt verlagert, so entsteht der Pollappen trotzdem an der gleichen Stelle und er hat den gleichen Einfluß auf die Entwicklung, obwohl er jetzt ein ganz anderes Cytoplasma enthält. Diese Ergebnisse bei den Mollusken zeigen, daß cytoplasmatische

Stoffe wohl Marker für Entwicklungsereignisse sind (wie schon bei den Manteltieren), daß aber der Eicortex, der durch Zentrifugation nicht verlagert wird, der Bereich ist, der die Entwicklungsinformation enthält, die auf noch unverstandenem Wege den Tochterzellen aufgeprägt wird.

Das gleiche Prinzip erkennt man auch an der Entwicklung von Tintenfischen, die hochevolvierte Mollusken sind. Sie haben große Augen, und der Molluskenfuß ist zu den acht Fangarmen umgebildet worden. Ihre dotterreichen Eier entwickeln sich direkt, d.h. ohne Spiralfurchung und ohne ein Larvenstadium. Nach der Besamung sammelt sich corticales Cytoplasma am animalen Pol an. Nur dort kommt es zu Zellteilungen, und es entsteht eine Keimscheibe aus Blastodermzellen. Diese breitet sich über den Dotter aus, der nur von der Eimembran (genauer dem Eicortex), umhüllt ist. Danach lassen sich von außen charakteristische Anlagen wie Augen, Arme, Schalendrüse erkennen. Im Experiment wurde der Cortex an der Stelle des künftigen Auges mit UV bestrahlt oder lokal mit Cytochalasin B behandelt. Die Blastomeren können scheinbar ungestört über dieses corticale Areal wandern; aber es entsteht im Embryo kein Auge. Dies deutet erneut auf den Eicortex und seine Beweglichkeit als Sitz lokaler Entwicklungsinformation hin. Wie diese Information auf die Blastodermzellen übertragen wird, ist unbekannt. Es könnte sich um ein spezifisches Augenmorphogen handeln oder um einen spezifischen Effekt, der auf die Beweglichkeit und Mitosehäufigkeit des über dem Cortex an dieser Stelle gelegenen Blastoderms einen Einfluß nimmt und damit die Entwicklung des Auges also indirekt lenkt.

4.4.5.2 Regulative Entwicklung beim Seeigel

Seeigel sind günstige Objekte für Entwicklungsanalysen. Die Eier sind durchsichtig und können im Laboratorium in großer Zahl synchron besamt werden. Damit erhält man homogenes Material für biochemische Analysen. Der animale Pol der Eizelle ist durch die Polkörper sowie durch Pigmentmaterial markiert. Die beiden ersten Teilungsfurchen verlaufen vertikal, die dritte horizontal, die vierte ist in zweierlei Hinsicht asymmetrisch: Sie liegt vertikal in den animalen Zellen, aber horizontal in den vegetativen, und diese teilen sich je in eine große und eine kleine Zelle. Die kleinen sind die Mikromeren, sie liegen am vegetativen Pol. Weitere Furchungsteilungen führen zur Blastula. Jede Zelle wird polarisiert, indem sie nach außen Cilien ausbildet. Nach Auflösen der Eihüllen durch das Schlüpfenzym wird der Embryo frei und entwickelt sich im Plankton über die Gastrula zu der typischen, bilateral-symmetrischen *Pluteus*larve weiter.

Für die Orientierung der Mitosespindel gibt es ein Zeitprogramm in der Eizelle. Es wird mit der Besamung in Gang gesetzt, orientiert sich aber nicht an der Zahl der Teilungen: Wenn man durch hypotonisches Seewasser die Entwicklung verlangsamt, so daß nun die zweite Teilung mit der vierten bei unbehandelten Embryonen zusammenfällt, entstehen jetzt in beiden Embryonen die Mikromeren.

In der normalen Entwicklung beobachtet man die rhythmische Konzentrationsveränderung eines schwefelhaltigen Proteins, die an die Teilungsrhythmen gekoppelt ist. Diese Oscillationen laufen ungestört weiter, auch wenn die Furchungsteilungen aufgrund experimenteller Eingriffe ausbleiben. Fällt nach einer kurzen Behandlung mit Äther ein Proteincyclus aus, so entstehen die Mikromeren einen Teilungsschritt später. Offenbar ist hier die Uhr um "eine Stunde" nachgestellt worden. Diese Ergebnisse zeigen, daß Mitosen und Furchungsmuster von zwei verschiedenen Prozessen gesteuert werden, die sich voneinander entkoppeln lassen.

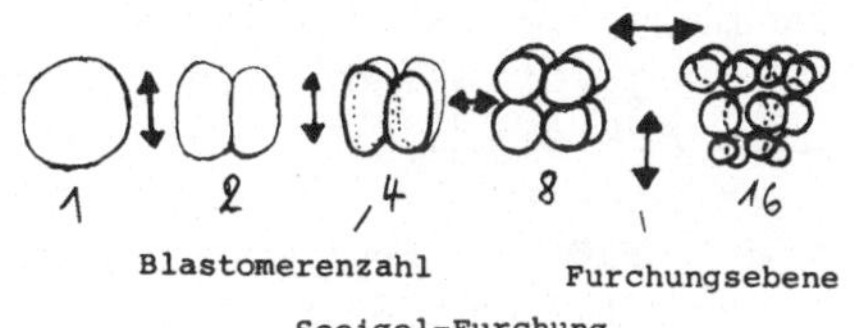

Seeigel-Furchung

Wie steht es mit der Durchschnürung der Eizelle? Läßt sich die Cytokinese auch von der Mitose entkoppeln? Der mitotische Apparat besitzt zwei Typen von Mikrotubuli: solche, die an den Chromosomen anknüpfen oder von Pol zu Pol verlaufen (Spindel-MT) und solche, die von den Spindelpolen aus sternförmig ins Cytoplasma strahlen (Aster-MT) und mit der Eioberfläche Kontakt aufnehmen. Diese MT kreuzen sich am Zelläquator, d.h. in derselben Ebene, in der die Metaphasechromosomen liegen, und dort beginnt auch die Zellteilung. Wenn man eine kleine Glaskugel in die ungefurchte Eizelle einbringt, berühren sich die Tochterzellen nur noch in einer kleinen Region, und bei der nächsten Teilung sieht der Embryo wie ein Hufeisen aus. Wenn die Zellen sich nur dort teilten, wo Metaphasechromosomen liegen, müßte jetzt ein Dreizeller entstehen. Aber aufgrund der überlappenden Asterstrahlen entstehen Teilungsfurchen auch dort, wo keine Chromosomen sind, und es resultieren vier Blastomeren. Damit wird der Ort der Eidurchtrennung unabhängig vom Zellkern festgelegt, und entsprechend beobachtet man bei vielen Embryonen, auch wenn Kerne fehlen, eine "Pseudofurchung".

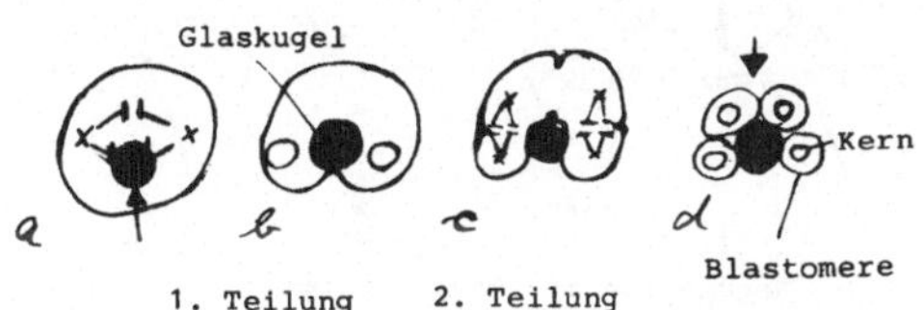

Eine geordnete Furchung kann nur ablaufen, wenn Chromosomenvermehrung- und Verteilung miteinander gekoppelt sind. Im Normalfall bringt das Spermium ein Centriol mit in das Ei, und von diesem wird die Spindel organisiert. Mit jedem Teilungsschritt, also gekoppelt mit der DNA-Synthese, beobachtet man, daß eine Portion Histon synthetisiert wird, und daß die Aktivität des Enzyms Thymidinkinase kurzfristig ansteigt. Alle drei Komponenten: Spindel, Chromosomenvermehrung und cyclische

Proteinsynthesen lassen sich experimentell voneinander entkoppeln. Bringt man Seeigeleier in eine alkalische Umgebung, z.B. ammoniakhaltiges Seewasser von pH 9, dann setzt im Eikern eine cyclische Kondensation und Dekondensation der Chromosomen ein, und es läuft jedesmal eine DNA-Replikation ab. Der Eikern schwillt dabei an und enthält immer mehr Chromosomensätze, er wird polyploid.

Nimmt man vorher den Eikern heraus, etwa indem man das Seeigelei in der Zentrifuge in zwei Hälften zerteilt, dann wird auch im kernlosen Teil die cyclische Synthese von Histon und Thymidinkinase in Gang gesetzt. Ersetzt man schließlich 50% des Wassers durch schweres Wasser (D_2O), dann entstehen im Eicytoplasma hunderte von Spindelpolen mit radiär ausstrahlenden MT, sog. Cytaster. Sie tauchen auf wie Bakteriophagen in einem befallenen Bakterium.

Diese Beobachtungen zeigen, daß die Embryonalentwicklung ein koordinierter Prozeß ist, bei dem viele Teilungsprozesse nebeneinander vorkommen, die nicht einfach sequentiell ablaufen, also nicht kausal voneinander abhängen müssen.

Seeigeleier können regulieren. Das erkennt man aus der Tatsache, daß jede der vier Blastomeren, das Resultat der ersten beiden Furchungsteilungen, wenn man sie in Calcium-freiem Seewasser auseinanderfallen läßt, isoliert für sich einen vollständigen Embryo bildet. Man kann auch ein Ei halbieren und beide Hälften besamen; dann entwickelt sich aus der einen ein diploider und aus der anderen ein haploider Embryo, aber nur dann, wenn das Ei vertikal - wie in der natürlichen Furchung - durchtrennt wird. Nach horizontaler Trennung entwickelt sich nur die vegetative Hälfte vollständig. Diese Einschränkung der Entwicklungsleistung wird nicht in spezieller Weise durch das Cytoplasma festgelegt, denn es entwickelt sich ein normaler Embryo auch dann, wenn man mit einer Pipette über die Hälfte des Eiplasmas absaugt, oder das Ei zentrifugiert. Allerdings entstehen die Mikromeren immer am vegetativen Pol des Eies.

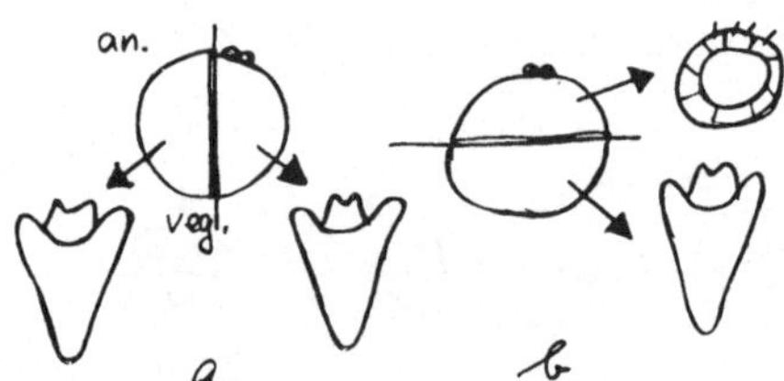

Regulation des Seeigel-Eies

Die Entwicklung über das Furchungsstadium hinaus läßt sich durch den Zusatz von Ionen zum Seewasser umsteuern. So entwickeln sich in Anwesenheit von Lithium nur vegetative und bei Zugabe von Zink nur animale Merkmale. Auch wurden aus Extrakten der Eier spezielle Substanzen, Glykoproteide, angereichert, die in der Lage sind, die Entwicklung entweder in die animale oder vegetative Richtung zu verschieben.

Transplantationsexperimente haben gezeigt, daß in den Blastomeren nach den ersten sechs Furchungsteilungen die animalen und die vegetativen Eigenschaften in unterschiedlichem Grade verteilt sind und auch auf benachbarte Zellen einwirken können. Hierzu wurde eine junge Blastula im 64-Zellstadium in horizontale Zellkränze zerlegt, nämlich in AN_1, AN_2, VEG_1 und VEG_2 und die Mikromeren. Wenn man diese Zellkränze wieder zusammenbringt, entsteht ein normaler Embryo. Die animalen Zellen von AN_1 und AN_2 allein können nur eine Blastula, aber keine Larve bilden, ebensowenig die vegetativen Zellen. Aber die Kombination von AN_2 + VEG_1 oder AN_1 + Mikromeren führen zu einer intakten Larve, aus der sich ein vollständiger Seeigel entwickeln kann. Die Ausdifferenzierung einer Larve aus animalen Zellen hängt von der Zahl der hinzugeführten Mikromeren ab. Sie wird graduell immer vollständiger, je mehr Mikromeren, eins... vier, zugefügt werden. Hier wird offensichtlich ein quantitativer Effekt in qualitativ unterschiedliche Entwicklungsmerkmale umgesetzt. Diese Ergebnisse lassen sich formal deuten, indem man zwei gegenläufige Gradientensysteme im Embryo annimmt, ein animales und ein vegetatives. Eine Zelle der jungen Blastula muß dann in der Lage sein, das lokale Niveau dieser Gradienten, etwa als Quotient der Konzentration zweier Substanzen, zu messen. Sie kennt damit gewissermaßen ihre Lage im Embryo und antwortet mit einer spezifischen Entwicklungsreaktion. Dieses Modell erlaubt es, die Ergebnisse sämtlicher Rekombinationsexperimente zwischen den Blastomeren der Seeigelblastula vorherzusagen. Welche Stoffe die Gradientensysteme aufbauen, ist noch nicht bekannt. Da die Verlagerung von Cytoplasma keine nachteiligen Effekte auf die Entwicklung hat, die Mikromeren aber immer am vegetativen Pol entstehen, kann man annehmen, daß die Eimembran hier wesentlich beteiligt ist.

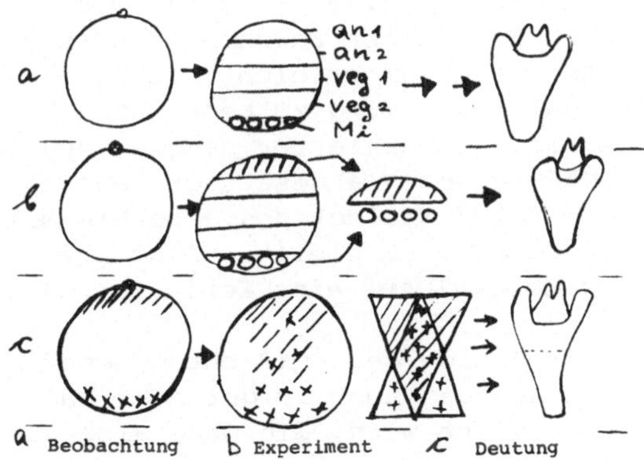

a Beobachtung b Experiment c Deutung

Formal lassen sich heute die Beobachtungen an Mosaik- und Regulationseiern einheitlich deuten: Das Entstehen eines Gradientensystems - und damit die Festlegung der verschiedenen Eibereiche - kann von anderen Entwicklungsprozessen zeitlich entkoppelt sein und vor, während oder nach der Besamung passieren.

4.4.5.3 Die mütterliche RNA

Viele Untersuchungen am Seeigel richten sich auf die Bedeutung der Genexpression in der Frühentwicklung. Die erste wichtige Beobachtung war, daß Furchung und Blastulabildung auch nach chemischer Entkernung durch Actinomycin D ungestört ablaufen, obwohl damit die RNA-Synthese zu über 95% inhibiert ist, daß aber gleichwohl während der Furchung intensiv RNA synthetisiert wird. Eine weitreichende Deutung dieses Befundes war, daß die Frühentwicklung durch spezifische mütterliche mRNA-Fraktionen programmiert ist, und daß die früh synthetisierte RNA erst später, während der Gastrulation, notwendig wird. Damit würde die mütterliche mRNA, die von der Eizelle direkt auf den Embryo vererbt wird, für die wichtigen Organisationsprozesse, wie etwa den Aufbau morphogenetischer Gradienten, die entscheidende Information enthalten. Wegen der großen Bedeutung, die diese Hypothese der Entwicklungsprogrammierung durch mütterliche mRNA erlangt hat, wollen wir versuchen, die experimentellen Tatsachen zunächst festzustellen. Die reife Eizelle des Seeigels enthält 5 ng mRNA. Um diese Menge auf Vorrat zu synthetisieren, würde eine kurze Phase des Lampenbürstenstadiums ausreichen. Um zu prüfen, in welchem Maß diese mRNA spezifische Information enthält, müssen wir sie mit der während der Furchung neu synthetisierten RNA vergleichen. Die maximale Intensität der RNA-Synthese in der Seeigelentwicklung überhaupt beobachtet man in den Blastomeren während der Furchungsperiode. Bereits auf dem Blastulastadium ist sie auf 1/4 des Ausgangswertes abgesunken. Dabei bleiben bis zu 95% der neu synthetisierten RNA auf den Zellkern beschränkt und kommen nie in das Cytoplasma. Diese RNA-Moleküle bestehen im Mittel aus 10.000 Nucleotiden (N) und sind damit ca. 4 mal so lang wie die mRNA des Cytoplasmas. Etwa 3/4 der Moleküle enthalten kein Poly(A), der Rest hat je zur Hälfte eine kurze oder eine lange Poly(A)-Kette aus 25 oder 175 Gliedern. Die Sequenzkomplexität dieser RNA ist schon zu Beginn der Furchung sehr hoch und nimmt sogar noch zu; auf dem Gastrulastadium erreicht sie den höchsten Wert, der je während der Embryonalentwicklung zu beobachten ist. Bei der Hybridisierung dieser RNA mit hochmarkierter single-copy-DNA werden bis 40% der singulären DNA-Sequenzen abgesättigt. Dem entspricht eine Sequenzkomplexität von 3×10^8 Nucleotiden. Die RNA-Moleküle haben eine Halbwertszeit von nur 20 min. Im Gleichgewicht zwischen Synthese und Abbau liegt von jedem Molekül nur eine Kopie pro Blastomere vor.

Dies erinnert an die Situation der "undichten Gene" bei Bakterien, wo selbst im reprimierten Zustand noch in geringer Häufigkeit die entsprechende mRNA synthetisiert wird, die Gene also nie völlig abgeschaltet werden können. Dieser Vergleich ist aber aus zwei Gründen nicht angebracht: Selbst bei maximaler RNA-Synthese ist im Embryo über die Hälfte der RNA völlig "stumm", und im Laufe der Entwicklung werden enorme, qualitative Unterschiede in der RNA-Zusammensetzung beobachtet, die einer Sequenzkomplexität von über 10^8 Nucleotiden entsprechen, d.h. etwa den Informationsgehalt von 100.000 Genen betreffen könnten.

Die mRNA im Cytoplasma der Furchungszellen läßt sich nicht direkt von der Kern-RNA herleiten. Sie macht nur 5% der Kern-RNA aus, und jedes dieser mRNA-Moleküle kommt ca. 1000 mal pro Zelle vor. Mit 3×10^6 N hat sie eine fast 100fach geringere Komplexität als die Kern-RNA. Dennoch vermag sie, bei einer mittleren Länge von 1000 N, für 15.000 verschiedene Proteine zu codieren.

An den Polysomen lassen sich drei Sorten von mRNA unterscheiden, die während der Furchung unterschiedlich intensiv synthetisiert werden: die Histon-mRNA, die PolyA-RNA und die PolyA(-)-RNA, ohne PolyA-Schwanz. Eine besonders starke Zunahme erfährt die PolyA-RNA gegen Ende der Furchung, wo sie 20fach intensiver prozessiert wird, vermutlich durch eine ungewöhnliche Polyadenylierung im Cytoplasma.

Daß qualitativ verschiedene mRNA im Laufe der Frühentwicklung auftritt, wurde durch folgende Versuche nachgewiesen:
Zuerst wurde mRNA von Polysomen der Seeigel-Gastrula mit hochmarkierter single-copy-DNA hybridisiert, anschließend die DNA, die hybridisiert hatte, also die messenger-DNA (mDNA), von der hybridisierten RNA befreit und von der DNA, die nicht hybridisiert hatte, der Null-messenger-DNA (O DNA), abgetrennt. Beide DNA-Präparate kann man nun als "Sonden" verwenden um zu prüfen, welche mRNA-Sequenzen der Gastrula in den anderen Entwicklungsstadien vorkommen. Es zeigten sich sämtliche Sequenzen der Gastrula in der Furchung sowie in der Eizelle und 80% davon bereits im Ovar. Dieses Ergebnis ist verblüffend: hatten doch die Experimente mit Actinomycin D für die Gastrula "neue" RNA-Moleküle vermuten lassen.

mRNA
O-DNA
Hybrid
+ NaOH
DNA
mDNA

In der späteren Entwicklung, so in ausdifferenziertem Gewebe des Seeigels, findet sich nur ein Bruchteil, nämlich 15-30% der mRNA der Gastrula wieder. Wieweit diese Abnahme an Information nur auf die Gene beschränkt ist, die in der Gastrula aktiv sind, zeigt die Hybridisierung mit der O DNA. Im Kontrollexperiment hybridisiert diese nicht mit der mRNA der Gastrula, denn auf diesem Stadium wurden mDNA und O DNA isoliert. Sie hybridisiert sehr intensiv mit der Ei-RNA, etwa in demselben Maß wie die mDNA. Daraus folgt, daß die Eizelle über etwa doppelt so viel Information verfügt wie die Gastrula.

Aber die O DNA hybridisiert nur in einem geringen Maß mit der mRNA aus differenzierten Geweben. Dies zeigt, daß der Informationsgehalt der mRNA in den spezialisierten Zellen generell geringer ist als in der Eizelle, in Furchungszellen und in der Gastrula. Damit stellen wir zugleich auch eine Überlappung der RNA-Populationen in verschiedenen Geweben fest; dies gilt für sämtliche bisher geprüften Organismen. Viele mRNA-Sequenzen kommen sowohl im Ei als auch in anderen Geweben vor. Nur wenige sind auf ein spezifisches Gewebe beschränkt. Beim Vergleich mit der Kern-RNA kann man zusätzlich schließen, daß selbst diese wenigen Sequenzen ebenfalls schon in der Eizelle vorhanden sind.

Beim Seeigel ist außerdem klargestellt, daß alle mRNA-Sequenzen der Gastrula, obwohl sie schon in der Eizelle vorkommen, nach der Befruchtung neu synthetisiert werden und in die Polysomen gelangen. Das aber heißt, daß Actinomycinexperimente in folgender Weise interpretiert werden müssen: In der normalen Entwicklung hat der Embryo während der Furchung dasselbe Transkriptionsprogramm wie in der Oocyte. Damit wird den Furchungszellen neue mRNA verfügbar, die allmählich die mütterliche mRNA ersetzt. Unter dem Einfluß von Actinomycin D unterbleibt die Synthese der neuen RNA; dann wird die mütterliche RNA benutzt, die ohnehin denselben Informationsgehalt besitzen. Ihr Vorrat reicht bis zur Gastrula. Dies aber bedeutet, daß vom Gastrulastadium an keine spezifischen mRNA-Moleküle zusätzlich benötigt werden, sondern wiederum die gleichen wie früher, wenn auch wahrscheinlich in geringerer Menge.

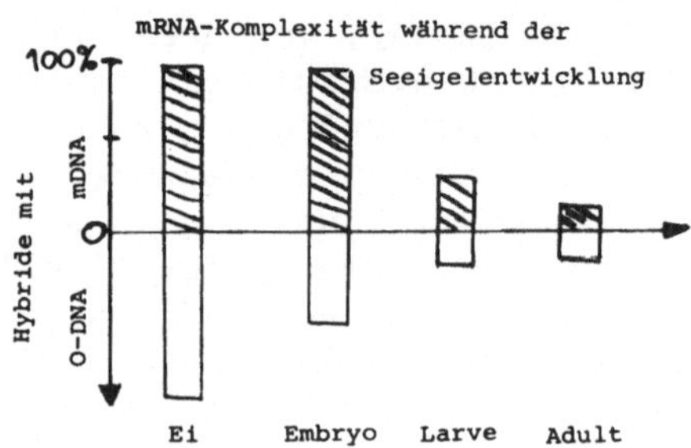

Wenn auch die Nematoden nur sehr ferne Verwandte von Seeigeln sind, sei hier doch eine ts-Mutante erwähnt, die bei der restriktiven Temperatur sowohl Oogenese als auch Eireifung und Embryonalentwicklung stört; das bedeutet, dasselbe verantwortliche Gen ist während dieser drei Entwicklungsphasen stets angeschaltet; ähnliche Beispiele kennt man von *Drosophila*mutanten.

Nach diesen Analysen am Seeigel - in gleicher Weise gilt dies auch für Amphibien - gibt es keine regulierte Transkription in der Frühentwicklung, sondern nur maximale, d.h. unregulierte RNA-Synthese. Hier ist aber eine Einschränkung zu machen: Das Gesagte gilt nur für RNA-Populationen, wobei z.B. ein einzelnes Genprodukt unter 15.000 nicht erkennbar ist. Daß so etwas wesentlich sein kann, hat das Beispiel der Nematodenmutante verdeutlicht. Ein einfacher Befund zeigt, daß in der Frühentwicklung vielleicht doch selektive Transkription vorkommt: die Vegetativisierung des Embryos durch Lithium läßt sich durch Actinomycin D verhindern. Dies besagt zwar, daß bei der Vegetativisierung vielleicht RNA synthetisiert werden muß, jedoch nicht, daß mRNA benötigt wird; es kann sich auch um Transkripte repetitiver DNA handeln (s. unten).

Der Modus der ribosomalen RNA-Synthese erlaubt zu fragen, ob ein einzelnes Gen, die rDNA, in der Frühentwicklung reguliert wird. Beim Seeigel ist das nicht der Fall, denn die rRNA-Synthese ist von der Eizelle bis zur *Pluteus*larve äußerst gering: pro Gen werden nur zwei Moleküle rRNA in 1 h produziert. Im allgemeinen hat man die Ausprägung eines Nucleolus als Merkmal für das Einsetzen der ribosomalen RNA-Synthese gewertet. Es kann jedoch auch sein, daß jeder Kern gleich viel rRNA synthetisiert, ein Nucleolus sich in der kurzen Generationszeit der Furchungskerne aber nicht ausbilden kann. Für diese Deutung spricht ein Ergebnis am Seeigel, wonach bereits in der Furchung Nucleolen in den Zellkernen erscheinen, wenn die Furchungsmitosen experimentell verlangsamt werden.

Als einzige RNA-Klasse zeigt die repetitive RNA charakteristische Änderungen ihrer Zusammensetzung während der Entwicklung des Seeigels. In der Furchung werden mehr repetitive DNA-Sequenzen transkribiert als in der Eizelle und der Larve. Neben Sequenzen, die mit denen der übrigen Stadien überlappen, finden sich solche, die nur in Furchungszellen vorkommen. Da durch den Einsatz klonierter repetitiver DNA-Sequenzen wahrscheinlich gemacht wurde, daß diese RNA symmetrisch ist, d.h. von beiden DNA-Strängen abgelesen wird, kann sie keine Funktion als mRNA haben. Es wäre wichtig, etwas über die Verteilung dieser furchungsspezifischen RNA innerhalb des Embryos zu erfahren, zumal Nucleinsäuren zerstörende UV-Bestrahlung morphogenetische Effekte hat, z.B. bei der Augenentwicklung des Tintenfisches, bei der Determination der Keimzellen von *Drosophila*, sowie bei der Organisation des gesamten Insektenembryos. Der Vollständigkeit halber muß noch erwähnt werden, daß die Hälfte der RNA, die im Seeigel-Embryo synthetisiert wird, nicht in den Zellkernen entsteht, sondern in den Mitochondrien. Wie Inhibitorversuche zeigen, hat die mitochondriale RNA keine spezifische Bedeutung für die Entwicklung bis zur Larve, aber sie erschwert die Isolierung der relevanten RNA-Moleküle des Zellkerns.

Zur Expression von Strukturgenen gehört schließlich, daß Proteine synthetisiert werden. Daher ist die Analyse neu synthetisierter Proteine, z.B. durch Gelelektrophorese oder durch Bestimmung von Enzymaktivität, aufschlußreich. Schließlich erlauben es charakteristische Proteinmarker des Vaters, den Zeitpunkt festzustellen, an dem väterliche Gene in der Entwicklung exprimiert werden.

Manche embryonalen Proteine werden direkt aus der Eizelle übernommen, manche werden aufgrund eines Translationsprogrammes zu verschiedenen Zeiten synthetisiert, und manche erst nach der Synthese neuer mRNA. Zu den direkt übernommenen Proteinen gehören 10^8 Moleküle DNA-Polymerase, die beim Seeigel zu den "shuttle-Proteinen" des Chromatins zählen: sie verlassen die Chromosomen vor der Metaphase und binden sich in der Telophase wieder an das Chromatin. Diese Moleküle reichen bis zum Blastulastadium aus, um jedes Replikon der DNA zu replizieren.

Histone werden gekoppelt mit der DNA-Synthese produziert: nach Blockierung der DNA-Synthese bleibt auch die Histonsynthese stecken. Noch während der frühen Furchung ist der mütterliche Vorrat aufgebraucht, und neue Histon-mRNA wird synthetisiert, aber wahrscheinlich von anderen Histongenen als in der Oogenese.

Mit der Befruchtung wird schlagartig begonnen, eine Vielzahl verschiedener Proteine zu synthetisieren, ohne daß deren Menge mehr als 1% des embryonalen Gesamtproteins ausmacht. Das hat man mittels zweidimensionaler Gele analysiert. Diese Proteine werden an mütterlicher mRNA synthetisiert, die durch proteolytischen Abbau der Informosomen und cytoplasmatische Polyadenylierung verfügbar wird und sich in einer starken Zunahme der Polysomenzahl ausdrückt. Das Muster dieser Proteine bleibt bis zur Gastrula unverändert.

Ein bestimmtes Enzym wird zu einem bestimmten Zeitpunkt nach der Befruchtung an mütterlicher mRNA synthetisiert: das Schlüpfenzym, das die Freisetzung der Blastula durch Auflösen der Eihüllen ermöglicht. Hier liegt ein Beispiel für eine selektive Translationskontrolle vor, im Gegensatz zu der mehr unspezifischen Stimulierung der Proteinbiosynthese bei der Befruchtung.

Als ein frühes, väterliches Genprodukt hat man das H_1-Histon identifiziert. Hierzu wurde ein Seeigelei mit dem Spermium eines Seesternes besamt, also ein Ordnungsbastard hergestellt. Durch Gelelektrophorese lassen sich väterliche und mütterliche H_1-Histone deutlich unterscheiden. Aus Furchungsstadien der Bastard-Embryonen wurde mRNA isoliert und in vitro in Proteine translatiert. Unter diesen Proteinen findet sich das väterliche H_1-Histon, nicht aber das mütterliche. Also wird während der Furchung das väterliche Gen bevorzugt und vor dem mütterlichen exprimiert. Vergleichbare Ergebnisse zeigt die Synthese des Enzyms Arylsulfatase.

Einen wichtigen Befund zeigen Zellaggregationsexperimente mit isolierten Zellen der Seeigelblastula. Als Kontrolle dienen Blastomeren aus befruchteten Seeigeleiern. Die anderen Blastomeren stammen aus Embryonen, die nur das väterliche Genom enthalten. Man findet, daß die diploiden Blastomeren eine höhere Affinität zu den haploiden haben als zu ihresgleichen. Möglicherweise sind in den haploiden schon frühzeitig väterliche Membranproteine exprimiert worden, was für das Verhalten der Zellen während der Furchung eine große Bedeutung haben könnte. Es ist noch nicht klar, ob hier ein Zusammenhang mit der Musterbildung durch morphogenetische Gradienten erstellt werden kann, aber die "epigenetische Landschaft" der Ei- und Blastomerenoberfläche verdient sicher eine genaue Betrachtung, wie wir auch bei den Säugetieren sehen werden (s. unten).

4.4.5.4 Frühentwicklung der Amphibien

Viele der Beobachtungen die beim Seeigel gemacht wurden, gelten auch für die Amphibien. Da die Eizelle mit 50 ng mRNA etwa die gleiche Menge wie beim Seeigel von der Mutter her erbt, das Amphibienei aber 1000 mal größer ist, verwundert es nicht, daß auch hier während der Furchung besonders intensiv RNA enormer Komplexität synthetisiert wird. Auch in diesen Embryonen treten die Transkripte repetitiver DNA schon in der Frühentwicklung auf. Zusätzlich hat man hier gefunden, daß sie besonders im animalen Bereich des Embryos anzutreffen sind.

Über die cytoplasmatischen Partikel, welche die Keimzellen determinieren sollen, und über die Entstehung des Grauen Halbmonds als einer notwendigen Cortexzone der Eizelle, haben wir bereits gesprochen. Wie bei der Seeigelentwicklung sind auch hier Zellaggregationsversuche aufschlußreich, die auf die Bedeutung der Zelloberfläche hinweisen: In Bastardembryonen, die sich nur bis zu frühen Stadien der Blastula oder Gastrula entwickeln, verlieren die Zellen ihre Affinität zueinander, etwa zu der Zeit, von der an die Entwicklung abnorm wird.

In diesem Zusammenhang sei ein Experiment geschildert, bei dem sich die gleiche Blastomere nach der ersten Furchungsteilung je nach der Isolierungsmethode zu einem vollständigen Frosch entwickelt oder nicht. Wird eine Tochterblastomere mit einer Nadel angestochen, so entwickelt sich nur ein Teilembryo, wird sie abgeschnürt, so entwickelt sich ein ganzer Embryo, gelangt dabei zufällig das Material des Grauen Halbmondes in beide Blastomeren, so entstehen sogar zwei vollständige Embryonen. Offensichtlich werden die Blastomeren, solange sie unmittelbaren Kontakt miteinander haben, etwa über "gapped junctions", in ihrem Entwicklungspotential eingeschränkt.

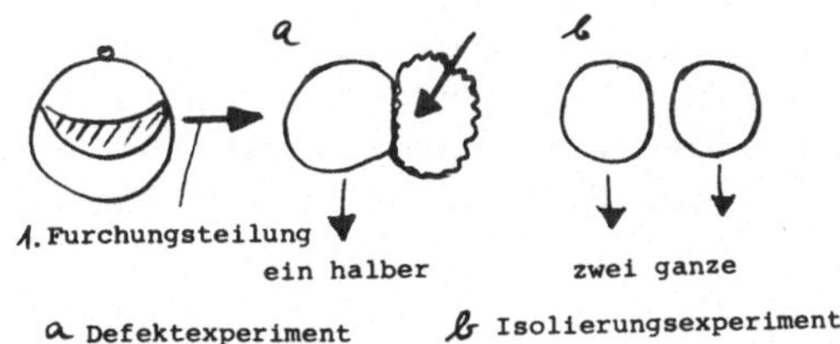

Wegen der Gunst des Objektes sollen nun etwas eingehender weitere Kerntransplantationsversuche an zwei verschiedenen Fröschen (*Rana* und *Xenopus*) sowie am Axolotl geschildert werden.

Bei einem der Experimente geschah die Transplantation eines Kerns innerhalb einer unvollständig durchgetrennten Eizelle von selbst: in der einen Hälfte hatte sich der befruchtete Kern 4 mal hintereinander geteilt und 15 Blastomeren gebildet. Der 16. Furchungskern wanderte dann in die andere Eihälfte und konnte dort noch einmal die Furchung von Anfang an in Gang setzen, es entwickelten sich Zwillinge. Das aber heißt: nach vier Teilungen sind die Kerne noch omnipotent!

Bei den übrigen Experimenten wurde ein Kern aus einer Spenderzelle mit der Pipette entnommen und in einen Empfänger injiziert. Dieser ist jeweils eine reife Eizelle, der entweder der Kern entnommen (bei *Rana*) oder durch UV-Bestrahlung zerstört wurde (bei *Xenopus*). In jedem Fall wird mit dem Kern stets etwas Cytoplasma übertragen, denn in einer Pufferlösung gewaschene, isolierte Kerne überleben nicht. Bis zum Blastodermstadium des Spenders sind die Ergebnisse in beiden Systemen gleichartig: die Kerne sind omnipotent, d.h. es lassen sich Klone herstellen. Danach nimmt die Zahl der erfolgreichen Transplantationen bei *Rana* stark ab. Bereits die isolierten Kerne aus der Gastrula verursachen die Entwicklung defekter Embryonen. Es ist unklar, ob die Kerne bereits im Spender verändert waren, oder in diesem Stadium empfindlicher gegenüber Transplantationsschäden sind, oder ob sie im Empfänger abgeändert werden. In manchen Fällen zeigen Klone, die aus Kernen eines defekten Embryos gezüchtet werden, alle die gleichen Defekte. Das spricht dafür, daß die Zellkerne im Spenderembryo nach dem Blastulastadium irreversibel verändert worden sind.

Anders fallen die Ergebnisse bei *Xenopus* aus. Hier lassen sich intakte Frösche noch aus Kernen der Gastrula züchten, und sogar ein Kern aus einer Darmzelle der Kaulquappe bringt es wieder bis zu einer Kaulquappe. Selbst Kerne, die aus einer differenzierten Hautzelle des Frosches entnommen werden, erweisen sich noch als omnipotent. Die Häufigkeit der positiven Ergebnisse nimmt aber auch hier mit dem Entwicklungsalter der Spenderkerne ab. Sie beträgt bei differenzierten Zellen unter 1%. Die Ausbeute läßt sich ca. 10fach steigern, wenn die Kerne in einer Eizelle adaptiert werden, indem man sie sich einige Male darin teilen läßt und dann in eine zweite Empfängereizelle überträgt. Schließlich ist auch die Entwicklung zur Larve mit Zellkernen aus einer Tumorzellinie der Niere und aus Lymphocytenkernen beschrieben worden. Dagegen können Kerne aus Hirn- oder Blutzellen einer kernlosen Eizelle nicht mehr zur Entwicklung verhelfen. Diese Experimente sind oft als Beweis für die Unveränderlichkeit des Genoms während der embryonalen Entwicklung gewertet worden, die ihr Gegenstück in der Regeneration einer kompletten Pflanze aus einer einzigen vegetativen Pflanzenzelle haben.

Einschränkend zeigen diese Experimente zwar, daß ein geringer Prozentsatz der Kerne aus differenzierten Zellen nicht irreversibel verändert wird, daß sie aber nicht mehr das Programm der Metamorphose einer Kaulquappe zum Frosch auslösen können. Es ist möglich, daß in diesen Fällen das Genom qualitativ während der frühen Entwicklung verändert wurde - ähnlich wie wir das bei der Determination der Keimzellen diskutiert haben - und daß unter Streßbedingungen ein anderer Satz von Genen angeschaltet wird, der in der Normalentwicklung reprimiert ist; dieser übernimmt nun die Funktionen der Entwicklungssteuerung, etwa wie in einer Eizelle ohne väterliches Centriol die Cytaster spontan entstehen können.

Einen Hinweis auf eine irreversible Änderung der Zellkerne im Blastulastadium bietet die Analyse der Mutante O- beim Axolotl, eine der wichtigen mütterlichen Defektmutanten. Im heterozygoten Zustand O-/+ können männliche und weibliche Tiere überleben. Wird ein haploides O- Ei durch ein O- Spermium besamt, so entwickeln sich homozygote Weibchen (O-/O-). In deren Ovar entstehen Eizellen, die sich nach Besamung mit einem O-Spermium nur bis zur Blastula entwickeln können, aber nicht weiter. Offensichtlich werden im Normalfall (im Wildtyp-Ei) mütterliche Faktoren von der Eizelle auf den Embryo übertragen, die für die Entwicklung notwendig sind.

Durch wechselseitige Injektionen von Cytoplasma und Zellkernen aus defekten O-/O- und gesunden +/+-Embryonen wurden folgende Ergebnisse erzielt: Defekte Embryonen werden durch Injektion von Saft aus dem Keimbläschen einer gesunden, unreifen Eizelle oder von Cytoplasma einer reifen Eizelle oder auch einer Furchungszelle repariert. Die heilende Komponente des Cytoplasmas ist ein Protein. Das Cytoplasma aus einer älteren Blastula kann jedoch keine Reparatur mehr ausführen. Die Heilung verändert den Zellkern im defekten Embryo so, daß er, nach Injektion in eine entkernte, defekte Eizelle, diese jetzt ebenfalls zur normalen Entwicklung veranlaßt. Dagegen vermag ein Kern der gesunden, jungen Blastula - obwohl er eine gesunde Eizelle zur Entwicklung anregen kann - einer defekten Eizelle nicht zur Entwicklung zu verhelfen. Stammt der Zellkern dagegen aus einer gesunden, älteren Blastula, so kann sich aus einer entkernten, defekten Eizelle ein gesunder Axolotl entwickeln.

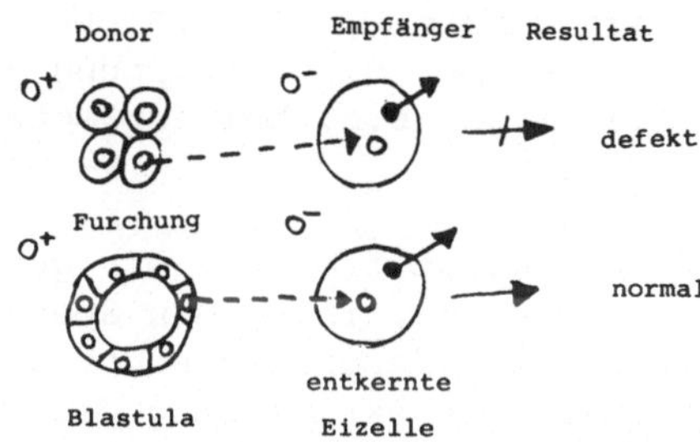

Die einfachste Deutung dieser Experimente ist, daß in der Oogenese durch die Expression des O+ Gens ein Protein produziert, im Keimbläschen gespeichert und mit der Eireifung in das Cytoplasma entlassen wird. Während der Furchung befindet sich dieser Faktor im Cytoplasma der Blastomeren. Im Blatulastadium wandert er in die Zellkerne und verändert ihr Chromatin in einer spezifischen Weise; nur dann ist eine gesunde Weiterentwicklung möglich. Diese Änderung ist stabil, d.h. über viele Zellgenerationen vererbbar. Der sie bestimmende Faktor könnte ein DNA-bindendes Protein sein, das, als eine neue Komponente der Nichthistonproteine vom Blastulastadium an, in die Steuerung der Genexpression während der Entwicklung eingreift.

Es ist jedoch nicht ausgeschlossen, daß hier drei, zwar unabhängige, aber zeitlich gekoppelte Reaktionen ablaufen: eine im Keimbläschen, eine im Cytoplasma und eine in den Kernen der Blastula. Es könnte sich dabei um die Synthese einer mRNA, eines Enzyms und einer enzymatischen DNA-Modifikation handeln. Anhand dieses Beispiels haben wir erstmalig einen embryonalen Determinationsprozeß bei somatischen Zellkernen kennengelernt, der durch einen mütterlichen Faktor ausgelöst wird und der beim Entwicklungsschritt von der Blastula zur Gastrula nötig ist.

4.4.5.5 Frühentwicklung der Insekten

Die Embryonalentwicklung der Insekten zeigt einige Besonderheiten, die sie für Untersuchungen besonders geeignet erscheinen lassen. Insekteneier haben eine polare Gestalt, an der die anterior/posterior-Achse, wie auch die dorso/laterale Achse der ausgewachsenen Larve bereits deutlich zu unterscheiden ist. Einfache Experimente machen die Notwendigkeit einsichtig, spezifische cytoplasmatische Bereiche im Ei anzunehmen. Die deutliche metamere Gliederung der Insekten in ca. 20 verschiedene, hintereinander liegende Segmente erlaubt eine klare Zuordnung der embryonalen Organisation zu einer einzigen Zellschicht an der Eioberfläche, und schließlich ermöglichen zahlreiche Mutanten bei *Drosophila*, den Entwicklungsprozeß ohne Skalpell zu sezieren.

Die postembryonale Entwicklung der Insekten ist ein diskontinuierlicher Prozeß, da die Larven aufgrund ihres relativ starren Außenskeletts nur begrenzt wachsen können; sie müssen sich häuten. So entsteht das erwachsene Insekt direkt, indem sich die Larve mit jeder Häutung schrittweise dem Habitus der Imago annähert, wie z.B. bei der Grille, oder es kommt - auf indirektem Wege - über die Verpuppung zu einem vollkommenen Umbau der Larve in die Imago, z.B. bei der Metamorphose einer Raupe zu einem Schmetterling.

Die Eier enthalten viele Vorratsstoffe, wie wir gesehen haben. Sie sind bei der Ablage bereits besamt, indem ein Spermium an einer vorgesehenen Stelle, der Mikropyle, durch die sonst derbe Hülle (das Chorion) hindurchgelangt ist. Die Aktivierung der Entwicklung geschieht bei manchen Insekten durch eine mechanische Deformierung der Eier, während sie durch den Legeapparat herausgepreßt werden.

Die Furchung setzt wegen der vorgegebenen Lage und Beweglichkeit des männlichen und des weiblichen Vorkerns an einer bestimmten Stelle im Inneren des Eies ein, dem Furchungszentrum. Sie geschieht als eine zunächst streng synchrone und rapide Folge von Kernteilungen ohne Zellteilung, wodurch die Eizelle in ein Plasmodium verwandelt wird. Die räumliche Verteilung der Kerne besorgen in manchen Eiern die Cytaster, durch die im Anschluß an jede Telophase die Tochterkerne ein weiteres Stück auseinandergezogen werden, ohne mit den Nachbarn zu kollidieren. Bereits der männliche Vorkern kann die von seinem Centriol ausgehenden Asterstrahlen nützen, um sich auf seiner Wanderung durch das Ei "zu hangeln" und dabei gleichzeitig den weiblichen Kern zu sich heranzuziehen. Diese Migrationsorganellen (manchmal Migrationsaster genannt) vermögen sich zwar an die Eimembran anzuknüpfen, da sie aber die Zellmembran zwischen den Tochterkernen nicht einzuschnüren vermögen, ziehen sie die Tochterkerne zur Eioberfläche hin, wie den Propheten zum Berge. In vielen Fällen beobachtet man zusätzliche Strömungsbewegungen des Dotterentoplasmasystems, durch welche die Kerne passiv verlagert werden. Auf seinem Weg durch das Ei sammelt jeder Kern unter Auflösung von Dottersubstanz einen Cytoplasmahof um sich, wodurch er gleichsam zu einer nackten Zelle wird (sog. Energiden).

Wenn diese Gebilde an die Eioberfläche gelangen, können sie entweder wie Amöben umherkriechen und sich, unterstützt von Dotterströmungen, Kontraktionen und Lyse, an bestimmten Stellen ansammeln, oder sie bleiben stationär. In jedem Fall vollzieht sich jetzt eine Zellularisierung, indem das Plasmodium in eine periphere Zellschicht verwandelt wird, das Blastoderm, welches das Dotterentoplasmasystem allseitig umgibt. Spätestens mit der Bildung der Blastodermzellen ist die Teilungssynchronie beendet. Schon wenn die Energiden die Eioberfläche erreichen, verlängert sich der Zellcyclus, und es wird erstmalig eine G_1-Phase eingeschaltet. Bei der besonderen Bedeutung, die diesem Abschnitt für differentielle Zelleistungen zukommt, könnten die ersten Zellen, besonders wenn sie bereits hochspezifische cytoplasmatische Einschlüsse, wie die bereits besprochenen Polgranula enthielten, für die weitere Entwicklung Schrittmacherfunktionen ausüben.

Obwohl während der Oogenese viele Vorratsstoffe in Insekteneiern angelegt worden sind, muß das Genom der Furchungskerne zwischen zwei Teilungen vollständig synthetisiert werden. Die DNA-Replikation geschieht während der Furchung bedeutend schneller als in differenzierten Zellen. Bei letzteren dauert die S-Phase ca. 10 h, und die Synthesegeschwindigkeit beträgt 2500 Nucleotide pro Minute; die Größe des Replikons liegt zwischen 30 und 60 KB. Während der Furchung dagegen dauert die Generationszeit bei *Drosophila* 10 min und die S-Phase 3,5 min, obwohl die Synthesegeschwindigkeit (Elongation) unverändert geblieben ist. Zwei Mechanismen sorgen für die Verkürzung der S-Phase: Verkleinerung der Replikons auf im Mittel 10 KB und Synchronisierung ihrer Replikation. Damit wird mit größerer Häufigkeit an vielen Stellen jedes Chromosoms zur gleichen Zeit DNA synthetisiert. Dies geschieht vermutlich durch Initiationsfaktoren der Eizelle, deren Wirkung auf die Embryonalentwicklung beschränkt ist.

Trotz der kurzen Zellcyclen während der Furchung, und obwohl die Eizelle aufgrund der Lampenbürstenchromosomenphase oder des Zuflusses aus den Nährzellen mit mütterlicher RNA versorgt worden ist, muß bereits während der Furchung die Transkription der embryonalen Gene einsetzen. Dies erkennt man daran, daß nach Injektion von Alpha-Amanitin, dem spezifischen Inhibitor der RNA-Polymerase B, die Furchung blockiert wird. Bei Embryonen, denen das X-Chromosom im mütterlichen Vorkern aufgrund einer Meioseabnormalität fehlt, (attached-X), wird nach der Besamung durch ein Spermium ohne X-Chromosom, die Entwicklung des Null-X-Embryos nach den ersten Teilungsschritten eingestellt. Dies bedeutet, daß ein essentielles Gen auf dem X-Chromosom während der Frühentwicklung aktiv sein muß, das z.B. für Tubulin codieren könnte.

Eine signifikante Zunahme der RNA-Synthese geschieht bei der Bildung des Blastoderms. Dies erkennt man an dem Einbau markierter Vorstufen in RNA, durch Autoradiographie oder durch zwei elegante Methoden, die bei *Drosophila* angewendet wurden: Durch in situ Hybridisierung mit radioaktivem Poly(U) hat man autoradiographisch eine Zunahme von Poly(A)-RNA in der Peripherie des Eiinhaltes, d.h. in den Blastodermzellen nachgewiesen. An EM-Spreitungen erkennt man eine dichtere Anordnung der RNP-Fibrillen und ihre zunehmende Länge an der DNA-Achse (Weihnachtsbaumstrukturen, wie bei rDNA und Lampenbürstenschleifen). Letztere Beobachtung ist ein gutes Argument für die Zunahme der RNA durch vermehrte Initiation an definierten Stellen auf der DNA, d.h. für Transkriptionskontrolle. Bei keiner dieser Analysen wurden bisher lokale Unterschiede der RNA-Synthese-Intensität innerhalb des Embryos gefunden.

Noch völlig ungeklärt ist, ob überhaupt eine qualitative Änderung der RNA in der Frühentwicklung der Insekten eintritt. Eine detaillierte Studie der Sequenzkomplexität von Poly(A)-RNA bei *Drosophila* hat keinerlei Sequenzen erkennen lassen, die bereits im Ei, aber nicht im Blastodermstadium, oder aber im Blastodermstadium, aber noch nicht im Ei, vorkommen.

Dagegen lassen sich auf dem Blastodermstadium aufgrund der Analyse von Proteinen, als Muster markierter Banden in der Gelelektrophorese oder durch immunologische Methoden, lokale Unterschiede in der Proteinsynthese vermuten. Zusätzlich gibt es Hinweise auf eine unterschiedliche Verteilung von Proteinen in der Eizelle, die während der Oogenese hergestellt wurden. Die Verwertung mütterlicher Eiproteine im ausgewachsenen Insekt läßt sich aus folgendem Resultat ableiten: Bei der Motte *Ephestia* codiert das Gen A für einen Augenfarbstoff und läßt damit dunkle Augen entstehen. Die entsprechende Mutante a, bei der dieser Farbstoff fehlt, führt zu roten Augen. Ein rotäugiges Weibchen (aa) hat nach Kreuzung mit einem dunkeläugigen Männchen (Aa) erwarungsgemäß je zur Hälfte Nachkommen mit roten und mit dunklen Augen. Wenn man aber eine dunkeläugige Mutter (Aa) mit einem rotäugigen Männchen (aa) kreuzt, gibt es nur dunkeläugige Nachkommen. Der Grund dafür ist, daß das Gen A in der Mutter die im Ovar heranwachsenden Eier mit genügend Pigmentvorläufer-Molekülen versorgt, so daß sich selbst nach der ganzen embryonalen und larvalen Entwicklung noch dunkel gefärbte Augen bilden können. Während durch diese genetische Analyse die direkte Vererbung einer chemischen Substanz verdeutlicht wurde, zeigen manche andere Mutanten die Steuerung der embryonalen Gestalt durch mütterliche Gene an (s. unten).

Vielleicht bietet einmal die Koordination der im folgenden geschilderten Experimente mit biochemischen und genetischen Analysen einen Ansatz zum kausalen Verständnis der Frühentwicklung bei Insekten. Von den zahlreichen Defekt-, Isolations- und den selteneren Rekonstitutionsexperimenten seien einige ausgewählt, die an Embryonen einer Libelle, einer Heuschrecke, einer Mücke und einiger Fliegen gemacht worden sind. Sie erlauben Rückschlüsse auf Wechselwirkungen zwischen lokalen cytoplasmatischen Bereichen mit dem Zellkern sowie auf die Entstehung und Organisation embryonaler Muster.

Der Embryo einer Libelle entwickelt sich nach dem Blastodermstadium zunächst aus zwei Keimanlagen - je eine auf einer Eiseite - in der hinteren Hälfte des Eies. Die übrigen Zellen des Blastoderms werden zu einer extraembryonalen Hülle, der Serosa. Danach verlagern sich die beiden Keimanlagen auf die Ventralseite, wo sie den Keimstreif bilden. Der wird dann mehrschichtig und erhält bald die typische Insektengliederung in Kopf, Thorax und Abdomen mit insgesamt 20 Segmenten.

Wird vom Vorderende des Eies, noch ehe die Furchungskerne dorthin gekommen sind, ca. 1/3 entfernt, dann entsteht eine zwar kleine, aber normale Libelle. Werden am Hinterpol nur 5% des Eies abgetrennt, so bildet sich ein normal aussehendes Blastoderm; aber die primäre Differenzierung in Keimanlage und extraembryonale Hülle fällt aus: es entsteht kein Embryo. Macht man das gleiche Experiment nachdem ein Kern an den Eihinterpol gelangt ist, kann man zunächst 5% und mit zunehmendem Entwicklungsalter schrittweise bis 25% vom Hinterende abtrennen, und es entsteht trotzdem ein normaler Embryo. Verhindert man durch einen halb zugezogenen Knoten, daß ein Kern den Hinterpol erreicht, so bleibt die Entwicklung des Keimes ebenfalls aus. Wenn man aber die ersten an den Hinterpol wandernden Kerne einzeln mit einem UV-Strahlenstich abtötet, können aus anderen Regionen des Eies andere Kerne an den Hinterpol wandern und einen normalen Embryo entstehen lassen: die Furchungskerne sind isopotent.

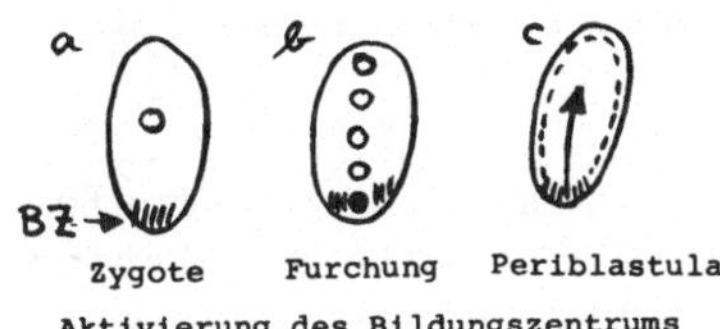

Aktivierung des Bildungszentrums

Diese Experimente am Libellenei zeigen, daß während der Entwicklung ein Kern an einen bestimmten Ort im Ei kommen muß, damit nach dem Blastodermstadium an einer ganz anderen Stelle des Eies eine Keimanlage entstehen kann. Da die Bildung des Keimes von einer Kern-Cytoplasma-Wechselwirkung am Eihinterpol abhängt, wird dieser Ort "Bildungszentrum" (BZ) genannt. Da dieses nur in der frühen Furchung notwendig ist, könnte seine Wirkung in der Synthese und Diffusion eines Stoffes bestehen oder auf einer anderen vektoriellen Reaktion, etwa einer fortgeleiteten Depolarisationswelle beruhen, die sich bis zu dem Bereich ausbreitet, an dem die beiden Keimanlagen entstehen. In diesem Bereich lassen sich nach der Aktivierung durch das Bildungszentrum ganz verschiedene Reaktionen sowohl im Dotterentoplasma (Strömungen, Kontraktionen und Lyse) als auch in der Blastodermschicht (Zellbewegung und Mitosen) beobachten. Als Resultat entstehen zwei Keimanlagen, jede aus einer Zellschicht von bestimmter Gestalt und mit dem Entwicklungspotential für eine ganze Libelle.

Der Ort, an dem die beiden lateralen Keimanlagen entstehen, ist zunächst nicht festgelegt. Wird das Ei experimentell durch Abschnüren verkürzt, so kann diese Stelle weiter vorne oder hinten liegen: Der Bereich, in dem die Differenzierung in embryonales Keimmaterial geschehen kann (Differenzierungsbereich), ist größer als die Zone, in der sich schließlich die Keimanlage formiert (das Differenzierungszentrum, DZ).

In frühen Stadien der Keimanlage lassen sich sämtliche embryonalen Zellen durch lokale UV- oder Röntgenbestrahlung abtöten. Dennoch entsteht eine gesunde Libelle, indem aus der Umgebung Zellen einströmen, die sonst zu Keimhüllen geworden wären. Dies ist ein wichtiges Beispiel für embryonale Regulation. Dem Bereich eines Eies, von dem eine solche Prägung von Zellen in embryonale Richtung ausgehen kann, hat man seit langem als "embryonales Feld" bezeichnet. Vielleicht zeigen die weitgehend unverstandenen Reaktionen, die zur Entstehung eines solchen Feldes führen, gewisse Ähnlichkeiten zur template-Wirkung bei der Organisation des Cortex der Ciliaten und zur Selbstorganisation während der Morphogenese der Bakteriophagen.

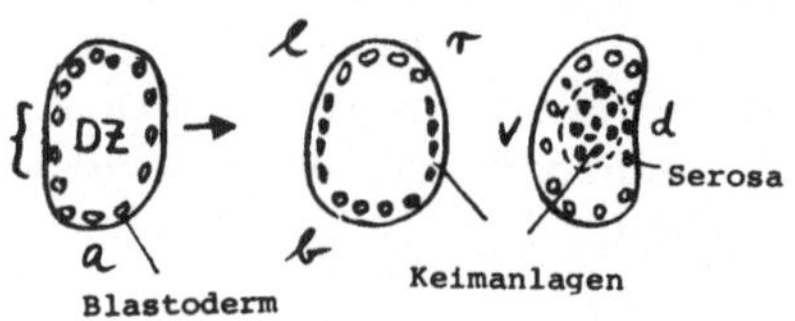

Wirkung des Differenzierungszentrums

Wenn einmal eine Keimanlage vom extraembryonalen Hüllenmaterial abgegliedert ist, erlischt allmählich die Regulationsfähigkeit des Eies, und die extraembryonalen Zellen können die embryonalen nicht mehr ersetzen. Der Keimstreif nimmt die typische Körpergrundgestalt der Insekten an. Nun kann man durch lokale Defektexperimente, z. B. gezielte UV-Bestrahlung, zeigen, wie allmählich Zellgruppen innerhalb der Keimanlage zunehmend weniger regulieren können, d.h. immer mehr determiniert werden, nur bestimmte Körperabschnitte zu bilden. Diese Determination setzt in den Zellen etwa in der Mitte des Keimstreifs ein, dort, wo sich der Thorax bilden wird, und weitet sich nach vorn und hinten aus. Von diesem Stadium an lassen sich sämtliche Organe der Libelle in einem Anlagenplan einzeichnen, d.h. kartieren.

Allerdings ist durch solche Defektexperimente noch nicht völlig bewiesen, daß die Zellen wirklich determiniert sind und auch nicht, daß sie vorher noch nicht determiniert waren: Es könnte sich bei der künstlich ausgelösten Regulation um einen Regenerationsprozeß handeln, indem die Zellen aufgrund des Defektes unnatürlich reagieren. Die Determination könnte durch die zunehmende Unbeweglichkeit der an sich noch omnipotenten Zellen vorgetäuscht werden. Diese Argumente werden jedoch durch Experimente an *Drosophila* weitgehend entkräftet (s. unten).

Bei der Libelle haben wir zwei ausgezeichnete Areale im Ei kennengelernt: das Bildungszentrum am Hinterpol und den Differenzierungsbereich im hinteren Eidrittel. Letzterer bewirkt eine "Prägung" der Zellen zur Bildung der Keimanlage. Er besitzt die Eigenschaft eines embryonalen Feldes und eines Organisationszentrums und bewirkt einen Determinationsprozeß, der sich von der Mitte des Keimstreifs ausbreitet.

Bei den übrigen Experimenten an Insekten richtet sich die Entwicklungsanalyse nicht so sehr auf das Verhalten der Einzelzellen, sondern der Entwicklungsprozeß wird meist erst aus dem Entwicklungsresultat rekonstruiert: Es wird gefragt, welche Segmente des Keimstreifs nach bestimmten Eingriffen noch gebildet werden, oder welche Segmentstrukturen sich nach der Verpuppung anhand typischer Borstenmuster identifizieren lassen. Dies erlaubt eine Feinanalyse der Organisation einzelner Organe, z.B. der Extremitäten und der Augen, sowie die Etablierung embryonaler Muster innerhalb eines Segmentes, z.B. die Anordnung verschiedener Borsten. Bei einer kleinen Zikade entwickelt sich der Embryo im Ei ebenfalls aus einem (hier etwas längeren) Keimstreif. Das Ei enthält am Hinterpol einen Symbiontenball, der eine deutliche Markierung darstellt, für die frühe embryonale Entwicklung aber nicht unbedingt notwendig ist. Man hat nach Schnürungsexperimenten beobachtet, daß in jedem Eiteil, also vor oder hinter der Schnur, ein vorderer bzw. hinterer Teilembryo entstehen kann.

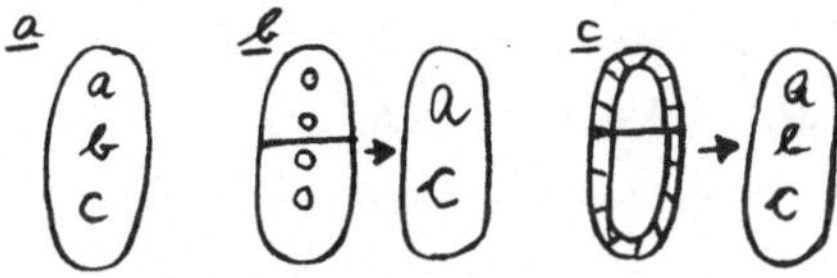

a) normales Muster
b) Schnürung während Furchung: Segmentausfall
c) Schnürung im Blastoderm: kein Ausfall

Wenn man diese Versuche während der Furchungsperiode unternimmt, ergänzen sich die Teile nicht zu einem ganzen Embryo. Es ist im typischen Segmentmuster eine Lücke entstanden (ein "gap"). So können z.B. mittlere Bereiche, etwa der ganze Thorax, fehlen. Wenn zunehmend ältere Embryonen geschnürt werden, verkleinert sich die Lücke schrittweise, Segment für Segment; schrittweise deshalb, weil nie halbe Segmente auftreten. Auf dem Stadium des cellulären Blastoderms tritt nach Schnürung keine Lücke mehr auf, das embryonale Muster ist inzwischen vollständig spezifiziert worden. Obwohl das gap-Phänomen etwas an die Reaktionsfolge bei der Differenzierung des Libellenembryos erinnert, weisen gezielte Entmischungsexperimente auf einen direkten Einfluß des Hinterpolmaterials auf die Differenzierungsleistungen des Keimstreifs hin. Eine vorgeschaltete Aktivierung der Entwicklung in embryonale Richtung durch das Bildungszentrum, wie bei der Libelle, ist hier nicht zu beobachten. Möglicherweise hat sie aber schon früher, d.h. bereits vor der Eiablage oder sogar in der Oogenese, stattgefunden. In diesem Experimenten wird der Symbiontenball vom hinteren Eipol weg ein Stück nach vorne verlagert, indem der ganze Eihinterpol mit einer stumpfen Nadel eingestülpt wird. Danach nimmt das Ei seine normale Form wieder an, aber der Symbiontenball, vermutlich zusammen mit einer Portion polaren Cytoplasmas, bleibt in der Mitte des Eies liegen. Eine Kombination dieser Verlagerungsexperimente mit anschließender Schnürung hat zu folgenden Resultaten geführt: Wenn man während der Furchung eine Serie von Eiern in verschiedener Höhe quer durchschnürt, kann in der vorderen Eihälfte kein vollständiger Embryo mehr entstehen, wenn die Schlinge einen bestimmten Abstand zum Vorderpol unterschreitet; dem Embryo fehlen dann hintere Körperteile, z.B. das ganze Abdomen. Hat man aber vor der Abschnürung den Symbiontenball so verschoben, daß er vor der Schnur liegt, so kann sich bei derselben Schnurlage, wie im Experiment zuvor, ein ganzer Embryo entwickeln. Offensichtlich findet sich im Hinterpolplasma ein "Posterior-Faktor". Schnürt man das Ei einige Zeit nach der Verlagerung des Symbiontenballs, so kann im vorderen Eiteil ein kompletter Embryo entstehen und im hinteren ein Monster: eine Doppelbildung ohne Kopf, die aus einem Thorax mit zwei kompletten Hinterteilen besteht. Das hintere Abdomen ist normal orientiert, das vordere liegt spiegelbildlich und zeigt zum Vorderpol. Vielleicht hat in diesem Fall der verlagerte Posterior-Faktor einen (noch hypothetischen) Anterior-Faktor überwältigt, ohne die Differenzierung des Thorax zu stören.

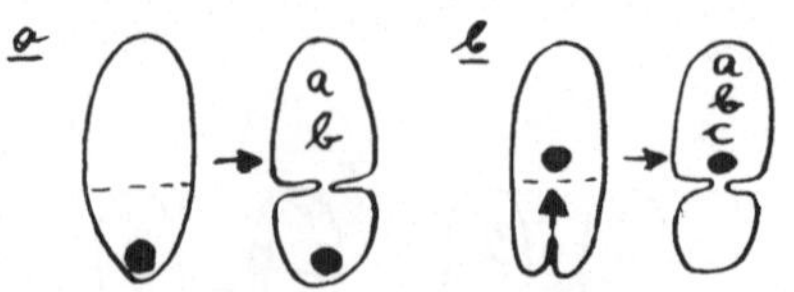

a Vorderisolat ohne Symbiontenball: Defekt

Eine spiegelbildliche Verdoppelung des Abdomens könnte so gedeutet werden, daß in der ungestörten Entwicklung während der Furchung dieser Posterior-Faktor im Ooplasmodium von hinten nach vorn diffundiert, und daß dort, wo eine Konzentrationsschwelle überschritten wird, später Abdomensegmente entstehen. Wird der Symbiontenball - zusammen mit einer Portion Posterior-Faktor - nach vorn verlagert, so resultieren kritische Konzentrationen an zwei Bereichen im Ei, und es entstehen zwei Abdomina. Da aufgrund der Schnur die Diffusion des Faktors nur in eine Richtung erfolgt, kehrt sich die Polarität des zusätzlichen Abdomens um.

Diese Experimente zeigen, daß die Zellen des Blastoderms zu ganz anderen Leistungen programmiert werden können als in der normalen Entwicklung.

Formal könnte man annehmen, daß im Zeitraum zwischen Furchung (Zeitpunkt der experimentellen Verlagerung) und Blastodermbildung (Zeitpunkt der Schnürung) der Posterior-Faktor von der Mitte aus frei nach vorn und nach hinten diffundiert ist. Vorne hat er mit dem Anterior-Faktor zusammengewirkt und einen ganzen Embryo entstehen lassen, hinten sind die Schwellenkonzentrationen für Thorax und Abdomen in spiegelbildlicher Anordnung noch einmal aufgebaut worden. Nach der einfachsten Modellvorstellung wird das Entwicklungsprogramm durch die Konzentration eines Morphogens, z.B. des Posterior-Faktors bestimmt, und die unterschiedliche Konzentration wird durch die Diffusion dieses Stoffes von hinten nach vorne erklärt, d.h. durch die Entstehung eines morphogenetischen Gradienten. Eine hohe Konzentration soll Abdomen-, eine mittlere Thorax- und eine niedrige Kopfbildung auslösen. Formal kann man auch zwei Gradienten annehmen, einen vorderen und einen hinteren; dann wäre nicht nur die Konzentration eines Stoffes entscheidend, sondern auch der Quotient der Konzentration beider Stoffe (A/B = 0,5 = Thorax oder A/B = 1 = Abdomen). Die Vorstellung, daß sich ein einziger, im Ei bereits vorhandener Stoff verteilt, erklärt die Ergebnisse jedoch nicht, wie das folgend einfache Rechenbeispiel für das letztgenannte Experiment zeigt. Nehmen wir an, im Ei seien 16 µg Morphogen enthalten. Eine hohe Konzentration von 10 µg, eine mittlere von 5 µg und eine niedrige von 1 µg, die jeweils Abdomen,

Thorax oder Kopfbildung auslösen. Dann werden für die Bildung des Monsters aus dem letzten Experiment einmal Kopf, zweimal Thorax und dreimal Abdomen benötigt, insgesamt also 41 µg; das ist mehr, als im Ei vorhanden ist. Noch unrealistischer werden die Zahlen, wenn man die Quotienten A/B einsetzt.

Daher hat man eine dynamische Vorstellung des Gradientensystems entwickelt, wonach an einer Stelle (der Quelle = source) ein Morphogen synthetisiert und an einer anderen Stelle (dem Abfluß = sink), z.B. durch Degradation, entfernt wird. Zwischen beiden Orten stellt sich ein Gradient ein.

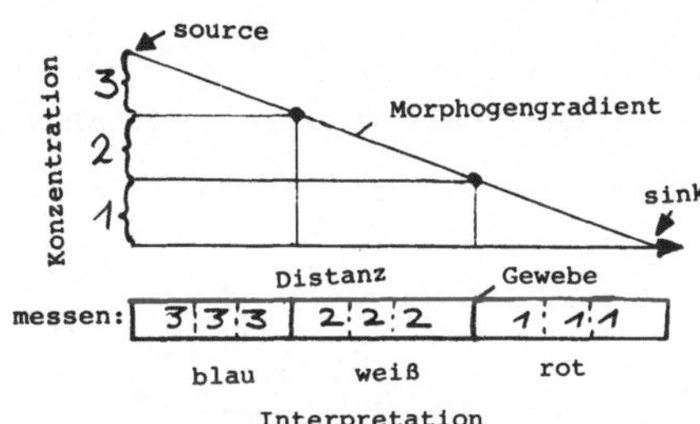

Positionsinformations-Modell

In ihrer allgemeinen Form führt diese Hypothese vom morphogenetischen Gradienten zu einem allgemein verbindlichen Modell, wie Entwicklungsreaktionen an bestimmten Stellen ausgelöst werden. Nach dieser Vorstellung besitzen alle Zellen vor ihrer Festlegung (Determination) mehrere verschiedene Potenzen, um z.B. Kopf, Thorax und Abdomen zu bilden, oder allgemein gesagt: blau, weiß oder rot. Eine bestimmte Konzentration des Morphogens wählt eine dieser Möglichkeiten aus und unterdrückt zugleich die andere. So werden die Zellen innerhalb einer Zellschicht entweder blau (Kopf), weiß (Thorax) oder rot (Abdomen). Der Vorzug dieses Modells liegt in der Annahme, daß ein einziges Signalsystem (oder ganz wenige, etwa analog den Hormon- und cAMP-Mechanismen) an verschiedenen Orten ganz verschiedene Entwicklungsreaktionen auslösen können.

Diese Hypothese der Positionsinformation hat bisher die schwache Stelle, daß noch kein Morphogen und auch kein Gradient eines Morphogens direkt nachgewiesen werden konnte. Außerdem ist es nicht klar, auf welche Weise Zellen die Konzentration des Morphogens bestimmen könnten, was insbesondere im Grenzbereich zwischen rot und blau schwerfallen dürfte. Auf die frühe Entwicklung angewendet, liegt die größte Schwierigkeit bei dieser Hypothese darin, daß die Zellen bereits auf dem Blastodermstadium programmiert sein müssen, auf Abruf Thorax oder Abdomen zu spezialisieren. Wie diese verschiedenen Interpretationsmöglichkeiten einer Positionsinformation entstanden sind, ist aber eine Kernfrage der Musterbildung. Sie bleibt in dieser Hypothese unbeachtet.

Daher sind die Gradientenhypothesen bislang nur eine formale Beschreibung der Experimentalergebnisse, die auch durch eine Reihe anderer Denkmodelle gegeben werden kann, wie z.B. die Annahme sequentieller Induktionen, lateraler Diffusion eines Aktivators und eines Inhibitors, die Annahme chemischer Wellen oder polarer Koordinatensysteme (s. unten).

Einen direkten Hinweis auf den oben postulierten Anterior-Faktor haben Experimente an der Mücke *Smittia* gebracht. Hier entstehen Teilembryonen, wenn die Eier während der ersten Furchungsteilung in der Längsachse zentrifugiert werden. Je nach Orientierung der Eier entstehen spiegelbildliche Doppelabdomina oder (selten) Doppelköpfe.

Von den Doppelabdomina besitzt nur eine Hälfte Keimzellen, d.h. die Polarität der Eizelle ist bezüglich dieses Merkmals trotz Zentrifugation erhalten geblieben.

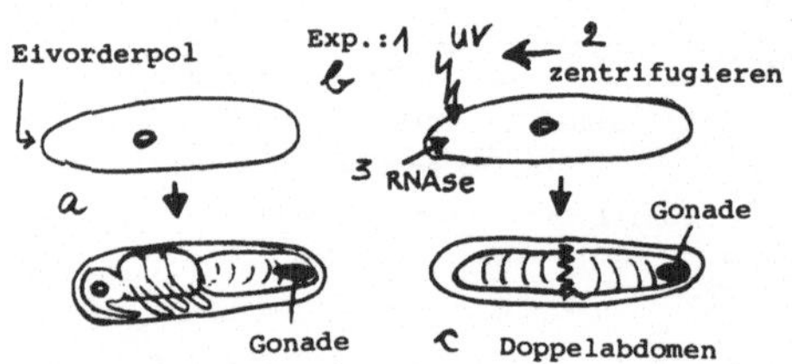

a) Normogenese b) Experimente c) Resultat

Doppelabdomina können bis zu 100% Ausbeute nach lokaler UV-Bestrahlung des vordersten Eidrittels entstehen. Weil der Defekt durch anschließende Belichtung (Photoreaktivierung) zu reparieren ist, nimmt man an, daß Nucleinsäuren etwas mit der Unterdrückung der Kopf- und Thoraxstrukturen zu tun haben. Ein weiterer Hinweis dafür ist, daß die Injektion einer kleinen Menge RNAse in das Eivorderende ebenfalls die Bildung eines Doppelabdomens zur Folge hat.

Um dieses Resultat zu deuten hat man angenommen, daß Hinterpolfaktoren auch am vorderen Teil des Eies vorkommen, aber in der Normalentwicklung dort nicht wirksam werden, weil am Vorderpol besonders viele RNA-haltige Strukturen vorhanden sind. Diese RNA könnte direkt die Genexpression in den einwandernden Kern regulieren, oder vielleicht, indem sie in Protein übersetzt wird, zur Quelle eines Morphogens werden.

Die große Bedeutung dieser Experimente liegt darin, daß man mit ihrer Hilfe die Stichhaltigkeit solcher Hypothesen nachprüfen kann, z.B. durch Injektion von RNA bzw. der an ihr in vitro hergestellten Proteine, oder durch das Einbringen von entsprechenden, durch Klonierung hergestellten Genen in das Eihinterende. Man wird dann sehen, ob dort auch ein Kopf entstehen kann.

Während alle bisher diskutierten Insekten in ihrer Embryonalentwicklung einen relativ hohen Grad an Regulation zeigen, gleicht die Frühentwicklung der höher evolvierten Fliegen mehr einer Mosaikentwicklung. Viele Entscheidungen innerhalb der Embryogenese werden bereits während der Oogenese getroffen und sind der experimentellen Analyse nicht mehr unmittelbar zugänglich: Lokale Defekte an der Eioberfläche, noch vor Beginn der Furchung gesetzt, haben spezifische, lokale Effekte an der ausgewachsenen Fliege zur Folge. Hier liegen ähnliche Verhältnisse vor wie bei der Entwicklung der Tintenfische, wo aufgrund vergleichbarer Ergebnisse auf die Lokalisation von embryonaler Information im Eicortex geschlossen wurde (s. oben).

Bei den Fliegen liegen die Dinge deshalb komplizierter, weil in ihrer Entwicklung nacheinander zwei grundverschiedene Programme ablaufen: eines bis zur ausgewachsenen Larve, das zweite bis zur fertigen Imago. Ein wichtiges Ereignis vor dem Abrufen des zweiten Entwicklungsprogrammes besteht darin, daß große Bereiche der Larve absterben und resorbiert werden, während die Fliege aus wenigen, embryonal gebliebenen Zellhäufchen, den Imaginalscheiben, neu entsteht. Nimmt man im Cortex des Fliegeneies ein Muster von Entwicklungsinformation für die Imago an, dann muß man folgern, daß eine Verletzung am Cortex auch dann zu Defekten in der Imago führt, wenn die Blastodermzellen, die von diesem abgeänderten Programm geprägt werden, nach der Metamorphose gar nicht mehr vorhanden sind. Diese Schwierigkeiten müssen bei der Deutung derartiger Defektzustände stets berücksichtigt werden.

Bei der Fliege *Drosophila* hat man andere, wichtige Beobachtungen zur Entstehung embryonaler Muster und zur embryonalen Determination machen können, die aus Defektexperimenten allein nie hätten erschlossen werden können. Kerntransplantationsexperimente haben auch bei *Drosophila* bewiesen, daß sich Zellkerne während der Furchung nicht irreversibel verändern, was sich durch die Verwendung genetisch markierter Spenderkerne und Empfängereier zeigen ließ. Bereits im Stadium des cellulären Blastoderms tritt eine erste Determination der Körperzellen ein. Von nun an können vordere Zellen des Blastoderms nur vordere Teile der Fliege entwickeln und hintere Zellen nur hintere Teile. Diese frühzeitige Anterior-Posterior-Determination wurde durch eine besondere in vivo Gewebekultur nachgewiesen. Man zerlegt hierfür einen Embryo des Blastodermstadiums in Einzelzellen. Diese dienen als Kontrollzellen und werden entweder mit anterioren oder posterioren Zellen von genetisch verschieden markierten Embryonen vermischt. Die beiden Mischaggregate werden jeweils in das Abdomen einer Fliege implantiert, wo sie, wie Krebszellen, stark wuchern. Sie können dann in weitere Fliegen übertragen werden. Im entscheidenden Experiment werden diese proliferierenden Zellen aus dem Abdomen herausgeholt und in eine Larve injiziert, wo sie sich während der Metamorphose zu adulten Fliegenstrukturen ausdifferenzieren. Dabei bilden die Zellen des Kontrollembryos mit gleicher Häufigkeit vordere und hintere Fliegenstrukturen, die genetisch markierten Abkömmlinge der vorderen oder hinteren Blastodermzellen aber stets nur vordere oder hintere Fliegenteile.

Dieses bemerkenswerte Experiment zeigt gleichzeitig, daß die Determination des Blastoderms in "vorn" und "hinten" einen sehr stabilen Zustand darstellt, der über viele Zellgenerationen, d.h. trotz der in vivo Kultur im Fliegenabdomen, vererbt wird. Wir sehen außerdem, daß die Determination und die Differenzierung zwei verschiedene Prozesse sind, die durch viele Zellcyclen zeitlich voneinander getrennt ablaufen können.

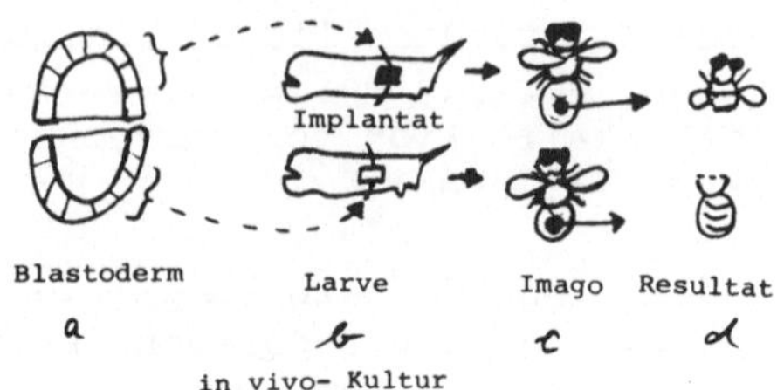

Zum anderen zeigen diese Experimente, daß die Determinationsereignisse aufgrund innerer Faktoren in der normalen Entwicklung geschehen, und daß außerdem das Ausbleiben von Regulation in den oben erwähnten Defektexperimenten, wie auch bei anderen Embryonen, wahrscheinlich nicht auf äußeren experimentellen Einflüssen beruht.

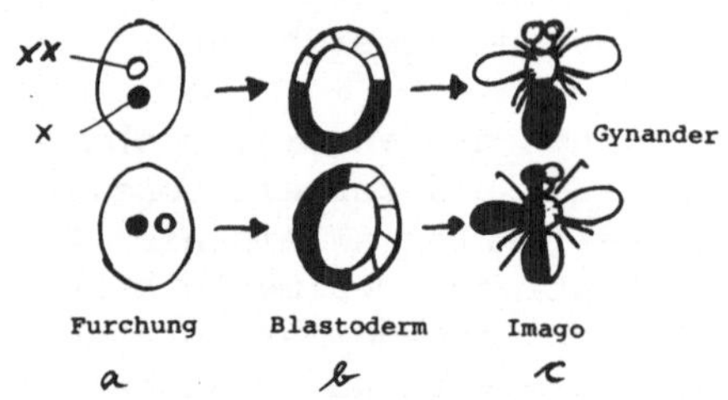

Durch eine geschickte Anwendung genetischer Marker wird auch eine Überprüfung der aufgrund von Defektexperimenten aufgestellten Anlagenpläne möglich. Bei manchen Stämmen von *Drosophila* besitzen die weiblichen Embryonen ein Ring-X-Chromosom, das bereits in der ersten Furchungsteilung verloren gehen kann. Neben einem normalen weiblichen XX- Tochterkern entsteht hierdurch ein männlich determinierter XO-Kern. Beide Kerne sind für die Embryogenese gleichwertig, und es entsteht ein genetisches Mosaik, ein Gynander, je zur Hälfte aus weiblichen und männlichen Zellen. Eine auf dem X-Chromosom lokalisierte Mutation, die eine gelbe Körperfarbe hervorruft, läßt an den fertigen Fliegen direkt erkennen, welche Teile aus welchen Bereichen des Blastoderms gebildet werden. Da die Spindelorientierung in der ersten Furchungsteilung nicht festliegt, kann bei der Fliege die Grenzlinie zwischen wildfarbener und gelber Körperhälfte beliebig verlaufen. Unter der Voraussetzung, daß die Zellen nach dem Blastodermstadium ihre Lage zueinander nicht sehr wesentlich verändern, kann man durch die Analyse von Gynandern die Trennlinien in der Tat auf das Blastoderm zurückprojizieren. Gewisse Unschärfen zeigen dabei, daß die Zellen in situ nicht völlig unbeweglich sind (s. unten). Damit läßt sich - in ähnlicher Weise wie die Entfernung zwischen zwei Genen auf einem Chromosom aus der relativen Häufigkeit des crossing-over zwischen ihnen hergeleitet wurde - aus der Häufigkeit, mit der zwei Organe einer Fliege (etwa Auge und Flügel) wildfarben oder gelb sind, der relative Abstand der Organanlagen auf dem Blastodermstadium ermitteln. In Erweiterung der für die lineare Anordnung der Gene geltenden Situation kann man hier durch "Triangulieren", d.h. den Vergleich der Häufigkeiten von drei Merkmalen (z.B. Auge-Flügel, Flügel-Bein und Bein-Auge), diese Anlagen auf eine Fläche projizieren und so einen echten blastodermalen Anlagenplan aufstellen. Es hat sich gezeigt, daß für das celluläre Blastoderm eine recht gute Übereinstimmung zu dem Anlagenplan besteht, wie er durch Defektexperimente erschlossen wurde. Mit dieser Methode läßt sich die Ausprägung von Mutationen auf dem X-Chromosom lokalisieren und so z.B. die Lähmung eines Hinterbeines auf einen Defekt in der Beinanlage oder aber im Nervensystem zurückführen. Gleichzeitig bietet sich hier auch ein Ansatz zur Analyse von Verhaltensmutanten.

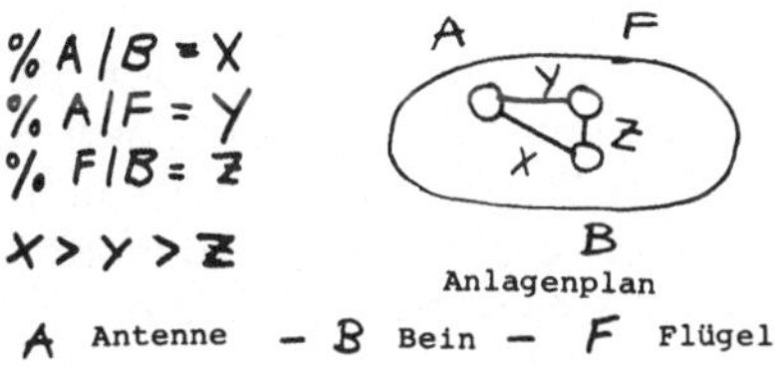

% A/B = X
% A/F = Y
% F/B = Z
X > Y > Z

A F Y Z X B

Anlagenplan

A Antenne – B Bein – F Flügel

Triangulieren

Nachdem durch solche Experimente das Aufstellen eines Anlagenplanes gerechtfertigt erscheint, kann man fragen, ob bereits durch das Ausschalten einer einzigen Zelle des Blastoderms, z.B. mittels eines Laserstrahls, ein Organ der Fliege ausfällt, d.h. ob ganze Organe klonalen Ursprungs sind. Das hat sich bisher noch nicht zeigen lassen. Es können aber zwei Organe, z.B. ein Bein und ein Flügel im selben Segment, ausfallen, wenn im Bereich ihrer gemeinsamen Anlage nur drei Zellen auf dem Stadium des cellulären Blastoderms abgetötet worden sind.

Die Frage, welches Areal von den Abkömmlingen einer einzigen Zelle des Embryos, also klonal, besiedelt werden kann, läßt sich durch Zellmarkierung mittels einer somatischen Mutation analysieren, wiederum ohne in die Embryonalentwicklung grob einzugreifen.

Bei *Drosophila* läßt sich durch Röntgenbestrahlung ein somatisches crossing-over auslösen. Dadurch kann ein Marker-Gen, z.B. für die Borstengestalt, das im heterozygoten Zustand vorliegt und daher einen normalen Phänotyp bewirkt, nach der auf die Bestrahlung folgenden Mitose in der einen Tochterzelle homozygot werden. Damit exprimieren deren sämtliche Nachkommen in der ausgewachsenen Fliege dieses Merkmal (mitotische Rekombination). Es hat sich gezeigt, daß dieses Merkmal jeweils in zusammenhängenden Bereichen auf dem Fliegenkörper zu finden ist, was erneut für eine geringe Zellbeweglichkeit nach dem Blastodermstadium und während der Metamorphose spricht. Erwartungsgemäß erkennt man, daß solche Zellklone, die auf jungen Stadien induziert wurden, größer sind als später induzierte. Man kann sie jedoch nur bei solchen

Zellen beobachten, die nicht während der Metamorphose absterben, besonders gut also an den Körperteilen, die aus Imaginalscheiben entstehen. In unserem Zusammenhang ist wichtig, daß z.B. ein Bein offensichtlich nicht als ein einziger Zellklon entstehen kann.

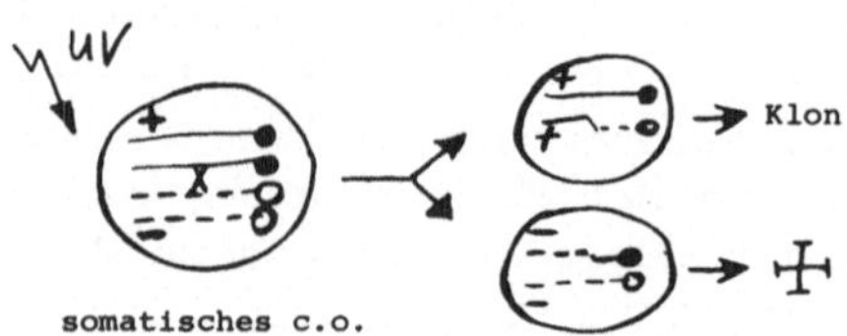

Zellmarkierung durch Rekombination

Bei allen beobachteten Fällen lassen sich an einem von der Mutation betroffenen Bein neben mutierten auch normale Areale erkennen.

Aus der Größe der Flecken, dem Zeitpunkt der Bestrahlung und der Dauer der Zellcyclen hat man errechnet, daß auf dem Blastodermstadium ca. 20 Zellen eine Beinanlage bilden. Dieses Ergebnis entspricht etwa dem von Defektexperimenten, bei denen im selben Stadium mindestens drei Zellen ausgeschaltet werden müssen, um eine Imaginalscheibe zu eliminieren.

Ein solches Zellaggregat, das sich zu einem Organ entwickeln kann, hat man einen Polyklon von Gründerzellen genannt, um hervorzuheben, daß sich der embryonale Determinationsprozeß bei *Drosophila* nicht an einer Einzelzelle vollzieht.

Die Frage, welche Teile eines Insekts aus einer einzigen Blastodermzelle hervorgehen können, hat man auch an der Wanze *Oncopeltus* untersucht, die keinen so drastischen Umbau während der Metamorphose durchmacht wie die Fliege. Hier wurden durch Röntgenbestrahlung somatische Mutationen induziert, die ebenfalls einen unmittelbaren Effekt auf die Ausfärbung der Körperoberfläche haben. Die Klone wurden hier früher markiert als bei der Induktion von somatischem crossing-over, welches ein bis zwei Zellcyclen benötigt, um manifest zu werden. Ausgewertet wurde die Verteilung der Klone, z.B. rote oder weiße Flecken in der normalen gelben Umgebung, auf der Oberfläche des Abdomens, das ja aus vielen Segmenten besteht. Die Frage ist, ob eine Zelle mehr als ein Segment bilden kann, ob sie ein ganzes Segment hervorbringt, und ab wann in der Frühentwicklung die Segmentgrenzen festliegen. Die Ergebnisse zeigen, daß die einzelnen Flecke nicht generell größer werden, je früher die Gründerzelle genetisch markiert wurde. Hieraus folgt, daß junge Zellen noch beweglich sind und sich mit unmarkierten vermischen, d.h. mehrere räumlich getrennte Flecken bilden können. Das gilt im besonderen Maße für Markierungen vor dem Blastodermstadium, wenn noch keine Zellwände existieren. In diesem Fall sind die Nachkommen einer markierten Zelle auf mehr als ein Segment verteilt und immer mit normalen Zellen vermischt. Wenn jedoch einzelne Zellen auf dem Blastodermstadium markiert werden, sind alle von ihren Nachkommen besiedelte Flächen auf jeweils ein einziges der Imaginalsegmente beschränkt. Dieser wichtige Befund besagt, daß vom Blastodermstadium an bestimmte Areale abgegrenzt sind, die von den darin enthaltenen Zellen nicht verlassen werden: Die Zellen respektieren diese Grenzen. Es ist noch nicht bekannt, ob sie von sich aus Arealgrenzen nicht überschreiten oder ob sie nach Einwandern in ein Nachbarareal abgetötet werden. Morphologisch sind diese Grenzen nicht zu erkennen; Nachbarzellen beiderseits der Grenze besitzen sogar gapped junctions, d.h. sie haben einen direkten Kontakt miteinander. Die Anordnung dieser Areale, die als "Kompartimente" bezeichnet werden, entspricht etwa dem Anlagenplan. Nach der oben erwähnten Hypothese zur Positionsinformation könnte jedem Kompartiment ein Abschnitt des Embryos, z.B. ein Segment, entsprechen, der eine bestimmte Konzentration eines Morphogens registriert und gemäß dem genetischen Programm interpretiert hat. Damit wären die Kompartimente morphologische Einheiten der Determination.

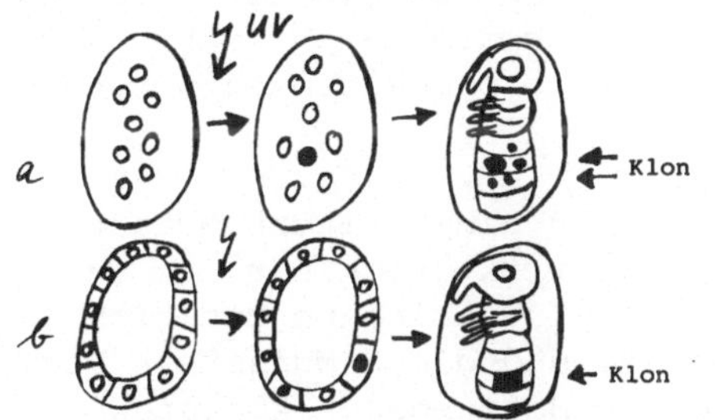

Mutagenese während: a) Furchung b) Blastoderm

Die entscheidende Frage ist nun: Wie wird ein Kompartiment begrenzt? Einen Einblick geben hier Mutanten von *Drosophila*, die nicht die Ausdifferenzierung einzelner Zellen beeinflussen, wie wir bei der Zellmarkierung gesehen haben, sondern einen ganzen Zellverband umprogrammieren können: die homöotischen Mutanten. Ein bekanntes Beispiel hierfür ist eine Fliege, der am Kopf anstelle einer Antenne ein Bein entsteht (Antennapedia). Dieser Befund besagt bereits, daß die Entscheidung, ob der eine oder andere Extremitätentyp gebildet wird, durch ein einziges Gen gesteuert wird; offensichtlich werden die gleichen Signale in verschiedenen Körperteilen verschieden verstanden, nämlich als Befehl zur Ausdifferenzierung von Bein bzw. Antenne. Wie das Signal interpretiert wird, entscheidet die Aktivität eines Gens.

In ähnlicher Weise wird auch über die Unterteilung des Keimstreifs in Körperabschnitte entschieden. Die Mutante Bithorax (BX) zeigt, daß ein Gen bestimmt, in welche Richtung sich die Thoraxsegmente weiterentwickeln. Es legt fest, ob ein Metathorax oder ein Mesothorax entsteht. Dies ist für die Fliege recht wichtig, denn nur an einem Mesothoraxsegment bilden sich Flügel. Ist das Bithoraxgen defekt, wird ein Metathorax zu einem Mesothorax transformiert, d.h. ein hinteres in ein vorderes Segment umgewandelt. Dieser Effekt wird von einem Genkomplex gesteuert, der mehrere verschiedene Mutationen enthalten kann (multiple Pseudoallelie), von denen manche immer wieder Mesothoraxsegmente entstehen lassen, wenn eigentlich ganz andere, z.B. Abdominalsegmente, an der Reihe wären. Im Extrem wird der ganze Keimstreif in lauter Mesothoraxsegmente unterteilt, dann sieht die Fliege eher aus wie ein Tausendfüßler.

Stark vereinfacht gesagt hat die genetische Analyse des Bithoraxsystems folgende Resultate ergeben: Einmal verhält sich der Genort wie ein Strukturgen, das zu allen Zeiten aktiv sein muß, um die Differenzierung in Richtung Metathorax zu treiben. Das erkennt man daran, daß auch nach dem Blastodermstadium das mutierte Allel noch benötigt wird. So darf es nicht aus der heterozygoten Kombination -/+, z. B. durch somatisches crossing-over, entfernt werden. Zum anderen ist vom Blastodermstadium an die Determination der Segmente irreversibel festgelegt; das zeigen bereits die erwähnten Defektexperimente. Daß hieran ebenfalls der Bithoraxlocus beteiligt ist, sieht man aus der Tatsache, daß diese Mutante auf dem Blastodermstadium durch Hitzeschock spezifisch kopiert werden kann. Diese Phänokopie ist jedoch stabil wie eine Determination, d.h. sie kann später nicht mehr umprogrammiert werden. Dies wiederum steht im Widerspruch zu der notwendigen Langzeitwirkung des Bithorax-Strukturgens.

Vom selben Genort kennt man eine weitere Mutante, die im heterozygoten Zustand dominant ist. Sie wirkt sich nur auf das Chromosom aus, in dem sie vorhanden ist; diese Cis-dominante Mutation ist eine Deletion direkt vor dem Strukturgen, und diese Mutante - Fehlen eines Metathorax - läßt sich ebenfalls durch Hitzeschock kopieren. Wenn aber diese Regulationsabschnitte mehrfach im Genom vorkommen, dann kann die Mutante nicht mehr durch Hitzeschock kopiert werden; d.h. solange von dieser Regulationssequenz mindestens eine Kopie intakt ist, kann sich kein Metathorax bilden. Nur wenn beide Allele an dieser Stelle unmutiert sind, dann entsteht ein Metathorax.

Aus diesen Beobachtungen läßt sich ein Modell erarbeiten, das große Ähnlichkeit mit der Repression von induzierbaren Enzymen in Bakterien hat, d.h. mit dem klassischen Operonmodell. Seine wesentliche Konsequenz ist, daß die Steuerung der Determination in Richtung Metathorax negativ reguliert wird, d.h. solange ein Repressor des Bithoraxsystems vorhanden ist, kann sich kein Metathorax bilden.

Die Aufhebung der Repression könnte durch einen Induktor geschehen, der sich, wie im Operonmodell, an den Repressor bindet und damit das Bithoraxsystem freigibt. Induktor könnte in diesem Fall das Morphogen sein, und die Phänokopie könnte z.B. dessen Diffusion verzögern, dadurch diesen Genabschnitt länger als normal reprimieren und so einen Mesothorax anstatt eines Metathorax entstehen lassen.

Die dominante Deletionsmutante des "Operators" in einem Allel ergibt einen Überschuß an Repressormenge und damit keine Determination in Richtung Metathorax, da ein normaler funktionstüchtiger Operator im zweiten Allel vorliegt.

Obwohl dieses Modell noch weitgehend formalen Charakter hat, kann man sich zu neuen Experimenten anregen lassen und fragen, wie sich die

Determination wohl in der Normalentwicklung vollziehen mag: durch Abschalten des Gens, das den Repressor produziert, durch eine kontrollierte Produktion des Induktors, durch eine Verdünnung des Repressors als Folge entweder einer generellen DNA-Replikation, d.h. nach Beendigung der ersten G_1-Phase im Anschluß an die Furchungsmitosen, oder gar durch eine selektive Amplifikation der vor dem Strukturgen gelegenen "Operatorsequenz", oder vielleicht doch über positive Kontrollmechanismen?

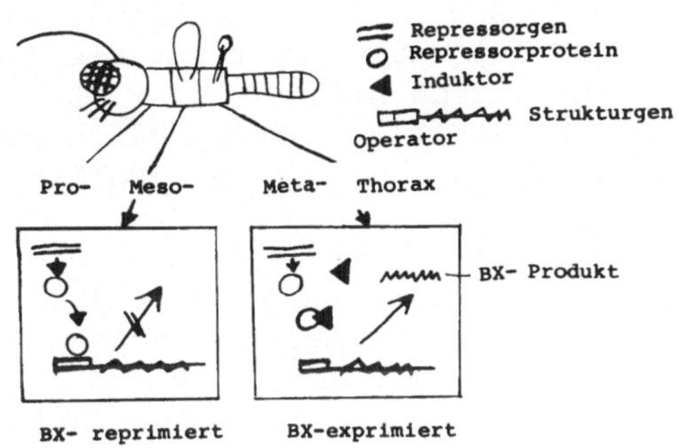

Wo so viele Erklärungsmöglichkeiten gleichwertig nebeneinander existieren, ist die Analyse der Entwicklung noch in den Anfängen; aber ein Resultat hat das Bithoraxsystem ganz eindeutig gezeigt: Obwohl die Organisation des Keimstreifs der Fliege, gegenüber dem der entwicklungsgeschichtlich älteren Libellen, einen hohen Grad an Mosaikentwicklung aufweist, benötigen die frühen Determinationsschritte die Expression von Genen: Das Bithoraxstrukturgen muß dauernd angeschaltet sein, damit sich die Entwicklung zu einem Metathorax fortsetzen kann, denn als Folge einer somatischen Rekombination entwickelt sich auch nach erfolgter Determination auf dem Blastodermstadium ein Mesothorax in einem homozygot mutierten -BX-/BX- Klon.

Dieses Ergebnis konnte durch die bisherigen summarischen biochemischen Analysen der RNA-Zusammensetzung nicht nachgeprüft werden. Man müßte versuchen, die Bithorax-DNA gezielt aus der *Drosophila*-Genbank abzurufen, um die formale Analyse durch eine molekulare genetische zu ergänzen.

Als letzte der wichtigen Entwicklungsmutanten von *Drosophila* sei das Gen Bikaudal erwähnt, das, wenn es als mutiertes Allel vorliegt, einen Monsterembryo entstehen läßt, der aus zwei spiegelbildlichen Abdomina besteht. Die Situation ähnelt sehr derjenigen beim experimentell erzeugten Doppelabdomen bei der erwähnten Mücke *Smittia*, die u.a. durch lokale RNase hervorgerufen wird. Möglicherweise wird bei der *Drosophila*-Mutante ein entsprechendes Gensystem mutiert, das in der normalen Entwicklung die Determination der Blastodermzellen in Richtung "anterior" lenkt. Im Unterschied zum Bithoraxgensystem wirkt das Bikaudalgen bereits in der Mutter, d.h. während der Oogenese; es wird von großem Interesse sein, die aus dem Defektexperiment erschlossene wirksame RNA direkt zu analysieren: Möglicherweise entpuppt sie sich als "Induktor" oder "Morphogen" im Sinne des eben geschilderten formalen Modells, d.h. als Teil mütterlicher Vorprogrammierung der Entwicklung.

4.4.5.6 Frühentwicklung der Säugetiere

Die reifen Eier der Säugetiere sind klein, ihr Durchmesser beträgt 0,1 mm bei Mensch und Maus. Sie machen während der Oogenese ein Lampenbürstenstadium durch und vermehren das Cytoplasma, so daß allein der DNA-Gehalt der Mitochondrien 10 mal größer ist als der des Eikerns. Aber die Eier enthalten praktisch keinen Dotter. Sie besitzen nach ihrer Entlassung aus dem Follikel eine derbe Hülle aus extracellulärer Substanz, die Zona pellucida, die von Ei- und Follikelzellen gemeinsam produziert wurde.

Die Furchungsteilungen laufen sehr langsam ab. Während sie bei den Insekten einige Minuten dauern, benötigen die ersten Zellcyclen bei Säugern oft jeweils über einen Tag. Damit hat man Zeit, diese frühe Entwicklungsphase, die auch außerhalb der Mutter ablaufen kann, experimentell zu analysieren. Was danach aus den manipulierten Embryonen alles werden kann, erkennt man nach ihrer Weiterentwicklung in einer Ammenmutter erst nach der Geburt.

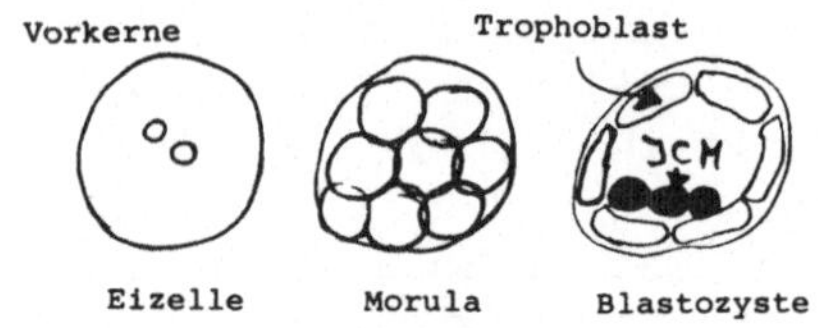

Die synchrone Furchung endet bei der Maus nach ca. 3 Tagen mit einem Ball aus Blastomeren, der Morula. Diese wandelt sich in eine hohle Blase, die Blastocyste, um. In diesem Stadium wird die Zona pellucida aufgelöst, die bisher verhinderte, daß der Embryo in der Uteruswand eingenistet wird und daß mehrere Embryonen miteinander verkleben. Die Blastocyste erfährt eine Polarisierung: Die äußere Zellkugel schließt einige Zellen im Inneren der Blase ein, die innere Zellmasse (ICM), die sich an der Stelle sammelt, wo die Blastocyste sich an die Uteruswand anheftet. Aus der inneren Zellmasse entsteht nach ca. 6 Tagen der Keimstreif, der die typische Körpergrundgestalt eines Wirbeltieres besitzt. Wir wollen festhalten, daß - wie bei den Seeigeln und Amphibien - eine totale Furchung in Blastomeren geschieht, aber nur ein Teil der Blastocyste direkt an der Bildung des Embryos beteiligt ist, während der große Teil extraembryonale Aufgaben übernimmt; hierin unterscheiden sich Blastocyste und Blastula.

Da nach Actinomycinbehandlung unmittelbar die Furchung blockiert ist, muß diese von RNA-Synthese abhängig sein. Alpha-Amanitin stört die Entwicklung nicht. Die Synthese von rRNA ist offensichtlich wichtiger als die Produktion neuer mRNA, so daß auch hier auf einen gewissen

Vorrat an mütterlicher mRNA geschlossen werden kann. Während der Furchung werden sämtliche RNA-Spezies intensiv synthetisiert. Man beobachtet zunächst eine Netto-Synthese der mRNA: Das Ei enthält 20 ng, die Blastocyste den 50fachen Wert, und entsprechend steigt die Aktivität der RNA-Polymerase B an. Wie bei den Seeigelembryonen wird auch hier intensiv hnRNA synthetisiert, und mit zunehmendem Entwicklungsalter die Intensität der RNA-Polymerase B reduziert.

Die Synthese von mRNA ist entsprechend intensiv, so daß an Polysomen, die ca. 40% der Ribosomen ausmachen, bereits während der Furchung die mRNA zur Hälfte aus mütterlichen, zur Hälfte aus neu synthetisierten Molekülen besteht.

Die Befruchtung hat noch keinen Einfluß auf die Proteinsynthese, aber während des 4-8-Zellstadiums lassen sich durch Gelelektrophorese qualitativ unterschiedliche Proteinsynthesen nachweisen, und eine intensive, allgemeine Zunahme der Proteinsynthese geschieht in der Blastocyste. Hier geht mit der 5fachen Erhöhung der Proteinsynthese eine 10fache Anreicherung der Met-tRNA einher, die nötig ist, um die Translation zu initiieren.

Bei der Maus sind bereits in der Morula spezifische Strukturgene aktiv. Dies zeigt die Analyse eines Enzyms, der Transferase HGPRT, dessen Gen auf dem X-Chromosom lokalisiert ist. Je nach genetischer Konstitution der Mutter können in der Oocyte während der Oogenese ein oder zwei X-Chromosomen vorliegen, und es resultieren zwei Sorten von reifen Eiern, deren Enzymmenge sich entsprechend der Gendosis wie eins zu zwei verhält. Die Embryonen, die nach der Befruchtung aus diesen Eizellen entstehen, haben jedoch bereits auf dem Morulastadium alle den gleichen Enzymgehalt. Offensichtlich muß das Gen auf dem X-Chromosom in der Furchung angeschaltet worden sein.

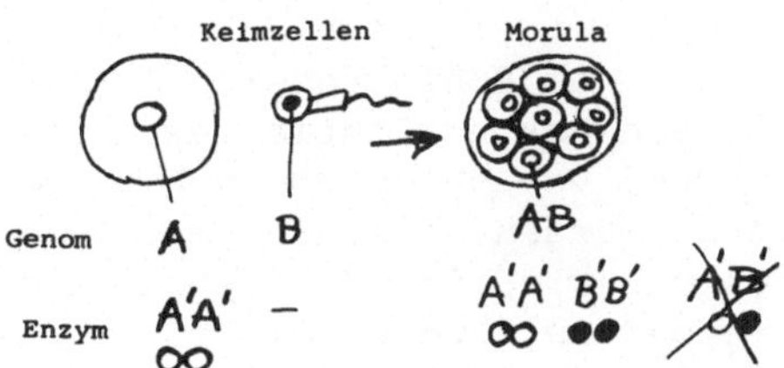

In ähnlicher Weise läßt sich zeigen, daß auf diesem Stadium ein väterliches Strukturgen abgelesen und in ein aktives Enzym übersetzt wird. Hierzu wurde ein Isoenzym analysiert. Solche Enzyme bestehen aus mehr als einer Untereinheit, die von verschiedenen Genen codiert werden. Bei manchen Mäusestämmen unterscheiden sich die Untereinheiten ein wenig; sie können zu intakten Enzymmolekülen mit unterschiedlicher Struktur aggregieren, die durch Gelelektrophorese leicht voneinander zu unterscheiden sind. Wird ein Mäuseei mit dem Spermium eines anderen Stammes besamt, dann tritt ein Gemisch des für die Mutter und den Vater typischen Isoenzyms auf. Hybridenzyme, bei denen die eine Untereinheit vom Vater und die andere von der Mutter stammt, werden nicht beobachtet. Hieraus folgt, daß bereits im Ei das mütterliche Gen in Protein übersetzt wurde, und daß während der Furchung nur die väterlichen Gene für dieses Enzym aktiv sind. Wäre mütterliche mRNA in Protein übersetzt worden, hätten Hybridenzyme entstehen müssen.

Auf den ersten Blick scheinen Säugerembryonen ideale Objekte zu sein, um die Programmierung der Entwicklung zu studieren. Man könnte vermuten, daß die wichtigen Ereignisse, die bei allen übrigen sich außerhalb der Mutter entwickelnden Organismen bereits in der Oogenese abgelaufen sind, hier erst während der Furchung einsetzen. Dafür könnte die enorme Regulationsfähigkeit dieser Eier sprechen. Aber die Säugerentwicklung zeigt durch die Differenzierung in den Trophoblasten (Nährzellen) und die innere Zellmasse (ICM, Embryonalknoten), die Einnistung im Uterus und die Wechselbeziehungen zum mütterlichen Organismus, spezifische Einrichtungen, die es unmöglich machen, aus einer Korrelation biochemischer Daten mit bestimmten Entwicklungsstadien zu entscheiden, ob eine beobachtete selektive Genexpression, d.h. RNA- und Proteinsynthesen, etwas mit embryonalen Determinationsprozessen oder mit dem "Dialog" zwischen Embryo und Mutter zu tun hat.

Die Regulationsfähigkeit der Säugereier zeigt sich ohne experimentellen Eingriff bei der Entstehung eineiiger Zwillinge. Beim Gürteltier (*Armadillo*), bei dem Mehrlinge regelmäßig vorkommen, entstehen diese erst durch Aufspaltung auf dem Keimstreifstadium. Folglich hat bis dahin noch keine umfassende embryonale Determination stattgefunden. Die Eizelle besitzt kein detailliertes Programm für die Bildung eines Embryos.

Bei verschiedenen Säugern konnten drei von vier Furchungsblastomeren abgetötet werden, und aus der vierten ließ sich noch eine normale Maus oder ein Kaninchen aufziehen. Auch durch Isolierungsexperimente konnte man zeigen, daß nach zwei Furchungsteilungen jede der vier Blastomeren, in einer Ammenmutter ausgetragen, sich zu einem ganzen Kaninchen entwickelt. Daß die Eier noch im 8-Blastomerenstadium keine festgelegte Polarität besitzen, lassen Rekonstitutionsexperimente erkennen, in denen Blastomeren aus zwei verschiedenen Embryonen in vitro derart zu Chimären zusammengesetzt wurden, daß die Embryonen jeweils vier Eltern hatten. Bei dieser Methode wird die Zona pellucida enzymatisch entfernt, und die Blastomeren werden in Abwesenheit von zweiwertigen Ionen isoliert. Danach fügt man sie in den verschiedensten Kombinationen wieder zusammen. Da einige Mutanten der Maus zellspezifische Merkmale ausprägen, z.B. die Färbung des Fells oder Isoenzymmuster der Gewebe, kann man nach der Geburt feststellen, von welchen embryonalen Blastomeren welche Teile der Maus stammen. Von den vielen aufschlußreichen Experimenten seien einige angeführt.

Nach zwei Furchungsteilungen werden die vier Blastomeren eines Keimes isoliert, und man läßt jede sich noch einmal in vitro teilen. Danach wird jeder der acht Blastomeren mit einigen Blastomeren zusammengegeben, die als "Carrier" dienen und von genetisch markierten Embryonen stammen. Durch statistische Analyse der rekonstituierten Embryonen ließ sich zeigen, daß jede der acht Blastomeren jedes Gewebe der Maus entwickeln kann, daß aber nie sämtliche Gewebe einer Maus aus einer einzigen Blastomere des 8-Zellstadiums abstammen.

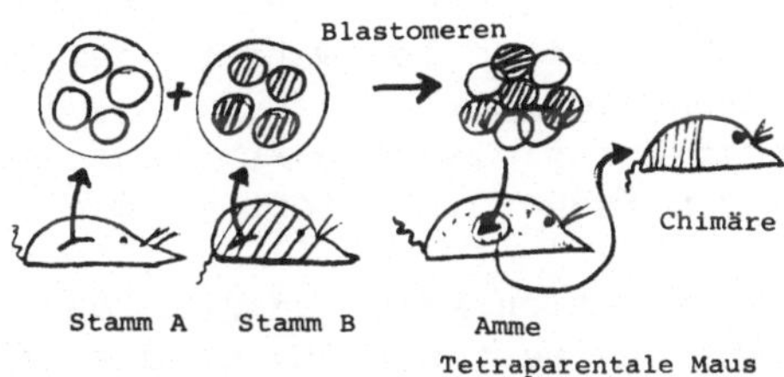

Tetraparentale Maus

Bis zum Blastocystenstadium lassen sich alte und junge Blastomeren vermischen, und es bildet sich ein ganzer Embryo.

Die frühe Determination ist vollzogen, wenn sich die innere Zellmasse vom Trophoblasten abgegrenzt hat; denn danach können weder aus Trophoblastenzellen noch aus inneren Zellen allein ganze Embryonen gebildet werden.

Man hat auf dem 4-Zellstadium die gesamten Blastomeren von 16 verschiedenen Embryonen zu einem Embryo rekonstituiert und eine einzige normale Maus anstatt 16 erhalten.

Wenn man diesen Versuch mit vielen genetisch markierten Embryonen wiederholt, dann findet man, daß eine Maus aus höchstens drei verschieden markierten Blastomeren aufgebaut wird. Möglicherweise entsteht der Embryo nur aus drei Zellen der inneren Zellmasse.

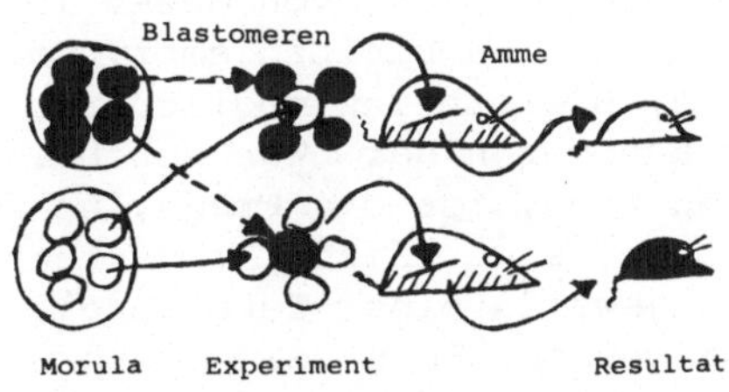

Das Innen- Außen-Konzept

Die Determination in Embryo- oder Nährzellen kann man auf dem Blastocystenstadium experimentell lenken, indem man mit Blastomeren, die durch Einbau von radioaktivem Thymidin markiert sind, eine einzige unmarkierte Blastomere allseitig einhüllt. Im Blastocystenstadium findet man in den meisten Fällen, daß sämtliche Zellen der inneren Zellmasse von der inneren, unmarkierten Zelle abstammen, sofern diese mindestens 8 h von den übrigen eingehüllt war. Sogar ganze Vierzeller können umfunktioniert werden, wenn man sie mit anderen Embryonen einhüllt: die äußeren Embryonen bilden dann nur Nährzellen und nehmen an der Ausdifferenzierung des Embryos nicht teil. Der zentrale Embryo dagegen wird vollständig zu innerer Zellmasse und bildet keinen Trophoblasten aus.

Diese Ergebnisse haben zum "Außen-Innen-Konzept" geführt, wonach die Zellen je nach ihrer Lage für eine bestimmte Entwicklungsrichtung determiniert werden. In der normalen Entwicklung geschieht die Determination an der Stelle, an der die Blastocyste an den Uterus angeheftet wird. Diese Beobachtung erinnert an die Polarisierung der übrigen Eizellen durch die Lage der Hilfszellen während der Oogenese und der Eireifung. Wie die Determination selbst geschieht, ist auch hier noch unverstanden; es könnten beispielsweise ähnliche Mechanismen auftreten wie sie bei den Eiern von *Fucus* diskutiert worden sind.

Als eine Folge der Determination kann man bei Säugerembryonen einige histologische Besonderheiten werten. Während die Zellen der inneren Zellmasse locker aneinanderhaften und nach Isolierung wieder reaggregieren können, besitzen die Zellen des Trophoblasten feste Kontakte miteinander (tight junctions und Desmosomen) und können im Experiment nicht mehr reaggregieren. Offensichtlich sind die Zelloberflächen von der Determination im Embryo oder Nährgewebe mit betroffen. Während bei den bisherigen Beispielen die unterschiedlichen Gene in den Chimären als Marker dienten, lassen sich mit dieser Technik des "Embryo engineering" noch andere, spezifische Fragen anpacken: Weiter oben war bereits von Teratomen die Rede, Geschwulstbildungen, die von atypisch liegenden Keimzellen ausgehen können. Manche Teratome lassen sich durch Injektion in eine ausgewachsene Maus, ähnlich wie embryonale Zellen von *Drosophila* im Abdomen der Fliege, in vivo kultivieren. Ihr Wachstum gleicht der ungeregelten Proliferation von Krebszellen, und durch Serienübertragungen lassen sich solche embryonalen Krebszellen jahrelang in Mäusen züchten, aber auch in vitro kultivieren. Dabei entstehen "Embryoide" und Zellinien mit unterschiedlichen Eigenschaften. Manche sind pluripotent, d.h. sie können ganz verschiedene Zelltypen aus sich entstehen lassen. Andere sind unipotent, sie bilden nur einen spezifischen Zelltyp und sind geeignete Modellsysteme für eine biochemische Analyse solcher Stammzellen, von denen im Embryo zu wenige vorkommen. Wieder andere Zellinien bleiben embryonal und zeigen keinerlei Differenzierungspotenz; sie stellen möglicherweise eine in vitro Kultur von embryonalen Blastomeren dar. Was durch in vitro Kultur allein nicht getestet werden kann, ist die Frage, ob zumindest manche Teratomzellen noch totipotent sind. Diese Frage kann durch die Herstellung von Chimären aus jeweils einer Teratomzelle mit einigen gesunden Blastomeren bejaht werden. Denn beim Überprüfen der Gewebe, die bei den ausgewachsenen Mäusen von der embryonalen Krebszelle abstammen, wurden tatsächlich sämtliche Zelltypen identifiziert. Noch erstaunlicher ist die Tatsache, daß diese Mauschimären gesund sind; offensichtlich vermögen die umgebenden normalen embryonalen Zellen die pathologische Proliferation der Krebszelle zu bremsen, d.h. Teratomkrebszellen werden auf noch unbekanntem Wege "geheilt". In diesem Zusammenhang sei auf das Wachstumsverhalten der Trophoblastenzellen hingewiesen. Sie proliferieren stark, dringen in das Uterusgewebe ein und zersetzen mütterliche Zellen. Dieses ganz normale Gewebe besitzt damit viele Eigenschaften, die auch beim bösartigen Wachstum, d.h. beim Krebs, beobachtet werden.

Eine Einsicht, wie einzelne Gene in der Entwicklung gesteuert werden, bis sie in differenziertem Gewebe ihre definitive Funktion ausüben (zugleich eine bessere Möglichkeit, manche Entwicklungsstörungen beim Menschen zu verstehen), erhofft man sich durch das gezielte Einbringen defekter Gene in Mäuseblastomeren. Hierbei wird eine genetisch markierte Blastomere mit einer differenzierten Menschenzelle, die das defekte Gen enthält, durch Zellfusion zu einem Zellhybriden vereinigt und dann mit anderen Blastomeren zu einem Embryo rekonstituiert. Falls das mutierte Gen des menschlichen Genoms zu einer entsprechenden Entwicklungsstörung führt, kann man den Verlauf dieses Defektes nun am Mäuseembryo genau analysieren.

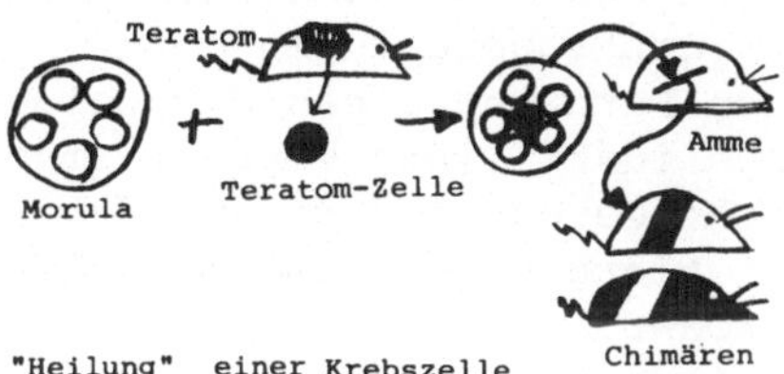

"Heilung" einer Krebszelle

Schließlich eignen sich Chimären auch zur Analyse der Determination in normalen Embryonen der Maus. Ähnlich wie die Borstenmuster bei *Drosophila* zur Charakterisierung der frühen Determination bei der Gliederung des Insektenkeimstreifs herangezogen wurden, kann man bei der Maus mit Hilfe der Chimären Determinationsprozesse im Keimstreifstadium erschließen. In diesen Experimenten wird auf dem 4-Zellenstadium eine Chimäre aus normalen und mutierten Blastomeren hergestellt. Die Mutation (Tabby) betrifft eine veränderte Ausdifferenzierung der Körperhaare. An der ausgewachsenen Maus beobachtet man, daß Areale mit abnormen Haaren nicht zufällig verteilt sind, sondern in charakteristischen Banden quer über das Tier verlaufen. Vermutlich werden also in einem frühen Stadium gewisse Zellen zur Haarbildung determiniert und etablieren jeweils einen Klon. Auf jeder Körperseite finden sich bis zu 80 Streifen von normalen und deformierten Haaren. Dieses Ergebnis könnte bedeuten, daß die Determination zur Haardifferenzierung in bestimmten Arealen der rechten und der linken Körperseite erfolgt, z.B. innerhalb von Kompartimenten wie bei *Drosophila*.

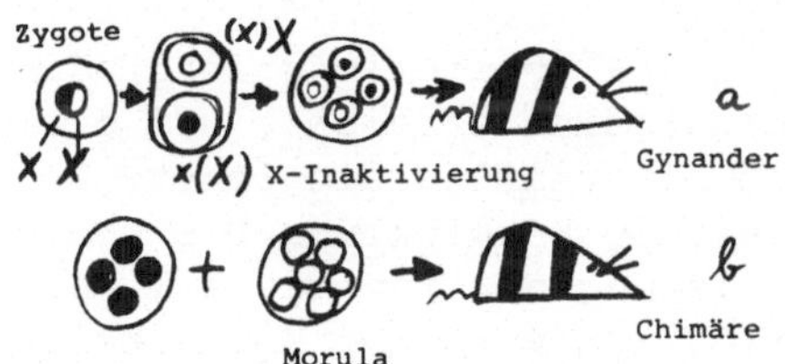

Genetische Mosaike: a) in vivo b) in vitro

Eine derartige Untergliederung könnte, wiederum in Anlehnung an die segmentale Gliederung des Insektenkeimstreifes, eine Beziehung zu den

Ursegmenten der Säugerembryonen besitzen, die auf dem Keimstreifstadium zu erkennen sind. Diese Deutung trifft vermutlich nicht uneingeschränkt zu, da die Streifung des Fells auch in der Kopfregion zu beobachten ist, jedoch keinerlei Hinweise auf embryonale Kopfsegmente bei Säugetieren vorliegen und Streifenmuster anderer Tiere, z.B. bei einem Zebra, auch auf den Beinen auftreten, die gewiß nicht segmental gegliedert sind.

Als eine interne Kontrolle zu den Chimärenexperimenten lassen sich bei der Maus vergleichbare Ergebnisse heranziehen, die aus der differenzierten Expression des gleichen Gens (Tabby) resultieren, ohne daß eine künstliche Vermischung verschiedener Embryonen miteinander erfolgen muß. Dieses Gen liegt auf dem X-Chromosom,und ein Naturexperiment sorgt dafür, daß in der Embryogenese ein genetisches Mosaik entsteht, indem während der frühen Furchung eines der beiden X-Chromosomen in den weiblichen Embryonen inaktiviert wird (vermutlich um männlichen X/Y-Embryonen die gleiche Gendosis der Gene des X-Chromosoms zu gewährleisten). Die Inaktivierung jeweils eines der X-Chromosomen, verbunden mit dessen Heterochromatisierung, wird auf die nachfolgenden Zellen übertragen. Es bilden sich wiederum verschiedene Zellinien aus, welche die schon bekannten Muster auf dem Fell der ausgewachsenen Maus hervorrufen, weil vermutlich der gleiche Determinationsschritt - wie bei den Chimären - Zahl und Lage derjenigen Zellen festlegt, die Haare ausdifferenzieren werden.

Als letztes Beispiel einer Entwicklungssteuerung bei Säugerembryonen soll eine Mutante geschildert werden, die, ähnlich wie das Bithoraxsystem bei *Drosophila*, eine zentrale Regulation früher Entwicklungsschritte betrifft.

Es handelt sich um das T-Gensystem auf dem 17. Chromosom der Maus, in dem eine Reihe von Mutationen lokalisiert ist, und das sich in ganz unterschiedlicher Weise, d.h. pleiotrop, auswirkt.

Dazu gehören dominante und rezessive Mutanten. Homozygote (T/T) Tiere sterben als Embryo ab. Heterozygot (T/+) besitzen die Mäuse einen kurzen Schwanz. Unter den rezessiven Mutanten (t) gibt es einige, die im homozygoten Zustand (t/t) die Entwicklung in ganz spezifische Phasen einstellen, nämlich immer dann, wenn ein wichtiger Determinationsschritt ansteht.

Die früheste Blockierung der Entwicklung zeigt die Konstitution t12/t12. Hier wird nur das Morulastadium erreicht, und es kommt nicht mehr zur Gliederung in den Trophoblasten und die innere Zellmasse (ICM). Bei einem anderen t-Gen geht die Entwicklung bis zum Einpflanzen der Blastocyste, aber die Polarisierung der inneren Zellmasse unterbleibt. Bei der Mutante t9/t9 schließlich wird der Keimstreif nicht normal gegliedert. Im Hinblick auf das Innen-Außen-Konzept fällt hier etwas auf: Allen Mutanten ist gemeinsam, daß sich die Zellen nicht richtig anordnen können. Daß hierbei die Zelloberflächen betroffen sind, zeigen direkte Beobachtungen an t9. Die defekten Zellen des Mesoderms zeigen nur wenige breite Pseudopodien, während in den Kontrollen langgestreckte Filopodien und aktive Zellbewegungen zu beobachten sind.

Ein weiterer Hinweis auf die Bedeutung der Zellmembran liegt darin, daß embryonale Blastodermzellen und Spermienzellen die gleichen Oberflächenantigene besitzen, die von den t-Genen spezifiziert werden. Ausdifferenzierte Zellen des Embryos zeigen diese Oberflächengene nicht mehr. Auffällig ist die asymmetrische Vererbung der t-Gene. Im heterozygoten Zustand t^-/t^+ enthalten die Nachkommen eines Weibchens je zur Hälfte t- oder t+ Alelle. Die Spermien, die ein heterozygotes Männchen produziert, enthalten dagegen bis zu 90% das t-Gen. Eine wichtige Reaktion der Spermien bei der Entwicklungsanregung ist ihre Fusion mit der Eizelle, wobei ein Oberflächenmosaik der Zellmembranen entsteht. Dies mag bei der Steuerung der Frühentwicklung, etwa nach der Hypothese der Membransignalisierung, einen Einfluß auf die Genexpression der Blastomeren haben.

In diesem Zusammenhang ist ein Hinweis auf die Analyse einer Teratomzellinie angebracht. Die Zellinie F9 gehört zu den undifferenzierten, d.h. embryonal gebliebenen Teratomzellen. An deren Oberfläche findet sich das für das Gen t12 charakteristische Oberflächenantigen, also gerade dasjenige, welches den frühesten Entwicklungsdefekt auslöst.

Aufgrund der genetischen Analysen kann man schließen, daß bei der Normalentwicklung der Maus aufeinanderfolgende Determinationsschritte durch das sequentielle Auftreten von Membranproteinen gekennzeichnet sind, die durch eng benachbarte t-Gene codiert werden. Außerdem wird die Zellentwicklung dichotom in Form von ja/nein-Entscheidungen vorangetrieben, indem die Zellen durch ihre jeweils spezifischen Liganden Kontakte miteinander knüpfen oder lösen.

4.5 Schichtenbau

Die Furchungsperiode endet mit der Blastula, der nun folgende Abschnitt der Embryonalentwicklung führt zur Bildung der Körpergrundgestalt. Dies ist ein integrierter Prozeß, bei dem intra- und intercelluläre Reaktionen, sowie koordinierte Bewegungen ganzer Zellverbände und Zellvermehrungen beteiligt sind. Die wesentliche Komponente sind Zellbewegungen, und da mit der Schichtung der Zellen die Form des Embryos sichtbar wird, spricht man von morphogenetischen Bewegungen, die insgesamt im Prozeß der Gastrulation zusammengefaßt werden. Als Resultat erhält man eine Gliederung in drei Schichten: das Ektoderm = Ektoblastem (es wird zu Haut- und Nervensystem), das Entoderm = Entoblastem (es wird zum Darm samt seinen Anhangdrüsen) und das Mesoderm = Mesoblastem (daraus entstehen die übrigen Teile wie Skelett, Muskeln, Blutsystem, Gonaden und vieles mehr).

Die Ausdifferenzierung des durch Bewegungen zusammengefügten Zellmaterials geschieht dort, wo die Determination bereits stattgefunden hat, autonom. Andernfalls vollzieht sich die Determination erst als Folge von Wechselwirkungen zwischen den Zellschichten (Induktionen), ehe sich Organe, Gewebe und Zellen ausdifferenzieren können. Die Gastrulation ist ein epigenetischer Prozeß, durch den das in der Eizelle vorgegebene Entwicklungsprogramm realisiert wird, indem zunächst Bauteile gebildet und dann zu einer Gestalt zusammengefügt werden. Dieser Selbstorganisationsprozeß würde etwa dem Bau eines Hauses aus Bauelementen gleichen, die sich selbsttätig herstellen und zusammenfügen, ohne daß ein Architekt und Bauarbeiter bemüht werden müssen.

Man kann sich die Untergliederung eines Zellverbandes in zwei Schichten auf zweierlei Weise vorstellen: Entweder schieben sich die Zellen der neuen Schicht gemeinsam oder einzeln über oder unter die bereits vorhandene Schicht. Ist die Blastula innen bereits mit Zellen angefüllt, so überwachsen die äußeren die inneren. Diese epibolische Bewegung findet man bei Schnecken und Würmern sowie bei Embryonen, die sich aus einer Keimscheibe entwickeln. Bei der Hohlblastula wandern die Zellen durch Invaginationsbewegungen in den Hohlraum ein und gleiten dabei an der Unterseite der äußeren Zellen entlang, die sich ihrerseits zur Invaginationsstelle hin, zum Urmund, ausbreiten.

Im folgenden soll der Schichtenbau bei Seeigeln und Amphibien, Vögeln und Insekten diskutiert und ein Blick auf die Pflanzenentwicklung geworfen werden.

4.5.1 Seeigel

Die Blastula des Seeigels ist eine Hohlkugel aus ca. 1000 begeißelten Zellen. Auch nach dem Schlüpfen aus der Eihülle werden diese Zellen durch eine feste Membran zusammengehalten, in der sie durch Mikrovilli verankert sind. Daher hat man zunächst spekuliert, daß durch die mitotische Vermehrung der Zellen ein hydrostatischer Druck entsteht, der durch Einstülpen am vegetativen Pol ausgeglichen wird. Experimentell wurde jedoch klar gezeigt, daß die Gastrulation durch innere (intrinsic) Faktoren ausgelöst wird; denn eine isolierte, vegetative Zellplatte aus einer Blastulahälfte zeigt auch ohne äußeren Druck und ohne Mitosen typische Gastrulationsbewegungen.

Die Gastrulation setzt mit einer Abflachung des vegetativen Pols der Blastula ein und läßt sich in drei Abschnitte gliedern: Die Einwanderung des primären Mesenchyms, die Invagination und die Kontraktion des Primärdarms durch das sekundäre Mesenchym.

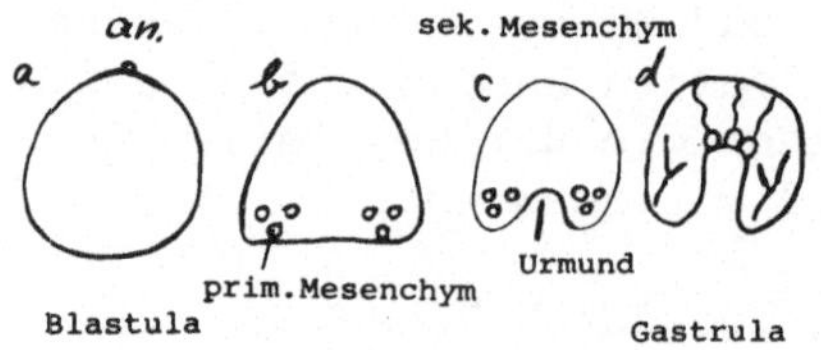

Die Abflachung des vegetativen Blastulapols erklärt sich aus einer Umgestaltung der Zellen: Sie sind in der kugelförmigen Blastula keilförmig und werden nun zylinderförmig. Mit der Umformung geht eine Umorientierung der Mikrotubuli einher. Sie sind zunächst um einige Zentren (MTOC) herum an der außen liegenden Oberfläche jeder Zelle angeordnet, wo jeweils eine Cilie inseriert. Mit dem Einschmelzen der Cilien vor Beginn der Gastrulation lösen sich die Mikrotubuli auf und formieren sich neu an der Seite der Zellen neben dem Zellkern. Die primären Mesenchymzellen entstehen aus den Abkömmlingen der Mikromeren, die zunächst noch zylinderförmig sind. Sie haften fest an der Außenmembran des Embryos und sind an ihren Seiten je zur Hälfte über Desmosomen und tight junctions mit den benachbarten Zellen verankert. Nach innen werden Pseudopodien ausgestreckt, bis ca. 40 Zellen nach Lösen der Kontakte zu ihren Nachbarzellen einzeln in das Blastocoel einwandern und sich abrunden, wobei die Mikrotubuli erneut umgeordnet und jetzt vom Cytozentrum aus organisiert werden. Diese primären Mesenchymzellen scheiden ein artspezifisches Innenskelett für die *Pluteus*larve ab. An dessen Ausgestaltung sind spezifische Kontakte zu Außenzellen, Fusionsprozesse zwischen den Mesenchymzellen sowie die Aktivität väterlicher Gene beteiligt. Zuerst nehmen die langen Pseudopodien von mehreren Mesenchymzellen jeweils mit einer bestimmten Zone der inneren Blastulawand Kontakt auf. Anschließend verschmelzen die Pseudopodien miteinander, und erst danach wird die Skelettsubstanz abgeschieden. Damit wird die Form des Skeletts den Mesenchymzellen durch Kontakt mit der Blastulawand aufgeprägt. Da nach Besamung der Eier mit artfremden Spermien eine intermediäre Skelettform entsteht, muß die Expression väterlicher Gene an diesem Differenzierungprozeß ebenfalls beteiligt sein.

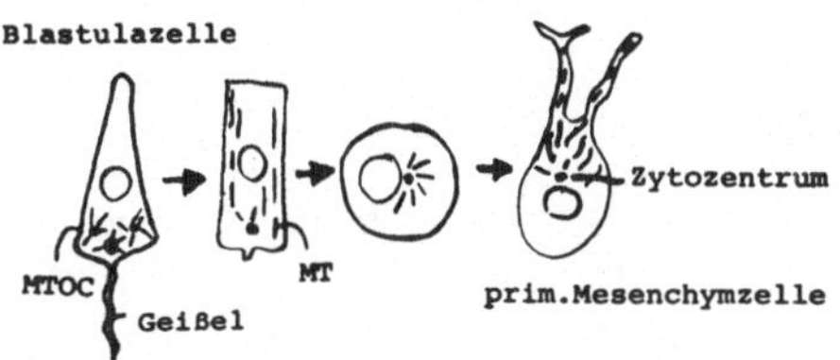

Die Invagination des Urdarms beginnt am vegetativen Pol, ebenfalls durch aktive Beweglichkeit der jeweils nach innen gerichteten Zellteile. Allerdings werden die Kontakte zu den Nachbarzellen hierbei nicht gelöst, so daß sich die Hohlkugel einstülpt. Die invaginierenden Zellen werden flaschenförmig. Der enge Hals, entstanden durch eine aktive Kontraktion der äußeren Zellhälfte über "Ringmuskeln" (Actinfilamente), zeigt nach außen und der Flaschenbauch nach innen. Die Gastrulationsbewegungen werden durch Mangel an Sulfationen blockiert. Dies deutet auf eine Beteiligung von Matrixsubstanzen am Bewegungsprozeß hin, da Schwefel zur Synthese der an den Zelloberflächen gelagerten Mucopolysaccharide benötigt wird.

Im nächsten Abschnitt der Gastrulation beginnen die Zellen am geschlossenen inneren Ende des Urdarmes lange Pseudopodien auszustrekken, mit denen sie zu bestimmten apikalen Zellen der äußeren Zellschicht, dort wo einzelne Zellen jeweils zusammenstoßen, feste Kontakte herstellen. Das Ausstrecken von Pseudopodien geschieht möglicherweise als Reaktion auf eine insulinähnliche Substanz, die von den apikalen Zellen in das Blastocoel abgegeben wird. Durch Kontraktion dieser Pseudopodien wird der Gastrulationsprozeß relativ schnell beendet.

Die aktive Rolle der Pseudopodien erweist sich aus Experimenten mit Cytochalasin B, Colchicin und schwerem Wasser, die allesamt die Gastrulation blockieren, sowie aus dem Phänomen der Exogastrulation, die auftritt, wenn die Kontakte zwischen den Filopodien und den apikalen Blastulazellen mechanisch zerstört werden. Gegen Ende der Gastrulation verläßt ein Teil der apikalen Zellen des Urdarms den Zellverband; sie bilden als sekundäre Mesenchymzellen die Muskelzellen der Larve. Die übrigen aggregieren wieder und lagern sich an der Stelle an den Urdarm an, an der später durch Ausstülpen die Coelome entstehen. Die Gastrulation wird beendet, indem mittels Pseudopodien nochmals lokale Kontakte zwischen innerem und äußerem Keimblatt hergestellt werden. Jetzt sind auch Pseudopodien der äußeren Zellschicht im Bereich des Mundfeldes beteiligt. In dieser Kontaktzone bildet sich dann die Mundöffnung aus. Die Gastrulation des Seeigels resultiert also aus einem komplizierten Prozeß, in den lokale Wechsel von Gestalt und Beweglichkeit einzelner Zellen sowie wechselnde Zellkontakte, die direkt oder über zwischenzellige Matrixsubstanzen erfolgen, integriert sind.

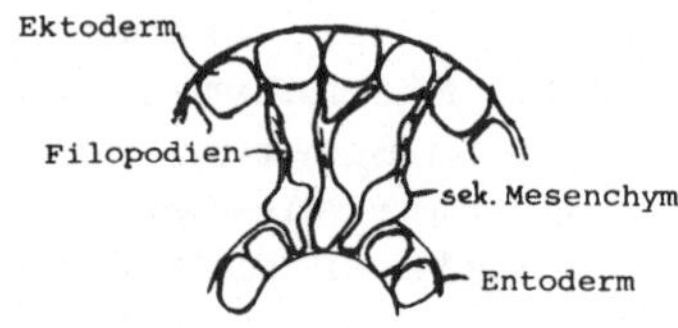

4.5.2 Amphibiengastrulation

Die Blastula eines Frosches hat 10 x mehr Zellen als die des Seeigels und sie ist undurchsichtig. Daher mußten Bewegungsprozesse indirekt aus Farbmarkierungen oder durch Zeitrafferanalysen erschlossen werden. Sie erlauben, die Blastula in drei Zonen einzuteilen: in eine animale und eine vegetative Zone und einen breiten Äquator zwischen beiden, die etwa den Anlagenbereichen der drei Keimblätter entsprechen. Am vegetativen Pol sind die Zellen größer und verdrängen das Blastocoel. Daher beginnt die Gastrulation nicht durch das Einsenken einer ganzen Zellplatte, sondern durch ein Einrollen um eine Kante (den halbmondförmigen Urmund). Durch Ausbreitung der animalen Zellschicht, d.h. den Prozeß der Epibolie der mehrschichtigen Blastula, in Richtung auf diese Kante, werden die Zellen herangeführt. Aber der Beginn der Gastrulation wird auch hier durch innere Faktoren bestimmt. Das zeigt sich an Isolations- und Rekombinationsexperimenten mit Gewebestückchen aus der Blastula. So umwachsen animale Zellen als Verband die großen vegetativen Zellen, bis sie sie völlig einhüllen. Wenn die animale Zellschicht vorher in Einzelzellen zerlegt wurde und wieder reaggregiert hat, so mischen sich animale mit vegetativen Zellen nicht. Man nimmt an, daß die animalen Zellen einen intensiven Oberflächenkontakt haben, der ihnen zwar das Ausbreiten über andere Zellen ermöglicht, aber nicht das Vermischen mit diesen. Das ist wieder ein Argument für die Existenz spezifischer Oberflächenstrukturen (den "coat").

Die isolierten Bereiche der Zone, an der der Urmund entsteht (sie entspricht in der Eizelle dem Grauen Halbmond), zeigen in Kombination mit vegetativen Zellen die gleiche Einrollungstendenz wie im Embryo. Es werden wieder flaschenförmige Zellen gebildet, die an ihren Hälsen und über den Coat so enge Kontakte eingehen, daß selbst im Explantat ein Urmund entsteht. Auch wird eine autonome Verformung der Zellen beobachtet, die wie beim Seeigel durch intracelluläre Umlagerung der Mikrotubuli und Mikrofilamente erfolgt. Außerdem wird die spezifische Kontaktnahme der Zellen zueinander auch auf die benachbarten Zellen, d.h. im Experiment auf die vegetativen Zellen, übertragen. Dies entspricht genau der Situation im Embryo, da die Kante des Urmundes, an der die Flaschenzellen beobachtet werden, eine dynamische Struktur ist, die durch das fortwährende Nachrücken anderer Zellen aufrechterhalten wird.

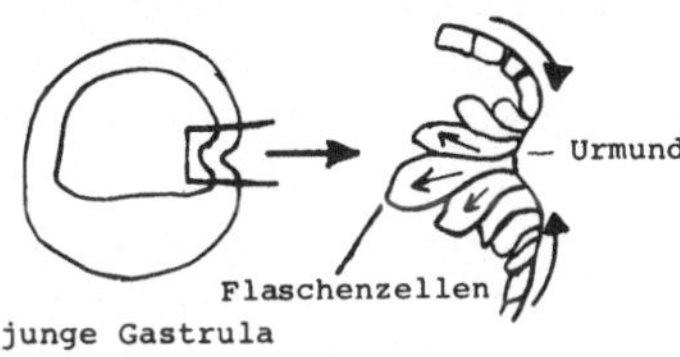

Autonome Zellverformungen und intensive Kontakte sind nur eine der Voraussetzungen, um die Gastrulation in Gang zu bringen. Hinzu kommt eine größere Zellbeweglichkeit während der Gastrulation. Dies sieht man aus dem Vergleich des Mobilitätsgrades isolierter Blastoderm- und Urdarmdachzellen. Letztere bilden nach der Einrollung die dorsale Schicht, aus der Chorda und Mesoderm entstehen. Dabei verhalten sich die äußeren wie plumpe Amöben, die inneren wie flinke Fibroblasten. Die schnelle Beweglichkeit der eingerollten Zellen ist mit einer hohen Beweglichkeit im elektrischen Feld korreliert, die aus der Zunahme negativer Oberflächenladungen (vermutlich aufgrund der Produktion sulfathaltiger Oberflächenproteine) resultiert.

Daher kann man annehmen, daß die Einrollung um die Kante des Urmundes nur die eine Komponente der Gastrulation darstellt, an die sich, wie beim Seeigel, eine zweite anschließt: Die bereits invaginierten Zellen bewegen sich durch Ausstrecken, Anheften und Kontraktion ihrer Filopodien nach vorne. Für die steuernde Funktion des Grauen Halbmondes, d.h. des Zellcortex, bei Beginn der Gastrulation, sprechen Isolationsexperimente, nach denen zwar eine rein vegetative Hälfte der Blastula mit Halbmond, nicht aber eine animale Hälfte ohne Halbmond gastrulieren kann. Selbst in unbefruchteten Eiern kann nach Entnahme aus dem Ovar durch eine Behandlung mit Progesteron innerhalb von 2-3 Tagen ein "Pseudourmund" entstehen, d.h. ohne vorangehende Zellteilung. Diese Beobachtung könnte bedeuten, daß die Gastrulation sehr wohl durch autonome Zellverformung und -bewegung abläuft, wie die Isolationsexperimente ausweisen, aber dennoch einer allgemeinen Zunahme der Beweglichkeit untergeordnet ist, die bereits in der Eizelle vorprogrammiert ist. In ähnlicher Weise haben wir Bewegungen des Dotterentoplasmasystems bei den Insekten kennengelernt, welche vermutlich der Keimanlage ihre typische Form aufprägen.

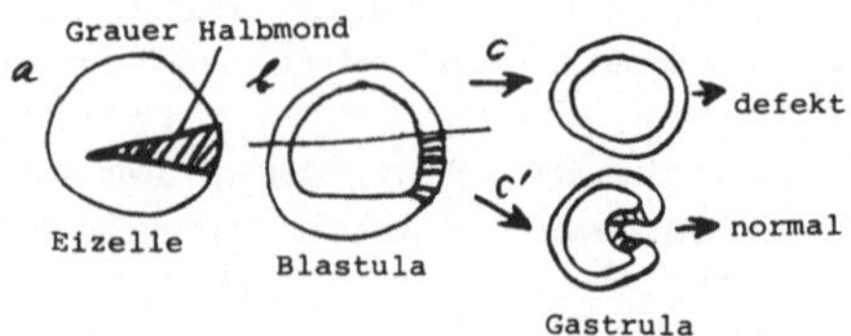

Da der Graue Halbmond aber erst nach der Besamung mit einem Spermium entsteht, ist in der normalen Entwicklung offenbar jeder Bereich der Eioberfläche in der Lage, zum Urmund programmiert zu werden. Im Einklang mit dieser Vorstellung steht das Ergebnis eines Defektexperiments an der Froschblastula, bei der die Gastrulation dann ausbleibt, wenn die Zellen des Urmundbereichs entfernt worden sind. Bei einem anderen Frosch jedoch, bei *Xenopus*, kann sich im gleichen Experiment doch eine Gastrula bilden. Bei der ersten Froschart wird der Ort des Urmunds schon früh, bereits vor der ersten Furchung, festgelegt, bei der anderen erst während der Gastrulation. Dies wiederum könnte bedeuten, daß der Graue Halbmond zwar ein gutes Merkmal des Ortes ist, an dem die Gastrulation normalerweise einsetzt, daß aber dieser entscheidende Entwicklungsprozeß an einer ganz anderen Stelle ausgelöst werden kann, d.h. durch einen anderen Faktor determiniert wird. Dafür sprechen Rekombinationsexperimente zwischen den drei charakteristischen Zonen einer Blastula, der animalen, der äquatorialen und der vegetativen. Weder animale noch vegetative Bereiche können allein gastrulieren. Aber beide zusammen vermögen es, obwohl der Graue Halbmond in der fehlenden äquatorialen Zone liegt. Es könnte demnach sein, daß die Organisation der Körpergrundgestalt eines Wirbeltierembryos, wie beim Seeigel und bei den Insekten, von einem vegetativen Zentrum "ausgelöst" und in Wechselwirkung mit einem animalen Faktor "etabliert" wird.

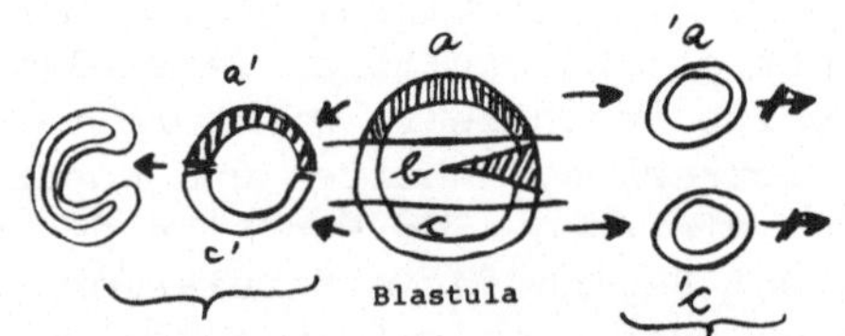

Der Vorzug der letzen Hypothese liegt darin, daß die Organisation aller Embryonen sich nach dem gleichen Prinzip vollziehen würde.

Wenn die Gastrulation abgeschlossen ist, unterscheiden sich die Zelloberflächen von äußerem und innerem Blastem, so daß solche, die zuerst positive Affinität zueinander hatten, wie die Urmundlippe zum Entoderm, im Experiment in zwei getrennte Zellschichten segregieren, also negative Affinität zueinander haben. Wieweit dies eine Folge der Gastrulation ist, bedingt etwa durch die Umlagerung von außen nach innen, oder auch unabhängig von der Gastrulation eintreten würde, kann man zunächst aufgrund des Verhaltens nach Exogastrulation mit ja und nein beantworten. Hier wird die Bewegungsrichtung umgepolt, z.B. durch hypotonische Lösung, so daß die inneren Blasteme (Endo-, Meso- und Chordablastem) nach außen zu liegen kommen. Dennoch können sie fast alle typischen Zellen der beiden Keimblätter bilden, d.h. sich auch ohne Gastrulation differenzieren. Aber die Lage der Gewebe zueinander ist nicht in Ordnung, das Muster ist nicht intakt. Dagegen vermag das äußere Blastem, das Ektoblastem, allein weder die Neurulation zu beginnen, noch sich zu Nerven- und Hautzellen (Neuralrohr und Epidermis) zu differenzieren. Offensichtlich kann es sich nicht ohne die inneren Blasteme gliedern und ausdifferenzieren.

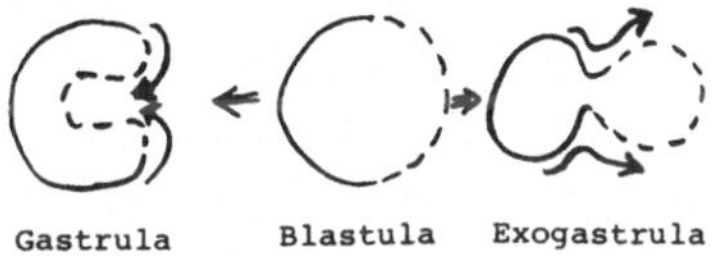

Daher bilden Rekonstitutionsexperimente mit dem äußeren Blastem einen wichtigen experimentellen Ansatz, um Musterdetermination und Differenzierungsprozesse auf der Ebene ganzer Blasteme zu analysieren, so wie die Insektenentwicklung es ermöglicht, diese Fragen in der Eizelle auf intracellulärer Ebene zu untersuchen.

4.5.3 Vögel

Die frühe Embryonalentwicklung der Vögel konzentriert sich auf eine Keimscheibe. Sie liegt auf der Oberseite des Dotters und ist daher sehr gut zu beobachten und zu manipulieren. Bis zum Schichtenbau läuft die Entwicklung jedoch im mütterlichen Organismus ab, und im früh abgelegten Ei besteht der Keim bereits aus ca. 50.000 Zellen. Er setzt sich aus der mehrschichtigen Keimscheibe und dem einschichtigen Periblastem zusammen, das an seinem äußeren Rand unmittelbar mit dem Dotter in Kontakt steht und eine starke Ausbreitungstendenz besitzt. Seine Randzellen kriechen an der Innenseite der Dottermembran entlang und sorgen durch diese epibolische Wanderung dafür, daß der Dotter von einer Zellschicht, dem Dottersackepithel, eingehüllt wird.

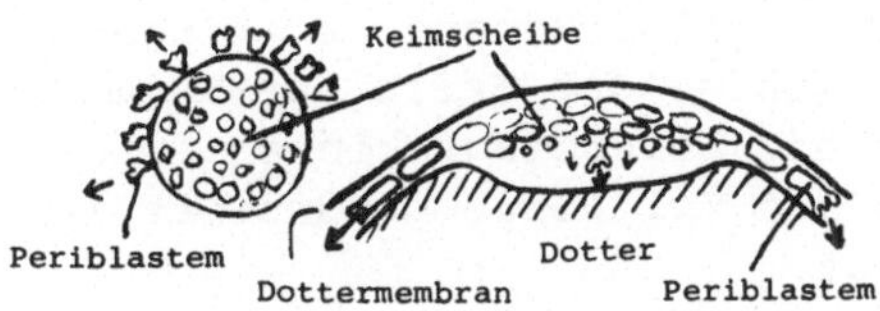

Die kreisförmige Keimscheibe liegt über einem kleinen Hohlraum im Dotter und ist polar organisiert. Am zukünftigen Hinterpol des Embryos liegen die Zellen aufgrund häufiger Mitosen viel dichter, auch kommt es hier, am "embryonalen Schild", zur Einwanderung einzelner Zellen nach innen. Diese Zellen breiten sich fächerförmig nach vorn aus und transportieren dabei auch die Keimzellen vom Hinterende der Keimscheibe nach vorn. Sie gelangen damit vor die Keimanlage und später in den Dottersack. Die nach innen eingewanderten Zellen schließen sich zu einer Zellschicht, dem Hypoblastem, zusammen.

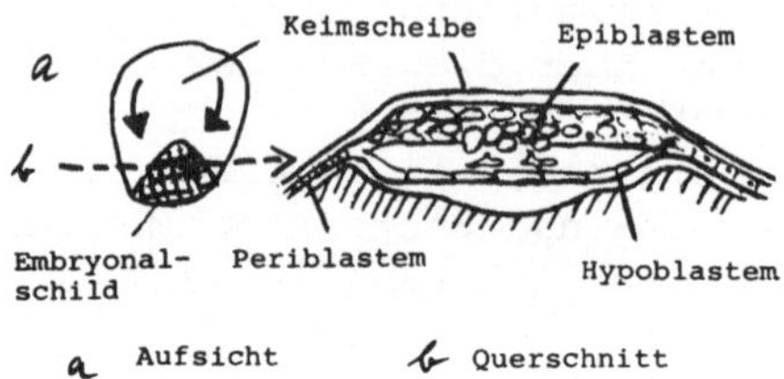

Die äußeren Zellen des Epiblastems dringen zur Mitte der Keimanlage vor und bilden einen Keimstreif, der sich aktiv, d.h. ohne weiteren Zustrom von Zellen oder durch gerichtete Proliferation, nach vorne und hinten in die Länge streckt. Auf der ganzen Länge des Keimstreifs wandern Zellen nach innen ein. Dabei nehmen sie für kurze Zeit die typische Flaschenform an und lassen dadurch im Keimstreif die Primitivrinne entstehen. Die früh eingewanderten Zellen werden zum Entoblastem, die später einwandernden zum Mesoblastem. Während dieses Vorganges wird der Epiblast einschichtig. Zu keiner Zeit dieses Gastrulationsprozesses läßt sich so etwas wie ein Urdarm erkennen. Die inneren Zellschichten des Hypoblastems und Entoblastems sind für die Organisation des Embryos wichtig, denn eine Blockade der Strömung derjenigen Zellen, die das Hypoblastem aufbauen, verhindert die Entstehung des Keimstreifs, und ein um 90° gedrehtes, verpflanztes Entoblastem verbiegt den sich darüber neu ausbildenden Keimstreif.

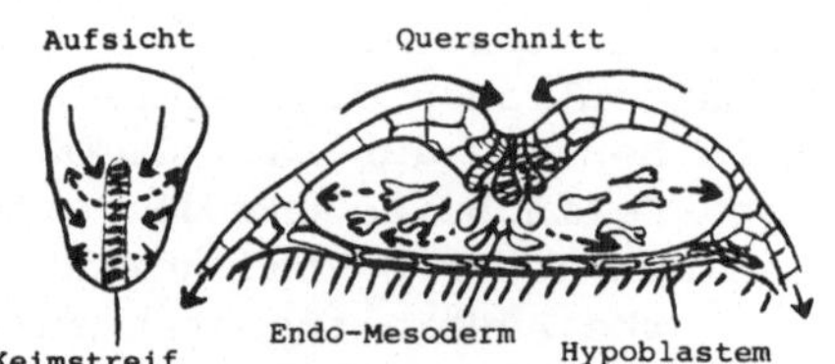

Wenn auch die Keimscheibe schon früh durch das polare Mitosezentrum am embryonalen Schild und den langgestreckten Keimstreif polarisiert ist, so zeigen experimentell erzeugte Zwillinge oder Mehrlinge bei natürlicher Polyembryogenie, daß Teile des Keimstreifs einen ganzen Embryo regulieren können. Allerdings können im Experiment auf diese Weise keine vollständigen Zwillinge produziert werden, weil immer nur ein Dottersack entsteht.

Die Zellen, die zwischen Epi- und Hypoblastem einwandern, bilden ein lockeres Gewebenetz, das nur durch ihre Filopodien zusammengehalten wird. Die Bewegung dieser Zellen geschieht, ähnlich wie die der Fibroblasten in Gewebekultur, durch Ausstrecken bis zu 0,5 mm langen Filopodien und Anheftung an die inneren Oberflächen der bereits vorhandenen Zellschichten. An diesen Kontaktstellen sind Löcher in den extracellulären Basalschichten der äußeren und inneren Epithelien zu beobachten. Diese extracellulären Substanzen enthalten Kollagen und GAG (Glucose-Amino-Glykane) und könnten eine steuernde Rolle bei den Bewegungen der mittleren Zellschicht spielen.

Die Entwicklung der Hühnchenkeimscheibe ist ein Modellsystem für das Studium der Bildung spezifischer Zellkontakte wie Desmosomen sowie "tight" und "gapped" junctions. Die letzteren erlauben den Übertritt eines fluoreszierenden Farbstoffes von einer Zelle in die andere und ermöglichen einen intracellulären Transport von Nucleotiden. Dies zeigte sich daran, daß Zellen, die nicht in der Lage waren, Hypoxanthin in Nucleinsäuren einzubauen, mit normalen Zellen kooperieren. Entsprechend könnten auch morphogenetische Substanzen die Zellgrenzen passieren, und aufgrund des Musters der Zellkontakte könnten sich wiederum morphogenetische Muster ausbilden. Über eine solche Spezifität der Kommunikation zwischen den Zellen gibt es jedoch noch keine Experimentalergebnisse, da wir noch keine Morphogene kennen.

Ein besonders aktiver Umschlagplatz von Zellen von außen nach innen ist der Embryonalknoten am Vorderende der Primitivrinne. Seine Kante entspricht etwa der oberen Urmundlippe bei Amphibien. Die Zellen, die sich von hier aus im Inneren nach vorne ausbreiten, werden zur Chorda. Dieser Knoten verlagert sich im Laufe der Zeit vom vorderen Ende der Primitivrinne nach hinten. Dadurch wird die Rinne verkürzt und die Chorda nach hinten verlängert. Vielleicht aufgrund der Scherkräfte, die bei dieser Verlagerung auftreten, wird das Mesoderm zu beiden Seiten des Knotens induziert, sich in symmetrische Portionen, die Somiten, zu untergliedern. (Gradientenmodelle zur Spezifizierung der Ursegmente, wie sie bei der Segmentierung des Keimstreifens der Insekten diskutiert wurden, sind unrealistisch, weil zu viele Segmente entstehen, die so dicht hintereinander liegen, daß eine Diskriminierung von Konzentrationsschwellen schwer vorstellbar ist.)

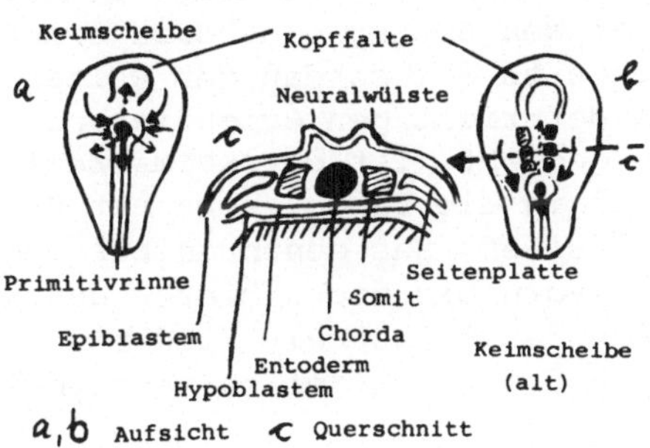

Vergleicht man den Schichtenbau bei Frosch und Hühnchen, so kann man feststellen, daß in beiden Fällen aufgrund gezielter Zellbewegungen die Achsenorganisation des Embryos zustande kommt: zum einen durch Invagination des Entoblastems und zum anderen ohne Ausbildung eines Urdarms. Manche Prozesse, die beim Frosch zeitlich nacheinander ablaufen, finden beim Hühnchen räumlich nebeneinander statt, wie etwa die Entstehung des Ento- und des Mesoblastems sowie der Chorda; es sieht aus, als würden Differenzierungswellen über die Blasteme hinwegwandern.

4.5.4 Insektenmorphogenese

Bei den Insekten entsteht als Resultat der Furchung die Periblastula, die den Dotter umhüllt. Innerhalb dieser Schicht, deren Einzelzellen mehr oder weniger frei beweglich zueinander bleiben, formiert sich ein Keimstreif, indem sich entweder diese Zellen autonom bewegen oder, wenn die Zellen unbeweglich sind, unterstützt vom Dotterentoplasmasystem zusammenlagern. Sie werden dabei schmaler und höher (zylinderförmig). Der Schichtenbau setzt mit der Ausbildung einer ventralen Rinne ein, an der einzelne Zellen oder die ganze mittlere Zone des Keimstreifs im Zellverband nach innen einwandern und so die innere Schicht, das Mesoblastem, bilden; auch hier wird also kein Urdarm ausgebildet. Beide Keimschichten wachsen später dorsalwärts aus, wodurch der Dotter mit dem Verschmelzen der beiden Schichten an der Dorsalseite (Rückenschluß) samt den embryonalen Hüllen in das Innere des Embryonaldarmes gelangt.

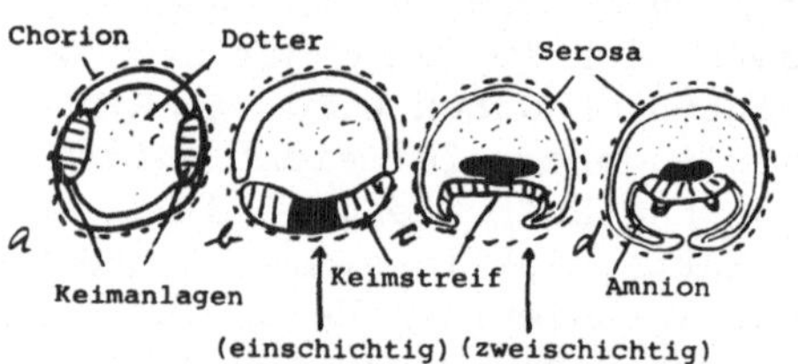

Ehe dies passiert, kommt es im Ei zu tiefgreifenden Verlagerungen des Keimstreifs. Ist der Keimstreif kurz, wie z.B. bei der Libelle, bewegt er sich als ganzes um den Eihinterpol herum und sinkt dann in umgekehrter Orientierung in den Dotter ein. Nach einer Zwischenphase läuft der Vorgang rückwärts ab, so daß der weiter ausdifferenzierte Embryo dann wieder in der richtigen Orientierung liegt, manchmal um 90° in der Längsachse gedreht. Ist der Keimstreif lang, z. B. bei der Fliege, streckt er sich in die Länge, umwächst den Hinterpol und transportiert dabei die Polzellen, aus denen insbesondere die Keimzellen entstehen, dorsal nach vorn bis dicht hinter den Kopf des Embryos. Später kontrahiert sich der Keimstreif wieder und kehrt in seine Ausgangsposition zurück, und die Keimzellen wandern in die Gonaden ein.

Der Schichtenbau der Tiere, wie er bisher diskutiert wurde, geht aus gezielt ablaufenden Zellbewegungen hervor und wird nicht von gerichteter Zellproliferation bewirkt. Bei manchen einfach organisierten Tieren können jedoch ganze Keimschichten aus einzelnen Zellen durch

Sprossung entstehen. So bildet sich während der Metamorphose der *Trochophora* zum Wurm das mittlere Keimblatt (Mesoblastem) durch Proliferation aus jeweils einer einzigen rechten und linken Stammzelle, die sich von der Furchungszelle 4d herleitet.

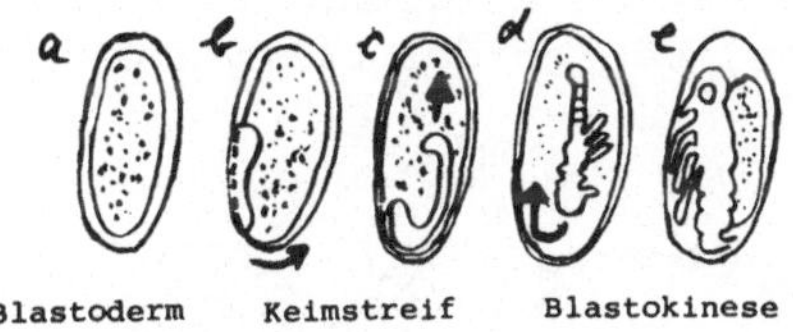

4.5.5 Pflanzenmorphogenese

Bei der Pflanzenmorphogenese spielen Zellteilungen die übergeordnete Rolle. Pflanzen unterscheiden sich meist sehr von Tieren; sie sind weitgehend unbeweglich und, aufgrund der Photosynthese in ihren Chloroplasten, autotroph. Die Unbeweglichkeit ist bereits auf der Zellebene ausgeprägt, da die Pflanzenzellen eine starre, extracelluläre Wand aus Cellulose besitzen. Durch asymmetrisches Wachstum können Zellverbände ihre Form wohl ändern, aber die so erreichte Gestaltbildung ist (fast) irreversibel, d.h. sie beruht nicht auf Zellbewegungen, sondern auf Zellwachstum. Pflanzenzellen stehen auch nicht über Membranflächen in Kontakt miteinander, wohl aber besitzen sie ein direktes Kommunikationssystem: Das Cytoplasma benachbarter Zellen ist über die Plasmodesmen verbunden. Somit tritt an die Stelle der Membransignalisierung der tierischen Zellen vielleicht ein direkter Signalaustausch. Gerade diese direkten Kontakte werden jedoch von der befruchteten pflanzlichen Eizelle (der Zygote) aufgegeben. Diese meist überdurchschnittlich große Zelle intensiviert ihren eigenen Stoffwechsel und entfaltet genetische Aktivität, d.h. sie synthetisiert RNA, bildet Polysomen, den Golgi-Apparat und baut selbst die Wand auf, die zu ihrer physiologischen Isolierung beiträgt.

Diese Eizelle besitzt wie die tierische ein väterliches und ein mütterliches Genom. Sie liegt im Embryosack, in dem sich das triploide Endosperm entwickelt, das, wie wir gesehen haben, aus der doppelten Befruchtung hervorgeht. Außen ist der Embryosack von mütterlichem Gewebe, den Integumenten umhüllt, die den Fruchtknoten aufbauen. Damit entwickelt sich der Embryo in der Nachbarschaft von Zellen mit recht unterschiedlicher genetischer Zusammensetzung. Deren Einfluß erkennt man an Kreuzungsversuchen zwischen verschiedenen Arten, bei denen der Embryo bereits in frühen Entwicklungsstadien abstirbt, weil die Endospermentwicklung, die der embryonalen Entwicklung zeitlich etwas vorausläuft, gestört ist. Daher konnten Pflanzenhybriden mit Erfolg erst gezüchtet werden, als es gelang, durch Embryokultur in vitro, diese Defekte auszuschalten.

Die Eizelle einer typischen Pflanze besitzt wahrscheinlich durch ihre Lage im Embryosack bereits eine Polarität, die sich bei der ersten Teilung nach der Befruchtung zeigt: Es entsteht eine kleine und eine große Zelle. Die kleine Zelle bildet den Embryo durch zunächst synchrone Teilungen, die ein kugeliges Gebilde entstehen lassen. Bereits nach dem 64-Zellstadium kann man drei verschiedene Zellschichten erkennen: außen die Epidermis, innen das Procambium und dazwischen den Cortex. Aus der großen Zelle entsteht aufgrund gerichteter Mitosen der Suspensor, ein linearer Faden, der an der Embryonalentwicklung keinen weiteren Anteil hat.

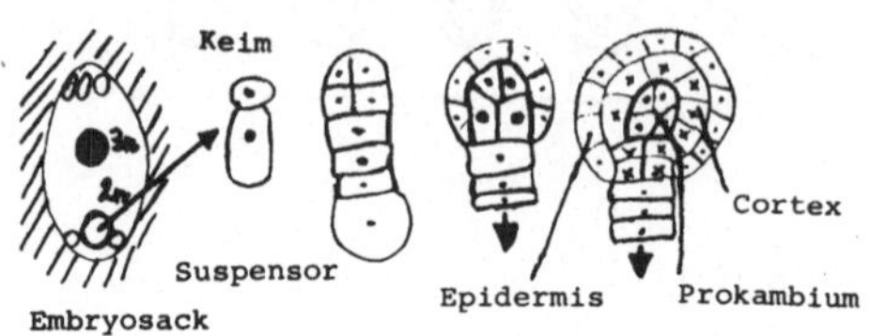

Der globuläre Embryo wird durch lokal gehäufte Mitosen an zwei bestimmten Stellen zu einem herzförmigen Keim, der sich abflacht und damit die Anlagen seiner beiden Keimblätter zu erkennen gibt, z.B. bei den zweikeimblättrigen Pflanzen. Ebenfalls durch gerichtete Mitosen streckt sich das Procambium in die Länge, aus dem später das Hypokotyl hervorgeht, und der Embryo nimmt eine typische Torpedoform an. Am apikalen Ende des Procambiums entsteht ein Vegetationskegel mit dem Sproßmeristem und am basalen Ende, in der Nähe des Suspensors, das Wurzelmeristem. Ist diese Grundgestalt aus drei Geweben und zwei Meristemen aufgebaut, bereitet sich der Embryo auf eine Ruhepause vor (Dormanz), indem er sich zum Samen umbildet. Er baut eine Samenschale auf und reduziert den Wassergehalt. Dies geschieht, trotz der vielen vom Endosperm bereitgestellten Nährstoffe, durch ein Ungleichgewicht von wachstumsfördernden und -hemmenden Substanzen, z. B. durch Abnahme des Gibberellingehalts und Zunahme von Abscissinsäure.

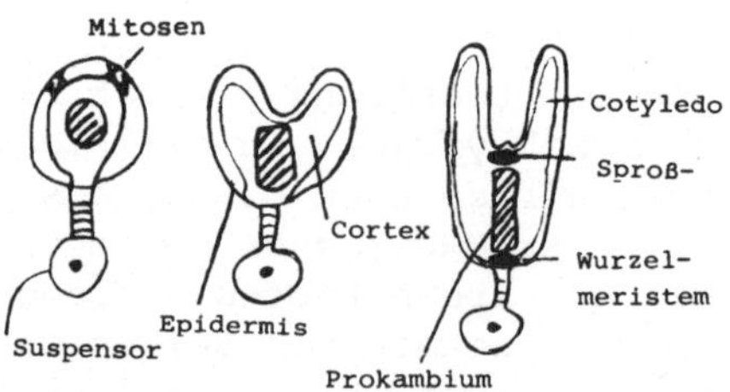

Eine wichtige Beobachtung ist, daß es bei den Pflanzen früh zur Ausdifferenzierung der embryonalen Gewebe kommt, daß aber Organanlagen, etwa für Blätter, Wurzel und Blüten, nicht zu erkennen sind. Sie entstehen erst bei der Keimung aus den proliferierenden Meristemen. In ähnlicher Weise wie bei den höheren Pflanzen beginnt die Entwicklung bei den Nacktsamern, den Moosen und den Farnen mit einer asymmetrischen Teilung der Eizelle. Bei manchen Gymnospermen beginnt die Entwicklung der Eizelle, ähnlich wie die Furchung bei Insekten, mit Kernteilungen ohne Zellteilung. Doch auch hier kommt es nach kurzer Zeit zur Differenzierung in die drei bereits erwähnten Gewebe und die beiden Meristeme. Bei den Farnen und Moosen sind die Eizellen kaum größer als vegetative Zellen. Der Embryo entsteht im unmittelbaren Kontakt zur Mutterpflanze (dem Gametophyten) und erhält vermutlich direkt über die Fußzelle, die dem Suspensor höherer Pflanzen entspricht, Nahrung. Dies mag erklären, warum sich diese Embryonen ohne die Phase der Dormanz unmittelbar entwickeln.

Die Nachbarzellen des Embryos sind auch bei den Farnen von Bedeutung, denn isolierte Zygoten entwickeln sich nicht, und ein isolierter junger Embryo entwickelt sich zu Mehrlingen anstelle zu einer Einzelpflanze. Möglicherweise hat die physische Eingrenzung des Embryos in einer cellulären Hülle (dem Archegonium) die Funktion, ihn zu einem einzigen Individuum zusammenzuhalten.

Eine weitere Voraussetzung für die Embryonalentwicklung ist ein ausgewogenes Verhältnis der Pflanzenhormone wie Auxin, Cytokinin und Gibberellin. Diese werden vom Embryo selbst produziert oder aber auch vom Endosperm. Daher ist Kokosmilch als "flüssiges Endosperm" ein vorzügliches Wachstumsmedium für isolierte Pflanzenembryonen. Bei der in vitro Kultur tritt, ähnlich wie bei den Farnembryonen in situ, keine Dormanz mehr ein.

Man hat zunächst, ganz ähnlich wie bei der Diskussion um die Ergebnisse der Insektenembryonen, erwogen, ob die frühe Organisation des Pflanzenembryos in Wurzel und Sproß vielleicht durch einen (Hormon-) Gradienten bestimmt wird. In vitro Experimente zeigen jedoch, daß die Differenzierungsrichtung des Embryos maßgeblich vom Mengenverhältnis mehrerer Hormone abhängt: Ein Gewebestück einer Tabakspflanze zeigt in Gewebekultur bei etwa gleicher Konzentration von Auxin und Kinin eine enorm starke Proliferation, d.h. es bildet einen Callus. Bei derselben Auxinkonzentration, aber niedrigerem Kininwert, entsteht eine Wurzel. Umgekehrt führt die selbe Auxinkonzentration in Verbindung mit hohem Kiningehalt zur Sproßbildung.

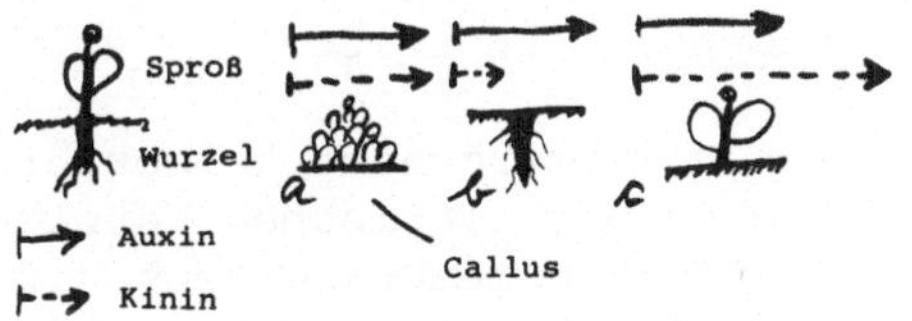

In ähnlicher Weise reagieren explantierte Embryonen, und bei geeigneten Hormonkonzentrationen entwickeln sie sich in vitro zu kompletten Pflanzen. Diese Embryonen zeigen eine starke Abhängigkeit von Nährstoffen, denn sie sind zunächst noch heterotroph. Die Embryonen können aber schon sehr früh autotroph werden und, anders als das vegetative Tabakgewebe, auf äußere Zufuhr von Hormonen und hohe Zuckerkonzentrationen verzichten, wenn man sie bei hoher Ionenstärke kultiviert. Möglicherweise sorgt in vivo das Endospermgewebe nicht nur für die Zufuhr von Hormonen und Nährstoffen, sondern ändert auch die Ionenkonzentration, so daß der Embryo sehr selbständig wird.

Schließlich ist es möglich, worauf bereits mehrfach hingewiesen wurde, daß isolierte vegetative Pflanzenzellen, z.B. der wilden Karotte, zu vollständigen Pflanzen regenerieren, d.h. kloniert werden können. Die regenerierenden Embryoide durchlaufen die typische embryonale Gestalt des herz- und später torpedoförmigen Embryos, ehe schließlich eine Pflanze mit Wurzeln, Sproß und Blüten entsteht. Auch beim Tabak können Einzelzellen eine Pflanze regenerieren, es ist jedoch nicht sicher, ob jede Zelle dazu imstande ist.

Bislang lassen sich pflanzliche und tierische Entwicklungen folgendermaßen vergleichen: Gemeinsam ist bei beiden Systemen, daß die Zygoten meist relativ große Zellen sind und früh in der Entwicklung genetisch sehr aktiv werden. So findet man beim Tabak, genau wie beim Seeigel, maximale Sequenzkomplexität der transkribierten RNA in der frühen Embryogenese und deren Abnahme bei der anschließenden Ausdifferenzierung der Organe in Sproß, Wurzel, Blätter und Blüten.

Der pflanzlichen Eizelle fehlt eine Dottermembran, die bei der tierischen Zelle als gemeinsames Produkt der Eizelle und der somatischen Nachbarzellen entstanden ist, und die sowohl Polyspermie verhindern soll als auch an verschiedenen cortikalen Reaktionen beteiligt ist. Im Unterschied zu den ebenfalls kurzen Zellcyclen während der Furchung bei Tieren beginnt der pflanzliche Embryo sofort mit dem Wachstum; eine echte Furchung fehlt ebenso wie eine ausgedehnte Phase der Oogenese. Formal vergleichbar mit den Tieren bilden auch pflanzliche Embryonen im Kugelstadium drei Keimschichten (Epidermis, Cortex und Procambium), aber sie entstehen ohne Zellbewegungen, d.h. ohne Gastrulation. Es wäre interessant zu erfahren, ob hier vielleicht, ähnlich wie bei den Säugern, ein "Außen-Innen-Konzept" bei der Gliederung der Keimblätter zu finden ist. Weiterhin werden die embryonalen pflanzlichen Gewebe sofort ausdifferenziert, während einige Zellen embryonalen Charakter beibehalten und als Meristemzellen später Sproß und Wurzel differenzieren. Schließlich gibt es bei den Pflanzen keine primäre Differenzierung in Keim und Soma, die regelmäßig bei den Tieren in der frühen Entwicklungsphase auftritt.

Es gibt in der pflanzlichen Embryogenese keinerlei Hinweise auf Determinationsprozesse wie sie in der tierischen Entwicklung stattfinden, und die wir immer mit bestimmten Membraneigenschaften wie Oberflächenantigenen und corticalen Entmischungen in Zusammenhang gebracht haben. Möglicherweise liegt hierin der wesentliche Unterschied zwischen der Organisation von Tier- und Pflanzenembryogenese; denn die Zellwand verhindert hier die Ausbildung spezifischer Liganden, Aggregationsfaktoren und Rezeptoren für Signalstoffe wie tierische Hormone. Daher wirken vielleicht die pflanzlichen Hormone mehr als unspezifische Faktoren des Zellwachstums, der Mitosehäufigkeit und der Spindelorientierung, ohne daß sie spezifische Entwicklungsleistungen in Targetzellen, die durch Rezeptoren ausgezeichnet wären, in Gang setzen können. Wir werden diesen Gedanken bei der Postembryonalentwicklung der Pflanze noch einmal aufgreifen.

4.6 Körpergrundgestalten

Im vorigen Kapitel war von der ersten Phase der Embryonalentwicklung die Rede, bei der ein Ei in eine Zellschicht, ein Blastem, umgewandelt wird. Wir haben anhand von Experimenten und mutierten Genen einen Einblick in die Organisation der frühen Entwicklung und in die ersten Entwicklungsprozesse gewonnen und typische Einzelbeispiele herausgegriffen, ohne den systematischen Verwandtschaftsgrad zwischen diesen Beispielen zu berücksichtigen. Gelegentlich mußten wir spätere Embryonalstadien oder sogar adulte Tiere untersuchen, um frühe Determinationsschritte zu erschließen, eine Möglichkeit, die dem Experimentator, aber nicht dem Embryo gegeben ist.

Im folgenden soll gezeigt werden, wie die Embryonen, bevor sie in den Phasen der Organbildung und Zelldifferenzierung ihre enorme Mannigfaltigkeit offenbaren, jeweils ein charakteristisches Stadium durchlaufen, in dem sie eine, für die systematische Gruppe typische Form annehmen. Diese Körpergrundgestalten beschränken sich auf ganze wenige Typen, die aufgrund der vergleichenden Anatomie, d.h. ohne experimentelle Analysen, abgeleitet werden können.

Der Morphologe versucht Typen herzuleiten, und zwar nicht aus einem imaginären Gedankenbild, sondern durch den Vergleich von konkreten Entwicklungsstadien. Sein Ziel ist es, wie in einem Puzzlespiel die vergleichbaren, genauer, die homologen Teile, die einen Organismus kennzeichnen, aufgrund ihrer Form und gegenseitigen Lage zu möglichst einheitlichen Grundtypen (Baupläne) zusammenzufügen. Dabei hat sich eine Grundregel der Embryogenese ergeben: Eine Eizelle bildet sich entweder vollständig in einen Embryo um, oder der Embryo entsteht nur aus einem Teil der Eizelle. Im ersten Fall, der Hologenese, beobachtet man totale Furchung: meist wenig Dotter, eine hohle Blastula und eine Invaginationsgastrula. Im zweiten Fall degegen, der Merogenese: viel Dotter, eine Keimscheibe und keine Invaginationsgastrula. Damit gehören Blastula und Gastrula eigentlich nicht zu den typischen Gestalten, da sie bei relativ nahe verwandten Tieren ganz unterschiedlich ausgeprägt sein können. Wie unsystematisch diese Entwicklungsstadien vorkommen, möge noch einmal die Säugerentwicklung zeigen: Die Eier enthalten keinen Dotter, bilden trotzdem keine Hohlblastula aus, aber einen Keimstreif ohne typische Gastrulation.

Dagegen nehmen die Embryonen, wenn sie von der Ein- zur Mehrschichtigkeit übergegangen sind, typische Gestalten an, die im natürlichen System den Tierstämmen entsprechen: den Hohl-, Glieder-, Weich-, Stachel- und Wirbeltieren. Jeder dieser Stämme enthält Vertreter sowohl der holo- als auch der merogenetischen Entwicklung. Diese Körpergrundgestalten stehen im Einklang mit der phylogenetischen Betrachtungsweise. Es folgt eine Auswahl:

1. Coelenteraten und Schwämme entwickeln über Coelo-, Sterro- oder Periblastula und Gastrulation durch Invagination, Epibolie, Zelleinwanderung oder Delamination die *Planula*. Diese Larve ist ein langge-

streckter Sack aus zwei Zellschichten, einer inneren und einer äußeren, die von einer nichtzelligen Stützschicht getrennt sind. Die Körpergrundgestalt erreicht dieses Gebilde, indem an einem Pol eine Mundöffnung auftritt.

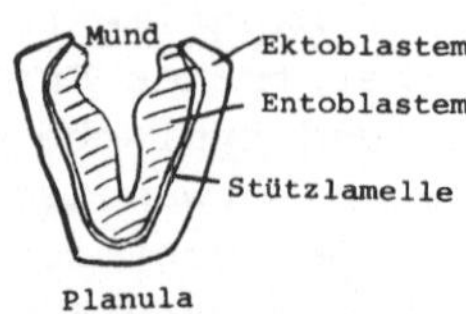

2. Die Articulaten bilden bei einfachen Formen, die im Meer leben, die *Trochophora* aus. Diese Larve besteht aus einer äußeren Zellschicht mit horizontal verlaufenden Cilienkränzen sowie einem apicalen Sinnesorgan. Die innere Zellschicht ist ein Rohr, das über Mund und After mit der Außenwelt in Verbindung steht. Dazwischen befinden sich zwei paarige Mesodermstreifen, und am vegetativen Pol liegen die Teloblasten. Diese teilen sich in Längsrichtung, und aus ihren Tochterzellen entstehen aufgrund dieser Sprossung Coelomsäcke, die bei der Metamorphose in den Wurmkörper eingehen; der Kopf wird aus dem Rest der *Trochophora* gebildet. Der Querschnitt durch einen Wurm zeigt Charakteristika der Körpergrundgestalt: innen ein Darmrohr, außen eine einschichtige Epidermis und dazwischen, bilateral in eine rechte und linke Hälfte gegliedert, die dritte Zellschicht, das in paarige Coelome gegliederte Mesoderm. An der Ventralseite liegt das Nervensystem (Bauchmark).

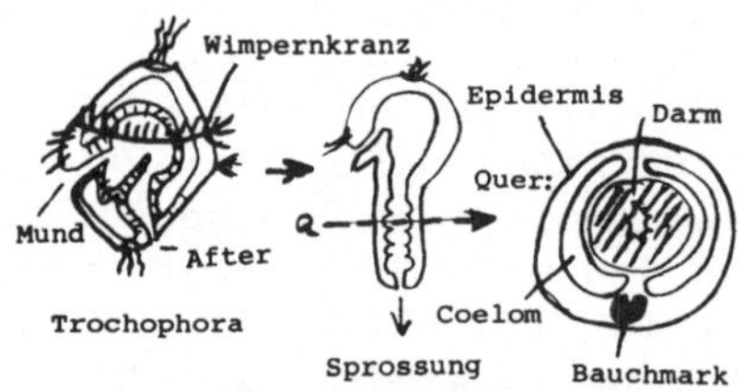

Die gleiche Grundgestalt kann bei anderen Würmern auch ohne das Stadium der freilebenden *Trochophora* direkt aus dem Ei entstehen. Es entwickelt sich dann, wiederum durch Sprossung, aus je einer rechten und einer linken Zelle, den beiden Ektoblasten, die äußere Schicht (Epidermis) und aus den Mesoblasten die innere Schicht (das Mesoderm) eines Keimstreifs.

Bei den Insekten entsteht, wie wir gesehen haben, aus vielen Zellen des Blastoderms ein Keimstreif, der sich in drei Abschnitte: Kopf, Thorax und Abdomen gliedert. Er wird durch die Einsenkung des ventralen Bereichs zweischichtig, während sich das Sprossungswachstum meist auf das Abdomen beschränkt.

3. Bei den Mollusken beobachtet man eine Larve, die einer *Trochophora* ähnelt. Sie besteht aus zwei Zellschichten, die die primäre Leibeshöhle

umgeben. Sie wächst nicht durch Sprossung, sondern wandelt sich direkt in das fertige Tier um, indem einzelne Anlagen die typischen Organe wie Kopf, Fuß und Schale ausdifferenzieren. Die paarigen Mesodermstreifen, die aus einer einzigen Furchungszelle entstehen, bilden als sekundäre Leibeshöhle (Coelom) lediglich den Herzbeutel.

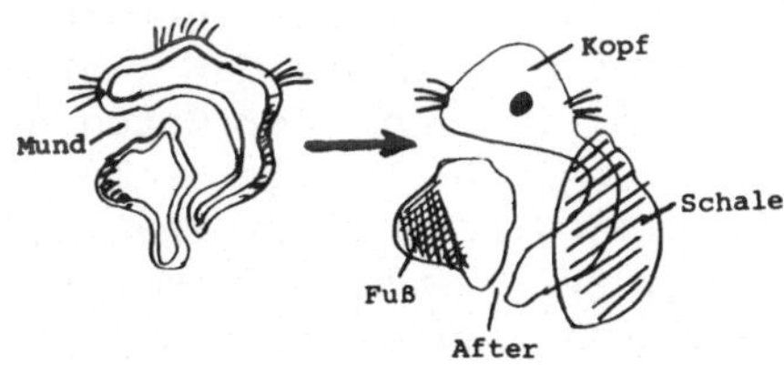

4. Bei den Echinodermen entsteht ebenfalls eine zweischichtige Larve, ähnlich der *Trochophora*. Sie ist ganz bewimpert, und in der Weiterentwicklung wird der Urdarm zum After, und der Mund bricht sekundär durch (Deuterostomie). Zusätzlich besitzt dieser bilateral-symmetrische *Pluteus* bereits Coelomsäckchen, die vom Darm abgeschnürt und in drei Teile gegliedert werden. Der mittlere Teil dieses Coeloms, das Hydrocoel, induziert eine Keimscheibe in der Epidermis, und aus dieser geht in einer komplizierten Metamorphose ein adulter Seeigel hervor, der sich durch die fünfstrahlige Symmetrie seiner Organe, z.B. Gonaden, Nerven- und Bewegungssystem, auszeichnet.

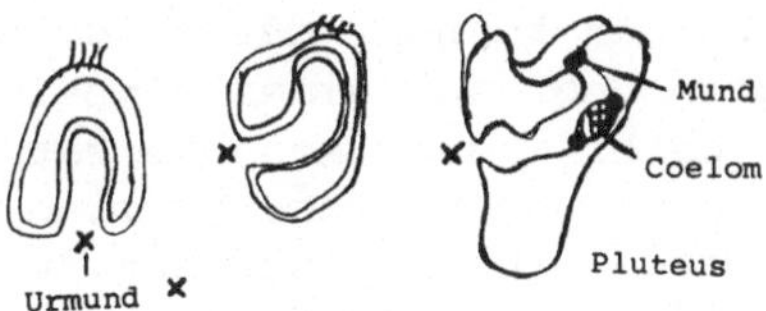

5. Eine besonders einheitliche Körpergundgestalt zeigen die Chordaten. Ein Querschnitt durch ihren Embryo entspricht bereits dem des adulten Tieres. Von dorsal nach ventral gesehen folgen immer vier Röhren aufeinander: Neuralrohr, Chorda, Darm und Gefäßsystem. Eine entsprechende Gliederung verdeutlicht die Richtungsorganisation vorne-hinten (Hirn und Rückenmark, Kiemendarm und Rumpfdarm, Herz und Aorta) bzw. rechts-links, (paarige Streifen von segmentierten Mesodermabschnitten, die Ursegmente oder Somiten). Diese Körpergrundgestalt läßt sich als ein einheitlicher Anlagenplan z.B. in das Ei eines Frosches projizieren und dieser mittels Farbmarkierungen direkt herleiten.

Die Morphologie erkennt in der frühen Embryonalentwicklung aufgrund von Lage und Form "homologe Puzzlesteinchen" in verschiedenen Entwicklungstypen (Körpergrundgestalten); die Evolutionsmorphologie betrachtet die homologen Teile, z.B. die Keimblätter, als identische Erbstücke und versucht die vom Morphologen nebeneinander gestellten Bautypen abzuleiten und auf einen einzigen Urtypus zurückzuführen. So hat man je nach dem Gewicht, das man den einzelnen Entwicklungsphasen zubilligt, in der Planula oder Gastrula den Urtyp gesehen und in *Trichoplax* sogar einen Organismus gefunden, der bis heute noch wie eine *Planula* aussieht. Diese Betrachtungen haben zu der Rekapitulationsregel (biogenetisches Grundgesetz) geführt, wonach die höher evolvierten Organismen in ihrer Ontogenese die typischen Gestalten der niederen Tierstämme, von denen sie abstammen, zeitgerafft wiederholen. Es wäre aber ein Fehlschluß, hier formal die Ontogenese heranzuziehen, um die Evolution zu erklären. So ist es ganz klar, daß im Laufe der Evolution das Genom komplizierter wird, im Laufe der Ontogenese aber - eher umgekehrt - die Genomexpression immer weniger komplex wird. Dennoch ist es gerechtfertigt, viele biologische Sachverhalte, wie den genetischen Code, Zellwachstumsteilung, Zellbewegung, -kontakt und -differenzierung, im gesamten Organismenreich als verwandt, d.h. als homolog zu betrachten. Was die Organismen voneinander unterscheidet, ist das Programm, durch das die Teilprozesse miteinander gekoppelt werden. Dieses manifestiert sich in der Embryonalentwicklung zuerst bei der Musterbildung.

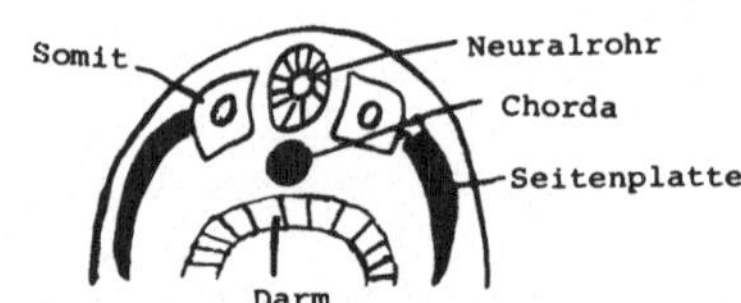

Umgekehrt kann man aus der Evolutionstheorie schließen: Da alle Tiere formal auf embryonale Typen mit zwei oder drei Körperschichten (Keimblättern) zurückgeführt werden können, müssen diese Blasteme die gleiche Stammesgeschichte haben und nach einem einheitlichen Muster aus der Eizelle hervorgehen. Unter dieser Annahme hat man den Begriff der Gastrulation immer mehr ausweiten müssen, um mindestens fünf verschiedene Prozesse, durch die sich eine Zellschicht in zwei umbilden kann, unter dem gleichen theoretischen Begriff formal zusammenzuhalten. Noch schwieriger läßt sich die Einheit des inneren Keimblattes, des Mesoblastems, vertreten, das auf mindestens sechs verschiedene Weisen in Embryonen entstehen kann: aus einer einzigen Zelle, aus einer Abschnürung vom Darm oder manchmal noch vor der Abgliederung des Entoderms.

Hier hat die Homologisierung durch Reduktion aus der Evolution zwar klare Begriffe ergeben, aber die direkte Beobachtung der Embryonalentwicklung unterstützt sie nicht mehr. Vielleicht sollte man anstelle von Keimblättern nur von Anlagen sprechen und, je nach deren Anordnung, von bestimmten Anlagen-Mustern. Der Begriff "Anlagen" hat eine eigenartige Doppelbedeutung: Anlagen werden in der morphologischen Analyse (durch genetische Markierung oder Vitalfärbung) von dem jeweils ausgewachsenen Organismus, d.h. von dessen Bauplan, durch Rückprojektion abgeleitet. Konsequent weitergedacht führen sie zu einem Mosaikmodell, d.h. zur Vorstellung von Präformation. Andererseits zeigen die experimentellen Analysen (mit scharfen und stumpfen Skalpellen), daß in praktisch allen Embryonen alle Anlagen auch regulieren können, also über ein größeres Entwicklungspotential verfügen, als sie realisieren: Ihre prospektive Potenz ist größer als ihre prospektive Bedeutung. Das aber heißt, daß im Ei noch nicht entschieden ist, was aus seinen einzelnen Teilen einmal werden wird, d.h. es liegt das Prinzip der Epigenese vor. Beide Aspekte des Begriffes "Anlage" treffen sich in dem Moment der Entwicklung, in dem die Determination geschieht, einmal früher (bei Mosaikeiern), einmal später (bei Regulationseiern).

Bei einer früheren Diskussion der Organisation einer Zelle, bzw. eines Einzellers, haben wir diese Doppeldeutigkeit aufgrund molekularbiologischer Erkenntnisse in folgende These gefaßt: Im Unterschied zur unbelebten Materie besitzen Zellen als kleinste Einheit lebender Organismen ein in Nucleotidsequenzen verschlüsseltes genetisches Programm, aber keinen fertigen Bauplan. Auf die Eizelle übertragen muß man sich fragen, ob dieses Programm allein im Zellkern niedergelegt ist, oder ob etwa im Cortex oder im Cytoplasma ein ähnliches Programm existiert, das in einem geographischen, wenn auch noch dynamischen Muster in den vom Zellkern codierten Molekülen niedergelegt ist. Außerdem wird das Programm während der Entwicklung des Eies derart aufgeteilt, daß einmal hier, einmal dort, einmal früher, einmal später, d.h. nicht mit Sicherheit, aber doch mit einiger Wahrscheinlichkeit, nicht eine, sondern meist mehrere Zellen (als Polyklon) für bestimmte Leistungen determiniert werden. Das aber bedeutet, daß die Eizelle die komplizierteste aller Zellen ist, und daß die Rekonstitution eines ganzen Organismus, d.h. ein Klonieren aus Körperzellen, prinzipiell nicht möglich ist. Einen Hinweis in dieser Richtung liefert die ausführliche Analyse der Genexpression beim Seeigel, wonach in der Eizelle, und nur in dieser, praktisch sämtliche Gene transkribiert werden.

Ganz allgemein kann man daraus folgern, daß aus einem Gemisch sämtlicher Moleküle, z.B. eines Bakteriums, durch Selbstaggregation in vitro kein Bakterium entstehen kann, genau wie der in der Ursuppe entstandene Replikator von vornherein aus Nucleinsäure und Protein, d.h. als Programm und Programmierer zugleich entstanden ist. Damit wird für das Verständnis der Embryonalentwicklung der höheren Organismen die Determination zu einem zentralen Problem. Wie sie in der frühen Entwicklung geschieht, haben wir bei den Insekten diskutiert, und wie wenig dieser Prozeß noch verstanden ist, zeigen die vielen Hypothesen, die dasselbe experimentelle Ergebnis auf unterschiedliche Weise erklären können.

Aus dieser Diskussion sollte zum einen klarwerden, daß wir zunächst ohne allzu starr vorgefaßte Hypothesen den Schichtenbau eines tierischen Embryos verstehen lernen müssen und zum anderen, daß auch von Teilprozessen, wie der Organogenese, bei denen noch einmal Determinationen ablaufen, wichtige Informationen erwartet werden dürfen. Davon wird in den nächsten Kapiteln die Rede sein.

4.7 Neurulation

Dieser Prozeß vollendet bei den Wirbeltieren die Entstehung der Körpergrundgestalt. Bei den Amphibien streckt sich zugleich der ganze Embryo, der bis dahin kugelförmig war, in die Länge. An ihm sind nun die Kopfanlage und die Schwanzknospe, d.h. Vorder- und Hinterende deutlich zu erkennen. Während der Neurulation wird die äußere Zellschicht, das Ektoblastem, in die Neuralplatte und die Epidermis unterteilt, und der dorsale Bereich des Urdarms, das Chorda-Mesoderm, gliedert sich in fünf Längsstreifen: die zentrale Chorda, rechts und links davon die Somiten und noch weiter nach ventral die paarigen Seitenplatten. Die Streckung des Embryos geht zum Teil auf eine Verlängerung der Chorda zurück, die durch Vakuolisierung ihrer Zellen ausgelöst wird. Im engeren Sinne bedeutet die Neurulation die Auffaltung der Neuralplatte zum Neuralrohr. Hieran sind, wie bei der Gastrulation, intracelluläre (intrinsic) Faktoren beteiligt, die zu einer Verdickung der äußeren Zellschicht im Bereich der Neuralplatte führen. Dadurch verformen sich die zunächst kubischen Zellen: Im Bereich der Epidermis werden sie flacher und im Bereich der Neuralplatte zylindrisch polarisiert. Dies geschieht durch Aggregation und Ausrichtung von ca. 150 Mikrotubuli in jeder Zelle. Die Zellen am Übergang von Epidermis und Neuralplatte verändern ihre Gestalt weiter; sie werden keilförmig, indem sich ihre Außenabschnitte kontrahieren. Durch Kontraktion gebündelter Mikrofilamente, die über Desmosomen miteinander intracellulär in Kontakt stehen, wird die Zelle wie ein Tabaksbeutel zusammengeschnürt. Durch diese Prozesse entsteht der Neuralwulst, der sich um die ganze Neuralplatte herumzieht. Diese erstreckt sich nach hinten bis zum Urmund und ist vorne stark verbreitert, so daß sie die Form einer Schuhsohle hat.

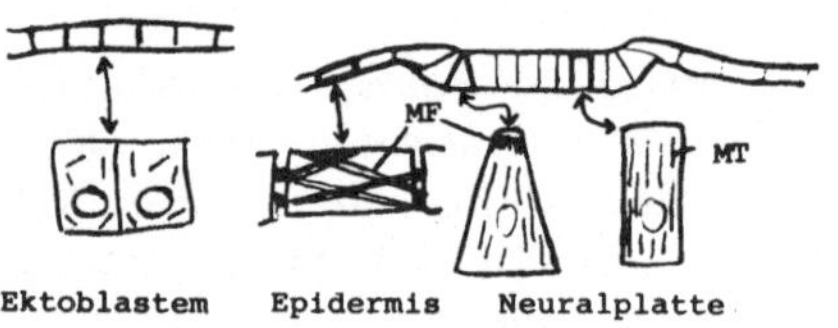

Die autonomen, lokalen Kontraktionen der randständigen Zellen pflanzen sich im Epithel bis zur Mitte der Neuralplatte fort, wodurch diese sich nach außen aufwölbt. Zugleich rücken von den Seiten die Zellen der Epidermis nach und flachen sich dabei weiter ab. Schließlich treffen sich die Neuralwülste in der dorsalen Mittellinie des Embryos und verschmelzen. So entsteht das Neuralrohr. In der vorderen Hälfte ist es blasig erweitert als das zukünftige Gehirn; die hintere Hälfte wird zum Rückenmark. Eine besondere Situation entsteht an der Schwanzknospe, denn hier wird das ursprüngliche Neuralrohr umgeknickt zu einem Doppelrohr. Das äußere bildet das Neuralrohr, das innere die Muskelzellen des Schwanzes aus. Mit dem Schließen des Neuralrohrs werden auch die Epidermiszellen zusammengeführt. Sie verschmelzen dort, so daß nun eine einheitliche Zellschicht den ganzen Embryo umhüllt. Nahe der Linie, wo Neural- und Epidermiszellen zusammenstoßen, runden sich einige Zellen ab und verlieren den Kontakt zu den benachbarten Zellen des früheren Ektoblastems. Diese "Neuralleistenzellen" werden sehr beweglich. Sie besiedeln den ganzen Embryo und tragen, wie wir später noch sehen werden, von den Haaren bis zu den Zähnen zu vielerlei Differenzierungen bei.

Die weitgehend autonomen Zellverformungen während der Neurulation beobachtet man nur in diesem bestimmten Stadium. Dieselben Zellen, von denen man aufgrund des Anlagenplanes weiß, daß sie die Neuralplatte bilden, erweisen sich im Transplantationsexperiment als pluripotent. Werden sie in eine junge Gastrula dorthin verpflanzt, wo später Darm oder Haut entsteht, so vermögen sie auch diese Gewebe mit auszudifferenzieren: Sie entwickeln sich ortsgemäß.

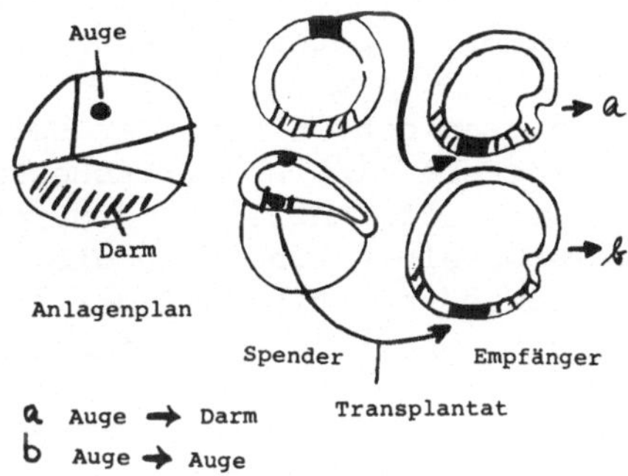

Die gleichen Zellen aus einer alten Gastrula, bei der das Urdarmdach bereits unter der Neuralplatte liegt, entwickeln sich nach Verpflanzung an einen beliebigen Ort in einer jungen Gastrula zu Neuralzellen, d.h. jetzt verhalten sie sich herkunftsgemäß. Diese Transplantationsexperimente sind zunächst ein weiteres Beispiel für eine vollzogene Determination.

Die Determination bleibt indessen aus, ebenso die Neurulation, sowie die Differenzierung in Hirn und Rückenmark, wenn die Gastrulationsbewegungen experimentell umgepolt werden, also eine Exogastrulation induziert, oder wenn junges Ektoblastemgewebe isoliert in vitro kultiviert wird.

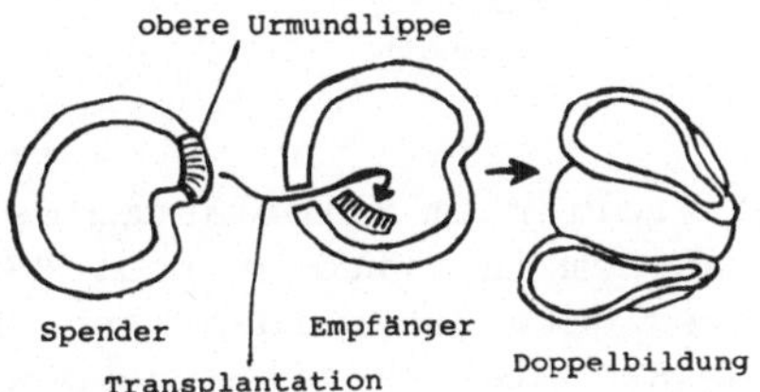

Den Nachweis, daß zur Neurulation Wechselwirkungen zwischen zwei Zellschichten nötig sind, bringen Rekombinationsversuche an Amphibienembryonen mit Geweben verschiedenen Entwicklungsalters. So läßt das Gewebe der oberen Urmundlippe, wenn man es in eine Blastula hineinsteckt, immer dort, wo es in Kontakt mit dem Ektoblastem kommt, eine Neuralplatte entstehen. Da der Empfängerkeim ebenfalls eine Neuralplatte ausbildet, können hierdurch komplette Doppelembryonen entstehen. Dieses Experiment gilt als der Nachweis für eine embryonale Induktion, die sich in der Entstehung des Neuralrohres und damit in der Organisation der embryonalen Achsen manifestiert, ohne daß der Induktor selbst in das von ihm induzierte System mit eingebaut wird. Experimente an Hühnchen- und Kaninchenembryonen haben gezeigt, daß jeweils nur ein kleiner Bereich des Keimstreifs, der Embryonalknoten, den man mit der oberen Urmundlippe der Amphibien vergleichen kann, die Neurulation induziert. Bei *Xenopus* ist gezeigt worden, daß schon die corticale Zone des Grauen Halbmonds eines noch ungefurchten Eies, d.h. der Ort der späteren Urmundlippe, nach Verpflanzung in ein Empfängerei dort einen sekundären Embryo später zu induzieren vermag.

Aus diesen Versuchsergebnissen geht nicht klar hervor, ob der Induktor dem undeterminierten Gewebe eine spezifische Information zukommen läßt, um neurales Gewebe zu differenzieren, d.h. ob er instruiert, oder ob das Reaktionsgewebe selbst u.a. auch die Fähigkeit zur Differenzierung von neuralem Gewebe besitzt, und der Induktor eine dieser Möglichkeiten auswählt, d.h. ob er selektioniert.

Eine Verfeinerung der Verpflanzungsversuche an ganzen Embryonen hat gezeigt, daß auch die typische Gestalt der Neuralplatte, mit ihrer Gliederung in Gehirn, Neuralrohr und Schwanz, durch den Induktor lokal festgelegt wird: Material des vorderen Urdarmdaches induziert in den Empfängerkeimen vornehmlich Kopfstrukturen, hinteres Urdarmdach dagegen einen zusätzlichen Schwanz. Entsprechend induziert eine junge Urmundlippe Kopf- und eine alte Schwanzbildung. Dies ist ein Hinweis darauf, daß die Gliederung der Neuralplatte auch an den Induktionsprozeß gekoppelt ist. Allerdings ist nicht klar, ob hier qualitativ unterschiedliche Induktionen vorliegen, zumal sich in einer alten Urmundlippe ja das Zellmaterial befindet, welches zuvor durch eine junge Urmundlippe induziert wurde.

Daher sind Versuche mit isoliertem Ektoblastem definierten Entwicklungsstadiums wichtig, an dem in vitro in sog. "Sandwich"-Experimenten die Wirkung von Induktoren getestet werden kann. Hierbei hat man erkannt, daß explantiertes Ektoblastem mit zunehmendem Alter unterschiedlich auf den gleichen Induktor, z.B. eine obere Urmundlippe, reagiert. Zunächst differenziert es neurale Strukturen, und zwar zuerst Gehirn, später Rückenmark und Schwanz, danach epidermale Strukturen, aber auch Mesenchym und Pigmentzellen, d.h. typische Neuralleistenabkömmlinge, und zuletzt, nachdem das Donorgewebe normalerweise schon neuruliert hätte, nur noch Haut. Diese alte Epidermis hat also vollständig ihre ursprüngliche Fähigkeit zu neuraler Differenzierung, d.h. ihre primäre Kompetenz, verloren. Dasselbe Gewebe hat aber nun eine sekundäre Kompetenz gewonnen, indem es nach Berührung von einer Hirnausstülpung, z.B. der Augenblase, mit der Ausdifferenzierung einer

Augenlinse reagiert (sekundäre Induktion). Hält man die vier animalen Blastomeren des 8-Zellenstadiums beim Molch in Gewebekultur, so erreichen sie autonom die Kompetenz, auf Induktionsfaktoren zu reagieren. Ferner gibt es Hinweise, daß die Einschränkung dieser Kompetenz während der Gastrulationsphase mit der Synthese eines Inhibitorproteins einhergeht.

Besonderes Interesse richtet sich auf den Mechanismus der Induktion. Durch "Transfilterexperimente" hat man festgestellt, daß eine semipermeable Membran zwischen den beiden Geweben die Induktion blockiert, nicht jedoch ein 25 µm dicker Filter von 0,1 µm Porengröße. Wenn auch elektronenmikroskopisch in den Poren cytoplasmatische Fortsätze beobachtet werden, so kommt offensichtlich keine Zellfusion, auch kein direkter Zellkontakt zustande. Es ist daher möglich, daß von dem induzierenden Gewebe Moleküle in den Matrixraum zwischen beiden Geweben abdiffundieren und an die Membran des Reaktionsgewebes oder in das Zellinnere gelangen. Sicher ist, daß das induzierende Gewebe nicht während der ganzen Zeit anwesend sein muß, in der die neuralen Differenzierungen im Reaktionsgewebe ablaufen.

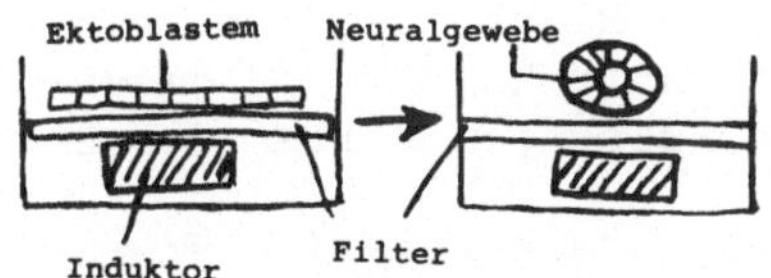

Transfilterkultur

Da nach diesen Experimenten die Induktion durch diffundierende Moleküle ausgelöst werden kann, hat man versucht, durch eine Vorinkubation des Induktorblastems ein konditioniertes, zellfreies Medium zu gewinnen, das Differenzierungen in kompetentem Ektoblastem induziert. Dabei hat man beobachtet, daß nach einer Woche Vorinkubation das Medium erwartungsgemäß die Differenzierung von Nerven und Pigmentzellen auslöst, aber nach zwei Wochen Vorinkubation die Differenzierung von Muskelzellen bewirkt. Dies aber heißt, die äußere Zellschicht einer jungen Gastrula ist in der Lage, sich entweder in neurale oder aber in mesodermale Richtung zu entwickeln. Möglicherweise gibt es also verschiedene Induktionsstoffe, die nacheinander wirken können. Die Suche nach diesen Stoffen in induzierenden Geweben scheint gerechtfertigt, da auch abgetötetes Gewebe der Urmundlippe Induktionen auslösen kann. Um für eine chemische Analyse genügend Ausgangsmaterial zu erhalten, wurden auch andere Gewebe auf ihre Induktionsfähigkeit untersucht. Es zeigte sich, daß Stoffe aus vielen unspezifischen Geweben (heterologe Induktoren) oft ganz spezifische Induktionen auslösen können. So induzieren abgetötete menschliche HeLa-Zellen im Sandwich-Experiment vorwiegend Vorderhirnstrukturen und abgetötete Meerschweinchenleber mesodermale Zelltypen. Das besondere an diesen Ergebnissen war, daß diese beiden letzten heterologen Induktoren, gemeinsam getestet, Rückenmark und Schwanzstrukturen induzieren, die sie einzeln nicht zu induzieren vermögen.

Die chemische Analyse aus Homogenaten verschiedener Gewebe hat je nach Ausgangsmaterial aktive Fraktionen ergeben, die Nucleinsäuren, Proteine oder Zellmatrixsubstanzen und kleine Moleküle, wie Steroide und Peptide, enthalten. Entsprechend hat man verschiedene Mechanismen der Induktion diskutiert: etwa die Aufnahme von informationshaltigen Molekülen (DNA, RNA oder Proteine) in das Reaktionsgewebe oder die Auslösung von Differenzierungsprozessen durch Membransignalisierung, ohne daß der Stoff in die Zelle eindringt.

Zwei weitgehend reine Proteinfaktoren konnten aus 11 Tage alten Hühnerembryonen isoliert werden. Der eine ist hitzestabil und kann neurale Induktion in kompetentem Froschektoblastem auslösen. Er dringt nicht in das Gewebe ein, weil er auch nach Immobilisierung auf einer Sepharosematrix noch wirksam bleibt. Der andere Faktor ist ein hitzelabiles Protein von 25.000 d und mit einem isoelektrischen Punkt (IEP) von pH 8,1. Ein ähnliches Protein konnte auch aus Amphibiengewebe isoliert werden. Es ist jedoch mit einem Inhibitorprotein komplexiert, von dem man es durch Phenolbehandlung abtrennen kann. Dieser Faktor wirkt schon in einer Dosis von 10^{-4} µg pro Gastrula und kann nicht nur mesodermale, sondern auch entodermale Strukturen induzieren. Er wird daher auch vegetativisierender Faktor genannt. Dieses Protein, das eine Affinität zur DNA hat, scheint in das Reaktionsgewebe einzudringen, wie aus Markierungsexperimenten mit radioaktivem Jod geschlossen wird. Vermutlich liegt er jedoch in den kompetenten Zellen des Embryos bereits vor.

Nach 24-stündiger Einwirkung determiniert dieser Faktor alle Zellen des Ektoblastems in entodermale Richtung. Wirkt er nur 6 h ein, entstehen sowohl entodermale als auch mesodermale Strukturen, selbst dann, wenn man die Zellen nach der Behandlung disaggregiert und danach sofort wieder reaggregieren läßt. Wird aber eine Pause von 24 h vor der Reaggregation eingeschaltet, so bilden sich nur noch Entoderm und Epidermis, und die mesodermalen Differenzierungen fallen aus. Daraus könnte man schließen, daß zuerst die Determination der entodermalen, dann der mesodermalen und schließlich der neuralen Differenzierungen abläuft. Eine zusätzliche Erkenntnis ist, daß nicht einzelne Zellen, sondern immer nur Zellverbände von mindestens 100 Zellen induziert werden können.

Möglicherweise kommen der neurale und der vegetative Faktor in lokal unterschiedlichen Konzentrationen bereits in der Eizelle vor, und beide befinden sich später in den Reaktionsgeweben, jedoch z.T. in maskierter Form.

Diese Annahme würde zahlreiche Befunde erklären, bei denen isolierte Ektoblasteme die Fähigkeit zur "Autoneuralisation" zeigen. So bewirkt z.B. der Vitalfarbstoff Methylenblau im Reaktionsgewebe Neuralisation, Lithiumionen induzieren Mesoderm, und ein hoher pH-Wert Hirnstrukturen, kurz: Jede Behandlung, die die kompetente Ektoblastemzelle durch subletale Cytolyse an den Rand des Todes brachte, hatte Selbstinduktion zur Folge.

Die Neurulation ist ein komplizierter Prozeß, da sowohl das induzierende als auch das reagierende Gewebe autonome Entwicklungstendenzen zeigen. Möglicherweise wird die Neurulation durch das Freisetzen von Ionen zwischen den reagierenden Zellschichten ausgelöst, denn unterschiedliche Natriumkonzentrationen können spezifische Induktionen im Reaktionsgewebe hervorbringen. Damit ist die Induktion zu neuraler Entwicklungsrichtung als Auslöseprozeß anzusehen, bei dem keine Information übertragen, sondern nur das Signal gegeben wird, unter den bereits vorprogrammierten Reaktionsmöglichkeiten der äußeren Zellschicht (Mesoderm-, Hirn- und Schwanzbildung) einige - und zwar nacheinander nach Art eines Entscheidungsbaumes - auszuwählen. Die Spezifität liegt also nicht im Induktor, und dieser ist kein Organisator.

Es gibt bisher mehrere Modellvorstellungen: Die Gliederung der Neuralplatte in Hirn und Rückenmark, bzw. die Differenzierung von Haut, Muskeln und sogar entodermalem Material könnte durch zwei Faktoren ausgelöst werden, ähnlich wie wir das bei Seeigeln und Insekten bereits diskutiert haben, die als Doppelgradient aus neuralem und vegetativem Faktor das Reaktionsgewebe entsprechend dem lokalen Mischungsverhältnis beeinflussen.

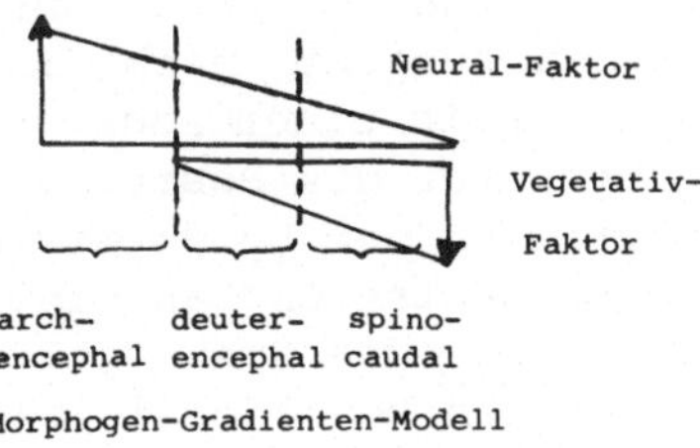

Morphogen-Gradienten-Modell

Andererseits kann man auch an einen Zweistufenprozeß denken, bei dem die Spitze des sich verschiebenden Urdarms zunächst alle Zellen der künftigen Neuralplatte in neurale Richtung determiniert, und danach ein Teil dieser Zellen durch eine von hinten nach vorne laufende Determinationswelle transformiert wird. Wo diese Welle nicht hinkommt (vor der Chorda) entsteht das Hirn, wo die Welle einsetzt das Mesoderm und dazwischen das Rückenmark. Für eine hinten einsetzende Differenzierungswelle durch einen Mesodermfaktor spricht auch, daß in der Schwanzknospe Muskelzellen aus dem umgeklappten Neuralrohr differenziert werden. Ähnlich wie bei den anderen embryonalen Systemen haben wir hier also wieder beide Alternativen vor uns, die eines statischen oder eines dynamischen Gradienten mit zwei hypothetischen, morphogenetischen Faktoren.

Ein letztes Experiment soll zeigen, daß das induzierende Gewebe außer als Signalgeber doch auch spezifische Entwicklungsinformation zu vermitteln vermag, d.h. das äußere Gewebe vielleicht instruieren kann. Hier wurde Hautgewebe der Larven an eine Stelle des Kopfes verpflanzt, wo typische Merkmale ausdifferenziert werden: Saugnäpfe bei den Fröschen und lappige Barteln beim Salamander. In dem jungen Larvenstadium kann sich jeder Bereich der Epidermis zu diesen Strukturen entwickeln, vorausgesetzt, er wird an die entsprechende Stelle des Kopfes verpflanzt und hat Kontakt mit dem Mesoderm. Im entscheidenden Überkreuzungsexperiment entsteht am Kopf einer Salamanderlarve aus Froschhaut ein Saugnapf und umgekehrt am Froschlarvenkopf aus Salamanderepidermis Barteln.

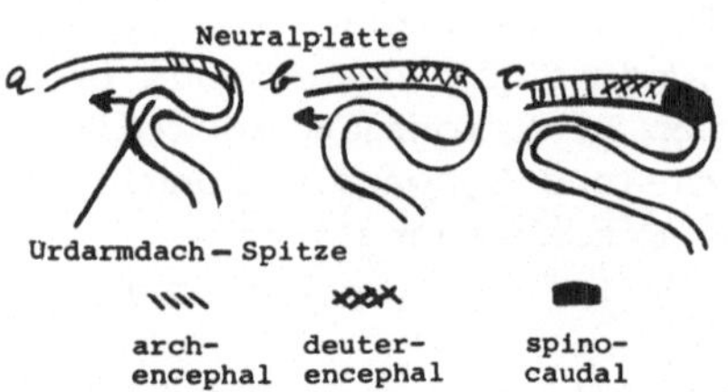

Transformationsmodell

Damit ist gezeigt, daß die Reaktion auf die Induktion genetisch fixiert ist, daß mit der Induktion die Information übertragen wird, "am Kopf ein larvales Organ zu bilden", und daß diese auch von artfremden Zellen verstanden wird. Nach der Theorie der Positionsinformation besteht die Information, die vom Mesoderm ausgeht, nicht in der Instruktion für Saugnapf oder Barteln, sondern in einer Lagebestimmung der verpflanzten Zellen. Für diese Zellen bedeutet die Position am Kopf, von den vielen möglichen Entwicklungsprogrammen der Epidermis an diser Stelle dasjenige für einen Saugnapf auszuwählen und an einer anderen Stelle das für eine Augenlinse. Damit liegt die Spezifität der Entwicklungsreaktion in der Interpretation von Positionsinformation, die vom induzierenden auf das reagierende Gewebe übertragen wird.

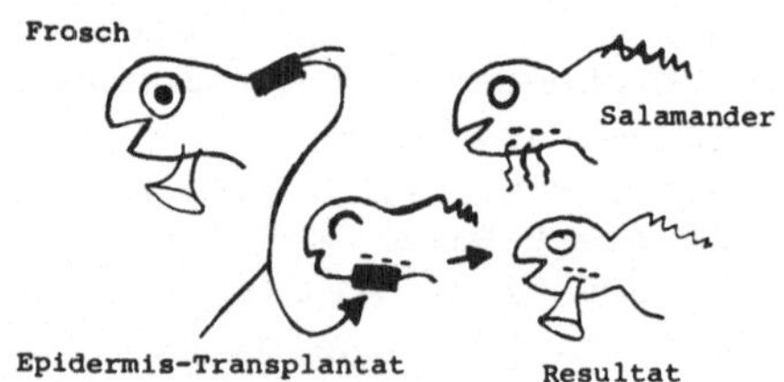

4.8 Organogenese

Die Embryonalentwicklung ist ein kontinuierlicher Prozeß, und ihre Unterteilung in Furchung, Gastrulation und Neurulation ist willkürlich. Die anschließende Organogenese besteht aus zwei ganz verschiedenen Reaktionen, einmal der Gestaltbildung, zum anderen der Cytodifferenzierung. Wir werden uns zuerst mehr mit der Morphogenese der Organe beschäftigen.

Wenn wir ein Wirbeltier betrachten, so setzt es sich nach der Neurulation aus mehreren, parallel laufenden Röhren zusammen, die aus den drei

Keimblättern, bzw. ihren Anlagen, gebildet werden. Diese Röhren gliedern sich zunächst in größere, danach in kleinere Abschnitte, ein Prozeß, der uns an die Segmentierung des Keimstreifes im Insektenembryo erinnert.

Das Neuralrohr wird, nachdem sich seine vordere Öffnung geschlossen hat, in Gehirn und Rückenmark untergliedert. Der Hirnbereich wird weiter in drei, schließlich in seine fünf typischen Abschnitte gegliedert, und vom Rückenmark werden die Spinalganglien segmental angelegt.

Aus dem Primärdarm differenziert sich der Verdauungstrakt mit Schlund, Magen und mehreren Darmabschnitten, sowie einigen wichtigen Drüsen, wie Leber, Speicheldrüsen, Pankreas und auch die Lungen. Viele dieser Untergliederungen beruhen auf Wechselwirkungen zwischen den Epithelien des Entoderms mit dem Mesenchym, das sich vom Mesoderm herleitet.

Aus dem Mesoderm entstehen, als deutliches Merkmal der Segmentierung, an den beiden Seiten der ungegliederten Chorda durch Zellkondensation die Somiten, d.h. die Ursegmente. In jedem Somiten entstehen drei Abschnitte: Der äußere nimmt an der Hautbildung teil (Dermatom), der innere steuert den Knorpel für die Wirbelsäule bei (Sklerotom), und der mittlere die Muskulatur (Myotom). Ventral davon liegen die Seitenplatten. Sie werden nicht segmental gegliedert und in ihnen entsteht ein einheitlicher Hohlraum, das Cölom, dessen äußere Platte an der Entwicklung der Extremitäten teilnimmt, während die innere die Darmmuskulatur beisteuert.

An der Übergangsstelle zwischen Somiten und Seitenplatten entstehen, wiederum segmental, die embryonalen Nierenanlagen, die in Wechselwirkung mit Darmausstülpungen ausdifferenziert werden. Beiderseits der dorsalen Mesenterien, die in jedem Segment rechtes und linkes Cölom voneinander trennen, entstehen die Gonadenanlagen. In diese wandern die Keimzellen ein, die einen weiten Weg vom Dottersack über das Cölom durch die Mesenterien zurückgelegt haben. Wo die beiden Cölome an der Ventralseite zusammenstoßen, entsteht, zusammen mit dem Gefäßsystem, das Herz, und es bilden sich die Zelltypen des Blutes ("flüssiges Gewebe") sowie weitere, ebenfalls vom Mesoderm abgeleitete Gewebe wie Muskel, Knochen und Knorpel.

Die Epidermis nimmt an vielerlei Entwicklungsprozessen teil, meist ebenfalls unter Wechselwirkungen mit dem Mesenchym, z.B. bei der Bildung der Sinnesorgane, der Extremitäten und bei der Ausdifferenzierung von Haaren, Federn und Schuppen.

Von den vielfältigen Entwicklungsprozessen werden wir nur einige als Beispiel herausgreifen und aufschlußreiche Experimente diskutieren, die an der Haut, den Extremitäten, an einigen Drüsen und am Nervensystem durchgeführt worden sind.

4.8.1 Pflanzen

Während Tiere auf wechselnde Umweltbedingungen schnell mit einem Ortswechsel reagieren können, z.B. die Zugvögel, die dem Winter ausweichen, reagieren viele Pflanzen mit Entwicklungsprozessen: So werfen sie im Herbst ihre Blätter ab und entwickeln im Frühjahr neue, oder der Embryo wird erst zur Weiterentwicklung freigegeben, wenn geeignete Temperatur- und Lichtbedingungen vorliegen. An der Auslösung sind zwei Meristeme beteiligt - eines im Sproß und eines in der Wurzel - Zellverbände, die auch in der ausgewachsenen Pflanze ihren embryonalen Charakter nie verlieren und sich in vitro als praktisch unsterblich erwiesen haben.

Die Keimung eines Pflanzenembryos hängt direkt mit der mitotischen Aktivität dieser Meristeme zusammen, die, anders als bei den Tieren, die einzigen Stellen im Embryo sind, an denen Zellen vermehrt werden. Hinzu kommt die Streckung der Zellen des Hypokotyls, wodurch die beiden Meristeme räumlich voneinander getrennt werden.

Hierbei ist die Synthese des Pflanzenhormons Gibberellin beteiligt, dessen Spiegel in der Periode der Dormanz sehr niedrig ist. Beim Getreidesamen etwa beobachtet man, daß dieses Hormon in der Aleuronschicht unter der Samenschale die Synthese der Amylasen induziert. Hier hat sich durch Dichtemarkierung elegant die Neusynthese der Enzymproteine nachweisen lassen. Diese Enzyme bauen im Endosperm die Stärke zu Zucker ab, der vom Embryo aufgenommen und verarbeitet wird. Da im Endosperm in seltenen Fällen auch Riesenchromosomen vorkommen und das Hormon "puffing" induzieren kann, hat man gute Hinweise, daß an der Hormonwirkung eine Genaktivierung beteiligt ist.

Bei anderen Samen, z.B. beim Salat, wird der enzymatische Abbau der Stärke durch Belichtung der Keimblätter induziert. Hieran ist ein Fotorezeptor beteiligt und zwar, wie sein Wirkungsspektrum zeigt, weder das Chlorophyll noch Karotinoide, sondern das Phytochromsystem. Dies ist ein Chromoprotein, dessen Pigment (ein Gallenfarbstoff) ähnlich gebaut ist, wie das Pigment der Blaualgen. Es kommt in zwei Formen vor, einer inaktiven und einer aktiven, mit Absorptionsmaxima bei 660 nm bzw. 730 nm. Im Dunkeln liegt nur die inaktive Form vor, und im Licht stellt sich innerhalb von Minuten ein Gleichgewicht zwischen beiden Formen ein, wodurch vermutlich die Balance der Pflanzenhormone und dadurch die Entwicklung beeinflußt wird. So genügt 1 min Belichtung bei 660 nm, um die Keimung von Salatsamen auszulösen. Der Abbau der Stärke ist jedoch in dieser Aktivierungsreaktion nicht der entscheidende Schritt, denn die Keimung läuft auch bei Blockade der RNA-Synthese durch Actinomycin D und der Proteinbiosynthese durch Cycloheximid ab.

Die Belichtung hat zusätzlich einen morphogenetischen Effekt auf den jungen Embryo, den man bei der Keimung von Senfsamen beobachtet hat. Wenn man ihn nach der Induktion der Keimung im Dunkeln aufzieht, aber sämtliche sonst von den belichteten Blättern gebildeten Nährstoffe und Vitamine zusetzt, streckt sich das Hypokotyl enorm in die Länge. Ein bestimmtes Verhältnis von aktivem und inaktivem Phytochrom, das sich bei der Belichtung einstellt, unterbindet das Streckungswachstum des Hypokotyls. Die Zellen seiner äußeren Schicht, der Epidermis, differenzieren nun Wurzelhaare aus, während die Zellen der darunter liegenden Schicht den Farbstoff Anthocyan herstellen.

Bei der biochemischen Analyse dieser Lichtwirkung hat sich gezeigt, daß sich auf der Ebene des Genoms ganz unterschiedliche Wirkungen durch das Phytochrom auslösen lassen, indem manche Enzyme induziert, andere reprimiert und wieder andere quantitativ gar nicht verändert werden. Wir erkennen daran, daß das Licht als äußerer Faktor und das Gibberellin als innerer Faktor Entwicklungsreaktionen in der Pflanze induzieren. Die Pflanzenzellen reagieren je nach den in ihnen selbst vorliegenden Bedingungen, d.h. je nach ihrer Kompetenz, mit Wachstum, Teilung oder Zellmorphogenese, d.h. mit Zelldifferenzierung. Solche Induktionsprozesse unterscheiden sich von der embryonalen Induktion der tierischen Entwicklung. Diese beruht auf Zellwechselwirkungen, an denen vermutlich Makromoleküle (Proteine) beteiligt sind und die ihrerseits morphogenetische Bewegungen von Zellverbänden auslösen, welche zur Determination und damit früher oder später zur Zelldifferenzierung führen. Obwohl bei Farnen eine einzige Scheitelzelle an der Sproßspitze durch abwechselnde Orientierung ihrer Teilungsspindel diese Pflanze zu organisieren vermag, sind typische Meristeme aus vielen Zellen (ca. 500) aufgebaut, in denen intensiv gerichtete Mitosen ablaufen, so daß Zellschichten entstehen. In vielen Fällen sind die Zellen in drei übereinandergeschichtete Reihen, den Keimblättern des Embryos, angeordnet, von denen aus Epidermis, Cortex und Zentralzylinder aufgebaut werden. Die Zellen in jeder Reihe gehen dabei, in einiger Entfernung vom Scheitelpunkt, unmittelbar vom proliferativen in den differenzierten Zustand über. Jede Meristemschicht ist vermutlich aus einer einzigen Zelle hervorgegangen und stellt daher einen Klon dar. Dies hat man durch eine genetische Marke mittels Colchicin erkannt. Sind davon die Bildungszellen betroffen, so werden ihre Nachkommen tetraploid und lassen sich damit durch ihre Größe von der diploiden Umgebung leicht unterscheiden. Alle tetraploiden Zellen liegen in einer Schicht beisammen; man spricht hier von Periklinalchimären. Wenn man aber eine ältere Pflanze untersucht, kann man erkennen, daß große Bereiche, z.B. des Zentralzylinders, tetraploid sind, in der jungen Pflanze dagegen nur der Cortex. Dies ist ein Hinweis darauf, daß auch in der Normogenese, und nicht nur bei Regenerationsexperimenten, eine Determination des Pflanzengewebes fehlt.

Die Mitoseaktivität ist eine autonome Eigenschaft der Meristemzellen, denn sie benötigen in vitro keine zusätzlichen Pflanzenhormone zur Proliferation, sondern nur Zucker und Vitamine, die sonst von den Blättern geliefert werden.

Während im Embryo das Meristemzentrum zugleich Mitosezentrum ist, zeigt die Autoradiographie nach Thymidineinbau, daß die Teilungshäufigkeit der keimenden und wachsenden Pflanze hier sehr gering, in seiner unmittelbaren Nachbarschaft dagegen intensiv ist. Dennoch ist das "ruhende Zentrum" für die Organisation der Pflanze wichtig: Wenn man es zerstört, wächst die Pflanze nicht weiter. Trennt man andererseits die Meristemspitze ganz ab, dann regeneriert das Meristem aus dem Nachbargewebe.

Beim Sproß kann man Wechselwirkungen zwischen der Blattanlage und dem Sproßmeristem erkennen: Eine Blattanlage entsteht immer in einiger Entfernung vom Sproß und besitzt ein eigenes Meristem. Die nächstfolgenden Anlagen entstehen jeweils in einer bestimmten Entfernung vom Sproß und vom bereits vorhandenen Blatt. Da die Pflanze stetig wächst, wobei sich der Abstand zwischen den Meristemen vergrößert, werden nacheinander die Positionen für neue Blattanlagen festgelegt, oft in spiraliger Anordnung. Jede Blattanlage ist zunächst ein rotationssymmetrischer Kegel, der aber bald bilateral-symmetrisch wird, weil die Zellen in der Nähe der Sproßachse weniger wachsen als die übrigen. Unterbindet man durch einen Einschnitt den Kontakt zwischen Sproß und Blattanlage, dann bleibt die Anlage radiärsymmetrisch.

Aus diesen und vielen anderen Experimenten kann man das Prinzip der "lateralen Inibition" herleiten. Es hat zur Folge, daß ein gesunder Baum nur einen einzigen Wipfel haben kann, weil vom Meristem entweder ein inhibierender Stoff abdiffundiert, oder ein essentieller Wuchsstoff in der Umgebung verbraucht wird, so daß in einem bestimmten Umkreis kein weiteres Meristem existieren kann.

Man hat vermutet, daß Gradienten von Pflanzenhormonen ein Meristemfeld aufbauen und begrenzen; aber die chemische Analyse läßt sich bei den kleinen Dimensionen dieser Felder bislang nicht durchführen. Auf das Modell der lateralen Hemmung werden wir in einem ganz anderen Zusammenhang, nämlich bei der Regeneration des Süßwasserpolypen Hydra, noch genauer zurückkommen.

Wir haben bisher die Meristeme als autonome Initiatoren und Organisatoren der Pflanzenentwicklung beschrieben; sie sind aber nicht in der Lage, selbständig Blütenbildung auszulösen. Dies geschieht einmal durch innere Faktoren, indem der Gibberellinspiegel im Meristem durch den Zustrom aus den Blättern ansteigt, vielleicht als Folge der Cytochromreaktion, für die das Meristem unempfindlich ist, oder durch äußere Faktoren, wie z.B. tiefe Temperaturen. Letzteres erkennt man bei den zweijährigen Pflanzen, die eine Kälteperiode benötigen, um dann im zweiten Jahr blühen zu können (sog. Vernalisation). Isolationsexperimente haben gezeigt, daß das Sproßmeristem der Empfänger dieses Entwicklungsreizes ist.

Bei der Blütendifferenzierung beginnt das Meristemzentrum erneut zu proliferieren, wie zuvor beim Embryo, und die verschiedenen Blütenorgane werden wie nach einer inneren Uhr, eines nach dem anderen, ausdifferenziert. Diese Differenzierung ist irreversibel: Ein solches Meristem hat seine Omnipotenz aufgegeben, da es sich - auch in vitro - nicht mehr unbegrenzt vermehren kann. Vielleicht gibt es also doch Determinationsprozesse bei Pflanzen.

4.8.2 Organisation der tierischen Epidermis (Haut, Federn, Borsten, Cuticularstrukturen)

Bei den Wirbeltieren entwickelt sich die Haut als Deckorgan aus zwei Zellschichten. Die äußere Epidermis stammt vom Ektoderm ab, die innere Dermis vom Mesenchym, d.h. vom Mesoderm. Zwischen beiden Schichten liegt eine extracelluläre Matrix, in der durch Selbstaggregation ein Muster von Kollagenfibrillen niedergelegt ist und anderer kohlenhydrathaltiger Stoffe wie GAG (Glucose-Amino-Glykane). Die Epidermis stellt ein Epithel aus Stammzellen dar, die stets teilungsfähig bleiben und nach außen mehrere Hautschichten produzieren, deren Zellen allmählich verhornen, absterben und schließlich abgestoßen werden. Im Gegensatz zum embryonalen Pflanzenmeristem sind diese Zellen determiniert und können nur noch das Hautprogramm realisieren. Zu diesem gehört: so viele Zellen zu produzieren wie an der Oberfläche abgestoßen werden, d.h. die Zahl der Mitosen und die Rate der Differenzierung in Hornzellen zu regulieren, gelegentlich Drüsenzellen zu differenzieren und - als gemeinsames Produkt mehrerer Epidermiszellen - spezifische extracelluläre Hornstrukturen zu entwickeln, wie z.B. Haare und Federn.

Das Teilungsprogramm der Stammzellen steht unter einer negativen Kontrolle durch die Chalone, die in den Hornzellen gebildet werden, und einer positiven Kontrolle durch den epidermalen Wachstumsfaktor (EGF), ein Protein, das aus der Submaxillardrüse der Ratte isoliert wurde. Beide Faktoren sind gewebespezifisch, aber nicht artspezifisch. Die Differenzierung zu Drüsen- oder Hornzellen kann in vitro durch die Konzentration von Vitamin A reguliert werden. Bei hoher Vitaminkonzentration produzieren die Nachkommen der Stammzellen Sekretproteine, bei niedriger Konzentration Keratin.

Obwohl Federn reine Produkte der Epidermiszellen sind, wird ihre Entwicklung, sowohl die individuelle Struktur als auch das Anordnungsmuster, von der Dermis reguliert. Zunächst hat man durch Verpflanzungsexperimente gezeigt, daß Mesoderm vom Bein eines Vogels, wo normalerweise Schuppen gebildet werden, nach Transplantation unter die Flügelepidermis umprogrammiert wird, so daß anstelle von Federn jetzt Schuppen entstehen. Demnach scheint die Dermis zu kontrollieren, welche Strukturen die Epidermis zu differenzieren hat. Im nächsten Experiment wurde klar, daß bei sehr verschiedenen Wirbeltieren das gleiche Signal der Dermis zur Abrufung eines Entwicklungsprogrammes der Epidermis gegeben und verstanden wird. So differenziert die Epidermis des Hühnchens, die über der Augenlinse liegt und dort die Cornea bildet, wenn man sie über die Dermis der Maus legt, wo normalerweise Haare entstehen, Federn aus.

Dieses Ergebnis stützt zugleich die Theorie der allgemeinen Positionsinformation, wonach nicht die Informationen Flügel, Schuppe oder Haare vermittelt werden, sondern nur ein Positionssignal, das das Gewebe entsprechend seiner Programmierung zu interpretieren hat.

Der Entwicklung einer einzelnen Feder gehen Wechselwirkungen zwischen Epidermis und Dermis voraus. Zunächst erkennt man, daß die Epidermiszellen einer Federanlage zylindrisch werden, und daß sich darunter die Zellen der Dermis anhäufen. Dann weitet sich die Epidermis nach außen zu einer Papille aus, bei der Haarentwicklung sinkt dagegen die Epidermis als Follikel nach innen ein.

Die Anordnung der Federanlagen zu dem definitiven Muster von Rainen und Fluren geht vielleicht auf ein polygonales Netz von Kollagenfasern zurück, das den Epidermiszellen als Leitschienen für ihre Aggregation dienen könnte. Die Bildung der Federanlagen beginnt auf dem Rücken mit je einer Längsreihe rechts und links vom Neuralrohr. Später werden von den ersten Reihen nach außen hin zwei neue Längsreihen initiiert usw. Möglicherweise ist jede Anlage von einem Inhibitionsfeld umgeben, das die regelmäßigen Abstände zwischen den einzelnen Anlagen bedingen könnte.

Werden im Rekonstitutionsexperiment Epidermis und Dermis voneinander getrennt, so lösen sich die jungen Papillen in der Epidermis wieder auf. Wenn man ein Stück Dermis um 180° verdreht unter die Epidermis legt, dann bilden sich Papillen von neuem aus, und zwar nach dem Muster, das der Anordnung der Dermis entspricht.

Alle diese Experimente verdeutlichen, daß in der Dermis ein embryonales Muster aufgebaut und auf die Epidermis übertragen wird. Allerdings bildet die Epidermis eines der Merkmale selbständig aus: die Vorn-Hinten-Polarität, die die Orientierung jeder einzelnen Feder festlegt; diese kann von der Dermis nicht abgeändert werden.

Über die Entstehung embryonaler Muster haben wir bei der Insektenentwicklung bereits gesprochen. Diese Organismen bieten auch das geeignete Modellsystem zur Analyse der Organisation ihrer Epidermis: Hier liegt nur eine einzige Zellschicht vor, die jeweils in die Körpersegmente untergliedert ist. In Gestalt von Borsten und Cuticulawülsten sind morphologische Marker verfügbar, und man kennt Mutanten, die die Entwicklung der epidermalen Muster stören.

Bei den hemimetabolen Insekten besteht die Epidermis von Larve und Imago aus denselben Zellen, die also ganz verschiedenen Entwicklungsbedingungen angepaßt sein müssen. Bei den holometabolen Insekten sterben viele der larvalen Epidermiszellen ab und werden von embryonal gebliebenen, aber gleichwohl determinierten Zellen der Imaginalscheibe ersetzt. Aus ihnen entwickeln sich vielerlei epidermale Strukturen der Extremitäten mit spezifischen morphologischen Merkmalen.

Bei hemimetabolen Insekten kann man den Nachweis führen, daß dieselben Zellen verschiedene spezifische Produkte herstellen, d.h. "transdifferenziert" werden. Dieser Fall unterscheidet sich von der Differenzierung der Stammzellen der Haut in Horn- und Drüsenzellen, da dort die Stammzellen selbst unverändert bleiben. Beim Seidenspinner beobachtet man z.B., daß das Epithel der Seidendrüse, welches in der Larve extracelluläre Cuticularsubstanz produziert, nach der Metamorphose eine Kaliumcarbonatlösung herstellt, die als Lösungsmittel für die Coconase dient. Dieses Enzym wird nach der Metamorphose von Zellen der Labialdrüse produziert, die vor der Metamorphose ebenfalls nur Cuticula abgeschieden haben.

Sichtbare Merkmale für embryonale Muster in der Epidermis sind Cuticularstrukturen, die von den Zellen ausgeschieden werden. Dazu gehören die Borsten, die jeweils von einer Zelle stammen, oder charakteristische Rillen und Rippen, die quer über die Körperoberfläche des Abdomens angeordnet sind. Eine wichtige Frage richtet sich darauf, ob solche Muster auf überzellige Vormuster zurückzuführen sind oder ob sich die Zellen selbständig entscheiden, ob bzw. was sie ausdifferenzieren. Möglicherweise geben darüber Mutanten des Borstenmusters eine Auskunft. Bei der *Drosophila*-Mutante sc fehlen typische Borsten an Kopf und Thorax, und Fliegenmännchen mit der Mutation ey besitzen an ihren Vorderbeinen nicht nur ein, sondern mehrere Geschlechtskämmchen, die aus besonders dicken Borsten bestehen. Beide Mutationen liegen auf dem X-Chromosom, und daher ist es möglich, die Frage nach der Entstehung des Borstenmusters an Gynandern zu untersuchen, bei denen das X-Chromosom, außer der Borstenmutante, ein weiteres Markierungsgen, z.B. das Gen y, enthält, das die betroffenen Epidermiszellen gelb färbt. Die Verteilung der mutierten und normalen Zellen kann man dann in den Mosaiktieren unmittelbar erkennen. Es zeigte sich, daß bei der Mutante sc überall dort, wo mutiertes Gewebe vorhanden ist, auch die Borsten fehlen. Nie wurde das Borstenmuster im normalen Gewebe durch das benachbarte mutierte Gewebe verändert. Die Ausprägung dieser Mutante ist also streng auf die mutierten Zellen beschränkt, und diese können keine Borsten ausdifferenzieren.

Bei der Mutante ey beobachtet man bei den Geschlechtskämmchen unter den vermehrten, d.h. zusätzlichen Borsten nicht nur gelbe, d.h. mutierte, sondern auch normale weiße. Dies ist ein klarer Hinweis, daß benachbartes, mutiertes Gewebe die Ausfärbung und die Zahl der Borsten im normalen Gewebe beeinflußt hat. Wir haben hierdurch je einen Fall kennengelernt, in dem einmal der Mechanismus der Musterinterpretation (bei sc) und zum anderen der Musterbildung (bei ey) gestört war.

Die Einteilung des Insektenkeimstreifs in voneinander getrennte Segmente könnte anzeigen, daß jedes Segment eine Einheit darstellt, in der immer wieder das gleiche embryonale Muster auftritt, etwa aufgrund eines Gradienten mit maximalem Wert am Vorderrand jedes Segmentes. Dann würde man erwarten, daß nach einer Verletzung der Segmentgrenze das Morphogen in das nächstvordere Segment diffundierte und sich dort anhäufte, wo sonst eine niedrige Konzentration des Morphogens vorliegt. Wenn die Diffusionsrichtung des Morphogens etwas mit der Festlegung des Musters zu tun hat, müßte man an der verletzten Stelle zwischen zwei Segmenten eine Umdrehung des Musters erwarten. Genau dies läßt sich an der Orientierung der Borsten beobachten: In der Kontrolle sind sie polar orientiert und zeigen von vorn nach hinten. Im Experiment bilden sie Wirbel aus umpolarisierten Borsten, so, als ob ein Morphogen eine Wirbelströmung erzeugt hätte, die die Polarität der Borstenzellen umgekehrt hätte.

Ganz entsprechend kann man Verpflanzungsexperimente deuten, bei denen Epidermisstücke aus einem Segment herausgeschnitten und durch andere ersetzt wurden. Als morphologisches Merkmal diente die Anordnung der Cuticularippen, die nach der nächsten Häutung von der zusammengesetzten, rekombinierten Epidermis hergestellt wurden. Es zeigte sich, daß die Verpflanzung eines Gewebestückes nach rechts oder links innerhalb des gleichen Segments, oder an die gleiche Position in einem anderen Segment, das Rippenmuster nicht verändert. Wird dagegen ein Segmentausschnitt um 180° verdreht wieder eingepflanzt, so kommt es zu konzentrischen Ringen anstelle von parallel angeordneten Rillen. Dieses Ergebnis läßt sich damit deuten, daß Zellen aus einem Bereich niedriger Morphogenkonzentration in eine Umgebung mit hoher Konzentration gelangen und durch einen gewissen Ausgleich der Konzentrationsunterschiede sich die neue Musterform ausbildet.

Alle diese Ergebnisse sind mit dem Modell eines Diffusionsgradienten vereinbar, bei dem eine am vorderen Rand des Segments produzierte Substanz am hinteren abgebaut wird. In diesem Fall müßte sich eine Verlangsamung der Larvenentwicklung, z.B. durch Abkühlen oder durch eine Pause zwischen der Entfernung und dem Einpflanzen des Gewebestücks, auf die Musterbildung auswirken, weil ja die Diffusion des Morphogens durch Temperatur oder eine vorübergehende Unterbrechung des Gewebekontaktes gestört sein sollte. Diese beobachtet man aber nicht. Daher hat man angenommen, daß die Zellen in der Lage sind, entweder das Morphogen selbst zu produzieren oder selbst abzubauen, je nachdem auf welchen Konzentrationswert sie während der Embryonalentwicklung programmiert wurden. Werden diese Zellen experimentell nach vorn verpflanzt, "erinnern" sie sich an ihren "Sollwert" und wirken als "sink", während sie, nach hinten verlagert, als "source" wirken. Mit diesem homöostatischen Gradienten-Modell lassen sich formal sämtliche experimentellen Resultate an der Insektenepidermis durch Diffusionsgradienten eines hypothetischen, niedermolekularen Morphogens deuten.

Diese Deutung läßt aber Verlagerungen von Zellen und Geweben ganz außer Betracht, da lediglich extracelluläre Marker unter der Annahme interpretiert werden, daß die Zellen unbeweglich seien; dies ist falsch. Die gleiche Wirbelbildung von Borsten- und Rillenmustern erhält man nämlich auch, wenn implantierte Zellen aktiv, z.B. durch Aussortieren, eine Drehbewegung durchführen, ein Vorgang, der ganz ohne die Existenz eines diffusiblen Morphogens ablaufen kann. Solche Drehbewegungen könnten ausgelöst werden, weil die Zellen zu ihren früheren Nachbarn eine höhere Adhäsion besitzen. Wie die Analyse von Farbmutanten ergeben hat, finden in der Tat Zellbewegungen statt. Damit wird eine graduell unterschiedliche Zellaffinität für die Entwicklungsleistungen der Zellen verantwortlich gemacht. Hierdurch rückt das Problem der embryonalen Musterbildung in die Nähe der spezifischen Zellaggregationsphänomene, über die wir oben eingehend gesprochen haben, und die Suche nach kleinen, diffusiblen Morphogenen für die Insektencuticularmuster ist vermutlich vergebens.

4.8.2.1 Imaginalscheiben

Imaginalscheiben sind für holometabole Insekten typische, epidermale Organanlagen. Sie sind Modellsysteme für mehrere Probleme der Entwicklungsbiologie: für die Determination, die Entstehung embryonaler Kompartimente und die embryonale Regulation.

Eine Imaginalscheibe geht auf einige Zellen zurück, einen Polyklon, der, wie wir bereits gesehen haben, im Stadium des cellulären Blastoderms entsteht. Er nimmt an der larvalen Entwicklung nicht teil. Seine Zellen werden nicht polyploid und bilden auch keine Cuticula aus. Dagegen vermehren sie sich, wodurch eine Zellscheibe aus ca. 10^4 Zellen entsteht, die in das Körperinnere einsinkt und mit der äußeren Epidermis durch ein kleines Rohr verbunden bleibt. Durch dieses stülpt sich während der Metamorphose, ausgelöst durch das Häutungshormon Ecdyson, die Imaginalscheibe aus und differenziert sich zu einem typischen Organ, z.B. Bein, Flügel oder Antenne. Somit liegt zwischen der Determination im Blastoderm und der Differenzierung während der Metamorphose ein langer Zeitraum. Diese Zeitspanne läßt sich durch in vivo Kultur larvaler Imaginalscheiben im Abdomen von adulten Fliegen weiter verlängern. Durch Transplantation des kultivierten Gewebes in eine Larve zeigt dieses Gewebe nach der Metamorphose des Wirts in der Regel an, daß es seinen Determinationszustand nicht verloren hat. Der Determinationszustand wird auch in den einzelnen Zellen einer Scheibe beibehalten, mehr noch: Wenn man genetisch markierte, isolierte Zellen einer Bein- oder Flügelscheibe, oder Zellen aus dem vorderen und hinteren Bereich einer einzigen Scheibe vermischt und danach in vivo kultiviert, dann sortieren sich die Zellen entsprechend ihrem Determinationszustand wieder aus, vermutlich aufgrund spezifischer Oberflächeneigenschaften.

Eine Imaginalscheibe zeigt im Zerschneidungsexperiment Eigenschaften eines embryonalen Feldes, in dem die zerteilten Stücke regulieren und dabei andere Teile des Organs ausdifferenzieren, als ihrem Anlagenplan entspricht. Dabei hat man eine einfache Regel entdeckt: Eine Hälfte regeneriert immer zu einer kompletten Scheibe, die andere verdoppelt sich spiegelbildlich. In beiden Hälften kommt es zu intensiver Zellvermehrung. Eine große Zahl solcher Experimente läßt sich mit Hilfe eines einheitlichen Modells deuten, in dem die Lage der einzelnen Teile des Organs, das sich aus einer Imaginalscheibe entwickelt, durch ein Polarkoordinatensystem festgelegt wird, das wie das Zifferblatt einer Uhr mit den Positionswerten 1-12 versehen werden kann. Dann folgt das Experimentalergebnis der folgenden Regel: Von zwei Teilen einer Imaginalscheibe reagiert jedes für sich, indem seine Schnittstelle verheilt und unter intercalarem Wachstum wieder neue Positionswerte hervorbringt, und zwar immer diejenigen, die am schnellsten das Zifferblatt ergänzen. Enthält z.B. eine Hälfte die Positionen 0-7 und die andere 7-12, dann entstehen in der größeren Hälfte die Positionen 8, 9, 10, 11 und 12 neu, d.h. durch Regulation resultiert eine komplette Scheibe. Die andere Hälfte dagegen ergänzt die Positionen 8, 9, 10, 11 und nicht 1, 2, 3, 4, 5, 6, 7, da dieses mehr Werte wären; es kommt nur zur Verdoppelung des Musters (7-8-9-10-11-12-11-10-9-8).

Es ist zu betonen, daß hier ein formales Modell vorliegt, für das es bisher keine molekulare Basis gibt; aber dasselbe Modell vermag auch Regenerationsprozesse an Wirbeltierextremitäten zu deuten (s. unten).

Durch die Analyse einiger somatischer Mutationen hat man zeigen können, daß eine Imaginalscheibe in definierte Teilbereiche (Kompartimente) untergliedert wird. Das Regionalisieren von Keimbereichen ist ein allgemeines Prinzip in der Embryonalentwicklung; wir haben bei der Segmentierung des Insektenkeimstreifs bereits darauf hingewiesen. An den Kompartimenten der Flügelimaginalscheibe ist neu, daß hier keine strukturellen Grenzen auftreten, sondern die Zellen von zwei Kompartimenten stoßen unmittelbar aneinander. Eine solche Grenze teilt die Flügelanlage in eine vordere (anterior) und eine hintere (posterior) Hälfte.

Zunächst hatte man beobachtet, daß somatische Mutationen, z.B. Pigmentflecken, bei Fliegen auf eine Hälfte des Flügels beschränkt sind. Überzeugt hat das Konzept erst durch eine Verfeinerung der genetischen Technik, indem man das Farbmarkierungsgen zusammen mit einer Wachstumsmutante (minute) kombinierte, die in der Konstitution M^+/M^- das Zellwachstum verlangsamt (M^-/M^- ist letal).

In diesem Fall entsteht durch somatische Rekombination infolge Röntgenbestrahlung eine farbmarkierte Zelle der Zusammensetzung M^+/M^+, und dieser Klon wächst so schnell, daß er den ganzen Flügel besiedeln könnte, aber er tut das nur bis zur imaginären Kompartimentgrenze. Es ist noch nicht sicher, ob an dieser Stelle die Zellen ihre Beweglichkeit verlieren, oder ob sie über die Grenze gelangen und dort abgetötet werden. Man hat angenommen, daß ein Areal durch die Aktivierung eines Entwicklungsgens zweigeteilt wird, das als Selektorgen einen Polyklon aufteilt. In der Tat gibt es eine Mutante, die gerade diese Unterteilung des Flügels verhindert. Wenn das Gen engrailed (en) defekt ist, entsteht ein Flügel, der zweimal das Anterior-, aber kein Posterior-Kompartiment besitzt, d.h. er besteht aus zwei spiegelbildlich angeordneten, vorderen Flügelhälften. Man kann diesen Befund deuten, indem man annimmt, daß das gesunde Selektorgen (en^+) zur Bildung des Posterior-Kompartiments der Flügelimaginalscheibe aktiv sein muß, aber nicht im Anterior-Kompartiment. Wenn es wie bei der Mutante (en^-) defekt ist, kann es nicht aktiviert werden, und es entwickelt sich kein Posterior-Kompartiment.

Auf die gleiche Weise kann man auch die Wirkung anderer homöotischer Mutanten interpretieren, die sich nicht nur innerhalb eines Organs, sondern in weit größeren embryonalen Bereichen, den Organen selbst, auswirken, wie wir bei der Entstehung des Insektenembryos schon besprochen haben. So wird bei der Mutation ant (Antennapedia) das gesunde Genprodukt benötigt, um am Auge eine Antenne entstehen zu lassen. Ist das Gen defekt, so entsteht dort ein Bein, wobei dieses Genprodukt nicht erforderlich ist.

Ganz allgemein könnte man mit wenigen Selektorgenen und der Kombination ihrer Zustände (ein- oder ausgeschaltet) die Kompartimentierung der Insektenentwicklung von der Furchung bis zur adulten Fliege formal erklären.

Auf diese Weise läßt sich auch das interessante Phänomen der Transdetermination interpretieren. Eine Transdetermination geschieht nach einigen Passagen des Imaginalscheibengewebes in Fliegenabdomina. Sie äußert sich in einer vollständigen, nie partiellen, Umprogrammierung des Determinationszustandes einer Imaginalscheibe, so daß z.B. eine Beinscheibe einen Flügel hervorbringt. Ein wichtiges Kontrollexperiment dient dazu, die Möglichkeit auszuschalten, daß in dem implantierten Gewebe stets einige für andere Organe determinierte Zellen vorhanden sind und während der in vivo Kultur mit der Zeit selektioniert werden. Hierzu wurde durch Röntgenbestrahlung ein somatisches crossing-over erzeugt, das innerhalb einer transplantierten Antennenimaginalscheibe einen Zellklon markierter Zellen entstehen ließ. Nach der Transdetermination dieser Antennenscheibe zu einer Flügelscheibe zeigte sich, daß sowohl markierte, als auch unmarkierte Zellen das Flügelgewebe besiedelten. Daraus kann man zweierlei schließen: Einmal, daß eine Antennenzelle in eine Flügelzelle transdeterminiert wurde, zum anderen, daß die Transdetermination nicht auf eine einzelne Zelle beschränkt ist, sondern ebenso wie die Determination in einem Polyklon passiert .

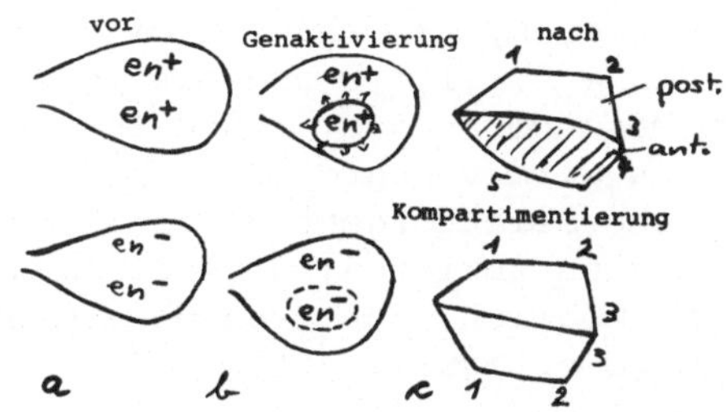

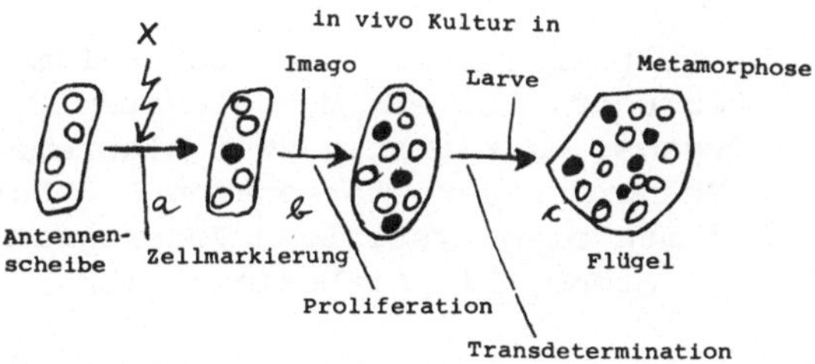

Transdeterminationen treten ein, wenn die in vivo kultivierten Gewebe mehr Mitosen durchmachen als in ihrer normalen Entwicklung. Daß die Häufigkeit der Mitosen eine direkte Beziehung zur Häufigkeit der Transdetermination hat, zeigen zwei Experimente: In getrennten Kulturen von zwei einzelnen Imaginalscheiben in vivo erfolgte bei mäßigem Zellwachstum zu 3% Transdetermination, bei der kombinierten Kultur der beiden gleichen Imaginalscheiben fand ein intensives Wachstum und entsprechend bei über 50% die Transdetermination statt. Zum anderen läßt sich die Expression der Mutante Antennapedia, die statt der Antenne am Auge ein Bein entstehen läßt (s. oben), unterbinden, wenn man durch Colchicinbehandlung die Mitosehäufigkeit vermindert. Man kann darüber spekulieren, was die Mitose mit der Determination zu tun hat: Eine Möglichkeit besteht in der Verdünnung von Regulationsfaktoren, die den Differenzierungszustand aufrechterhalten; eine andere wäre die Umprogrammierung des Chromatins durch Aufnahme der falschen DNA-bindenden Proteine nach der Periode des "gene cleaning" während der Metaphase und S-Phase des Zellcyclus; schließlich kann man sich auch vorstellen, daß es im Genom selbst, bei häufigen Mitosen und den damit verbundenen DNA-Replikationen, zu "Rückmutationen" kommt, durch die das Determinationsprogramm um einen Schritt zurückgenommen wird.

Ganz klar ist, daß die Transdeterminationen nicht zufällig ablaufen. Eine Beinscheibe wird häufiger in einen Flügel transformiert als eine Augenscheibe, und eine Antennenscheibe häufiger in einen Flügel, als eine Flügelscheibe in eine Antenne. Man kann Häufigkeit und Richtung sämtlicher beobachteten Transdeterminationen in einem einfachen Netzwerk zusammenstellen und durch ein digitales Muster von nur fünf Selektorgenen, die in der Ein- oder Ausstellung stehen, formal erklären. In diesem Modell hat der Mesothorax, in dessen Richtung die meisten Transdeterminationen tendieren, das Kennzeichen 1,1,1,1,1, der Flügel - als nächst häufiges Organ - 1,1,1,1,0 und die Genitalscheibe, deren Determinationsgrad vom Mesothorax die größte Entfernung aufweist, das Kennzeichen 1,1,0,0,0. Es wird von großem Interesse sein, aus der Genbank von *Drosophila* solche Selektorgene zu isolieren und ihre molekularen Wirkungsmechanismen aufzuklären, denn bislang ist immer noch eine ganz andere Deutung möglich: daß Transdetermination nichts anderes als ein gestörtes Mitoseprogramm ist.

4.8.3 Beinentwicklung

Die Entwicklung der Wirbeltierextremitäten, bei Salamander und Hühnchen besonders gut untersucht, ist ein Modellsystem für die Morphogenese eines komplexen Organs. Hier treten zwei Blasteme in einen Dialog ein, bei dem alle Phänomene der embryonalen Frühentwicklung zu beobachten sind, ohne daß man eine mysteriöse Vorprogrammierung in der Oogenese, als unbekannte Größe, mit einbeziehen muß.

Eine Extremität entsteht als eine Knospe, an der Mesoderm und Ektoderm der Körperseite beteiligt sind. Sie wächst zu einer charakteristischen Form aus, wobei eine typische räumliche Anordnung von Knorpel, Muskel, Blutgefäßen, Nerven- und Hautgewebe, d.h. ein Muster von Geweben, entsteht. Dieses Muster hat eine zweifache Orientierung. Einmal in proximal-distaler Richtung, ausgezeichnet durch die zunehmende Untergliederung seiner vier Abschnitte mit der Entfernung vom Körper: ein Oberarmknochen, zwei Unterarmknochen, fünf Strahlen der Mittelhand und fünf Finger an der Hand. Zum anderen unterscheidet man die Anterior-Posterior-Achse, die sich etwa in der Anordnung der fünf Finger widerspiegelt.

Die Beinanlage läßt sich durch Zellmarkierung lokalisieren. Sie kann im jungen Embryo entfernt werden, worauf die benachbarten Zellen des embryonalen Beinfeldes den Defekt ausgleichen; auch regulieren zwei nebeneinander transplantierte Beinanlagen oder eine halbe Beinanlage zu einem einzigen ganzen Bein. Auch hier gilt, daß das embryonale Feld viel größer ist, als die eigentliche Organanlage, und daß diese mit der Zeit schrittweise determiniert wird. Zunächst erfährt die Anlage eine Anterior-Posterior-Polarisierung, die in Transplantationsversuchen nachgewiesen wurde. Diese Polarität entsteht nicht in der Anlage selbst, sondern geht von einer polarisierenden Zone, dicht hinter der Beinanlage, aus. Dies wird deutlich, wenn man eine solche Zone zusätzlich vor die Beinanlage implantiert. Dann kommt es nämlich zu einer Verdoppelung dieser Anlage. Es entstehen zwei Beine statt eines. Man kann das Resultat so deuten, daß nun von zwei Polarisierungszentren aus Positionsinformation aufgebaut wird, und die Zellen der Anlage jeweils an zwei Stellen den Gradientenwert messen, an dem die Beinentwicklung ausgelöst wird.

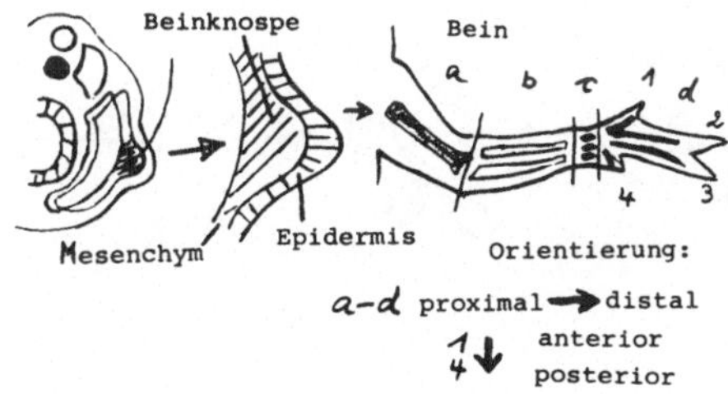

Das Mesodermgewebe der Anlage hat eine wesentliche Bedeutung für ihre Ausdifferenzierung. So entsteht im Experiment aus Mesoderm eines Hühnchenbeines, das mit dem Ektoderm eines Flügels bedeckt wird, ein Bein mit Schuppen und nicht mit Federn. Bei der Mutante Polydactylie entsteht aus mutiertem Mesoderm mit gesundem Ektoderm eine Extremität mit zusätzlichen Fingern; in der umgekehrten Kombination jedoch ist die Zahl der Finger normal.

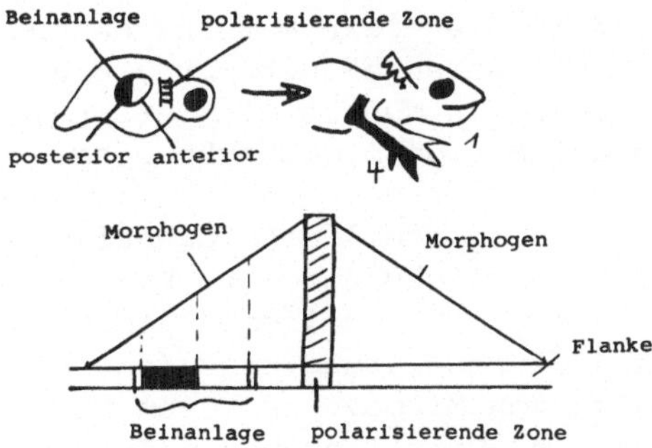

Das Mesoderm besitzt die Fähigkeit zur Induktion der Beinbildung nur während einer sensiblen Periode. In dieser Zeit vermögen sich isolierte

Mesodermzellen, wenn sie mit anderen Mesenchymzellen, z.B. aus den Somiten, gemischt werden, auszusortieren und dort, wo sie mit Ektoderm Kontakt aufnehmen, werden sogar in Gewebekultur Finger ausdifferenziert. Mit Mesoderm aus determinierten Beinknospen gelingt dies nicht mehr.

Das Mesoderm löst in den Epidermiszellen an der Spitze der Beinknospe Mitosen, eine zylindrische Verformung der Zellen und ihre Bewegung zur Spitze hin aus, so daß dort eine verdickte Rippe (AER = apicale-ektodermale Rippe) entsteht. Wird diese Rippe entfernt, oder fehlt sie wie bei der Mutante "wingless", so entsteht keine Extremität. Dies aber zeigt, daß diese ektodermale Zone ebenfalls für die Entwicklung nötig ist. Dafür spricht auch, daß nach Einpflanzung einer zusätzlichen Rippe eine Verdoppelung distaler Teile der Extremitätenknospe erfolgt.

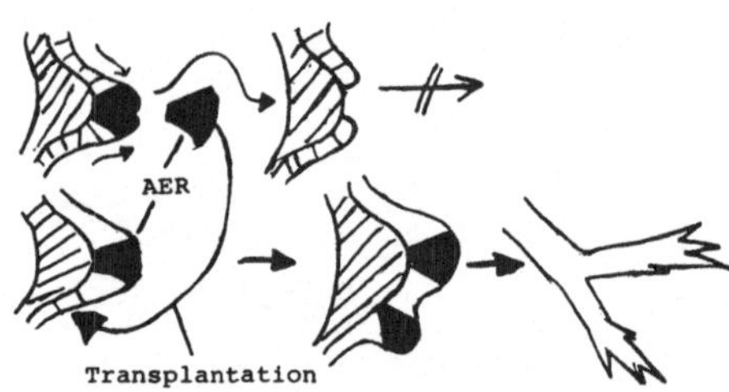

Die Ausdifferenzierung der Beinanlage erfolgt sequentiell von proximal nach distal und betrifft zuerst den körpernahen Oberarm, zuletzt die Zehen. Je später man die ektodermale Rippe entfernt, desto weiter entwickelt sich die Anlage. Aus solchen Defektexperimenten hat man zunächst auf eine sequentielle Induktion der Teilbereiche innerhalb jeder Anlage geschlossen. Rekonstitutionsexperimente haben aber klargestellt, daß eine alte und eine junge Rippe den Mesodermstumpf nicht spezifisch induzieren, im einen Fall z.B. Finger und im anderen den Oberarm auszubilden. Man nimmt daher an, daß das apicale Ektoderm einen Faktor produziert, der das Mesoderm intakt hält (mesoderm-maintenance-factor). Dafür spricht, daß von den lockeren Mesodermzellen lange Filopodien in die dicke Matrixzone ausgestreckt werden, die unter den Epidermiszellen angehäuft wird, und daß die Entwicklung blockiert wird, wenn lokal ein dünnes Glimmerscheibchen zwischen die apicale Epidermis und das Mesoderm gesteckt wird.

Der durch Zellmarkierung aufgestellte Anlagenplan einer Beinknospe zeigt, daß hier bereits sämtliche Bereiche bis hin zu den Fingern vorhanden sind. Die einzelnen Zonen liegen jedoch gestaucht vor und werden während der Ausdifferenzierung nacheinander gestreckt. Diese Streckung ist eine Folge von Mitosen im Mesenchym, die gehäuft an der Spitze der Knospe ablaufen. Dort liegen die Zellen lockerer angeordnet, und es läßt sich ein Gradient der Mitosehäufigkeit entlang der Beinknospen erkennen, sowie ein Gegengradient bezüglich der Zelldichte. Dies könnte bedeuten, daß eine Regulation des Zellwachstums über die Zelldichte erfolgt, wie man es bisher nur bei der Kontaktinhibition in Gewebekulturen kennengelernt hat. Diese Vorstellung führte außerdem zu einer Hypothese, wonach an der Knospenspitze die Wechselwirkung zwischen Mesoderm und ektodermaler Rippe darin besteht, daß hier die Zellen aufgelockert, zur Mitose stimuliert und davon abgehalten werden, sich zu differenzieren. Dies ist eine genau entgegengesetzte Annahme zu dem Modell der sequentiellen Induktion. Um diesen Widerspruch auszuräumen, hat man das Progressionszonenmodell aufgestellt, wonach die Zellen der Extremitätenknospe ein autonomes Uhrwerk besitzen, das Mitosen zählt. Die Zellen, die sich nach der ersten Teilung strecken, differenzieren Oberarm, die nach der zweiten Teilung den Unterarm und die nach der letzten Teilung bilden die Finger. Ähnlich wie nach der Positionsinformationstheorie erhalten die Zellen eine Information, aber eine zeitliche, anstelle einer räumlichen, und sie durchlaufen nacheinander zeitliche Kompartimente. Wesentlicher Bestandteil dieser Theorie ist also der Zusammenhang zwischen der Zellteilung und der Zelldifferenzierung.

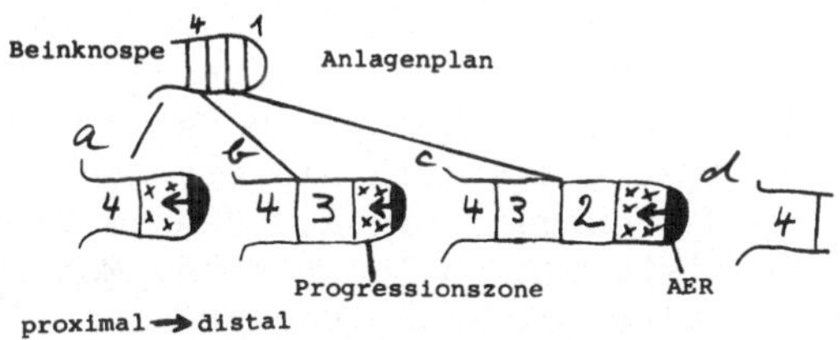

Dieses Progressionszonenmodell deutet die Bildung des Musters in der Proximal-Distalachse. Die Anterior-Posterior-Organisation dagegen läßt sich durch Verpflanzungsexperimente sehr gut mit dem klassischen Positions-Informationsmodell interpretieren. Hiernach soll die Anordnung der Finger 1-2-3-4 durch den Gradienten eines Morphogens festgelegt werden, der etwa am äußeren Rand der apicalen Rinne entlangläuft und maximale Konzentration am hinteren Ende hat. Hier befinden sich einige Zellen, die die Entstehung zusätzlicher Finger steuern

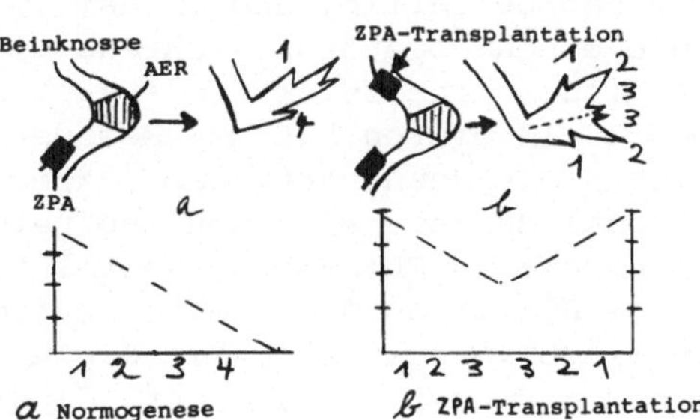

können. Werden diese Zellen der ZPA (Zone polarisierender Aktivität) an den vorderen Rand der Knospe verpflanzt, so entsteht eine spiegelbildliche Teilverdoppelung der Extremität einschließlich der Finger, mit dem Muster 1-2-3-3-2-1. Dieses Resultat erinnert an die Verhältnisse bei der polarisierenden Zone im jungen Embryo, bevor die Beinanlage überhaupt determiniert wurde (s. oben).

Bei der Ausformung der Finger spielt das lokale Absterben von Zellen eine morphogenetische Rolle: Das Gewebe zwischen den einzelnen Fingern wird aufgelöst. Durch Verpflanzungsexperimente hat man feststellen können, daß diese Zellen von einem bestimmten Zeitpunkt an zum Absterben determiniert sind und auch an anderen Orten oder in Gewebekultur nicht mehr weiterwachsen können; ihre innere Uhr ist darauf eingestellt worden, nach Ablauf von ca. 30 h die Autolyse einzuleiten.

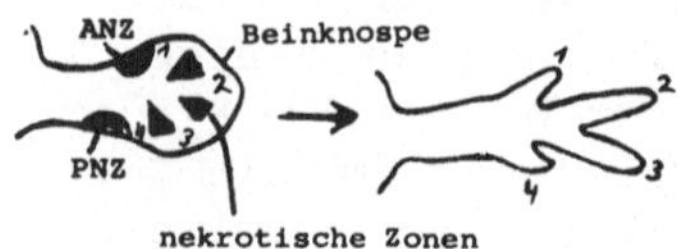

Während es für diese Zellen und auch für die Bereiche, die aus einer anfangs einheitlichen Anlage Radius und Ulna durch Autolyse der zwischenliegenden Zellen modellieren, leicht einsichtig ist, daß das Absterben von Zellen bei der Morphogenese mitspielt, gibt es eine vordere und hintere Zone in der Flügelknospe, in der es ohne ersichtlichen Sinn zu intensiver Autolyse kommt. Die hintere Zone liegt in unmittelbarer Nachbarschaft zu derjenigen, die als ZPA im Experiment zusätzliche Differenzierungsleistungen auslösen kann. Möglicherweise kommt der Autolyse auch eine weiterreichende Bedeutung zu, und vielleicht zeigt sich darin, daß Morphogenese allgemein mit einem Kampf auf Leben und Tod der einzelnen Zellen verbunden ist.

Dies sei an einer wesentlichen Frage bei der Beinmorphogenese illustriert: Ein wichtiges Musterelement ist die Anordnung von Knorpel und Muskulatur. Nach der einen Vorstellung haben alle Mesodermzellen der Beinknospe die Potenz, sowohl Knorpel als auch Muskelzellen zu werden, je nachdem, in welcher Position sie sich zu einem bestimmten Zeitpunkt der embryonalen Entwicklung befinden. Nach der anderen Vorstellung gibt es zwei verschiedene Populationen von Vorläuferzellen, eine für Muskel-, die andere für Knorpelzellen, und an dem im Beinmuster vorgegebenen Ort werden die einen abgetötet, während die anderen proliferieren dürfen, d.h. es findet eine Selektion statt. Für die zweite These sprechen zwei Experimente: Im ersten hat man Mesodermzellen isoliert und aus einzelnen Zellen Klone gezüchtet, dabei aber nie beobachten können, daß ein Klon sowohl Muskel- als auch Knorpelzellen bilden kann. Im zweiten Experiment wurde eine Chimäre hergestellt, indem man in der Höhe der Beinanlage eines Hühnchens die Somiten entfernte und durch Somiten aus einem Wachtelembryo ersetzte. Mit diesen hat man einen cytologischen Marker in den Embryo eingebracht, denn Wachtel- und Hühnchen-Zellkerne sehen verschieden aus. Das erstaunliche Resultat ist, daß sämtliche Beinmuskeln die Merkmale der Wachtel besitzen. Durch histologische Analyse ist wahrscheinlich gemacht, daß die gesamte Beinmuskulatur von einer einzigen Stammzelle herrührt, die von den Somiten abstammt, von dort durch den Nierenstiel in die Seitenplatten und schließlich in die Beinknospe einwandert und dort die Stelle findet, an der sie proliferieren kann.

Das wesentliche Musterelement einer Extremität ist ihr Skelett. Es weist feine Strukturmerkmale auf, an denen man vergleichend die Entwicklung der Vorderextremitäten eines Reptils oder eines Pianisten als Varianten eines Themas beschreiben kann. Das Grundthema ist die Knorpelbildung, die in einem Aggregat aus Mesenchymzellen ausgelöst wird. Vorbedingung hierfür ist eine hohe Zelldichte. Für die erforderliche Zellaggregation sorgt möglicherweise die Produktion von Hyaluronsäure. Diese wird anschließend durch Sekretion von Hyaluronidase wieder entfernt, damit das für den Knorpel typische extraembryonale Material, wie das Chondroitinsulfat und später das Kollagen, sezerniert werden kann. Hieraus entsteht ein kompliziertes extracelluläres Netzwerk, in dem dann von den Knochenbildungszellen die Mineralisation des Skeletts eingeleitet wird.

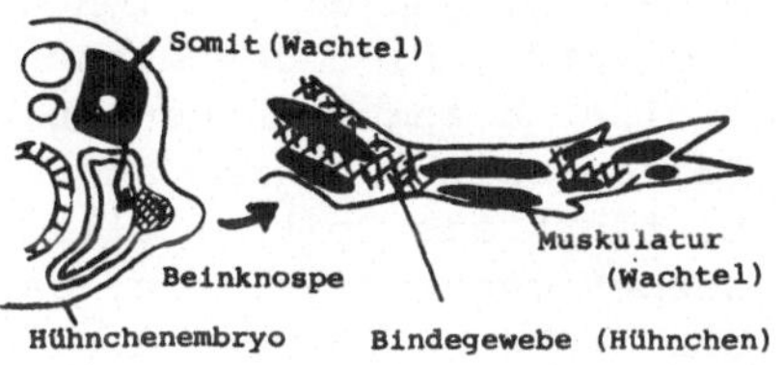

Es gibt eine Mutante beim Hühnchen (talpid 3), bei der das Aggregationsverhalten des Mesenchyms gestört ist: Die einzelnen Zellen sind etwas weniger beweglich und aggregieren unvollständig. Als Resultat entsteht anstelle eines Flügels ein Gebilde, das einer Fischflosse recht ähnlich sieht. Das läßt vermuten, daß extracelluläre Makromoleküle des Knorpels einen unmittelbaren Einfluß auf die Morphogenese der Extremitäten haben.

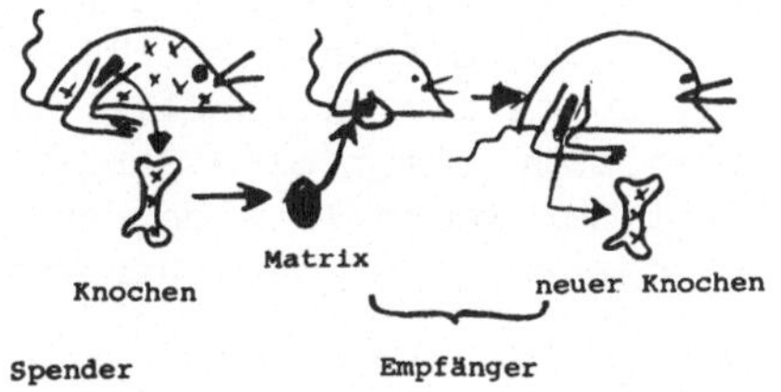

Hierfür spricht das folgende letzte Experiment zur Beinmorphogenese. Man hat aus der Rattenextremität einen Knochen isoliert, von cellulärem Material befreit und entmineralisiert, sowie die Lipide entfernt. Die so gewonnene zellfreie Knorpelmatrix des ursprünglichen Knochens hat man einer jungen Ratte unmittelbar nach der Geburt in die Muskulatur eingepflanzt. Man beobachtet, daß einzelne Mesenchymzellen in das Netzwerk der Knorpelmatrix einwandern und dort zu Knorpel (Chondrocyten) determiniert werden, worauf eine starke Proliferation einsetzt. Ihre Tochterzellen bauen einen Knochen auf, der genau die Form des Knochens hat, dessen formlose Matrix vorgegeben ist. Es ist unklar, wie die Nachkommen einer kleinen Zahl determinierter Zellen durch lokalen Kontakt mit dieser Matrix die Information für die Form und Größe des ganzen Knochens erhalten haben könnten; offensichtlich vermag das komplizierte Kollagennetzwerk viele Zellen zu einer integrierten Morphogenese zu veranlassen. Insgesamt erinnert diese Template-Funktion der Knochenmatrix an die Matrizenfunktion der Zellmembran, die wir bei der Regeneration von Cilienmustern beim Pantoffeltierchen kennengelernt haben.

4.8.4 Morphogenese der Speicheldrüse

Dieses Organ entsteht, ähnlich wie die Lunge, aus einem entodermalen Epithel, durch regelmäßige Einschnürungen, also weder durch gehäufte Mitosen noch durch Zellbewegung, und die Zellen werden zu einer Traube mit großer Oberfläche geformt. Dies geschieht in innigem Kontakt mit Mesenchymgewebe, das sich in regelmäßigen Abständen zu Aggregaten um das künftige Speicheldrüsenepithel herum anhäuft. Wie das Isolationsexperiment erkennen läßt, führt das Epithel allein keine Morphogenese durch. Im Rekombinationsexperiment zeigt sich, daß homologes Mesenchym notwendig ist, um die Drüse zu formen, d.h. Mesenchym, das im Embryo neben der zukünftigen Speicheldrüse liegt. Transfilterexperimente haben klargelegt, daß ein unmittelbarer Zellkontakt hier nicht notwendig ist, daß aber zwei extracelluläre Substanzen erforderlich sind: das Kollagen, das vom Mesenchym produziert wird, und Mucopolysaccharide der extracellulären Matrix zwischen den beiden Geweben. Die Anordnung dieser beiden Substanzen ist spezifisch. Kollagen findet man immer dort, wo die Einschnürung des Epithels bereits erfolgt ist, und Mucopolysaccharide dort, wo die Einschnürung als nächstes erfolgen wird. Da zugesetzte Kollagenase die traubenförmige Gestalt wieder aufhebt, muß das Kollagen vorhanden sein, um die Form dieser Drüse zu erhalten. Man vermutet, daß die Einschnürung des Epithels durch die Kontraktion von lokalen, intracellulären Mikrofilamenten erfolgt, die über Membransignalisierung durch die extracellulären Mucopolysaccharide ausgelöst werden soll. Insgesamt liegt eine ähnliche Reaktionsfolge vor wie im vorigen Beispiel der Knorpelmorphogenese: Auch hier haben wir die Synthese eines Mucopolysaccharids (Chondroitinsulfat) und von Kollagen.

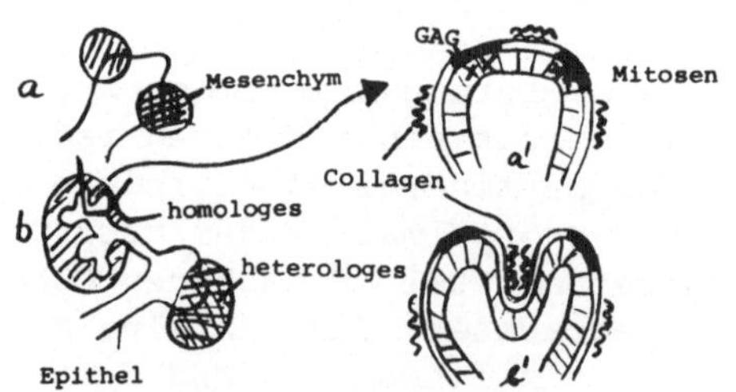

Andere Drüsen, z.B. das Pankreas, können von jedem beliebigen Mesenchym ausdifferenziert werden, also nicht nur durch das aus der entsprechenden

Region. Während bei den Beispielen bislang die Morphogenese im Vordergrund stand, läßt sich an einem solchen System wie dem Pankreas der Differenzierungsaspekt genauer analysieren; das werden wir später diskutieren.

4.8.5 Morphogenese des Nervensystems

Als ein wichtiges Informationssystem, das Sinnes- und Effektorgane verknüpft und viele, vorwiegend schnelle Reaktionen eines Organismus koordiniert, entwickelt sich das Nervensystem als ein kompliziertes Netzwerk, das bei den Chordatieren vom Neuralrohr ausgeht. Drei Entwicklungsprozesse sind dabei wesentlich: das Auswandern von Zellen der Neuralleiste in alle Bereiche des Körpers, die Vermehrung von Zellen im Neuralrohr selbst, das Auswachsen von Zellfortsätzen (Axone) und Herstellen von Zellkontakten (Synapsen).

4.8.5.1 Neuralleistenzellen

Zunächst lösen sich einzelne Neuralleistenzellen dort, wo sich die Neuralwülste dorsal zum Neuralrohr schließen, aus ihrem Zellverband. Sie wandern zunächst durch den vorderen, später durch den hinteren Teil des Organismus, wie man durch Markierung der Zellen mit 3H-Thymidin sowie anhand von Hühnchen-Wachtel-Chimären belegt hat.

Im Kopfbereich bilden die Neuralleistenzellen craniale Sinnesnerven und das Kopfmesoderm, einschließlich Kopfknorpel und Visceralskelett. Im Rumpf aggregieren sie zu segmentalen Ganglien beiderseits des Neuralrohres: dorsal zu den sensorischen, die Sinnesorgane innervierenden, und ventral zu den sympathischen Ganglien, die z.B. den Darm innervieren. Andere Neuralleistenzellen wandern durch die Somiten hindurch in die Epidermis, wo sie Pigmentzellen bilden, oder auch in das Nebennierenmark, in dem sie zu den chromophilen Zellen werden, die Adrenalin produzieren.

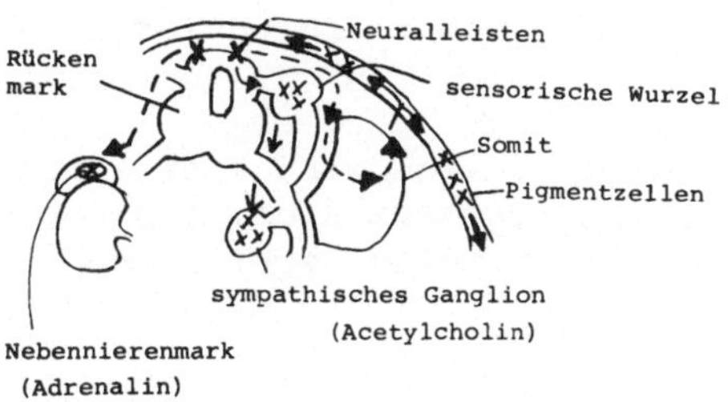

Ungelöste Fragen sind noch, wie die Wanderung ausgelöst und der Weg festgelegt wird. Formal kann man feststellen, daß die Wanderung am Zielort endet, weil die Kohäsion mit den Zielzellen stärker ist als die Adhäsion an der Zelloberfläche mit den übrigen Zellen, die als Substrat für die Wanderung dienen.

Wichtig wäre es zu wissen, ob diese Zellen bereits in der Neuralleiste determiniert werden und durch gerichtetes Aussortieren ihr Ziel ansteuern, oder ob ihre Determination erst in der Zielzone durch die Umgebung erfolgt. Hierzu hat man aufschlußreiche Verpflanzungsexperimente angestellt. Als Donor diente Neuralleistengewebe einer Wachtel des 28-Somitenstadiums. Man weiß, daß in diesem Stadium der Bereich zwischen dem 18. und 23. Somitenpaar das Nebennierenmark besiedelt, wo die Zellen später Adrenalin produzieren, während der Bereich zwischen den Somiten 1-6 sympathische Ganglien bildet, die den Darm innervieren und als Neurotransmitter Acetylcholin herstellen. Im Experiment wurde Wachtelgewebe der Somitenzone 18-23 an die Position 1-6 im Hühnchenembryo eingepflanzt (und umgekehrt das Hühnchengewebe der Zone 1-6 in den Wachtelembryo an die Position 18-23). Wenn die Zellen z.Zt. der Transplantation bereits determiniert waren, sollten die Wachtelzellen im Hühnchenembryo das Nebennierenmark besiedeln und Adrenalin herstellen. Andernfalls sollten sie den Darm innervieren und Acetylcholin produzieren. Letzteres wurde beobachtet: Damit ist klar, daß erst am Zielort Determination und Ausdifferenzierung der Neuralleistenzellen erfolgen.

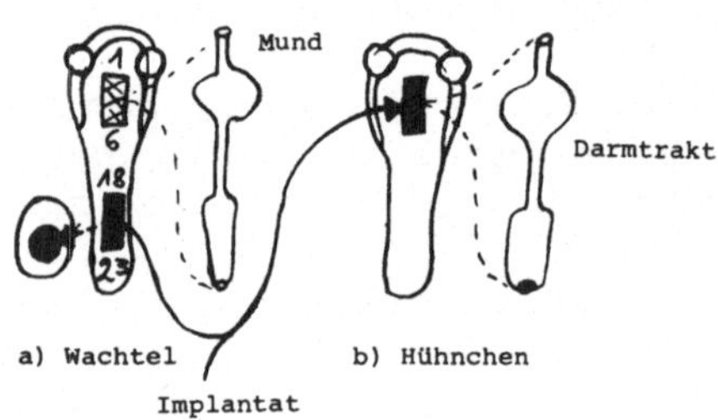

Unklar beibt dabei, ob in der Neuralleiste eine Population verschieden determinierter Zellen, d.h. solche, die später Adrenalin und andere, die Acetylcholin herstellen werden, vorhanden ist, und die Zellen durch ungezieltes Auswandern zufällig auch in das Nebennierenmark gelangen. Dort könnte dann nur der auf Adrenalinproduktion determinierte Typ proliferieren und sich differenzieren, während alle anderen Zelltypen absterben.

Erst das Klonieren einzelner Zellen wird hier erweisen, ob diese homogen und damit wirklich pluripotent sind, oder ob doch von Anfang an verschiedene Typen von Stammzellen vorliegen.

4.8.5.2 Neuronen

Die Zellen eines jungen Neuralrohres bilden eine einzige Zellschicht, obwohl der Eindruck entsteht, als lägen sie mehrschichtig. Das liegt daran, daß die Zellkerne typische Wanderungen innnerhalb der zylindrischen Zelle ausführen. Die Mitosen laufen stets am inneren Rand des Neuralrohres ab, wo die Tochterzellen während der G_1-Phase verharren, sich dann nach außen strecken und sich dort mittels Desmosomen festheften. Der Zellkern wandert nun ebenfalls nach außen und beginnt dort mit der S-Phase. Wenn diese abgeschlossen ist, wandert er während der G_2-Phase wieder an den inneren Rand des Neuralrohres, wo die nächste Mitose geschieht. Während dieser Proliferation differenzieren sich zwei Zelltypen, die Gliazellen und die Neuroblasten. Die Gliazellen untergliedern sich wieder in zwei Typen unterschiedlicher Gestalt, zu denen sich noch ein dritter Typ gesellt, der von Makrophagen, d.h. einem Zelltyp des Blutsystems, abstammt. Neuroblasten teilen sich nicht mehr; sie verharren in der G_0-Phase und sterben entweder bald ab oder entwickeln sich weiter, indem sie Zellausläufer bilden.

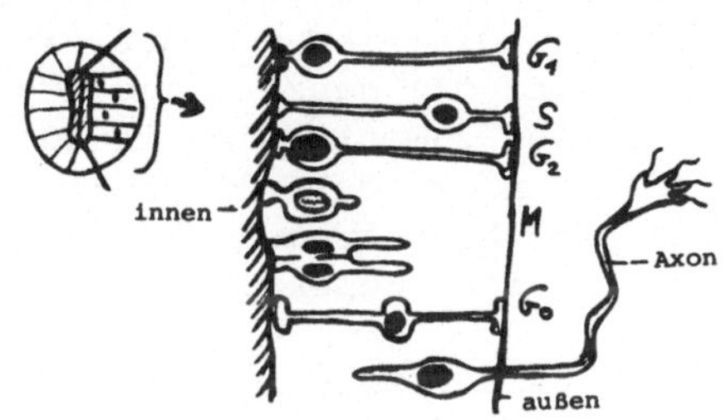

Sie bleiben entweder im Inneren des Neuralrohres (als Assoziationsneurone) oder strecken jeweils einen langen Zellfortsatz aus dem Neuralrohr, der - ganz ähnlich wie die Zellen der Neuralleiste als Ganzes - den Körper durchziehen kann. Hierzu wird im Zellkörper intensiv Cytoplasma produziert und zum Wachstumsconus an die Spitze der Zelle transportiert, wo intensive Membransynthese stattfindet. Dabei werden, wie bei einem Fibroblasten, Filopodien ausgestreckt, aber es wird hier am Zellhinterende keinerlei Membranmaterial eingeschmolzen. Mitosen, Differenzierung und Auswachsen der Axone sind weitgehend autonome Prozesse und laufen alle nebeneinander ab, was eine kausale Analyse der Embryonalentwicklung des Nervensystems erschwert. Einen großen Vorteil für neurobiologische Studien würde die Möglichkeit der in vitro Kultur bieten, um homogenes Material für biochemische Analysen zu erhalten, aber differenzierte Nervenzellen teilen sich nicht mehr. Erste Einblicke in die Nervenzelldifferenzierung in vitro erlauben dagegen die Analysen von Hirntumorzellen, denn diese sind teilungsfähig. So hat man von Rattentumoren mehrere Zellinien erhalten, die normale Chromosomenzahlen besitzen und die Fähigkeit, einen neuen Tumor auszulösen, verloren haben. Sie enthalten spezifische Marker, sowohl für Gliazellen (das S-100 Protein) als auch für Neuroblasten (natriumspezifische Poren und Rezeptoren für Neurotransmitter). Aus diesen (möglicherweise Stamm-) Zellkulturen entwickeln sich zwei verschiedene Zellinien: die eine hat Neuroblasten-, die andere Gliazellencharakter. Ob diese Zelltypkonversion auch in vivo stattfindet, ist noch nicht bekannt. An diesen Zellkulturen läßt sich ein molekularbiologischer Befund verfeinern. Es war bereits bekannt, daß im Hirn die höchste RNA-Komplexität vorliegt, die je ein Wirbeltier exprimiert. Diese Beobachtung gilt auch für die Neuro-Glia-Stammzellinie und für die von ihr abgeleiteten Neuralzellinien, aber nicht für die Gliazellinie. Durch Kompetitionshybridisierung mit

RNA aus anderem Gewebe ist gesichert, daß die in vitro kultivierte Neuralzellinie alle RNA-Sequenzen der übrigen Gewebe enthält. Über die Funktion dieser RNA, die Information für zahlreiche Membranproteine enthalten könnte, ist noch nichts bekannt.

Es läßt sich leicht zeigen, daß bei der Morphogenese der Nerven in vivo auch Nachbarschaftswirkungen eine wichtige Rolle spielen. So beobachtet man am Neuralrohr eine Anhäufung und Verdickung der motorischen Ganglien dort, wo Extremitäten angelegt und später von diesen Ganglien innerviert werden. Entfernt man eine Extremitätenanlage, ehe die Nerven Kontakt knüpfen können, so verkümmern die Nerven. Pflanzt man eine zusätzliche Extremität ein, so entstehen dort vermehrt große Ganglienzellen, und die Extremität wird funktionstüchtig innerviert. In der normalen Entwicklung resultieren die motorischen Ganglien aus intensiver Mitosetätigkeit über die ganze Länge des Neuralrohres auf dessen Ventralseite. Die Zellen sammeln sich in der Nähe der Extremitäten an; ein Teil der Zellen nimmt dort an Größe zu, während die übrigen absterben. Es kommt also hier zunächst zu einer Überproduktion von Nervenzellen und dann zu einer Selektion von einigen aus vielen.

Das Auswachsen eines Axons aus der Nervenzelle geschieht auch in Gewebekultur - war doch ein Stück Neuralrohr eines Froschembryos im hängenden Tropfen die erste erfolgreiche Gewebekultur überhaupt. Mit ihr wurde außerdem bewiesen, daß Axone meterlange Zellfortsätze sind und keine lineare Anordnung vieler fusionierter Zellen.

Nervenzellen besitzen einen aktiven Stoffwechsel und produzieren viel Cytoplasma. Selbst wenn das Axon mit seiner Zielzelle Kontakt hergestellt hat, fließt ständig ein Cytoplasmastrom aus dem Zellkörper nach (axonaler Transport). Man kann das durch Abschnüren eines Axons direkt sichtbar machen, denn vor dem Knoten verdickt sich das Axon, dahinter verkümmert es. Das meiste Material wird noch während des Fließens bereits wieder abgebaut, so daß sich ein fertig ausgewachsenes Axon nicht mehr verlängert, obwohl pro Tag einmal sein gesamtes Cytoplasma umgesetzt wird.

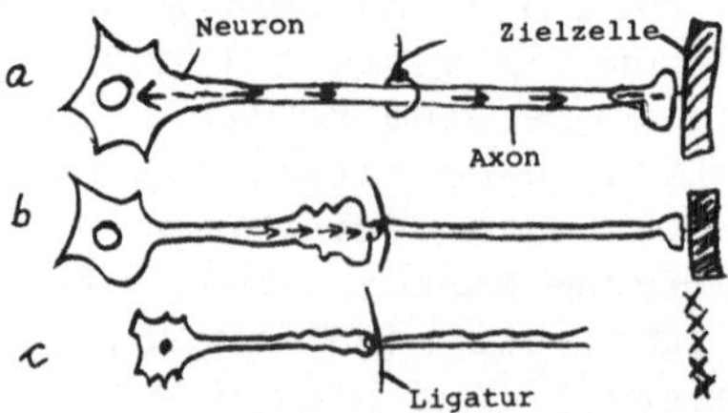

Wie wird das Nervennetz in der Ontogenese geknüpft? Wir können das Auswachsen der Axone und das Knüpfen der Zellkontakte getrennt analysieren, da ein Faktor isoliert worden ist, der in vivo und in vitro spezifisch auf das Nervenwachstum einwirkt.

Diesen Wachstumsfaktor hat man entdeckt, als man ein Stückchen Tumorgewebe, das sich von Mäusefibroblasten ableitet, auf den extraembryonalen Hüllen eines Hühnerembryos, also auf einem lebenden Nährboden, kultivierte. Unerwartet setzte ein gesteigertes Wachstum des sympathischen Nervensystems und der sensorischen Neurone des Hühnchenembryos ein. Offensichtlich wurde von den Tumorzellen ein proliferationsfördernder Stoff abgegeben und mit dem Blut über den Dotterkreislauf zum Embryo transportiert. Auch konnten explantierte sympathische Ganglien des Hühnchens in vitro in Nachbarschaft von Tumorgewebe intensiv Axone ausbilden. Damit war ein Biotest für den NGF (Nervenwachstumsfaktor, nerve growth factor) gewonnen. Dieser Stoff kommt in der höchsten Konzentration in der Submaxillardrüse männlicher Ratten vor, findet sich aber auch in vielen anderen Geweben, wie den Fibroblasten, in der Niere, in Sinneszellen und in den Schwann-Zellen, die die Axone von der Umgebung isolieren.

Der NGF ist ein Protein von 13.250 d, dessen Aminosäuresequenz bekannt ist und Ähnlichkeit mit der des Insulins aufweist. Vielleicht ergeben sich daraus Hinweise auf die Evolution dieses Wirkstoffes und auch auf seine Wirkungsweise im Embryo. Der NGF wird als ein großes Vorläufermolekül synthetisiert, das als Dimer mit je zwei weiteren Proteinmolekülen aggregiert: mit dem Gamma-Protein, einer spezifischen Protease, die das Vorläufermolekül zuschneidet, und mit dem Alpha-Protein. Der reife NGF liegt demnach in einem Komplex vor, der vor Degradation geschützt ist. Physiologisch aktiv soll jedoch nur der freie NGF sein, vermutlich als Dimer.

Die Wirkung dieses Faktors läßt sich im Tier durch Injektion eines Antikörpers gegen NGF zeigen: Dem Embryo fehlt dann das sympathische Nervensystem, wahrscheinlich weil der frei im Embryo zirkulierende NGF durch Bindung an den injizierten Antikörper inaktiviert worden ist. Der gereinigte Faktor führt in vitro nicht nur zum Auswachsen der Axone in seinen Zielzellen, die übrigens alle Abkömmlinge der Neuralleiste sind, sondern bewirkt überhaupt das Überleben dieser Zellen in der Kultur. Nach Injektion des NGF in den Embryo läßt sich zeigen, daß die sympathischen Ganglien gegenüber den Kontrollen mehr als 10fach vergrößert werden. Drei Parameter sind hieran beteiligt: die Zahl der Vorläuferzellen, die sich zu sympathischen Nervenzellen differenzieren, die Überlebensrate dieser Zellen sowie das Zellwachstum. Dagegen wird die Mitoserate nicht erhöht. In der Normalentwicklung sind während dieser Entwicklungsphase die lebenden Nervenzellen ohnehin in der Minderzahl, weil alle diejenigen absterben, die zur rechten Zeit keinen festen Kontakt mit ihren Zielzellen eingegangen sind. So überleben in Anwesenheit von NGF die Nervenzellen, auch ohne Synapsen hergestellt zu haben.

Für die Wirkung des NGF hat man zwei verschiedene Mechanismen verantwortlich gemacht: Einmal reagiert er durch die Bindung an ein spezifisches Rezeptorprotein der Membran, d.h. über einen Membransignalisierungsmechanismus, und bewirkt eine allgemeine Steigerung des Stoffwechsels. Zum anderen wirkt er innerhalb des Nervenaxons, nachdem er an dessen Spitze aufgenommen und rückwärts zum Zellkörper der Nervenzelle transportiert, d.h. retrograd verlagert wird. Dies hat man gezeigt, indem man ein Axon in eine Kammer hineinwachsen ließ und dort mit oder ohne den NGF kultiviert hat: Ohne diesen Faktor verkümmerte das Axon, selbst wenn der Zellkörper in NGF gebadet wurde. Außerdem hat man zeigen können, daß der NGF direkt an der Bildung der vielen Mikrotubuli des Axons mitwirkt. Wie wir weiter oben beschrieben haben, erfolgt dieser Prozeß in zwei Schritten: Im ersten werden die monomeren Proteinmoleküle zu Scheiben zusammengefügt, im zweiten aufeinander gestapelt. Der erste Schritt bestimmt die Geschwindigkeit der Reaktion, die in Anwesenheit von NGF beträchtlich erhöht wird. Damit ist leicht einzusehen, auf welche Weise der NGF einen stabilisierenden Einfluß auf die langen Axone ausübt. Da auch die Zielzellen NGF produzieren, wenn auch in viel geringerer Konzentration als beispielsweise die Submaxillardrüse, kann man sich vorstellen, daß ein Konzentrationsgradient von NGF das Auswachsen eines Axons beeinflußt. Für einen solchen Neurotropismus sprechen Injektionsversuche, bei denen man in der Kopfregion eines Hühnchenembryos NGF appliziert hat, wonach Nerven des sympathischen Systems in diese Gegend einwachsen, was sie im normalen Embryo nicht tun.

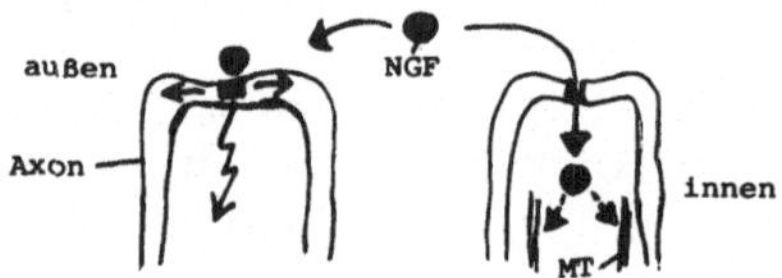

Schließlich ist der NGF in der Lage, Zellen zu transformieren: Wenn man ihn in der Nähe einer sich in vivo entwickelnden Nebenniere appliziert, dann entstehen im Nebennierenmark aus den eingewanderten Zellen der Neuralleisten anstelle der chromaffinen, hormonproduzierenden Zellen typische Nervenzellen mit langen Zellfortsätzen.

4.8.5.3 Synapsen

Eine zentrale Frage richtet sich auf die Herstellung von spezifischen Kontakten zwischen der Nervenzelle und der Zielzelle, z.B. einer Muskelzelle oder einer anderen Nervenzelle, d.h. auf die Entwicklung von Synapsen. Da die Funktion eines Nervensystems von der "richtigen Verdrahtung" abhängt, kann man annehmen, daß spezifische Erkennungsmechanismen, wie sie bei den Zellaggregationsphänomenen diskutiert wurden, eine Rolle spielen. Theoretisch könnte man eine spezifische Schaltung herstellen, indem man an jeder Kontaktstelle spezifische Membranproteine, d.h. Genprodukte, bereitstellt, wobei dann an den Synapsen ein chemischer Erkennungsprozeß abliefe. Dies ist prinzipiell nicht möglich, weil etwa beim Menschen 10^{11} Neuronen und 10^{14} Synapsen vorliegen, was die Zahl der potentiell verfügbaren Gene (10^6-10^7) weit überschreitet.

Andererseits sind die Gene an der Ausdifferenzierung des Nervennetzes beteiligt, wie man bei der Analyse von Mutanten erkannt hat, bei denen eine gestörte Verdrahtung größerer Bereiche im Hirn mit einem gestörten Verhalten korreliert ist.

Wieweit genetische und epigenetische Mechanismen gemeinsam an der Entwicklung des Nervensystems beteiligt sind, zeigen Untersuchungen an einfach organisierten isogenen Wirbellosen, die sich parthenogenetisch fortpflanzen, z.B. an *Daphnia*, dem Wasserfloh. Durch die Analyse eines Klons wurde festgestellt, daß die konstante Zahl und die Lage der Neuroblasten genetisch fixiert sind, während die Zahl und die Lage der Kontakte der Nervenzellen mit anderen Zellen variiert, und zwar innerhalb des ganzen Klons, etwa im selben Grad wie beim Vergleich von linker und rechter Körperhälfte eines Individuums.

Damit reduziert sich die entwicklungsbiologische Fragestellung bei der Morphogenese des Nervensystems auf die Bildung von Synapsen, den lokalen Kontaktstellen, an denen, meist auf chemischem Wege über die Neurotransmitter, durch Öffnen und Schließen spezifischer Ionenkanäle über eine Entfernung von 20 nm Signale übertragen werden. Auch hier lassen sich die beiden alternativen Konzepte der Entwicklungsbiologie aufzeigen, das präformistische und das epigenetische. Nach dem ersten besitzen Nerven- und Zielzellen komplementäre Oberflächen und ein zeitliches Programm, die Kontakte nacheinander zu knüpfen. Dann kann die Synapse erst funktionieren, indem Transmitter aus der präsynaptischen Zelle freigesetzt wird, der dann mit Rezeptoren in der postsynaptischen Membran in Wechselwirkung tritt.

Nach dem zweiten Konzept ist eine autonome Freisetzung von Transmitter und seine Wechselwirkung mit Rezeptormolekülen die Voraussetzung zur Entstehung eines funktionierenden Netzwerkes, wobei zunächst viele labile Kontakte hergestellt werden. Im Wechselspiel mit den Zielzellen werden in einem Selektionsprozeß einige Kontakte stabilisiert, die meisten jedoch wieder zerstört. Das Konzept der selektiven Stabilisierung ist an der neuromuskulären Kontaktstelle, der motorischen Endplatte, entwickelt worden. Während der Metamorphose der *Xenopus*-Kaulquappe zum Frosch beobachtet man im Rückenmark zunächst eine Verminderung der Zahl der motorischen Neuronen auf ca. 1000, d.h. ca. 10.000 Neuronen sterben ab. In der zweiten Phase vermindert sich die Zahl der Axonverzweigungen, so daß nur jeweils eine motorische Endplatte pro Muskelfaser funktionstüchtig bleibt, die ziemlich genau in der Mitte der Faser liegt.

An der Entwicklung der Synapsen zwischen den Axonen cholinerger Nervenzellen und der Muskelzellen sind die Rezeptoren für Acetylcholin beteiligt, genauer die Alpha-Rezeptoren. Werden diese spezifisch blockiert, z.B. durch Injektion von Alphatoxin, dann entstehen keine motorischen Endplatten, und die Muskelzellen degenerieren, zusammen mit den motorischen Nervenzellen. Trotzdem bilden sich zunächst Synapsen aus, wie das EM zeigt; aber sie werden offenbar nicht stabilisiert. Möglicherweise spielen bei der Zellerkennung die Kohlenhydratkomponenten des Rezeptors, die nicht durch das Alphatoxin blockiert werden, eine Rolle.

In der ungestörten Entwicklung beobachtet man zunächst eine gleichmäßige Verteilung der Acetylcholinrezeptoren über die gesamte Muskelzelle und ebenso, etwas später, des Enzyms Acetylcholinesterase. Wenn die Kontaktstellen zwischen Nerven- und Muskelzellen entstehen, findet man die Rezeptoren nur noch im Bereich der Synapse, in der subsynaptischen Membran.

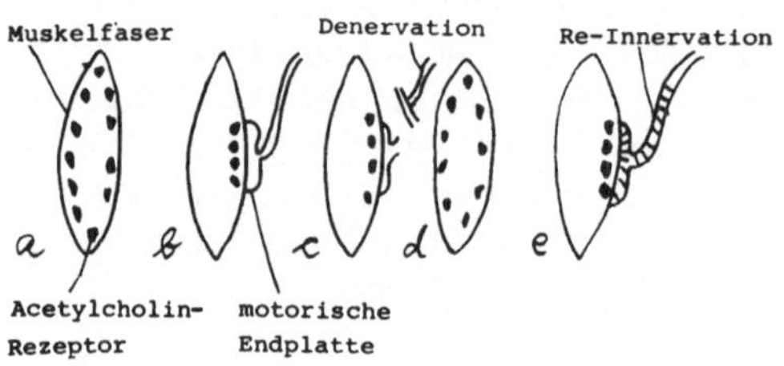

Hieraus kann man ein Lokalisationsprinzip dieser Zellkontakte herleiten, das sich in vier Schritten vollzieht: Zunächst wirken an der Kontaktstelle Nervenimpulse und - als Folge davon - eine Ausschüttung von Acetylcholin auf die Muskelzellen ein. Dessen Wirkung breitet sich zentrifugal über die ganze Muskelfaser aus, möglicherweise in Form eines Aktionspotentials. Daraufhin erfolgen von den beiden Enden des Muskels aus zentripetal gerichtete Rückmeldungen, die in der Mitte der Muskelfaser zusammentreffen; vielleicht ist das entscheidende Signal auch die Muskelkontraktion selbst. Dadurch stabilisieren sich diese Kontaktstellen, und von hier aus wird nun ein Signal auf die Nervenzelle übertragen (der retrograde Faktor, vielleicht identisch mit dem NGF), welches das entsprechende motorische Neuron am Leben hält.

Demnach nimmt also das Acetylcholinrezeptorprotein in der Muskelmembran eine Schlüsselstellung ein, ohne die eine Verdrahtung der Teile des Organismus nicht gewährleistet ist.

Biochemische Modelle müssen zwei Fragen klären: Wie kommt es zur selektiven postsynaptischen Konzentration der Rezeptoren, und wie geschieht die präsynaptische Selektion einer von vielen Synapsen? Folgendes Modell könnte die Entstehung eines Musters von Synapsen in der Embryonalentwicklung erklären: Die lokale Freisetzung von Neurotransmittern übt drei verschiedene Effekte auf die labilen Synapsen der Zielzellen aus: Sie stabilisiert einen Teil der Rezeptormoleküle und legt sowohl ihren Ort als auch ihre Lebensdauer fest. Danach erfolgt das Signal an die übrigen Synapsen, keine Stabilisierung vorzunehmen. Dies wird evtl. durch die Depolarisation an der ersten Synapse und den Anstieg der cAMP-Konzentration ausgelöst. Schließlich wird die Synthese der Rezeptormoleküle blockiert. Hierbei könnte ein Gradient von Calciumionen beteiligt sein. Diese Ionen strömen an der Membran (als source) vermehrt in die Zelle ein und werden von den Mitochondrien wieder aus dem Cytoplasma herausgepumpt (sink). Dort, wo eine Schwellenkonzentration erreicht wird, könnte die Rezeptorbiosynthese blockiert sein. Dies ist eine Möglichkeit, einen zeitlichen Ionengradienten in ein räumliches Muster stabiler Synapsen zu transformieren. Schließlich sorgt die Zielzelle durch die lokale Freisetzung der retrograden Faktoren für eine Selektion der Nervenverbindung, an der zuerst Acetylcholin ausgeschüttet wurde.

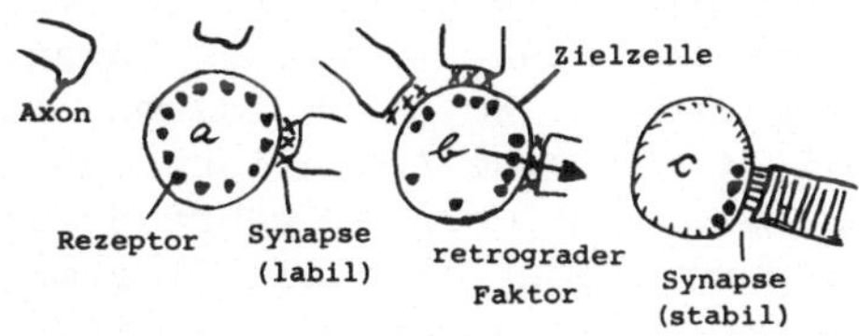

Was mit der Ausschüttung von Acetylcholin als auslösender Faktor bezeichnet wurde, ist übrigens ein sehr komplexer Prozeß, in den folgende Reaktionen mit eingehen: die Freisetzung des Transmitters aus Vesikeln, seine Rückresorption und Bindung an Autorezeptoren in der Nervenzelle selbst, die Bindung an den postsynaptischen Rezeptor, der Abbau durch Acetylcholinesterase und der Abtransport aus dem synaptischen Spalt, sowie die Veränderung der Konzentrationen von Calciumionen, cAMP, ATP, sowie die Wirkung von Gewebshormonen (Prostaglandin E und Serotonin).

Diese Hypothese der selektiven Stabilisierung läßt ein epigenetisches Entwicklungsprinzip erkennen, bei dem zunächst aufgrund genetischer Information eine Überproduktion labiler Kontakte erfolgt, und die spezifische Verschaltung allmählich in einem Lernprozeß zustande kommt, bei dem Nervenzellen und Zielzellen gemeinsam beteiligt sind, ohne dafür weitere Gene selektiv anschalten zu müssen; ja, es tritt sogar ein Verlust potentieller Informationsspeicherung ein.

Es ist verblüffend, wie dieses Konzept auch in der allgemeinen Abnahme der Genexpression während der Embryogenese, d.h. der Verringerung der Sequenzkomplexität der hnRNA, eine deutliche Stütze zu finden scheint.

Am Beispiel der neuromuskulären Synapsenverknüpfung sind Muskel- und motorische Nervenzellen bis in submikroskopische Bereiche analysiert worden. Man kann sich fragen, ob ähnliche Mechanismen bei der Verschaltung anderer Zellen, die selbst in einem Muster angeordnet sind, mit bestimmten Bereichen im Gehirn zu finden sind, z.B. bei der Übertragung des Projektionsbildes eines Gegenstandes vom Auge in das Gehirn, womit das Problem der neuralen Spezifität angesprochen ist.

4.8.6 Neuronale Verknüpfung zwischen Auge und Hirn

Morphogenese und Funktionsstruktur des Wirbeltierauges eignen sich besonders gut, die Verschaltung eines Sinnesorgans mit dem Hirn zu demonstrieren, weil das Auge während der Embryonalentwicklung aus einer seitlichen Ausstülpung des Vorderhirns entsteht, und dieser Augenbecher über den Augenstiel unmittelbar in den Bereich der Großhirnrinde mündet, in den die Sinneswahrnehmung projiziert wird.

Die Morphogenese der Augenblase ist ein Musterbeispiel für eine Serie von Induktionen, d.h. Wechselwirkungen zwischen embryonalen Blastemen. Zunächst wird von der prächordalen Platte ein Augenfeld induziert und in zwei Augenanlagen gegliedert. Wo die Epidermis mit der Augenblase in Berührung kommt, bildet sie eine Augenlinse aus. Die Epidermis über der Linse differenziert sich zur Cornea, während der Augenbecher eingestülpt wird. An seinem Rand bildet sich ein flacher Epithelring, die Iris. Die äußere Zellschicht des Augenbechers wird zu einer derben Hülle und einem Pigmentepithel; die einzigen Pigmentzellen, die nicht von der Neuralleiste abstammen. Die innere Zellschicht bildet die Retina, ein Sinnesepithel mit drei Zelltypen: Ganz innen sind die lichtempfindlichen Sehzellen (Stäbchen und Zapfen), dann folgen die bipolaren Zellen, und außen liegen die Ganglienzellen, deren Axone gebündelt als optischer Nerv durch die Augenstiele ziehen und sich am Chiasma überkreuzen.

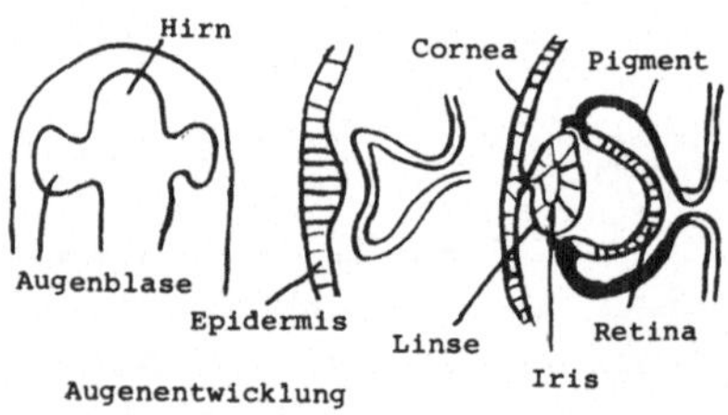

Augenentwicklung

Durch eine Kombination von Defekt- und Verhaltensexperimenten hat man bei Amphibien festgestellt, daß nach Durchtrennung der optischen Nerven die Axone regenerieren und nach ca. 2 Wochen wieder derart spezifische Kontakte mit der Hirnrinde herstellen, daß das Verhalten der Versuchstiere völlig normal wird. Wenn man das Auge nach dem Zerschneiden der Nerven um 180° verdreht und wieder einsetzt, finden die Nervenfasern dieselben Positionen wie vor der Operation wieder auf, und Verhaltensexperimente zeigen, daß der Frosch seine Umgebung nun seitenverkehrt und auf dem Kopf sieht. Dies aber besagt, daß bei der Regeneration im ausgewachsenen Tier die Kontakte zwischen Sinnes- und Hirnzellen nach einem räumlich festgelegten Programm geknüpft werden.

Wird beim Goldfisch nicht nur der Augennerv durchschnitten, sondern zugleich ein Bereich der Retina zerstört, so wird an den Stellen, zu denen die defekte Retina projiziert, kein Kontakt hergestellt, die entsprechenden Hirnzellen sterben sogar ab. Dies besagt, daß den Retinanervenzellen bekannt ist, wohin sie zu wachsen haben, und daß von den Hirnzellen signalisiert wird, wo ihre Axone keine Kontakte knüpfen sollen.

Durch elektrophysiologische Experimente kann man das Retinafeld kartographisch genau auf die Hirnrinde projizieren, wobei sich folgende geometrische Beziehungen ergeben: Der vordere Bereich der Retina des rechten Auges, der zur Nase orientiert ist, wird auf der linken Hirnrinde hinten abgebildet und umgekehrt. Natürlich handelt es sich nicht um eine photographische Projektion, sondern um die Abbildung des nervösen Erregungsmusters.

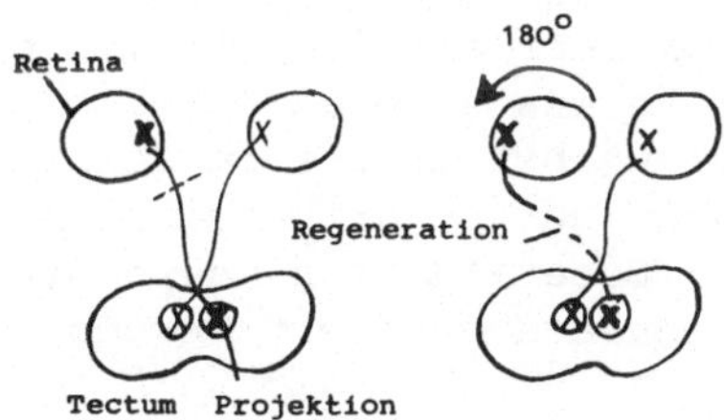

In Experimenten mit jungen Embryonen wurde klargestellt, wann dieses Projektionsmuster determiniert wird. Es zeigte sich, daß die Verdrehung der Augenanlage zunächst keinen Einfluß auf die Projektion im Hirn hat, und daß z.B. mit dem Schwanzknospenstadium sehr schnell, innerhalb von 5 h, die Determination der Achsen in zwei Schritten erfolgt: zuerst die anterior-posteriore, kurz danach die dorsal-ventrale. Diese Verhältnisse erinnern an das Determinationsprogramm der Achsen anderer Organe, z.B. der Beinanlage.

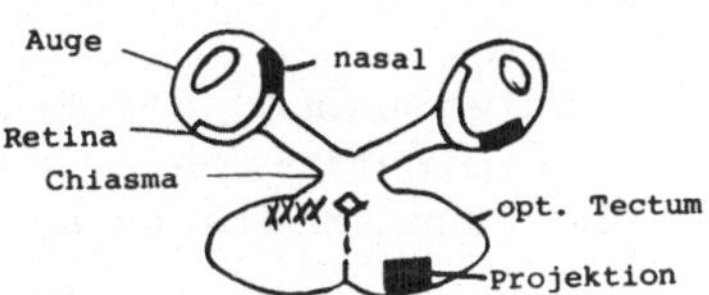

Wie kommt es nun zu einer Verknüpfung der Ganglienzelle der Retina mit einer Hirnzelle? Die eben betrachteten Determinationsphänomene in der Embryonalentwicklung und die geschilderten Regenerationsversuche haben zur These der neuronalen Spezifität geführt. Sie besagt, daß jede Zelle der Retina und der Hirnrinde spezifische Oberflächenmarkierungen besitzt, durch die nach einem relativ unspezifischen Auswachsen der Axone entlang extracellulärer "Schienen" und einem vom NGF ausgelösten Chemotropismus ein spezifischer Kontakt von zwei vordeterminierten Zellen hergestellt wird. Eine differentielle Markierung von Zellen innerhalb eines Gewebes wäre nur vorstellbar, wenn sie nicht im Genom der Keimzelle fixiert ist oder aber durch *somatische* Genkombinationen ausgelöst würde, eine Möglichkeit, die wir bei der Diskussion des Immunsystems erneut aufgreifen werden.

In der Tat sprechen Zellaussortierungsversuche für selektive chemische Affinitäten von Retinazellen mit Hirnzellen. Man hat Zellen der Retina aus der nasalen Zone radioaktiv markiert und festgestellt, daß sie nur mit Hirnzellen der entsprechenden Zone zu einem Mischaggregat zusammentreten, d.h. mit Zellen des hinteren Projektionsbereiches. Diese Zellerkennung ließ sich durch Behandlung mit Galaktosidase und Glucoseaminidase aufheben; offensichtlich sind die Kohlenhydratgruppen der Oberflächenproteine am spezifischen Aggregationsprozeß beteiligt.

Allerdings ist hiermit noch nicht der spezifische Kontakt einzelner Zellen zueinander nachgewiesen, und durch zwei weitere Beobachtungen erwachsen der These der neuronalen Spezifität echte Schwierigkeiten: Zum einen werden zwar auf dem Schwanzknospenstadium in einer sensiblen Phase die Achsen der Retina und ihre Projektion im Hirn determiniert, aber im ausgewachsenen Frosch besteht dieses Gewebe aus 50.000 Ganglienzellen, das sind 100x mehr als im determinierten Embryonalstadium, und der Zuwachs der Retina erfolgt durch einen peripheren Ring mitotischer Zellen. Zwar wächst in diesem Zeitraum auch der Projektionsbereich im Hirn, aber nur polar an einer Zone. Damit müßten ständig, trotz unveränderter Determination, neue Synapsen geknüpft werden, also ihre Schaltmuster laufend geändert werden.

Zum anderen zeigen zusammengesetzte Augen von zwei vorderen bzw. hinteren Augenhälften im Regenerationsexperiment ein unerwartetes Ergebnis. Man hat hier eine Hälfte des Auges entfernt und die verbleibende, z.B. nasale Hälfte, mit der nasalen Hälfte eines anderen Auges komplettiert. Anstelle von zwei, den beiden nasalen Hälften entsprechenden, halben Projektionsfeldern im Hirn fand man zwei komplette. Das aber bedeutet, daß nach der Determination (in Experimenten am Goldfisch sogar noch am erwachsenen Tier) eine Regulation stattfinden kann. Die Neurobiologen sprechen hier von Respezifikation. Diese Regulation kann man nur in der Retina beobachten, dagegen erweist sich aufgrund ähnlicher Versuche das Tectum im Hirn als irreversibel determiniert.

Bei genauer zellkinetischer Untersuchung der Retinaentwicklung hat man festgestellt, daß die Determination der Projektionsbereiche im Hirn schon feststeht, ehe überhaupt Kontakte mit den Hirnzellen hergestellt werden. Möglicherweise liegt hier ein zeitliches Programm vor, durch das automatisch die Neuronen der Retina, die den Zellcyclus verlassen, ihre Axone aussenden und nach dem Motto "wer zuerst kommt, stabilisiert sich zuerst" ein geometrisches Muster der Synapsen entstehen lassen, ganz ähnlich, wie es bei der These der selektiven Stabilisierung bei der neuromuskulären Verknüpfung weiter oben postuliert wurde.

Damit kommt der Musterentstehung innerhalb der Retina, sowohl in räumlicher als in zeitlicher Hinsicht, eine große Bedeutung zu. Jedes ausgewachsene Axon "kennt" demnach die räumliche Lage seiner Ganglienzellen in der Retina und sucht ein entsprechendes Muster in der Hirnrinde. Auch hier wird im Zielbereich, wie wir das z.B. anhand der chromaffinen Zellen des Nebennierenmarks besprochen haben, ein Determinationsprozeß gesteuert, möglicherweise nach einem Selektionsverfahren. Da bei Sinnesorganen und Projektionsbereichen im Hirn nicht Einzelzellen allein, sondern eher Zellverbände beteiligt sein sollen, spricht man auch vom "systems matching", einem Anpassungsprozeß von unabhängig voneinander entstandenen Mustern.

Der Zeitfaktor bei der neuronalen Verdrahtung läßt sich an der Entwicklung des Komplexauges beim Wasserfloh *Daphnia* klar erkennen. In der Augenanlage laufen zunächst viele Mitosen ab, und es bilden sich innerhalb eines zentralen Auges auf jeder Seite elf Teilaugen aus

(Ommatidien). Die Ommatidien in der Mitte des Komplexauges werden zuerst "reif". Jedes Auge besitzt eine Retinula mit acht Sehzellen. Diese Zellen strecken Axone in das Hirn aus, und zwar eilt ein Leitaxon im Wachstum voraus. Wenn dieses Axon das Hirn erreicht, haben sich dort in der optischen Lamina inzwischen fünf Neuronen ausgebildet. Das Leitaxon nimmt mit jedem von ihnen nacheinander kurz Kontakt auf, bevor auch die übrigen Axone an die Reihe kommen, und das ganze Nervenbündel samt den fünf Neuronen wächst solange weiter, bis das Leitaxon seine Zielposition in der Medulla des Hirns gefunden hat. Dann wiederholt sich der Vorgang mit dem zweiten und allen übrigen Augen, und die Axongruppe findet an derselben Stelle, wo die erste Neuronenbatterie gelegen hatte, eine neue Batterie vor.

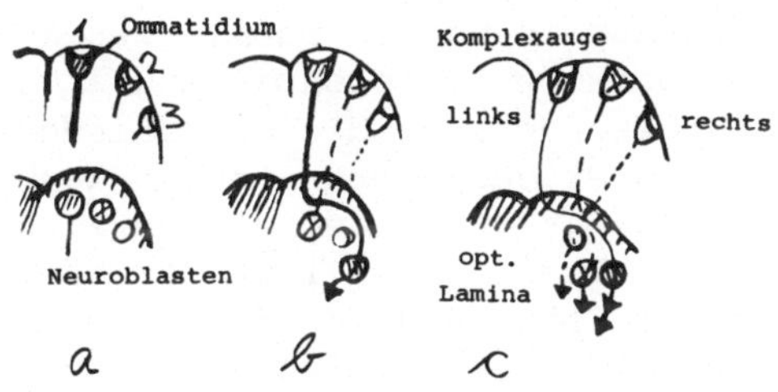

Hier entscheidet nicht ein chemisches Vormuster über die neuronale Verschaltung, sondern, aufgrund autonomer Reifungsprozesse, befinden sich zur rechten Zeit die rechten Zellen am richtigen Platz.

Eine letzte entwicklungsbiologische Frage, die Retinazellen betrifft, richtet sich auf die Entstehung des Determinationsmusters, das irgendwie auf das Hirn projiziert wird, also letzlich auf die Entstehung von Positionsinformation im Auge.

Angesichts der hohen Mitoserate in der Augenanlage fragt man sich, ob nicht vielleicht das Muster in der Retina auf Klonen verschieden determinierter Zellen beruht, oder ob auch hier, wie bei den Polyklonen, die Determination an Zellen unterschiedlicher Herkunft einsetzt. Hier helfen Mosaiktiere (Gynander) weiter, sowohl bei der Fliege als auch beim Mensch. So hat man bei den Komplexaugen der Insekten erkannt, daß die acht Retinulazellen jedes Ommatidiums nicht einen Zellklon darstellen, da sie - im Gynander - sowohl männliche als auch weibliche Zellen enthalten können. Beim Menschen weiß man, daß beim weiblichen Individuum während der Frühentwicklung ein X-Chromosom inaktiviert wird, und zwar in allen Zellen stets das gleiche, also auch in der Retina. Da die Mutation, die Rot-grün-Blindheit verursacht, auf dem X-Chromosom liegt, würde man in der Retina ein Mosaik gesunder und defekter Sehzellen erwarten, wenn die Determination spät einsetzt, dagegen einheitlich gesunde oder farbenblinde Augen, wenn es eine Retinastammzelle gäbe. Elektrophysiologisch läßt sich ein Mosaik nachweisen, woraus man schließen darf, daß die Determination der Retina in einem feinen Raster abläuft, und Zellen ganz verschiedener Herkunft erst relativ spät von der Determinationswelle erfaßt werden. Dieses Resultat spricht gegen jegliche somatische Mutationstheorie des Determinationsprozesses, will man nicht einen umgekehrten Determinationsfluß annehmen, durch Reversetranskription und Integration der cDNA in das Genom der benachbarten Zellen.

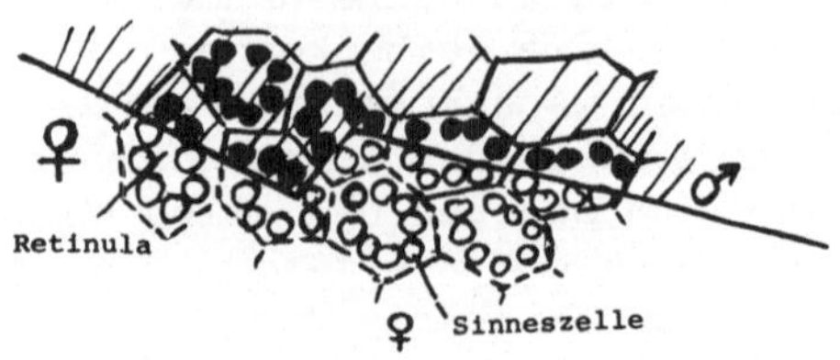

Die Voraussetzung zur Beschreibung des räumlichen Musters der Retinazellen ist deren morphologische Differenzierung in Sinneszellen, Stäbchen und Zapfen, insbesondere in die verschiedenen Zapfentypen. Die Zapfen liegen in einem streng geordneten, hexagonalen Gitter vor. Wenn man die embryonale Retina aus einem 6 Tage alten Hühnerembryo herausnimmt, in einzelne Zellen dissoziiert, diese in der Zentrifuge zu einem Pellet aggregieren läßt und auf der extraembryonalen Membran des Hühnchenembryos kultiviert, so findet man eine "Selbstorganisation". Bei ihr wird nicht nur die exakte Gittergeometrie der ausdifferenzierten Sinneszellen beobachtet, sondern auch die Gliederung in die drei typischen Schichten der ausdifferenzierten Retina, nämlich Sinneszellen, Bipolaren und Ganglienzellen. Wie in diesem Aggregationsprozeß, der an die Organisation der Cilienstruktur im Cortex beim Pantoffeltierchen erinnert, Positionsinformation entsteht und verschlüsselt wird, ist auch bei diesem Beispiel noch völlig unklar.

4.9 Regeneration

Obwohl schon mehrfach Regenerationsexperimente besprochen wurden, soll dieses Phänomen an drei Beispielen etwas eingehender behandelt werden: bei der Augenlinse und den Extremitäten des Molches sowie bei einem Hohltier, dem Süßwasserpolypen *Hydra*.

4.9.1 Die Augenlinse

Wenn man bei einem ausgewachsenen Molch die Augenlinse herausoperiert, dann regeneriert eine neue Linse. Diese stammt aber nicht von der Epidermis, dem Gewebe, aus dem sich die Linse in der Embryonalentwicklung gebildet hat, sondern vom Irisgewebe, jenem Epithel, das sich vom Rand der Augenblase herleitet, d.h. vom neuralen Ektoderm. Durch vorsichtiges Herausnehmen der Linse von innen, ohne Verletzung der äußeren Zellschichten, kann man zeigen, daß die Regeneration auch ohne einen oberflächlichen Wundreiz ausgelöst wird. Die Linsenregeneration funktioniert nicht mit einer embryonalen Iris, sondern erst, wenn deren Zellen voll ausdifferenziert worden sind; sie bleibt auch aus, wenn man nach der Operation eine fremde Linse in das Auge einsetzt.

Es fällt auf, daß in situ nur der dorsale Bereich des Irisepithels regenerieren kann, und auch nur dann, wenn er im Kontakt mit Retinagewebe steht. Möglicherweise induziert die Retina Mitosen im dorsalen Teil der Iris; denn eine Iriszelle muß sich mindestens sechsmal hintereinander teilen, ehe sie zu einer Linsenzelle umfunktioniert werden kann. Für die Bedeutung der Zellteilung spricht weiter, daß in Gewebekultur, d.h. unter häufigen Mitosen, sowohl aus dorsalen als auch aus ventralen Zellen des Irisgewebes Linsen (genauer: Lentoide) entstehen können. Zunächst beobachtet man in vitro den Verlust der Differenzierungsmerkmale der Iriszellen, insbesondere der Melanosomen; dann kommt es zu DNA-Synthese, RNA-Synthese und Zellproliferation, schließlich erscheinen - nach Analyse im EM und durch Nachweis der Kristallinproteine durch Immunofluoreszenz - die für die Augenlinse spezifischen, subcellulären Merkmale.

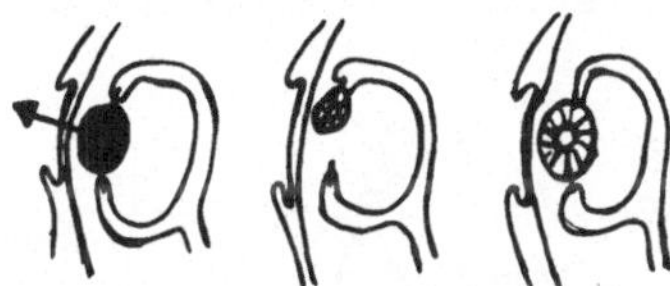

Augenlinsen -Regeneration

Lentoide lassen sich auch auf eine einzelne Iriszelle zurückführen, stellen also einen Klon dar. Diese Studien können auch auf die beiden Epithelien des Augenbechers ausgedehnt werden, auf die Retina und das Pigmentepithel. Gelegentlich beobachtet man, daß von beiden Zelltypen jeder zu einer Linsenzelle konvertieren, also Zelltypkonversion oder Transdifferenzierung durchmachen kann. Damit erweist sich dieses Beispiel zugleich als ein Regenerationsphänomen, bei dem differenzierte Zellen in einen anderen differenzierten Zelltyp übergehen, d.h. metaplastisch sind. Allgemein gilt beim Molchauge (und auch bei einigen anderen Geweben), daß Differenzierungszustände nicht vollständig festgelegt sind. Manche Zelltypen können einige Differenzierungsschritte rückwärts gehen. So ist die Determination zu Augenzellen stabil; aber die Determination zu den verschiedenen Augenzelltypen ist, unter experimentellen Bedingungen, reversibel. Formal kann man auch folgende These aufstellen: Determination und Differenzierung sind zwei ganz verschiedene Dinge: Die Iriszellen sind schon differenziert, ehe sie determiniert werden. Anders liegen die Dinge bei der Transdetermination, die wir bei den Imaginalscheiben der Insekten kennengelernt haben: Hier sind die Zellhäufchen determiniert, obwohl sie noch nicht differenziert sind. Wenn diese Annahme zutrifft, sind Transdifferenzierung und Transdetermination auf verschiedene Mechanismen zurückzuführen, und beide sind noch unverstanden.

4.9.2 Extremitäten

Beim Molch (nicht aber beim Frosch) regeneriert innerhalb eines Monats ein abgeschnittenes Bein vollständig. Wenn man das Bein am Unterschenkel abtrennt, regenerieren nur die fehlenden Teile. Wird aber ein ausgewachsenes Bein in der Mitte des Oberschenkels durchtrennt und läßt man diesen abgeschnittenen Teil um 180° verdreht wieder anheilen, dann entstehen an der Schnittstelle zwei zusätzliche Extremitäten, d.h. an einem gemeinsamen Stumpf insgesamt drei Beine. Dieses erstaunliche Phänomen wird ohne Schwierigkeiten durch das Polarkoordinatenmodell der Positionsinformation gedeutet, in dem die Schnittfläche wie auf einem Zifferblatt in die Positionen 1-12 unterteilt ist. Beim Verdrehen des abgeschnittenen Teiles um 180° kommen an zwei Stellen z.B. die Positionen 6 und 12 des Stumpfes mit den entsprechenden Positionswerten 12 und 6 des verdrehten Transplantates in Berührung. Da auf einem Zifferblatt der Weg von 1-7 ebenso lang ist wie der von 7-1, kommt es zur Rekonstitution aller Positionswerte von 1-12, d.h. zu zwei zusätzlichen Doppelbildungen. Dies ist, um es noch einmal zu wiederholen, wie bei den Imaginalscheiben eine formale Darstellung des Experimentalergebnisses und keine Erklärung.

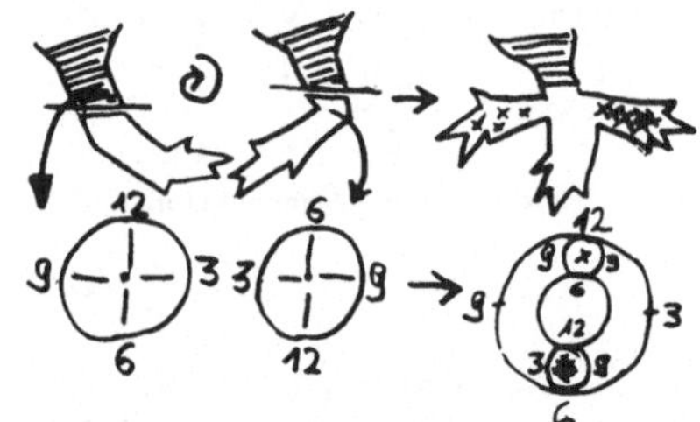

Beinregeneration: Pfropfungsversuche (Polar-Koordinaten-Modell)

Betrachten wir nun den Beinstumpf nach der Amputation, so kommt es zu einer charakteristischen Folge von Reaktionen: Zuerst setzt die Wundheilung ein, bei der Zellen aus der Umgebung einwandern und die Wunde verschließen. Dann geschieht eine Dedifferenzierung der Zellen an der ehemaligen Schnittfläche, verbunden mit einer ausgedehnten Histolyse. Danach bildet sich aus Mesenchymzellen das Wundblastem, welches von einem Epidermisepithel abgedeckt wird. Schließlich kommt es zur Morphogenese des neuen Beines und Redifferenzierung seiner typischen Gewebe.

Welche Gewebe des Beinstumpfes sind dabei notwendig? Unentbehrlich sind die Nervenzellen, wenn sie auch keine spezifische Rolle spielen; denn im Embryo kann auch ohne Nerven ein Bein gebildet werden, und dieses regeneriert auch wieder, ohne innerviert zu sein. Knochen kann man aus dem Stumpf entfernen, ohne daß die Regeneration verhindert wird; allerdings regenerieren allgemein größere Beine, wenn der Knochen vorhanden bleibt. Möglicherweise gehen von Nervenzellen und Knochengewebe unspezifische trophische Einflüsse auf das Regenerationsgewebe aus. Die Herkunft des Epidermisepithels spielt ebenfalls keine Rolle, da es, z.B. durch Rückenflossenepithel, ersetzt werden kann. Von spezifischer Bedeutung jedoch scheint das Muskelgewebe des Stumpfes zu sein, denn wenn man Schwanzmuskulatur in den Stumpf implantiert, dann regeneriert anstelle eines Beines ein Schwanz.

Die wesentliche Komponente ist das Regenerationsblastem selbst. Wird es isoliert in Gewebekultur gehalten, so differenziert es autonom Muskel- und Knorpelzellen aus, die sich aber nicht zu einem typischen Muster zusammenfinden. Dagegen vermag ein Beinregenerationsblastem, wenn man es an die Flanke eines Molches transplantiert, dort ein ganzes Bein auszubilden. Wenn man ein Bein in der Höhe des Unterarmes amputiert und das entstehende Regenerationsblastem wiederum an die Flanke transplantiert, so entstehen daraus Finger. Wenn man das gleiche Experiment wiederholt, aber mehrere gleichartige Blasteme gemeinsam implantiert, dann erhält man je nach Zahl der Blasteme auch Unterarm- und sogar Oberarmbildungen, d.h. es kann ein vollständiges Bein regeneriert werden. Das transplantierte Regnerationsblastem bildet also mehr, als es am amputierten Stumpf getan hätte.

Transplantation des Regenerationsblastems

Aus diesen Experimenten läßt sich zweierlei ableiten: Das Regenerationsblastem kann autonom ein Muster aufbauen, ist also kein fertiges Mosaik. Vielmehr muß - quantitativ abgestuft - ein Morphogen wirksam sein, durch das als erstes distale Teile, z.B. Finger, determiniert werden. Die Determinationsfolge ist also umgekehrt wie beim Embryo, bei dem zunächst proximale Teile der Extremitäten determiniert werden und zuletzt die Finger. Außerdem kann man zeigen, daß ein Regenerationsblastem eine stabile Determination erreicht, da ein Beinblastem, auf einen Schwanz transplantiert, ein Bein regeneriert und ein Schwanzblastem, ins Auge transplantiert, dort einen Schwanz ausbildet.

Wie entsteht ein Regenerationsblastem? Dies ist eine wichtige Frage, denn ihre Antwort entscheidet, ob bei einem Wirbeltier ausdifferenzierte Zellen irreversibel determiniert sind, oder nicht. Voraussetzung zur Blastembildung ist die Histolyse und der Abbau der Matrixsubstanzen an der Schnittstelle. Anschließend werden neue Matrixsubstanzen synthetisiert, zuerst Hyaluronat, das zu einer Auflockerung des Gewebes führt. Ganz ähnlich hat auch die Entwicklung in der Beinknospe im Embryo begonnen. Später erscheinen dann wieder, wie schon in der Embryonalentwicklung, die für Knorpel und Bindegewebe typischen Chondroitinsulfate.

Da Mitosen unbedingte Voraussetzung für die Regeneration sind, hat man versucht, durch intensive Röntgenbestrahlung der Umgebung der Wunde alle proliferierenden Zellen abzutöten und so den Nachschub undifferenzierter Zellen in das Wundgebiet auszuschalten. Dies konnte die Regeneration aber nicht verhindern, und man schließt daraus, daß die Blastemzellen aus der Wundregion selbst stammen und nicht von zugewanderten embryonalen Zellen gebildet werden. Wieweit hier Zelltypkonversion beteiligt ist, hat man durch Implantation von triploidem Gewebe in eine diploide Wirtsextremität zu klären versucht. Es zeigte sich, daß Knorpelzellen nach ihrer Dedifferenzierung wieder zu Knorpelzellen werden. Desgleichen werden die vielkernigen Muskelfasern zunächst in einkernige Muskelzellen zerlegt, die nach ihrer Dedifferenzierung in der Regel wieder zu Muskelzellen differenziert werden (gelegentlich sollen daraus auch Knorpelzellen entstehen). Dagegen zeigen die Fibroblasten des Bindegewebes echte Metaplasie: Aus ihnen entstehen sehr häufig sowohl Knorpel- als auch Muskelzellen, selbst wenn sie aus dem Flossensaum, also einem ganz anderen Organ stammen. Dies zeigt, daß in der Regeneration auch auf Entwicklungspotenzen zurückgegriffen wird, die in der Normogenese nicht abgerufen wurden, denn, wie wir gesehen haben, leitet sich die Beinmuskulatur von einer Stammzelle aus den dorsalen Somiten ab.

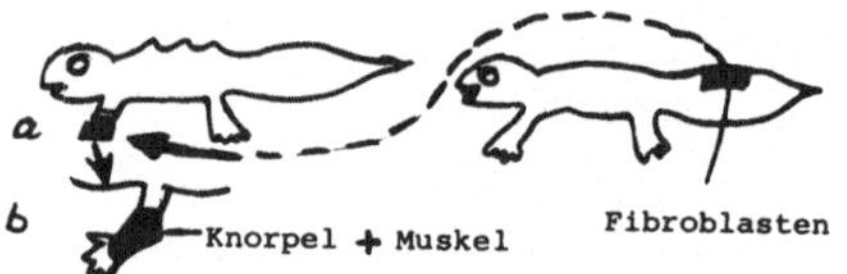

Transplantation von Schwanz-Epithel

Möglicherweise ist das Ausbleiben der Beinregeneration beim Frosch und bei den Säugetieren auf einen fehlenden, unspezifischen trophischen Stimulus zurückzuführen, der zur Entstehung von Regenerationsblastemen benötigt wird. Dieser könnte von bioelektrischen Phänomenen ausgehen, die eigentlich bei allen Zellen beobachtet werden, z.B. vom Ruhepotential der Zellen. Beim Molch kann man unterschiedliche Ruhepotentiale im Körper nachweisen. So ist das Potential an den Fingern stärker negativ als am Rumpf (-30 gegenüber -5 mV). Unmittelbar nach Amputation eines Beines steigt das Potential an der Schnittstelle rasch auf +30 mV, um nach 5 Tagen plötzlich für kurze Zeit auf -30 mV umzuschlagen. Danach stellt sich der normale mittlere Wert von -10 mV ein. Wieweit diese Potentialdifferenzen eine Signalwirkung für die Blastembildung haben, ist nicht bekannt; aber durch geeignete elektrische Stimulierung kann man auch eine Froschextremität zur Regeneration veranlassen, und sogar bei Mäusen wird hierdurch eine partielle Regeneration der Vorderbeine induziert.

Wie diese Beispiele zeigen, kann das Regenerationsblastem als ein Modell der Entwicklung autonomer morphogenetischer Muster und der Regulation der Cytodifferenzierung gelten. Diesen Typ der Regeneration, der sich - ausgehend von einem Blastem - unter Zellvermehrung, Musterbildung und Differenzierung vollzieht, nennt man Epimorphose. Man unterscheidet ihn von einem Regenerationsmodus, bei dem sich die vorhandenen Gewebe umlagern, der Morphallaxis. Diesen Fall finden wir bei der Regeneration des Süßwasserpolypen.

4.9.3 Der Süßwasserpolyp *Hydra*

Hydra ist ein geeignetes Beispiel für Morphogenesestudien, da dieser Organismus - wie die Schwämme - aus seinen Einzelzellen vollständig regenerieren kann. Außerdem ist er einfach polar organisiert und gliedert sich in Fuß, Gastralraum, Kopf und Tentakel. Dieses Tier sitzt fest, daher liegt der Fuß am proximalen, der Kopf am distalen Pol. Es kann sich generativ vermehren, aber auch vegetativ durch Knospen. *Hydra* besteht aus zwei Zellschichten, einer inneren und einer äußeren. Dazwischen liegt eine kollagenhaltige Stützlamelle. Insgesamt lassen sich 17 Zelltypen unterscheiden. Besonders auffällig sind die Epithelmuskelzellen und die Nesselzellen; letztere sind die kompliziertesten Zellen, die man kennt. Wichtig für unsere Diskussion sind die interstitiellen Zellen (I-Zellen) und die Nervenzellen.

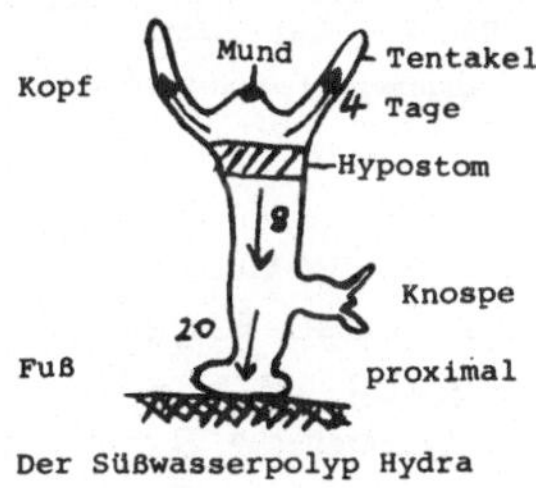

Der Süßwasserpolyp Hydra

Der Tierkörper befindet sich in einem Fließgleichgewicht, und das einzige stabile Element ist die extracelluläre Mittellamelle. Alle Zellen des Gewebes sind in Bewegung, die sich durch Zellmarkierung verfolgen läßt. Sie ist am geringsten in einer Zone unterhalb des Kopfes, dem Hypostom. Von dort bewegen sich die Zellen gerichtet entweder auf die Tentakel zu, deren Spitze sie nach ca. 4 Tagen erreichen, oder sie wandern zum proximalen Pol, wobei sie die Knospungszone nach 8 Tagen und die Basalplatte nach weiteren 20 Tagen erreichen. Mitotisches Wachstum kompensiert die laufend in die Tentakel (an die Basalplatte oder in die Knospen) abgewanderten Zellen.

Es gibt zwei Typen der Zellvermehrung. Die Epithelzellen proliferieren und regenerieren sich dabei selbst, während Nervenzellen und Nesselzellen aus den I-Zellen hervorgehen, die als Stammzellen fungieren. Hierbei ist die Häufigkeit, mit der Nesselzellen differenziert werden, besonders groß in den Tentakeln, während in der Nähe des Hypostoms häufiger Nervenzellen entstehen.

Neben der Form ist auch die Größe der *Hydra* ein Merkmal ihrer Individualität: Wenn man viele Hydrenkörper hintereinander transplantiert, indem man sie auf eine feine Glasnadel wie Perlen aufreiht, so ist diese Riesen*hydra* nicht beständig, sondern gliedert sich wieder in viele Hydren von der typischen Größe.

Teile von *Hydra* können regenerieren. Dies kann ohne Mitosen geschehen, wie man überzeugend an Mutanten, die keine I-Zellen besitzen, oder durch die Anwendung von Mitosegiften gezeigt hat. Wird eine *Hydra* in der Mitte quer durchgetrennt, so regeneriert das distale Teil den fehlenden Fuß und das proximale den Kopf, d.h. im intakten Tier können unmittelbar benachbarte Zellen einmal einen Kopf, zum anderen einen Fuß bilden. Ein mittleres Stück aus einer *Hydra* regeneriert sowohl Kopf als auch Fuß; distale Stücke regenerieren schneller einen Kopf, proximale schneller einen Fuß. Die Polarität des Tierkörpers zeigt sich also auch bei seiner Regeneration.

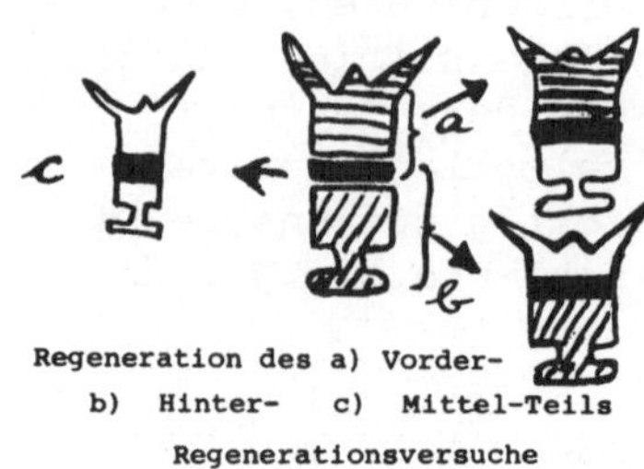

Regeneration des a) Vorder- b) Hinter- c) Mittel-Teils
Regenerationsversuche

Diese Ergebnisse lassen bereits vermuten, daß nicht einzelne Zellen polarisiert sind, sondern daß diese Eigenschaft in einem Zellverband entsteht. Die Polarität der *Hydra* ist keine vektorielle, sondern eine skalare Größe. Dies beweisen folgende Experimente: Wenn man eine *Hydra* in viele Querscheiben schneidet und jede umgekehrt auf einen feinen Glasfaden aufreiht, dann regeneriert eine *Hydra* mit derselben Polarität wie vor dem Zerschneiden, obwohl jede Zelle umgedreht worden ist. Andererseits kann man die Polarität eines ganzen isolierten Gastralraumes umkehren: Wenn man an seinem proximalen Bereich einen Kopf aufpflanzt, dann regeneriert an der distalen Zone anstelle eines Kopfes ein Fuß. Offenbar hat der Kopf (genauer: das Hypostom) einen dominanten Einfluß auf die Gestaltbildung.

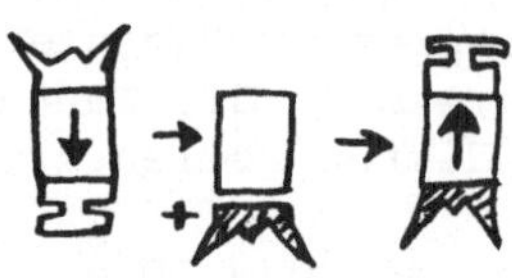

Polarisationsumkehr

Dieser Bereich vermag sowohl einen Kopf zu induzieren als auch die Ausbildung eines Kopfes zu blockieren, d.h. er besitzt zugleich aktivierende wie auch inhibierende Eigenschaften. Dies zeigen folgende Experimente: Ein isoliertes Hypostom kann nach Verpflanzung in die Kopfregion keinen zusätzlichen Kopf induzieren, aber in der Knospenregion gelingt dies. Wenn man jedoch dem Wirtstier vorher den Kopf abtrennt, wird auch in der Kopfregion ein Kopf induziert. Diese und viele andere Resultate kann man mit der Annahme deuten, daß im normalen Tier von der Kopfregion ein Inhibitor der Kopfbildung produziert wird, der zum Fuß hin abdiffundiert. Wir erkennen erneut das Prinzip der apicalen Dominanz, das wir bei den Pflanzen besprochen haben.

Es dauert eine gewisse Zeit, bis ein isoliertes Hypostom im Transplantat einen Kopf induzieren kann. Erst danach ist das Gewebe zur Induktion determiniert. Diese Phase ist im Hypostom am kürzesten (3 h), und sie wird in Richtung auf den Fuß zunehmend länger, wo sie über 50 h beträgt.

Daß der Inhibitor der Kopfbildung nur in einer Richtung, und zwar vom Kopf weg, wirken kann, zeigt folgendes Experiment: Werden zwei Teile des Gastralraumes so zusammengebracht, daß ihre kopfnahen Regionen aneinanderstoßen, regenerieren an der Kontaktstelle zwei Köpfe, d.h. es kommt nicht zur Kopfinhibition.

Die Positionsinformationstheorie vermag solche Ergebnisse eindeutig zu interpretieren: Danach enthält *Hydra* einen Morphogengradienten mit hoher Konzentration am Kopf (source) und niedriger am Fuß (sink), und das *Hydra*gewebe läßt in Zonen hoher Konzentration das Kopfprogramm ablaufen, bei niedriger das Fußprogramm. Der Inhibitor liegt ebenfalls in hoher Konzentration am Kopf und geringer am Fuß vor, und zwar derart verteilt, daß im normalen Tier nur an einer Stelle, nämlich im Kopfbereich, genügend Morphogen zur Induktion eines Kopfes vorhanden ist. Im Regenerationsexperiment wird immer dann in der Mitte des Tieres ein Kopf regeneriert, wenn dort, nachdem der Originalkopf entfernt wird, nicht mehr genügend Inhibitor vorhanden ist; dessen Konzentration sinkt nämlich schnell ab, weil er labiler ist und außerdem rascher abdiffundiert als das Morphogen.

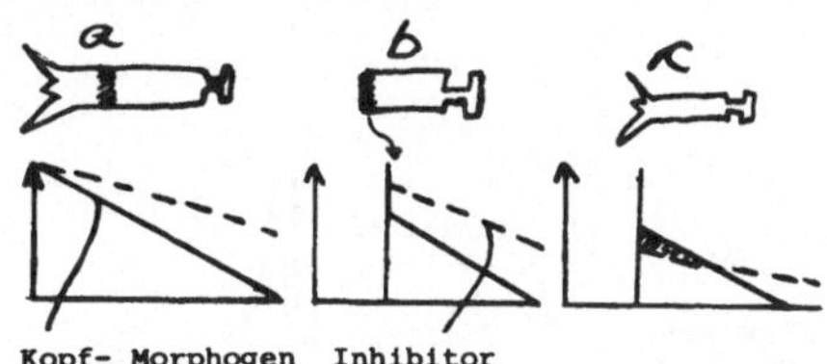

a) Normogenese b) Dekapitation c) Regeneration

Das Problem bei diesem - zunächst wieder rein formalen - Modell ist die unscharfe Definition für "source" und "sink", d.h. die Grenzbereiche des Morphogengradienten. Man beobachtet jedoch im normalen Tier einen Gradienten in der Verteilung von Nervenzellen mit einem Maximum in der Hypostomregion. Daher kann man vermuten, daß diese Zellen etwas mit der Produktion des Morphogens zu tun haben könnten. Dafür sprechen folgende Rekonstitutionsexperimente: Man kann einige oder viele Hydren gemeinsam in ihre Zellen zerlegen und dann beobachten, wie innerhalb von 5 Tagen wieder etwa ebenso viele Hydren von typischer Größe und Gestalt aus dieser amorphen Masse entstehen. Es müssen aber mindestens 50.000 Zellen sein (das entspricht etwa der Menge einer halben *Hydra*), und von diesen müssen mindestens 15% Epithelzellen sein. Dieser Regenerationsprozeß ist mit häufigen Teilungen von I-Zellen verbunden, die sich gegenüber der Normogenese in ungewöhnlich hoher Zahl zu Nervenzellen differenzieren. Auch unter diesen Bedingungen läßt sich die lineare Polarität des *Hydra*gewebes aufweisen: Wenn man isolierte Zellen aus verschiedenen Körperregionen durch Zentrifugation aufeinandergeschichtet, so erhält man Monster, die bei der Kombination "Kopf-Fuß-Kopf" an beiden Polen viele Tentakel ausbilden, während bei der Kombination "Fuß-Kopf-Fuß" die Tentakel in der Mitte des Monsters entstehen.

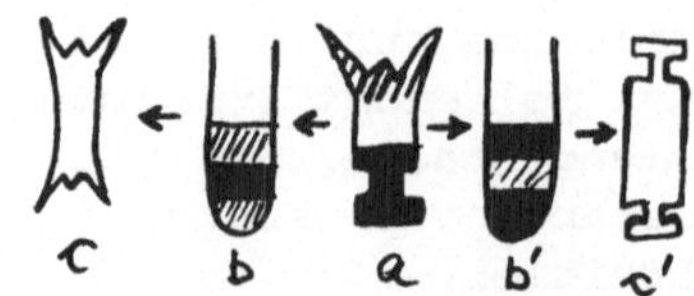

Rekonstitution von proximalem und distalem Hydra-Gewebe
a) Normogenese b) Experiment c) Resultat

Die Reorganisation isolierter Zellen erfolgt in fünf Schritten. Nach 5 h haben sich die Zellen entsprechend der Zugehörigkeit zum inneren und äußeren Epithel gesondert. Nach 1 Tag ist ein Hohlraum entstanden, nach 2 Tagen bilden sich Tentakelknospen, und am 3. Tag entstehen Hypostome. Diese organisieren die Tentakelanlage um sich herum, und nach 5 Tagen werden Hydren beobachtet, die zu fressen beginnen. Sie sind an ihren Fußabschnitten noch miteinander verbunden und trennen sich dann in Individuen auf. Ganz offensichtlich entsteht unter diesen Bedingungen in einem homogenen Zellaggregat eine morphogenetische Organisation, die von der Zellzahl abhängt: Pro 5×10^4 kann eine komplette *Hydra* entstehen, die dann weiter heranwächst.

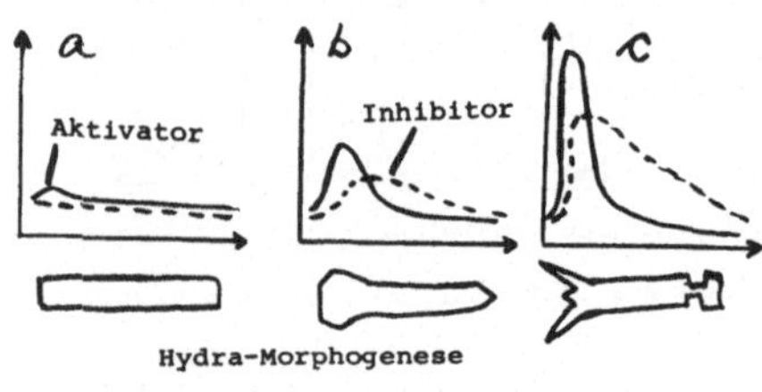

Hydra-Morphogenese
(laterale-Inhibitions-Modell)

Wie kann in einer homogenen Zellpopulation ein morphogenetischer Gradient entstehen? Man hat sich erinnert, daß selbst in Flüssigkeiten beim Umsatz anorganischer Moleküle die Lösung eine räumlich geordnete Struktur erhalten kann, indem schöne, sich wellenförmig ausbreitende Spiralen entstehen. Dieses Turing-Phänomen haben wir bei der Aggregation der Dictyostelium-Amöben bereits erwähnt. Ähnlich wie dort kann man eine mathematische Beziehung zwischen zwei Reaktionspartnern (Aktivator, Inhibitor) aufstellen, die, ausgehend von nahezu homogener Verteilung, zu einer geordneten Umverteilung führt, indem beide irgendwo im Raum miteinander zu reagieren beginnen. Ein wichtiger Bestandteil dieser These ist, daß der Aktivator sich autokatalytisch vermehrt, d.h., daß er seine Synthese selbst stimuliert. Der Inhibitor stört diesen Prozeß in nichtlinearer Weise, und beide Reaktionspartner können diffundieren, der Inhibitor schneller als der Aktivator.

So entstehen eng begrenzte Areale mit hoher Aktivatorkonzentration, d.h. es resultiert ein Konzentrationsmuster, was die Kopfregion bei *Hydra* bewirken würde. Durch Simulierung am Computer kann man leicht Bedingungen finden, bei denen solche Muster entstehen, die aussehen wie eine *Hydra* und wie *Hydra* regenerieren können.

Da wir von einem formalen Modell ausgegangen sind, ist es zunächst nicht wichtig, ob das Morphogen ein chemischer Stoff ist oder ob es Zellen bzw. biophysikalische Zustände sind, z.B. eine Depolarisationswelle an Zellmembranen.

Bei *Hydra* scheint dieses Konzentrationsmuster nicht durch die Neusynthese, sondern durch die Freisetzung des Morphogens aus Vorratsbehältern hervorzughen. Hierzu hat man folgendes Modell der lateralen Inhibition entworfen: Es gibt Behälter mit Aktivator- und solche mit Inhibitormolekülen. Solange diese Stoffe darin eingeschlossen sind, sind sie nicht wirksam. Beide Behältertypen besitzen die gleichen Rezeptoren, die einen Kanal in ihrer Hülle öffnen können, wodurch Aktivator oder Inhibitor freigesetzt werden. Freie Aktivatormoleküle binden an diese Rezeptoren und öffnen mehr Kanäle. Inhibitormoleküle blockieren die Kanäle an den Behältern mit Aktivator, aber nicht an ihren eigenen. An der Stelle, an der diese Reaktion einmal in Gang kommt, wird es viele Aktivatormoleküle geben, die z.B. einen *Hydra*kopf determinieren könnten. Manche Befunde stützen dieses Modell: Aus *Hydra* hat man Stoffe extrahiert, die die Regeneration beeinflussen. Da sie in sehr geringer Konzentration wirken, könnte es sich um Morphogene handeln, die während der Normogenese die *Hydra* organisieren. Man hat sogar mehr Substanzen gefunden als das Modell benötigt, nämlich je einen Aktivator und Inhibitor für Kopf und Fuß, d.h. vier spezifisch wirkende Faktoren. Der Kopfaktivator ist besonders gut charakterisiert, und man hat ihn 10^6fach angereichert. Er ist ein Peptid mit dem Molekulargewicht von 500, das noch in der ungeheuer geringen Konzentration von 10^{-11} M wirkt. Die Verteilung dieser vier Stoffe in der *Hydra* ist nicht gleichmäßig; sie entspricht allerdings nicht dem postulierten Muster. Dies muß aber keinen Einwand bedeuten, denn diese Stoffe sind in 1000-fach höherer Konzentration in der *Hydra* vorhanden als bei der Regeneration benötigt wird. Offensichtlich liegen sie, wie im Modell angenommen, gespeichert vor. Wenn man *Hydra*zellen nach Zelltypen fraktioniert, beobachtet man, daß diese Faktoren ausschließlich in Nervenzellen vorkommen. Da diese, wie bereits gesagt, gradientenartig verteilt sind, hätte man annehmen können, daß hier in der Tat ein natürliches Morphogen identifiziert worden ist. Allerdings hat sich gezeigt, daß in Hydren ohne I-Zellen und ohne jegliche Nervenzellen ebenfalls Morphogene vorhanden sind, und zwar findet man in solchen Hydren bis zu 10 x mehr Kopffaktor als in normalen Tieren.

Eine weitere Schwierigkeit bereitet die vollständige chemische Charakterisierung der vier Faktoren, da es nicht genügend *Hydren* gibt, um die nötige Masse anzureichern. Daher ist man gezwungen, diese Faktoren in heterologen Geweben aufzuspüren, um sie dann weiter zu analysieren. Die größte Schwierigkeit dieser Hypothese liegt im Biotest, durch den die Faktoren geprüft werden. Es ist nicht so, daß der Kopffaktor in reaggregierten *Hydra*zellen die Kopfbildung veranlaßt, oder der Fußfaktor einen Fuß wachsen läßt, sondern der Faktor erlaubt lediglich eine schnellere Regeneration eines Kopfes oder eines Fußes, und die entsprechenden Inhibitoren verlangsamen diese Reaktion. Da der Kopffaktor außerdem DNA-Synthese und Mitosen stimuliert - also Prozesse, die bei der Morphallaxis der *Hydra*regeneration nicht essentiell sind - ist es denkbar, daß diese Substanzen Wachstumsfaktoren darstellen, wie wir sie z.B. bei der Haut und bei anderen Geweben der Wirbeltiere kennengelernt haben; so könnte der Kopffaktor dem EGF (epidermal growth factor) entsprechen und der Inhibitor dem Haut-Chalon.

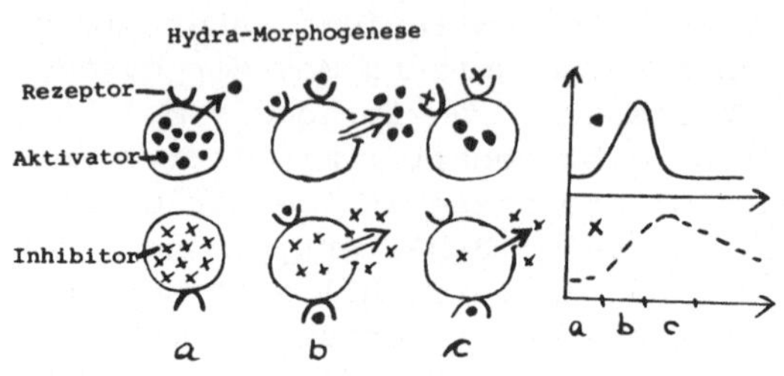

Einige neuere biologische Experimente vereinfachen das Modell wieder auf nur ein Morphogen und nur einen Inhibitor. Hier besteht der Biotest in der Transplantation von lebendem Kopfinduktor, d.h. eines ganzen Hypostoms, an eine bestimmte Stelle in einen Einschnitt des Gastralraums vom Wirtstier. In diesem Fall könnte ein einziger Faktor genügen, um Kopf oder auch Fuß in einem Gewebe zu induzieren, das diese normalerweise nicht hervorbringt. Folgende Ergebnisse wurden erzielt: Ein großes Implantat induziert einen Kopf, ein noch größeres einen Kopf mit überdurchschnittlich vielen Tentakeln; ein kleines Implantat induziert einen Fuß. Wenn man den Induktor sofort nach der Entnahme implantiert, so induziert er einen Fuß; wenn man ihn zuvor altern läßt, induziert er einen Kopf. Dies bedeutet, daß wahrscheinlich die Quantität bei der Transposition der Morphogenverteilung in ein morphogenetisches Muster entscheidend ist. Derselbe Biotest wurde mit einem aus *Hydra* gewonnenen Hemmstoff eingesetzt, ein hitzestabiles, kleines Molekül, das bei einer Konzentration von 10^{-8}g/l wirkt, also eine hohe Empfindlichkeit sowohl für Kopf- als auch für Fußhemmung hat.

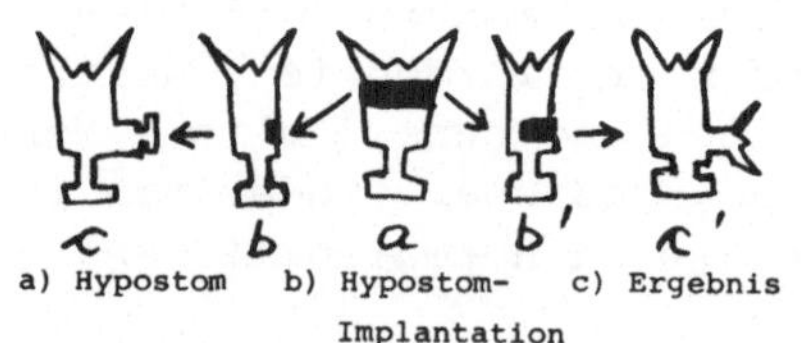

Hydra-Morphogenese

Das neue an dieser These ist, daß alle *Hydra*zellen, nicht nur die im Kopfbereich, ständig als Quellen für das Morphogen funktionieren, und daß die Dichte dieser Quellen, d.h. die Zahl der Morphogen-Moleküle, die pro Volumeneinheit freigesetzt oder synthetisiert werden, als ein Gradient in dem System *Hydra* verteilt ist. (Übrigens sind wir zu einem ähnlichen Ergebnis gekommen, als wir die Musterbildung in der Epidermis der Insektensegmente diskutiert haben.) Möglicherweise ist also die Annahme eines Gradienten der Quelldichte des Aktivators als Morphogen und seines Inhibitors eine attraktive Alternative zu der gefeierten Hypothese der lateralen Inhibition.

Die biologische Relevanz des Modells der lateralen Inhibition entspricht aber derzeit etwa der konkreten Frage nach Zahl und Gestalt der Engelsflügel, nur mit der Existenz der Engel hapert es noch etwas.

4.10 Postembryonale Entwicklung

Nachdem ein Embryo seine Körpergrundgestalt angenommen hat, seine Organanlagen ausgestaltet sind und zu funktionieren beginnen, ist ein jugendlicher Organismus entstanden, der meist selbständig existieren kann, aber er kann sich noch nicht vermehren. Mit dem Erreichen des Larvenstadiums ist die Embryonalentwicklung beendet, und der junge Organismus kann entweder allmählich geschlechtsreif werden, oder sprunghaft über eine Metamorphose das Adultstadium erreichen. Im letzteren Fall sehen Larven ganz anders aus als die erwachsenen Tiere, wie wir am Beispiel der Amphibien oder der holometabolen Insekten untersuchen wollen.

4.10.1 Larvale Entwicklungsformen

Vorher wollen wir noch einen Blick auf die verschiedenen Larvenformen werfen, die als eigenständige Lebewesen in vielerlei Wechselbeziehungen zu ihrer unbelebten und belebten Umgebung stehen. Da solche Wechselbeziehungen auf die Chance des Überlebens und damit auf die Zahl der Nachkommen eines Individuums (bzw. die Verbreitung seiner Gene) einen Einfluß haben, sind im Laufe der Evolution viele Larvenformen mit spezifischen Funktionen selektioniert worden.

Um spezifische Anpassungen zu erreichen, sind verschiedene Fortpflanzungsstrategien entwickelt worden: In einem Fall bilden sich im Inneren des mütterlichen Organismus in zeitlichen Abständen, d.h. cyclisch, wenige Eier, und nach innerer Befruchtung kommen bei der Geburt voll ausentwickelte Junge auf die Welt. Im anderen Fall werden möglichst synchron viele Eier produziert, die sich außerhalb des mütterlichen Organismus entwickeln. Hier bewähren sich Formen, die sich schnell entwickeln, wozu ein großer Dottervorrat hilfreich ist; wo dieser fehlt, müssen schnell Stadien entwickelt werden, die sich selbständig ernähren können.

Die meisten Larvenformen, z.B. von ca. 70% der Meerestiere, sind freischwimmend, sie leben pelagisch oder planktisch. Manche dieser Larven, deren adulte Formen festsitzen (wie die oben besprochene *Hydra*, die Manteltiere oder die Tunicaten), fressen gar nichts und besorgen lediglich die Verbreitung der Art, indem sie aufgrund spezifischer Sinnesorgane geeignete Biotope aufsuchen. So setzen sich die *Planula*larven der *Hydra* dort fest, wohin sie von bestimmten Bakterien chemotaktisch gelockt werden. Die Larven der Manteltiere besitzen Licht- und Schweresinnesorgane sowie einen kräftigen Schwanz, wodurch sie ihr Biotop - senkrechte Felswände und Überhänge - unter horizontaler Bewegung ausfindig machen.

Viele Larvenformen ernähren sich vom Plankton. Dazu gehört die *Trochophora* mancher Protostomier (wie Anneliden und Mollusken) und die *Pluteuslarve* mancher Deuterostomier (z.B. Echinodermen). Bei ihnen kommt es, ehe ausgewachsene Tiere entstehen, zu erheblichen Umgestaltungen, z.T. unter fast explosionsartigen Metamorphosen, die, z.B. bei bestimmten Krebsen, innerhalb von Minuten ablaufen und daher noch wenig bekannt sind.

Ein wichtiges Prinzip bei der Evolution von Larvenformen resultiert aus der Aktivität von Entwicklungsgenen, die die Ausdifferenzierung somatischer Gewebe und Organe von derjenigen der Geschlechtsorgane zeitlich entkoppelt. Wenn die Körperentwicklung hinter der Geschlechtsreife zurückbleibt, können Larven unmittelbar zur Adultform werden (Neotenie). Hierzu zwei Beispiele: Ein typisches Insekt mit seiner metameren Gliederung in Kopf, Thorax und Abdomen sieht ganz anders aus als ein Tausendfüßler mit seinen vielen Segmenten, die je zwei Beinpaare tragen. Jedoch sieht dessen Larve, z.B. bei *Glomeris*, fast wie ein Insekt aus. Sie hat einen Kopf, einen Thorax mit sechs Beinen und neun Abdomensegmente mit nur Beinstummeln. Die zahlreichen Segmente und Extremitäten bilden sich erst später in einem Entwicklungsprozeß aus, den die Insekten nicht mitmachen.

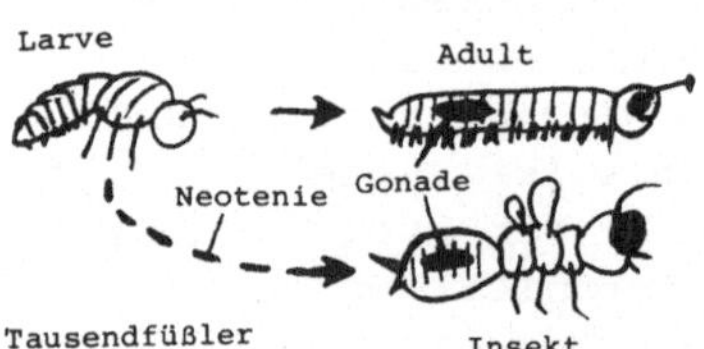

Das oben besprochene Bithoraxgen von *Drosophila* wäre ein geeigneter Kandidat für solch ein Entwicklungsgen, das zur Evolution der Insekten beigetragen haben könnte.

Die Larven der Manteltiere sehen aus wie Kaulquappen, ja sie besitzen sogar eine Chorda in ihrem Schwanzabschnitt. Neotenie könnte demnach die Evolution der höheren Chordaten aus solchen Formen erklären.

Dies hat wichtige Konsequenzen für die Rekapitulationsregel, nach der in der Ontogenese die wichtigen Stationen der Phylogenese wiederholt werden. Wo Neotenie ins Spiel gekommen ist, trifft sie nicht zu, denn in der Embryogenese der Insekten gibt es ebensowenig ein Tausendfüßlerstadium wie ein Manteltierstadium bei der menschlichen Ontogenese.

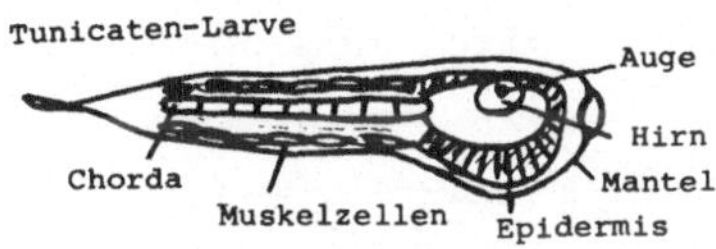

Besondere Anpassungen zeigen sich, wo Lebenscyclen verschiedener Organismen ineinandergreifen müssen, um eine Art zu erhalten: bei Symbiose und Parasitismus. Ein einfaches Beispiel bieten die Fadenwürmer (Nematoden). Viele Arten kommen frei im Erdboden vor. Bei manchen Vertretern haben ihre Larven artspezifische Mechanismen zum Anheften und zum Eindringen in einen ganz bestimmten Wirt entwickelt. Diese Larven fanden im Inneren des Wirtes optimale Wachstumsbedingungen vor, die ihrerseits zu solchen Anpassungen führten, daß sie nun im Freien gar nicht mehr geschlechtsreif werden können. Deshalb müssen junge Spulwurmlarven, die als Eier mit verschmutzter Nahrung in ihren Wirt gelangen, sich in die Darmwand einbohren, wo sie über das Blut in die sauerstoffreiche Lunge, von dort über die Luftröhre in den Mund und schließlich in den Dünndarm gelangen. In diesem Zielbereich werden sie geschlechtsreif, paaren sich und legen Eier, die durch den After des Wirtes ausgeschieden werden.

Bei den Saugwürmern (Trematoden) liegen die Dinge noch viel komplizierter. Sie benötigen zwei, manchmal auch drei Wirte: Beim kleinen Leberegel dienen als Zwischenwirte zuerst eine Schnecke, danach eine Ameise und als Endwirt ein Säugetier, z.B. ein Schaf. Im ersten Wirt kommt es durch Polyembryogenie zu einer enormen asexuellen Vermehrung der Larven. Die ausgewachsenen Tiere sind Zwitter und halten sich in den Gallengängen des Endwirtes auf. Die typischen Trematoden legen besamte Eier, aus denen sich im Freien eine Schwimmlarve (*Miracidium*) entwickelt. Sie besitzt ein äußeres Cilienepithel und ein inneres Entoderm, in das Keimzellen eingebettet sind. Diese Larven können keine Nahrung aufnehmen; sie sind lediglich darauf spezialisiert, den Wirt zu finden. Dabei können ihnen ein Augenfleck, ein Ganglion und eine Chemotaxis (vermutlich vom ersten Zwischenwirt, z.B. der Schnecke, ausgelöst) helfen. Im Wirt formt sich ein eingedrungenes *Miracidium* zu einer Muttersporocyste um. Aus deren Keimzellen wächst parthenogenetisch eine neue Larvengeneration heran, die *Redien*. Sie wandern aus der Sporocyste aus und produzieren, wiederum durch Polyembryogenie, eine zweite *Redien*generation, so daß aus einem erfolgreichen *Miracidium* ein Klon aus Hunderten von Nachkommen entsteht. Aus diesen wird, erneut durch Polyembryognie, ein dritter Larventyp entwickelt, die *Cercarie*. Sie besitzt bereits die typischen Merkmale eines Trematoden, hat aber zusätzlich einen larvalen Schwanz. *Cercarien* des kleinen Leberegels encystieren sich im zweiten Zwischenwirt zu *Metacercarien*, während eine von ihnen als "Hirnwurm" gezielt durch den Ameisenkörper bis ins Gehirn wandert, ganz ähnlich wie die Neuralleistenzellen bei den Vertebraten. Hierdurch wird die Ameise dazu veranlaßt, sich an Futterpflanzen festzubeißen, die mit hoher Wahrscheinlichkeit vom Endwirt, dem Schaf, gefressen werden. In dessen Darm wird die Cystenhülle aufgelöst, und die *Cercarie* wandert in die Leber, wo sie in den Gallengängen geschlechtsreif wird, und der Entwicklungscyclus kann von neuem beginnen.

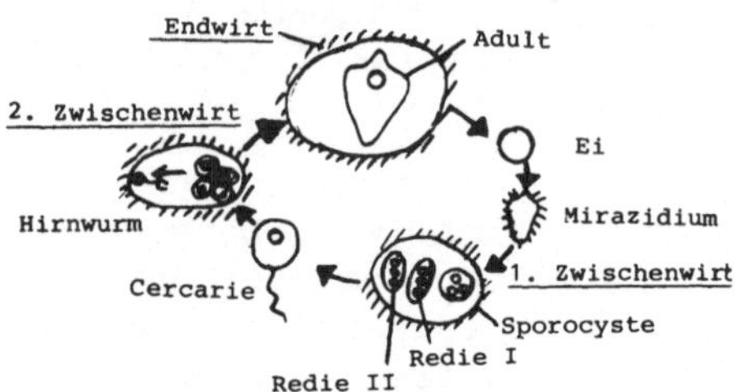

Lebenskreislauf des kleinen Leberegels

Die *Cercarie* des Bilharzioseerregers *Schistosoma* sucht ihren Endwirt, z.B. badende Menschen, im Wasser auf. Die Entscheidung, in den Wirt einzudringen, ist irreversibel, da die Larve ihre osmotische Schutzhülle abstreift, also im Wasser nicht mehr überleben kann. Der Wirt merkt gar nichts von seinen blinden Passagieren, da diese geschickt die Immunabwehr ausgeschaltet haben. Wenn man den Lockstoff des Endwirtes einmal erkannt hat, kann man ihn gezielt einsetzen, um die *Cercarien* umzubringen und so auf biologischem Wege einen Parasiten zu bekämpfen. Während ein Schaf durch seine Leberegel sein Aussehen nicht sonderlich verändert, gibt es Fälle, bei denen zwei Lebenscyclen so ineinander verflochten sind, daß man nicht recht weiß, wo das eine Tier anfängt und das andere aufhört. Bemerkenswert ist das Zusammenleben einer Meeresschnecke, eines Nudibranchiers, mit einer Qualle: Nahe der Mundöffnung der Schnecke befinden sich nur noch Reste der Qualle, aber diese vermag Geschlechtszellen zu produzieren, aus denen sich schöne, freilebende Quallen (*Medusen*) entwickeln. Diese fangen mit ihren Tentakeln die ebenfalls freilebenden Larven der Schnecke ein und verschlingen eine von ihnen. Die "Beute" wird aber nicht verdaut, sondern ernährt sich ihrerseits von den inneren Organen der *Meduse*, bis eine ausgewachsene Schnecke entsteht, die innig mit den Resten der Qualle verbunden bleibt: Der Cyclus kann von neuem beginnen.

4.10.2 Metamorphose der Amphibien

Bei diesem Entwicklungsprozeß wird die Gestalt erheblich verändert. Manche Gewebe werden abgebaut, viele werden umfunktioniert und an das Landleben angepaßt. Eine steuernde Rolle spielt dabei die Schilddrüse, deren eigene Entwicklung zum Hormonproduzenten zeitlich mit der Metamorphose korreliert. Wird sie operativ entfernt, so entstehen keine Frösche, sondern Riesenkaulquappen. Werden Schilddrüsen an Kaulquappen verfüttert, dann verwandeln sie sich, früher als normal, zu kleinen Fröschen. Das wirksame Entwicklungshormon ist das Thyroxin, ein jodhaltiges Protein. Eine geringe Hormonkonzentration ist schon vor der

Metamorphose nachzuweisen. Seine Konzentration nimmt allmählich während eines Monats zu und danach schnell wieder ab. Wie steht es mit den Hormonrezeptoren? Sie müssen in den Zielzellen bereits vorhanden sein, denn durch Injektion von Hormon lassen sich die Entwicklungsprozesse verfrüht und synchron auslösen. Während der Metamorphose reagieren verschiedene Organe zeitlich hintereinander, weil sie vermutlich verschiedene Reaktionsschwellen, dank unterschiedlicher Konzentration von Rezeptoren, besitzen: Zuerst wachsen die Hinterbeine, dann die Vorderbeine, und zuletzt wird der Schwanz abgebaut. Eine erhöhte Ausschüttung von Thyroxin wird erst möglich, wenn ein Hirnabschnitt, der Hypothalamus, herangereift ist, der mit der Hypophyse durch ein Pfortadersystem in Verbindung steht; vermutlich besitzt er vor dieser Zeit noch keine Thyroxinrezeptoren. Im Hypothalamus wird ein Neurosekret produziert (TRF, thyroxin-releasing-factor), das seinerseits die Freisetzung von TSH (Thyroxin stimulierendes Hormon) aus der Hypophyse veranlaßt. Das TSH wirkt auf die Schilddrüse, die daraufhin Thyroxin vermehrt in den Blutkreislauf bringt. Ist der maximale Sollwert an Thyroxin erreicht, wird durch Rückkoppelung zum Hypothalamus der Hormonspiegel wieder gesenkt. Parallel mit der Zunahme des Thyroxins nimmt das antagonistische Hormon Prolaktin ab, was durch die Ausschüttung eines Inhibitors aus dem Hypothalamus verursacht wird. Dieses Hormon stimuliert das Wachstum der Larve und hemmt dadurch die Adultentwicklung.

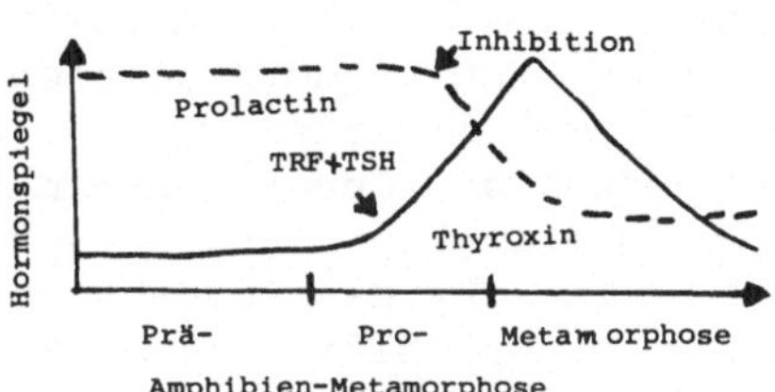

Das Thyroxin löst in der Kaulquappe gewebsspezifische sowie lokal unterschiedliche Effekte aus. Die Augen werden verlagert, und in der Retina entsteht Rhodopsin; in den Beinanlagen wird Wachstum und Differenzierung aller Beingewebe induziert, einschließlich der Muskelzellen. Im Schwanz dagegen werden die Muskelzellen selektiv degradiert. Bei der Mitosetätigkeit der Blutstammzellen werden häufiger Erythrocyten des adulten Typs determiniert. Diese exprimieren solche Globingene, deren Hämoglobin besser an die Lungenatmung als an die Kiemenatmung angepaßt ist. Die larvalen Leberzellen werden beibehalten, aber ihre Stoffwechselwege umprogrammiert: So vermehren sich sämtliche Enzyme des Harnstoffcyclus innerhalb von fünf Tagen beträchtlich, mindestens um das 5fache, nur im Hirn lassen sich keinerlei strukturelle Änderungen beobachten.

Alle diese Hormonwirkungen, selbst der Abbau des Larvenschwanzes, erfordern die de novo Synthese von RNA und Protein. Somit ist klar, daß das Entwicklungshormon der Amphibien - vermutlich über Wechselwirkungen mit Rezeptoren in den Zielgeweben - jeweils ein Entwicklungsprogramm auslöst, das dort bereits auf Abruf bereitsteht. Das Hormon wählt nur eines von mehreren Programmen aus, es programmiert aber nicht selbst.

4.10.3 Metamorphose der Insekten

Die Insektenlarven besitzen ein Exoskelett aus starrer Cuticula. Daher können sie nur wachsen, wenn sie sich häuten. Es werden mehrere Larvenstadien durchlaufen, die bei hemimetabolen Insekten den adulten immer ähnlicher werden. Bei holometabolen Insekten folgt auf das letzte Larvenstadium die Verpuppung. Nun wird der Organismus beträchtlich umstrukturiert, und danach schlüpft eine Imago.

Wird kurz nach einer Häutung der Kopf einer Larve abgetrennt, so bleibt im Rumpf die nächste Häutung aus. Wird ein Gehirn in das Abdomen einer geköpften Larve eingepflanzt, so kommt es - offenbar durch Diffusion eines humoralen Faktors - zur nächsten Häutung. Zum gleichen Ergebnis führt das Aufpflanzen eines jungen Larvenkopfes. Wird dagegen der Kopf einer alten Larve aufgepflanzt, so verpuppt sich die junge Larve vorzeitig. Aus diesen Ergebnissen hat man auf zwei Entwicklungsfaktoren geschlossen: Der eine steuert die larvale, der andere die adulte Entwicklung, und beide können miteinander interferieren. Ihre Wirkung besteht darin, von drei Entwicklungsprogrammen - larvales, puppales und imaginales - eines auszuwählen und zu realisieren. Diese Entwicklungsfaktoren steuern demnach die Differenzierung sowohl embryonaler als auch larvaler Gewebe. *Was für Faktoren sind das*? Es sind zwei Hormone, das Juvenilhormon und das Häutungshormon Ecdyson. Beide wurden extrahiert und zunächst im biologischen Test als sog. *Calliphora*einheit für das Ecdyson, bzw. als *Galleria*-einheit für das Juvenilhormon, quantifiziert. Man hat sie vollständig gereinigt, strukturell aufgeklärt und chemisch synthetisiert. Das Juvenilhormon ist ein Terpenoid, das Ecdyson ein Steroid. In den Insekten kommen von beiden Hormonen einige Metaboliten vor, so daß nicht recht entschieden ist, welche Form das physiologisch aktive Hormon darstellt, und ob den modifizierten Hormonen noch bei anderen Prozessen als der Häutung eine steuernde Rolle zukommt.

Ähnliche Substanzen mit spezifischer Wirkung auf die Entwicklung der Insekten kommen bei anderen Organismen vor, insbesondere bei Pflanzen, was auf eine Anpassung der Stoffwechselwege bei Insekten und Pflanzen hinweist und vielleicht eine biologische Kontrolle der Insektenvermehrung ermöglichen könnte.

Das klassische Schema der Entwicklungssteuerung durch die beiden Hormone ist ähnlich wie das der Amphibien: Man nimmt an, daß eine Balance zwischen beiden Hormonen notwendig ist, um die sequentiellen Entwicklungsstadien abzurufen: Eine übergeordnete Steuerung geht von neurosekretorischen Zellen im Hirn aus, wo - ausgelöst durch Tageslänge und innere Faktoren, wie z.B. der Druck der Cuticula auf die Epidermis - ein Hirnhormon sezerniert und über die Corpora cardiaca ins Blut abgegeben wird. Zielorgan ist die Prothoraxdrüse, die daraufhin die Freisetzung von Ecdyson veranlaßt.

Das Juvenilhormon wird an einer anderen Hirnanhangsdrüse, den Corpora allata, freigesetzt. Seine Menge hängt vom Reifezustand dieser Drüse ab. Sie ist in jungen Entwicklungsstadien groß und nimmt gegen Ende der Larvalentwicklung rapide ab. Daraus ergeben sich drei verschiedene Situationen: viel Juvenilhomon und wenig Ecdyson, etwa gleichviel Juvenilhormon wie Ecdyson und kein Juvenilhormon aber viel Ecdyson. Entsprechend kommt es zu Larvenhäutung, Puppenbildung oder Entstehung der Imago. Wieso? Nach der klassischen Vorstellung bestimmen die Quotienten der beiden Hormone das Entwicklungsprogramm, und das Gewebe ist sozusagen ein Spielball der Hormone. Nach einer weniger bekannten Hypothese blockiert das Juvenilhormon durch seine Anwesenheit jegliche Weiterentwicklung, und der rhythmisch zu- und abnehmende Ecdysontiter sowie autonome Reifungsprozesse des Larvengewebes bestimmen den Verlauf der verschiedenen Häutungsprogramme.

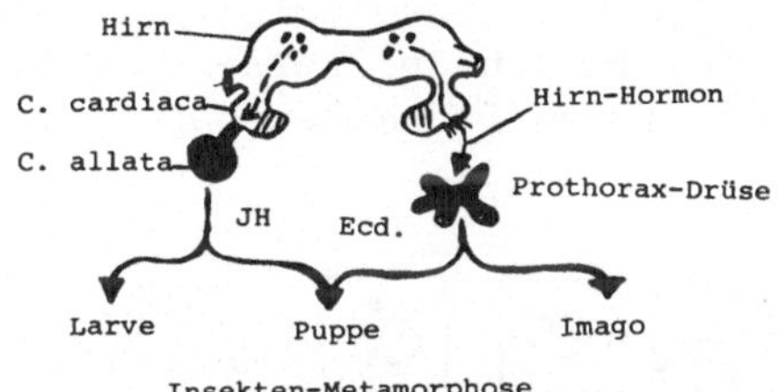

Insekten-Metamorphose

Besonders drastisch sind die Ecdysoneffekte beim Übergang von der Puppe zur Imago, also bei der Metamorphose. Hier kommt es zur Histolyse vieler Larvengewebe (darunter auch des Kropfes und der Speicheldrüse), zur Phagocytose der Zellreste durch Phagocyten und zu Rekonstruktionen. Dabei werden auch die Imaginalscheiben ausgestülpt und ausdifferenziert.

Ein Zielort für das Ecdyson sind die Epidermiszellen. Sie werden verformt, wachsen und teilen sich. Dabei kommt es zur Überproduktion, so daß wieder einige Zellen absterben müssen. Dann bilden sich zunächst die dünne Epicuticula, dann die dicke Endocuticula aus. Nun wird Enzym sezerniert, das die alte Cuticula abbaut, und schließlich wird die neue Cuticula gegerbt. Diese Zellaktivitäten sind abhängig von Genaktivität, wie die de novo Synthese einiger der beteiligten Enzymproteine gezeigt hat.

Die Speicheldrüsen von *Drosophila* sind offenbar auch Zielzellen für Ecdyson, denn in den Riesenchromosomen beobachtet man ein charakteristisches Muster von Puffs, wenn der Ecdysontiter ansteigt. Es gibt Änderungen der Puffmuster vor jeder Häutung, aber zusätzliche Puffs treten unmittelbar vor der Metamorphose auf. Diese Puffs reagieren auf injiziertes Ecdyson schon bei geringer Konzentration (10^{-6} bis 10^{-7} M). Da in Anwesenheit eines Proteinsynthesehemmers (Puromycin) nur zwei frühe Puffs entstehen, hat man vermutet, daß deren RNA zur Herstellung spezifischer Regulationsproteine benützt wird, die die späteren Ecdyson-empfindlichen Puffs anschalten, d.h., daß eine Kaskade der Genaktivierung durch das Hormon ausgelöst wird. Allerdings gibt es auch Puffs, die in Anwesenheit von Ecdyson rückgebildet werden.

Diese Befunde haben zu der wichtigen Hypothese geführt, daß das Steroidhormon Ecdyson (übrigens das komplexeste Steroid in der Natur) in spezifischer Weise ein Muster von Genen aktiviert und so die Metamorphose steuert. Biochemisch läßt sich die Ausschüttung eines Speichelsekrets, mit dem die Puppe sich anheftet, mit dem Puffing der Riesenchromosomen und dem Hormontiter korrelieren. Es ist nicht klar, wie das Steroid Gene aktiviert. Man hat, in Analogie zu Wirbeltiersteroiden, einen cytoplasmatischen Rezeptor postuliert, der als Komplex mit dem Hormon in den Zellkern verlagert wird und dort Gene zur Expression bringt. Andererseits kann man mit Ecdyson an den Chromosomen isolierter Kerne, d.h. offenbar ohne Cytoplasma, spezifische Puffs auslösen. Aber auch bei einem bestimmten Konzentrationsverhältnis von Kalium- zu Natriumionen werden Entwicklungspuffs in vitro induziert, wenn auch nicht in der richtigen Reihenfolge. Kürzlich hat man durch Bindungsstudien mit einem synthetischen Ecdysteron (Ponasteron A) Ecdysonrezeptoren bei einer Zellinie im Cytoplasma und bei Imaginalscheiben besonders in den Zellkernen nachweisen können. Inzwischen wurde Ecdyson durch Immunfluoreszenz an zahlreichen Puffs direkt sichtbar gemacht.

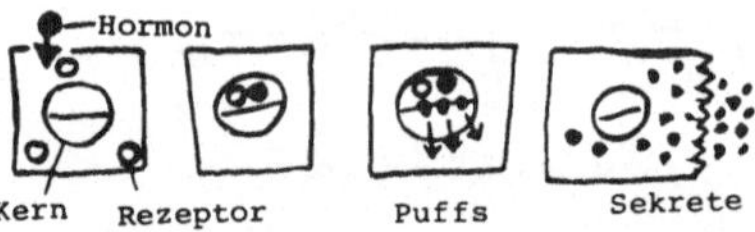

Manche Autoren haben in Hormonen wie Ecdyson einen unmittelbar instruierenden Entwicklungsfaktor gesehen, andere einen Auslösefaktor für bereits vorprogrammierte Entwicklungsreaktionen. Ganz ähnlich hat man, wie oben diskutiert, den embryonalen Induktionsprozeß früher als Instruktion verstanden und sieht darin heute eher eine Selektion, d.h. der Induktor ist kein Organisator, sondern betätigt nur einen Schalthebel. In beiden Vorstellungen spielen die Hormonrezeptoren eine Rolle, denn ohne sie bliebe das Hormon wirkungslos. Bei der Metamorphose von Frosch und Insekt haben wir aber ganz verschiedene Reaktionen auf jeweils ein einziges Hormon kennengelernt; damit kann der Hormon-Rezeptor-Komplex nicht die Art der Reaktionskette festlegen, sondern nur das in Gang setzen, was in den heterogenen Zielgeweben während der Embryonalentwicklung vorbereitet wurde. Daher kann man prinzipiell die frühen embryonalen Induktionsvorgänge nicht einfach auf die Steroidhormonphysiologie zurückführen. Allerdings lassen sich hier prüfbare Hypothesen aufstellen, denn Steroidhormoneffekte an geeigneten Organen, z.B. dem Hühncheneileiter (worauf wir noch einmal zurückkommen werden), sind für das Verständnis der Genexpression von großer Bedeutung.

Bei der Metamorphose der Insekten kann man sich fragen, ob die Entwicklungsreaktionen nicht durch das Hormon, sondern durch seine Rezeptoren ausgelöst werden, denn nur wo Rezeptoren vorhanden sind, ist das Gewebe "kompetent". Da die Injektion von Ecdyson in junge Larven und selbst noch in Imagines, also während der ganzen Postembryonalentwicklung, die gleichen Wirkungen (nämlich Häutung) auslöst, scheinen die Rezeptoren keine steuernde Rolle zu spielen; das Gewebe ist stets kompetent. Damit kommt dem Hormontiter, der jetzt durch einen Radioimmunassay für Ecdysteron genau gemessen werden kann, die Rolle eines regelnden Auslösers zu. Die entscheidenden Parameter sind die Hormonsynthese, dessen Freisetzung und Transport im Blut in gebundener Form (Hormon-carrier-Komplex) und schließlich die Bildung des Hormonrezeptorkomplexes im Zielgewebe. So sind 3/4 des Ecdysons in der Larve gebunden, während in der Puppe das gesamte Hormon in freier Form vorliegt.

Der Wirkungsmechanismus des Juvenilhormons ist noch nicht bekannt, aber auch hier kennt man carrier-Proteine und mehrere Metaboliten, von denen einige larvale Merkmale ausprägen, andere an viel späteren Entwicklungsprozessen beteiligt sind, z.B. an der Gonadenreifung.

Damit bleiben noch große Lücken in der Wirkkette der beiden Insektenhormone, ausgehend von ihrer Produktion, ihren möglichen Wechselwirkungen miteinander, bis hin zu den biochemischen und entwicklungsspezifischen Antworten ihrer Zielgewebe.

Im nächsten Kapitel wird die spezifische Reaktion der Zellen im Mittelpunkt stehen: Die Cytodifferenzierung.

5 Zelldifferenzierung

Ein ausgewachsener Organismus enthält viele verschiedene Zelltypen, Wirbeltiere ca. 200. Sie unterscheiden sich durch Funktion, Form und intracelluläre Architektur. Das ist leicht festzustellen, wenn man eine Muskelzelle, eine Schwann'sche Zelle oder einen Zapfen der Retina genauer, z.B. im EM, betrachtet. Solche morphologischen Differenzierungsmerkmale lassen sich auf die Synthese und Anordnung (oft infolge Selbstorganisation) von spezifischen Proteinen zurückführen und diese wiederum auf die selektive Expression der entsprechenden Gene. Um diesen Aspekt der Differenzierung zu verstehen, müssen wir also Mechanismen der Genregulation kennen, insbesondere die Steuerung der Strukturgene für die "Luxusproteine", wie z.B. das Hämoglobin der Erythrocyten.

Das sieht auf den ersten Blick recht einfach aus. Nehmen wir an, ein Zelltyp sei durch fünf spezifische Gene ausgezeichnet. Dann besäßen Wirbeltiere maximal 1000 "Luxusgene", die mit den Methoden der Genklonierung und DNA-Sequenzierung in kurzer Zeit isoliert und in ihrer Primärstruktur bekannt sein werden.

Diese Kenntnis wird uns aber nur bedingt weiterhelfen, denn wir wollen ja erfahren, warum ein bestimmter Satz von Luxusgenen in einem Zelltyp aktiviert ist und in den anderen 199 nicht. Diese Frage nach der Regulation der Genaktivität ist vor einigen Jahren mit der Hypothese der "selektiven Genaktivität" beantwortet worden. Darüber ist die mindestens ebenso wichtige Frage etwas in Vergessenheit geraten: Wieso werden in einer differenzierten Zelle über 95% der Luxusgene nicht exprimiert?

Vielleicht sind beide Fragen falsch gestellt, denn die Zelldifferenzierung stellt das Ende eines langen Prozesses dar, und die Zellen, z.B. Muskelzellen oder Retinazapfen, haben eine lange und unterschiedliche Geschichte hinter sich. Ihre Vorfahren haben viele Male entscheiden müssen, was aus ihren Nachkommen werden soll, und diese haben es schließlich in der Regel aufgegeben, sich weiter zu vermehren und sind postmitotisch. Insgesamt haben die Vorläuferzellen, als Klone oder Polykone, drei verschiedene Zustände durchlaufen: Als Zygote waren sie totipotent, in der Blastula pluripotent und nach der Neurulation nur noch unipotent, d.h. determiniert.

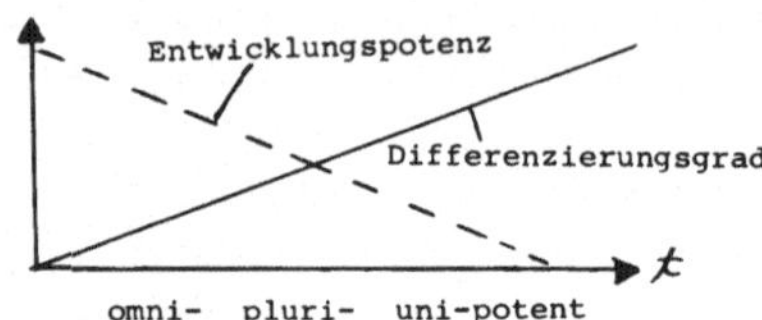

Ihre Entwicklungspotenzen wurden also immer mehr eingeschränkt, entweder durch innere oder äußere Faktoren: So erlaubt bei den Amphibien das Produkt des O-Gens (als intrinsic factor) die Entwicklung über das Blastulastadium hinaus, und bei den Säugern bestimmt die zufällige Lage einer Zelle in der Blastocyste deren Schicksal, denn nur aus innen liegenden Zellen entsteht der Embryo. Diese Entscheidungen haben oft ja/nein-Charakter: So muß eine Zelle im Blastulastadium nur entscheiden, ob sie Ektoderm oder zu Entoderm wird, sonst nichts. Das aber heißt: Als Einzelzellen sind sie gar nicht pluripotent, denn sie könnten sich in dieser Phase ihrer Entwicklungsgeschichte nicht z.B. zu Muskelzellen differenzieren. Nur als ganzes System ist die Zygote omnipotent und die Blastula pluripotent, ihre Zellen sind es nicht.

Als System sind die Bestandteile des Embryos stets heterogen, und zwar von Anfang an, wie wir an der Verteilung cytoplasmatischer Faktoren in der Eizelle mehrfach diskutiert haben. Auch beim Differenzierungsprozeß beobachten wir nicht nur autonome Zelleistungen, sondern die Teilnahme anderer Zelltypen ist notwendig; selbst Zellen innerhalb eines homogenen Gewebes können sich als Einzelindividuen oft nicht differenzieren. Im Laufe der Entwicklung werden die Zellen des Embryos mehrfach transformiert. Aber schon in frühen Stadien besitzen sie manche Eigenschaften und Strukturen terminal differenzierter Zellen: So haben wir gelernt, daß die morphogenetischen Prozesse an Zellbewegungen geknüpft sind und diese wiederum an die typischen Moleküle, die z.B. eine Muskelzelle auszeichnen; die Produktion von Kollagen spielt schon bei der Steuerung dieser Bewegungsprozesse eine wichtige Rolle, obwohl diese Substanzen dann später als Produkt der Knorpelzellen eine wichtige Funktion bei der Skelettbildung des ausgewachsenen Organismus übernehmen.

Wenn die undifferenzierten Zellen schon viele spezifische Eigenschaften von differenzierten Zellen haben, richtet sich das Differenzierungsproblem nicht mehr nur auf die selektive Expression eines Luxusgens in einem bestimmten Zelltyp, sondern vielmehr auf die Spezifizierung eines von vielen Entwicklungsprogrammen der embryonalen Blasteme, z.B. indem eine ganze Genbatterie ab- oder angeschaltet wird. Durch diesen Selektionsprozeß wird eine Schalterstellung, z.B. ein Selektorgenzustand, stabilisiert. Man kann die Konstruktion eines embryonalen Blastems etwa mit dem Bau und dem Einstimmen eines Klaviers vergleichen, und in der Cytodifferenzierung das Abspielen einiger der vielen Melodien sehen, die man auf einem Klavier spielen kann. Im folgenden werden einige Beispiele, einige "Differenzierungsmelodien" vorgestellt.

5.1 Pankreas

Die Entwicklung dieser Drüse wurde bei der Maus analysiert. Das Pankreas leitet sich vom Entoderm ab und entsteht als eine dorsale Ausstülpung des Darmtraktes an der Stelle, an der später der Zwölffingerdarm gebildet wird. Im 10 Tage alten Embryo ist dieses Organ als eine kleine Knospe zu erkennen, die sich auch in vitro selbständig ausdifferenzieren kann. Beim 6 Tage alten Embryo (bis zum 6-Somitenstadium) ist das dorsale Entodermblastem noch nicht determiniert, eine Drüse zu werden. Zwischen dem 8. und 9. Tag (zwischen 15- und 25-Somitenstadium) wird dieses Organ unter Mitwirkung von Mesenchym determiniert. Eine Reihe von biochemischen und histologischen Merkmalen haben diese Drüse zu einem Modellsystem der Zelldifferenzierung gemacht: Man kennt über zehn Luxusmoleküle, darunter die Enzyme Amylase, Trypsin und Lipase, die von den exokrinen Drüsenschläuchen produziert werden, sowie zwei Hormone aus zwei endokrinen Zelltypen, das Insulin in den β-Zellen, das Glucagon in den α-Zellen, während sich die Zellaktivität am endoplasmatischen Reticulum, dem Golgi-Apparat und den Sekretgranula, direkt morphologisch ablesen läßt.

Die molekularen Merkmale werden in drei Schritten ausgeprägt. Im soeben determinierten entodermalen Blastem und auch in anderen embryonalen Geweben sind die künftigen Marker noch nicht nachweisbar: Die Gewebe sind noch undifferenziert. Im ersten Schritt werden alle Marker koordiniert und in relativ geringer Menge synthetisiert (ca. 10^4 Moleküle pro Zelle, z.B. bei der Amylase): Das Gewebe ist protodifferenziert. Im zweiten Schritt nimmt die Konzentration dieser Moleküle enorm zu, und die histologischen Merkmale werden ausgeprägt: Das Gewebe ist jetzt differenziert. Schließlich kann der Spiegel der Moleküle im ausgewachsenen Tier fluktuieren, dann spricht man von Modulation.

Der Übergang vom protodifferenzierten in den differenzierten Zustand läßt sich in Gewebekultur analysieren. Er bleibt aus, wenn das präsumptive Drüsengewebe einer 10 Tage alten Knospe allein kultiviert wird, und er wird ausgelöst, wenn in der Transfilterkultur in vitro das Mesenchym der Pankreasanlage (oder irgend ein anderes Mesenchym) für mindestens 30 h zugegen ist. Dieses Mesenchym kann man durch den Mesenchymfaktor(MF)ersetzen, ein Protein der Membranfraktion von Mesenchymzellen, das nicht in die Entodermzellen eindringen muß, um Differenzierung auszulösen. Man beobachtet, daß das Entodermgewebe an der Kontaktstelle (im in vitro Experiment auch an Plastikkugeln mit immobilisiertem MF) eine Basalmembran ausbildet und kompakt wird, DNA synthetisiert und Mitosen mit einem von außen nach innen verlaufenden Gradienten durchmacht, ehe es die biochemischen Merkmale ausprägt, d.h. seine Luxusproteine um den Faktor 1.000 - 10.000 pro Zelle vermehrt. Zugleich treten die cytologischen Merkmale auf, und die Zelle wird polarisiert: Entgegengesetzt zur Basalmembran werden Mikrovilli ausgeprägt, über die die Enzyme sezerniert werden.

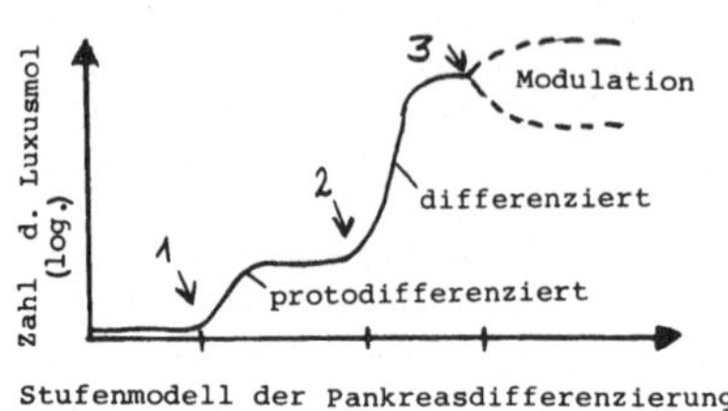

Stufenmodell der Pankreasdifferenzierung

Ein wesentlicher Punkt ist, daß der Mesenchymfaktor Mitosen auslöst. Diese sind notwendig, denn bei Blockierung der DNA-Replikation durch FUDR kommt es nicht zur Differenzierung. Dennoch läßt sich die Proliferation des Gewebes durch Mitosen von dem Differenzierungsanstoß durch den MF entkoppeln. Dies erkennt man am Ausbleiben der Differenzierung, wenn in den ersten 2 Tagen der Gewebekultur BUDR angeboten wird, obwohl in dieser Phase die Proliferation der Zelle nicht gestört wird. Hieraus kann man schließen, daß der MF eine spezifische Mitose auslöst - einen quantal cell cycle - ohne den die Tochterzellen ihren definitiven Differenzierungszustand nicht erlangen können.

Einen weiteren wichtigen Befund liefern Inhibitionsexperimente mit Actinomycin D. Die starke Zunahme der Luxusproteine bleibt aus, wenn während der Protodifferenzierungsphase die RNA-Synthese blockiert wird; dagegen akkumulieren die Luxusproteine auch dann, wenn die RNA-Synthese in der Differenzierungsphase blockiert ist. Offensichtlich reichen die mRNA-Moleküle der Protodifferenzierungsphase für die Proteinsynthese in der Differenzierungsphase aus, müssen also langlebig geworden sein. Dies ist ein erster Hinweis, daß nicht die Synthese der mRNA durch selektive Transkription der entsprechenden Gene, sondern die Stabilisierung der mRNA für die Luxusproteine einen entscheidenden Anteil an dem Differenzierungsprozeß hat.

Obwohl der Übergang von der Protodifferenzierung zur Differenzierung durch die in vitro Experimente eine klare Vorstellung von der Pankreasdifferenzierung vermittelt, stehen für die vorliegenden Ergebnisse zwei ganz verschiedene Erklärungen zur Diskussion: Nach der einen steigt bei der Differenzierung die Konzentration der Markermoleküle an, weil alle Zellen der Drüse zuerst wenig und dann viel produzieren. Nach der anderen produzieren während der Protodifferenzierung einige Zellen genauso viele Luxusmoleküle wie danach, nur sind es anfangs weniger Zellen. Im ersten Fall erklären sich die niedrigen Enzymkonzentrationen in etwa durch "undichte Gene" (leaking genes), und jede Zelle wird zunehmend mehr differenziert und produziert mehr Luxusmoleküle. Im zweiten Fall liegen verschiedene (differenzierte und undifferenzierte) Zellpopulationen vor, und die wenigen differenzierten in der Protodifferenzierungsphase sind die Stammzellen für die künftigen differenzierten Zellen, deren Vermehrung der MF auslöst. Damit ist die Differenzierung im ersten Fall ein analoger, im zweiten Fall ein digitaler Regulationsprozeß; anders ausgedrückt: Im ersten Fall sind die protodifferenzierten Zellen ein "bißchen schwanger". Zwischen diesen Alternativen wird man erst entscheiden können, wenn man den Wirkungsmechanismus des Antidifferenzierungsmoleküls BUDR genau kennt.

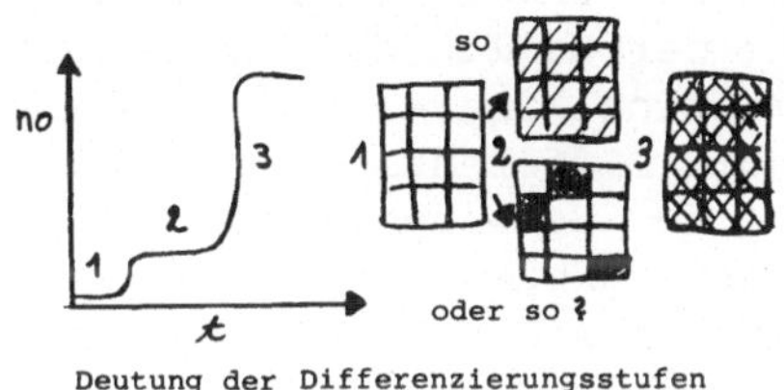

Deutung der Differenzierungsstufen

Die nächsten beiden Beispiele zeigen Differenzierungsprozesse, die entweder in digitaler oder analoger Weise gesteuert werden.

5.2 Milchdrüse

Die Brust der weiblichen Säugetiere nimmt schon in der Jugendentwicklung eine bestimmte Form an, erfüllt aber erst gegen Ende der Schwangerschaft die Aufgabe, viel Milch zu produzieren. Für die Form sorgt das Fettgewebe, davon ist hier nicht die Rede. Ein Differenzierungsmerkmal dagegen ist die Synthese des Milchproteins Kasein in Drüsenschläuchen, die sich vom Ektoderm herleiten.

Bei der Maus beobachtet man die Anlagen der Milchdrüsen bei beiden Geschlechtern im 12 Tage alten Embryo. Beim Männchen degenerieren sie mit der Geschlechtsreife. Dies geschieht auch in explantierten weiblichen Brustanlagen nach Zugabe des männlichen Hormons Testosteron. Auch diese Drüsenentwicklung geht aus einer Wechselwirkung zwischen Mesenchym und Epidermis hervor, es gibt die Mutation Tmf (testiculäre Feminisierung), die auch bei männlichen Mäusen eine intakte Brustdrüse entstehen läßt. Durch Rekombinationsexperimente zwischen mutiertem und intaktem Mesenchym und Epidermisgewebe der Brustanlage hat man gezeigt, daß das Hormon auf die Mesenchymzellen einwirkt und dadurch (indirekt) die Differenzierung der ektodermalen Drüsenzellen blockiert.

Die junge Milchdrüsenanlage kann man in vitro kultivieren. Sie produziert bereits minimale, aber meßbare Kaseinmengen. Drei Hormone - Insulin, Hydrocortison und Prolactin - müssen auf die Drüsenzellen einwirken, damit die Kaseinproduktion gesteigert wird. Das dauert in vitro 3 Tage und wird in vivo durch die Hormonspiegel reguliert. Zuerst beobachtet man DNA-Synthese, und nach 1 Tag setzt eine Proliferation der explantierten Zellen ein. Dies ist für die Differenzierung notwendig, denn nach Colchicinbehandlung wird später kein Kasein synthetisiert. Wenn man nur Insulin anbietet, proliferieren die Zellen auch, weil aber danach die beiden anderen Hormone nicht auf die Zellnachkommen wirken, produzieren diese kein Kasein. Wenn Hydrocortison und Insulin gemeinsam angeboten werden, sind die postmitotischen Tochterzellen in der Lage, auf Prolactingabe zu reagieren und Kasein zu synthetisieren. Diese Ergebnisse hat man so gedeutet: In der jungen Maus werden von den Stammzellen der Milchdrüse nur selten Drüsenzellen ausdifferenziert, d.h. es wird nur wenig Kasein produziert und sezerniert. Insulin vermehrt die Stammzellen, Insulin zusammen mit Hydrocortison erhöht die Rate der Zellen die zur Milchproduktion determiniert sind. Die Determination könnte in der Synthese von Prolactinrezeptoren bestehen, und die Differenzierung erfolgt erst, wenn der Prolactinspiegel gegen Ende der Schwangerschaft stark ansteigt, vermutlich durch eine gesteigerte Expression der Kaseingene, als Folge von Wechselwirkungen des Hormonrezeptorkomplexes mit dem Chromatin.

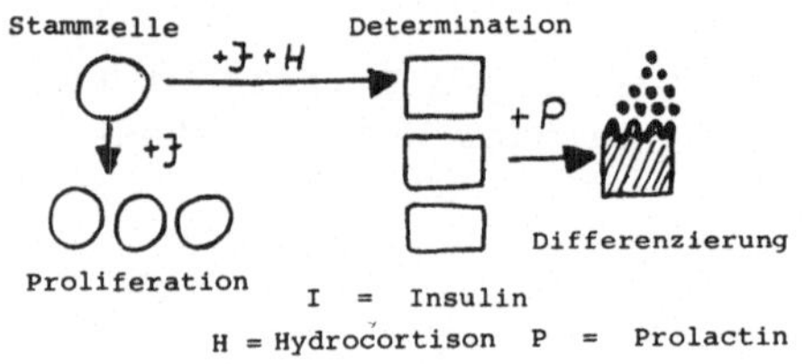

Milchdrüsenentwicklung

In diesem Beispiel haben wir eine Zellinie kennengelernt, deren Stammzellen in Abhängigkeit von mehreren Hormonen determinierte und differenzierte Zellen in unterschiedlichen Raten produzieren.

5.3 Rote Blutzellen

Die roten Blutkörperchen sind terminal differenzierte Zellen - oder was von diesen übrig geblieben ist. Sie sind das Endprodukt einer Zellinie und haben die meisten Zellorganellen verloren, bei Säugern sogar den Zellkern. Dafür besitzen sie eine Menge an Hämoglobin, das den Gasaustausch in den Geweben und Atmungsorganen ermöglicht. Ehe diese Zellen im Blut zirkulieren, haben sie einen stufenweisen Differenzierungsprozeß durchgemacht, bei dem innerhalb von 10 Tagen in Knochenmark und Milz mehrere Zwischenstufen durchlaufen werden. Diese Differenzierung ist ein gradueller Prozeß, bei dem die Luxusmoleküle, d.h. Hämoglobin, pro Zelle allmählich an Menge zunehmen.

In der Embryogenese bilden sich die verschiedenen Blutzellen (Erythrocyten, Leukocyten, Makrophagen, Thrombocyten, Lymphocyten, u.a.m.) vom Mesoblastem, vielleicht aus einer einzigen Stammzelle. Dafür sprechen folgende Beobachtungen, die wiederum an Maus-Chimären gemacht wurden. Die beiden Elternstämme unterscheiden sich in einem Enzym, das in zwei allelen Formen, A und B, vorkommt. Es zeigt sich, daß bei allen Mäusen, die sich aus zusammengesetzten Blastocysten mit A- und B-Blastomeren entwickeln, alle Blutzellen entweder nur die Enzymform A oder nur B besitzen. Gäbe es zwei Stammzellen, so wäre die Wahrscheinlichkeit, daß in einem Mosaiktier beide Stammzellen entweder vom Typ A oder Typ B sind, $1/2^1$. Die Wahrscheinlichkeit, daß von zehn Mäusen alle zehn immer nur einen Typ Blutzellen enthalten, wäre dann $1/2^{10}$ (ca. 10^{-3}). Dies widerspricht deutlich den Beobachtungen, zumal diese an mehr als nur zehn Mäusen erhoben wurden. Damit scheint erwiesen, daß ein ganzes Gewebe, denn Blut ist ein flüssiges Gewebe, klonal aus einer Stammzelle entstehen kann.

Unklar ist noch, ob diese Stammzelle jede der vielen Blutzellinien direkt nacheinander aus sich hervorgehen lassen kann, oder ob bei jeder differentiellen Mitose jeweils nur zwei entstehen. Im ersten Fall wäre sie die einzige, bisher bekannte "pluripotente Stammzelle" überhaupt. Im anderen Fall müßten sich in mindestens n-Teilungsschritten jeweils wieder n-Stammzellen etablieren, von denen sich dann alle n-Zelltypen des Blutes herleiten.

A
B
C
Stammzelle
(pluripotent)
A
B
C
X
Stammzellen
(bi-potent)

Eine cytogenetische Beobachtung scheint für die Pluripotenz der Stammzelle zu sprechen: In einem Fall hat man in einem Individuum ein und dieselbe Chromosomenanomalie bei mindestens drei Blutzelltypen gefunden. Es ist sehr viel wahrscheinlicher, daß diese Mutation nur einmal in einer pluripotenten Stammzelle geschehen ist, als dreimal nebeneinander in drei verschiedenen Zellen (den dann jeweils unipotenten Stammzellen für je einen Blutzelltyp). Es könnte allerdings sein, daß die eine einzige Blutstammzelle, die durch die Maus-Chimären klar erwiesen ist, sehr viele Proliferationscyclen durchläuft, ehe sich Stammzellen für die anderen Blutzelltypen etablieren. Dann könnten zwischen dem ersten und dem zweiten der postulierten "quantal cycles" vielleicht doch zweimal Chromosomenbrüche am gleichen Ort wie in der Blutstammzelle passiert sein.

Wie wir unten sehen werden, ist das Konzept der pluripotenten Stammzelle, gegenüber dem des pluripotenten Systems, von erheblicher theoretischer Bedeutung.

Die Linie der roten Blutzellen leitet sich von Stammzellen ab, die determiniert sind, sich einmal zu Erythrocyten zu entwickeln. Dies geschieht über eine Serie von Mitosen, die von dem Hormon Erythropoeitin ausgelöst werden, indem es die Erythrocytenstammzelle von der G_0- in die G_1-Phase überführt. Hierdurch wird sie zur Teilung angeregt und produziert Pro-Erythroblasten. Diese können durch das selbe Hormon ebenfalls zur Proliferation gebracht werden, so daß viele Erythroblasten entstehen. Diese schließlich produzieren viele Ribosomen (daher sind sie basophil) und beginnen, Globin-mRNA zu akkumulieren sowie Globinprotein zu synthetisieren. Von dieser Zeit an vermehren sich die Zellen autonom, d.h. ohne Hormonstimulation, wobei nacheinander drei verschiedene Erythroblastengenerationen entstehen, die immer mehr auf die Produktion von Globin spezialisiert sind. Schließlich wandelt sich der Erythroblast in die Reticulocyte um.

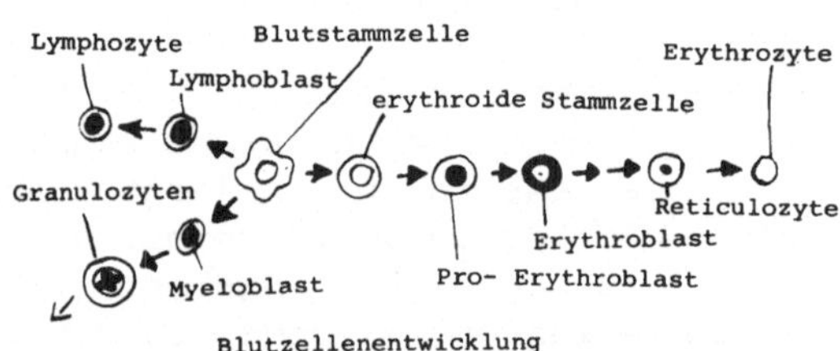

Blutzellenentwicklung

Erst dieser Zelltyp kann sich nicht mehr teilen, aber noch eine zeitlang Globin produzieren. Dagegen kann er keine Globin-mRNA mehr herstellen, da sein Chromatin, vermutlich durch das Histon H5, kondensiert worden ist. Danach nimmt die gesamte Proteinsyntheseaktivität rapide ab, und die inneren Zellstrukturen werden aufgelöst. Hierdurch wird die Reticulocyte in den terminal differenzierten Erythrocyten überführt, der dann ca. 3 Monate im Blut eines Menschen zirkuliert.

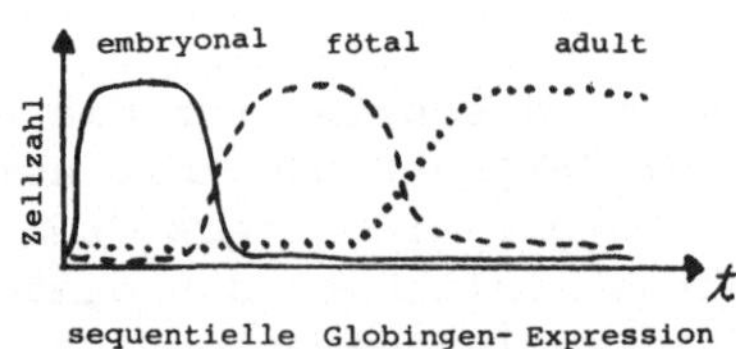

sequentielle Globingen- Expression

Die Proliferation und Reifung der Erythrocyten geschieht im Laufe der Embryonalentwicklung an drei Stellen: beim Embryo im Dottersack, beim Fötus in der Leber und beim adulten Tier - wie beschrieben - im Knochenmark und in der Milz. Vermutlich handelt es sich um drei verschiedene Zellklone, d.h. Abkömmlinge von drei verschiedenen Erythrocytenstammzellen, die determiniert sind, das spezifische Muster von embryonalen, fötalen und adulten Globingenen zu exprimieren, d.h. verschiedene Kombinationen der α-Kette mit jeweils anderen Globinketten herzustellen.

Hormonstimulation und Mitosen sind für die normale Entwicklung dieser Zellinie notwendig; da BUDR die Differenzierung verhindert, hat man auch hier "quantal cell cycles" angenommen.

Halten wir zunächst einmal fest, daß die roten Blutzellen als ein Zellklon ein und dasselbe Differenzierungsmerkmal unterschiedlich intensiv ausprägen können, also nicht in einem einzigen Schritt vom protodifferenzierten in den differenzierten Zustand übergehen.

Die Analyse der letzten Entwicklungsschritte dieser Zellinie hat durch in vitro Versuche eine beträchtliche Vertiefung erfahren. Diese erstreckt sich von der Translationskontrolle des Hämoglobins im Erythroblasten über die Regulation der Akkumulation der Globin-mRNA im Erythroblasten, der Struktur des Globingens und seine mögliche Manipulierung bis hin zum Mechanismus der Auslösung des Differenzierungsvorganges selbst. Gehen wir der Reihe nach vor:

Leukämie ist ein Krebstyp von Blutzellen, bei dem die Erythroblasten sich laufend vermehren, aber niemals ihr Differenzierungsprogramm einschalten. Die drei typischen Merkmale, die gesteigerte Produktion von Hämoglobin, Häm im Cytoplasma und Spektrin in der Zellwand, fallen infolgedessen aus. Diese Situation kann man auch experimentell herbeiführen, indem man Blutzellen durch ein Virus (Friend-Virus) transformiert. Friend-Zellen können jedoch durch Zugabe von Substanzen wie Buttersäure oder DMSO zur Differenzierung gebracht werden, und sie entwickeln dann die drei typischen Merkmale der roten Blutzellen.

Im Verlauf dieser in vitro Differenzierung vom Pro- zum Erythroblasten beobachtet man eine Serie von Veränderungen. Zunächst erfolgt eine bessere Aggregation der Zellen nach Gabe des Pflanzenlectins ConA. Da die Anzahl der Lectinrezeptoren unverändert bleibt, deutet dies auf eine Erstarrung der Membran hin. Gleichzeitig nimmt die Zelle leichter Aminosäuren und Phosphat auf. Der nächste Schritt ist eine DNA-Replikation. Ihre Notwendigkeit zeigt sich in der Differenzierungsblockade durch BUDR. Danach kommt es, im Vergleich mit unbehandelten und unstimulierten Zellen, zu einer verlängerten G_1-Phase, und während dieser Periode beginnt die Akkumulation von Globin-mRNA. Diese Ansammlung ist so enorm, daß sie, durch in situ Hybridisierung im Cytoplasma mit cDNA, im Autoradiogramm direkt sichtbar gemacht werden kann.

Der Effekt des DMSO ist unklar, möglicherweise hat das Auftreten von Einzelstrangbrüchen in der DNA etwas mit der Differenzierungsauslösung zu tun. Formal kann man etwa folgendes sagen: Die Virusinfektion verhindert die Differenzierung, erlaubt aber die Proliferation, während DMSO (und andere Stoffe) das Wachstum blockieren, aber die Differenzierung gestatten.

Außerdem sind weder die Membranpermeabilitätsänderungen noch die verlängerte G_1-Phase essentiell, denn es sind Zellstämme isoliert worden, die, ohne diese Merkmale zu besitzen, ebenfalls zur Differenzierung stimuliert werden können. Steroidhormone haben zusammen mit DMSO eine selektive Wirkung auf die Expression des Globingens: Während die übrigen Gene in ihrer Expression nicht beeinflußt werden, sind die Globingene bis zu 90% gehemmt. Diese Hormonwirkung ist noch unklar.

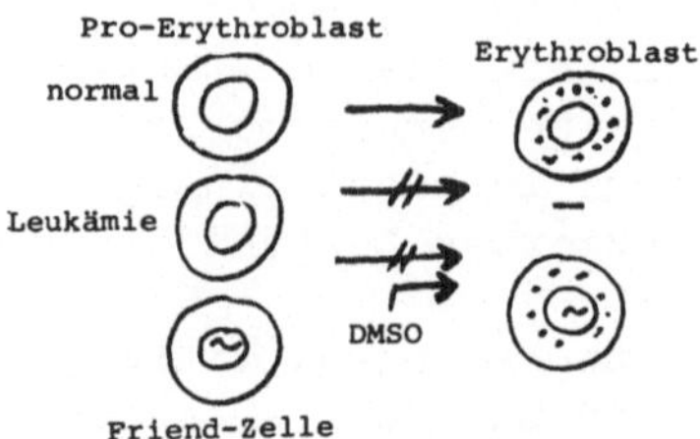

Dennoch liegt in diesen transformierten Blutzellen ein wichtiges Modell vor, denn es könnte sich um einen quantal cell cycle handeln, der sich in vitro genau analysieren lassen wird.

Die Untersuchungen zur Regulation der Expression der Globingene haben einige wichtige Ergebnisse gebracht. Die Transkription des α-Globingens führt zu einem Molekül von 9S, das fast die gleiche Länge hat wie die entsprechende mRNA. Das β-Globingen dagegen transkribiert einen Vorläufer von 15S, der durch Spleißen zur mRNA von 9S (= 1/4 der Länge des Primärtranskripts) prozessiert. Die entsprechende DNA-Sequenz dieses Strukturgens wurde durch Klonieren charakterisiert. Es ist 1420 BP lang und besitzt zwei Insertionen. Der Anfang des Gens (das 5'-Ende) ist bei Kaninchen und Maus sehr ähnlich. Die übrigen Sequenzen, insbesondere die Insertionen, sind es nicht.

Besonderes Interesse hat die Expression des β-Globingens gefunden. Die Vorläufer-RNA läßt sich innerhalb von 15 min voll markieren. Ihre Halbwertszeit beträgt 2,5 min im Zellkern und 17 h im Cytoplasma, d.h. die Moleküle sind im Cytoplasma labiler als die übrige mRNA, die eine Halbwertszeit von 35 h hat. Der Anteil der Globin-mRNA-Sequenzen an der gesamten Kern-RNA in stimulierten Friend-Zellen (ermittelt nach Langzeitmarkierung, d.h. im Gleichgewicht) beträgt 0,01%, das ist 10 mal mehr als der "back-ground", den man bei Hirnzellen mit 0,001% gemessen hat. Bei Kurzzeitmarkierung von 15 min steigt der Anteil auf 0,1% an. Im Cytoplasma dagegen macht die Globin-mRNA über 90% der Gesamt-mRNA aus. Dies zeigt einen effizienten Akkumulationsmechanismus an, der, bei gleichbleibender Prozessierungsrate und sogar gesteigertem Abbau im Cytoplasma, zu einer 1000fachen selektiven Anreicherung der Globin-mRNA führt.

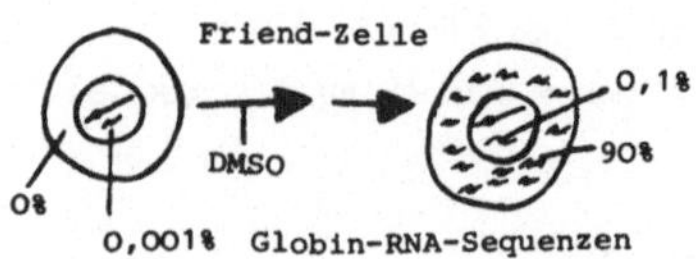

Vergleicht man die Transkriptionsintensität, d.h. die Zahl der elongierenden RNA-Polymerasemoleküle, nach kurzer Stimulierung mit DMSO, so findet sich ein bis 20fach höherer Wert in den Kernen aus stimulierten Zellen. Dies bedeutet, daß eine Transkriptionsregulation ebenfalls an der Expression dieses Gens beteiligt ist. Aus diesen Werten hat man errechnet, daß ein aktivierter Erythroblast im Cytoplasma ständig über ca. 10.000 Globin-mRNA-Moleküle verfügt.

Nachdem man die Feinstruktur eines Gens (hier des β-Globingens) soweit kennt, ist es jetzt möglich, in der Genetik ganz andere Wege zu gehen. Man stellt sie sozusagen auf den Kopf (reverse genetics). In der klassischen Genetik wird, z.B. bei den Mikroorganismen, zunächst ein Merkmal durch zufällige Mutation verändert. Anschließend wird das entsprechende Individuum durch Selektionsmethoden isoliert und kloniert. Dann kann man entweder durch Kreuzungsanalyse den Genort im Genom lokalisieren und das Gen kartieren, oder aber das Gen wird nach *in vitro* Rekombination und Amplifikation durch Plasmide oder Viren einer genauen Strukturanalyse durch DNA-Sequenzierung zugängig.

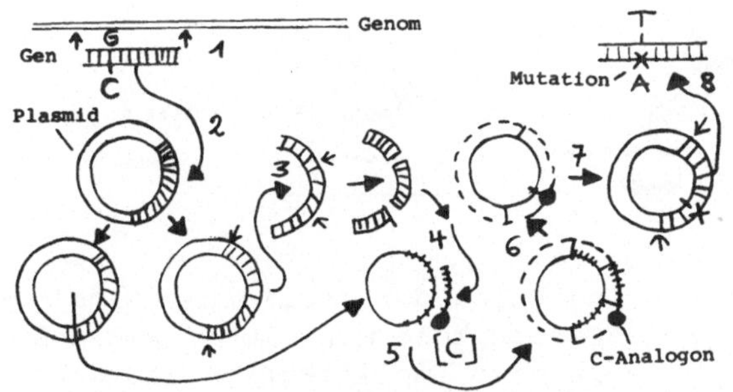

1) Isolieren 2) Amplifizieren 3) Zerschneiden
4) Hybridisieren 5) in vitro replizieren 6) transferieren
7) in vivo amplifizieren 8) gerichtete Mutation isolieren

Reverse-Genetik

Bei den Eukaryonten geht das schlecht, denn deren Genom ist so groß, daß eine ganz bestimmte Mutation sehr selten eintreten wird, und wenn sie geschehen ist, wird sie in Diplonten meist nicht exprimiert, und mutierte haploide Eukaryonten sind oft letal. Also geht man umgekehrt vor. Was an Bakteriophagen bereits klar nachvollzogen wurde, stellt sich als Frage für das Hämoglobingen etwa so: Was passiert, wenn man im Strukturgenabschnitt, in einer Insertionssequenz (oder im noch hypothetischen Regulationssegment) ein einziges Nucleotid, sagen wir C, gegen ein anderes, z.B. A, austauscht, d.h. eine gezielte Punktmutation setzt? Dies ist durch folgende "engineering-Schritte" möglich: Das klonierte Gen, dessen Basensequenz genau bekannt ist, wird in Restriktionsfragmente zerlegt. Das Fragment, das an der gewünschten Stelle geschnitten wurde, wird isoliert, denaturiert und in vitro mit einem Plasmid hybridisiert, das ein Globingen enthält, und das zuvor ebenfalls zum Einzelstrang-Ring denaturiert wurde. Dann bindet sich das ausgewählte Restriktionsstück durch Basenpaarung an den DNA-Ring, und es fungiert als Primer für die DNA-Polymerase I. Man gibt diesem Enzym aber einen falschen DNA-Baustein (ein CTP-Analogon). Wenn aber dieser eingebaut wird, kann die DNA-Kette nicht weiter verlängert werden. Danach gibt man den richtigen Baustein (dCTP) und die übrigen drei (dATP, dGTP und TTP). Nun wird die DNA weiter verlängert, d.h. es wird an der Globinsequenz im Plasmid ein DNA-Strang mit der Globinsequenz synthetisiert, der an einer bekannten Stelle eine einzige falsche Base enthält (site-directed mutagenesis). Wird dieses Plasmid nun im Bakterium vermehrt, hält die DNA-Polymerase das C-Analogon aufgrund seiner Struktur nicht für ein C, sondern für ein T. Daher wird an der Stelle, wo natürlicherweise ein G an die Reihe käme, jetzt ein A eingesetzt, und die Punktmutation ist perfekt. Das klingt einfacher als es ist, aber es funktioniert. Wie kann man diese Strukturveränderung auf ihre funktionelle Wirkung prüfen? Es gibt drei bereits begangene Wege: Zuerst kann man das manipulierte Gen in ein Virus, z.B. SV 40, einpflanzen und in den damit infizierten Gewebekulturzellen enorm (10^6fach) vermehren, bis die Zellen "rot" werden, d.h. Globinprotein produziert haben. Allerdings werden bei diesem Verfahren viele Steuerprozesse vom Virusgenom übernommen.

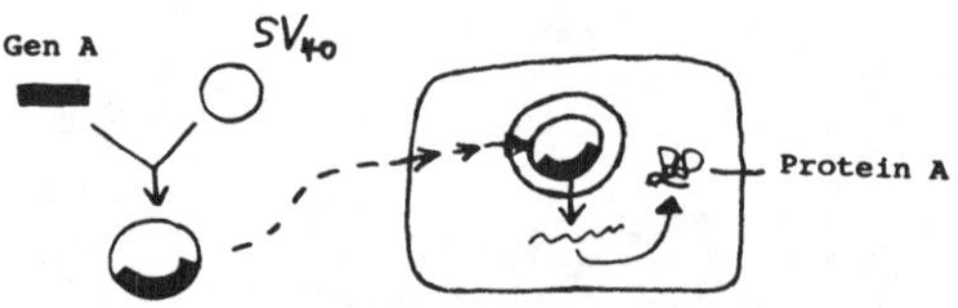

Der zweite Weg ist die Injektion der isolierten Globingene in Zellkerne von *Xenopus*-Oocyten. Danach kann man Globin-RNA-Sequenzen nachweisen. Hier ist aber eine in vivo Amplifikation des Gens, wenn überhaupt, sehr gering, und die Oocyte verfügt über einen ganzen Satz noch unbekannter Regulationsmechanismen, die vieles erlauben, was wahrscheinlich bei Körperzellen nicht mehr möglich ist und dem Experimentator doch wichtige Aufschlüsse über die Gentranskription gibt.

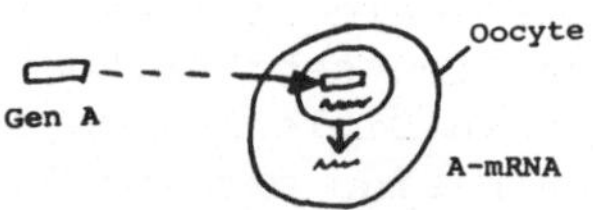

Der dritte Weg ist die Transfektion von Gewebekulturzellen der Maus mit dem isolierten Gen. Um die wenigen Zellen zu erkennen, in denen dies gelungen ist, muß man folgenden Mikrozoo gründen: Als erstes wird ein Markergen an das Globingen gekoppelt. Dies geschieht durch Kombination eines Thymidinkinasegens der Hefe mit dem Globingen aus dem Kaninchen über zwei Plasmide. Dann wachsen im Selektionsmedium, z.B. in Anwesenheit von Anisopterin, nur die Zellen, die das TK-Gen und mit ihm das Globingen erhalten haben. Diese Zellen lassen sich weiter züchten und man findet, daß die Mäusezellen Kaninchenglobin-mRNA produzieren und, was noch wichtiger ist, auch die entsprechenden Vorläufer-RNA-Moleküle.

Nun könnte man versuchen, das System zu vereinfachen und die kostspieligen Säugerzellen durch einen einfachen Eukaryonten, z.B. Hefe, zu ersetzen, den man als Wirt und Globinproduzenten verwendet. Das führte zu einer Überraschung, denn das Prozessieren der Prä-Globin-mRNA funktioniert in der Hefezelle nicht. Offensichtlich besitzt sie kein funktionstüchtiges Splicing-System für Säuger-RNA, sicher kein unwichtiger Nebenbefund.

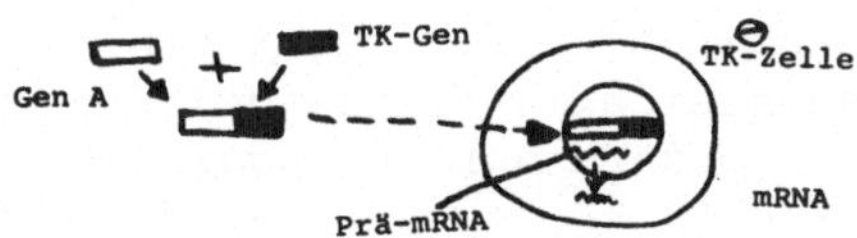

Man darf mit Spannung erwarten, welche Folgen gezielte Punktmutationen für die Expression dieses heute wohl am besten bekannten Strukturgens haben werden.

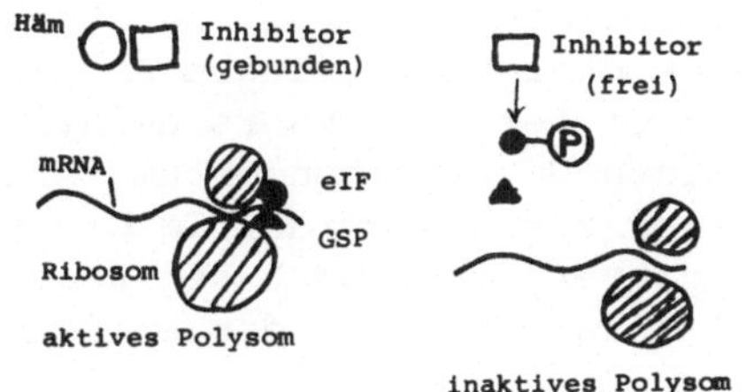

Schließlich hat man an den roten Blutzellen eine wirksame, hochkomplizierte Translationskontrolle analysieren können, die wenigstens im Überblick geschildert sein soll: Fertige Globin-mRNA wird in den Reticulocyten nur in Anwesenheit von Häm translatiert. Das Häm bindet an einen Translationsinhibitor und macht diesen unwirksam. Ist er wirksam, so zerfallen die Polysomen. Dieser Inhibitor ist ein Enzym (eine cAMP-unabhängige Kinase), das, wenn es aktiv wird, ein wichtiges Steuerglied der Proteinbiosynthese, den *eIF* (Eukaryonteninitiationsfaktor der Translation) phosphoryliert. Dieser Faktor aber ist nur dann wirksam, d.h. Globin kann nur dann translatiert werden, wenn er durch einen Stimulationsfaktor (GSP, Globin stimulating protein) aktiviert wird. Dieser wiederum aktiviert den *eIF* aber nur, wenn er nicht phosphoryliert ist, kurz: Häm erlaubt im Reticulocyten, daß der GSP-*eIF*-Komplex die Initiation der Globin-mRNA-Translation am Polysom ermöglicht. Das ist noch nicht das Ende: Wenn nun von einer der beiden Globin-mRNA-Spezies, α oder β, zuviel Globin translatiert wird, entfernt eine spezifische Protease den Überschuß, damit der fertige funktionstüchtige Hämoglobinkomplex aus dem Häm und je zwei α- und β-Ketten entstehen kann.

5.4 Muskel- und Knorpelzellen

Muskel, Knorpel und Bindegewebe, d.h. Myo-, Chondro- und Fibroblasten, leiten sich vom Mesoblastem ab.

Knorpelzellen sind für die biochemische Analyse ihrer Luxusmoleküle sehr geeignet, weil sie Chondroitinsulfat und Kollagen nach außen abgeben. So ließ sich zeigen, daß diese Substanzen mit ähnlichen, die in frühen Entwicklungsstadien von Chorda- und Neuralrohrzellen produziert werden, nicht identisch, also spezifisch für diesen Zelltyp sind. Die Chondroblasten können sich in vitro ausdifferenzieren, allerdings nicht als Einzelzellen, sondern nur als Aggregat. Wenn man aus einer Zelle einen Klon heranzieht, beobachtet man die Sekretion der typischen Matrixsubstanzen zuerst in der Mitte, wo die Zellen am dichtesten liegen. Vom Chondroitinsulfat geht eine positive Rückkoppelung auf dessen Produktion aus. Nach enzymatischer Degradation des extracellulären Produktes wird die Sekretion gestoppt, und nach erneutem Zusatz dieses Produktes zum Medium wird seine Sekretion verstärkt.

Muskelzellen besitzen mindestens acht spezifische Luxusproteine, insbesondere die leichten und schweren Myosinketten, die sich von denen anderer Zelltypen unterscheiden. Außerdem zeigt dieser Zelltyp im differenzierten Zustand eine charakteristische Anordnung der Actin- und Myosinfilamente zu einem Gitter, das wahrscheinlich durch Selbstaggregation entsteht. Das zeigen Untersuchungen am Herzmuskel, der durch Trypsin in einzelne Zellen zerlegt wurde. In den so isolierten Zellen zerfällt das Aktomyosingitter, aber nach der Reaggregation der Zellen bildet es sich auch bei einer Blockade der Proteinbiosynthese wieder aus.

Quergestreifte Muskelfasern (Myotuben) enthalten viele Zellkerne. Sie könnten entweder durch wiederholte Kernteilung ohne Zellteilung entstanden sein (also Plasmodien) oder aber durch Zellfusion (Syncytien). Hier geben Beobachtungen an Chimären eine klare Antwort. Es wurden Blastomeren von Embryonen zweier Mäusestämme fusioniert, die sich durch ein Isoenzym unterscheiden. Die NADP-Isocitratdehydrogenase der Mäuseeltern besteht aus zwei identischen Untereinheiten, entweder aus AA oder BB. Als einziges Gewebe des rekonstituierten Embryos enthalten quergestreifte Muskeln auch das Hybridenzym AB, d.h. die Zellkerne mit den Genen A und B müssen im selben Cytoplasma exprimiert werden. Folglich entstehen die Muskelfasern durch Zellfusion.

Auch in vitro kommt es zur Entwicklung der Myotuben aus Muskelzellen, sogar aus einem Zellklon. Die Ausbeute an fusionierten Zellen wird durch Zusatz von konditioniertem Medium (d.h. Medium, in dem zuvor Muskelzellen kultiviert wurden) erhöht, aber auch durch Zusatz von Kollagen, dem Produkt der Knorpelzellen. Die Zellfusion in vivo ergibt eine langgestreckte Myotube, in vitro dagegen meist ein sternförmiges Gebilde. Aus Hühnerembryoextrakt wurden zwei Faktoren isoliert. Der eine stimulierte die Fusion, der andere die polare Streckung der fusionierten Zellen, vermutlich durch die Aktivierung von

MTOC im Cytoplasma, wodurch Mikrotubuli gebildet werden und sich entsprechend anordnen.

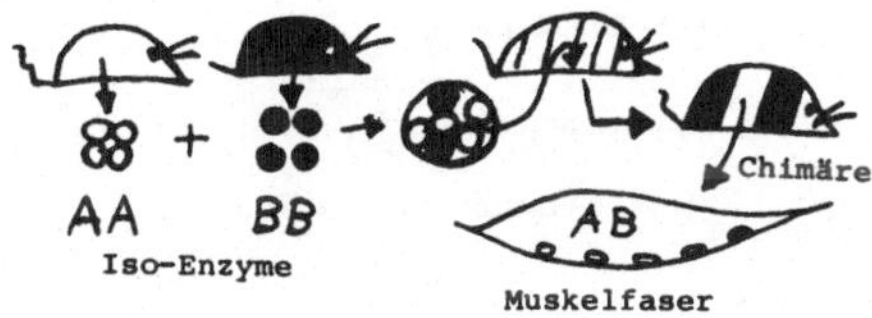

In Abwesenheit von Calciumionen kommt es nicht zur Fusion der Muskelzellen des Hühnchens, und die Markerproteine akkumulieren auch nicht. Wird Calcium zugegeben, so fusionieren die Zellen, und es kommt zu einer koordinierten Akkumulation aller muskelspezifischen mRNA-Populationen und dementsprechend zu einer intensiven Synthese der entsprechenden Proteine. Bei Amphibienlarven dagegen, z.B. im Schwanz der Kaulquappe, entstehen funktionstüchtige Muskeleinzelzellen.

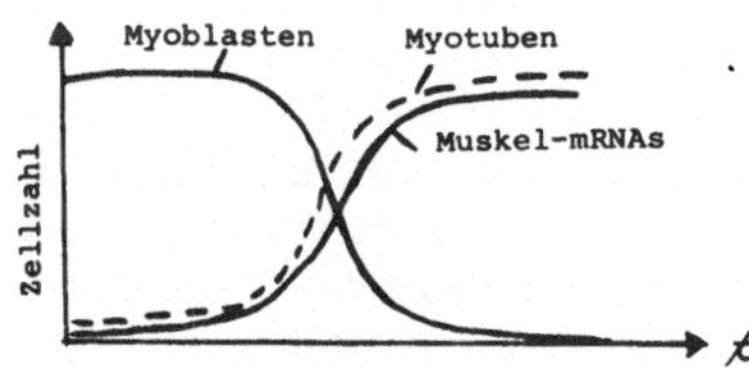

Die Myoblasten der Säugerembryonen lassen sich in Kultur beliebig lange Zeit vermehren, oder aber durch Fusion zur Differenzierung bringen, je nachdem ob man sie in einem reichhaltigen oder armen Medium kultiviert. Das bedeutet, daß Zellfusion kein spezifisches Merkmal des Determinationszustandes "Muskel" ist.

Fibroblasten haben ein hohes Proliferationspotential, sie eignen sich gut für Zellwachstumsstudien (s. oben) und lassen sich von den beiden anderen Zelltypen recht gut unterscheiden.

Aufgrund von Experimenten mit diesen drei Zellsorten wird derzeit die Kernfrage der Differenzierungsforschung heftig diskutiert: Geschieht die Differenzierung aufgrund äußerer oder innerer Faktoren? Die Verfechter der "extrinsic" Faktoren unter den Zellforschern haben etwa folgende Vorstellung: Eine undifferenzierte Zelle wird durch einen spezifischen Induktor in eine spezifisch differenzierte Zelle transformiert, und zwar, je nach Induktor, unmittelbar in eine Muskel-, Knorpel- oder Bindegewebszelle. In diesem Fall gäbe es eine einzige Vorläuferzelle (eine pluripotente Stammzelle), und der Induktor instruiert die Abkömmlinge dieser Zelle, was aus ihnen werden soll. Die Alternative lautet: Die Vorläuferzelle ist bereits programmiert (determiniert) und benötigt nur einen Anstoß, ihr Programm zu realisieren. Dann haben innere Faktoren bereits vorher die möglichen Programme festgelegt, und der Induktor bevorzugt eines vor dem anderen. In diesem Fall wirkt der Induktor permissiv und nicht instruktiv.

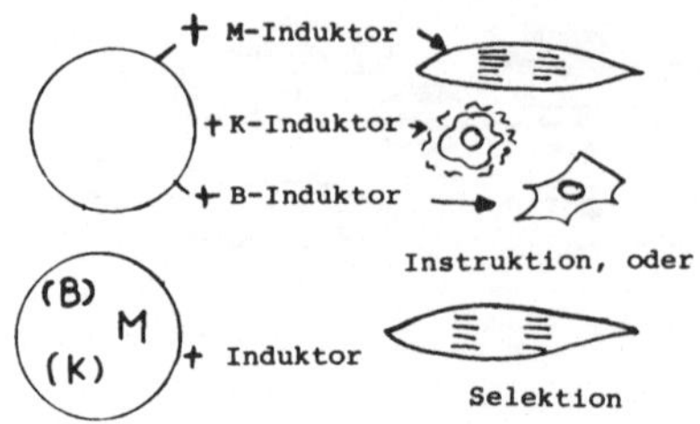

Es ist nie gelungen, von embryonalen Geweben (wie z.B. der Beinknospe oder den Somiten des Hühnchens) aus einer einzigen Zelle, bzw. dem daraus gezüchteten Klon, alle drei Zelltypen - Muskel, Fibroblasten und Knorpel - in vitro zu differenzieren. Regelmäßig findet man Muskel und Fibroblasten, oder Knorpel und Fibroblasten, aber nie Muskel und Knorpel als Nachkommen einer Zelle vor. Es scheint also, als hätten die Vorläuferzellen nur zwei Möglichkeiten zur Differenzierung: Sie sind nicht pluri- sondern höchstens bipotent.

Weiter hat man gefunden, daß nach Blockierung der DNA-Synthese (durch FUDR) oder der Mitose (durch Colchicin), aber auch nach Substitution von Thymidin durch BUDR während der S-Phase die Differenzierung ausbleibt. Aus diesen beiden Beobachtungen wurde das quantal cell cycle-Konzept abgeleitet. Es besagt, daß eine Zelle, um von einem Differenzierungszustand zu einem anderen zu gelangen, einen spezifischen Zellcyclus durchlaufen muß. Die Embryonalentwicklung ist eine Reihung von zeitlichen Abschnitten, Kompartimenten, wie z.B. Zygoten-, Blastula-, Blastem- und Mesenchymzellenstadium, die eine Zelle - genauer eine Zellinie - durchlaufen muß, ehe sie terminal differenziert wird und dann noch später abstirbt. Innerhalb eines Kompartiments hat sie die Möglichkeit zu proliferieren; um aber in das nächste Kompartiment zu gelangen, muß wieder ein "quantal cell cycle" eingeschaltet werden. Erst dadurch werden ihr zwei neue Entwicklungsmöglichkeiten eröffnet.

Für unser Beispiel gilt, daß sich die Mesenchymstammzelle nicht unmittelbar in einem Schritt in Muskel- oder Knorpelzelle differenzieren kann. Vielmehr entsteht aus ihr zunächst eine Stammzelle für Prä-Myoblasten und Fibroblasten und eine andere Stammzelle für Prä-Chondroblasten und Fibroblasten. Nach diesem Schritt existieren keine Zellen mehr, die dem vorangegangenen Kompartiment angehören. Im nächsten Kompartiment entsteht aus der ersten Stammzelle eine Stammzelle für den Promyoblast und ein fertiger Fibroblast, aus der anderen Stammzelle ein Chondroblast und ein Fibroblast. Offensichtlich stammen also die Fibroblasten von zwei Zellinien ab. Im nächsten Kompartiment wird aus dem Promyoblast ein Myoblast. Erst diese Zelle kann die typische Muskelorganisation annehmen; Zellen aus früheren Kompartimenten können es nicht.

In allgemeiner Form besagt dieses Konzept, daß es keine undifferenzierten Zellen gibt, und daß damit die Suche nach instruierenden Differenzierungsfaktoren gegenstandslos ist; eine Zellinie hat stets binäre Entscheidungen zu treffen (pluripotente Stammzellen gibt es nicht). Demnach wären die Reaktionsmöglichkeiten einer alten und einer jungen Zellinie gleichwertig: Beide können nur ja oder nein sagen, nur die Fragen ändern sich mit der Zeit. Das bedeutet aber auch, daß eine Blastomere, um ihren Differenzierungsschritt zu machen, nicht mehr Gene benötigt als ein Myoblast im fertigen Menschen. Damit wird der "quantal cell cycle" zu einem Auslöser für ganze Entwicklungsprogramme, nicht nur für die Synthese einzelner Luxusproteine. Die Differenzierungsfaktoren (wie pH-Wert, Calcium, Hormone oder Proteine) betätigen diesen Auslöser (master switch), der vielleicht immer der gleiche ist.

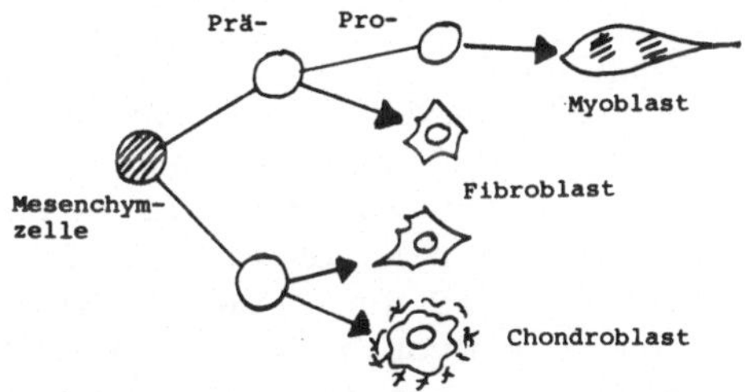

Das hätte zwei wichtige Konsequenzen: Einmal ließe sich an leicht zugängigem Material, wie den Muskelzellen, ein grundsätzliches Phänomen der frühen Embryonalentwicklung erklären. Zum anderen muß man streng zwischen der Auslösung eines Differenzierungsschrittes und dem Programmieren dieses Schrittes trennen. Das Programmieren kann aufgrund äußerer Faktoren allein nicht verstanden werden, vielmehr muß man auf den jungen Embryo zurückgreifen.

Diese Unterscheidung ist uns durch die Untersuchungen an Imaginalscheiben von *Drosophila* geläufig: Sie werden im Blastodermstadium determiniert, aber erst in der Imago differenziert, und dazwischen liegen viele proliferative Mitosen, deren Zahl experimentell stark vergrößert werden kann. Zu vergleichbaren Ergebnissen kommt man bei den Zellinien des Hühnchens, die zu Knorpel- und Muskelzellen führen und hier durch das RNA-haltige Virus RSV (Rous-Sarkoma-Virus) transformiert wurden, dessen Information nach Reversetranskription in das Wirtszellgenom integriert wird. Betrachten wir eine ts-Mutante, bei der das Transformationsgen durch Temperaturänderungen um $4^{o}C$ nach Belieben an- und ausgeschaltet werden kann. In der permissiven Temperatur benehmen sich die Zellen wie Krebszellen: Sie proliferieren, aber sie differenzieren sich nicht. Bei der nicht-permissiven Temperatur verlassen die Zellen den Zellcyclus: Sie werden postmitotisch und differenzieren sich zu Myotuben oder Knorpelzellen, d.h. sie benehmen sich nicht mehr wie Krebszellen. In der Tat gibt es keinen Krebstyp, bei dem die Zellen Merkmale terminaler Differenzierung zeigen wie Hämoglobin oder Muskelmyosin. Wenn man diese ausdifferenzierten

Zellen wieder in die permissive Temperatur bringt, dann sterben sie ab. Sie können offensichtlich nicht mehr in den Zellcyclus zurück. Solange das Transformationsgen angeschaltet ist, können die transformierten Vorläuferzellen proliferieren, aber eine Muskellinie bleibt Muskellinie und wird nicht zu Knorpel, d.h. die Determination ist stabil: Die transformierten Zellen sind unipotente Stammzellen.

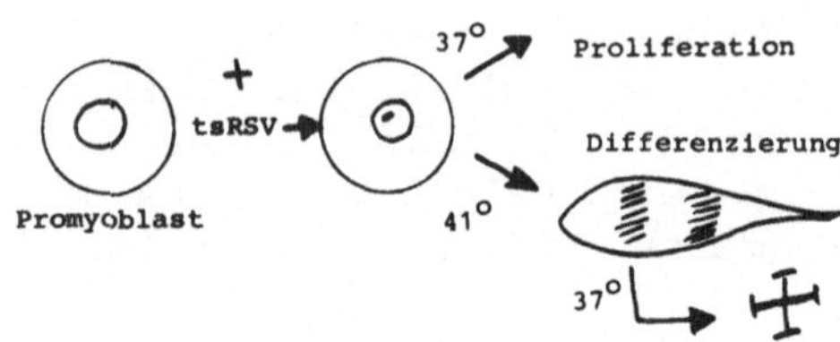

Die Wirkung des Virus kann durch PMA (ein Phorbol-Ester), einen potenten Krebspromotor, kopiert werden und - wie wir gesehen haben - durch BUDR. Dabei zeigt sich, daß der Übergang vom Promyoblasten zum Myoblasten und der vom Myoblasten zur Myotube verschieden reguliert ist: Beim ersten Schritt wird durch den Phorbol-Ester als Mitogen ein quantal cell cycle ausgelöst, und der BUDR-Effekt ist irreversibel; beim zweiten Schritt, wenn die Myoblasten den Zellcyclus bereits verlassen haben, wirkt der Phorbol-Ester hemmend auf die Fusion, und der BUDR-Effekt ist reversibel.

In der Normogenese könnten die permissiven Induktionsfaktoren bewirken, daß die Stammzellen sich nicht nur dauernd vermehren, sondern sich asymmetrisch teilen und die Zellinie in das nächste Kompartiment befördern. Sie bestimmen, wie die eine oder die andere der beiden Alternativen, z.B. Myo- oder Fibroblast, Chondro- oder Fibroblast, realisiert wird. Wie das geschieht ist unbekannt, aber damit könnte die Differenzierung von Zellen ein probabilistisches Ereignis sein, das in Zellpopulationen, nicht aber an "der Zelle" studiert werden muß. Wir wissen aus den BUDR-Versuchen, daß die DNA-Synthese notwendig ist und daß der neue Differenzierungszustand stabil ist. Möglicherweise ist dabei die DNA einer probabilistischen Modifikation unterworfen, etwa inform einer lokalen Überreplikation. Es wurden quantitative Veränderungen im Anteil der mittelrepetitiven DNA-Sequenzen bei der Knorpeldifferenzierung beschrieben. Die Änderung der DNA-Zusammensetzung bei der Zelldifferenzierung wäre gewiß ein "innerer Faktor" (wie bei der Evolution), und die weitere Feinanalyse der DNA verschiedener Zellinien während der Embryogenese wird zeigen, ob dies wirklich zutrifft.

Dagegen ist unbestritten, daß die charakteristischen, sichtbaren Merkmale differenzierter Zellen, z.B. die typischen Proteinspektren, das Resultat selektiver Genexpression sind. Über die Akkumulation von mRNA und die zunehmende Synthese der entsprechenden Proteine haben wir einiges gehört. Aber wie werden einzelne Gene angeschaltet? Dies zu verstehen ist der Kern jeder Differenzierungshypothese. Aber warum in den verschiedenen Geweben verschiedene Gene exprimiert werden, wissen wir nicht. Über das Wie der Genexpression hat man zahlreiche Beobachtungen machen können. Hierzu möchten wir ein weiteres Modellsystem vorstellen, den Hühncheneileiter, und die Analyse der Riesenchromosomen etwas vertiefen.

5.5 Regulation der Genexpression

5.5.1 Beobachtungen am Hühncheneileiter und an Riesenchromosomen

Die folgenden Beispiele geregelter Genexpression wurden an differenzierten Zellen erarbeitet und können daher über Ursachen und Verlauf der Differenzierung keine Ergebnisse bringen. Dies sei noch einmal wiederholt, da hier oft Mißverständnisse zwischen Biochemikern und Biologen entstanden sind. Nach der oben eingeführten Terminologie von Determination, Protodifferenzierung, Differenzierung und Modulation handelt es sich etwa um den letzten Prozeß.

Bei der Henne gehört dazu die Synthese der für den Eileiter typischen Proteine aufgrund einer Induktion durch Hormoninjektionen. Durch tägliche primäre Injektionen von Östrogen und Östradiol wird zunächst eine vorzeitige Reifung des Eileiters in jungen Hühnchen ausgelöst. Dadurch differenzieren sich Stammzellen seines Epithelgewebes in drei Typen: in Drüsenzellen (in denen Ovalbumin, Conalbumin und Lysozym produziert wird), etwas später in Flimmerzellen und noch später in die Becherzellen (in denen das Avidin produziert wird). Danach wird kein Hormon mehr injiziert, und der Eileiter hört auf, die entsprechenden Proteine zu produzieren. Dies ist die Ausgangssituation. Erneute, d.h. sekundäre Hormoninjektionen induzieren schnell die erneute Produktion der entsprechenden Luxusproteine, und nach Hormonentzug wird sie auch wieder schnell reduziert. Da in den entsprechenden Zellen keine Mitosen auftreten, schwankt die Menge der Proteine pro Zelle in Abhängigkeit vom Hormonspiegel.

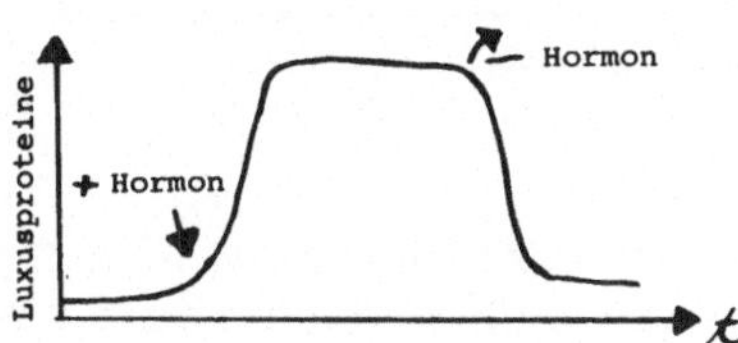

Als Targetorgan für das Steroidhormon besitzt das Eileitergewebe cytoplasmatische Hormonrezeptoren, die als Hormon-Rezeptor-Komplex nach einem Aktivierungsprozeß vom Cytoplasma in den Zellkern verlagert werden. Innerhalb kurzer Zeit akkumuliert RNA in diesem Gewebe, und kurz danach erscheinen die spezifischen Proteine. Da gleichzeitig mit dem Hormon appliziertes Actinomycin D die Proteinsynthese unterbindet, muß Transkription an der Wirkkette der Hormone beteiligt sein.

Ganz ähnliche Rezeptoren für dieses Hormon kommen in anderen Targetzellen vor, z.B. in der Hypophyse, die aber kein Albumin synthetisieren. Da außerdem der Hormonrezeptorkomplex zu Kernen aus anderen Geweben wie auch zu nackter Bakterien-DNA eine hohe Affinität hat, muß die Spezifität der Reaktion, z.B. in den Drüsenzellen des Eileiters bestimmte Proteine herzustellen, durch zusätzliche Faktoren im Zellkern festgelegt sein.

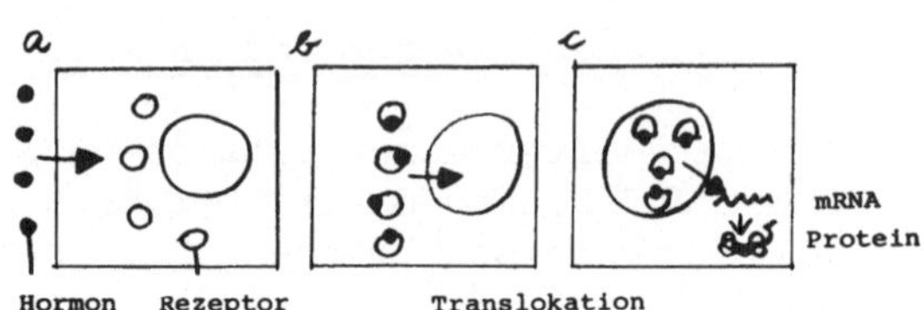

Nach einer Hypothese sollen Akzeptorproteine als Bestandteil der Nichthistonproteine dabei eine Rolle spielen und die selektive Transkription einzelner Gene ermöglichen. Über welche Tatsachen zu diesen beiden Punkten - selektive Transkription und Akzeptorproteine - kann das Eileitersystem Auskunft geben?

Die den Luxusmolekülen entsprechenden mRNA-Fraktionen wurden isoliert, identifiziert und in radioaktive cDNA kopiert. Mittels dieser "Sonde" ließ sich zeigen, daß nach Hormoninduktion die Zahl der mRNA-Moleküle pro Zelle von 30-70 auf 10.000 bis 70.000 anstieg. Feinanalysen ergaben, daß z.B. die Conalbumin-mRNA sofort und die Ovalbumin-mRNA nach einer Lagphase von ca. 2 h akkumuliert.

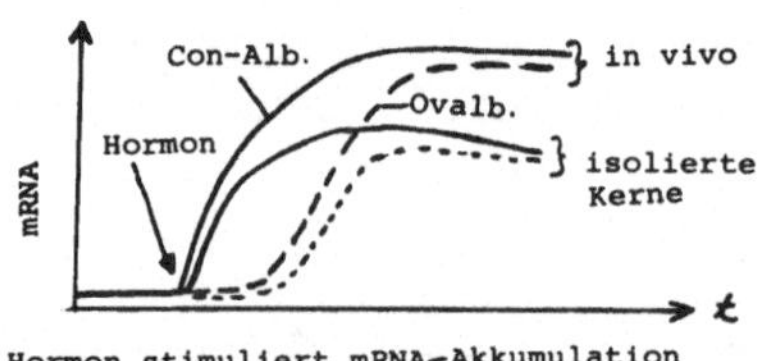

Hormon stimuliert mRNA-Akkumulation

Diese Akkumulation könnte sowohl durch höhere Syntheserate als auch durch die Stabilisierung der RNA bedingt sein. Beim Hühnchen sind beide Prozesse daran beteiligt: Die Transkriptionsstimulation zeigten Analysen von isolierten Kernen aus Eileitern hormonbehandelter und unbehandelter Hühnchen. Diese Kerne stellen in vitro die spezifischen mRNA-Sequenzen her. Da ihre endogene RNA-Polymerase B die Transkription in vitro nicht initiieren kann, spiegeln die in vitro fertig hergestellten RNA-Ketten die in vivo vorgelegenen Initiationsverhältnisse der Transkription wider. Zunächst liegt in vivo und in vitro synthetisierte RNA als ein Gemisch in Zellen vor. Der in vitro Einbau von HgUTP erlaubt die neuen RNA-Moleküle spezifisch von denen abzutrennen, die bereits vorhanden waren, ehe das Hormon gewirkt hat. Dadurch enthält die neu synthetisierte RNA Quecksilber und kann mittels Affinitätschromatographie von der alten RNA abgetrennt werden. Diese radioaktiv markierte RNA kann man nun mit (unmarkierter) cDNA titrieren; sie macht ca. 0,01% der gesamten mRNA aus. Drei wichtige Ergebnisse wurden erzielt: Es werden unter Hormoneinwirkung keine zusätzlichen RNA-Sequenzen transkribiert; aber nach Hormoninjektion (etwa nach 20 min) ist eine Stimulierung der zelltypspezifischen Gene um maximal den Faktor 20 zu beobachten. Das ist weniger als der Faktor von mindestens 1000, der an der Gesamt-RNA in vivo beobachtet wird, und die Lagphase der Akkumulation von Ovalbumin ist erhalten geblieben (dies spricht für Transkriptionskontrolle).

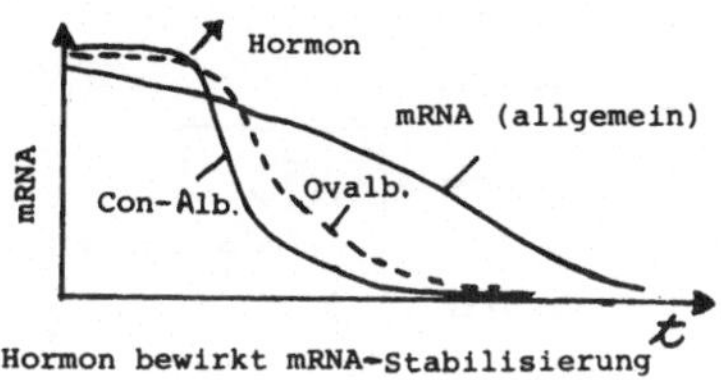

Hormon bewirkt mRNA-Stabilisierung

Die selektive Stabilisierung der mRNA für die Luxusproteine wurde an Hühnchen gezeigt, die zunächst durch Hormoninjektion (sekundär) für kurze Zeit stimuliert wurden. Die Menge der spezifischen mRNA wurde diesmal durch Titration mit radioaktiv markierter cDNA bestimmt. Nach Hormonentzug waren die spezifischen mRNA-Sequenzen nach Stunden verschwunden (T 1/2 = 2 h), d.h. sie hatten einen höheren "turnover" als die allgemeine mRNA-Fraktion, deren Halbwertszeit etwa 1 Tag beträgt. Ferner zeigte sich, daß die Konzentration der Conalbumin-mRNA, die am schnellsten akkumuliert, bei Hormonentzug auch am schnellsten verschwindet. Hier unterscheidet sich dieses System von der roten Blutzelle: Die Globin-mRNA wird nicht stabilisiert, sie ist sogar labiler als die übrige mRNA, dagegen zeichnet sich diese Zelle durch eine sehr effektive Translationskontrolle aus. Da Transkription und mRNA-Stabilisierung zugleich ablaufen, kann man z.Z. nicht entscheiden, ob die Akkumulation spezifischer mRNA mehr durch den einen oder durch den anderen Prozeß erzielt wird. Dieser Befund, zusammen mit der Tatsache, daß keine neuen Genomabschnitte transkribiert werden, bedeutet aber, daß der Hormonrezeptorkomplex nicht - oder nicht nur - an wenigen Genorten wirken muß. Dafür spricht auch, daß mindestens 1000 dieser Komplexe in den Kern einer Zelle gelangen.

Die Frage nach der Existenz und Bedeutung von Akzeptorproteinen für den Hormon-Rezeptor-Komplex hatte zunächst durch sog. Chromatinrekonstitutionsexperimente eine scheinbar klare Antwort gefunden. Es zeigte sich, daß Chromatin, das aus Zellkernen von Eileitern nach Hormoninjektion isoliert wurde, nach Zugabe von RNA-Polymerase aus *E.coli* in vitro viel mehr Ovalbumin-spezifische RNA-Sequenzen produzierte als Chromatin aus Kontrollen ohne Hormoninjektion. Auch diese in vitro RNA konnte durch HgUTP-Markierung von endogener RNA abgetrennt und quantifiziert werden. Dadurch wurde eine echte Nettosynthese von Ovalbumin-RNA durch exogene RNA-Polymerase gezeigt. Offensichtlich ist isoliertes Chromatin in einem spezifischen stimulierten Zustand und für RNA-Polymerase an den richtigen Stellen empfänglich. Wenn man dieses Chromatin präparativ in seine Bestandteile DNA, Histone und Nichthistone zerlegt, dann wieder zusammen gibt und RNA-Polymerase zusetzt, dann wird wieder selektiv Ovalbumin-RNA produziert (in beiden Fällen wurde mit cDNA titriert). Man kann die NHP-Fraktion, die auch das Hormon enthält, mit DNA und Histon aus anderen Hühnchenorganen kombinieren, ohne daß die Spezifität der in vitro Transkription verloren geht. Folgender Schluß liegt nahe: Die Nichthistonfraktion (vermutlich der Hormonrezeptor-Aktivator-DNA-Komplex) bestimmte die spezifische Transkription des Chromatins, und die RNA-Polymerase ist an der Selektion der "richtigen" Gene gar nicht beteiligt.

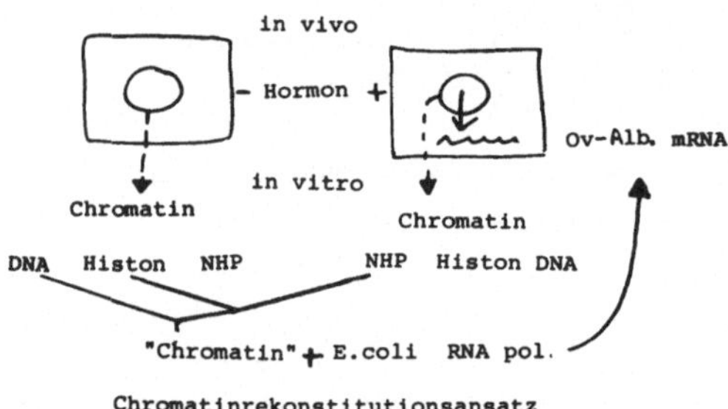

Kritische Analysen haben inzwischen gezeigt, daß die in vitro hergestellte Ovalbumin-mRNA-Sequenz weder an der richtigen Stelle beginnt noch endet und daß die entsprechenden DNA-Abschnitte symmetrisch, d.h. auch vom unsinnigen Strang, kopiert werden. Die Erklärung für diese Artefakte ist, daß das exogene Enzym, die *E.coli* RNA-Polymerase, als Verunreinigung in der NHP-Fraktion enthaltene Ovalbumin-RNA-Sequenzen in einer atypischen Reaktion von RNA in RNA überschreibt. Beide Sorten dieser RNA (sense und nonsense) werden dann weiter synthetisiert. Diese Einschränkung scheint für alle Rekonstitutionsexperimente von Chromatin aus seinen Teilen mit exogener fremder - aber auch eigener - RNA-Polymerase zuzutreffen. Daher muß die Frage nach Akzeptorproteinen solange experimentell unbeantwortet bleiben, bis man neue Wege gefunden hat, ein Eukaryontengen korrekt in vitro zu transkribieren.

Dies ist eine Aufgabe von großer Bedeutung, die vielleicht zuerst an viralen Minichromosomen und mit RNA-Polymerase B einer Beantwortung näher kommen wird.

Bis eine Antwort vorliegt, kann man sich indessen fragen, wie Chromatin als intakter Komplex funktioniert, ob z.B. die exogene RNA-Polymerase in vitro nicht richtig arbeiten kann, weil die endogene RNA-Polymerase bereits an den richtigen Stellen gebunden ist. In der Tat hat sich gezeigt, daß die RNA-Synthese an isolierten Zellkernen unter Bedingungen, die eine Bindung von frei gelöstem Enzym nicht erlauben, stark stimuliert werden kann. Dies hat man z.B. nach einer kurzen Salzbehandlung an Riesenchromosomen beobachtet. Im Autoradiogramm zeigen danach sämtliche Orte, die überhaupt einen Puff ausbilden können, intensive RNA-Synthese. Dies hat zum Konzept der "schlafenden" RNA-Polymerasemoleküle geführt. Im Extrem könnte das bedeuten, daß die Enzymmoleküle in Warteposition verharren und nach Aktivierung um eine Chromatinschleife herumlaufen und transkribieren, um dann wieder zu warten. Vielleicht verläßt das Enzym das Chromatin nur selten, etwa in der Mitose, und kehrt danach wie ein shuttle-Protein sofort zurück oder es springt, gekoppelt mit der DNA-Replikation, auf die neu replizierte DNA auf.

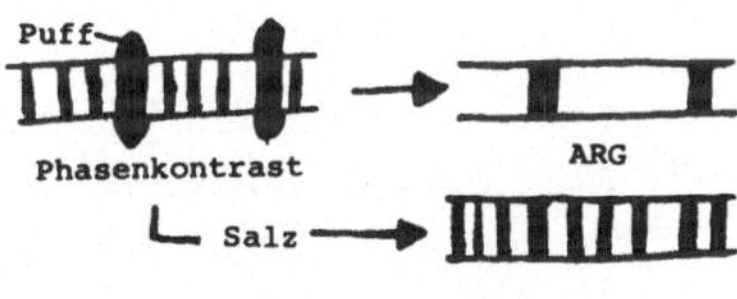

Lokalisation der RNA pol. B

Die RNA-Polymerase B wurde bei *Drosophila* durch Färbung mittels fluoreszierender Antikörper am Riesenchromosom direkt sichtbar gemacht, und erwartungsgemäß findet sie sich in den Puffs, aber - unerwartet - findet sich die meiste RNA-Polymerase eines Chromosoms in den Interbanden. Dies kann einmal bedeuten, daß dort die gebundenen, aber inaktiven Enzymmoleküle anzutreffen sind (daß wir also einen "Bahnhof der schlafenden Moleküle" vor uns haben), oder aber, daß in den Interbanden dauernd RNA synthetisiert wird.

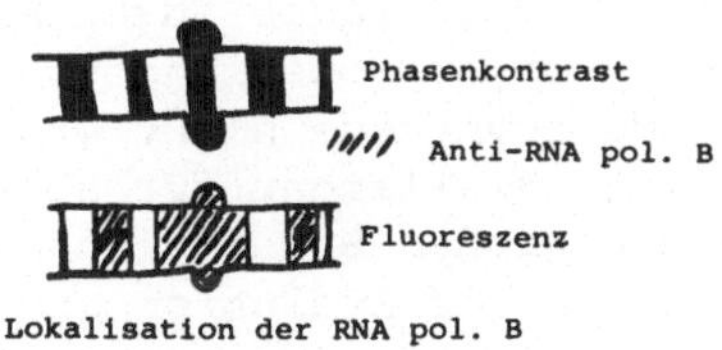

Lokalisation der RNA pol. B

Dort befindet sich (mit insgesamt 5%) weniger DNA als in hnRNA überschrieben wird (nämlich 20%), und die mittlere DNA-Länge (2000 BP) in einer Interbande ist kürzer als die mittlere hnRNA-Länge. Andererseits zeigen EM-Autoradiographien, daß in der Interbande RNA synthetisiert wird. Außerdem haben bei *Drosophila* Immunofluoreszenzanalysen der einzelnen Untereinheiten von RNA-Polymerase B bisher gezeigt, daß dieses

Enzym in der Interbande und im Puff gleich zusammengesetzt ist; demnach scheint das Holoenzym nicht nur in der Bande, sondern auch in der Interbande zu liegen. Dies hat zu einer - zugegeben - unorthodoxen Interpretation der Genexpression an Riesenchromosomen geführt: Der aktive Teil einer Bande (Chromomere) ist die Interbande; dort wird die RNA-Synthese initiiert, und wenn nur wenige der über 1000 Chromomeren des polytänen Chromosoms aktiv werden, entsteht die Struktur einer Interbande. Werden alle aktiv, entsteht ein Puff, d.h. die Interbande ist ein kleiner (junger?) Puff, und dieses Gebilde ist noch viel dynamischer als früher angenommen. Ob diese These zutrifft, ist nicht sicher. Sicher dagegen ist, daß Bewegung in die funktionellen Aspekte dieser faszinierenden Chromosomenstruktur gekommen ist; dazu einige Anmerkungen.

Typische Beispiele sind die Speicheldrüsenchromosomen bei *Chironomus* und *Drosophila*. Man kann ca. 5000 Banden unterscheiden und 200 bis 400 Puffs. Die meisten (90%) Puffs kommen in allen Geweben vor, soweit sie Riesenchromosomen besitzen, manche sind gewebsspezifisch, einige sind abhängig vom Entwicklungsstadium (oder umgekehrt).

Ein Puff ist ein aufgelockerter Bereich des Chromosoms, einem Bündel von Lampenbürsten vergleichbar. Dort findet sich viel Nichthistonprotein, kein (oder wenig) Histon H1 und - bei gleicher anatomischer Konstitution - viel oder wenig RNA-Polymerase bzw. viel oder wenig RNA. An den Puffs wird RNA synthetisiert und/oder akkumuliert. Sie liegt wie bei den Lampenbürstenschleifen in RNP-Ketten vor.

In manchen Fällen haben sich Synthese und Entwicklung einer spezifischen mRNA in allen Schritten verfolgen lassen, und man konnte zum einen das Proteinprodukt identifizieren, zum anderen durch in situ Hybridisierung den Genort unmittelbar sichtbar machen. Dabei ist aufgefallen, zuerst am Balbiani-Ring (einem besonders großen, gewebsspezifischen Puff der Speicheldrüse von *Chironomus*), daß die Sekretmenge mit der Zahl der Puffs strikt korreliert: ohne Puff - kein Protein; ein Puff (bei Heterozygotie) - eine Portion Protein; zwei Puffs (Homozygotie) - zwei Portionen und fünf Puffs - fünf Portionen. Offensichtlich ist die Menge des Genprodukts von der Gendosis abhängig. Das aber heißt, daß die entsprechenden Gene bezüglich des Grades ihrer Expression nicht reguliert werden. Sie sind entweder ab- oder angeschaltet, können jedoch die Rate der mRNA- und Proteinsynthese nicht einmal um den Faktor 2 erhöhen. Diese Situation gilt vielleicht für alle Haushaltsproteine. Solche Gene erfordern keinen großen Regulationsaufwand, und wo viel Genprodukt benötigt wird, sind in der Evolution eben diese Gene selektiv vervielfältigt, d.h. amplifiziert worden, wie z.B. die Histongene. Somit unterscheiden sie sich in verblüffender Weise von den hormonabhängigen Genregulationen, z.B. beim Hühncheneileiter (vielleicht besitzen alle solche Gene Insertionen?).

Wichtige Ergebnisse bei der Steuerung einer lebenswichtigen Genbatterie haben die sog. Hitzeschockpuffs ergeben. Wenn die Zuchttemperatur bei *Drosophila* von 25 auf 37°C erhöht wird, beobachtet man in den Speicheldrüsenchromosomen drastische Änderungen. Neun Puffs entstehen neu, und alle anderen werden rückgebildet. Beim Abkühlen normalisiert sich das Puffmuster wieder. Dies geschieht auch in explantierten Drüsen, so daß man hier ein System in der Hand hat, in dem ein Satz von Genen innerhalb von 2 min angeschaltet werden kann. In Gewebezuchtzellen werden bei Hitzeschock die gleichen Gene koordiniert angeschaltet, so daß es gelungen ist, aus mRNA von den Polysomen dieser Zellen nach Hitzeschock die spezifischen RNA-Moleküle zu isolieren, durch in vitro Translation in Proteine zu übersetzen und durch Hybridisierung der cDNA-Klone an Riesenchromosomen zu prüfen, welche RNA an welchen Genorten abgerufen wurde. Zwei wichtige, wenn auch unerwartete Ergebnisse, seien ausgewählt:

Ein Protein von 70.000 d wird am intensivsten synthetisiert, und sein Gen liegt in der hitzesensiblen Region in mehreren Exemplaren in zwei benachbarten Banden vor. Feinanalyse der Peptide hat gezeigt, daß diese Gene nicht vollständig gleich sind, d.h. eine kleine Multigenfamilie darstellen. Zum anderen kommt eine der RNA-spezies nach Hitzeschock in hohen Konzentrationen vor, sie wird aber nicht in Protein übersetzt. Die ihr entsprechende DNA-Sequenz findet sich nicht nur in der hitzesensiblen Region, sondern ist auch in andere Abschnitte des Chromatins eingestreut. Diese RNA könnte, da sie nicht für Protein codiert, regulatorische, also übergeordnete Funktionen haben. Ein letzter Punkt zum Hitzeschock ergibt sich aus der Tatsache, daß viele unspezifische "Streßsituationen", wie Atmungshemmung bei der Fliege oder pH-Änderung in der Gewebekultur, immer die gleiche Genbatterie aktivieren wie der Hitzeschock. Da aber für Temperaturreize kein Proteinrezeptor existiert, muß die Reaktion im Chromatin programmiert sein. Man kann sich fragen, ob dort, wo spezifische Hormonrezeptorkomplexe vorliegen (z.B. beim Hühncheneileiter), diese ebenso wie die Temperaturerhöhung ein Signal geben, eine Genbatterie in Gang zu setzen, so wie früher ein Trompetensignal, je nach Disposition eines Soldaten, ihn zum Helden oder zum Feigling stempelte, je nachdem, ob er angreifen oder weglaufen sollte.

Wie eben schon angedeutet, erlaubt das Riesenchromosom, insbesondere durch die Anwendung rekombinanter DNA-Techniken, Aussagen über die DNA-Organisation zu machen, zusätzlich aber auch DNA-Änderungen in der Evolution und der Ontogenese aufzuspüren.

So kennt man neben den Single-copy-Genen und den repetitiven Genen, die nur Struktur-RNA herstellen (wie rRNA, tRNAs, die übrigens auch gespleißt werden, und 5S-RNA), auch repetitive Gene, die für Protein codieren. Sie sind vielleicht entstanden, um die Gendosis zu erhöhen. Ein Beispiel hierzu ist eine aus der polysomalen poly(A) RNA von *Drosophila* isolierte mRNA-Sequenz, die in nicht weniger als 400 Kopien an bis zu 100 verschiedenen Stellen im Genom vorkommen kann. Das Muster dieser multiplen Gene ist in den Organen einer Fliege identisch, schwankt aber bereits bei eng verwandten Stämmen beträchtlich.

Es gibt ein weiteres Argument für Gendosiseffekte: Säugerzellen können gegen Drogen resistent werden. In einem Fall ist nachgewiesen worden, daß hierbei allmählich die Gendosis für die Hydrofolatreductase (die die Droge Methotrexate unschädlich macht) über 100fach amplifiziert wurde. Dieses Ergebnis erinnert an die Resistenz von Mikroorganismen durch Plasmid-codierte Gene. Hierzu gehören aber auch in das Genom eingestreute Gene, die für sehr ähnliche Proteine codieren. Jedes von ihnen ist vielleicht in einer bestimmten Genbatterie für einen bestimmten Entwicklungsabschnitt aktiv. Daß gleichzeitig ähnliche, aber doch verschiedene Gene in bestimmten Lebenslagen aktiviert werden, zeigen außer den Histongenen die gewebespezifischen Isoenzymmuster, die entwicklungsabhängigen Globinzusammensetzungen (d.h. Gene, für die DNA-Insertionen beschrieben sind), und die koordinierte Expression eines für Muskelzellen spezifischen Satzes von Genen des kontraktilen Apparates.

An den Histongenen des Seeigels läßt sich eine Kombination beider Evolutionsstrategien aufzeigen. Hier gibt es Histonvarianten, die stadienspezifisch exprimiert werden, und die Gene, die in der Furchung exprimiert werden, liegen in größter Zahl vor, also dann, wenn besonders viel Histon produziert werden muß.

Schließlich gibt es noch die Transkription repetitiver DNA-Abschnitte, die nur in hnRNA, aber nicht im Cytoplasma enthalten sind. Dann sei noch erinnert, daß - wie beim Hitzeschock - in der Seeigelentwicklung Transkripte repetitiver DNA-Sequenzen im Cytoplasma akkumulieren und möglicherweise regulatorisch wirken.

Die DNA-Zusammensetzung kann in Riesenchromosomen variieren. Bei *Drosophila* werden die hochrepetitiven DNA-Sequenzen unterrepliziert. Da diese bis zu 40% der DNA ausmachen, gibt es deutliche Unterschiede in Geweben mit und ohne Riesenchromosomen, d.h. Unterschiede, die während der Cytodifferenzierung auftreten. Dagegen findet man bei *Chironomus*, wo nur wenige hochrepetitive Sequenzen vorkommen, keine meßbare Unterreplikation. Andererseits beobachtet man in Sonderfällen, z.B. bei *Sciara*, während des Larvenstadiums lokale intensive DNA-Amplifikationen an sog. "DNA-Puffs", an denen ebenfalls intensiv RNA noch unbekannter Funktion hergestellt wird. Daher kann man sich fragen, ob qualitative Unterschiede in der DNA Zusammensetzung bei der Differenzierung ganz allgemein auftreten. Eine Gesamtanalyse der *Drosophila*-DNA mittels Restriktionsenzymen hat, abgesehen von den kurzen repetitiven Sequenzen, nicht auf Veränderungen im Muster der zerschnittenen DNA-Moleküle schließen lassen. Einzelergebnisse, wie die Verlagerung einer oder einiger DNA-Sequenzen innerhalb des Genoms, lassen sich durch diese Methode jedoch nicht erfassen. Daher ist die Feinanalyse der DNA-Region des white-Gens bei *Drosophila* von Bedeutung, denn sie deutet an, daß - z.B. analog den Transposons im Bakteriengenom - Gene verlagert werden können: Dieses Gen liegt im Normalfall auf dem X-Chromosom, wird aber in anderen Stämmen auch an vielen Stellen in den Autosomen gefunden, d.h. es wird transloziert. Immer dann, wenn das white-Gen nicht an der richtigen Stelle des X-Chromosoms sitzt, enthält seine DNA ein und dieselbe zusätzliche DNA-Sequenz. Diese könnte etwas mit Transposition zu tun haben.

Wir werden sehen, daß Verschiebungen von DNA-Abschnitten (DNA-Translationen) in der Entwicklung des Immunsystems regelmäßig vorkommen müssen.

Zuvor soll eine letzte Beobachtung zur Regulation der Genexpression genannt sein, die an die Überlegungen zur Gendosis anschließt. Dort haben wir postuliert, daß Haushaltsgene eher amplifizieren als von sich aus doppelt soviel mRNA produzieren, und daß sie bestenfalls abgeschaltet werden können. In einer bestimmten Situation, die wir bereits kennengelernt haben, wird sogar ein ganzes Chromosom abgeschaltet, nämlich eines der beiden X-Chromosomen. Dadurch erhalten männliche und weibliche Zellen die gleiche Gendosis der auf dem X-Chromosom liegenden Gene, daher spricht man von "Dosiskompensation". Wie kann man sich das erklären? Wenn man annimmt, daß die Aktivität dieses Chromosoms durch die Menge eines Faktors reguliert wird, dann kann man formal feststellen, daß Autosomen gerade genug von ihrem Faktor herstellen, um zwei Chromosomen in einer Zelle zu unterhalten, das X-Chromosom, aber nur halb soviel davon. In allen Fällen aber begrenzt die Menge des Faktors die Zahl der Chromosomen in einem Zellkern.

Der wesentliche Punkt in unserem Zusammenhang ist, daß hier eine quantitative Regulation gegeben zu sein scheint, die wir in allgemeiner Form früher als Kernplasmarelation bereits kennengelernt haben. Damals wurde gezeigt, daß ausdifferenzierte Zellen eine spezifische Größe haben. Daß solche Beziehungen auch für einzelne Gene zutreffen, zeigt die Fusion verschiedener Zellen miteinander.

5.5.2 Beobachtungen an Zellhybriden

Somatische Zellen behalten auch als etablierte Linien, ebenso wie viele Krebszelltypen, spezifische Eigenschaften bei und produzieren Luxusproteine (Pigment in Pigmentzellen, Albumin in Leberzellen usw.). Durch Zellfusion, die wir schon kennengelernt haben, lassen sich nicht nur Heterokaryonten, sondern, durch Verschmelzen der verschiedenen Kerne, auch Zellhybriden herstellen. Wenn man geeignete Mangelmutanten als Elternzellinien einsetzt, die nur in permissiven Medien wachsen können, dann kann man die Hybriden selektionieren, weil nur sie im restriktiven Medium wachsen können. So lassen sich Hybridklone züchten.

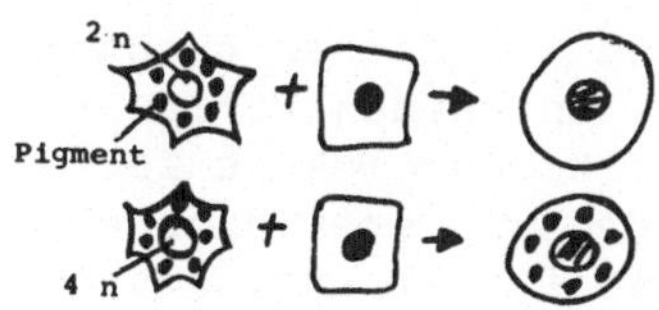

Hierzu drei Beispiele: Wenn eine Pigmentzelle mit einem Fibroblasten fusioniert, erhält man einen Hybriden, der kein Pigment mehr synthetisieren kann; aber auch seine Nachkommen können das nicht. Offenbar wird im Fibroblasten dauernd ein "Repressor" produziert. Aber ein Hybride aus einer tetraploiden Pigmentzelle, z.B. aus einem Melanom, mit dem gleichen diploiden Fibroblasten kann wieder Pigment herstellen. Offenbar ist die Menge des Repressors genau reguliert, sie reicht gerade aus, um die eigenen plus einen Satz fremder Gene zu reprimieren, aber für mehr nicht. Solche Hybriden verlieren mit der Zeit wieder die Eigenschaft, Pigment zu synthetisieren. Dies ist gekoppelt mit einem Verlust der Pigmentzellenchromosomen. Mit dieser Beobachtung ist korreliert, daß ein Schlüsselenzym der Pigmentbildung, die Dopaoxydase, nur dann im Zellhybriden nachweisbar ist, wenn von dem vermuteten Repressor nicht genügend produziert wird. Hier liegt also eine negative Kontrolle der Genaktivität vor.

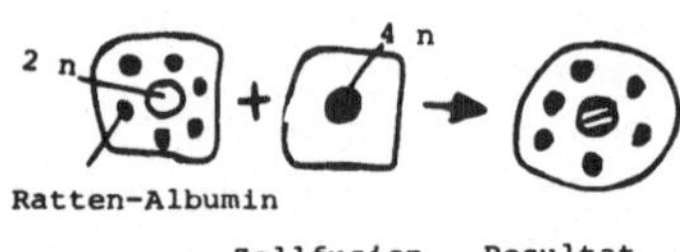

Fusioniert man eine Leberzelle, z.B. aus einem Hepatom der Ratte, die Rattenalbumin produzieren kann, mit einem Fibroblasten der Maus, der kein Albumin synthetisiert, dann kann der Hybride weiterhin Rattenalbumin produzieren. Offensichtlich besitzt der Fibroblast keinen - oder nicht genügend - Repressor für das Albumingen. Es könnte aber auch sein, daß gar kein Repressor nötig ist, um dieses Gen zu reprimieren, weil es positiv reguliert ist und ihm ein Aktivator fehlt.

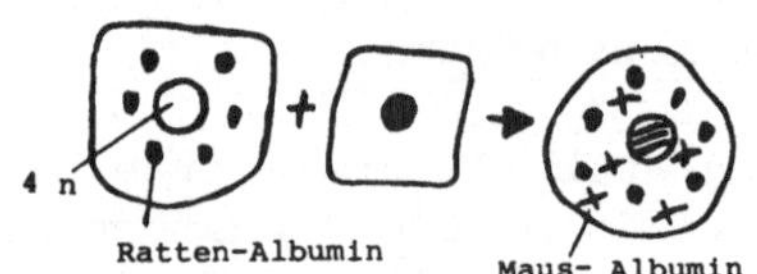

Tatsächlich können Hybriden aus denselben Zelltypen auch Mäusealbumingene exprimieren, aber nur dann, wenn eine tetraploide Hepatomzelle der Ratte in den Hybriden eingegangen ist. Somit haben wir zwei verschiedene mögliche Regulatoren kennengelernt, einen Repressor und einen Aktivator. Für beide gilt, daß sie laufend produziert werden müssen, um die entsprechenden Gene (z.B. die für die Oxydase oder für Albumin) zu regulieren, und daß dieser Zustand auf nachkommende Zellgenerationen vererbt wird. In beiden Fällen können wir etwas über positive und negative Genregulationsmoleküle lernen. Vom Differenzierungsmechanismus jedoch verstehen wir erst dann etwas, wenn wir wissen, wie die Regulationsgene für die formal erschlossenen Regulationsproteine irreversibel eingeschaltet werden.

Im dritten Fall konnte man zeigen, daß die Synthese eines Schlüsselenzyms des Energiestoffwechsels, der MDH (Malatdehydrogenase), im Maus-Hamster-Hybriden nicht beeinflußt wird. Da sich diese Enzyme in beiden Tieren sehr ähneln, können ihre Untereinheiten ein Hybridenenzym bilden, und zwar finden sich die drei Typen - das reine von der Maus, das vom Hamster sowie das Hybridenenzym - genau in den Proportionen im Zellhybriden, die aufgrund der Enzymspiegel in den Elternzellen vorhergesagt werden können. Diese Gene werden offensichtlich nicht von diffusiblen Stoffen reguliert. Ihre Expression ist autonom und irreversibel im jeweiligen Chromosom programmiert. Wie das geschieht, wissen wir nicht. Ein solches Gen durch Zellhybridisierung zu studieren, scheint sich nicht zu lohnen - oder doch?

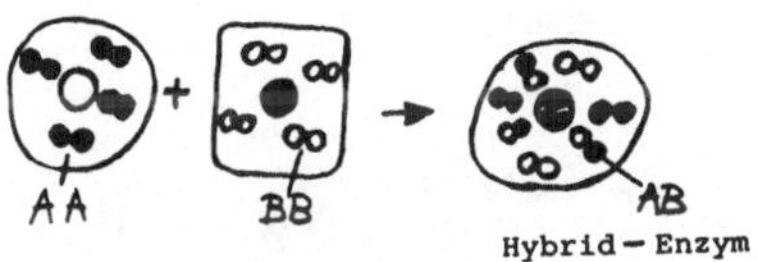

Betrachten wir einmal folgenden Fall: Viele Luxusproteine werden am Ende einer Zellinie in postmitotischen Zellen exprimiert. Weil diese sich nicht mehr teilen können und auch oft in einer Gesellschaft fremder Zelltypen eingebettet sind, erhält man nicht genügend Material, um wichtige Luxusproteine (z.B. ein Hormon, ein Interferon oder einen monoklonalen Antikörper) bezüglich ihrer Struktur und Funktion eingehender analysieren zu können.

Dieses Problem kann man praktisch lösen, indem man durch somatische Fusionen eine solche terminal differenzierte Zelle mit einer Krebszelle "verheiratet" und so deren Unsterblichkeit mit der spezifischen Genexpression paart. Damit erhält man große Mengen der gesuchten Substanzen durch Gewebekulturen. Derartige "Hybridome" sind von großer Bedeutung geworden, weil man bisher darauf angewiesen war, daß einmal ein spezifischer gesuchter Zelltyp zufällig zu Krebs transformiert wurde, und das geschieht - zum Glück - recht selten. Dennoch hat man bereits aus solchen spontanen Ereignissen im Lymphsystem, anhand von Myelomen, enorm wichtige Ergebnisse erhalten, die von vielen, besonders von Immunbiologen, als das Paradigma der Differenzierung der Zellen angesehen werden.

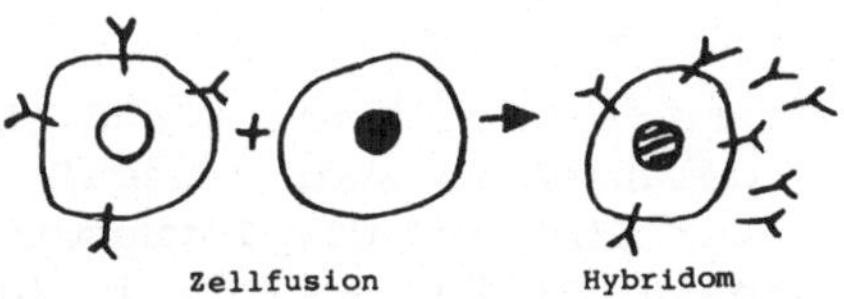

5.6 Das Immunsystem

Lymphocyten präsentieren zwei Grundphänomene der Entwicklungsbiologie, Determination und Cytodifferenzierung, gleichsam "in einer Nußschale". Denn, ausgehend von einer Stammzelle für die Lymphocyten und übrigen Blutzellen eines Wirbeltierembryos, entwickelt sich im Dottersack - wiederum aus Stammzellen, diesmal im Knochenmark - die Immunzellinie in zwei Schritten. Im ersten entsteht die Fähigkeit, fremde Stoffe und Zellen zu erkennen (dies ist die Folge einer Determination) und im zweiten Schritt zu eliminieren (dies ist die Folge einer Differenzierung). Dazu sind zwei verschiedene Wege beschritten worden: Fremde Stoffe werden durch sezernierte Antikörperproteine aggregiert und dann von anderen Zellen, z.B. Makrophagen, phagocytiert; fremde Zellen werden durch unmittelbaren Zellkontakt nach einem "Todeskuß" abgetötet. Für die humorale Immunität sorgen die B-Lymphocyten und für die celluläre Immunität die T-Lymphocyten.

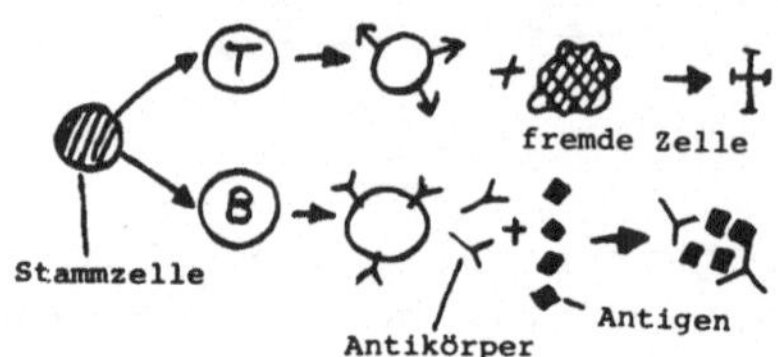

Die erste Phase, auch Prägung genannt, passiert ohne Anwesenheit der Fremdstoffe (Antigene) während der Embryogenese. Die zweite, die Immunantwort, geschieht erst und nur, wenn ein Antigen anwesend ist. Solche spezifischen Erkennungsprozesse, die an die Wirkung von Hormonen und Neurotransmittern erinnern, können an der Zelloberfläche nur durch Wechselwirkungen mit Proteinen (Rezeptoren) ablaufen. Da außer Wasser sämtliche natürlichen und synthetischen Stoffe Antigene sein können, muß das Lymphsystem eine Unmasse von verschiedenen Rezeptorproteinen herstellen können, weit mehr, als Gene im Genom vorhanden sind. Wir werden aber sehen, daß das Immunsystem Mechanismen erfunden hat, diese Aufgabe mit einem Bruchteil von weniger als einem halben Prozent der genetischen Information des Zellkerns zu lösen. Dazu wollen wir zunächst entwicklungs- und zellbiologische Ergebnisse und dann einige molekularbiologische Befunde vorstellen.

5.6.1 Entwicklung von B- und T-Zellen

Die Stammzellen proliferieren im Knochenmark und entlassen pro Minute 10^7 Tochterzellen. Diese gelangen an zwei verschiedene Orte, an denen sie determiniert werden. Der eine ist die Thymusdrüse (daher T-Zelle), der andere ist bei den Vögeln die Bursa fabricii (daher B-Zelle), bei anderen Wirbeltieren ist dieser Determinationsort (vielleicht sind es viele Orte, darunter das Darmepithel) noch unbekannt. Bei diesem Prozeß sterben die meisten der Lymphocyten ab: Die übriggebliebenen (beim gesunden Menschen sind das ca. 1 kg, d.h. 10^{12} Zellen) zirkulieren im Blut oder sammeln sich in Lymphknoten und der Milz an. Sie warten, bis sie durch ein Antigen stimuliert werden. Diese B-Zellen sind jetzt kompetent, d.h. sie besitzen an ihrer Membran spezifische Rezeptormoleküle (ca. 10^4 - 10^5 pro Zelle), mit denen sie ein Antigen erkennen können. Wenn dies geschehen ist, beginnt sich eine solche Zelle schnell 5 - 8 mal hintereinander zu teilen, d.h. einen Klon zu bilden. Danach werden die Lymphocyten in aktive Plasmazellen transformiert. Als spezifisches Differenzierungsmerkmal produzieren sie ein Protein mit einer hohen Rate von ca. 2000 Molekülen pro Sekunde: den Antikörper. Dieser ist spezifisch gegen das Antigen gerichtet, das die Vorläuferzelle zur Proliferation gereizt hat. Wir können festhalten: Wie bei anderen Systemen geht eine Proliferationsphase der Differenzierung, d.h. der Expression eines Luxusmoleküls, voraus.

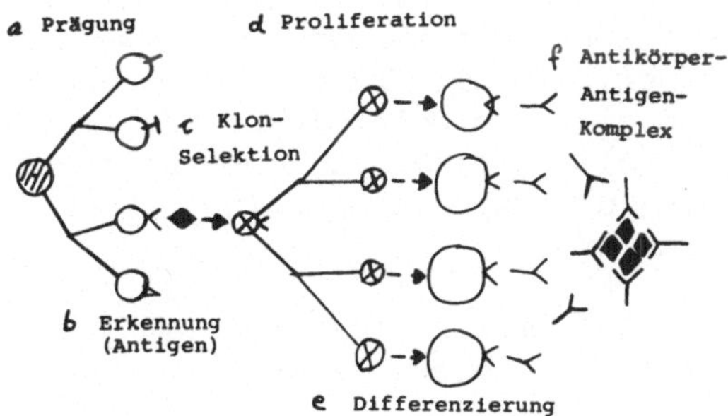

Die T-Zellen sind bei der Reaktion der B-Zellen beteiligt, denn bei einer Mausmutante (nu/nu), die keine Thymusdrüse besitzt, können die an sich intakten B-Zellen keinen Antikörper produzieren. Außerdem ist ein dritter Zelltyp (Makrophagen) an der Immunantwort der B-Zellen beteiligt, die sich als ein kompliziertes Wechselspiel zwischen mehreren Zellen herausstellt. Außer den T-Zellen, die als Helferzellen die Immunantwort unterstützen, gibt es auch solche, die sie verhindern (Suppressorzellen). Diese beiden Funktionen werden durch die Ausschüttung diffusibler Faktoren bewirkt, die sich aus konditioniertem Medium isolieren lassen. Der Helferfaktor (TRF, T-cell replacing factor) ist ein Glykoprotein, das bei einer sehr geringen Konzentration von 10^{-9} M wirkt und nicht antigenspezifisch ist. Weil er aber erst nach der Proliferation des stimulierten Lymphocyten wirken kann, ist sein Effekt für die entsprechenden Plasmazellen der vom Antigen stimulierten Klone spezifisch.

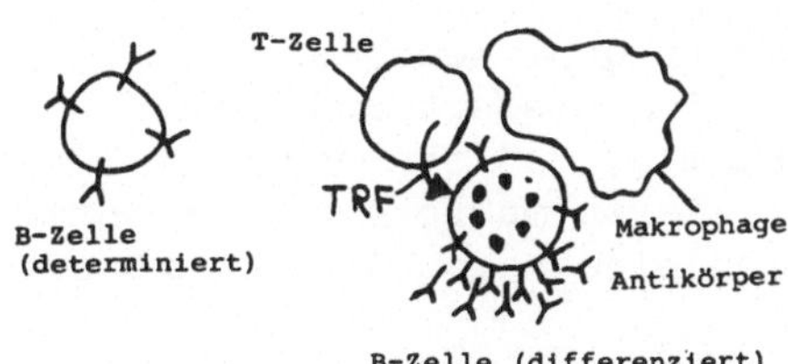

Schließlich sorgen die T-Zellen für das Erkennen und Vernichten von fremden Zellen. Die Erkennung geschieht durch spezifische Rezeptoren an der Zelloberfläche, deren Spezifität so groß ist, daß z.B. ein Stück menschlicher Haut erfolgreich nur innerhalb eines Individuums verpflanzt werden kann. Da dieses System sicher nicht dazu da ist, um unnatürliche Gewebstransplantationen zu vereiteln, kann man einen Selektionsvorteil darin vermuten, wenn jedes Individuum seine eigene Zelloberflächenmarkierung hat. Diese kann grundsätzlich nicht direkt vererbt werden, d.h. sie muß sich während der Ontogenese neu entwickeln.

Hieran ist wahrscheinlich ein komplexer Genlocus H (Histonkompatibilitätsgen) beteiligt. Da die T-Zelle erst determiniert wird, wenn die meisten embryonalen Gewebe ausdifferenziert sind, werden die wenigen, gegen embryonale Gewebe programmierten T-Zellen abgetötet, denn eine zu hohe Konzentration an Antigen lähmt jede Immunantwort. Folgerichtig werden körpereigene Zellen, die die Lymphocyten nie "gesehen" haben, weil sie frühzeitig abgekapselt werden (wie Gewebe im Augapfel oder die Spermien), im Experiment als fremd erkannt und abgetötet. Zu den Autoantigenen gehören auch die Moleküle des Zellskeletts, Actin und Tubulin. Vermutlich erklären sich Autoimmunkrankheiten sowie manche Krebstypen als Störung der Expression solcher Gene, die die Zelloberfläche spezifisch markieren.

Die Funktion der T-Zellen im normalen Organismus besteht wohl eher darin, fehlerhafte Zellen in erwachsenen Tieren auszumerzen. Das mag erklären, warum Säugetiere so alt werden und, je älter sie werden, desto häufiger Krebs bekommen. Diese Spekulation sei nur angeführt, um aufzuzeigen, daß die entwicklungsbiologisch relevanten Probleme bei den T-Zellen liegen, von denen man noch nicht so viel weiß wie von den B-Zellen.

Diese allgemeine Betrachtung deutet klar daraufhin, daß das Genom der Wirbeltiere in der Ontogenese laufend verändert werden könnte, da die Membranmerkmale Proteinmoleküle darstellen und erheblichen Umsatz zeigen.

5.6.2 Molekularbiologisches zur B-Zell-Entwicklung

Während der Todeskuß einer T-Zelle eine unspezifische Reaktion darstellt (kill and destroy), die aber durch viele hochspezifische Signale ausgelöst wird, so wie ein spezifischer Hormonbote einen sekundären, unspezifischen Boten wie das cAMP aussendet, ist das Produkt eines B-Zellklons spezifisch: eine einzige Art von Antikörpermolekülen. Dies zeigen zwei Beobachtungen: Wenn man z.B. ein Kaninchen mit zwei verschiedenen Antigenen immunisiert und danach die Lymphocyten isoliert und explantiert, findet man, daß ein und derselbe Lymphocyt nie beide Antikörper produziert. Hierzu mußte ein Test entwickelt werden, der die Antikörperproduktion eines einzelnen Lymphocyten sichtbar macht.

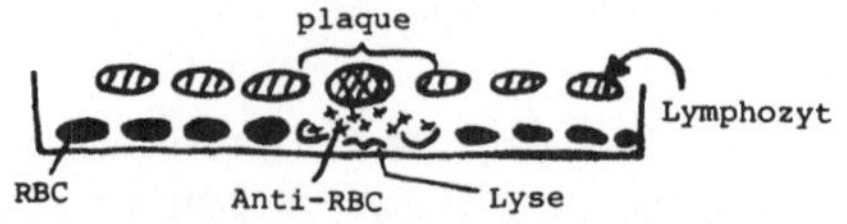

Als Indikator dienen rote Blutkörperchen, die selbst das Antigen sind, oder an deren Oberfläche das Antigen angeheftet wurde. Wenn man ein Gemisch dieser Zellen mit den Lymphocyten auf Agar explantiert, werden an den Stellen, wo ein einziger Lymphocyt seinen entsprechenden Antikörper sezerniert, die Blutzellen lysiert: Es entstehen weiße Löcher (sog. plaques). Mit diesem Test läßt sich die Produktion von Antikörpern in vitro nachweisen und die Wirkung der verschiedensten Faktoren (z.B. der TRF) auf die Differenzierung in vitro.

Die zweite Beobachtung ist, daß jede Krebszellinie, die sich vom Lymphsystem herleitet (Myeloma), nur eine einzige Antikörperspezies sezerniert. Da diese Zellen in Massen kultiviert werden können, ist es möglich gewesen, diese Proteine ganz exakt (einschließlich der Aminosäuresequenzen) zu bestimmen und zu vergleichen.

Der Schlüssel zum Verständnis des Immunsystems ist das Antikörpermolekül, ein Glykoprotein aus vier Untereinheiten (zwei kurzen, d.h. leichten Ketten aus ca. 200 Aminosäuren und zwei schweren Ketten aus ca. 450 Aminosäuren). Jede der vier Ketten hat zwei verschiedene Regionen, eine konstante (C) und eine variable (V). Die variable enthält noch einen hypervariablen Abschnitt, und die etwa zehn Aminosäuren in diesem Bereich determinieren die hohe und (relativ) spezifische Affinität zum Antigen. Die vier Proteinketten werden durch Schwefelbrücken als trichterförmiger Komplex zusammengehalten, der im Serum vor dem Abbau durch Protease geschützt ist, zugleich aber seine antigenbindende Region an der Trichteröffnung ständig exponiert.

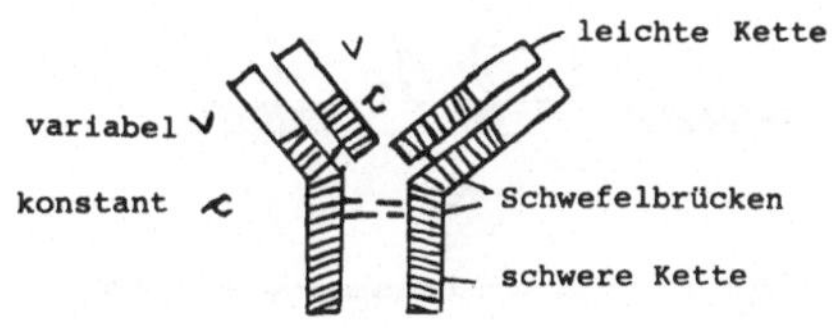

Das Besondere an den B-Zellen ist, daß der Antikörper, d.h. das Luxusprotein, gleichzeitig der Membranrezeptor, also das Regulationsprotein, ist. Dadurch liegt hier genügend homogenes Material vor, um ein Regulationsgen genau kennenzulernen, eine bislang einzigartige Situation.

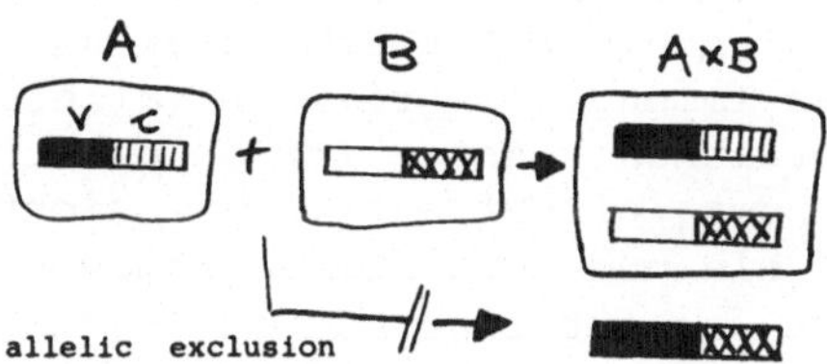

Zunächst hat man erkannt, daß viele verschiedene Immunoglobulinketten jeweils andere V-Abschnitte, aber den gleichen C-Abschnitt besitzen können. Offenbar liegt das Produkt zweier Gene in einer gemeinsamen Polypeptidkette vor. Dafür kann es zwei Erklärungen geben: Entweder die Gene werden getrennt abgelesen und translatiert, und erst danach bilden die Proteine ein Aggregat miteinander; oder aber je ein V- und ein C-Gen sind schon miteinander vereinigt, ehe sie transkribiert werden. Hier gibt ein Zellfusionsexperiment Antwort: Wenn zwei Myelomzellen fusioniert werden (jede mit ihrem eigenen Merkmal: ihren Antikörper zu produzieren), stellt der Zellhybride nur diese zwei Antikörper der Eltern her. Dies zeigt, daß die V-C-Abschnitte auf Proteinebene nicht frei kombiniert werden können, d.h., sie müssen im Genom bereits zusammengelegen haben.

DNA-Klonierung, Analysen durch Restriktionsenzyme und neue Sequenzierungsmethoden haben ganz exakt die Primärstruktur der mRNA ergeben: Sie hat eine Leitsequenz (leader), gefolgt vom V- und C-Abschnitt, sowie einen Poly(A)-Schwanz und eine Kappe (cap). Das Protein wird am endoplasmatischen Reticulum innerhalb von einer Minute translatiert, wie ein typisches Sekretprotein. Das Prozessieren, Glykosilieren und Exportieren dauert länger, ca. 30 min. Der DNA-Abschnitt, der diese mRNA codiert, enthält zwei Insertionen, eine vor dem V- und eine vor dem C-Abschnitt, die durch ein kurzes Segment (J) voneinander getrennt sind. Eine Kopie der J-Sequenz findet sich auch in der mRNA. Alle diese Befunde sind typisch für regulierbare Gene (vielleicht für alle Differenzierungsstrukturgene).

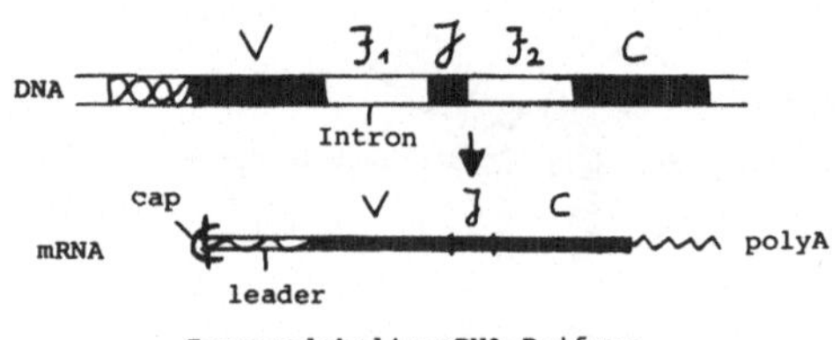

Immunoglobulin-mRNA-Reifung

Einmalig dagegen ist der Nachweis, daß in anderen Wirbeltierzellen und auch im Embryo die V- und C-Abschnitte voneinander getrennt vorkommen, und daß die beiden Abschnitte V+C vermutlich sonst nie als Kombination zusammenliegen. Dafür spricht auch, daß in einem determinierten Lymphocyten, der diploid ist, in einem Autosomenpaar nur eines der beiden homologen Chromosomen das Immungen exprimiert (allelic exclusion), und daß man nie einen väterlichen V-Abschnitt an einen mütterlichen Abschnitt angekoppelt findet (cis-Effekt). Offensichtlich geschieht die Genverknüpfung nur auf ein und demselben Chromosom, und, wenn sie einmal erfolgt ist, genügt das für eine enorme Produktion des von diesem Gen exprimierten Antikörpers. In diesem Modell wird man von der Vorstellung somatischer Mutation ausgehen müssen, um die Variabilität der Antikörperproteine zu deuten.

Zum anderen könnte ein Block von verschiedenen V-Genen unmittelbar nebeneinanderliegen, und bei jedem Rekombinationsereignis wird ein V-Gen säuberlich herausgenommen und exakt an das C-Gen angehängt, z.B. an die J-Sequenz. Dann liegt, streng genommen, keine echte somatische Mutation vor, da ja der Informationsgehalt des Genoms nicht verändert wird. Diese Alternative der Gentranslation (nicht der Gengenese) scheint zuzutreffen, d.h. in der Keimbahn liegen sämtliche Informationen für die Antikörper bereits vor, und die große Variabilität liegt in der Kombination der V- und C-Abschnitte, d.h. der leichten und schweren Ketten untereinander. Man hat in den V-Bereichen des Genoms jeweils 1000 V-Gene für die leichte und schwere Kette ermittelt, woraus sich eine potentielle Variabilität von 10^6 ergibt.

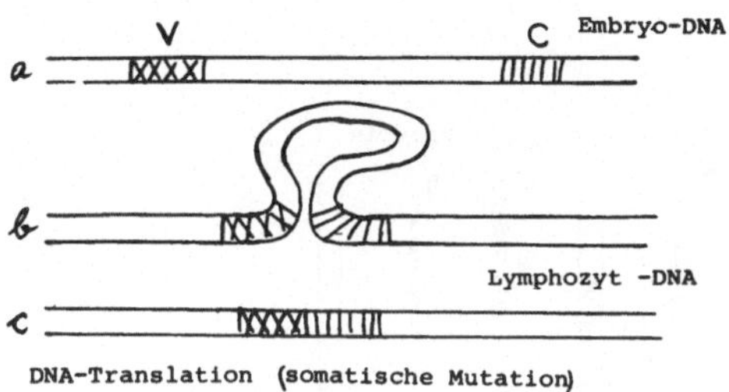

DNA-Translation (somatische Mutation)

Hierbei nimmt man an, daß in der Evolution (nicht in der Ontogenese) V-Gene amplifiziert wurden und mutieren durften, die C-Gene wurden nur ganz wenig vermehrt, durften aber auch mutieren. So kommt man auf eine enorme Zahl von möglichen Varianten, obwohl nicht bekannt ist, ob sie auch realisiert werden. Andererseits hatte man schon früher, von der Immunantwort her betrachtet, ca. 10^6 verschiedene Spezies postuliert.

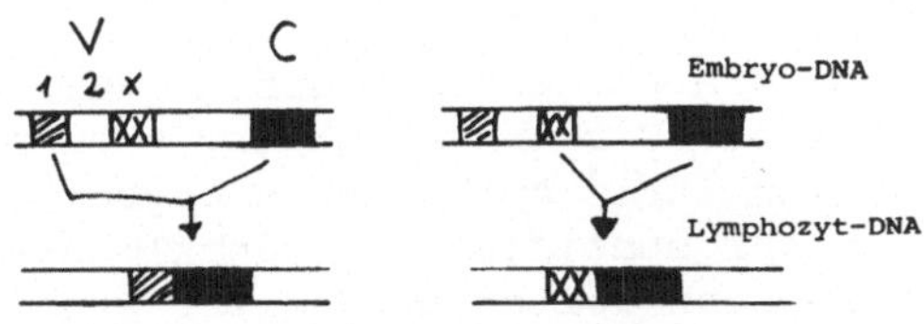

DNA-Translation (keine somatische Mutation)

Aber selbst wenn nur ein Teil der möglichen Kombinationen durch Gentranslation entsteht, reicht die Häufigkeit, mit der dies geschieht, aus, um eine noch größere Variabilität der Immunantwort zu gewährleisten: Jeder Rezeptor an einen B-Lymphocyten kann mit mehr als einem Antigen (bis zu 100 verschiedenen) reagieren. Alle diese stimulieren einen Lymphocyten zur Proliferation und lassen ihn zu einem aktiven Plasmazellklon werden.

Damit ergibt sich das folgende bemerkenswerte Bild einer Zelldetermination und -differenzierung: Ein DNA-Rekombinationsereignis (zwischen Vx und Cy) resultiert in einer von 10^6 möglichen DNA-Sequenzen

(VCxy-Determination). Diese wird in ein Protein übersetzt, das als Membranrezeptor des B-Lymphocyten fungiert. Damit ist dieser kompetent geworden oder, in einer anderen Terminologie, protodifferenziert. Durch eine spezifische Interaktion mit dem Antigen wird die Zellproliferation ausgelöst und somit ein Klon selektioniert. Die ersten allgemeinen Schritte haben wir früher diskutiert (mitogene Stimulierung, Membransignalisierung, Übergangswahrscheinlichkeit von G1-S-Phase, usw.). Dann werden durch einen diffusiblen Faktor der T-Zellen die inzwischen aus der B-Zelle hervorgegangenen Plasmazellen induziert, mehr von dem gleichen Produkt herzustellen, das sie bereits als B-Zelle produziert hatten, d.h. vom protodifferenzierten in den differenzierten Zustand überzugehen.

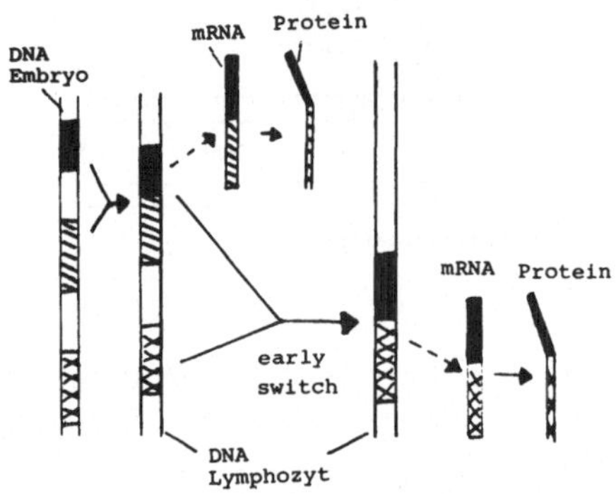

Wenn wir an das eingangs gegebene Bild von der Nußschale anknüpfen, so ist diese mit dem Stand der Dinge schon recht weit angefüllt. Zwei letzte Befunde sollen noch genannt werden, weil sie noch mehr verdeutlichen, daß die Lymphocytenentwicklung wie auch die oben behandelte Bakteriensporulation und die Phagenmorphogenese für den Biologen eigentlich "harte Nüsse" sind. Erstens kommt es, kurz nachdem die Plasmazelle mit der Produktion ihres Antikörpers begonnen hat, zu einem Umschaltprozeß, bei dem ihr spezifischer (monoklonaler) Antikörper mit der identischen V-Sequenz weiter produziert wird; aber nun ist diese an einen anderen C-Abschnitt gekoppelt (early switch). Muß man hier innerhalb ein und derselben Zellinie während ihrer Entwicklung eine zweite Gentranslokation postulieren? Das macht die Ausdifferenzierung gerade dieser Zelle außerordentlich unwahrscheinlich, aber die Zelle schafft es, so wie mein Hund meiner Spur folgt und mich findet, wenn er nur einmal an meiner Schuhsohle gerochen hat. Zweitens ist bemerkenswert, daß ein isolierter Lymphzellkern (allerdings von *Xenopus*) mit einer entkernten Eizelle zusammen eine intakte Kaulquappe entstehen lassen kann, also bei vermutlich verändertem Genom.

Bei diesen komplizierten Verhältnissen muß es einen verwundern, daß so wenig Fehler in der Embryonalentwicklung passieren. Wo sie dennoch geschehen, können wir wertvolle Rückschlüsse auf die Normogenese ziehen. Tun wir das!

6 Entwicklungsdefekte

Wenn eine Maschine kaputt geht, kann man leicht den Fehler finden und durch ein Ersatzteil beheben, vorausgesetzt, man hat einen Konstruktionsplan. Hat man den nicht, nimmt man die Maschine Stück für Stück auseinander. Dabei lernt man die Funktion der Teile kennen und schließlich auch, wie das Ganze funktioniert.

Die Entwicklungsbiologen stehen vor dem Problem daß sie einen defekten Embryo in der Hand halten und nicht wissen, wie der intakte Organismus funktioniert. Daher müssen sie versuchen, aus den experimentell erzeugten Defekten die normale Konstruktion herzuleiten. Dieser Aspekt soll uns hier interessieren.

Entwicklungsstörungen können zu allen Zeiten auftreten: Die letzte, aber vorprogrammierte führt regelmäßig zum Tod, seltener - aber in allen Entwicklungsstadien - kann Krebs entstehen; manche Mißbildungen entstehen in bestimmten Stadien vor der Geburt (pränatal). Von diesen sei zunächst die Rede.

6.1 Störungen im Genom

Viele befruchtete Eier können sich nicht entwickeln; beim Fisch sind es über 50%, beim Menschen ca. 20%. Dafür bieten sich zwei Deutungen an: Zum einen können diese Eier überaltert sein, denn sie haben nur eine kurze Phase zur Verfügung, in der sie für die Befruchtung kompetent sind. Zum anderen zeigt die cytogenetische Untersuchung häufig Chromosomendefekte. Hierzu einige Beispiele.

Sehr früh zeigt sich die Wirkung eines defekten Vorkerns. Dann beginnt die Entwicklung nur mit einem haploiden Eikern, und obwohl jedes Chromosom, d.h. jedes Gen, einmal vorhanden ist, kommt der Embryo im allgemeinen nicht über die Furchung hinaus.

Sehr ähnlich sieht es aus, wenn nur ein Chromosom fehlt (Monosomie). Offensichtlich sind für die Furchung Genprodukte notwendig, von denen ein Chromosom nicht genug herstellen kann. Weil eine Monosomie, die später durch Chromosomenverlust in somatischen Zellen entsteht, keine drastischen Effekte mehr zeigt, hat man zwei Schlüsse gezogen: Diese Furchungsgene werden nicht reguliert, und sie sind nur während der Furchung nötig.

Ein zusätzliches Chromosom (Trisomie) kann ebenfalls drastische Auswirkungen haben, aber nicht während der Furchung, sondern erst bei der Organogenese. Bei der Maus kann man durch Kreuzungen gewisser Stämme (mit metazentrischen Chromosomen) jeweils für jedes einzelne Chromosom eine Trisomie herstellen. Danach hat man in verschiedenen Organen nach Unterschieden in Enzymspiegeln gesucht und zweierlei beobachtet. Für viele Stoffwechselenzyme fand sich, wenn ihr Strukturgen auf dem in Dreizahl vorhandenen Chromosom lag, eine um 50% höhere Enzymaktivität, verglichen mit der normalen Situation von zwei Chromosomen. Also auch hier wird ein Dosiseffekt, d.h. das Fehlen einer Genregulation, beobachtet. Zum anderen ließ sich in der Leber eine Zunahme an Enzymen beobachten, und zwar wurden mehrere Enzyme koordiniert induziert. Dieses aber war ganz unabhängig davon, welches der jeweiligen Gene dreifach vorlag. Dies deutet auf eine übergeordnete Reaktion des Gewebes auf Trisomie hin: Das Syndrom kann sich in charakteristischen Störungen einer ganzen Enzymbalance auswirken, aber auch in anderer Hinsicht. Hierzu vier Beispiele: Hat eine Frau nur ein X-Chromosom (Turner-Syndrom), dann ist sie zwar lebensfähig; sie entwickelt aber die sekundären Geschlechtsmerkmale nur unvollständig und ist steril, weil zwei X-Chromosomen in der Meiose benötigt werden. Liegt eine Trisomie des Chromosoms 21 vor, zeigen die betreffenden Individuen mongoloiden Schwachsinn (Down-Syndrom). Ein zusätzliches X-Chromosom bei einem Mann (XXY) reduziert die sekundären männlichen Geschlechtsmerkmale (Klinefelter-Syndrom); im weiblichen Geschlecht führt aber ein zusätzliches X-Chromosom (XXX) nicht zu einer Superfrau, weil durch Dosiskompensation zwei X-Chromosomen inaktiviert werden. (Überzählige Geschlechtschromosomen entstehen durch Nondisjunction während der Meiose der Keimzellen).

Wenn solche Chromosomendefekte beim Menschen vorliegen, oder eine der 500 genetisch bedingten Stoffwechselkrankheiten, wäre in vielen Fällen eine Abtreibung des Föten indiziert. Aber die Defekte zeigen sich oft erst nach der Geburt, und dann ist eine Euthanasie problematisch. Es ist allerdings möglich geworden, durch Amniocentese fötale Zellen zu gewinnen und durch Karyotypie Chromosomenschäden oder durch biochemische Enzymtests nach Gewebekultur bis zu 60 der angeborenen Fehler (inborn errors) sehr früh zu identifizieren.

Als letztes Beispiel wird noch einmal Bezug auf die Mutation Zwergwuchs (dw/dw) bei der Maus genommen, die wir ganz am Anfang als Beispiel eines Entwicklungsgens angeführt haben. Die genetische Analyse hat gezeigt, daß der allgemeine Zwergwuchs auf die Störung mehrerer Hormondrüsen zurückzuführen ist, die wiederum von einem Hormon, dem Wachstumshormon, reguliert werden. Dies ist nicht die Folge eines Defekts des Wachstumshormons, sondern einer eng begrenzten, gestörten Zelldifferenzierung. Bei der Entwicklung der Hypophyse fehlt die Ausdifferenzierung der Zellinie der Eosinophilen, die das Wachstumshormon produzieren. Dies zeigt, wie eine Mutation viele Entwicklungsschritte reguliert (Pleiotropie), wobei Ort und Zeitpunkt der primären Genstörung nicht leicht ausfindig zu machen waren.

In diesem Zusammenhang wird die phasenspezifische Wirkung vieler Substanzen auf Embryonen vielleicht zu einem wichtigen Werkzeug.

6.2 Mißbildungen

Teratogene Stoffe rufen charakteristische Mißbildungen schon vor der Geburt hervor. So kann die Teratologie Rückschlüsse auf die Normogenese ermöglichen.

Wir haben oft Beispiele gebracht, die zeigten, daß ein Entwicklungsschritt jeweils durch rechtzeitige Wechselwirkungen zwischen Zellen eingeleitet wird. Dies wird auf noch ganz unbekannte Weise reguliert (z.B. durch extracelluläre lokale oder diffusible Leitstoffe), woran, da Mutanten existieren, Gene beteiligt sind. Möglicherweise kopieren die teratogenen Substanzen diese Reaktion; dann wären ihre Wirkungen als Phänokopien zu betrachten und für die Normogenese enorm aufschlußreich. So haben wir bereits gehört, daß die morphogenetischen Bewegungen der Gastrulation derart umprogrammiert werden können, daß eine Exogastrula entsteht. Das Teratogen in diesem Beispiel sind zur rechten Zeit verabreichte Lithiumionen. Andererseits kann durch den Entzug von zweiwertigen Ionen (durch Injektion von EDTA in den Hühnerembryo) die Zellbewegung zur Zeit der Herzmorphogenese lokal blockiert werden: Daraufhin bilden sich zwei vollständige Herzen.

Ein Beispiel für eine Phänokopie ist die Wirkung von Insulin auf den Hühnerembryo. Wenn man dieses Hormon am 1. Tag der Embryonalentwicklung injiziert, wird eine Mutation (rp^2, rumpleness) kopiert, die zu verschiedenen Defekten führt: in der Wirbelsäule, im Gefieder und im Kohlenhydratstoffwechsel. Die teratogene Wirkung von Insulin mag verwundern, da dies ein "normales" Hormon ist, für das die Zellrezeptoren im Embryo noch gar nicht entwickelt sind. Aber wir sind beim NGF (nerve growth factor) und bei der Seeigelgastrulation auf insulinähnliche Stoffe gestoßen, und entsprechend könnte eine Überdosierung dieser Entwicklungsfaktoren zur falschen Zeit zu Störungen führen, und zwar - im Gegensatz zur späteren Hormonwirkung an ausdifferenzierten Zellen - irreversibel.

Dagegen unterbindet die gleiche Insulinbehandlung am 5. Tag der Embryogenese die Entwicklung der Extremitäten. Wenn man diese verschiedenen Effekte des Insulins und anderer Teratogene im Zusammenhang sieht, zeigt sich möglicherweise eine zentrale Rolle der gestörten Kohlenhydratsynthese: Bei der Organogenese der Niere kommt es, wie bei vielen anderen Beispielen, zu einer Kooperation mit Mesenchymzellen, bei der extacelluläre Matrixsubstanzen beteiligt sind. Verhindert man im Gewebsrekonstitutionsexperiment entweder die Synthese dieser Mucopolysaccharide oder aber sättigt die Zelloberfläche mit einem Polyanion (z.B. Heparin) ab, dann beobachtet man im reagierenden Gewebe völlig normale DNA-, RNA- und Proteinsynthese, aber es entstehen keine Nierenkanälchen. Möglicherweise bewirkt ein Membransignal diese Organogenese, ohne daß die Synthese von Biomolekülen beeinflußt wird.

Die phasenspezifische Wirkung der teratogenen Stoffe zeigt sich besonders drastisch bei Säugetieren, wenn z.B. die Mutter durch Rubellaviren "nur" die Masern bekommt, das Kind jedoch, das sie trägt, daran sterben kann. Ein eingehend studierter Fall ist die Wirkung von Contergan (Thalidomid) auf menschliche Embryonen: Die Kinder haben verkrüppelte Extremitäten. Dies läßt sich zunächst auf eine Störung der Skelettelemente, d.h. auf Mißbildung des Knorpels zurückführen. Wo aber liegt die primäre Wirkung dieser Droge? Sie gelangt von der Mutter über die Placenta in den Embryo und stört dort die Entwicklung der Extremitätenknospen. Zunächst hat man angenommen, daß dies der Ort der Wirkung ist, weil dort viele Mitosen ablaufen und die Differenzierung in Muskel- und Knorpelzellen geschieht. Es hat sich aber gezeigt, daß bis zum Beinknospenstadium bereits eine lange Reaktionskette abgelaufen ist: Isoliertes Gewebe aus Beinknospen wird nämlich durch die Droge nicht an der Verknorpelung gehindert. Zum anderen zeigte sich, daß radioaktiv markiertes Contergan nicht an die Beinknospe bindet, sondern an eine definierte Zone des Mesoderms im viel jüngeren Embryo, die gerade zwischen den Somiten und den Seitenplatten liegt, wo die embryonalen Nierenanlagen entstehen. Dieses Gewebe kann in Gewebekultur Knorpel bilden, in der Niere natürlich nicht. Setzt man dieser Gewebekultur Contergan zu, dann entstehen keine Chondrocyten.

Hieraus kann man vielleicht einen weitreichenden Schluß auf die Morphogenese der Wirbeltierextremität ziehen. Wie wir bereits ausgeführt haben, stammt die Muskulatur der Beine und Arme jeweils von einer Stammzelle aus den Somiten. Vielleicht zeigt die Störung der Knorpelbildung in den Extremitäten durch Thalidomid, daß die Knorpelstammzelle ebenfalls vom Somiten in die Extremitätenknospe wandern muß und vom Teratogen in einer entscheidenden Phase ihrer Determination im präsumptiven Nierengewebe "getroffen" wird.

Dies ist nur ein Teilaspekt der Teratologie (die Pharmakologen nennen ihn Pharmakodynamik). Daneben sind noch zwei weitere Aspekte zu nennen, von denen uns nur der letzte noch interessieren wird. Die tragischen Folgen, die das Contergan für viele junge Menschen gehabt hat, sind vermutlich aufgrund einer von Art zu Art ganz unterschiedlichen Verarbeitung von Drogen zu deuten (dies ist das Feld der Pharmakokinetik). So bekommen trächtige Mäuse, Ratten und sogar Rhesusaffen nach Verabreichung von Contergan keine verkümmerten Nachkommen; beim Kaninchen dagegen treten sie auf.

Außerdem kopieren die teratogenen Stoffe nicht nur Mutationen, sie können sie auch hervorrufen (Mutagenese), und sie können Krebs erzeugen (Cancerogenese). Nachdem wir bisher aus defekten Entwicklungsprozessen schon einige beachtliche Rückschlüsse zur Ontogenese gezogen haben, werden wir uns nun fragen, ob uns das Krebsphänomen Einblick in notwendige, normale Entwicklungsprozesse gewährt.

6.3 Entwicklungsbiologisches zum Krebs

Krebs als pathologische Erscheinung (Neoplasie) ist ebenso unheimlich, wie er für das Verständnis der Ontogenese höherer Pflanzen und Wirbeltiere interessant ist. Während gute Aussichten bestehen, Krebszellen unschädlich zu machen, vielleicht sogar mit ihren eigenen Waffen zu schlagen, bleiben für das Heer der Krebsforscher noch genug Aufgaben, um die Ursache des Krebsphänomens zu enträtseln, d.h. die Grundlagen der Krankheit zu erforschen, um sie an der Wurzel zu fassen.

Eine gemeinsame Eigenschaft besitzen sämtliche Krebszellen: Sie können sich häufiger - nicht schneller - vermehren als die normalen Zellen ihrer Umgebung, sie besitzen keine Proliferationskontrolle mehr. Da Zellteilung und deren Steuerung ein allgemeines Merkmal der Entwicklung ist, kann man aus dem Verständnis des Krebses grundlegende Einsichten in die Normogenese erwarten.

Tierische Krebszellen können in embryonalen Blastemen entstehen (Teratom), oder sie leiten sich von den Keimblättern her. Die Sarkome stammen vom Ektoderm, die Lymphome und Leukämiezellen von den Blutzellinien der Lymphocyten und der roten Blutkörperchen. Die meisten Krebstypen leiten sich vom Mesoderm her (Carcinome), das an vielen Zelldifferenzierungen direkt (Muskel, Knorpel, Bindegewebe usw.) oder durch die Bereitstellung von Induktionsfaktoren indirekt beteiligt ist. Bei diesem allgemeinen Überblick fallen zwei Beobachtungen auf: Bei hochspezialisierten Zellen mit erheblicher Cytoplasmaarchitektur wie Muskelzellen sowie bei Zellen mit sehr hoher Proliferationsrate, aber der kürzesten Lebensdauer wie beim Dünndarmepithel, gibt es praktisch keinen Krebs. Das bedeutet formal gesehen: Zur Entstehung des Krebses sind Mitosen nötig, und zwar mehr als eine.

Krebszellen sind in ihrer anatomischen Struktur (insbesondere im Muster der MT und MF) und in ihrem Stoffwechselmuster einfacher als die differenzierten Zellen, von denen sie sich herleiten, und lassen sich leicht und unbegrenzt in Gewebekultur halten. Das hat dazu geführt, sie als "dedifferenziert" zu betrachten, was aber nicht genau zutrifft: Je besser nämlich die Kulturlösungen werden, desto mehr Differenzierungsmerkmale finden sich, z.B. das Luxusprotein Kasein beim Brustzellkrebs. Diese Befunde verdeutlichen, daß Krebszellen weder reembryonalisiert worden sind noch von embryonal gebliebenen Zellen herstammen.

Krebszellen haben eine andere Membran als gesunde Zellen; sie ist allgemein weniger starr, was bereits einige indirekte Beobachtungen zeigen: das Fehlen der "Kontaktinhibition" in Gewebekultur, eine stärkere Aggregation durch das pflanzliche Lectin Con A und eine höhere negative Oberflächenladung. Solche Veränderungen der Membran könnten auch deren Permeabilität betreffen. Das würde den Einstrom von Salzen und Aminosäuren beeinflussen, oder auch die Membransignalisierung durch Wachstums- und Differenzierungsfaktoren sowie andere Hormonwirkungen beeinträchtigen. Kurzum, eine Kaskade von Reaktionen würde ausgelöst, die den Schalthebel im Inneren der Zelle betätigt, der sie von der G_1- oder G_0-Phase in die S-Phase eintreten läßt. Allerdings ist keines dieser Merkmale spezifisch auf Krebszellen beschränkt, denn jedes kann auch bei normaler Proliferation in Erscheinung treten.

Die Oberflächen von Krebszellen können auch spezifische Proteine enthalten wie embryonale Oberflächenantigene (z.B. das T-Gen-Protein) oder das T-Antigen (ein tumorspezifisches, virales Genprodukt). Dies wiederum könnte erklären, warum eine Krebszelle ihre Nachbarzelle nicht mehr erkennt, so daß sie - ohnehin sehr mobil - in Nachbargewebe eindringt (invasives Wachstum) oder sich vom Blut in andere Körperregionen transportieren läßt, wo sie sich neu ansiedelt und vermehrt, d.h. Metastasen bildet. Auch hier gelten keine allgemeinen Regeln für den Krebscharakter, denn auch gesunde Trophoblastenzellen des Säugerembryos zeigen invasives Wachstum im Uterusgewebe der Mutter, und die Makrophagen eines ausgewachsenen Individuums wandern durch den ganzen Körper einschließlich des Gehirns. Aber ungehemmte Mitosetätigkeit und verminderte Adhäsion sowie physiologische Isolierung gegenüber ihrem Nachbarn (sie besitzen keine gapped junctions) sind keine hinreichende Erklärung für den Krebs.

Ein ganz allgemeines Merkmal von Krebszellen ist die hohe Stabilität ihres Entwicklungszustandes. Tumore lassen sich transplantieren und selbst aus einer einzigen Krebszelle können nach Injekton in ein anderes Tier viele (über 10^9) Nachkommen entstehen, d.h. der Krebszustand wird im Zellklon stabil vererbt. Das muß nicht bedeuten, daß das Krebsproblem auch eine "genetische Basis" hat, in dem Sinne, daß ein entsprechendes Entwicklungsprogramm im Genom der Keimbahn vorhanden ist. Sämtliche Krebszelltypen sind Somazellen, d.h. der Krebs könnte auch durch epigenetische Eingriffe verursacht sein, etwa im Regelkreis der Gensteuerung für das Proliferationsprogramm der Zelle oder durch somatische Mutation der entsprechenden Regulationsgene selbst. Dann wäre die Entstehung von Krebs auf die Umbildung einer einzigen Zelle zurückzuführen, die sich häufiger als ihre Nachbarn teilen kann und dadurch alle übrigen Zellen ihrer Umgebung verdrängt. Krebszellen hätten dann also einen Selektionsvorteil im Körper.

In der Tat findet man in Krebszellen häufig grobe Chromosomenaberrationen, die eine Eizelle nie überleben würde. Oft findet man zusätzliche Chromosomen oder Chromosomenbrüche. Eine Zeit lang hat man beim Menschen das Chromosom 21 (das "Philadelphia-Chromosom") für den Ort eines Krebsgens gehalten; inzwischen ist jedoch klar belegt, daß in Krebszellen jedes Chromosom betroffen sein kann. Daneben gibt es aber auch viele Fälle, bei denen keine sichtbaren Chromosomenschäden auftreten. Dennoch lassen sich Gewebekulturzellen von Individuen mit der Trisomie 21 (Down-Syndrom) mit 50fach höherer Wahrscheinlichkeit zu Krebszellen transformieren. Dies ist ein bedeutungsvoller Befund, denn er besagt, daß eine genetische Komponente bei der Krebsentstehung mit im Spiel ist. Diese offenbart sich in Gewebekulturen sowohl durch die Zellautonomie als auch dadurch, daß keine Steuerung durch komplexe, übergeordnete Systeme, wie z.B. durch das Immunsystem, vorliegt. Das Krebsproblem darf also als ein zellbiologisches Problem betrachtet werden.

So beruht nicht nur die Häfugkeit der Krebsentstehung, wie bei der Trisomie 21, sondern die Auslösung von Krebs überhaupt auf einer genetischen Basis, wie wir bei den Kreuzungsversuchen mit tropischen Zahnkarpfen diskutiert haben (s. oben).

Trotz seiner enormen Stabilität ist der Krebszustand auch reversibel. Dies zeigen zwei Typen von Experimenten: Nach Zellfusionen zwischen einer bösartigen und einer gutartigen Zelle verschwinden in vielen Fällen die Krebsmerkmale im Zellhybriden. Dies läßt allerdings nicht entscheiden, ob der Krebszustand nur reprimiert oder ob er eliminiert wurde. Aber die bereits erwähnten Mauschimären, an deren Aufbau Teratomzellen beteiligt sind, waren völlig geheilt, da sie nicht nur sämtliche Mausgewebe, sondern auch gesunde Keimzellen hervorgebracht haben, aus denen krebsfreie Generationen hervorgingen.

Damit ergibt sich auch für den Krebsforscher genau das gleiche Problem, das die Embryologen mit dem Verständnis der Determination haben: Ein Zustand ist über viele Zellgenerationen vererbbar, erweist sich aber dennoch als reversibel, wie z.B. die Transdetermination bei *Drosophila* gezeigt hat.

Während die Determinationszustände in der Normalentwicklung noch weitgehend unverstanden sind, läßt sich der Krebszustand in isolierten Gewebekulturzellen gezielt induzieren. Deshalb werden wir uns jetzt, nach der Beschreibung ihrer Eigenschaften, mit der Entwicklung von Krebszellen befassen.

Krebs entsteht entweder spontan oder er wird induziert durch physikalische Kräfte, chemische Substanzen oder nach Insertion fremder, z.B. viraler, Nucleinsäure.

Viele Induktoren können also zu ein und derselben Reaktion führen. Dies erinnert an den embryonalen Induktionsprozeß, den Organisator, der durch sehr viele verschiedene, z.T. ganz unspezifische, Induktoren ausgelöst werden kann. Der gemeinsame Wirkort aller externen Faktoren für die Cancerogenese ist wahrscheinlich die DNA, denn alle Cancerogene sind gleichzeitig auch Mutagene. So ist etwa Röntgenbestrahlung bei *Drosophila* die Methode der Wahl zur Produktion somatischer Mutationen mit z.T. groben, d.h. sichtbaren Chromosomenänderungen (etwa Brüchen). Chemische Substanzen, selbst wenn sie zunächst nicht cancerogen sind, können in der Leber durch eine "gut gemeinte" enzymatische Entgiftungsreaktion (mittels sog. mixed-function-oxydases) zu krebsauslösenden Stoffen werden. Besonders reaktiv sind polycyclische Kohlenwasserstoffe, dazu gehören z.B. auch die normalen und synthetischen Steroide. Für viele solcher Substanzen scheint eine in vielen Einzelheiten verstandene Alkylierungsreaktion die DNA gezielt (am 7. Stickstoffatom des Guanosins) zu treffen und dadurch etwa einzelne Stränge miteinander zu vernetzen (crosslink). Das ruft zwar die Reparaturenzyme auf den Plan, die jedoch wahrscheinlich Fehler machen, so daß Mutationen entstehen. Getestet werden diese Reaktionen im Tierversuch an ausgewählten Zellinien in Gewebekultur. Die mutagene Wirkung krebsverdächtiger Substanzen, deren Zahl immer weiter wächst und die vom Östrogen bis zum Bier reichen, prüft man an einem mikrobiologischen System schneller und preiswerter. Hierzu verwendet man Bakterienstämme mit einer bestimmten Mangelmutation und fragt, ob die Häufigkeit der Reversion dieser Mutation zum normalen Gen, d.h. also die Rückmutationsrate, zunimmt, wenn der fragliche Stoff dem Kulturmedium zugesetzt wird.

Die Induktion von Krebs durch Viren kann besonders gut in Gewebekultur studiert werden, da man unmittelbar nebeneinander virustransformierte und gesunde Zellen (als Kontrollen) analysieren kann. So hat man zahlreiche Parameter vergleichend analysiert, ohne bislang ein einheitliches Bild zu bekommen. Das hat seinen Grund vielleicht darin, daß die Kontrollzellen eine gemischte Population darstellen, während die transformierten vermutlich durch Selektion transformierter Zellklone entstanden sind, so daß man eigentlich eine heterogene Population mit einem homogenen Klon vergleicht. Besser geeignet sind vielleicht transformierte Zellen, die mit Tumorviren mit einer temperatursensitiven Mutation infiziert werden. Hieran hat man einmal erkannt, daß das virale Genom nicht nur in das Wirtsgenom integriert, sondern auch exprimiert werden muß. Beweist dieser Befund - wo dies zutrifft -, daß es ein spezifisches Tumorgen gibt? Zunächst nicht, denn wenn man in permissiver Temperatur das ts-Virus in das Wirtsgenom integrieren läßt und dann die Temperatur erhöht, beobachtet man die schnelle Aggregation mit Con A (als Krebszellmerkmal) nicht sofort, sondern erst nachdem die Zellen sich mindestens einmal geteilt haben. Das Aggregat von Virus- und Wirtsgenom stimuliert also erst einmal eine Teilungsrunde. Ob diese ein quantal cell cycle ist, steht noch nicht fest.

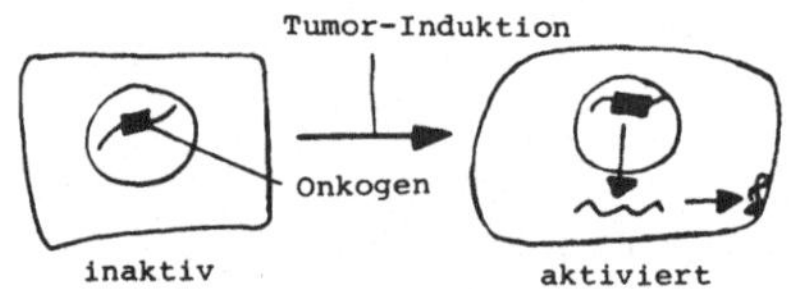

Wenn erst einmal die Transformation etabliert ist, kann man im Genom des Wirtes Virus-DNA nachweisen. Besonders intensiv wird SV 40 analysiert, ein kleines DNA-haltiges Virus mit höchstens zehn Genen, die alle, einschließlich der Primärstruktur ihrer 5224 Basenpaare, bekannt sind. Hier ist gezeigt worden, daß die Integration eines einzigen Virusgens genügt, um die Wirtszelle in den Tumorstatus zu überführen. Diese Zellen besitzen ein Virusprodukt, das T-Antigen, aber es scheint, daß auch dieses Merkmal nicht immer streng mit dem Krebszustand gekoppelt ist. Daher bietet sich eine andere Erklärungsmöglichkeit in der Krebsentstehung an: Wenn chemische Stoffe und Viren das selbe pathologische Entwicklungsprogramm in der Zelle stimulieren können, liegt das vielleicht daran, daß ein Krebsgen bereits im Genom der betroffenen Zelle enthalten ist und nur eines Anstoßes bedarf, um aktiviert zu werden. Dieser Anstoß sollte dann eine somatische Mutation sein. Das erinnert an die Verhältnisse bei der Lymphocytenentwicklung und führte zum Postulat, daß die Tumorinformation in der Keimbahn enthalten ist

(Onkogenhypothese). Wenn aber ein solches schädliches Programm in der Evolution beibehalten worden ist, muß es von Vorteil sein, etwa weil es in der Embryogenese notwendig ist. Aber wie wir gesehen haben, gibt es auch embryonalen Krebs, ein Teratom. Diese Argumente sprechen nicht für die Onkogenhypothese. Ein weiteres Gegenargument ist die Tatsache, daß Zwillinge nicht häufiger Krebs bekommen müssen, als Einzelgeschwister.

Ein anderes Tumorvirus (RSV: Rous-Sarkoma-Virus) vermag Zellen mit hoher Ausbeute zu transformieren, wenn seine Information - wenigstens z.T. - ins Wirtsgenom integriert worden ist. Da dieses Virengenom aus RNA besteht, muß zuvor eine reverse Transkription in cDNA erfolgen, die anschließend noch verdoppelt und danach integriert wird. Eine Tumorzellinie vom Hühnchen ist seit 70 Jahren stabil transformiert worden, d.h. nach Injektion einer Zelle in ein Hühnchen entsteht regelmäßig ein Sarkom. Die Nachkommen eines solchen infizierten Hühnchens sind jedoch gesund und besitzen die virale Information nicht mehr. Ein Grund hierfür könnte sein, daß vielleicht das Virus in der Keimbahn nicht existieren kann. Andererseits gibt es Hinweise, daß diese Viren nach Injektion ins Hühnchen auch andere Gewebe transformieren und demnach Tumoreigenschaften unmittelbar übertragen können. Das wäre, da es sich um eine Änderung des genetischen Materials handelt, ein Beispiel für sog. horizontale Evolution in der Ontogenese. Das RSV-Virus erzeugt mit hoher Häufigkeit (Inzidenz) Krebs beim Hühnchen, ist aber bei anderen Tieren wirkungslos. Andere Organismen besitzen ganz andere Viren in bestimmten Zelltypen, und ihre Anwesenheit ist streng mit Krebs korreliert, z.B. bei Leukämie. Wieder andere Gewebe sind gesund, enthalten aber RNA-Vireninformation oder produzieren solche Viren sogar selbst, sog. C-Typ-Viren. Diese können über die Milchdrüse in die Milch gelangen, ohne bei den Säuglingen Krebs zu erzeugen.

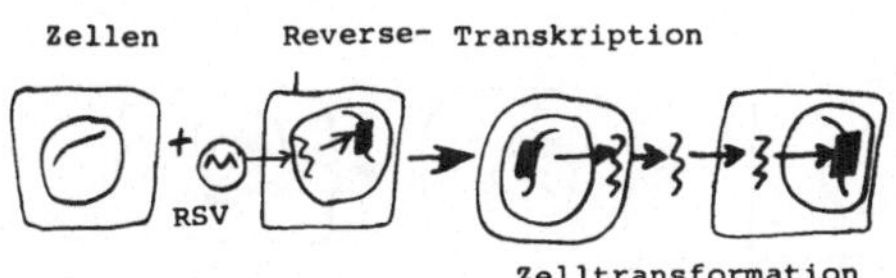

Ganz allgemein kann man aus vielen kultivierten somatischen Zellen C-Typ-Viren freisetzen, und zwar dann, wenn man die Zellen "streßt", z.B. die Temperatur erhöht. Das erinnert die Entwicklungsbiologen an eine alte Regel aus der Zeit der Organisatorforschung bei der Amphibiengastrulation: Je mehr die Zellen an den Rand des Todes gebracht werden, desto mehr können sie danach leisten (beispielsweise die Selbstinduktion des Reaktionsgewebes nach subletaler Cytolyse).

Ein spezifisches Beispiel für eine Korrelation der Expression solcher Vireninformation mit normalen Entwicklungsprozessen wurde bei der Lymphocytenentwicklung beschrieben. Wie wir uns erinnern, geschieht sie in zwei Stufen: Zuerst erfolgt die Proliferation aufgrund des Antigenreizes, dann die Differenzierung zur Antikörperproduktion. Die Proliferationsphase ist mit der Freisetzung von Viren korreliert. Möglicherweise sind solche endogenen Viren nützlich als Indikatoren für Determinationsprozesse; vielleicht aber noch für mehr. Die Provirushypothese mußte davon ausgehen, daß das Onkogen im Genom der Keimzelle vorhanden ist. Die Protovirushypothese dagegen nimmt an, daß - wenn auch selten - Onkogene während der normalen Entwicklung deshalb entstehen, weil in der Normogenese bei entscheidenden Determinationsschritten das Genom verändert werden muß. Entweder tritt DNA-Translation ein, wie bei den Immunglobingenen der Lymphocyten, oder es kommt zur Reversetranskription und Integration, wie beim RSV-Virus. Dann wäre die Entstehung eines bösartigen Tumors (wie auch eines gutartigen C-Typ-Virus) ein "Unglück" im Ablauf eines ganz normalen Entwicklungsprozesses; und zwar muß dieser so wesentlich sein, wie z.B. ein quantal cell cycle, daß in der Evolution nicht dagegen selektioniert werden konnte. Eine Unterstützung dieser zugegeben spekulativen Überlegung bieten zwei ganz verschiedene Befunde: Tumorgene sind voneinander verschieden, ebenso die von ihnen codierten Proteine; wie sämtliche Cancerogene sind diese Induktoren daher vermutlich unspezifisch. Soweit bekannt ist, handelt es sich in einem Fall um eine Proteinkinase, im anderen Fall nicht. Diese tumorcodierte Kinase ist ein kleines Protein von 15.000 d, das fest an Actin bindet und (in vitro) die Aggregation der Mikrotubuli stört. Man wird dieses Enzym genau studieren müssen, denn es ist, nach allem was wir diskutiert haben, eine der letzten Barrieren, die eine Krebsinduktion nach dem neolamarckistischen Instruktionsprinzip verständlich machen könnte. Das zweite Beispiel stammt aus dem Pflanzenreich und zeigt in noch verblüffenderer Weise Anpassungen als z.B. im Lebenslauf der Meduse und der Schnecke oder bei parasitischen Saugwürmern: Krebszellen (genauer Tumorgene) können in einem Dreiecksverhältnis in Symbiose mit Pflanzenzellen und Bakterien leben.

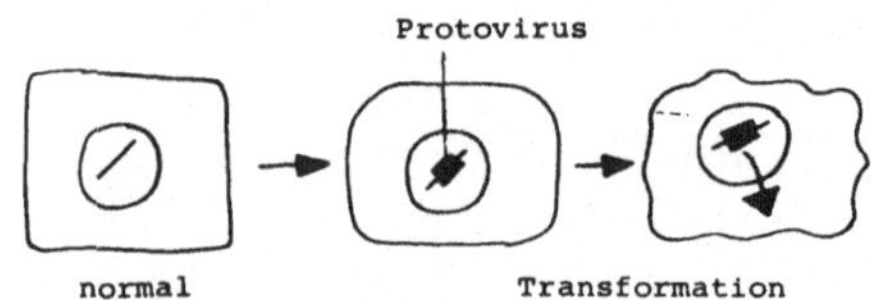

Pflanzenkrebs (crown-gall-Tumor bei Gymnospermen und Dikotyledonen) zeigt alle Merkmale neoplastischer Gewebe: ungehemmtes Wachstum (es bilden sich Geschwülste an verschiedenen Pflanzenteilen), sekundäre Metastasen, eine vereinfachte Zellarchitektur und - neben einer enormen Stabilität - wiederum Reversion zum Normalzustand. Proliferationsautonomie zeigen auch isolierte Zellen. Aus ihnen läßt sich ein Callus züchten, der zum Wachstum - im Gegensatz zur normalen Situation - keine Zugabe von Pflanzenhormonen benötigt, entweder weil er selbst genügend davon produziert, oder weil die Zellmembran für Salze durchlässiger geworden ist. Neben diesen Krebseigenschaften können die Zellen und die Pflanzen, in denen sie parasitieren, zwei ungewöhnliche Aminosäuren (Oktopin und Nopalin, beides Arginin-Analoge) in den Stoffwechsel einbeziehen. Die Krebszellen produzieren diese für die befallenen Pflanzen nunmehr nützlichen Stoffe sogar selbst. Die Reversion des Krebses beobachtet man an einzelnen oder auch mehreren Zellen, die z.B. bei einer Tabakspflanze an die richtige Stelle, und zwar in das Kambium, d.h. in mitotisches Meristem, implantiert werden. Von der Pflanze müssen zuvor Triebspitze und Seitenknospen abgeschnitten werden, so daß die Hormonbalance gestört ist. Dann entsteht in bis zu 5% der Fälle aus einer Krebszelle ein anscheinend gesunder Sproß, und gelegentlich (bei einem von 100 Sprossen) werden sogar Blüten und keimfähige Samen ausgebildet. In Calluskulturen gelingt die Reversion des autonomen Wachstums bei hoher Kininkonzentration. Aus den vegetativen Zellen dieser Regenerate können gelegentlich wieder Tumore entstehen, aus generativen Zellen dagegen, z.B. aus Pollenkörnern, nie wieder. Man weiß seit langem, daß dieser Pflanzentumor in hoher Häufigkeit durch ein Bakterium mit dem bezeichnenden Namen *B. tumefaciens* ausgelöst werden kann. Bakterium und Wirt müssen aber kompetent, d.h. in der richtigen Verfassung sein: Die Bakterien müssen ein bestimmtes Episom enthalten, und sie müssen, soweit vorhanden, die beiden atypischen Aminosäuren verarbeiten können. Bei der Pflanze muß das Wirtsgewebe durch Wundreizung auf Proliferation programmiert sein. Nur dann kann das TIP (das "Tumor induzierende Prinzip") freigesetzt werden. In den Wirtszellen finden sich weder das Bakterium noch das Bakteriengenom. Aber, wie durch die in vitro DNA-Rekombinationstechnologie zweifelsfrei gezeigt werden konnte, besitzt das Episom ein DNA-Segment, das in den Wirtszellkern gelangt. Wo das passiert, ist Krebs entstanden.

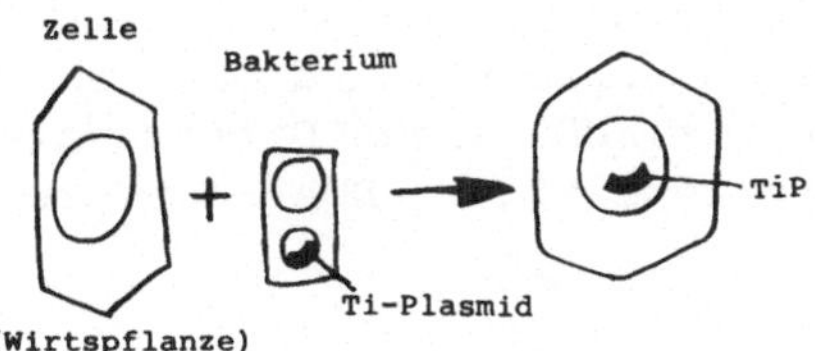

Was muß man vom TIP erwarten? Es muß übertragbar sein, den Tumorzustand induzieren und nebenbei die Produktion von Nopalin (oder Oktopin) und die Zellantwort auf das Cytokinin beeinflussen. Das entscheidende Segment (von 13×10^6 d DNA des TI-Plasmids mit 3×10^8 d DNA) kommt in zwei Formen vor. Beide enthalten drei gemeinsame Abschnitte: einen für den Transport (man beachte die Analogie zu den Transposons der Bakterien!), einen für die Tumoretablierung und einen für die Empfindlichkeit gegenüber Kinin. Die eine Form hat zusätzlich einen Abschnitt für die Oktopin-, die andere einen für die Nopalinverwertung. Diese können abgekoppelt werden, ohne die Tumoreigenschaften zu verändern.

Damit hat sich in der Evolution folgendes Wechselspiel stabilisiert: *B. tumefaciens* mit oder ohne TI-Plasmid könnte Oktopin verwerten; es findet aber keines. Die Pflanze könnte es produzieren, aber es fehlt ihr der "Auslöser" dazu. Also begibt sich die Oktopinsequenz aus dem Plasmid in die Pflanzenzellen und schafft ein Mikrobiotop sowohl für das pathogene als auch für das nichtpathogene Bakterium. Als "Preis" muß das Pflanzengewebe an manchen Orten übermäßig proliferieren. Dieser Preis ist offenbar den Aufwand wert, und die Geningenieure werden sicher versuchen, in vitro anstelle des Oktopingens ein anderes, nützliches Gen einzupflanzen und der so manipulierten Pflanze und ihren Nutzern zur Produktion anderer Stoffe zu verhelfen.

Das für die Entwicklungsbiologie und die Gentechnologie wesentliche Ergebnis ist jedoch, daß hier eine in vivo DNA-Rekombination zwischen Prokaryonten- und Eukaryontenreich der Organismen aufgedeckt wurde. Das "genetic engineering" scheint also nur einen natürlichen Prozeß zu kopieren.

Viele Fragen bleiben offen oder sind neu aufgetaucht. Darunter ist weiterhin die Kernfrage: Stellt die Übertragung des TIP einen Instruktionsprozeß dar oder ist das übertragene Tumorgen ein Auslöser, wie der Organisator beim Froschembryo, oder das Insulin, oder das Ecdyson bei entsprechend vorprogrammierten cytoplasmatischen oder nucleären Aktivitäten?

Mit der letzten Überlegung sind wir fast dort angelangt, wo man beginnen könnte, die Krebsursache als notwendige Entwicklungskomponente zu verstehen. Da sind die zwei bemerkenswerten Mechanismen auf der DNA-Ebene - beide vielleicht komplementär zueinander - wie die beiden Seiten einer Münze: das Herausnehmen von DNA-Sequenzen und die anschließende DNA-Fusion bei Lymphocyten, sowie das Einbringen neuer DNA-Sequenzen (Virustransformation). Es sei noch angemerkt, daß Reversetranskriptase auch in normalen Zellen gefunden worden ist, daß die für die in vitro Reversetranskription notwendige poly (A) Sequenz an der zellulären RNA ohnehin vorkommt, und daß während der Seeigelentwicklung und überall da, wo BUDR einen Differenzierungsschritt stört, eine Amplifikation mittelrepetitiver DNA-Sequenzen auftreten soll.

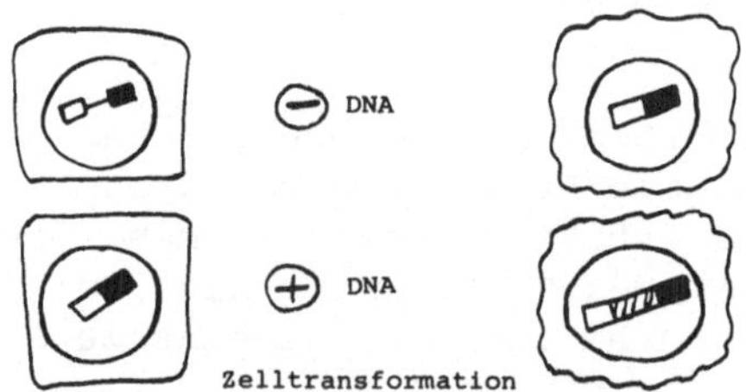

Aber dies ist nur ein Aspekt der Krebsentwicklung, die eigentlich - analog der Embryonalentwicklung - auf drei Ebenen vonstatten geht, die mit drei zentralen Begriffen charakterisiert sind: Kompetenz, Determination und Differenzierung.

Gegenüber der Krebsentwicklung beobachtet man eine unterschiedliche Anfälligkeit (Kompetenz), die eine genetische Grundlage hat (sie ist über die Keimbahn vererbbar). Die Induktion (Determination) zu Krebs bestimmt, daß es irgendwann einmal zu bösartigem Wachstum kommen kann.

Hiermit ist die Zelle durch ein Ereignis prädeterminiert, das nicht über die Keimbahn geprägt, also epigenetisch ist; andererseits wird es im Genom verankert und ist daher stabil, wie die Determination normaler Gewebe. Letzteres geschieht vermutlich in Regulatorgenen, die man als Äquivalente zu den Protoviren ansehen könnte. Nach der Induktion können Jahrzehnte vergehen, ehe eine bösartige Geschwulst in Erscheinung tritt. Dies geschieht durch Promotion des Krebses (was vielleicht der Differenzierung in der normalen Entwicklung entspricht). Diese Phase kann man experimentell durch Promotoren sog. Co-Carcinogene) verkürzen. Diese sind ebenfalls mutagen, wie etwa das Crotonöl, das in geeigneten Mäusestämmen durch Aufpinseln auf die Haut in hoher Inzidenz Hautkrebs hervorruft. Die lange Latenzperiode beim Menschen (vergleichbar der in vivo Proliferation von Imaginalscheibenzellen in adulten Taufliegen, die übrigens nur in einem einzigen von Hunderten von *Drosophila*stämmen funktioniert, vor der Ausdifferenzierung nach Implantation in eine Larve) mag andeuten, daß mehr als eine somatische Mutation akkumulieren muß, bevor eine bösartige Geschwulst auftritt; denn auch die Häufigkeit der Transdetermination nimmt ja mit der Zeit zu. Damit werden in einer Krebszellinie 2mal Mutationen postuliert, ehe der Krebszustand etabliert ist. Vielleicht programmiert die erste die Zelle zur autonomen Proliferation, und die zweite bedingt die gestörten Membranerkennungssignale für die Nachbarzellen.

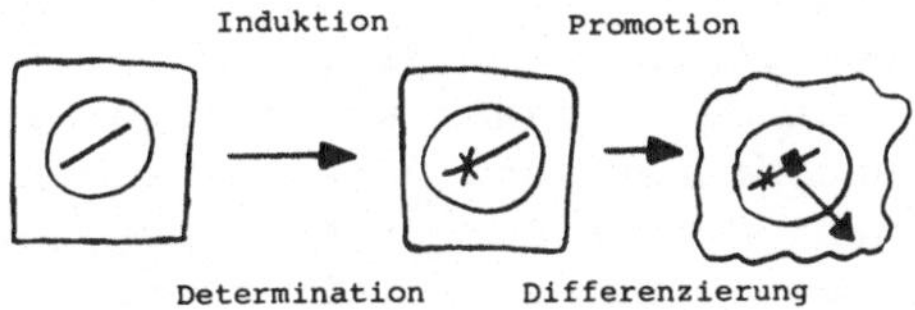

Ist Krebs deshalb so relativ selten? Oder aber muß, wie am Differenzierungsmodell Lymphocyt ausgeführt, bei der normalen Differenzierung vielleicht zweimal hintereinander, und sogar im gleichen DNA-Bereich, eine somatische Mutation auftreten, ehe es zur Differenzierung kommt? Dann könnte Krebs mit der gleichen Wahrscheinlichkeit entstehen, mit der sich etwa einzelne Lymphocyten entwickeln, also 10^6 mal in einem Menschenleben. Hierzu folgende Überlegung:

Die Wahrscheinlichkeit, daß ein normales Strukturgen pro Zellgeneration mutiert, ist ungefähr 10^{-6}. Soll das beim selben Gen zweimal passieren, verringert sich der Wert auf 10^{-12}. Das sieht in der Tat sehr seltsam aus; aber in einem Menschenleben laufen 10^{16} Mitosen ab, das sind genug, um für Variabilität durch somatische Mutationen zu sorgen. Nehmen wir an, daß dies auf der physikalischen Grundlage der Transposition weniger repetitiver Sequenzfamilien durch Insertionsmutationen, für die eine viel größere Wahrscheinlichkeit gezeigt worden ist, geschieht, so werden häufige DNA-Änderungen fast plausibel. Wieso aber entsteht dann nicht in jedem Gewebe des Menschen eine bösartige Geschwulst? Wenn man postuliert, daß für jedes Promotionsereignis, das zum Krebs führt, ein Erkennungsapparat besteht, der die mutierte Krebszelle als fremd erkennt, so könnte der Organismus ihrer

Herr werden. Einen groben Erkennungsmechanismus haben wir bereits kennengelernt: Con A aggregiert Krebszellen, gesunde Zellen dagegen nicht oder kaum. Einen fein abgestimmten Mechanismus hat der Organismus in den T-Zellen des Lymphsystems vorliegen. Sie könnten Krebszellen als fremd erkennen und ihnen den "Todeskuß" geben. Offensichtlich geschieht dies mit großer Zuverlässigkeit, aber doch eben nicht in allen Fällen, und eine einzige Krebszelle genügt, um einen Menschen umzubringen.

Diese Gedanken enthalten viel Spekulation, aber sie zeigen eine mögliche Strategie zur Krebsbekämpfung auf, wenn auch die Ursachen der Carcinogenese noch im Dunkeln liegen. Eine grobe, wenn auch effektvolle Methode ist die operative Entfernung der Geschwulst, so lange noch keine Metastasen gebildet wurden. Aber viele Zellwucherungen sind gutartig, und kaum ein Mensch ist frei davon. Daher wäre es gut, im voraus zu wissen, ob eine Geschwulst zurückgehen oder weiterwachsen wird.

Einen Ansatz, dies festzustellen, bietet folgende zellkinetische Überlegung: In einer gutartigen Geschwulst müßten die Mitosen häufiger sein als im normalen differenzierten Gewebe, aber nicht so häufig wie in malignem Gewebe. Wie wir oben gesehen haben, entscheidet eine Zelle an einem bestimmten Punkt in der G_1-Phase, ob sie sich weiterteilen wird. Postmitotische Zellen bleiben vor diesem Punkt stehen, gutartige sollten gelegentlich und bösartige häufiger diese Schwelle überschreiten. Diesen Übertritt hat man (bisher auf einige Beispiele begrenzt) in folgender Weise quantifiziert und dabei eine gute Korrelation zur Krebshäufigkeit (und zwar *vor* seiner Erscheinung, d.h. vor der Promotion) erhalten: Eine Metaphasezelle (als Kontrolle) wird mit der zu testenden Zelle fusioniert. Dann beobachtet man im Heterokaryon die vorzeitige Kondensation des Chromatins durch einen Faktor der S-Phase (PCC, s. oben): So wird der Chromatinzustand im Krebszellkern direkt sichtbar, und durch Vergleich mit gesunden Zellen kann man feststellen, in welchem Abschnitt der G_1-Phase sich die fragliche Zelle befindet: ob vor oder nach dem entscheidenden Punkt. Hat man einige 100 Heterokaryen untersucht, so weiß man, wie häufig die Zellen in der Population in die S-Phase eintreten werden. Diese Strategie richtet sich auf die gestörte Proliferationskontrolle von Krebszellen und könnte einmal prophylaktische Anwendung erfahren.

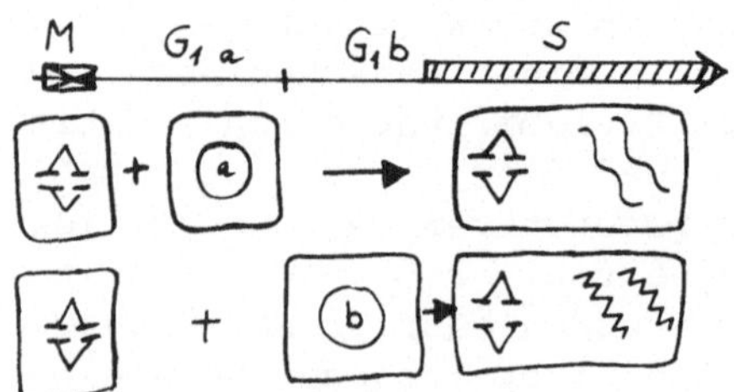

vorzeitige Chromatinkondensation bei Homokaryen

Ähnlich, aber erst *nachdem* ein Tumor offensichtlich geworden ist, wirken klinische Therapien. Da Krebszellen sich häufiger teilen als die meisten Körperzellen, versucht man, durch fein dosierte Gabe antimitotischer Stoffe selektiv mitotische Zellen abzutöten, und es werden, da man auf 100% tote Krebszellen zielen muß, oft verschiedene Strategien nebeneinander oder nacheinander angewendet: z.B. Röntgenstrahlen zur Induktion von Chromosomenbrüchen, die die betroffenen Zellen absterben lassen und Drogen, die gezielt, ohne daß sie allzu toxisch wirken, und ehe sie durch den Entgiftungsapparat unschädlich gemacht werden, die DNA-Synthese blockieren. FUDR (Fluorodesoxyuridin) ist eine solche wirksame Droge. Diese Substanz wird durch das Enzym Thymidinkinase (TK) phosphoryliert und sieht dann so ähnlich aus wie das UMP (aus dem das Enzym Thymidylatsynthetase (TS) das TTP herstellt). Dies ist eine unmittelbare Vorstufe der DNA, die mit der echten verwechselt wird und die aber nicht umgesetzt werden kann. Das Enzym TS wird blockiert, es wird kein TTP (Thymidintriphosphat) synthetisiert, und die S-Phase kann nicht fertig ablaufen. Aber während manche Tumorzellen auf diese Droge sehr empfindlich reagieren, sind andere dagegen resistent. Das würde jedoch bedeuten, daß es keine einheitliche Wunderdroge gegen Krebs geben wird (no "silver bullet") - oder doch? Vielleicht sind Krebszellen gar nicht "bösartig", sondern nur besser in der Lage, aus der Körperflüssigkeit Nahrung aufzunehmen. Damit hätten sie einen Proliferationsvorteil gegenüber ihren Nachbarn, und alles andere - hunderte der verschiedensten Parameter - wären unwesentliche, wenn auch häufig tödliche Begleiterscheinungen. Dann brauchte man den Krebszellen nur "das Maul zu stopfen" und sie dann listig umzubringen.

Wie findet man das - vielleicht einzige - spezifische Krebsmerkmal? Mit biologischem Verständnis, viel Fleiß und Glück! Mit glücklicher Hand hat man unter den vielen Zellkomponenten Membranproteine gewählt, darunter ein Dimer, das durch einen Kniff recht einfach isoliert werden kann, und das durch radioaktives Con A gleichsam wie mit einer Fahne markiert wird, sowie ein allgemeines Krebsmerkmal, die Agglutination durch Con A.

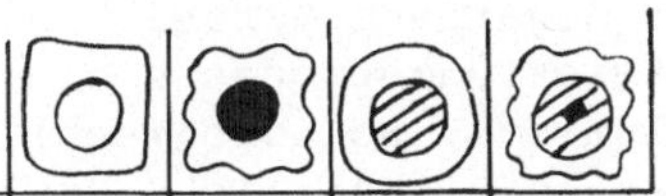

Zellen	normal	Tumor	Hybrid	Reversion
ConA Aggr.	−	+	−	+
Tumor	−	+	−	+
Membran-Protein	−	+	−	+

Als eine spezifische und, wie sich zeigte, einzige verläßliche Eigenschaft von Tumorzellen wurde die Tumorinduktion nach Transplantation gewertet. Sie wird bei isogenen Mäusen getestet, deren Immunabwehrsystem durch Bestrahlung auszuschalten ist. Nun fusioniert man jeweils eine der zu prüfenden Krebszellen verschiedenster Herkunft (durch spontane oder virale Transformation bzw. physikalische oder chemische Cancerogenese induziert) mit einer gesunden Zelle. In den Fällen, in denen der Zellhybrid den Krebscharakter aufgibt, wartet man solange, bis er - oft erst nach erheblichen Chromosomenverlusten des Hybridkerns - wieder auftritt. Während dieser Zeit verschwinden viele der übrigen Krebsmerkmale, wie hohe Teilungsrate, Membranverankerung, Kontaktinhibition, Architektur von MT und MF, usw.. Nur ein einziges Merkmal korreliert durchgehend mit sämtlichen Krebszellen, ganz gleich welcher Provenienz: das oben angeführte Membranprotein. Von diesem Glykoprotein (von 100.000 d, IEP pH4) wußte man bereits, daß es am Glucosetransport beteiligt ist. Möglicherweise können also Krebszellen einfach besser als ihre Nachbarn Glucose durch ihre Membran transportieren und sonst nichts. Dann bedeutete die Induktion aller Krebsarten die Mutation eines normalen, essentiellen Transportproteins. Dieses Ergebnis wirft viele weitergehende Fragen auf: Ist es mehr vom normalen Protein; ist es ein Isoprotein einer Genfamilie oder - epigenetisch - eine Störung in der Glykosilierung?

In unserem Zusammenhang sei nur ein Aspekt erwähnt: Ein monoklonaler Antikörper gegen dieses veränderte Protein könnte dieses in der Membran jeder Krebszelle spezifisch erkennen. Wenn man ihn zusammen mit einem geeigneten Komplement in den Körper injiziert, könnte man erwarten, daß die Krebszellen selektiv lysiert werden. Möglicherweise zeichnet sich hier ein gangbarer Weg zur Bekämpfung vieler - vielleicht aller - Krebstypen ab. Wie jedoch Krebs entsteht, und welche allgemeine Beziehungen zu Entwicklungsprozessen dabei bestehen, bleibt ein faszinierendes Feld der entwicklungsbiologischen Forschung, für das der Boden vorbereitet und die Werkzeuge verfügbar geworden sind.

7 Alterung

Das Leben eines Individuums ist so gewiß wie sein Tod, und Alterungsprozesse führen irreversibel dorthin. Das Altern ist in gewisser Hinsicht Entwicklung mit negativem Vorzeichen. Nachdem wir erkannt haben, wie vielschichtig Entwicklungsprozesse sind (molekular, cellulär, supracellulär, organismisch, soziologisch), wundert es nicht, daß es in der Gerontologie keine einheitliche Erklärung, sondern nebeneinander ca. 30 verschiedene Hypothesen gibt. Eine Schwierigkeit liegt darin, daß bei den Experimenten zur Altersforschung die negativen Ergebnisse relevant sind, für den experimentellen Entwicklungsbiologen dagegen die positiven.

Während für die Krebszellen - da sie durch eine positive Eigenschaft, nämlich häufige Proliferation charakterisiert sind - ein Heilmittel in Aussicht stehen mag, ist für das Altern kein Jungbrunnen in Sicht, weil zwei divergierende Prozesse nebeneinander ablaufen, sowohl in der Ontogenese als auch in der Evolution: Proliferation und Differenzierung. Beide sind fein reguliert und können leicht aus dem Gleichgewicht kommen. Jeder Organismus (jede Art vom Bakterium bis zum Menschen) ist dauernd in Gefahr, durch Selektionsdrücke aus dem Gleichgewicht zu kommen. Überhaupt ist die Lebensperiode eines Individuums über die Reifeperiode hinaus (Senescenz) auf den ersten Blick ein Luxus, weil in der Evolution nur solche Individuen eine Chance zum Überleben erhalten, die viele Nachkommen haben, d.h. ihre individuellen Gene möglichst häufig in den Genpool aller Organismen einbringen. Jede Störung des Fließgleichgewichtes, das einen Organismus charakterisiert, kann zum Tod führen. Eine bekannte Regel sagt, daß alles, was schiefgehen kann, auch schief geht. Wann dies allerdings geschieht, ist ungewiß. Entsprechend werden mit dem Alter alle Organe zunehmend defekt, und Krankheiten nehmen allgemein an Häufigkeit zu. Damit setzt sich der Alterungsprozeß aus vielen Teilprozessen zusammen. So ist es nicht sicher, ob ich einmal an Krebs, an Herzversagen oder einer anderen inneren oder äußeren Ursache sterben werde. Sicher dagegen ist, daß ich das maximale Lebensalter von 120 Jahren nicht überschreiten werde, denn die Lebensdauer aller Organismen hat eine genetisch fixierte Komponente, und diese ist artspezifisch. So werden Menschen im Mittel 75 und Mäuse 2 Jahre alt.

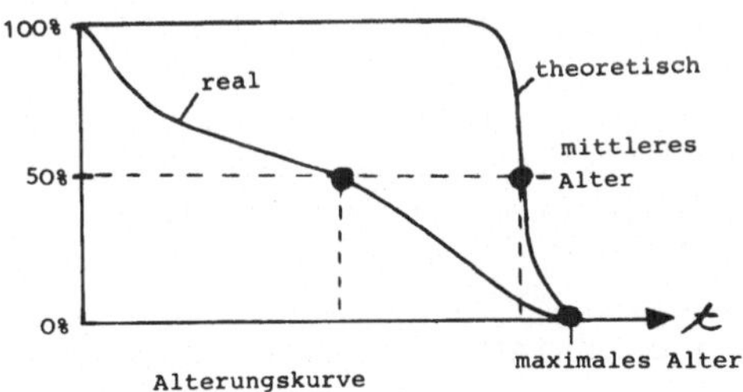

Alterungskurve

Den Alterungsverlauf kann man in einer Kurve darstellen. Gehen wir von 100 Individuen aus, die am selben Tag geboren wurden. Im Idealfall würde bis nach der Reifung niemand sterben. Während der Senescenz könnte die Sterberate zwei verschiedene Kinetiken zeigen: entweder eine deterministische (d.h. im gleichen Zeitintervall sterben mit der Zeit immer mehr), oder eine probabilistische (d.h. im gleichen Zeitintervall sterben immer gleich viel). In beiden Fällen wäre die mittlere Lebenserwartung gleich. Natürliche Kurven sehen anders aus, weil im Kindesalter, besonders im ersten Jahr, durch äußere Einflüsse sowie durch Krankheiten und auch während der gesamten Lebenszeit immer wieder einzelne Individuen absterben. Deshalb sinkt die Kurve auch schon vor der Senescenz ab; aber ihr Endpunkt, das maximale Lebensalter, ist fixiert. Die gemessene Lebensdauer einer Population scheint einen deterministischen Verlauf zu nehmen. Aber dieser könnte sich aus der Summe von probabilistischen Teilursachen zusammensetzen. Eine ganz ähnliche Situation haben wir am Zellcyclus diskutiert. Obwohl dort Zellklone (also homogene Populationen) studiert werden können, bleibt diese Frage ebenfalls offen.

Abgesehen vom Endpunkt können die übrigen Kurvenabschnitte manipuliert werden. So hat man ausgerechnet, daß die mittlere Lebensdauer um ca. 10 Jahre verlängert würde, wenn es keine Herz- und Krebskrankheiten mehr gäbe. Unter bestimmten Bedingungen verkürzt sich auch die Lebenserwartung. Es gibt - auch beim Menschen - eine Mutante, bei der die Entwicklung und damit das Altern enorm beschleunigt ist, so daß ein

Kind nicht nur schon wie ein Greis aussieht, sondern auch in physiologischer Hinsicht einer ist. In die andere Richtung kann die Kurve für einen Organismus nicht verschoben werden. Für seine Teile dagegen, wie Organe und Zellen, ist das aber sehr wohl möglich. Wir wollen uns das an Keimzellen und Körperzellen verdeutlichen.

So gelingt es durch die Bestrahlung einer trächtigen Maus, Defekte auszulösen, woraufhin manche ihrer Nachkommen schneller altern. Deren Nachkommen erreichen aber wieder das normale Mäusealter. Offensichtlich sind die Keimzellen vor diesem Eingriff geschützt gewesen und nicht gealtert. Andererseits müssen in der Keimbahn gelegentlich Fehler passieren, sonst gäbe es keine Evolution. Für Fehler gibt es mehr als genug Gelegenheiten, da die Oogonien sehr intensiv proliferieren. Möglicherweise erklärt sich so die Beobachtung, daß von ehemals 10^6 Oogonien im Fötus bei der Geburt eines Menschen nur noch 10% vorhanden sind. Die verbleibenden Keimzellen müssen noch die Meiose durchmachen und gehen zuvor durch eine sehr lange S-Phase, während der, so wird vermutet, ein Enzymsystem bei der DNA-Replikation besonders gut "Korrektur liest", so daß die enorme Zahl von über 10^{12} Nucleotidpaaren nicht allzu sehr in Unordnung gerät. Aber auch nach erfolgter Eireifung kommt es mit zunehmendem Alter der Oocyten zu Defekten in der normalen Entwicklung. Dazu gehören Chromosomenanomalien (bei 5% der befruchteten Eier beim Menschen), und entsprechend nimmt bei Kindern die Trisomie 21 (das Down-Syndrom) mit dem Alter der Mutter zu. Das bedeutet: Im Individuum altert die Linie der Keimzellen; die Keimbahn einer Art dagegen altert nicht. Zwischen beiden vermitteln die Befruchtung und die genetische Rekombination.

Dies beobachtet man auch an Organismen, die nur aus einer Zelle bestehen, und sich vegetativ oder generativ vermehren können. Erinnern wir uns an die Ciliaten, die einen Mikro- und Makronucleus besitzen. Ohne den kleinen generativen Kern können Kulturen vegetativ über hunderte von Generationen wachsen, aber schließlich sterben sie aus: Die Linie altert. Wird jedoch als "Jungbrunnen" eine Konjugation erlaubt, fängt die vegetative Phase verjüngt von neuem an.

Oder betrachten wir die Kieselalgen (die Diatomeen) mit ihren eigenartigen extracellulären Schalen, die wie eine Petrischale aus zwei überlappenden Hälften bestehen. Nach jeder Teilung erhält eine Tochter den "Deckel", die andere den "Boden". Beide regenerieren die andere, in jedem Fall aber kleinere Schalenhälften. Daher werden diejenigen Zellen, die jeweils den Boden erhalten, immer kleiner. Nach einigen Generationen erreichen sie eine minimale Größe, und nun setzt eine sexuelle Vermehrung ein. Kommt es nicht dazu, so stirbt diese Linie aus. Das aber heißt, daß Mikroorganismen als Individuen durchaus sterblich, als Population jedoch, wie die Keimzellen der höheren Organismen, potentiell unsterblich sind.

Für die Körperzellen hat man einige Beispiele gefunden, die recht gut mit der Lebenserwartung der Organismen, aus denen sie stammen, korreliert sind, wie etwa das Lungenepithel. Es zeigte sich, daß isolierte Zellen dieses Gewebes allmählich zu proliferieren beginnen, eine recht konstante Zahl von Zellcyclen durchlaufen - beim Mensch ca. 50, bei der Maus 15 - und dann absterben. Dies sind die Verhältnisse in der Primärkultur. Gelegentlich - häufiger bei der Maus als beim Menschen - kann eine Zelle entstehen, die sich exponentiell weiterteilen kann. Aus ihr kann dann eine "etablierte Zellinie" hervorgehen, was in der Regel mit Chromosomenanomalien (Aneuploidie) gekoppelt ist.

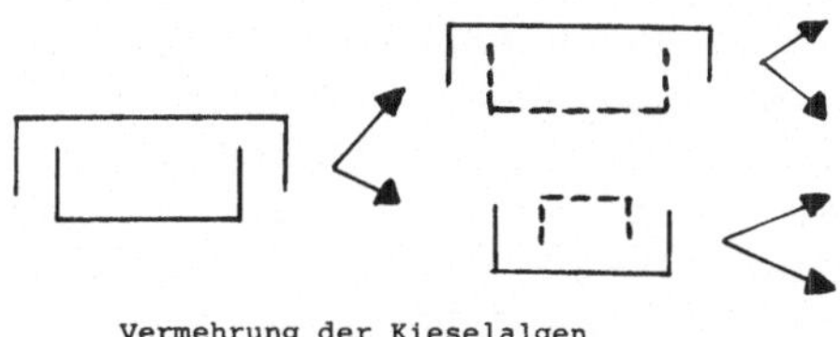

Vermehrung der Kieselalgen

Allerdings muß man hinzufügen, daß andere Epithelien dieser Regel nicht gehorchen: So lassen sich Zungenepithelzellen bei der Maus in der Primärkultur über 500 Generationen züchten. Möglicherweise ist das Absterben im Organismus gar nicht immer einem Alterungsprozeß gleichzusetzen. Wie wir bei der Entwicklung des Hühnchenembryos diskutiert haben, spielt der Zelltod eine entscheidende Rolle bei der Morphogenese der Extremitäten und Neuralleisten. Die Nervenzellen werden zunächst überproduziert, so daß ihr Absterben eher der Normogenese als dem Alter zuzurechnen ist.

Da in vitro künstliche Wachstumsbedingungen gegeben sind, hat man durch in vivo Kulturen geprüft, ob Zellinien von Körperzellen nur solange leben wie das entsprechende Tier. Solche Versuche sind uns durch die in vivo Kultur von *Drosophila*-Imaginalscheiben sehr geläufig. Allerdings fragen wir jetzt nicht, wie stabil die Determination, sondern wie groß die Kapazität zur Proliferation ist. Die Antwort ist ganz klar: In Serie transplantierte Zellklone leben viel länger als ihre Spenderorganismen. Bei *Drosophila* hat man bis zu 160 Zellgenerationen verfolgt, das entspricht ca. der 100fachen Lebenserwartung dieser Fliege.

Besonders gut kann man diese Frage an den roten Blutzellen studieren, deren Stammzellen in der Milz zu finden sind. Nach Injektion in einen Empfänger, dessen eigene Blutzellen ausgeschaltet wurden, vermag etwa jede zehnte Blutzelle der Milz eine Kolonie zu gründen (CFC, colony forming cell). Es zeigte sich, daß das Alter der Maus auf die Proliferation ihrer Blutzellen praktisch keinen Einfluß hat. Zum einen ist eine CFC aus einer alten Maus ebenso erfolgreich wie die aus einer jungen. Zum anderen hat man die Zellen einer solchen Kolonie bereits über sechs Passagen in weiteren Mäusen züchten können, so daß für diese roten Blutzellen in vivo ein Wert von über 100 Zellgenerationen ermittelt worden ist, der weit höher ist, als die für die Maus typische Zahl von 15. Dies spricht gegen ein celluläres Senescenzprogramm bei Einzelzellen. Aber wie steht es bei Geweben? Die Kapazität zur Leberregeneration etwa ist bei einer alten Ratte ebenso effektvoll wie bei einer jungen.

Die höchste Zellproliferationsrate bei Säugetieren haben die Stammzellen in den Krypten des Dünndarmepithels. Dieses Gewebe wird im Leben einer Maus 25.000 mal erneuert. Wenn bei der gemessenen Zellcyclusdauer von 12 h nur 15 Generationen erlaubt wären, könnte die Maus nur 13 Tage alt werden. Auch kann man nicht davon ausgehen, daß verschiedene Stammzellen ihre 15 Cyclen zeitlich nacheinander durchlaufen, weil praktisch alle Stammzellen zur gleichen Zeit proliferieren, d.h. im Zellcyclus und nicht in der G_0-Phase sind. Die Mitosekapazität ist sogar noch höher: Wenn man durch Röntgenbestrahlung über 90% der Stammzellen abtötet, kann das Darmepithel der Maus bis zum normalen Endalter von 2 Jahren voll intakt bleiben. Bei diesen Beispielen ist das Zellproliferationspotential erheblich größer als an anderen Stellen im Organismus; es könnte sogar unbegrenzt sein, jedoch ist hier eine kleine Einschränkung zu machen: Es kann nicht ausgeschlossen werden, daß alle 15 Zellgenerationen bei der Maus (bzw. alle 50 beim Menschen) eine somatische Mutation entsteht, die dann gegenüber den anderen, gealterten Zellen selektiert wird (ähnlich wie bei Pantoffeltierchenpopulationen nach der sexuellen Vermehrung). Andererseits können Zellen sehr wohl "altern", obwohl sie sich weit weniger als 15 Generationen lang teilen, z.B. die Lymphocyten und Erythroblasten oder alle protodifferenzierte Zellen.

Die Beobachtungen von Alterungsprozessen an Organismen und ganzen Zellen sind nicht schlüssig. Ist vielleicht der Zellkern der Ort, an dem die Senescenz, d.h. Teilungs- bzw. S-Phase-Häufigkeit, reguliert wird? Dies zu prüfen bietet sich eine Palette zellbiologischer Experimente an.

Zellfusionen zwischen gleichen Zelltypen (Homokaryen) verschieden alter Spender zeigen, ob alte Zellen junge inhibieren können oder, umgekehrt, selbst verjüngt werden: Man findet für das Lungenepithel, daß sich die Zahl der Generationscyclen von 50 auf 75 erhöht. Offensichtlich werden beide Zellkerne dabei verjüngt.

Umgekehrt gibt es auch Beispiele, wie der Kern durch die celluläre Umgebung seine Teilungshäufigkeit reduziert, das heißt vorzeitig altert. Sie sind uns als Kerntransplantationen an Oocyten bereits geläufig; nur haben wir bis jetzt immer den anderen Aspekt der Entwicklung, die Differenzierung, im Auge gehabt, anstatt der Proliferation. Wir haben oben eingehend dargestellt, daß umso weniger aus den rekonstituierten Eiern wird, je älter die Donorkerne sind. Die Häufigkeit der erfolgreichen Transplantationen nimmt mit dem Entwicklungsalter des Spenders vielleicht genau in dem Grad ab, in dem die Häufigkeit der Proliferationshemmung zunimmt. Dann wären Altern und Determination zwei Seiten ein und desselben Phänomens.

Wie ließe sich die Zellproliferation durch eine stabile Kernänderung eindämmen? Beispielsweise auf zwei Arten: einmal durch eine somatische Mutation oder aber durch die Polyploidisierung der Zelle. Letztere haben wir häufig als Merkmal terminaler Differenzierung kennengelernt. Ob die DNA in stationären Zellen, die sich nicht mehr teilen können, verändert ist, wissen wir nicht; aber anläßlich der Diskussion von Determination und Differenzierungsprozessen haben wir einige Hinweise dafür erhalten. Vielleicht wird die Differenzierung mit einem langsamen, aber sicheren Tod bezahlt. In der Tat liegt hier ein wichtiger Aspekt der Alterung, denn die meisten Zellen eines Organismus sind postmitotisch, und Zellen, die intensiv proliferieren, sterben auch schnell wieder, so daß der "steady-state" gewahrt bleibt.

Viele Änderungen, die mit der Zeit in stationären Geweben auftreten, lassen sich plausibel als Folge somatischer Mutationen deuten: So findet man von manchen Enzymen, z.B. von der Aldolase der Leber, zwar viele Moleküle, die sich durch Ausfällen mit spezifischen Antikörpern quantifizieren lassen, aber die meisten von ihnen sind enzymatisch inaktiv. Eine ganze Reihe von Enzymen wird in alten Organismen hitzeempfindlich, was ebenfalls für einen Austausch von Aminosäuren, d.h. für Mutationen im Genom, spricht. Neben diesen Stoffwechselenzymen könnte durch die Störungen von wichtigen "Haushaltsenzymen" eine ganze Kaskade von Fehlern über die Zelle und das Gewebe hereinbrechen: So würde eine defekte DNA-Polymerase Mutationen produzieren, eine defekte RNA-Polymerase falsche Informationen ablesen. Noch einschneidender wirkte es, wenn dabei Gene betroffen wären, die an überzelligen, d.h. systemischen Regulationsprozessen beteiligt sind, und zu Änderungen etwa der zwischenzelligen Matrix sowie von Nerven-Hormon- oder Immunsystem führen.

Als wichtigstes Ergebnis dieser Diskussion soll festgehalten werden, daß die Proliferationshemmung als Merkmal der Alterung vielleicht auf somatische Mutationen zurückzuführen ist. Es wird sehr aufschlußreich sein zu wissen, wieweit Determinationsprozesse ebenfalls auf Mutationen - vielleicht sogar die gleichen - zurückgehen.

Die Bedeutung der extracellulären Matrix wurde eingehend anhand der Morphogenese, der Induktion und der Differenzierung bei der tierischen Entwicklung besprochen. Beim Vergleich des Kollagens zeigt sich mit dem Alter eine zunehmende Erstarrung durch die Zunahme an Vernetzungen zwischen dem zur Tripel-Helix gewundenen Protokollagen (s. oben). Da diese Moleküle vom Embryo bis an den Tod nur einen geringen Umsatz zeigen und noch durch andere, von verwandten Genen codierte, Kollagene ergänzt werden, kann dieses Netz eine Menge an epigenetischen Modifikationen anhäufen, die sowohl für den Zellkontakt als auch für die Kommunikation im Gewebe während aller Entwicklungsstadien von Bedeutung sein könnten. Daher werden sich somatische Mutationen im ganzen Organismus auswirken. Das gleiche gilt für die Mucopolysaccharide, die mit zunehmendem Alter weniger Wasser binden oder Sauerstoff diffundieren lassen können. Beides hat sicherlich Konsequenzen für den Stoffwechsel im Gewebe.

Über Hormone als Kommunikationsmoleküle haben wir viel gesprochen, aber wenig darüber, wie ihre Produktion reguliert wird. In vielen Fällen ist der Hormonspiegel durch den "Reifezustand" der entsprechenden Hormondrüse bestimmt, deren Entwicklung durch eine innere Uhr gesteuert wird. Als Beispiel sei angeführt, wie ein Eingriff in die Regelkreise zwischen Hirn, Hormon und Zielorgan zur Alterung einer Mäusepopulation führen kann: Wenn man eine bestimmte Stelle im Gehirn elektrisch reizt, wird ein Neurosekret ausgeschüttet, das selbst in einem alten Mäuseweibchen die gonadotropen Hormone nochmals freisetzt, so daß Eizellen heranreifen. Da diese von überalterten Weibchen stammen, werden häufig Defekte an den Nachkommen auftreten, was zu einer Population mit geringerer Lebenserwartung führen würde.

Während Hormone "nur" die Leistung ihrer Zielzelle (durch Modulation) beeinflussen, kann das Immunsystem viel drastischer reagieren und Zellen eliminieren. Dies ist in der Tat ein Mechanismus, der, wenn er nicht richtig funktioniert, zur Alterung eines Organismus ganz entscheidend beitragen kann. Damit endet unsere Betrachtung des Alterns bei diesem bemerkenswerten System, über dessen Determination, Proliferation und Differenzierung wir bereits gesprochen haben. Warum, so wollen wir noch abschließend fragen, funktioniert es im alten Organismus nicht mehr richtig? Liegt es tatsächlich an der Zellvermehrung, können die Stammzellen nicht genug Tochterzellen nachliefern, oder liegt es an einer fehlerhaften Determination?

Hierzu kann man gezielt, d.h. als Klon, eine Lymphocytenlinie verfolgen. Man hat zunächst eine Maus mit DNP (Dinitrophenol) als Antigen immunisiert, PFC (plaque forming cells) aus der Milz gewonnen und in bestrahlte isogene Mäuse injiziert. Dieser Anti-DNP-Klon konnte in Serientransplantationen von über 100 Zellgenerationen verfolgt werden: Es scheint, daß durch Proliferationsstörungen Defekte im Immunsystem nicht verursacht werden. Wodurch aber dann?

Viele Alterserscheinungen sind Autoimmunerkrankungen, z.B. manche Formen von Arthritis: Das T-Zellsystem erkennt nun die eigenen Zellen nicht, sondern hält sie für "fremd" und tötet sie. Die Thymusdrüse ist die "Schule" dieser Lymphocyten. Sie hat einen ganz eigenen Entwicklungsrhythmus. Beim Menschen ist sie mit 10 Jahren maximal ausgebildet und wird danach allmählich verkleinert. Zugleich kommen aus der Proliferationszone im Knochenmark immer weniger Lymphocyten in diese Drüse, und noch weniger kommen lebend, als programmierte Lymphocyten, wieder heraus. Das wäre bezüglich des quantitativen Aspektes bereits eine passable Erklärung. In diesem Fall müßte man sich darauf konzentrieren, das Uhrwerk der Drüsenentwicklung zu verstellen, wenn man bei langlebigen Organismen wie dem Menschen die systemischen Alterserscheinungen hinauszögern möchte.

Es könnte aber auch sein, daß in allen Zellen eines bejahrten Individuums Fehler auftreten, etwa an den sich vermutlich häufig umordnenden 20 H-(Histokompatibilitäts-)Genen, die jedem Zelltyp - möglicherweise sogar jeder einzelnen differenzierten Zelle - zu einem eigenen Muster spezifischer Oberflächenantigene verhelfen. Dann liefen in der Periode der Senescenz zwischen den Körperzellen auf der einen Seite und den T-Lymphocyten auf der anderen ein Wettbewerb ab, wer mehr Variabilität produzieren kann. Dies aber würde besagen, daß die Organismen selbst bis hin zu ihren hochspezialisierten, individuellen stabilen Erscheinungsformen einen "Zufallsgenerator" besitzen, so daß alle Entwicklungsvorgänge, von der Entstehung des Lebens in der Ursuppe bis heute, nach dem gleichen *Darwinschen* Prinzip ablaufen.

Diese Betrachtung des Alterns hat wohl keine vertieften Einblicke in die Gerontologie ergeben, aber vielleicht hat sie deutlich gemacht, daß hier - mit negativen Vorzeichen - viele der uns geläufigen entwicklungsbiologischen Fragen wieder auftreten, ja, daß manche dabei etwas schärfer gefaßt werden können.

Neuere Entwicklungen in der Entwicklungsbiologie

Entwicklungsbiologie, Genetik, Cytogenetik, Chemische Embryologie, Physiologische Chemie, Molekulare Biologie, Zellbiologie und Immunbiologie

In den bisherigen Kapiteln haben wir vorwiegend Beobachtungen und Experimentalergebnisse besprochen und - oft unabhängig voneinander - zu interpretieren versucht. Dabei gibt es Gründe, nicht von allgemeinen Konzepten auszugehen: Es gibt nämlich keine verbindliche Theorie der Entwicklung. Wo versucht wurde, eine solche Theorie aufzustellen, gewann sie ihre Bedeutung eher durch die Überzeugungskraft starker Persönlichkeiten als durch die vorliegenden Fakten. Zu den aktuellen Vorstellungen über Entwicklung hat eine Vielzahl von Befunden beigetragen, die mit den verschiedensten Disziplinen der Biologie oder auch anderer Naturwissenschaften erhoben worden sind. Im folgenden soll deshalb ein Überblick über eine ebenso vereinfachte wie subjektive Auswahl von biologischen Disziplinen, Namen, Methoden und Theorien gegeben werden, die z.T. scheinbar heterogen nebeneinander stehen, aber im Hinblick auf ihre Relevanz für die Entwicklungsbiologie ein Netzwerk von Beziehungen bilden, das die Ableitung einer synthetischen Theorie der "allgemeinen Entwicklungsbiologie" ermöglichen könnte.

Neugier angesichts der Entwicklungsprozesse lebender Organismen, der Reiz des Geheimnisvollen, der die kleinen, oft verborgen wachsenden Embryonen umgibt, und die scheinbaren Widersprüche ihres Werdens zu den physikalischen Gesetzen finden ihren Niederschlag in konträren philosophischen Strömungen. So wurde die Entstehung des Lebens durch Urzeugung oder aus unbelebter Materie heftig diskutiert. Diese gegensätzlichen Standpunkte haben auch die Vorstellungen von Vitalismus und Mechanismus geprägt und sich in den Begriffen Präformation contra Epigenese niedergeschlagen. Auch heute noch ist die Diskussion über die Bedeutung von Anlagen und Umwelt (nature: 80%, nurture: 20%) aktuell, und ihre Auswirkungen sind in zeitgenössischen gesellschaftlichen Theorien und Ideologien zu erkennen [1-4].

Die Entwicklungsbiologie hat vielleicht mit der Entdeckung des "Springenden Punktes", der embryonalen Herzanlage im Hühnchenkeim, durch Aristoteles begonnen. Der Vergleich der Entwicklungsgeschichten hat Ähnlichkeiten zwischen den Lebewesen erkennen lassen und führt zu einer Verbesserung des von Linné aufgestellten "natürlichen Systems" auf rein morphologischer Grundlage. Die Stammesentwicklung der Lebewesen versuchten Lamarck und Darwin zu deuten, der eine durch Anpassung an die Umwelt durch Vererbung erworbener Eigenschaften, d.h. Reaktion auf äußere Faktoren, der andere durch die epochale These der immanenten

Variabilität, d.h. durch innere Faktoren, und der Selektion [5]. In der Individualentwicklung ist dieser Gegensatz vielleicht mit den alternativen Begriffen "Instruktion oder Permission" treffend charakterisiert.

Die Morphogenese als die Entstehung von Gestalten erhält Impulse von einer auch von J.W. von Goethe vertretenen idealistischen Morphologie wie auch von der Evolutionsmorphologie: Hier wird nach dem Urtyp und nach homologen Anlagen gesucht, und hierher gehört der Versuch Haeckels, Evolution und Ontogenese aus der Rekapitulationsregel heraus zu verstehen.

Die experimentelle Embryologie richtet seit W. Roux in Form von Experimenten Fragen an den Embryo: Defekt- und Isolationsexperimente führen H. Driesch dazu, das Ei als ein harmonisch-äquipotentielles System zu betrachten und seine Entwicklung aus der Lagebeziehung seiner Teile zueinander zu erklären. Die modernen Theorien von Positionsinformation, Musterspezifizierung und pluripotenten Systemen sind Präzisierungen seiner Ideen. Die Keimbahntheorie wird von A. Weismann begründet, und Th. Boveri liefert durch seine Beobachtungen an Chromosomen den Nachweis der Chromatindiminution und seiner Steuerung durch das Cytoplasma eine mögliche Deutung der Sonderung von Keimbahn und Soma, des Determinationsmechanismus und pathologischer Erscheinungen wie den Krebs.

Spemanns Transplantationsexperimente am Molch leiten durch die Entdeckung des "Organisators" eine neue Epoche in der Entwicklungsbiologie ein [6]. Rekonstitutionsexperimente am Seeigel durch Hörstadius erlauben die von Child [7] aufgestellte Gradiententheorie experimentell zu untermauern. Seidel zeigt Faktorenbereiche im Insektenei [8] auf und postuliert, daß die Gestalt des Embryos durch die dynamische Architektur des Cytoplasmas geprägt wird, was den aus der Physik entliehenen Begriff des embryonalen Feldes präzisiert. Als einen kontinuierlichen Prozeß, bei dem eine Zellinie wie ein Ball über eine epigenetische Landschaft rollt, sieht Waddington [9] die Entwicklung an, wobei an den Wegkreuzungen irreversible Entscheidungen getroffen werden, die die Entwicklungspotenzen einschränken.

Neuen Auftrieb erhält die "Organisator"-Forschung durch Bautzmann, der zeigt, daß auch totes Gewebe induzieren kann. Das wiederum ruft die Chemiker auf den Plan, eine organisierende, d.h. instruierende, Substanz zu isolieren. Einen Rückschlag bedeutet der Befund von Holtfreter [10], daß jegliche subletale Cytolyse induzierend wirkt. Neue Ansätze bei der Suche nach physiologischen Induktionsstoffen haben Yamada und Tiedemann vorgenommen, wobei sich der Schwerpunkt immer mehr vom Induktor auf das Reaktionssystem verlagert [11]. Dies stellt eine Abkehr vom Neolamarckismus dar, dem manche Zellbiologen noch immer zu huldigen scheinen.

Neuartige Rekombinationsexperimente mit Säugerembryonen von Tarkowski, Mintz und Illmensee haben zu Mosaiktieren und Zellklonen geführt, die Einblicke in frühe Determinationsprozesse der Säugerentwicklung erlauben (Innen-Außen-Konzept) [12, 13].

Besonders aufschlußreich sind Kerntransplantationsversuche an Froschoocyten gewesen, die King und Briggs [14] und Gurdon [15] durchgeführt haben. Sie haben wichtige Argumente zur möglichen Unveränderlichkeit des Genoms während der Entwicklung beigesteuert und die Oocyte zu einem lebenden Reagenzglas für eine Vielzahl bedeutungsvoller Experimente gemacht.

Biologische Muster haben durch I. Prigogine eine mathematische Betrachtung erfahren. Neben den konservativen Kräften zwischen den Molekülen, die ohne Energiebedarf durch Selbstaggregation hochgeordnete, aber starre Muster ergeben, können auch aus Auto- und Kreuzkatalyse sowie nicht-linearer Diffusion zwischen zwei Reaktionspartnern relativ stabile Konzentrationsmuster entstehen. Solche "dissipativen Strukturen", die stets Energie verbrauchen, könnten als Vorläufer (Vormuster) morphogenetischer Muster dienen. In diese Richtung gehen die Untersuchungen an den sozialen Amöben von *Dictyostelium* durch Bonner und Gerisch [16, 17]. Am Süßwasserpolypen *Hydra* haben Regenerationsexperimente zur Aufstellung der Positionsinformationstheorie durch Wolpert [18, 19] geführt und auch die Computer-Simulierungen von Gierer und Meinhardt hervorgebracht, die im Modell der lateralen Inhibition zusammengefaßt sind [20]. Außerdem sind hier die Analysen der Kompartimentierung bei der Insektenentwicklung durch Garcia-Bellido [21] zu erwähnen, die Kauffman als Transformation eines zeitlichen in ein räumliches Muster mathematisch formuliert hat [22].

Die Morphogeneseforschung hat über das Konzept der Selbstorganisation der Biomoleküle hinaus Fortschritte gemacht, die sich auf exakte Untersuchungen am Bakteriophagen T4, auf Bakteriensporulation sowie auf die Organisation des Ciliatencortex und der cytoplasmatischen Organisationszentren (wie MTOC) stützen.

Die *Genetik* hat einen großen Einfluß auf die Entwicklungsbiologie genommen. Die Rolle des männlichen Genoms wird durch Bastardierungsversuche erhellt, und zahlreiche Mutanten, besonders von *Drosophila* und von der Maus, zeigen Steuerungsprozesse in der Embryogenese auf. Diese werden, wie bereits Morgan postuliert hat, durch cytoplasmatische Faktoren beeinflußt [23]. Genetische Methoden führen zur Entwicklung eines "stumpfen Skalpells", das eine Kartierung der Normogenese erlaubt. Die von Stern analysierten Mosaikfliegen lassen ohne experimentelle Eingriffe einen Anlagenplan aufstellen. Durch somatisches crossing-over wurden Mutationen während der Ontogenese erzeugt, die zur Entdeckung der Polyklone und der Kompartimentierung geführt haben. Weiterhin haben temperatursensitive Mutanten sowie Phänokopien von Mutanten wichtige Aufschlüsse über den Zeitpunkt von Genwirkungen gegeben [24-26].

Die *Cytogenetiker* haben spezifische Strukturen des Chromatins im Zellkern beschrieben und Chromosomen durch Karyotypie charakterisiert. Bandierungstechniken erlauben Rückschlüsse auf feinstrukturelle Änderungen. In den Riesenchromosomen hat Beermann ein exzellentes Modell zum Verständnis der Genexpression gefunden [27, 28], und die ubiquitären Lampenbürstenchromosomen in den Oocyten sind durch die Untersuchungen von Callan und Gall als aktive Genstrukturen interpretiert worden [29].

Die Cytochemie ermöglicht seit T.R. Caspersson die Lokalisierung von Nucleinsäuren im UV-Mikroskop und die selektive Anfärbung von RNA und DNA seit Brachet [30]. Hinzu kommen noch Autoradiographie, in situ Hybridisierung mit RNA und DNA sowie die indirekte Immunofluoreszenz.

Die *chemische Embryologie* machte sich unter J. Needham daran, die Zusammensetzung insbesondere der Makromoleküle von Embryonen zu bestimmen. Die Untersuchungen der Atmung am Seeigelembryo durch O. Warburg und der Atmungsenzyme durch J. Runnström haben neue Vorstellungen von der Entwicklungsaktivierung und von Stoffwechselwegen in Embryonen eröffnet.

Die *physiologische Chemie* hat neue Erkenntnisse zur Funktion und Regulation von Enzymaktivitäten gewonnen und "allosterische" Veränderungen an Proteinen postuliert. Mit biophysikalischen Methoden wurde gefragt, wie wohl ein Substrat (als Schlüssel) mit seinem Enzym (als Schloß) reagiert: ob der Schlüssel das Schlüsselloch zurechtbiegt (induced-fit), oder ob er ein passendes Loch aus vielen verschiedenen Schlössern herausselektioniert. Daraus haben sich wichtige Schlüsse für die "Spezifität" bei entwicklungsbiologischen Prozessen ergeben.

Das Konzept der (Peptid-)Hormonwirkung von Sutherland mit einem spezifischen (primären) Boten und einer unspezifischen Komponente (dem sekundären Boten cAMP) ist richtungsweisend für Deutungsversuche embryonaler Induktionsprozesse geworden [31]. In gleicher Weise haben Ergebnisse über die Wirkung von Neurotransmittern über spezifische Membranrezeptoren auf Ionenkanäle die Vorstellungen über die Eipolarität beeinflußt.

Die Rolle der Zellmembran ist zu einem zentralen Thema der Embryogenese geworden, und das Konzept der Membransignalisierung von Edelman bietet Denkanstöße zum Verständnis der Proliferationskontrolle, der Zellbewegungen und der Gewebeaffinitäten in der Embryogenese [32].

Die *Molekularbiologie* hat mit ihrer Hinwendung zu einfachen Modellsystemen sicher den größten Einfluß auf die Entwicklungsbiologie gehabt [33]. Avery hat die DNA als das genetische Material identifiziert, die Doppelhelixstruktur haben J.D. Watson und F.H. Crick erschlossen, woraus sich unmittelbar eine Vorstellung vom Replikationsmechanismus der DNA hergeleitet hat. Die mRNA hat man zuerst postuliert und dann entdeckt, sowie den genetischen Code "geknackt" und damit die Proteinbiosynthese im Prinzip verstanden (S. Ochoa, M.W. Nirenberg, J.H. Matthaei). Diese Entdeckungen gehen nicht alle auf das Konto von Biologen, sondern von Physikern, die auf der Suche nach neuen, in der Physik vielleicht nicht anzutreffenden Phänomenen in der Natur waren.

Das Operonmodell von Jacob und Monod - die Regulation der Genexpression durch negative Steuerung über ein Repressorprotein - hat wohl den größten Reiz auf die Entwicklungsbiologen ausgeübt [34, 35]. Viel weniger beachtete man zunächst die Genregulation des kleinen Bakteriophagen *Lambda*, dessen alternativer Entwicklungscyclus (lytisch oder lysogen) einer komplexeren genetischen Steuerung unterliegt, wobei neben Repressoren auch positive Transkriptionsfaktoren sowie Antiterminatoren vorkommen (W. Szybalsky). Aber hierdurch wird, im Gegensatz zu der Enzyminduktion bei Bakterien, ein stabiler Differenzierungszustand beschrieben, gerade wie derjenige, den es bei der Embryogenese zu deuten gilt.

Luria und Delbrück haben mit ihrem "Fluktuationstest" gezeigt, daß Darwins Vorstellungen von Mutation und Selektion auch auf das DNA-Molekül angewendet werden können. Darüberhinaus hat Eigen durch sein Konzept des Hypercyclus einen Weg aufgezeichnet, wie die Entstehung und Evolution eines selbstreplizierenden Systems vonstatten gegangen sein könnte [36].

Die Vorstellung von der Organisation und Expression der Eukaryontengene hat eine Serie ungeahnter Wandlungen erfahren [37, 38]. Dazu gehört, daß die Histone, von J. Bonner als Repressoren gedeutet, die die DNA zudecken, nun in den von P. Chambon sog. Nucleosomen vereint sind und von der DNA umschlungen werden. Zum anderen haben sich aufgrund der von S. Spiegelman entwickelten DNA-RNA-Hybridisierung deutliche gewebespezifische Unterschiede in der RNA-Zusammensetzung ergeben, die jedoch nicht auf die Transkription von Strukturgenen zurückzuführen sind. Die bemerkenswerte Erklärung hierfür ist, daß nach Britten und Kohne [39] das Genom der Eukaryonten zum erheblichen Teil aus repetitiven Basensequenzen besteht, und daß auch von den singulären Sequenzen nur ein Teil in RNA übersetzt wird. Das Britten-Davidson-Modell sieht im Vorhandensein repetitiver Sequenzen Schaltstellen zur koordinierten Expression von Genbatterien [40]. Die EM-Spreitungen von Miller erlauben unmittelbar, aktive Gene sichtbar zu machen, und die Wirkung des Häutungshormons auf das "Puffing" der Riesenchromosomen hat Karlson und Clever veranlaßt, ein Modell der spezifischen Genaktivierung durch Steroidhormone aufzustellen.

Die Vorstellungen über die RNA-Polymerasen [41] haben eine wechselhafte Geschichte hinter sich: Seit Bautz den Sigmafaktor entdeckte, eine Untereinheit der *E.coli* RNA-Polymerase, hat man die selektive Genaktivität an Chromosomen in ähnlicher Weise durch Faktoren der RNA-Polymerase B zu deuten gesucht. Dann zeigte O'Mally, daß in Chromatinrekonstitutionsexperimenten, z.B. am Hühncheneileiter [42], die RNA-Polymerase von *E.coli* scheinbar besser funktioniert als das homologe Enzym, und daß die Nichthistonproteinfraktion die Transkription spezifiziert, bis sich diese Experimente als Artefakte entpuppten. Damit ist die Frage nach der Initiationskontrolle der RNA-Synthese am Genom der Eukaryonten völlig ungeklärt, und die zentrale These der differentiellen Genaktivität steht noch immer auf tönernen Füßen [43].

Angesichts der vielschichtigen "posttranskriptionellen" Kontrollen, bis hin zum "epigenetischen Zuschneiden" des von einem Gen codierten Proteins durch Proteasen, ist es fraglich, ob überhaupt eine Transkriptionskontrolle ausgeübt wird. Man denkt hier eher an ein sukzessives Abschalten der Gene im Verlauf der Ontogenese.

Faszinierende Entdeckungen beginnen das Bild, das man von Genen hat, zu wandeln. Die Methoden der in vitro DNA-Kombination, der Genkartierung durch Restriktionsanalyse und der Basensequenzanalyse erlauben, ein einziges "Gen" aus einem riesigen DNA-Molekül herauszufischen, zu identifizieren und chemisch vollständig zu analysieren [44]. Ein wesentliches Resultat - an Viren zuerst erhoben, aber für viele Gene inzwischen bestätigt - ist, daß die RNA- (das Primärprodukt) zusammengestückelt wird und damit erst zur mRNA wird. Da die eliminierten RNA-Sequenzen, als Introns in der DNA, im Gen repräsentiert sind, erweist sich der genetische Code für diese Gene nicht mehr als streng ko-linear. Man kann mit I. Dawid vermuten [45], daß diese Genomstruktur vielleicht die Luxusgene - im Gegensatz zu den Haushaltsgenen - auszeichnet. Die funktionelle Analyse isolierter Gene wird möglich, indem man sie entweder über ein Virus (nach P. Berg) oder unmittelbar (nach Ch. Weismann) in Zellen einschleust und nachsieht, welche Produkte entstehen. Da dies bereits gelingt, kann man weiter durch gezielte (site-directed) Mutagenese in vitro an jeder beliebigen Stelle eines isolierten Stückes DNA eine Mutation setzen oder aber ein defektes Gen korrigieren und, anstelle der klassischen Genetik, Reversegenetik betreiben.

Für alle entwicklungsbiologischen Konzepte ist gewiß das aufregendste Ergebnis, daß das Zusammenflicken der genetischen Information nicht auf die RNA beschränkt ist, sondern, zumindest bei den Lymphocyten - wie Tonegawa gezeigt hat - als Gentranslation ebenfalls vorkommt [46]. Diese Ergebnisse - zusammen mit den "Transposons" bei Bakterien, vielleicht auch bei Pflanzen und bei *Drosophila* und anderen Embryonen - lassen vermuten, daß in individuellen Embryonen, wie in evolvierenden Organismen, ein Zufallsgenerator auf der Genomebene existiert, d.h. daß möglicherweise Ontogenese und Phylogenese nach einem einheitlichen Prinzip funktionieren, das Jacob einmal als "Flickschusterei" (tinkering) [47] bezeichnet hat.

Die experimentelle *Zellbiologie* hat zwei Hauptobjekte, die Einzeller und Gewebekulturzellen [48]. Ausgehend vom Studium der Kernplasmarelation an Amöben durch G. Hertwig und M.H. Hartmann, formulieren Howard und Pelc durch radioaktive Markierungen das Zellcycluskonzept [49], das von Mitchison, Prescott und Zeuthen präzisiert wird [50]. Einen essentiellen Zusammenhang zwischen Zellteilung und Differenzierung postuliert Holtzer in seinem Konzept der abwechselnd proliferativen und "quantal" Zellcyclen [51]. Zellwechselwirkungen durch extracelluläre Substanzen beobachtet F.R. Lillie bei der Befruchtung des Seeigeleies. Die Rekonstitutionsversuche an Schwämmen von H.V. Wilson bis M. Burger, an embryonalen Blastemen von Holtfreter und an der embryonalen Retina von Moscona, führen zum Konzept der spezifischen Zellerkennung [52, 53]. Unentschieden bleibt bislang, ob dies durch spezifische Liganden (wie die Cognine) oder durch Aggregationsfaktoren mit nur relativer Spezifität geschieht, wie Steinberg annimmt [54]. Diese gegensätzlichen Auffassungen finden sich auch bei der Entwicklung des Nervensystems, die einmal aufgrund neuronaler Spezifität nach Sperry [55] oder aber nach Changeux [56] durch Stabilisierung von zunächst labilen Kontakten erfolgen könnte. Weitere Signalmoleküle mit permissiver Wirkung auf Zellen sind der NGF für Nervenzellen [57] und der MF bei der Pankreasentwicklung. Hieraus ist das Stufenmodell der Differenzierung (Protodifferenzierung, Differenzierung und Modulation) von Rutter [58] hervorgegangen.

Die Wirkung extracellulärer Signale wurde von Weiss durch eine Umlagerung cytoplasmatischer Molekülfamilien als Ausdruck einer "molekularen Ökologie" gedeutet [59, 60]. Über das komplexe zwischenzellige Wechselspiel - manchmal als Zellsoziologie bezeichnet - werden zunehmend häufiger populationsgenetische Betrachtungen angestellt, um die Wahrscheinlichkeit erfassen zu können, mit der eine Zelle stirbt oder überlebt, proliferiert oder differenziert wird.

Die in vivo Kultur von *Drosophila*-Imaginalscheiben durch Hadorn hat wichtige Einblicke in die Stabilität der Determination gegeben [61], und die Integration von Teratomzellen in Mausembryonen durch K. Illmensee hat für diesen Fall eine Reversibilität des Krebszustandes erwiesen. Die Kerncytoplasmawechselwirkung wird an *Acetabularia* seit Hämmerling analysiert [62]. Shuttleproteine und RNA hat L. Goldstein bei der Amöbe entdeckt, und die somatischen Zellfusionen von Ephrussi [63] und Harris [64] haben einen ganz neuen Weg in der Zellbiologie eröffnet, der durch die Herstellung von Hybridomen um ein erhebliches Stück erweitert worden ist.

Die Cytodifferenzierung hat aufgrund der Kenntnis spezifischer Zelltypen mit Luxusproteinen, z.B. Erythrocyten, wichtige Fragen, wie die nach der klonalen Herkunft von Zellinien oder der Regulation der Genexpression während der terminalen Differenzierung, geklärt.

Beim *Immunsystem* sind die beiden konträren Hypothesen zur Entstehung der Antikörperdiversität (Keimbahn- und somatische Mutationstheorie) nun in einem Konzept zusammengefaßt, das einmal allgemein verbindlich für Zelldifferenzierungsprozesse werden könnte [65, 66]. Schließlich haben Krebszellen zum Verständnis der Differenzierung beigetragen, insbesondere dort, wo virale DNA, wie Dulbecco [67] gezeigt hat, integriert und exprimiert wird, und nach Temin [68] könnten Protoviren im Laufe der Embryogenese durch Zelltransformation zur Zelldifferenzierung verhelfen, d.h. im Gegensatz zur vertikalen Evolution in der Keimbahn wäre hier eine horizontale Evolution der somatischen Zellen möglich.

Insgesamt sind in den biologischen Disziplinen sehr verschiedene Konzepte über Entwicklung entstanden, aber vielleicht liegen die Unterschiede mehr im Vokabular, mit dem die Experimente interpretiert werden, als im Entwicklungsgeschehen selbst. Vielleicht aber offenbart eine Zusammenschau der Resultate und in Hypothesen der vielen biologischen Strömungen auch neue oder zumindest andersartige Einsichten in Entwicklungsprozesse. Diese Möglichkeit wollen wir im letzten Kapitel durch die Aufstellung von 3 Thesen zur Entwicklungsbiologie aufzuzeigen versuchen.

Ausgewählte Literaturhinweise

1. Jacob F (1972) Die Logik des Lebendigen. Fischer, Frankfurt
2. Monod J (1971) Zufall und Notwendigkeit. Piper, München
3. Eigen M, Winkler R (1975) Das Spiel. Piper, München
4. Dawkins R (1976) The selfish gene. University Press, Oxford
5. Darwin Ch (Neuauflage 1962) The origin of species. Crowell-Collier Publishing Co, Toronto
6. Spemann H, Mangold H (1924) Über Induktionen von Embryonalanlagen durch Implantation artfremder Organisatoren. W Roux Arch 100
7. Child CM (1928) The physiological gradients. Protoplasma 5:447-476
8. Lawrence PA (ed) (1976) Insect development. Blackwell, Oxford
9. Waddington CH (1940) Organizers and gene. University Press, Cambridge
10. Holtfreter J (1945) Neurulization and epidermalization of gastrula ectoderm. J Exp Zool 98:209
11. Tiedemann H (1968) Factors determining embryonic differentiation. J Cell Physiol 72:Suppl 1, 129-144
12. McLaren A (1976) Mammalian chimaeras. University Press, Cambridge
13. Illmensee K, Mintz B (1976) Totipotency and normal differentiation of single teratocarcinoma cells cloned by injection into blastocysts. Proc Natl Acad Sci USA 73:549-553
14. Briggs R, King TJ (1952) Transplantation of living nuclei from blastula cells into enucleated frog eggs. Proc Natl Acad Sci USA 38:455
15. Gurdon JB (1974) The control of gene expression in animal development. Clarendon Press, Oxford
16. Bonner JT (1962) The cellular slime molds. University Press, Princeton
17. Loomis WF (1975) Dictyostelium discoideum a developmental system. Academic Press, London, New York
18. Wolpert L, Lewis JH (1975) Towards a theory of development. Fed Proc 34:14-20
19. Wolpert L (1978) Pattern formation in biological development. Sci Am 239 (4):124-137
20. Gierer A (1974) Hydra as a model for the development of biological form. Sci Am 231 (4):44-54
21. Garcia-Bellido A, Ripoli P, Morata G (1973) Developmental compartmentalization of the wing disc of Drosophila. Nature New Biol 245:251-253
22. Kauffman SA (1973) Control circuits for determination and transdetermination. Science 181:310-318
23. Morgan Th (1934) Embryology and genetics. Columbia University Press, New York
24. Gehring WJ (1976) Developmental genetics of Drosophila. Annu Rev Genet 10:209-252
25. Benzer S (1973) Genetic dissection of behaviour. Sci Am 229:24-37
26. Crick FH, Lawrence PA (1975) Compartments and polyclones in insect development. Science 189:340-347
27. Beermann W (ed) (1972) Developmental studies in giant chromosomes. Results and problems in cell differentiation, Bd 4. Springer, Berlin Heidelberg New York

28. Ashburner M, Bonner J (1979) The induction of gene activity in Drosophila by heat shock. Cell 17:241-254
29. Kunz W, Schäfer U (1978) Oogenese und Spermatogenese. G. Fischer, Stuttgart
30. Brachet J (1974) Introduction to molecular embryology. Springer, Berlin Heidelberg New York
31. Sutherland EW (1972) Studies on the mechanisms of hormone action. Science 177:401-409
32. Edelman GM (1976) Erkennung und Kontrolle an der Zelloberfläche. Naturwiss Rundsch 5:145-150
33. Watson JD (1969) Die Doppelhelix. Rowohlt, Hamburg
34. Jacob F, Monod J (1961) On the regulation of gene activity. Cold Spring Harbor Symp Quant Biol 26:193-211
35. Miller JH, Reznikoff WS (eds) (1979) The Operon. Cold Spring Harbor Laboratory, New York
36. Eigen M, Schuster P (1979) The Hypercycle. A principle of natural-selforganization. Springer, Berlin Heidelberg New York
37. Allfrey VG et al (eds) (1976) Organization and expression of chromosomes. Dahlem-Konferenzen. Life Sci Rep Vol 4. Berlin
38. Chromatin (1978) Cold Spring Harbor Symp Quant Biol 42. Cold Spring Harbor Laboratory
39. Britten RJ, Kohne D (1968) Repeated sequences in DNA. Science 161:529-540
40. Britten RJ, Davidson EH (1969) Gene regulation in higher cells: a theory, Science 165:349-357
41. Chambon P (1975) Eucaryotic RNA polymerases. Ann Rev. Biochem 44:613-638
42. O'Malley BW, Means AR (1974) Female steroid hormones and target cell nuclei. Science 183:610-620
43. Sauer HW (1977) Entwicklungsbiologie Heute. Mechanismen der Gen-regulation. Verh Dtsch Zool Ges. G. Fischer, Stuttgart, S. 202-215
44. Cohen SN (1975) The manipulation of genes. Sci Am 233: (2):24-33
45. Dawid JB, Wahli W (1979) Application of recombinant DNA technology to questions of developmental biology. A review. Dev Biol 69:305-328
46. Tonegawa S, Hozumi N, Matthyssens G, Schuller R (1977) Somatic changes in the content and context of immunoglobulin genes. Cold Spring Harbor Symp Quant Biol 41:877-889
47. Jacob F (1977) Evolution and tinkering. Science 196:1161-1166
48. Wilson EB (1925) The cell in development and heredity. McMillan, New York
49. Howard A, Pelc SR (1953) Synthesis of deoxiribonucleic acid in normal and irradiated cells and its relation to chromosome breakage. Hered Suppl 6:261-273
50. Jeter JR (ed) (1978) Cell cycle regulation. Academic Press, New York
51. Holtzer H, Weintraub H, Mayer R, Mochran B (1972) The cell cycle, cell lineages and cell differentiation. Curr Top Dev Biol 7:229-256
52. Karkenen-Jääskeläinen, Saxén L Weiss L (eds) (1977) Cell interactions in differentiation. Academic Press, London New York
53. Moscona AA (1962) Studies on cell aggregation and demonstration of materials with selective binding activity. Proc Natl Acad Sci USA 49:742-747

54. Steinberg MS (1970) Does differential adhesion govern self-assembly processes in histogenesis. J Exp Zool 173:395-434
55. Sperry RW (1963) Chemoaffinity in the orderly growth of nerve fiber patterns and connections. Proc Natl Acad Sci USA 50:703-710
56. Changeux JP, Danchin A (1976) Selective stabilisation of developing synapses as a mechanism for the specification of neural networks. Nature (London) 264:705-712
57. Levi-Montalcini R, Calissano P (1979) The nerve growth factor. Sci Am 240 (6):44-53
58. Rutter WJ, Pictet RL, Morris PW (1973) Towards molecular mechanisms of developmental processes. Annu Rev Beiochem 42:601-646
59. Weiss P (1939) Principles of development. Holt, New York
60. Weiss P (1973) Differentiation in retrospect. Differentiation 1:3-10
61. Hadorn E (1968) Transdetermination in cells. Sci Am 219:110-120
62. Hämmerling J (1963) Nucleo-cytoplasmic interactions in Acetabularia and other cells. Annu Rev Plant Physiol 14:65-92
63. Ephrussi B, Weiss M (1969) Hybrid somatic cells. Sci Am, April
64. Harris H (1970) Cell fusion. Clarendon Press, Oxford
65. Hood L, Prahl J (1971) The immune system: a model for differentiation in higher organisms. Adv Immunol 14:291-351
66. Jerne NK (1975) The immune system: a web of V-domains. The Harvey lectures series 70. Academic Press, London New York
67. Dulbecco R (1969) Cell transformation by viruses. Science 166:962-968
68. Temin H (1971) The protovirus hypothesis. J Natl Cancer Inst 46:3-5

Drei ikonoklastische Thesen zur Entwicklungsbiologie

Im ersten Kapitel haben wir - soweit wie möglich anhand von Experimentalergebnissen - eine Vielfalt von Entwicklungsprozessen bei verschiedensten Organismen besprochen und im zweiten Kapitel einige Konzepte diskutiert, die die biologischen Disziplinen in unserer Zeit zur Erklärung dieser Prozesse beigetragen haben. Jetzt wäre abschließend eine Synthese am Platze, die das Bild der heutigen Entwicklungsbiologie abrundet.

Dies ist jedoch nicht möglich, weil die vorliegenden Beobachtungen und Konzepte zur Entwicklung bislang gleichsam Puzzlesteine sind, die noch nicht recht zusammenpassen. Das kann daran liegen, daß wir mancherlei vorgefaßte Meinungen haben, die uns den wahren Sachverhalt nicht erkennen lassen. Daher soll nun versucht werden, möglichst viele der geläufigen Entwicklungshypothesen in Frage zu stellen. Vielleicht ergeben sich aus den Trümmern einige brauchbare, neue Ansätze zu einer synthetischen Theorie.

Zu diesem Ziel seien drei Thesen aufgestellt, einige Argumente dafür und dagegen angeboten, sowie gelegentlich experimentelle Entscheidungsmöglichkeiten zwischen den Alternativen aufgezeigt.

1. Eine Änderung des genetischen Materials, also der DNA, ist die Voraussetzung eines jeglichen irreversiblen biologischen Entwicklungsprozesses

Dies widerspricht der Vorstellung, daß DNA-Änderungen auf die Evolution beschränkt und bei der Oogenese nur Ausnahmeerscheinungen sind. Kerntransplantationsexperimente bei *Xenopus* gelten manchmal als Beweis für die Kernäquivalenz; aber die geringe Häufigkeit positiver Experimente, die irreversible Determination des jungen Furchungskerns durch den mütterlichen O-Faktor und das positive Ergebnis mit einem Lymphocytenkern, der vermutlich DNA-Änderungen erfahren hat, stützen diesen Beweis nicht genügend.

Die Regeneration einer Pflanze aus einer somatischen Zelle ist ein weiteres Beispiel für das unveränderte Genom; jedoch, abgesehen davon, daß man die Pflanze als differenziert, aber nicht determiniert definieren könnte, ist selbst das Meristem bei der Blütenbildung - also sicher einem irreversiblen Entwicklungsabschnitt - nicht mehr regenerationsfähig. Das Genom scheint bei der Meiose das Ti-Plasmid zu verlieren, wodurch der crown-gall-Tumor nicht vertikal verbreitet wird, also nur die somatischen Zellen eine DNA-Änderung erfahren.

DNA-Strukturanalysen des Gewebes eines Individuums zeigen bisher keine Unterschiede in der Reassoziationskinetik, in der DNA-Komplexität der singulären Sequenzen und in der Restriktionsanalyse. Selbst die Feinstrukturanalyse von Genen für Luxusproteine, etwa für das Hämoglobin, zeigt keine gewebespezifische Änderung, weder in den codierenden Sequenzen noch in den Insertionssequenzen und auch nicht in den beiderseits angrenzenden DNA-Bereichen.

Diesen starken Argumenten für die Stabilität der DNA stehen einige deutliche Beispiele für DNA-Änderungen gegenüber: die seit langem bekannten Chromatindiminutionen und Chromosomeneliminationen, die unterschiedliche Feinstruktur der Riesenchromosomen in Körper- und Keimbahnzellen (Nährzellen), die Über- oder Unterreplikation repetitiver Basensequenzen, die Amplifikation von rDNA (in der Oogenese) und von Strukturgenen (in Gewebekulturen) und schließlich die Immunglobulingene, bei denen vermutlich in einem B-Zellklon gleich zwei DNA-Translokationen vorkommen müssen.

Hieran zeigt sich zweierlei: einmal, daß DNA-Abschnitte, die für Regulationsproteine, z.B. Membranrezeptoren, codieren, noch nicht untersucht sind. Hier bieten sich einige Beispiele für komplexe Genloci an: die Histokompatibilitätsgene, Oberflächenantigene embryonaler Zellen, die Paarungstypgene, die homöotischen Mutanten, z.B. bithorax und engrailed bei *Drosophila*. Zum anderen sieht man, daß solche DNA-Änderungen die genetische Information nicht vermindern, da informationshaltige Abschnitte nur verlagert werden, aber sonst unverändert bleiben.

Solche DNA-Verlagerungen werden bei Bakterien etwa durch Transposons (Spring-Sequenzen) ermöglicht oder führen sogar zur in vivo-Rekombination von Genomen zwischen ganz verschiedenen Organismen, wie wir beim Pflanzentumor gesehen haben.

Schließlich ist der Determinationszustand - ganz ähnlich einer Mutation - über viele Zellgenerationen vererbbar, wie man cytogenetisch an der Inaktivierung eines X-Chromosoms (Resultat: Dosiskompensation), am Muster des heterochromatischen Chromatins und funktionell z.B. an den Imaginalscheiben nach in vivo Kultur beobachten kann.

Eine kritische Situation entsteht für die erste These, wenn man zwei wichtige Befunde hinzuzieht: die Tatsache, daß aus einer einzigen Zelle in der Regel kein Gewebe oder Organ entstehen kann, sondern daß ein Determinationsereignis - ebenso wie eine Transdetermination - stets an einigen Zellen (an einem Polyklon) geschieht, und da, wie die Beobachtungen an Insektengynandern erwiesen haben, das Differenzierungsereignis gleichsam wie eine Welle über Zellen verschiedener Herkunft hinweggeht.

Hier hilft die Protovirushypothese weiter, nach der die DNA-Abschnitte in der Ontogenese nicht nur zusammengefügt werden, sondern nach ihrer Transkription als RNA-Kopie in eine benachbarte Zelle eingeschleust und dort nach Reversetranskription in DNA in deren Genom eingegliedert werden könnten. Damit könnte sich ein Polyklon aus mindestens zwei Zellen bilden, von denen die eine die andere gleichsam befruchtet und so eine horizontale Evolution ermöglicht.

Wenn zu dem letzten Punkt auch noch keine überzeugenden Befunde vorliegen, können wir doch auf eine Reihe von DNA-Veränderungen in der Individualentwicklung hindeuten und uns fragen, wie es dazu kommt. Versuche mit BUDR und das Konzept des quantal cell cycle lassen vermuten, daß die Determinationsprozesse mit einer DNA-Synthese gekoppelt sind, die sich von der proliferativen DNA-Synthese unterscheidet, und zugleich mit der Determination wird den betroffenen Zellen der Todesstoß versetzt. Dies aber heißt, daß eine determinierte Zelle, selbst wenn sie eine Stammzelle ist, nur eine begrenzte Proliferationskapazität besitzt.

Wenn man Protovirushypothese und quantal-cell-cycle-Konzept miteinander kombiniert, könnte man postulieren, daß bei der Entwicklung eines Polyklons eine Zelle die Nachbarzelle "anstößt", ihren quantal cell cycle durchzumachen; die oft beobachtete Korrelation zwischen Zellteilung und anschließender Determination würde dann das zentrale Determinationsereignis widerspiegeln. Wenn man der Diskussion bis hierher gefolgt ist, muß man sich fragen, wieso die Organisation eines Organismus so stabil ist, wenn seine DNA - wenigstens in den Körperzellen - so veränderlich sein kann. Vermutlich liegt das daran, daß jede Zelle ein System enthält, daß eigenes von fremdem Material sehr gut, aber nicht perfekt unterscheiden kann. Dies zeigen die verschiedenen Formen der Inkompatibilität: In einem intracellulären Immunsystem könnten Enzymsysteme, den Lymphocyten vergleichbar, die Zusammensetzung der DNA-Sequenzen kontrollieren.

Wiederum in Analogie zum Immunsystem - diesmal zu seiner Ontogenese - könnte man erwarten, daß sich in einer Population somatischer Zellen jedes Gen verändert, und daß diejenigen Gene, die kompatibel sind, sich in den Zellen eines Individuums anhäufen, gerade so, wie die Lymphocyten im Organismus. Wenn man nun einzelne Zellen aus verschiedenen Geweben kloniert und danach aus jedem Zellklon das gleiche Strukturgen isoliert, kloniert und sequenziert, würde man vielleicht herausfinden, daß kein Gen zweimal vollständig identisch ist, d.h. daß Allele strenggenommen nicht existieren. Genau dieses Ergebnis hat man bei der Analyse einer Bakteriophagenpopulation erhalten.

Von diesem Gedanken ist es nur noch ein kleiner Sprung zu der nächsten Frage: Wenn Strukturgene und damit auch ihre Genprodukte von Zelle zu Zelle so verschieden sind, die entsprechenden Organismen sich aber über Jahrmillionen kaum verändert haben, wo befindet sich dann die genetische Entwicklungsinformation? Die verblüffende Antwort müßte wohl lauten: nicht in den bisher bekannten Genen!

Welche Konsequenzen hätten DNA-Änderungen während der Entwicklung? Eine mögliche Antwort ist, daß sich die Änderungen der DNA-Struktur auf die Genexpression auswirken, d.h. auf die Steuerung der RNA-Synthese. Damit kommen wir zur nächsten These.

2. Der Zellkern speichert genetische Information; aber er enthält kein Entwicklungsprogramm, ebensowenig wie die Keimzelle

Ein Dogma der Entwicklungsbiologie betrifft die "differentielle Genaktivität". Es besagt, daß in einem Gewebe ein spezifischer Satz von Genen angeschaltet ist und dadurch die Herstellung bestimmter Luxusproteine, also das Differenzierungsmerkmal des entsprechenden Zelltyps, festgelegt ist.

Diese Vorstellung ist vom Operonkonzept hergeleitet, bei dem unter bestimmten Außenbedingungen Gene reprimiert oder exprimiert werden. Allerdings sind solche negativ regulierten Enzyminduktionen vollständig reversibel. Daher ähnelt diese Situation den Modulationsvorgängen bereits terminal differenzierter Zellen (obwohl diese positiv reguliert werden), wie z.B. eine durch Steroidhormone induzierte Proteinsynthese. Der Vergleich mit dem stabilen Determinationszustand höherer Zellen trifft also nicht zu.

Ein Argument für differentielle RNA-Synthesen lieferten die RNA-DNA-Hybridisierungsexperimente. Hier hat sich jedoch gezeigt, daß die gewebespezifischen Unterschiede in der RNA-Zusammensetzung nicht auf die Synthese von mRNA zurückzuführen sind, sondern auf die Transkription mittelrepetitiver RNA-Sequenzen noch unbekannter Funktion.

Daß die Expression des Genoms auf der Ebene der Transkription reguliert sein könnte, zeigt die unterschiedliche Dichte der transkriptionsaktiven RNA-Polymerasemoleküle an EM-Spreitungen von rDNA und von heterogener RNA unbekannter Funktion in *Drosophila*-Embryonen. Auch gibt es Hinweise, daß die RNA-Polymerase an einer bestimmten Stelle, z.B. an einem Promotor, mit der RNA-Synthese beginnt. Aber es gibt noch keinen Beweis dafür, daß die Initiationsfrequenz der Transkription eines Strukturgens über den Grad der Expression dieses Gens, d.h. die Menge des im Cytoplasma hergestellten Proteins, entscheidet. Vielmehr zeigt sich, daß für die allgemein notwendigen Haushaltsgene die Gendosis oder die größere Genfamilie festlegt, wieviel Protein von diesem Gen codiert wird, und die Regulation der Genexpression beschränkt sich auf das An- oder Abschalten.

Anders ist es bei den regulierten Genen, die für charakteristische Luxusproteine codieren, und die vielleicht alle aus Mosaiken von codierenden und nichtcodierenden Abschnitten bestehen. Hier kommt es zu gewebsspezifischen Proteinmustern, deren Produktion vorwiegend nach der Transkription reguliert wird: durch terminale kovalente Modifikationen (capping und Polyadenylierung), processing, Spleißen, Degradation, Akkumulation, Stabilisierung, Translationsfaktoren, durch posttranslationelle Proteasewirkungen und anderes mehr.

Alle diese noch weitgehend unverstandenen Regulationsprozesse haben nichts mit dem Entwicklungsprogramm zu tun, das ja auf weitgehend irreversiblen Änderungen der Genexpression basieren soll. Es zeigte sich hier, daß die mRNA-Sequenzen eines hochspezialisierten Gewebes auch in der Zellkern-RNA vieler anderer Gewebe und wahrscheinlich bereits in der Eizelle anzutreffen sind.

Das aber bedeutet, daß während der Oogenese durch die uneingeschränkte Transkription wohl sämtliche genetische Information auch dem Eicytoplasma mitgeteilt wird. Eine derart totale, d.h. unregulierte Transkription kann aber kein Programm darstellen. Vielleicht werden wirklich 100% der singulären DNA in der Eizelle transkribiert, was man mit den statistischen DNA/RNA-Hybridisierungen aus technischen Gründen noch nicht zeigen konnte, aber jetzt mit einzelnen, klonierten DNA-Sequenzen überprüfen kann. Die genetische Information des Kerns einer reifen Eizelle und ihre Kern-RNA enthält vielleicht ebensowenig ein Programm, wie ein Klavier eine Melodie enthält, aber die Kapazität, Information zu verarbeiten, ist dort in der Zahl der Tasten oder hier in der Sequenzkomplexität der Nucleinsäuren festgelegt.

Eine Melodie entsteht erst durch eine Reduktion der vorhandenen Information, durch eine Auswahl von Tasten; das bedeutet in der Embryogenese eine Verminderung der RNA-Sequenzkomplexität mit der Zeit, und genau das wird in der Embryogenese beobachtet. Damit wäre die These der differentiellen Genaktivierung zur differentiellen Geninaktivierung verkehrt oder besser, vom Kopf auf die Füße gestellt.

Von wesentlicher Bedeutung ist, wie diese Reduktion der Information auf eine Melodie zustande kommt, die man auf ein Notenblatt schreiben kann. Oder biologisch gefragt: Wie kommt es zu einem Entwicklungsprogramm? Ein Klavier allein ist stumm, und die richtigen Töne lassen sich nur anschlagen, indem man "vom Blatt spielt", also ein vorgegebenes Programm abspielt, oder eine Melodie schafft, d.h. die Reihenfolge der Töne neu festlegt. Dies kann nach festen, erlernbaren Regeln von außen geschehen oder aber intuitiv durch Improvisation aufgrund innerer angeborener Faktoren. Für die Entwicklungsbiologie ist es von großer Wichtigkeit zu erkennen, wodurch die Genexpression im Laufe der Embryonalentwicklung eingeschränkt wird: durch äußere (extrinsic) oder innere (intrinsic) Faktoren, ob dafür komplizierte Regeln, d.h. Instruktionsprozesse, nötig sind oder ob einfache ja/nein-Entscheidungen getroffen werden.

Wenn diese Alternativen auch noch nicht geklärt sind, können wir doch bereits einige allgemeine Tatsachen aufzählen: Das Chromatin, von dessen Aktivität oft die Rede ist, ist eigentlich eine passive Struktur, die durch Signale aus dem Cytoplasma aktiviert oder inaktiviert wird. Das haben Kerntransplantations- und Zellfusionsexperimente klar erwiesen. Hieran sind zum einen Protein-DNA-Wechselwirkungen beteiligt, aber vermutlich nicht die bislang identifizierten Nichthistonproteine, da sie mit bis zu 10^6 Kopien pro Zellkern zu zahlreich sind; es wird zu klären sein, ob die Affinität dieser beiden Biomoleküle zueinander auf die Sequenz ihrer Bausteine oder auf die Molekülstruktur zurückzuführen ist. Zum anderen gehören hierzu die hochbeweglichen, sauren und löslichen Kernproteine, die selektiv in das Karyoplasma aufgenommen werden. Es wird zu prüfen sein, ob dort spezifische Akzeptoren vorhanden sind oder ob an den Proteinen selbst "Signalsequenzen" vorkommen (ähnlich wie bei den Sekretproteinen), die eine selektive Aufnahme in den Zellkern ermöglichen. Damit zeigt sich ein sehr dynamisches Wechselspiel zwischen cytoplasmatischen Proteinen und dem Zellkern, das bei Kernisolierung und Chromatinpräparation gestört wird.

Vielleicht kann man den Zellkern mit dem Informationsspeicher eines Computers vergleichen, von dem viele "terminals" in das Cytoplasma hineinreichen. Über diese werden bei einer determinierten Zelle die Programme abgerufen, und bei der Determination wird von dort aus auf andere Programme umgestellt, oder solche Programme werden vielleicht sogar erst hergestellt. Das aber hieße, daß diese Programme nicht Teil des Zellkerns sind und dieser kein "Notenbüchlein" besitzt.

Über das Abrufen von Programmen, also die Regulation der Chromatinexpression, haben sich drei Vorstellungen gebildet. Allen gemeinsam ist, daß ein Signal erkannt und verarbeitet wird. Das Signal kann ein äußerer Faktor sein (ein Hormon, Temperaturänderungen) oder ein innerer Faktor (Natriumionenkonzentration, lokale cytoplasmatische Faktoren). Die Produktion dieser Faktoren ist ihrerseits reguliert, z.B. durch innere Uhren (circadiane Rhythmen). Die äußeren Faktoren können durch Bindung an Proteinrezeptoren der Zelle in ihrer Wirkung auf eben diese Zellen begrenzt sein. Auch die Produktion der Rezeptoren ist reguliert, und ihre Menge beeinflußt den Grad der Wirkung.

Die Verarbeitung des Signals beeinflußt die Genexpression, entweder direkt und spezifisch, oder direkt und unspezifisch (d.h. pleiotrop) oder aber indirekt und unspezifisch. Bei der indirekten Wirkung wird das Genprodukt - also ein Protein - verändert, indem seine Konfiguration durch den pH-Wert beeinflußt, oder ein Proteinogen durch eine Protease zugeschnitten wird, oder indem auf Veranlassung eines sekundären Botenstoffs, z.B. das cAMP, kovalente Modifikationen eingeführt werden. Dieses wären alles epigenetische Ereignisse, für die kein Programm im Zellkern existiert, und entsprechend wird auch kein genetisches Programm abgerufen; trotzdem kommt es zu einer Beeinflussung der Genexpression.

Bei der direkten, spezifischen Wirkung gibt es für jedes Signal einen spezifischen Boten, der einen einzigen Genort findet und dort die RNA-Transkription ermöglicht. Das Paradebeispiel hierfür ist noch einmal das Operonmodell, bei dem für jedes Operon ein spezifisches Repressormolekül existiert, das seinerseits von einem Regulatorgen hergestellt werden muß. Diese Vorstellung wurde zunächst auch auf die Chromatinexpression angewendet, und da die Histone zu wenig heterogen sind, wurden die Nichthistonproteine als solche spezifischen Regulationsproteine angesprochen.

Nach der Vorstellung einer direkten,aber unspezifischen Beeinflussung der Genaktivität jedoch ist die Spezifität der Reaktion bereits im Chromatin vorprogrammiert, und das Signal, sei es ein Steroidhormon-Rezeptor-Komplex, eine Temperaturänderung oder ein bestimmtes Verhältnis von Natrium- und Kaliumionen, hat eher den Charakter eines allgemeinen Auslösers. Für diese Deutung sprechen die Beobachtungen, daß nach Stimulation durch Hormone ein koordiniertes Muster von Enzymen, z.B. im Lebergewebe, oder ein sequentielles Puffmuster (an Riesenchromosomen) und eine enorme Zunahme der generellen Transkriptionsrate eintreten kann. Diese Beobachtungen sind gut mit dem Britten-Davidson-Modell der Genregulation vereinbar, das den repetitiven DNA-Sequenzen eine koordinierende Funktion zuschreibt. Außerdem tritt in diesen Fällen auch eine positive Rückkoppelung in Kraft, wodurch nach Stimulation durch Hormone oft das Rezeptormolekül für eben dieses Hormon vermehrt produziert wird (in auffälliger Analogie zu den Antikörperproteinen der B-Zellen des Lymphsystems).

Damit muß sich unser Interesse mehr auf die Herstellung des Programms, d.h. auf den Determinations- und Differenzierungs*prozeß* konzentrieren und weniger auf den *Endzustand* von Determination und Differenzierung. Über diesen Prozeß ist so wenig bekannt, daß man z.B. die oben formulierte erste These wagen kann, aus der folgt, daß in der Eizelle wohl ein Eizellprogramm, aber kein Entwicklungsprogramm existiert, und daß dieses durch mehrfache und fast "gezielte" Mutationen im weiteren Sinne erst mit der Zeit entsteht.

Allerdings hat man auch eine Vorstellung entwickelt, nach der ein stabiler Determinationszustand durch cytoplasmatische Rückkoppelungsschleifen aufrechterhalten werden kann. Das Musterbeispiel hierfür ist der Bakteriophage Lambda, der über viele Generationen im Wirtsgenom integriert bleibt, solange sein Repressorgen aktiv ist und dadurch sämtliche anderen Phagengene reprimiert. In diesem Sinne könnte Transdetermination nicht als eine "Rückmutation", sondern als Folge der Verdünnung eines Regulatorproteins, d.h. durch eine Störung dieses Rückkoppelungsprozesses, gedeutet werden. Dann wäre der BUDR-Effekt als eine Störung der Bindung von Repressorproteinen an bromhaltige DNA-Abschnitte zu verstehen. In der Tat bindet das Repressorprotein fester an eine Brom-substituierte Promotor-DNA-Sequenz bei *E.coli*.

Aber gerade dieses Beispiel zeigt, wie leicht der Bakteriophage, z.B. infolge Temperaturerhöhung, aus dem Wirtsgenom heraushüpfen oder auch wieder integriert werden kann, so daß die Gentechnologen ihn bereits benutzen, um fremde Gene transportieren und amplifizieren zu lassen.

Im Zusammenhang mit der beobachteten Geninaktivierung in der Embryonalentwicklung könnten die in der ersten These postulierten DNA-Änderungen als DNA-Insertionsmutationen auftreten, wodurch der Informationsgehalt des Genoms nicht vermehrt wird, aber die Expression des Gens an dieser Stelle verstummt.

Der nächste Gedanke betrifft noch einmal die Regulation der RNA-Synthese. Die in ihrer Expression regulierbaren Gene, die Differenzierungsgene, werden offensichtlich stufenlos reguliert, d.h. je höher die Hormonkonzentration, desto mehr Protein wird hergestellt. Dieses ist, anders als die einfache Ein-/Ausschaltung bei der Regulation von Bakterienoperons und vielleicht auch der Haushaltsgene, ein analoger Prozeß. Im Gegensatz dazu ist der Determinations- und Differenzierungsvorgang ein digitaler Entscheidungsprozeß: Ein "bißchen schwanger" gibt es nicht, auch nicht ein "bißchen Muskel".

Das ist vielleicht ein weiterer Hinweis dafür, daß Differenzierungszustand und Differenzierungsereignis nach ganz verschiedenen Regeln gesteuert werden, wobei die digitalen Entscheidungen wenig Information benötigen; aber durch sie werden, wie die allgegenwärtigen Computer zeigen, enorme Mengen an Information verarbeitet. Auch hier ist keine Instruktion nötig, um einen Schalter zu betätigen.

Damit wäre ein Determinationsprozeß, dessen Resultat ja "vererbt wird", nicht auf einen Lernprozeß zurückzuführen. Es wird zu prüfen sein, ob das quantal-cell-cycle-Konzept durchweg gilt, oder ob etwa die Blutstammzelle doch eine pluripotente Zelle ist, die nicht eines von zweien, sondern eines von vielen Programmen auszuwählen vermag. Auch die Epidermiszellen mancher Insekten scheinen ja hintereinander mehrere Programme (in Larve, Puppe und Imago) durchlaufen zu können.

Die beiden alternativen Modelle eines Entscheidungsprozesses in der Entwicklung (als Instruktion oder Selektion) haben wir an vielen Beispielen kennengelernt, aber in keinem konnte eindeutig eine Instruktion nachgewiesen werden. Nie kommt es zu etwas, das das reagierende Gewebe nicht auch aus sich heraus leisten könnte. Dies gilt sowohl bei dem G_1/S-Phase-Übergang des Zellcyclus als auch bei der Wirkung des Organisators in der Amphibienentwicklung, bei dem Mesenchymfaktor der Pankreasprotodifferenzierung, usw. Auch bei dem letzten Beispiel könnte es sich um eine Art digitalen Entscheidungsprozeß handeln, indem während der Protodifferenzierung wenige Zellen vollständig und viele noch gar nicht differenziert sind. Damit ändert sich bei dem Übergang von der Protodifferenzierung zur Differenzierung die Wahrscheinlichkeit, daß in einer Zellpopulation einzelne Zellen ausdifferenziert werden. Diese Deutung trifft, wie wir gesehen haben, für die Differenzierung der Milchdrüse zu, gilt aber anscheinend nicht für die roten Blutzellen, deren Kapazität, Hämoglobin zu synthetisieren, ja allmählich zunimmt. Aber auch hier ist jeweils vor der Zunahme der Globinsynthese eine Zellteilung eingeschaltet, so daß auch in diesem Fall die Determination stufenweise geschehen könnte, indem der Zelle jeweils nur eine von zwei Möglichkeiten zur Wahl steht.

Eine scheinbare Ausnahme ist die Steuerung der Insektenmetamorphose durch zwei Hormone. Hier könnte ein Instruktionsprozeß vorliegen, indem die Zellen auf das eine oder andere Hormon oder auf einen Quotienten beider reagieren. Aber auch hier könnte das Gewebe nur alternativ eine ja/nein-Entscheidung zu treffen haben, wenn es nur auf Ecdyson anspricht, und das Juvenilhormon solange jegliche Determination bremst, bis das Gewebe - evtl. nach Ablauf einer bestimmten Zahl von S-Phasen, in Analogie zum Progressionszonenmodell der Beinentwicklung - reif für die Ecdysonwirkung ist.

Überhaupt spielt der Zeitfaktor eine entscheidende Rolle, so daß aufgrund autonomer und voneinander unabhängiger Prozesse beinahe zufällig am richtigen Ort und zur richtigen Zeit der richtige Schalter betätigt wird. Bei diesen undeterminierten Determinationsprozessen (dieser verwirrende Ausdruck macht eine Umbenennung des Begriffes, etwa in "commitment", ratsam) liegt eine wesentliche Strategie in der Überproduktion von Reaktionspartnern, damit genügend Möglichkeit zur erfolgreichen Interaktion verbleibt. Dies zeigt sich an dem enormen Überfluß von Spermien (ein Mann, der bei der Begattung nur 10 Millionen Spermien überträgt, ist unfruchtbar) und an dem fast aussichtslosen Abenteuer, ein einziges mRNA-Molekül durch die zahlreichen Kontrollen zur Reifung zu bringen, sowie auch bei der selektiven Stabilisierung der Synapsen, dem Absterben von anscheinend zuviel produzierten Nervenzellen oder bei der Skulpturierung einer Extremität durch Absterben von Zwischenzellen.

Eine wesentliche Frage wird noch zu klären sein, wobei die Neuralleistenzellen ein geeignetes Modell darstellen: Sind diese Zellen vor oder während ihrer Wanderung bereits "zufällig" verschieden determiniert, z.B. wie die Lymphocyten, oder werden sie im Zielbereich unterschiedlich selektioniert und dort nur die passenden am Leben erhalten, oder aber werden sie am Ziel erst durch einen "Neolamarckistischen Lernprozeß" determiniert? Schließlich wird man sich fragen müssen, ob sämtliche biologischen Entwicklungsprozesse sich einzig durch das Darwinsche Prinzip (alias Zufall und Notwendigkeit, alias Flickschusterei) deuten lassen, oder ob es an den Grenzen doch vielleicht mit "anderen Dingen zugeht".

Zwei Grenzbereiche wären hier zu nennen, einer ganz oben und einer ganz unten an der Leiter des Organismensystems. Oben steht das menschliche Bewußtsein, und es sträubt sich etwas in uns, zu postulieren, daß unsere Gedanken etwa durch einen Selektionsprozeß aus einem Vorratsbehälter heraus gesiebt werden und keine kreative Leistung sein sollten, d.h. daß ein Gedankenblitz etwa so zufällig wie eine Mutation auftaucht.

Unten steht der Bakteriophage PhiX 174. Zu seinem genetischen Material gehört eine Basensequenz, deren Triplets in allen drei möglichen Kombinationen, d.h. in jeder Abfolge, einen "Sinn" ergeben. Es scheint unvorstellbar, wie durch einen Selektionsprozeß, der an der Funktion des Genproduktes, also am Protein angreift, eine solche Anordnung der genetischen Information sich ohne einen Programmierer gebildet haben könnte. Denn nach dem Dogma der molekularen Genetik ist der Informationsfluß einzig von Nucleinsäuren zum Protein gerichtet, und zwischen der Basensequenz und der Aminosäuresequenz besteht kein unmittelbarer logischer Zusammenhang.

Kehren wir nach diesem kurzen Blick auf die Grenzzonen biologischer Entwicklung zur Individualentwicklung zurück und stellen fest: Wenn hier die Chromatinexpression durch digitale Schalter reguliert wird, das Chromatin der Eizelle kein Entwicklungsprogramm zu enthalten scheint und ganz allgemein keinerlei Instruktionsprozesse zu erkennen sind, dann ist es notwendig, in einiger Entfernung vom Genom des Zellkerns in zwischenzelligen Wechselwirkungen nach dem Entwicklungsprogramm zu suchen, das auch das wesentliche Kennzeichen biologischer Entwicklung, die Morphogenese, mit einbezieht. Damit kommen wir zur letzten These:

3. Morphogenese ist ein epigenetisches Wechselspiel zwischen extranucleärer Entwicklungsinformation und intracellulären Faktoren sowie extracellulären Matrizen

Die Gestalt einer Zelle wird durch das lokale intracelluläre Gerüst aus Mikrotubuli und Mikrofilamenten aufrechterhalten und durch deren Umorientierung, sowie durch lokale Membranstrukturen, an denen wiederum die übrigen Strukturelemente angeheftet sind, verändert. Während für diese Strukturproteine wie das Tubulin, Actin, α-Actinin und andere Kerngene (genauer: Multigene) existieren, und die Polymerisierung der Proteinmoleküle durch Selbstaggregation hinreichend bekannt ist, ist ihre Anordnung von autoreplizierenden, nicht diffusiblen Strukturen des Cytoplasmas und der Zellmembran abhängig, z.B. von den MTOC (Mikrotubuli-organisierenden Zentren).

Diese können gleichsam wie Bakteriophagen im Cytoplasma repliziert werden, z.B. in alkalisierten Seeigeleiern, oder die Vererbung von corticalen Cilienmustern bestimmen, wie bei den Ciliaten. Eine gute Modellvorstellung liefert der Phage T4, dessen Morphogenese durch nichtdiffusible Morphogenesegenprodukte gesteuert wird. Solche Systeme könnten die Zellmorphogenese steuern und aufgrund der Spindelstellung gezielt eine asymmetrische Verteilung cytoplasmatischer Faktoren bewirken.

Diese Faktoren, oft sind es vom mütterlichen Genom codierte Proteine, haben wir an vielen Beispielen kennengelernt: als Polgranula im Cytoplasma bei *Drosophila*, als lokale Cortexbereiche, wie z.B. der Graue Halbmond bei Amphibien-Eiern, usw. Wenn diese Stoffe auch unter der Anleitung des Kerngenoms synthetisiert werden, so ist doch ihre räumliche Anordnung auf epigenetische Phänomene zurückzuführen. Ihre Verteilung, d.h. die Zellpolarisierung, kann zu ganz verschiedenen Zeiten vor sich gehen: in der Oogenese (Polgranula), vor der Eireifung (Pollappencortex bei *Dentalium*), nach der Reifung (Freisetzen der O-Substanz aus dem Keimbläschen), bei der Besamung durch Ionenpermeabilitätsänderung (Segregationsphänomene, die zur Entstehung des Grauen Halbmondes führen), oder erst während der Furchungsmitosen.

Diese lokalen Faktoren sind für die Entwicklung notwendig, denn sie prägen die weiteren Entwicklungsschritte wie ein Stempel, sobald ihre Anordnung feststeht, d.h. sie funktionieren als Matrizen. Die Anordnung der Faktoren ist ein epigenetischer, also nicht im Genom vorprogrammierter Prozeß, aber wenn das Verteilungsmuster erst einmal entstanden und stabilisiert ist, könnten sie spezifische Wechselwirkungen mit dem Genom des Kerns eingehen. Das hieße aber, daß - ungesteuert vom Kerngenom - Entwicklungsinformation auf den Kern einwirken könnte, also in Umkehrung des Dogmas der molekularen Genetik, Information von Proteinmustern aufgrund ihrer Matrizenwirkung auf deren Umgebung übertragen werden kann, vielleicht auf andere Proteine, vielleicht aber auch auf das Kerngenom. Möglicherweise werden auf diesem Weg einzelne "Noten" zwingend zusammengewürfelt, die ein Klavier, das Chromatin, zum Klingen bringen.

Insgesamt bewirkt die Segregation cytoplasmatischer Faktoren, daß die intracelluläre Morphogenese kein Zufallsprozeß ist, sondern sehr bald zu einer strengen Ordnung führen kann, wie es die vielen Beispiele der Mosaikentwicklung überzeugend demonstrieren.

Vielleicht ist hierdurch auch ein Zusammenhang zwischen der Eiarchitektur und der Körpergrundgestalt zu finden. Vielleicht kommt man zu einer einheitlichen Erklärung, wie - ohne einen Anlagenplan und ohne ein Entwicklungsprogramm im Genom und trotz großer Variabilität in den Strukturgenen sowie den übrigen DNA-Sequenzen - ein komplexerer Organismus wie der Mensch mit sehr hoher Wahrscheinlichkeit die Nase mitten im Gesicht hat und darüberhinaus mit einiger Wahrscheinlichkeit einem Elternteil ähnlich sieht. Ehe wir dies verstehen, müssen wir noch viel über die Morphogenesegene des Phagen T4, den Zellcortex und die cytoplasmatischen Organisationszentren lernen. Wir können aber festhalten: Im Inneren einer Zelle ist durch die lokale Anordnung solcher Faktoren Positionsinformation enthalten, die nicht an diffusible kleine Moleküle gebunden ist.

Dies steht eigentlich im krassen Gegensatz zu den Vorstellungen der Positionsinformation mittels morphogenetischer Gradienten, die in Zellverbänden ihre steuernde Wirkung entfalten sollen, z.B. bei der Seeigelentwicklung, der Beinmorphogenese- und Regeneration, im Insektensegment und bei der Regeneration von *Hydra*.

Da bis jetzt noch keine einzige morphogenetische Substanz bekannt geworden ist, kann man sich auch vorstellen, daß es gar keine diffusiblen, spezifischen und morphogenetischen Stoffe gibt, und die beobachteten Phänomene mit Hilfe nichtdiffusibler Stoffe allein durch die Reaktionen der Zelloberflächen in Zellverbänden gesteuert werden, also an den Stellen, wo die Positionsinformation ohnehin interpretiert werden muß.

Damit wäre das Aktionssystem gleichzeitig das Reaktionssystem, und die Zelloberfläche samt der extracellulären Matrix rückt in das zentrale Interesse. Auf diese Weise könnte auch die Entstehung der embryonalen Muster als ein Selektionsverfahren nach dichotomen, alternativen Entscheidungen zu deuten sein: Ein Polyklon könnte sich dadurch in zwei Kompartimente untergliedern, indem ein Oberflächenprotein auftaucht, oder sein Verteilungsmuster innerhalb eines lokalen Membranbereichs geändert wird. Aufschlüsse wird hier sicher eine Feinanalyse der Selektorgene ergeben, deren Aktivierung, anstatt durch eine spezifische morphogenetische Substanz, z.B. durch eine temporäre Erhöhung der Calciumkonzentration ausgelöst werden könnte.

Aus diesem Blickwinkel betrachtet, gewinnen die Wechselwirkungen zwischen den Zellen, wie Zellwanderung, Zellerkennung und Zellaussortierung, eine zentrale Bedeutung für die Musterentstehung und die Morphogenese.

Betrachten wir zuerst einen Zellerkennungsprozeß, wie er an bereits fest determinierten und ausdifferenzierten Zellen zu beobachten ist, z.B. die Wirkungsweise eines Peptidhormons. Hieran sind drei Glieder beteiligt: das Hormon, sein Rezeptor und ein Überträger (z.B. die regulative Untereinheit der Adenylatcyclase). Die spezifische Erkennungsreaktion läuft zwischen Hormon und Rezeptor ab. Sie hat eine genetische Komponente, die Aminosäuresequenz, und eine epigenetische, die Anordnung des Rezeptors in der Membran sowie das Zuschneiden und Falten der Aminosäureketten. Dieser Prozeß könnte einem Dialog entsprechen, der nach einer noch nicht entschlüsselten Aminosäurensprache geführt wird.

Die Reaktion auf den Erkennungsprozeß kann, je nach der Vorgeschichte der Zelle, in der Konzentrationsänderung von cAMP, einer Permeabilitätsänderung oder in einer Membransignalisierung über nichtdiffusible Stoffe liegen. In jedem Fall wäre diese Wirkung reversibel und reichte daher nicht aus zur Deutung von Entwicklungsprozessen, wohl aber mag sie ein gutes Modell für die Auslösung solcher Prozesse darstellen.

Dauerhafte Kontakte, wie man sie z.B. bei der Zellaggregation bei Schwämmen und bei dem Aussortieren isolierter Gewebezellen beobachtet, werden ebenfalls durch drei Glieder hergestellt, die vielleicht im "animierten Puzzlespiel" der morphogenetischen Bewegungen auftreten könnten. Hier handelt es sich um Aggregationsfaktoren, die mit einer locker an der Membranoberfläche befindlichen Basalplatte reagieren. Diese ist ihrerseits an einem tief in der Membran gelegenen Anker angeheftet. Der Aggregationsfaktor enthält sehr viel Kohlenhydrat und ist multivalent, die Basalplatte enthält mäßig viel Kohlenhydrat und ist univalent. Möglicherweise spielt die Sequenz der Kohlenhydrate die entscheidende Rolle bei diesem Zellerkennungsprozeß, wofür allein die Tatsache spricht, daß solche spezifische Oligosaccharidsequenzen überhaupt existieren. Hier wäre also neben dem Nucleinsäurecode und der möglichen Proteinsprache Raum für einen noch unverstandenen Kohlenhydratcode.

Die Spezifität der Zellwechselwirkung durch Liganden ergibt sich aus relativ schwachen, wohl auch manchmal relativ unspezifischen Bedingungen. Sie kann aber durch deren Zahl und Anordnung, also etwa durch das Muster der Basalplatten, einen hohen Grad an Spezifität erreichen, wie sich bei der gewebespezifischen Zellaussortierung erkennen läßt.

Außerdem ist Zellkontakt in Geweben nicht nur an die Ligandenbildung geknüpft. Mindestens ein zweiter Prozeß muß daran beteiligt sein, da stets eine der beiden reagierenden Zelloberflächen einer lebenden Zelle angehören muß, und da Aggregation und Trennung bereits aggregierter Zellen nicht durch einen einzigen Inhibitor beeinflußt werden können. Würde der Kontakt nur auf einen einzigen Reaktionsschritt hin geknüpft, so müßte in Anwesenheit des gleichen Kohlenhydratanalogons etwa die Aggregation ausbleiben, und Zellaggregate müßten zerfallen.

Diese zweite Reaktion nach der Zellerkennung könnte in dem Muster der verschiedenen Zell-junctions zum Ausdruck kommen, wobei deren zeitliche Aufeinanderfolge zu einem räumlichen Muster von Zellkontakten führt. Diese Reaktionen könnten sehr wohl einen graduellen Verlauf nehmen, wie er bislang für die diffusiblen Morphogene postuliert wird.

Aber solche Kontakte sind, wie auch die embryonalen Muster, nicht stabil. Die Grundlage für ihre Stabilisierung könnten die langlebigen, also stabilen, Muster extracellulärer Matrixsubstanzen sein, die genetisch programmiert sind. Dieses Muster wird im Laufe der Zeit durch kovalente Modifikationen (epigenetisch) zu einem enorm komplizierten Netzwerk, in dem eine große Menge an Information gespeichert werden könnte. Daß von solchen Matrizen auch Information abgerufen werden kann, zeigen etwa die Beobachtungen, daß einige, vereinzelte Chrondrocyten nach Kontakt mit einer toten Knochenmatrix proliferieren und einen wohlgeformten Knochen aufbauen. Möglicherweise ist auch bei dem cellulären Fließgleichgewicht einer *Hydra* das stabile Matrixgewebe zwischen der äußeren und der inneren Zellschicht der Sitz der Positionsinformation.

Solche Vorstellungen lassen sich heute experimentell überprüfen,und es wird sich zeigen, ob die Matrizeneigenschaften auf Proteine zurückzuführen sind, z.B. auf die von Multigenen codierten Kollagene, oder ob den Kohlenhydratanteilen der GAG (Glucose-Amino-Glykane) die entscheidende Rolle zukommt.

Dann stellt sich auch heraus, ob die geläufigen Thesen meine Antithesen - deren einzelne Punkte keineswegs originell sind - wieder verdrängen,oder ob schließlich noch ganz andere Mechanismen existieren, von denen sich unsere Schulweisheit nichts träumen läßt.

Allgemeine Literaturhinweise

Balinsky BJ (1975) An introduction to embryology. Saunders, Philadelphia London Toronto

Berrill NJ, Karp G (1976) Development. Mc Graw-Hill, New York

Brookbank JW (1978) Developmental biology. Embryos, plants, and regeneration. Harper & Row, New York Hagerstown San Francisco London

Czihak G, Langer H, Ziegler H (Hrsg) (1978) Biologie. Springer, Berlin Heidelberg New York

Davidson EH (1976) Gene activity in early development. Academic Press, New York San Franzisco London

Ebert JD, Sussex JM (1970) Interacting systems in development. Holt, Rinehart, and Winston, New York

Ede DA (1978) An introduction to developmental biology. Blackie, Glasgow London

Gould SJ (1977) Ontogeny and phylogeny. Harvard University Press

Grant P (1978) Biology of developing systems. Holt, Rinehart, and Winston, New York

Hadorn E, Wehner R (1974) Allgemeine Zoologie. Thieme, Stuttgart

Hood LE, Wilson JH, Wood WB (1975) Molecular biology of eucaryotic cells. Benjamin, London

Kühn A (1965) Vorlesungen über Entwicklungsphysiologie. Springer, Berlin Heidelberg New York

Lash J, Whittaker JR (eds) (1974) Concepts of development. Sinauer, Stamford (Conn)

Lehninger AL (1970) Biochemistry. Worth, New York

Luria SE (1975) 36 lectures in biology. MIT Press, Cambridge (Mass)

Markert CL, Ursprung H (1974) Entwicklungsbiologische Genetik. Fischer, Stuttgart

Mohr H, Sitte P (1971) Molekulare Grundlagen der Entwicklung. BLV, München

Nover L, Luckner M, Parthier B (1978) Zelldifferenzierung. Gustav Fischer, Jena

Prescott DM (1976) Reproduction of eucaryotic cells. Academic Press, London New York

Seidel F (1972-6) Entwicklungsbiologie der Tiere, 3 Bd. Sammlung Göschen, De Gruyter, Berlin

Sengbusch P v (1977) Einführung in die Allgemeine Biologie. Springer, Berlin Heidelberg New York

Sengbusch P v (1979) Molekular- und Zellbiologie. Springer, Berlin Heidelberg New York
Strickgerger MW (1978) Genetics. Macmillan, New York
Thomas L (1974) The lives of a cell. Bantam Books, Toronto New York
Watson JD (1977) Molecular biology of the gene. Benjamin, New York
Wilson EO et al. (eds) (1973) Life on earth. Sinauer, Stamford (Conn)

Sachverzeichnis

Lehrbücher bei Springer

Biologie

Ein Lehrbuch
Herausgeber: G. Czihak, H. Langer, H. Ziegler
Gemeinschaftlich verfaßt von V. Blüm, G. Czihak, F. Florey, H. Hartl, B. Hassenstein, C. Hauenschild, W. Haupt, D. Hess, J. Jacobs, G. Kümmel, H. Langer, H. F. Linskens, H. Mohr, D. Neumann, G. Niethammer, G. Osche, W. Rathmayer, W. Rautenberg, P. Schopfer, P. Sitte, H. Ursprung, H. Walter, F. Weberling, E. Weiler, W. Wieser, H. Ziegler
2., verbesserte und erweiterte Auflage. 1978. 957 zum Teil farbige Abbildungen, 2 Falttafeln, 68 Tabellen. 957 Abbildungen. XXIV, 861 Seiten
Gebunden DM 69,–
ISBN 3-540-08273-5

Biophysik

Ein Lehrbuch
Herausgeber: W. Hoppe, W. Lohmann, H. Markl, H. Ziegler
Mit Beiträgen zahlreicher Fachwissenschaftler
Korr. Nachdruck 1978. 604 Abbildungen, 64 Tabellen. XVI, 720 Seiten
Gebunden DM 98,–
ISBN 3-540-07474-0

P. U. Witte, H. Matthaei

Mikrochemische Methoden für neurobiologische Untersuchungen

1980. 7 Abbildungen, zahlreiche Formeln. XI, 141 Seiten
DM 26,–
ISBN 3-540-09784-8

A. Manning

Verhaltensforschung

Eine Einführung
Übersetzt aus dem Englischen von G. Ehret, I. Ehret
1979. 97 Abbildungen, 5 Tabellen. XIII, 320 Seiten
DM 39,80
ISBN 3-540-09643-4

E. Neher

Elektronische Meßtechnik in der Physiologie

Hochschultext
1974. 84 Abbildungen. VIII, 154 Seiten
DM 19,80
ISBN 3-540-06746-9

F. Kaudewitz

Molekular- und Mikroben-Genetik

1973. 301 Abbildungen, 20 Tabellen. XIV, 426 Seiten
(Heidelberger Taschenbücher, Band 115)
DM 23,80
ISBN 3-540-06024-3

D. Varjú

Systemtheorie

für Biologen und Mediziner
1977. 80 Abbildungen. VIII, 285 Seiten
(Heidelberger Taschenbücher, Band 182)
DM 24,80
ISBN 3-540-08086-4

A. Grafe

Viren

Parasiten unseres Lebensraumes
Taschenbuch der Allgemeinen Virologie
1977. 50 zum Teil zweifarbige Abbildungen und weitere schematische Darstellungen, 42 Tabellen. X, 179 Seiten
(Heidelberger Taschenbücher, Band 192)
DM 19,80
ISBN 3-540-09482-7